“十三五”国家重点图书·重大出版工程规划
航空航天精品系列图书

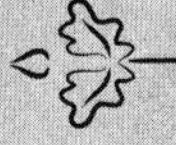

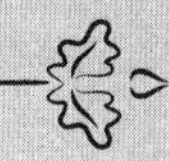

估计理论基础及其在导航信息处理问题中的应用：估计理论导论

Основы теории оценивания с приложениями к задачам обработки навигационной информации. Ч.1. Введение в теорию оценивания

（俄罗斯）O. A. 斯捷潘诺夫　著
赵　婕　译

哈爾濱工業大學出版社
HITP HARBIN INSTITUTE OF TECHNOLOGY PRESS

内容简介

本书描述了线性和非线性问题估计算法建立的一般准则和方法，重点分析了基于离散方法的最普遍的统计估计算法的综合问题，研究了不同先验信息下所得算法的相关性，将针对常向量所得的方法和算法推广至随机序列的估计中，其中卡尔曼类算法是最为重要的。

本书介绍的内容由例题及方法性习题来解释说明，这些例题均是与导航信息处理相关的，包括多项式系数估计问题以及确定参数与实现之间的变化，根据定轨及卫星信息确定坐标，由外部信息及冗余观测综合处理修正导航系统指数。本书给出了概率论和矩阵计算的基本定义并叙述了所用到的 Matlab 部分知识。本书内容结构规整，较方便不同程度的使用者按各章节学习使用。

本书可供相关专业的高年级本科生和研究生使用，也可为导航信息处理及水声学信息处理和轨道跟踪交叉领域中研究估计算法建立问题的工程技术和科学研究人员提供参考。

图书在版编目(CIP)数据

估计理论基础及其在导航信息处理问题中的应用：估计理论导论/(俄罗斯)O. A. 斯捷潘诺夫著；赵婕译.
—哈尔滨：哈尔滨工业大学出版社，2019.8
ISBN 978-7-5603-6403-2

Ⅰ.①估… Ⅱ.①O… ②赵… Ⅲ.①估计理论—应用—导航系统—研究 Ⅳ.①TN966

中国版本图书馆 CIP 数据核字(2017)第 000828 号

策划编辑　甄淼淼
责任编辑　范业婷
出版发行　哈尔滨工业大学出版社
社　　址　哈尔滨市南岗区复华四道街 10 号　邮编 150006
传　　真　0451-86414749
网　　址　http://hitpress.hit.edu.cn
印　　刷　哈尔滨市工大节能印刷厂
开　　本　880mm×1230mm　1/16　印张 18　字数 398 千字
版　　次　2019 年 8 月第 1 版　2019 年 8 月第 1 次印刷
书　　号　ISBN 978-7-5603-6403-2
定　　价　88.00 元

◎前 言

Preface

作为传统航空航天强国的俄罗斯具有深厚的数学力学研究基础，尤其体现在力学基础学科的教材、专著编写方面。本书不仅包括估计理论的经典内容，而且强调与现代航空工业相关的实际工程问题的分析。在理论阐释中注重体系性架构的传统特征，叙述由浅入深、逐级递进，层次分明、清晰易懂；同时引入了大量航空航天背景的工程实例，以此为基础来说明理论概念的实际应用，这对于掌握基本理论和培养实际问题的研究能力是有益的。

本书作者长期在圣彼得堡三所高等院校的导航系统设计专业、水声学信息处理专业和电子仪器专业教授导航信息处理的相关课程，积累了较为丰富的经验。我们选择这本书进行翻译出版，期望能够对两国的交流合作和专业知识拓展有所补益。

本书描述了线性和非线性问题估计算法建立的一般准则和方法，主要分析了基于离散方法的最普遍的统计估计算法综合问题，研究了不同先验信息下所得算法的相关性，将针对常向量所得的方法和算法推广至随机序列的估计中，其中卡尔曼类算法是最为重要的。

本书介绍的内容由例题及方法性习题来解释说明，这些例题均是与导航信息处理相关的，包括多项式系数估计问题以及确定参数与实现之间的变化，根据定轨及卫星信息确定坐标，由外部信息及冗余观测综合处理修正导航系统指数。本书给出了概率论和矩阵计算的基本定义并叙述了所用到的 Matlab 部分知识。内容结构规整，较方便不同程度的使用者按各章节学习使用。

本书可供相关专业的高年级本科生和研究生使用，也可为导航信息处理及水声学信息处理和轨道跟踪交叉领域中研究估计算法建立问题的工程技术和科学研究人员提供参考。

译 者

2019 年 8 月

◎目录

Contents

引　　言

到 20 世纪 90 年代，在俄罗斯出版的基于统计方法[36,37,116,131]建立及使用动力系统估计算法一般理论的科技文献及教材，包括俄罗斯国内[1,35,40,43,44,47,58,59,62,65,67,76,77,85-87,89,90,92,96,99,101]及国外[5,7,14-16,46,50,56,71,72,98]作者大量严谨的论著。这些算法的应用问题在导航信息处理早期也已经进行了相当详尽的分析[6,9,11,12,25,39,41,49,57,68,69,78,94,95,110]。遗憾的是，这些著作不再出版。应用估计理论相关的新著作几乎没有。俄罗斯国内两本最近的专著出版于 1991 年[6,25]。与此同时，涉及估计理论及其解决实际问题的应用方面的相关科技文献在最近几年，特别是在俄罗斯国外，具有以下趋势。

首先，规律性地重复出版最有需求的专著。例如，专著[109]首次出版于 1974 年，到 1994 年已经再版了十余次。其次，大量新文献讨论应用估计理论及其在导航信息处理中的应用问题[103,104,111,112,114,118,121,122,124-126,132,133]。这种情况是非常值得重视的，因为出现了大量的新问题，其可借助基于统计方法的估计理论及急速增强的现代计算手段得以解决。另外一个原因是由应用程序在学习过程中的广泛应用决定的，这就可以更为直观地描述研究所用的材料[103,104,112]。

针对一系列的科学方向在俄罗斯进行了同样的研究。在控制的一般理论领域出现了现代的科技和教学著作，其中既包括这一理论的经典章节，也包括现代的新方向[2,3,32,45,48,51-53,55,61,63,74]。

但是主要的趋势较少涉及与估计理论及其在实际问题应用中相关的知识领域。出现的理论及应用文献都是一般假设，是供相关专家使用的，给出的是作为基本研究工具的理论的专题。基本假设问题在这些书中或者并不讨论，或者仅是展望式地说明所得结果在实际应用中的难点[4,17,22,24,26,30,31,54,60,66,70,93,102]。除此之外，与程序使用相关的方法问题到目前为止没有在教材中见到。

作为针对解决上述问题所做的尝试，给出了著作《估计理论基础及其在导航信息处理问题中的应用：估计理论导论》作为教材，其结构包含两个具有延续性的独立部分：估计理论导论和滤波应用理论基础。本书为估计理论导论，是第一部分，其中估计理论基础根据导航信息处理问题中的应用展开叙述。本书由 3 章组成。

在第 1 章中给出了后面分析中必须使用的概率论内容。包含 6 节，分别引入了随机变量和随机向量的定义及其数值特征和概率分布密度函数描述方法及不同类型的随机变量及其变换问题，并给出了条件（验后）概率密度函数，并讨论了随机变量特性给定时的建模方法及其选择特性的确定方法。

第 2 章讨论了求解问题时使用的一般准则和方法。主要分析这些问题的趋于最简，而又对于常参数估计问题十分重要的情形。其中分析了必须确定常参数向量导航信息处理的线性和非线性问题，形成了一般情形下估计问题的建模过程；研究了最小二乘类方

法,其使用过程中不需引入观测和待估向量误差随机特性的假设;分析了非巴耶索夫斯基和巴耶索夫斯基方法及与其相应的建模问题,其特殊性在于前者仅需假设观测误差随机特性,后者还需假设待估向量随机特性;描述了对应不同建模方法的估计算法,分析了它们的相关性及特性。讨论了不同的估计算法实现图表;将导航估计问题划分成两类重要方面,不仅是要得到确定估计的方法,即算法的综合问题,还要计算当前计算精度。

第3章研究了常向量估计的算法和方法并推广至随机序列的估计问题,分成6个小节,其中给出了随机序列的基本概念及其描述方法,进行了建模并引入了最优线性和非线性估计求解的算法,重点研究了基于卡尔曼类型算法的滤波和修正问题求解的递推算法,给出了基于验后密度高斯逼近非线性问题求解次最优滤波的建模方法,讨论非线性高斯问题求解有势精度时如何使用 Рао－Крамера 不等式。

叙述过程中对给出的描述使用了带有方法论特性的例题,包括多项式参数估计;确定参数与实现之间的变化;冗余观测的综合处理;根据定轨和卫星资料确定坐标的问题;外部数据导航系统指数的修正问题,例如,修正－极值导航问题等。

所有小节都列举了具体的例子及一系列问题,并对其中大量例子进行了求解。每章的最后给出了使用 Matlab 建模的习题。

《估计理论基础及其在导航信息处理问题中的应用:估计理论导论》的第二部分为滤波应用理论基础。研究随机过程中的估计理论方法及其在求解导航问题中的应用。

学习本书中的内容不需要掌握系统理论、微分方程等专业知识,只需了解矩阵运算基础。在附录中给出了相关的简单说明。除此之外,还简单地描述了 Matlab 的相关内容,在求解习题时将要使用。

本书中的内容源于作者在解决导航信息处理问题中多年经验的积累。此外,还包括作者在圣彼得堡三所高等院校(ГУИТМО,ТЗТУ(ЛЗТИ),ГУАП)授课的内容,即包括导航系统(СПБГУИТМО)教研室在内的导航系统设计专业、与水声学信息处理相关的专业、电子仪器(ЦНИИ)专业的研究生以及外国留学生等所学课程。在内容的选择上作者一方面考虑适应更大范围的读者,另一方面考虑进一步深入的可能性。其中,初学者可仅限于学习以下章节:1.1,1.2,1.3.3,1.3.4,1.5;2.1,2.2,2.4,2.6.4;3.1,3.2.2,3.2.3,3.5.1,3.5.2。

作者对帮助本书出版的人表示深深的敬意,特别感谢《电子仪器》(ЦНИИ)的主编,导航与运动控制科学院院长,通讯院院士 В. Г. Пешехонова。

作者对俄联邦优秀科技工作者 С. П. Дмитриеву 和 И. Б. Челпанову 为本书提出宝贵意见表示由衷感谢。同时还要感谢在本书成书过程中与作者进行了大量讨论的各位同事们:Ю. А. Лукомскому,А. П. Колеватову,Д. А. Кошаеву,А. В. Лопареву。感谢研究生 Т. П. Тосиковой,Ю. В. Шафранюк,В. А. Васильеву,А. Б. Торопову,他们整理了本书的手稿并对部分例题完成了计算任务,绘制了图形和曲线。

恳请各位读者批评指正。

第1章　概率论基础

本章将给出研究估计理论必须用到的概率论基本知识，同时，给出的例题与导航问题相关。

在概率论中随机变量和随机向量的概念及与其相关的函数特性和特征描述是最基本的。概率分布函数和概率分布密度函数是最能够充分描述这些特性的。

同时在解决很多应用问题时经常需要考虑两个基本的因素——数学期望和方差，它们是概率论中基本的离散概念。由于大部分算法相对输入量而言是线性的，因此可以仅使用输入的两个基本因素来计算变量和向量变换的两个基本因素。

随后确定估计算法时，一个随机向量在与其相关的另一个向量的值固定时其描述问题是非常重要的，称为退化问题。它的近似解通常与实际使用的解完全等效，同时与线性变换也是一致的，因此这里可以绕过两个基本因素的信息。上述情况在一阶近似下可以在某种程度上忽略使用概率分布密度函数时需要考虑的数学期望。事实上，当实验数据已知时，存在着简单的、不需要考虑概率分布密度函数的算法，根据这种算法同样可以得到随机变量和随机向量的基本因素值，其中包括数学期望与方差矩阵。

概率分布函数和概率分布密度函数等充分确定统计学特性，它们的值对于输入量也是有用的。这些函数对于确定非线性变换得到的两个基本因素同样是必须的。一般情况下，求解退化问题时也需要考虑随机向量概率分布密度函数经验的统计学信息，这里条件概率密度函数或经验分布概率密度函数是十分重要的，根据这些函数可以充分地确定某一随机向量在另一个向量确定时的特性。

上述情形在随后研究的两个阶段中有广泛的应用：第一阶段为变换为线性时，由两个基本因素描述随机变量和随机向量（1.1，1.2，1.3.3，1.3.4，1.5）；第二阶段为变换为非线性时，概率分布密度函数的深入研究。

1.1　随机变量和随机向量及其描述方法

本节将引入概率、随机变量、概率分布函数和概率分布密度函数的基本概念，分析它们的基本性质，给出随机变量的数量统计特征的定义，包括数学期望、方差、均方差、标准差、随机变量矩、分位点、分布中位数和众数等，引入切比雪夫不等式。详细讨论高斯随机变量和随机向量的数学特征，引入标准化高斯随机变量、误差函数、临界值、临界误差、绝对均方差、概率方差、概率误差，给出解释这些概念的例子以及构建不同形式分布函数和概率分布密度函数的 Matlab 中的 m－函数。

1.1.1 随机变量的定义及其描述方法

事先未知，仅能确定其属于预先给定的某一区域的数值度量（概率）的量为随机变量。

为引入随机变量的严格定义，必须解释清楚概率、样本空间和事件的意义[18,19,97]。能够完全确定随机变量性质的函数称为概率分布函数，或分布积分函数 $F_X(x)$，是实变量 x 的标量函数，确定了随机变量 X 在开区间$(-\infty,x)$上，即 $X<x$ 的概率，可表示为

$$F_X(x)=Pr(X:X<x) \tag{1.1.1}$$

有时在上下文意义明确时，也称概率分布函数为概率分布或分布。

对于随机变量，其样本空间 Ω 不必为所有实数的集合，可以是数轴上的某个区域，也可以是有限或可数的数集。

这样，随机变量的统计学特征完全由概率分布函数给出，基于上述概率特征不难理解，函数(1.1.1)是非负连续非减函数，满足条件

$$F_X(-\infty)=Pr(X:X>-\infty)=0 \tag{1.1.2}$$

$$F_X(\infty)=Pr(X:X<\infty) \tag{1.1.3}$$

除概率分布函数外，为描述随机变量的特征还使用概率密度函数

$$f_X(x)=\frac{\mathrm{d}F_X(x)}{\mathrm{d}x} \tag{1.1.4}$$

概率密度函数可简称为分布密度或密度，其下标表示对应的随机变量，在不引起歧义的情况下可以忽略。

由此可认为样本空间是 n 维空间点的集合。引入最简单的情况，设样本空间为数轴上所有实数的集合 $\Omega=\{x\}$，称其为基本事件。

在集合 $\Omega=\{X\}$ 上给出几个子集 $U=\{A\}$，包括开区间$\{X:a<X<b\}$，闭区间$\{X:a\leqslant X\leqslant b\}$，半开半闭区间$\{X:a\leqslant X<b\}$、$\{X:a<X\leqslant b\}$，这里 a、b 为在区间$(+\infty,-\infty)$上任意取值的给定实数，并且设单个点，区间和点的交集和并集也属于子集 $U=\{A\}$类。这种子集 $U=\{A\}$ 称为可能事件。必须强调，在对这一类子集进行并、交、补等计算时，同样得到这一类的子集，即事件的交集同样是事件。

对于事件 A 引入实函数（概率度量）$Pr(A)$，具有下列特性：

- $Pr(A)\geqslant 0$，对所有 A；
- $Pr(\Omega)=1$；
- 对 m 个任意两两不相交的事件序列，即 $A_i\cap A_j=\varnothing$，这里 $\varnothing$ 为空集，有等式

$$Pr(\bigcup_{i=1}^{m}A_i)=\sum_{i=1}^{m}Pr(A_i)$$

这个函数称为事件 A 的概率密度函数或简称为概率。

我们认为随机变量是已知的，如果能够计算任意可能事件概率的函数是给定的，即随

机变量取某个给定值，或属于某个区间等的概率是可计算的。在英文文献中概率分布函数的写法为 cumulative density function(CDF)，概率密度函数的写法为 probability density function(PDF)。

将式(1.1.4)的两端在 $-\infty$ 到 x 上积分并注意到式(1.1.2)可得

$$F_X(x)=\int_{-\infty}^{x} f_X(u)\mathrm{d}u \tag{1.1.5}$$

概率密度函数是非负的($f_X(x)\geqslant 0$)，且满足规范化条件

$$\int_{-\infty}^{\infty} f_X(u)\mathrm{d}u=1 \tag{1.1.6}$$

对于 $x_1\leqslant X<x_2$ 上事件的概率为

$$Pr(x_1\leqslant X<x_2)=Pr(X:X<x_2)-Pr(X:X<x_1)=F_X(x_2)-F_X(x_1) \tag{1.1.7}$$

或
$$Pr(x_1\leqslant X\leqslant x_2)=F_X(x_2)-F_X(x_1)=\int_{x_1}^{x_2} f_X(u)\mathrm{d}u \tag{1.1.8}$$

注意到式(1.1.4)，可得

$$f_X(x)=\lim_{\mathrm{d}x\to 0}\frac{F_X(x+\mathrm{d}x)-F_X(x)}{\mathrm{d}x}=\lim_{\mathrm{d}x\to 0}\frac{Pr(x\leqslant X<x+\mathrm{d}x)}{\mathrm{d}x}$$

由这个关系式可得($\mathrm{d}x$ 为小量)

$$Pr(x\leqslant X<x+\mathrm{d}x)=F_X(x+\mathrm{d}x)-F_X(x)\approx f_X(x)\mathrm{d}x \tag{1.1.9}$$

例 1.1.1　经常会遇到随机变量在区间$[a,b]$上的均匀分布，其概率分布函数和概率密度函数分别为

$$F_X(x)=\begin{cases} 0 & \text{当}\quad x<a \\ \dfrac{x-a}{b-a} & \text{当}\quad a\leqslant x\leqslant b \\ 1 & \text{当}\quad x>b \end{cases} \tag{1.1.10}$$

$$f_X(x)=\begin{cases} 0 & \text{当}\quad x\notin[a,b] \\ \dfrac{1}{b-a} & \text{当}\quad x\in[a,b] \end{cases} \tag{1.1.11}$$

这里，我们称随机变量服从均匀分布，或具有均匀分布密度，这些函数的图像在图 1.1.1 中给出。

这里样本空间 Ω 为区间$[a,b]$上所有实数的集合。由式(1.1.10)及式(1.1.11)可得

$$Pr(x_1\leqslant X\leqslant x_2)\begin{cases} \dfrac{x_2-x_1}{b-a} & \text{当}\quad x_1,x_2\in[a,b] \\ \dfrac{x_2-a}{b-a} & \text{当}\quad x_1<a,x_2\in[a,b] \\ \dfrac{b-x_1}{b-a} & \text{当}\quad x_1\in[a,b],x_2>b \\ 0 & \text{当}\quad x_1,x_2<a\ \text{或}\ x_1,x_2>b \\ 1 & \text{当}\quad x_1<a,x_2>b \end{cases} \tag{1.1.12}$$

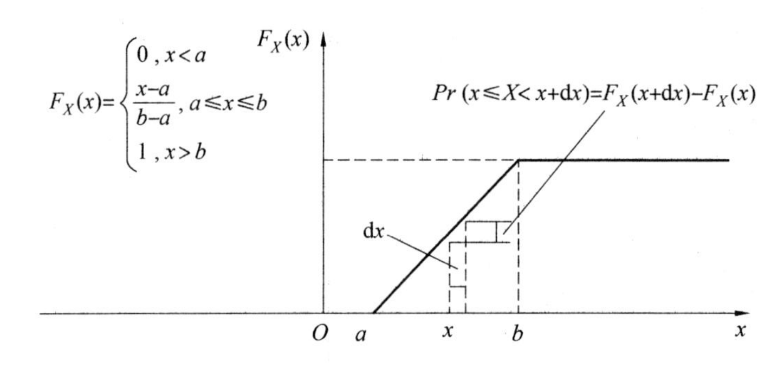

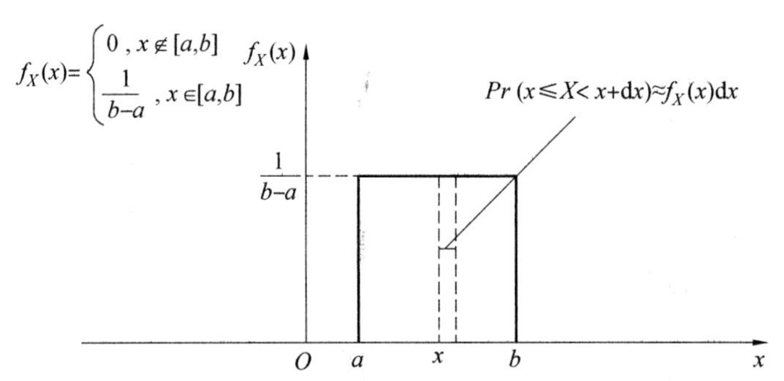

图 1.1.1　在区间$[a,b]$上均匀分布的概率分布函数和概率密度函数曲线图

显然，在区间$[a,b]$内概率落在任意dx上的分布是完全相同的，这也是均匀分布命名的原因。注意到，任何一个给定区间上的常正值函数都可以作为均匀分布密度，为此只需乘上规范化乘子以满足规范化条件。

1.1.2　随机变量的统计学特征

在描述随机变量的统计学特征时除概率分布函数和概率密度函数外，还可使用其他的数字特征，包括：数学期望、矩、方差、均方差。均方差英文写作 root mean square error(RMSE)。上述数字特征与概率密度间的关系在表 1.1.1 中给出。

表 1.1.1　随机变量的基本数字特征与概率密度间的关系

数字特征	定义
数学期望	$M_X x=\bar{x}=\int x f_X(x)\mathrm{d}x$ (1.1.13)
n 阶矩	$M_X x^n=\int x^n f_X(x)\mathrm{d}x$ (1.1.14)
n 阶中心矩	$M_X(x-\bar{x})^n=\int(x-\bar{x})^n f_X(x)\mathrm{d}x$ (1.1.15)
方差	$D=\int(x-\bar{x})^2 f_X(x)\mathrm{d}x$ (1.1.16)
均方差	$\sigma=\left(\int(x-\bar{x})^2 f_X(x)\mathrm{d}x\right)^{\frac{1}{2}}$ (1.1.17)

注：表中各式积分的上、下限均视为是无穷的，后面如没有写出上、下限，也认为是无穷的

例 1.1.2　对均匀分布概率密度函数求取上述数字特征的表达式，其数学期望、二阶

矩及方差表示为

$$M_X x = \overline{x} = \int_a^b x f_X(x)\,\mathrm{d}x = \frac{x^2}{2(b-a)}\bigg|_a^b = \frac{b+a}{2}$$

$$M_X x^2 = \int_a^b x^2 f_X(x)\,\mathrm{d}x = \frac{x^3}{3(b-a)}\bigg|_a^b = \frac{b^2+ba+a^2}{3}$$

$$M_X(x-\overline{x})^2 = \frac{(a-b)^2}{12}$$

当 $a=0$ 时，$M_X x = \overline{x} = \frac{b}{2}$，$M_X x^2 = \frac{b^2}{3}$，$M_X(x-\overline{x})^2 = D = \frac{b^2}{12}$，$\sigma = \frac{b}{\sqrt{12}}$。如果概率密度函数在区间$[-a,a]$上不为零，则数学期望为零，二阶矩与方差相同，为 $M_X x^2 = D = \frac{a^2}{3}$。

数学期望为零的随机变量称为同分布随机变量。

考虑式(1.1.14)及式(1.1.16)可得以下方差关系式

$$D = Mx^2 - \overline{x}^2 \tag{1.1.18}$$

随机变量的方差描述了概率密度函数在数学期望邻域内的集中度，这个情况在切比雪夫不等式中有所描述。对数学期望为 $\overline{x}$、方差为 D 的随机变量 X，有下面的表达式：

$$Pr(|X-\overline{x}| \geqslant \varepsilon) \leqslant \frac{D}{\varepsilon^2}$$

这个等式可直接由方差的定义证明。

事实上

$$D = \int_{-\infty}^{\infty}(X-\overline{x})^2 f_X(x)\,\mathrm{d}x \geqslant \varepsilon^2 \int_{|X-\overline{x}|\geqslant\varepsilon} f_X(x)\,\mathrm{d}x = \varepsilon^2 Pr(|X-\overline{x}| \geqslant \varepsilon)$$

由此可知，随着方差的减小，随机变量落在区间$(\overline{x}-\varepsilon \leqslant X \leqslant \overline{x}+\varepsilon)$外的概率也会减小。在实际信息处理的问题中随机变量及其相应的概率分布函数、概率密度函数中重要的特征是分位点。

对随机变量 X 的阶为 p 的分位点 x_p 有关系式

$$Pr(X < x_p) = F_X(x_p) = p \tag{1.1.19}$$

式中，x_p 为给出概率大小的量(图 1.1.2)。

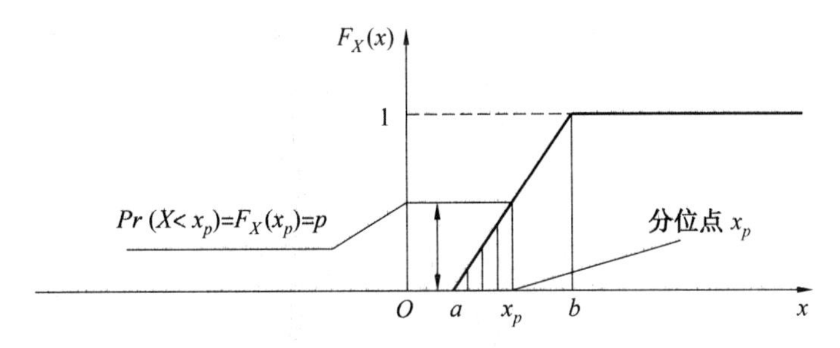

图 1.1.2　分位点的定义

概率的50%分位点(分位点 $x_{\frac{1}{2}}$)称为分布中位数。换言之，中位数是 $F_X(x_p)=\frac{1}{2}$ 的量，有

$$\int_{-\infty}^{x_{1/2}} f_X(x)\mathrm{d}x=\int_{x_{1/2}}^{\infty} f_X(x)\mathrm{d}x=\frac{1}{2}$$

即概率密度函数与坐标横轴之间的图形在中值左侧与右侧的面积是相等的。

再引入一个称为众数的特征，概率密度函数的孤立极大值称为分布众数，如果概率密度函数仅有一个极大值，则称为唯一众数。

由式(1.1.1)可知，均匀分布概率密度函数没有极大值，其众数与数学期望一致。

在图1.1.3中给出了有两个众数的概率密度函数的例子，这个函数的表达式为

$$f_X(x)=\frac{1}{2}\left\{\frac{1}{(2\pi)^{\frac{1}{2}}}\exp\left[-\frac{(x+2)^2}{2}\right]+\frac{2}{(2\pi)^{\frac{1}{2}}}\exp\left[-\frac{(x-1)^2}{0.5}\right]\right\}$$

为两个高斯密度的算术平均数，其特性在下一节中详细讨论。

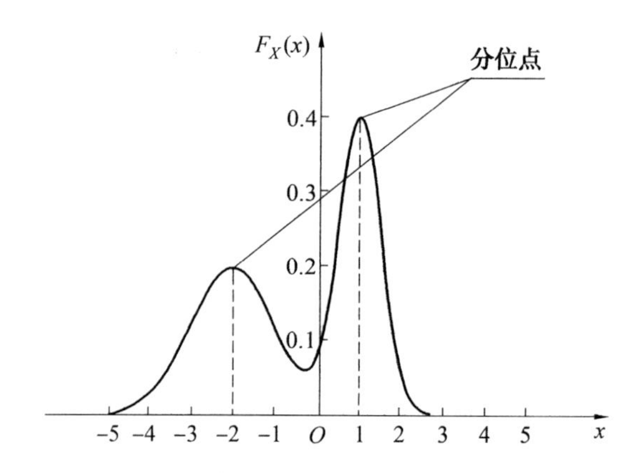

图 1.1.3　有两个众数的概率密度函数的例子

设在某非线性变换 $g(\cdot)$ 下概率密度函数为 $f_X(x)$ 的随机变量 X 变换为新的随机变量 $Y=g(X)$。那么随即会产生问题，新随机变量的概率密度函数将是怎样的？这个问题的答案将在1.3节中讨论。比较简单的情况是计算 $Y=g(X)$ 的数学期望和矩，有下列关系式成立[85,P44]：

$$\bar{y}=M_Y\{y\}=M_X\{g(x)\}=\int g(x)f_X(x)\mathrm{d}x$$

$$M_Y\{y_n\}=M_X\{g^n(x)\}=\int g^n(x)f_X(x)\mathrm{d}x$$

由这些关系式知，为得到变换后随机变量的矩必须知道原始随机变量的概率密度函数，并计算相应的积分。如果变换是线性的，则问题将得到简化，在这种情况下只需知道原始随机变量的矩。

例 1.1.3　设 $Y=aX+c$，这里 a 和 c 为已知的常数，X 为数学期望为 $\bar{x}$、方差为 σ_x^2 的随机变量。确定 y 的期望和方差，由定义可得

$$M_Y\{y\}=\int(ax+c)f_X(x)\mathrm{d}x=aM_Xx+c=a\bar{x}+c$$

$$M_Y\{(y-\bar{y})^2\}=\int a^2(x-\bar{x})^2f_X(x)\mathrm{d}x=a^2\sigma_x^2$$

1.1.3　高斯随机变量及其特征

高斯随机变量或标准随机变量是指其概率分布函数和概率分布密度如下的随机变量

$$F_X(x)=\frac{1}{(2\pi)^{\frac{1}{2}}\sigma}\int_{-\infty}^{x}\exp\left[-\frac{(t-\bar{x})^2}{2\sigma^2}\right]\mathrm{d}t \tag{1.1.20}$$

$$f_X(x)=\frac{1}{(2\pi)^{\frac{1}{2}}\sigma}\exp\left[-\frac{(x-\bar{x})^2}{2\sigma^2}\right]$$

高斯随机变量在解决实际问题时有极广泛的应用。

式(1.1.20)相应地称为高斯(正态)概率分布或高斯(正态)概率分布密度函数。

后面对高斯概率密度函数使用如下定义：

$$f_X(x)=\frac{1}{(2\pi)^{\frac{1}{2}}\sigma}\exp\left[-\frac{(x-\bar{x})^2}{2\sigma^2}\right]=N(x;\bar{x},\sigma^2) \tag{1.1.21}$$

高斯概率分布函数和概率密度函数与数学期望及均方差的关系如图 1.1.4 所示。

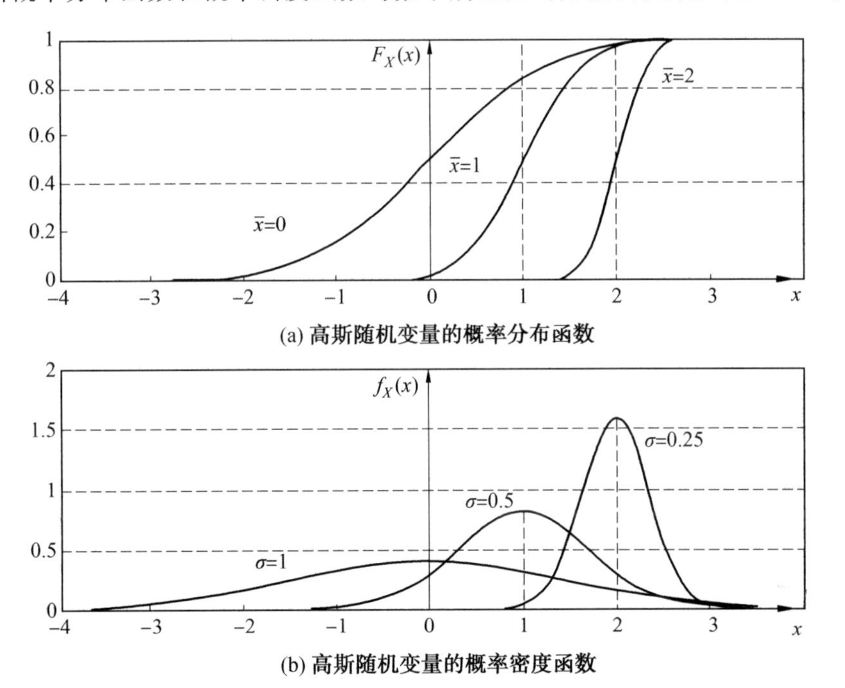

图 1.1.4　数学期望($\bar{x}=0$、$\bar{x}=1$、$\bar{x}=2$)及均方差($\sigma=1$、$\sigma=0.5$、$\sigma=0.25$)取不同值时高斯随机变量的概率分布函数及概率密度函数曲线图

由图 1.1.4 可知，随着方差的减小，概率密度函数不为零的区域也在减少，可以看出，

$$\lim_{\sigma \to 0} \frac{1}{\sqrt{2\pi}\sigma} \exp\left[-\frac{(x-\bar{x})^2}{2\sigma^2}\right] = \delta(x-\bar{x})$$

式中,$\delta(\cdot)$ 为 δ 函数。

不难看出,高斯概率密度函数的中位数、数学期望和众数是一致的。可知,这个分布是唯一众数的。

对应于同分布随机变量的高斯概率分布函数,有如下关系式:

$$F_X(x) = 1 - F_X(-x)$$

奇数阶高斯随机变量的矩为零,即

$$\int (x-\bar{x})^{2k-1} f_X(x) \mathrm{d}x = 0$$

对于偶数阶随机变量的矩有表达式[1,2]

$$\int (x-\bar{x})^{2k} f_X(x) \mathrm{d}x = 1 \times 3 \times \cdots \times (2k-1)\sigma^{2k}, \quad k = 1,2,\cdots \tag{1.1.22}$$

由这些关系式及高斯随机变量的数学期望 $\bar{x}$ 和方差 σ^2 可以完全确定其概率密度函数。

在详细讨论描述高斯随机变量特性时使用的数学描述时,为便于计算人们引入标准高斯随机变量 U,其数学期望为 0,方差为 1,即[38,P574]

$$f_U(u) = N(u;0,1) = \frac{1}{(2\pi)^{\frac{1}{2}}} \exp\left(-\frac{u^2}{2}\right) \tag{1.1.23}$$

$$F_U(u) = \frac{1}{(2\pi)^{\frac{1}{2}}} \int_{-\infty}^{u} \exp\left(-\frac{t^2}{2}\right) \mathrm{d}t \tag{1.1.24}$$

显然,标准高斯随机变量可以通过简单变换得到

$$U = \frac{X-\bar{x}}{\sigma} \tag{1.1.25}$$

注意到式(1.1.20)及式(1.1.21)为一般高斯随机变量的概率分布函数和概率密度函数,可写作

$$F_X(x) = \frac{1}{(2\pi)^{\frac{1}{2}}\sigma} \int_{-\infty}^{x} \exp\left[-\frac{(t-\bar{x})^2}{2\sigma^2}\right] \mathrm{d}t = F_U\left(\frac{X-\bar{x}}{\sigma}\right) \tag{1.1.26}$$

$$N(x;\bar{x},\sigma^2) = \frac{1}{\sigma} f_U\left(\frac{X-\bar{x}}{\sigma}\right) \tag{1.1.27}$$

在表示高斯随机变量时经常使用专门的误差函数[38,P575]

$$\mathrm{erf}\, x = \frac{2}{\sqrt{\pi}} \int_{0}^{x} \exp(-t^2) \mathrm{d}t \tag{1.1.28}$$

注意到,对这个函数有如下关系式:

$$\mathrm{erf}\, x = -\mathrm{erf}(-x) \tag{1.1.29}$$

其图形在图 1.1.5 中描述。

不难看出

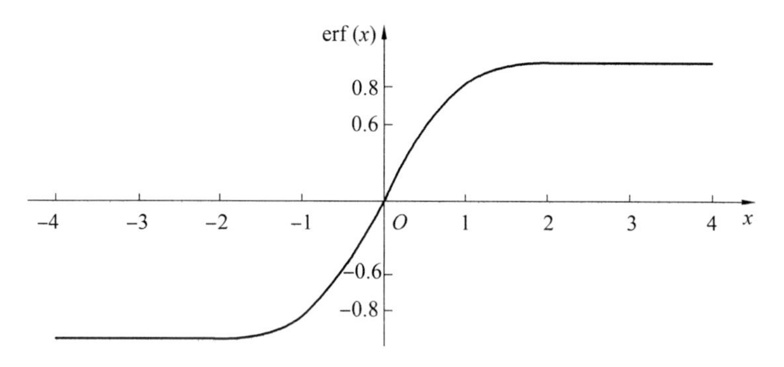

图 1.1.5　误差函数曲线

$$F_U(u)=\frac{1}{(2\pi)^{\frac{1}{2}}}\int_{-\infty}^{u}\exp\left(-\frac{t^2}{2}\right)\mathrm{d}t=\frac{1}{2}\left[1+\mathrm{erf}\left(\frac{u}{\sqrt{2}}\right)\right] \tag{1.1.30}$$

由此有

$$F_X(x)=\frac{1}{2}\left[1+\mathrm{erf}\left(\frac{x-\overline{x}}{\sqrt{2}\sigma}\right)\right] \tag{1.1.31}$$

由式(1.1.26) 及式(1.1.30) 可得关系式

$$Pr(a\leqslant X<b)=F_U\left(\frac{b-\overline{x}}{\sigma}\right)-F_U\left(\frac{a-\overline{x}}{\sigma}\right)=\frac{1}{2}\left[\mathrm{erf}\left(\frac{b-\overline{x}}{\sqrt{2}\sigma}\right)-\mathrm{erf}\left(\frac{a-\overline{x}}{\sqrt{2}\sigma}\right)\right] \tag{1.1.32}$$

它确定了高斯随机变量落在给定区间的概率。

考虑式(1.1.7) 可得

$$Pr(\overline{x}-k\sigma\leqslant X<\overline{x}+k\sigma)=Pr(|X-\overline{x}|\leqslant k\sigma)=\mathrm{erf}\left(\frac{k}{\sqrt{2}}\right) \tag{1.1.33}$$

在表 1.1.2 及图 1.1.6 中给出了任意值 k 对应的高斯随机变量的概率值。

表 1.1.2　对应不同 k 值的高斯随机变量的概率值 $Pr(|X-\overline{x}|\leqslant k\sigma)$

k	1	2	3	4
$Pr(\|X-\overline{x}\|\leqslant k\sigma)$	0.682 7	0.954 5	0.997 3	0.999 9

由表 1.1.2 可知，同分布高斯随机变量的模为 $|X-\overline{x}|$，0.682 7 阶的分位点为 σ，而高斯随机变量落在区间 $\pm 3\delta$ 上的概率为 0.997 3。通常值 3σ 称为临界值或临界误差，如果随机变量描述的是量测的误差，则称高斯随机变量的

$$Pr(|X-\overline{x}|\leqslant 3\sigma)=0.997\ 3 \tag{1.1.34}$$

为 3σ 规则。

对于高斯随机变量下列数量特征是要经常使用的。

定义为模 $|X-\overline{x}|$ 的数学期望的绝对平均差，即[38,P578]

$$M_X\{|X-\overline{x}|\}=\sigma M_{|U|}|U|=\sqrt{\frac{2}{\pi}}\sigma\approx 0.798\sigma \tag{1.1.35}$$

定义为 $|X-\overline{x}|$ $\frac{1}{2}$ 分位数的概率误差 ε，即

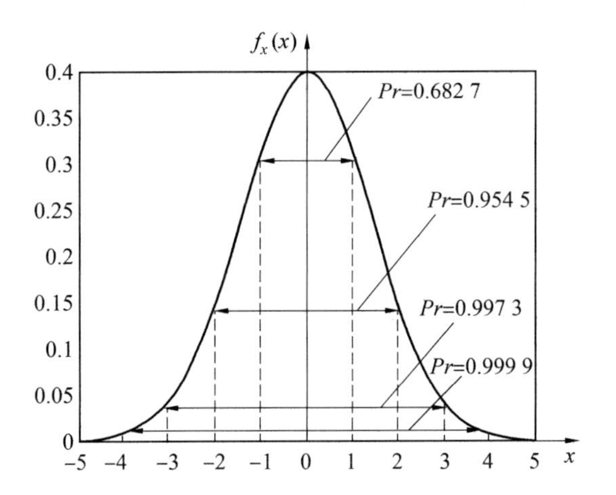

图 1.1.6　当 $f_X(x)=N(x;0,\sigma^2)$,$k=1,2,3,4$ 时高斯随机变量的概率值 $Pr(|X-\bar{x}|\leqslant k\sigma)$

$$Pr(|X-\bar{x}|\leqslant\varepsilon)=0.5 \tag{1.1.36}$$

换言之,事件 $|X-\bar{x}|<\varepsilon$ 和 $|X-\bar{x}|>\varepsilon$ 概率相等的那个值是模 $|X-\bar{x}|$ 的中位数。

对于标准高斯随机变量概率误差为 $\varepsilon=0.674$,因此对于方差为 σ^2 的同分布随机变量有[38,P578]

$$\varepsilon\approx 0.674\sigma \tag{1.1.37}$$

1.1.4　随机变量类型

除高斯和均匀分布随机变量外还存在其他不同类型的随机变量,如瑞利分布,其分布函数为

$$F_X(x)=\int_0^x \frac{u}{\sigma^2}\exp\left(-\frac{u^2}{2\sigma^2}\right)\mathrm{d}u=1-\exp\left(-\frac{x^2}{2\sigma^2}\right) \tag{1.1.38}$$

概率密度函数、数学期望和方差分别为

$$f_X(x)=\frac{x}{\sigma^2}\exp\left(-\frac{x^2}{2\sigma^2}\right) \tag{1.1.39}$$

$$M_X x=\bar{x}=\int_0^\infty \frac{x^2}{\sigma^2}\exp\left(-\frac{x^2}{2\sigma^2}\right)\mathrm{d}x=\sigma\sqrt{\frac{\pi}{2}}$$

$$M_X(x-\bar{x})^2=\int_0^\infty (x-\bar{x})^2\frac{x}{\sigma^2}\exp\left(-\frac{x^2}{2\sigma^2}\right)\mathrm{d}x=\frac{4-\pi}{2}\sigma^2$$

对应于不同 σ 函数(1.1.39),在图 1.1.7 中给出其图像。

瑞利分布的特殊性在于,与前面分析过的随机变量不同,其概率密度函数相对于数学期望不是对称的。

在实际问题中最常使用的概率密度函数及与其相对应的数学期望及方差计算式在表 1.1.3 中给出[85,P31]。

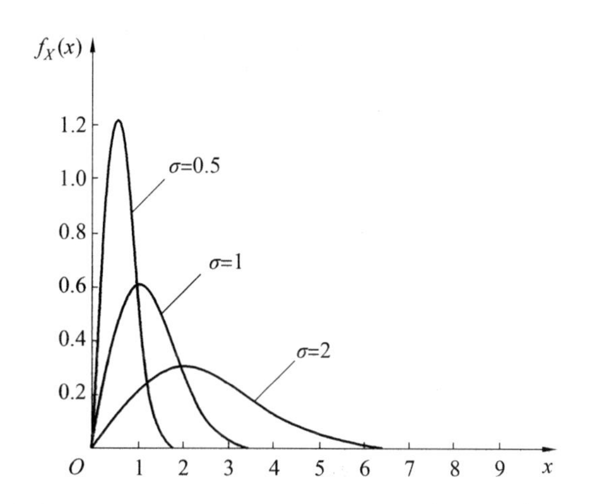

图 1.1.7　对不同值 σ:$\sigma=0.5$、$\sigma=1$、$\sigma=2$ 的瑞利概率分布密度曲线图

表 1.1.3　概率密度函数及其相应特征

名称	分布密度 $f_X(x)$	数学期望	方差
β 分布	$\frac{1}{B(a,b)}(1-x)^{b-1}I_{(0,1)}(x)$	$\frac{a}{a+b}$	$\frac{ab}{(a+b+1)(a+b)^2}$
χ^2 分布，自由度为 v	$\frac{x^{\frac{v-2}{2}}\exp\left(-\frac{x}{2}\right)}{2^{\frac{v}{2}}\Gamma\left(\frac{v}{2}\right)}$	v	$2v$
指数分布	$\frac{1}{\mu}e^{-\frac{x}{\mu}}$	μ	μ^2
Γ 分布	$\frac{1}{b^a\Gamma(a)}x^{a-1}\exp\left(\frac{x}{b}\right)$	ab	ab^2
标准分布	$\frac{1}{(2\pi)^{\frac{1}{2}}\sigma}\exp\left[-\frac{(x-\overline{x})^2}{2\sigma^2}\right]$	$\overline{x}$	σ^2
瑞利分布	$f_X(x)=\frac{x}{\sigma^2}\exp\left(-\frac{x^2}{2\sigma^2}\right)$	$\sigma\sqrt{\frac{\pi}{2}}$	$\frac{4-\pi}{2}\sigma^2$
均匀分布	$\begin{cases}0, & x\notin[a,b]\\ \frac{1}{b-a}, & x\in[a,b]\end{cases}$	$\frac{b+a}{2}$	$\frac{(a-b)^2}{12}$

注：$I_{(c,d)}(x)=\begin{cases}0, & x\notin(c,d)\\ 1, & x\in(c,d)\end{cases}$；$\Gamma(\cdot)$ 为 Γ 函数；$B(\cdot,\cdot)$ 为 β 函数

在 Matlab 工具箱中存在 m－函数，由其可建立不同的概率分布函数和概率密度函数。表 1.1.4 中给出了这些 m－函数的描述，其中函数的名称应使用英文。

表 1.1.4　Matlab 工具箱中的 m－函数描述

函数	调用及用途
CDF	$P=\mathrm{CDF}('\mathrm{name}',X,A_1,A_2,A_3)$
PDF	$Y=\mathrm{PDF}('\mathrm{name}',X,A_1,A_2,A_3)$ 对给出的变量 X 及可能参数 A_1、A_2 和 A_3 形成一组概率分布函数(CDF)或概率密度函数(PDF)值 函数的形式由名称的选择来决定 这些函数的可能参数取决于概率分布函数和概率密度函数,某些参数可能没有给出

在 Matlab 中研究不同的概率密度函数和概率分布函数时 m－函数 disttool 是十分重要的。通过这个函数可以在给出的清单中选择合适的、感兴趣的概率分布函数和概率密度函数分析。

在前面分析随机变量时都将其样本空间 Ω 假设为实数集或其某些子集,这种随机变量称为连续型随机变量,同样可作为样本空间的也可以是有限或可数集,这时称其为离散型随机变量。

取有限或可数个值的随机变量称为离散型随机变量,离散型随机变量的统计学特征完全由一组数来确定

$$\mu^j=Pr\{x=x^j\},\quad j=\overline{1,2,\cdots,M}$$

其中每个 μ^j 都给出了随机变量值 x^j 的概率。

离散型随机变量的统计特征可以相应地由连续型随机变量描述,其概率密度函数为

$$f_X(x)=\sum_{j=1}^{M}\mu^j\delta(x-x^j)\tag{1.1.40}$$

式中,$\delta(\cdot)$ 为 δ 函数。

由这个式子可以得到离散型随机变量的一些关系式,其数学期望及方差分别为

$$M_Xx=\bar{x}=\int xf_X(x)\mathrm{d}x=\sum_{j=1}^{M}\mu^jx^j$$

$$\sigma^2=\int(x-\bar{x})^2f_X(x)\mathrm{d}x=\sum_{j=1}^{M}\mu^j(x^j)^2-\bar{x}^2$$

1.1.5　本节习题

习题 1.1.1　随机变量的概率密度函数为

$$f_X(x)=k\mathrm{e}^{-ax},x\geqslant 0,k>0,a>0$$

由概率密度函数的规范化条件确定参数 a。

解　由规范化条件

$$\int_{-\infty}^{\infty}f_X(x)\mathrm{d}x=1$$

可得

$$\int_{-\infty}^{\infty} f_X(x)\mathrm{d}x = \int_{0}^{\infty} k\mathrm{e}^{-ax}\mathrm{d}x = -\frac{k}{a}\mathrm{e}^{-ax}\Big|_{0}^{\infty} = \frac{k}{a},\quad k=a$$

习题 1.1.2　找出与例 1.1.4 中的概率密度函数对应的概率分布函数。

解
$$F_X(x) = \int_{-\infty}^{x} f_X(x)\mathrm{d}x = \int_{0}^{x} a\mathrm{e}^{-ax}\mathrm{d}x = -\mathrm{e}^{-ax}\Big|_{0}^{x} = 1-\mathrm{e}^{-ax}$$

习题 1.1.3　计算例 1.1.4 中随机变量落在区间$\left(0,\frac{1}{a}\right)$上的概率。

解
$$Pr\left(0 < x < \frac{1}{a}\right) = F_X\left(\frac{1}{a}\right) = 1-\frac{1}{\mathrm{e}} \approx 0.63$$

习题 1.1.4　写出例 1.1.4 中的分布中位数表达式。

解　$F_X(x_{0.5}) = \int_{-\infty}^{x_{0.5}} f_X(x)\mathrm{d}xv = 0.5$，由此可知 $1-\mathrm{e}^{-ax_{0.5}} = 0.5$，即有中位数 $x_{0.5} = \frac{1}{a}\ln 2$。

思考题

1. 解释下列概念：事件、事件概率、随机变量和概率分布函数。

2. 给出随机变量概率分布函数和概率密度函数的定义，列举其基本特性，并给出它们与随机变量落在给定区间概率的关系，举出例子。

3. 给出数学期望、方差、均方误差的定义，解释它们的意义，说明随机变量的标准差。

4. 写出切比雪夫不等式并解释其意义。

5. 说明为什么方差描述了随机变量的值相对数学期望的波动。

6. 什么是分布中位数和众数？给出它们相同和不同的概率密度函数的例子，给出分位点的定义，解释这个值的意义。分位数与分位点之间有何联系？

7. 如果随机变量乘上已知数，其数学期望是如何变化的？

8. 什么是离散型随机变量？如何用给出概率密度的等效连续型随机变量表示离散型随机变量？

9. 写出高斯概率密度函数的表达式、相应的数学期望及方差值，说明这些参数发生变化时函数曲线的变化，给出标准随机高斯变量的定义。

10. 解释临界误差、平均绝对差及概率误差的概念。写出高斯随机变量的 3σ 规则。

1.2　随机向量及其描述方法

1.2.1　随机向量的定义及其描述方法

每个分量都是随机变量的向量称为随机向量，随机向量 $\boldsymbol{X} = (X_1, X_2, \cdots, X_n)^{\mathrm{T}}$ 的特性完全可以由其联合概率分布函数或联合概率密度函数表示，函数表达式为

$$F_{\boldsymbol{X}}(x)=Pr(x_1<X_1,X_2,\cdots,X_n<x_n) \tag{1.2.1}$$

$$f_{\boldsymbol{X}}(x)=\frac{\partial^n F(x)}{\partial x_1\partial x_2\cdots\partial x_n} \tag{1.2.2}$$

$$F_{\boldsymbol{X}}(x)=\int_{-\infty}^{x_n}\int_{-\infty}^{x_{n-1}}\cdots\int_{-\infty}^{x_1}f_{\boldsymbol{X}}(u)\mathrm{d}u_1\mathrm{d}u_2\cdots\mathrm{d}u_n \tag{1.2.3}$$

式(1.2.1)给出了每个分量都满足 $X_j<x_j,j=1,2,\cdots,n$ 的事件的概率。

联合概率密度函数与一维情况相同,是非负的,并且满足规范化条件

$$\int_{-\infty}^{\infty}\cdots\int_{-\infty}^{\infty}f_{\boldsymbol{X}}(x)\mathrm{d}x_1\mathrm{d}x_2\cdots\mathrm{d}x_n=1 \tag{1.2.4}$$

除此之外,联合概率密度函数满足一致性条件,当 $m<n$ 时可表示为

$$f_{X_1,X_2,\cdots,X_m}(x_1,x_2,\cdots,x_m)=\int\cdots\int f_{\boldsymbol{X}}(x_1,x_2,\cdots,x_m,x_{m+1},\cdots,x_n)\mathrm{d}x_{m+1}\cdots\mathrm{d}x_n \tag{1.2.5}$$

是自变量的对称函数。

最后,向量 $\boldsymbol{X}=(X_1,X_2,\cdots,X_n)$ 的概率密度函数与其分量的排序无关,有 $f_{X_i,X_j}(x_i,x_j)=f_{X_j,X_i}(x_j,x_i)$。

1.2.2 随机向量的统计学特征

随机向量落在区域 Ω 上的概率、数学期望 $\bar{x}$ 及协方差矩阵(方差概念在多维情况下的推广)的表达式为

$$Pr(\boldsymbol{x}\in\Omega)=\int_{\Omega}f_{\boldsymbol{X}}(\boldsymbol{x})\mathrm{d}x \tag{1.2.6}$$

$$\bar{\boldsymbol{x}}=\int\boldsymbol{x}f_{\boldsymbol{X}}(\boldsymbol{x})\mathrm{d}x=M(\boldsymbol{x}) \tag{1.2.7}$$

$$P=\int(\boldsymbol{x}-\bar{\boldsymbol{x}})(\boldsymbol{x}-\bar{\boldsymbol{x}})^{\mathrm{T}}f_{\boldsymbol{X}}(\boldsymbol{x})\mathrm{d}x=M\boldsymbol{x}\boldsymbol{x}^{\mathrm{T}}-\overline{\boldsymbol{x}\boldsymbol{x}}^{\mathrm{T}} \tag{1.2.8}$$

后面这些积分将多次使用,如果积分的区域没有给出的话,就像前面说明的,认为是从 $-\infty$ 到 $+\infty$。

由一致性条件可得协方差矩阵的对角元素

$$P_{ii}=\sigma_i^2=\int(x_i-\bar{x}_i)^2f_{X_i}(x_i)\mathrm{d}x_i,\quad i=1,2,\cdots,n$$

它确定了随机向量中各相应分量的方差。

两个随机变量 X_i 和 X_j 的数学期望 $M_{X_i,X_j}\{(x_i-\bar{x}_i)(x_j-\bar{x}_j)\}$ 称为相关系数,因此,非对角元素

$$P_{ij}=M_{X_i,X_j}\{(x_i-\bar{x}_i)(x_j-\bar{x}_j)\}=\iint(x_i-\bar{x}_i)(x_j-\bar{x}_j)f_{X_i,X_j}(x_i,x_j)\mathrm{d}x_i\mathrm{d}x_j$$

$$i\neq j,\quad i,j=1,2,\cdots,n$$

确定了不同分量之间的相关系数。

基于概率密度函数的对称性,有 $P_{ij}=P_{ji}$,它描述了协方差矩阵的对称性,即 $\boldsymbol{P}=\boldsymbol{P}^{\mathrm{T}}$.

协方差矩阵的重要特征是其为非负定矩阵，即对于任意 $\boldsymbol{x} \neq \boldsymbol{0}$ 有 $\boldsymbol{x}^{\mathrm{T}}\boldsymbol{P}\boldsymbol{x} \geqslant 0$.

如果随机向量的数学期望为零，则与一维情况相同，称其为同分布随机向量。

多维情况下分位点的定义原则上可以引入，如果计算概率的区域已经确定，众数的概念类似可引入，但是中位数的概念不再使用。

如果 $M_{X_i,X_j}\{(x_i-\overline{x}_i)(x_j-\overline{x}_j)\}=0$，则随机变量称为互不相关的或正交的。由此可知，随机向量的各分量彼此之间可能不相关，协方差矩阵为对角形式。如果给出两个随机向量，则可以给出互相关矩阵，其定义为

$$\boldsymbol{B}=\iint(\boldsymbol{x}-\overline{\boldsymbol{x}})(\boldsymbol{y}-\overline{\boldsymbol{y}})^{\mathrm{T}}f_{\boldsymbol{X},\boldsymbol{Y}}(\boldsymbol{x},\boldsymbol{y})\mathrm{d}x\mathrm{d}y$$

式中，$f_{\boldsymbol{X},\boldsymbol{Y}}(\boldsymbol{x},\boldsymbol{y})$ 为联合概率密度函数。如果这个矩阵为零矩阵，则称随机向量是互不相关的或正交的。

随机变量的独立性概念也是很重要的。随机变量 $X_i(i=1,2,\cdots,n)$ 是彼此独立的，如果联合概率密度函数为每个随机变量概率密度函数的乘积，即

$$f_{\boldsymbol{X}}(x_1,x_2,\cdots,x_n)=\prod_{i=1}^{n}f_{X_i}(x_i)$$

类似地可引入独立随机向量的概念。

独立随机向量是互不相关的，因为

$$\begin{aligned}M_{X_i,X_j}\{(x_i-\overline{x}_i)(x_j-\overline{x}_j)\}&=\iint(x_i-\overline{x}_i)(x_j-\overline{x}_j)f_{X_i,X_j}(x_i,x_j)\mathrm{d}x_i\mathrm{d}x_j\\&=\int(x_i-\overline{x}_i)f_{X_i}(x_i)\mathrm{d}x_i\int(x_j-\overline{x}_j)f_{X_j}(x_j)\mathrm{d}x_j=0\end{aligned}$$

一般情况下逆命题是不成立的。

对于二维的随机向量，$\boldsymbol{X}=(X_1,X_2)^{\mathrm{T}}$，上述定义具体的描述在表 1.2.1 中给出。

表 1.2.1　二维随机向量的基本定义和关系

关系	定义
概率分布函数	$F_{\boldsymbol{X}}(x)=Pr(X_1<x_1,X_2<x_2)$
规范化条件	$\int_{-\infty}^{\infty}f_{\boldsymbol{X}}(x)\mathrm{d}x_1\mathrm{d}x_2=1$
概率密度函数的对称性	$f_{\boldsymbol{X}}(x_1,x_2)=f_{\boldsymbol{X}}(x_2,x_1)$
一致性条件	$f_{X_1}(x_1)=\int f_{\boldsymbol{X}}(x_1,x_2)\mathrm{d}x_2$ $f_{X_2}(x_2)=\int f_{\boldsymbol{X}}(x_1,x_2)\mathrm{d}x_1$
互不相关性	$M_{\boldsymbol{X}}(x_1-\overline{x}_1)(x_2-\overline{x}_2)=0$
随机向量落在区域 Ω 上的概率	$Pr(\boldsymbol{X}\in\Omega)=\int_{\Omega}f_{\boldsymbol{X}}(x)\mathrm{d}x_1\mathrm{d}x_2$
数学期望	$\overline{x_i}=\iint x_if_{\boldsymbol{X}}(x_1,x_2)\mathrm{d}x_1\mathrm{d}x_2=\int x_if_{X_i}(x_i)\mathrm{d}x_i$ $i=1,2$

续表 1.2.1

关系	定义
相关系数	$P_{12}=P_{21}=\iint(x_1-\overline{x}_1)(x_2-\overline{x}_2)f_{\boldsymbol{X}}(x_1,x_2)\mathrm{d}x_1\mathrm{d}x_2$
分量的方差	$\sigma_i^2=\iint(x_i-\overline{x}_i)^2 f_{X_i}(x_i)\mathrm{d}x_i,\quad i=1,2$
协方差矩阵	$\boldsymbol{P}=\begin{bmatrix}P_{11} & P_{12}\\ P_{21} & P_{22}\end{bmatrix},P_{ii}=\sigma_i^2,i=1,2,\boldsymbol{P}=\boldsymbol{P}^{\mathrm{T}}\geqslant 0$

与一维情况类似,设随机向量 $\boldsymbol{x}$ 的概率密度函数 $f_{\boldsymbol{X}}(\boldsymbol{x})$ 已知,一般情况下由某非线性函数 $g(\cdot)$ 可得新的随机向量 $\boldsymbol{y}=g(\boldsymbol{x})$,新向量的数学期望和协方差矩阵可以由下列关系式得到:

$$M_Y\{\boldsymbol{y}\}=\overline{\boldsymbol{y}}=M_{\boldsymbol{X}}\{g(\boldsymbol{x})\}=\int g(\boldsymbol{x})f_{\boldsymbol{X}}(\boldsymbol{x})\mathrm{d}x \tag{1.2.9}$$

$$M_Y\{(\boldsymbol{y}-\overline{\boldsymbol{y}})(\boldsymbol{y}-\overline{\boldsymbol{y}})^{\mathrm{T}}\}=\int(g(\boldsymbol{x})-\overline{\boldsymbol{y}})(g(\boldsymbol{x})-\overline{\boldsymbol{y}})^{\mathrm{T}}f_{\boldsymbol{X}}(\boldsymbol{x})\mathrm{d}x \tag{1.2.10}$$

由这些关系式可知,这里为得到变换后随机向量的矩,必须知道原始向量的概率密度函数 $f_{\boldsymbol{X}}(\boldsymbol{x})$ 并计算出相应的积分。如果变换是线性的,则问题将得到简化,这时只需知道原始向量的矩即可。

例 1.2.1 设两个随机变量 X_1、X_2 的数学期望为 $\overline{x_1}$、$\overline{x_2}$,方差为 σ_1^2、σ_2^2,相关系数 K 是已知的。求 $Y=\alpha X_1+\beta X_2$ 的数学期望和方差,这里 α、β 为已知系数。

由式(1.2.9)及(1.2.10)可得

$$M_Y\{y\}=M_X\{\alpha x_1+\beta x_2\}=\alpha M x_1+\beta M x_2=\alpha\,\overline{x_1}+\beta\,\overline{x_2}$$

$$\sigma_y^2=M_Y\{(y-\overline{y})^2\}=M_X\{[\alpha(x_1-\overline{x}_1)+\beta(x_2-\overline{x}_2)]^2\}=\alpha^2\sigma_1^2+\beta^2\sigma_2^2+2K\alpha\beta$$

例中得到的关系式很容易推广至矢量情况(见例 1.2.2,1.2.3)。

1.2.3 高斯随机向量及其特征

概率密度函数为

$$f_{\boldsymbol{X}}(\boldsymbol{x})=N(\boldsymbol{x};\overline{\boldsymbol{x}},\boldsymbol{P})=\frac{1}{(2\pi)^{\frac{n}{2}}(\det\boldsymbol{P})^{\frac{1}{2}}}\exp[-0.5(\boldsymbol{x}-\overline{\boldsymbol{x}})^{\mathrm{T}}\boldsymbol{P}^{-1}(\boldsymbol{x}-\overline{\boldsymbol{x}})] \tag{1.2.11}$$

式中,$\overline{\boldsymbol{x}}$ 和 $\boldsymbol{P}$ 分别是数学期望和协方差矩阵,与一维情况相同,它们充分地确定高斯概率密度函数。

由一致性条件可知对于概率密度函数的分量确定如下:

$$f_{X_i}(x_i)=N(x_i;x_j,P_{ij})=\frac{1}{(2\pi)^{\frac{1}{2}}P_{ii}^{\frac{1}{2}}}\exp\left(-\frac{(x_i-\overline{x}_i)^2}{2P_{ii}}\right),\quad i=1,2,\cdots,n$$

类似地可以得到任意分量组合的概率密度,对此需从数学期望向量中选择必要的分量,由整体的协方差矩阵形成相应的协方差矩阵。

如果随机向量的一致分布密度是高斯分布，则向量称为一致高斯随机向量。注意到，存在如下情形，每个向量或随机变量都是高斯变量，但它们的一致密度却不是高斯的[85]。

如果一致高斯向量 $\boldsymbol{X}$ 和 $\boldsymbol{Y}$ 不相关，即

$$M_{\boldsymbol{X},\boldsymbol{Y}}\{(\boldsymbol{x}-\bar{\boldsymbol{x}})(\boldsymbol{y}-\bar{\boldsymbol{y}})^{\mathrm{T}}\}=0$$

即它们彼此无关，则

$$f_{\boldsymbol{X},\boldsymbol{Y}}(\boldsymbol{x},\boldsymbol{y})=f_{\boldsymbol{Y}}(\boldsymbol{y})f_{\boldsymbol{X}}(\boldsymbol{x})$$

当 X 和 Y 是标量时，很容易验证，因为

$$f_{X,Y}(x,y)=N\left(\begin{bmatrix}x\\y\end{bmatrix};\begin{bmatrix}\bar{x}\\\bar{y}\end{bmatrix},\begin{bmatrix}P_{11}&0\\0&P_{22}\end{bmatrix}\right)=\frac{1}{(2\pi)P_{11}^{\frac{1}{2}}P_{22}^{\frac{1}{2}}}\exp\left[-\frac{(x-\bar{x})^2}{2P_{11}}-\frac{(y-\bar{y})^2}{2P_{22}}\right]$$

$$=\frac{1}{(2\pi)^{\frac{1}{2}}P_{11}^{\frac{1}{2}}}\exp\left[-\frac{(x-\bar{x})^2}{2P_{11}}\right]\frac{1}{(2\pi)^{\frac{1}{2}}P_{22}^{\frac{1}{2}}}\exp\left[-\frac{(y-\bar{y})^2}{2P_{22}}\right]$$

如前面说明的那样，一般情况下这个结论并不成立。

下面分析二维高斯随机向量的情形。

首先假设，二维随机向量的数学期望为零，协方差矩阵为对角阵，即

$$\boldsymbol{P}=\begin{bmatrix}\sigma_1^2&0\\0&\sigma_2^2\end{bmatrix}$$

此时概率密度函数可写作

$$N(\boldsymbol{x};\boldsymbol{0},\boldsymbol{P})=\frac{1}{2\pi\sigma_1\sigma_2}\exp\left[-\frac{1}{2}\left(\frac{x_1^2}{\sigma_1^2}+\frac{x_2^2}{\sigma_2^2}\right)\right] \tag{1.2.12}$$

由 Matlab 可以得到这个函数的曲线图及当 $\sigma_1=\sigma_2=1$ 时与其相应的每个分量方差相同的等值线，如图 1.2.1 所示。

与一维情况相同，当方差减小时，概率密度函数不为零的区域也显著减小，此时有

$$\lim_{\sigma_1,\sigma_2\to 0}\frac{1}{2\pi\sigma_1\sigma_2}\exp\left[-\frac{1}{2}\left(\frac{x_1^2}{\sigma_1^2}+\frac{x_2^2}{\sigma_2^2}\right)\right]=\delta(x_1)\delta(x_2)$$

对于不同的 σ_1、σ_2 相应于密度函数(1.2.12)的等值线可表示为椭圆

$$\frac{x_1^2}{\sigma_1^2}+\frac{x_2^2}{\sigma_2^2}=c^2 \tag{1.2.13}$$

称其为等概率椭圆。

在图 1.2.2 中给出了 $\sigma_1=1.3$，$\sigma_2=0.5$ 时的椭圆(1.2.13)。

设协方差矩阵是非对角的，则

$$\boldsymbol{P}=\begin{bmatrix}\sigma_1^2&r^*\\r^*&\sigma_2^2\end{bmatrix} \tag{1.2.14}$$

引入标准相关系数

$$r=\frac{r^*}{\sigma_1\sigma_2} \tag{1.2.15}$$

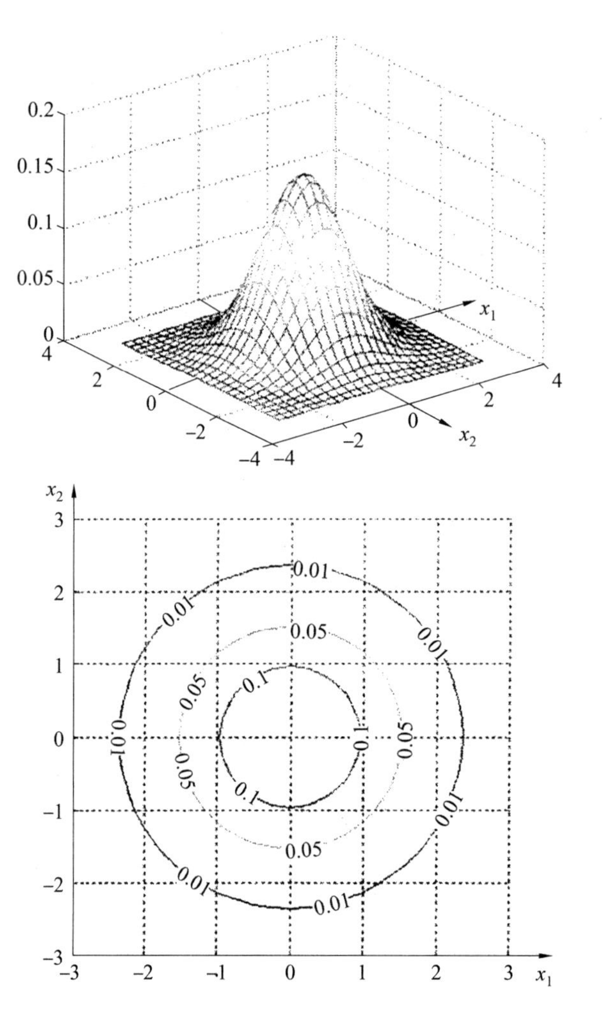

图 1.2.1　协方差矩阵为单位阵的定心高斯向量的概率密度及相应的等值线图形

不难得出

$$\boldsymbol{P}^{-1}=\frac{1}{1-r^2}\begin{bmatrix}\dfrac{1}{\sigma_1^2} & -\dfrac{r}{\sigma_1\sigma_2}\\ -\dfrac{r}{\sigma_1\sigma_2} & \dfrac{1}{\sigma_2^2}\end{bmatrix} \tag{1.2.16}$$

那么二维高斯向量的概率密度函数为

$$N(\boldsymbol{x};\boldsymbol{0},\boldsymbol{P})=\frac{1}{2\pi\sigma_1\sigma_2\sqrt{1-r^2}}\exp\left[-\frac{1}{2(1-r^2)}\left(\frac{x_1^2}{\sigma_1^2}-\frac{2rx_1x_2}{\sigma_1\sigma_2}+\frac{x_2^2}{\sigma_2^2}\right)\right] \tag{1.2.17}$$

类似于方程(1.2.13),对不同的 c 值给出椭圆方程

$$g(x_1,x_2)=\frac{x_1^2}{\sigma_1^2}-\frac{2rx_1x_2}{\sigma_1\sigma_2}+\frac{x_2^2}{\sigma_2^2}=c^2 \tag{1.2.18}$$

与此同时,椭圆的轴相对铅垂轴有一定角度的旋转。在图 1.2.3 中给出了 $r=0.75$ 时

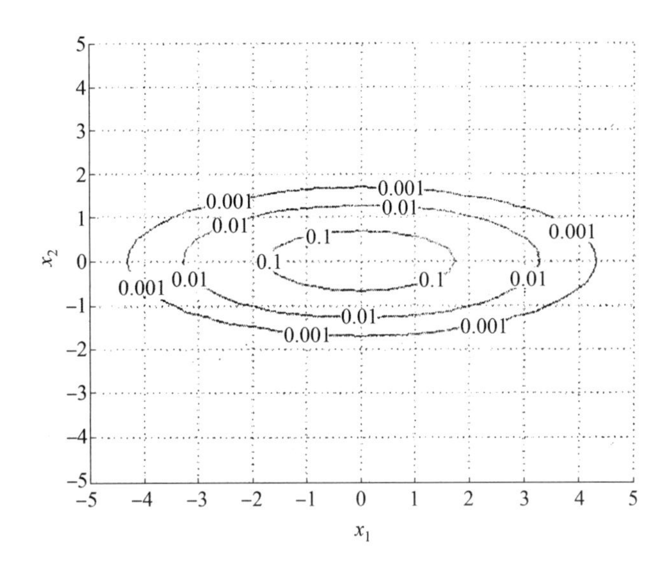

图 1.2.2　同分布高斯随机向量的概率密度函数等值线

的等值线。

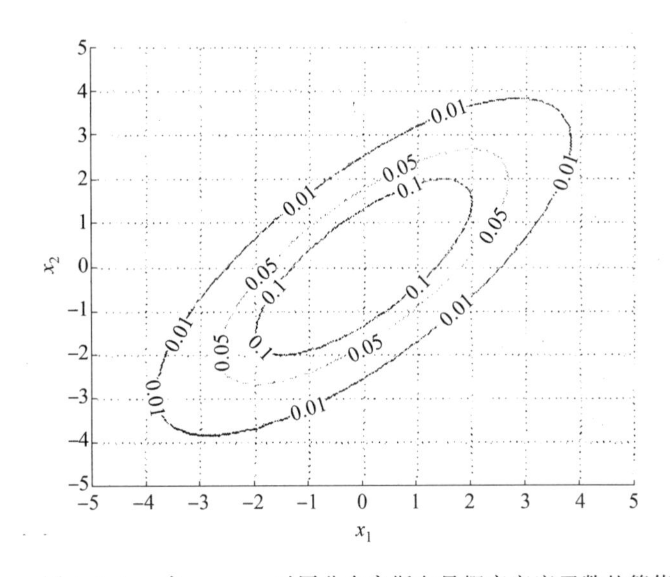

图 1.2.3　当 $\sigma_1=\sigma_2$ 时同分布高斯向量概率密度函数的等值线

注意到类似于图 1.2.1 中的情形，与分量 x_1、x_2 对应的均方差相等（$\sigma_1=\sigma_2=1$），但由于相关系数不为零，因此等值线是圆而不是椭圆。

1.2.4　均方误差椭圆及圆概率误差

二维情况在统计信息加工中是十分重要的，在导航问题中经常会假设客体的坐标为高斯随机变量。为描述点在平面上的不确定性要用到前面给出的等概率椭圆，其中包括方程（1.2.18）中 $c=1$ 时，由于这个椭圆与均方差值相同的点形成的轴相交，即当 $x_2=0$ 时，$x_1=\sigma_1$，$x_1=0$ 时，$x_2=\sigma_2$，因此称其为均方差椭圆或标准椭圆[23]。在导航问题中对其进行描述时使用椭圆长轴 a、短轴 b 和长轴与 x_2 轴的夹角确定的指向角 τ。在 1.3.5 小节中将具体说明这些参数可以完全确定二维高斯随机变量的协方差矩阵。在图 1.2.4 中给出了 $\sigma_2=b$、$\sigma_1=a$、$\tau=0°$ 时的情形,有

$$\boldsymbol{P}=\begin{bmatrix}a^2 & 0\\ 0 & b^2\end{bmatrix} \tag{1.2.19}$$

即椭圆半轴的长度确定了均方差的值。

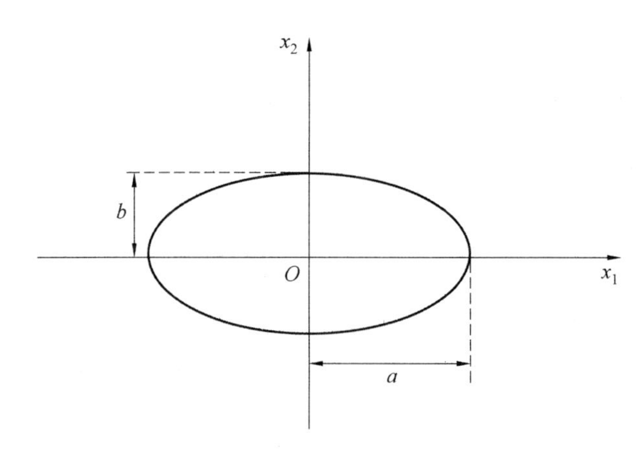

图 1.2.4　分量未知的二维高斯向量的误差椭圆

在估计运动客体的位置时十分重要的是能够用一个量来描述位置的不确定性,对此通常使用点落在平面上给定区域 Ω 上的概率。对概率密度函数为(1.2.17) 的二维同分布高斯变量,这个概率可以表示为

$$Pr(x\in\Omega)=\frac{1}{2\pi\sigma_1\sigma_2\sqrt{1-r^2}}\iint_{\Omega}\exp\left[-\frac{1}{2(1-r^2)}g(x_1,x_2)\right]\mathrm{d}x_1\mathrm{d}x_2 \tag{1.2.20}$$

式中,$g(x_1,x_2)$ 为等概率椭圆(1.2.18)。

如果由 $g(x_1,x_2)$ 界定的区域作为样本空间 Ω,则采用极坐标可以得到[44,P68]

$$Pr(X:g(x_1,x_2)\leqslant c^2)=1-\exp\left[-\frac{c^2}{2(1-r^2)}\right] \tag{1.2.21}$$

对于独立随机变量,当 $\sigma_1=\sigma_2=\sigma$ 时椭圆转化为半径 $R=c\sigma$ 的圆,则由式(1.2.21) 可知,随机变量落在这个圆内的概率由 1.1.1 小节中引入的瑞利分布确定

$$Pr\left(X:\frac{\sqrt{x_1^2+x_2^2}}{\sigma^2}\leqslant\frac{R^2}{\sigma^2}\right)=Pr(X:\sqrt{x_1^2+x_2^2}\leqslant R)=F(R)=1-\exp\left(-\frac{R^2}{2\sigma^2}\right)$$
$$R>0 \tag{1.2.22}$$

高斯随机变量 50% 落在给定半径的圆内或者说概率为 0.5 时对应的 R 值称为圆概率误差,而与其相应的圆称为等概率圆。在英文文献中圆概率误差用 cirular error probable(CEP) 表示。在椭圆转化为圆时,即随机变量是独立的,均方差相等 $\sigma_1=\sigma_2=\sigma$,50%($Pr=0.5$) 落在半径为 1.177σ 的圆内。若 $R=3.4\sigma$,则 $Pr=0.997$。其他情形下概率为 0.5 的圆半径可通过式(1.2.20) 寻找。

常用的还有径向均方误差(distance root mean square,DRMS) 的概念。

$$\mathrm{DRMS}=\sqrt{\sigma_1^2+\sigma_2^2} \tag{1.2.23}$$

经常使用2倍径向均方差(2DRMS),对应于落入半径为2倍均方差的圆内的概率,概率的准确值与具体的方差表达式及相关系数有关,其值约为 $Pr=0.95$。

对于三维随机变量,我们使用与前面类似的概念,同时还要引入球概率误差和等概率球(spherical error probable,SEP;sphere of equal probability,SEP1) 的概念。三维高斯随机变量广泛应用于描述空间运动客体,如飞行器的位置误差描述。

最后我们说明,对独立分量的二维高斯随机变量位于半径为 $R=c\sigma$ 的圆内的概率可由 Matlab 中的 m－函数 disttool 来确定。对此只需调用函数 disttool,在出现的窗口菜单中给定分布概率函数,选择瑞利函数(Rayleigh),然后选择 b(相应于 σ) 值为 1,对于变量值选择等于 c 的量,在左侧可得概率值。

1.2.5　本节习题

习题 1.2.1　证明:数学期望函数是线性的,即满足叠加性。

注意:满足叠加性的函数 $z=\psi(x)$,即 $z=\psi(\alpha x_1+\beta x_2)=\alpha\psi(x_1)+\beta\psi(x_2)$,这里 α 和 β 为已知参数,x_1、x_2 为不同的变量,称为线性函数。

解　一般情形下向量变量的数学期望定义为 $\boldsymbol{y}=\alpha\boldsymbol{x}_1+\beta\boldsymbol{x}_2$,这里 α、β 为已知参数,$\boldsymbol{x}_1$、$\boldsymbol{x}_2$ 为由联合概率密度函数 $f(\boldsymbol{x}_1,\boldsymbol{x}_2)$ 给定的随机向量。可写作

$$M_Y\{\boldsymbol{y}\}=M_{\boldsymbol{X}}\{\alpha\boldsymbol{x}_1+\beta\boldsymbol{x}_2\}=\alpha\iint\boldsymbol{x}_1 f(\boldsymbol{x}_1,\boldsymbol{x}_2)\mathrm{d}x_1\mathrm{d}x_2+$$

$$\beta\iint\boldsymbol{x}_2 f(\boldsymbol{x}_1,\boldsymbol{x}_2)\mathrm{d}x_1\mathrm{d}x_2$$

由联合概率密度函数的一致性可知叠加性是成立的,即

$$M_Y\{\boldsymbol{y}\}=M\{\alpha\boldsymbol{x}_1+\beta\boldsymbol{x}_2\}=\alpha M\{\boldsymbol{x}_1\}+\beta M\{\boldsymbol{x}_2\}$$

习题 1.2.2　设两个随机向量 $\boldsymbol{x}_1$ 和 $\boldsymbol{x}_2$ 的数学期望为$\overline{\boldsymbol{x}_1}$、$\overline{\boldsymbol{x}_2}$,协方差矩阵为 $\boldsymbol{P}_1$、$\boldsymbol{P}_2$,互相关矩阵为 $\boldsymbol{K}=M\{(\boldsymbol{x}_1-\overline{\boldsymbol{x}_1})(\boldsymbol{x}_2-\overline{\boldsymbol{x}_2})^{\mathrm{T}}\}$. 求随机向量 $\boldsymbol{y}=\alpha\boldsymbol{x}_1+\beta\boldsymbol{x}_2$ 的协方差矩阵,这里 α、β 为已知参数。

解　由于 $\overline{\boldsymbol{y}}=\alpha\overline{\boldsymbol{x}}_1+\beta\overline{\boldsymbol{x}}_2$,则由式(1.2.10) 不难写出协方差矩阵

$$\begin{aligned}\boldsymbol{P}_Y&=M_Y\{(\boldsymbol{y}-\overline{\boldsymbol{y}})(\boldsymbol{y}-\overline{\boldsymbol{y}})^{\mathrm{T}}\}=M_{\boldsymbol{X}}\{(\alpha(\boldsymbol{x}_1-\overline{\boldsymbol{x}}_1)+\beta(\boldsymbol{x}_2-\overline{\boldsymbol{x}}_2))(\alpha(\boldsymbol{x}_1-\overline{\boldsymbol{x}}_1)+\beta(\boldsymbol{x}_2-\overline{\boldsymbol{x}}_2))^{\mathrm{T}}\}\\&=\alpha^2\boldsymbol{P}_1+\beta^2\boldsymbol{P}_2+\alpha\beta(\boldsymbol{K}+\boldsymbol{K}^{\mathrm{T}})\end{aligned}$$

习题 1.2.3　设向量 $\boldsymbol{y}$ 可由 $\boldsymbol{x}$ 与 $\boldsymbol{v}$ 表示为

$$\boldsymbol{y}=s(\boldsymbol{x})+\boldsymbol{v}$$

设 $\boldsymbol{x}$ 和 $\boldsymbol{v}$ 为独立的,已知概率密度函数 $f_{\boldsymbol{X}}(\boldsymbol{x})$、数学期望 $\overline{\boldsymbol{v}}$ 及向量 $\boldsymbol{v}$ 的协方差矩阵,求向量 $\boldsymbol{y}$ 的数学期望及协方差矩阵。

解　注意到 $\boldsymbol{x}$ 和 $\boldsymbol{v}$ 是独立的,由一致性条件及式(1.2.9) 和(1.2.10),可得

$$M_Y\{\boldsymbol{y}\}=\int s(\boldsymbol{x})f_{\boldsymbol{X}}(\boldsymbol{x})\mathrm{d}\boldsymbol{x}+\overline{\boldsymbol{v}}$$

$$M_Y\{(\boldsymbol{y}-\overline{\boldsymbol{y}})(\boldsymbol{y}-\overline{\boldsymbol{y}})^{\mathrm{T}}\}=\int(s(\boldsymbol{x})-\overline{\boldsymbol{y}})(s(\boldsymbol{x})-\overline{\boldsymbol{y}})^{\mathrm{T}}f_{\boldsymbol{X}}(\boldsymbol{x})\mathrm{d}\boldsymbol{x}+\boldsymbol{R}^v$$

习题 1.2.4 设二维向量 $\boldsymbol{X}=(X_1,X_2)^{\mathrm{T}}$ 各分量是独立的,数学期望为

$$\overline{\boldsymbol{X}}=(\overline{x_1},\overline{x_2})^{\mathrm{T}}$$

证明下式成立:

$$M_{\boldsymbol{X}}\{X_1,X_2\}=\overline{x_1}\ \overline{x_2}$$

解 $M_{\boldsymbol{X}}\{X_1,X_2\}=\iint x_1x_2f(x_1,x_2)\mathrm{d}x_1\mathrm{d}x_2=\int x_1f(x_1)\mathrm{d}x_1\int x_2f(x_2)\mathrm{d}x_2=\overline{x_1}\ \overline{x_2}$

习题 1.2.5 已知 n 维同分布随机向量 $\boldsymbol{X}$ 的各分量是互不相关的,其方差为 $r_{i,i}^2=1,2,\cdots,n$。写出协方差矩阵的表达式,再假设其为高斯变量,写出概率密度分布函数。

习题 1.2.6 已知三维高斯随机向量 $\boldsymbol{X}=(X_1,X_2,X_3)^{\mathrm{T}}$,其数学期望为 $\overline{\boldsymbol{x}}=(\overline{x_1},\overline{x_2},\overline{x_3})^{\mathrm{T}}$,协方差矩阵为 $\boldsymbol{P}^x=\{P_{ij}^x\},i,j=1,2,3$。

写出子向量$(X_1,X_2)^{\mathrm{T}}$,$(X_2,X_3)^{\mathrm{T}}$,$(X_1,X_3)^{\mathrm{T}}$ 的概率密度函数。

习题 1.2.7 设二维同分布高斯向量 $\boldsymbol{X}$ 的分量描述了客体在平面上相对给定点的位置误差,这个向量的协方差矩阵为 $\boldsymbol{P}^x=\begin{pmatrix}\sigma^2 & 0\\ 0 & \sigma^2\end{pmatrix}$。写出客体位于半径为 R 的圆内概率的表达式,并计算 $R=\sigma$、$R=2\sigma$ 和 $R=3\sigma$ 时的概率。

提示:解决本题时需使用式(1.2.22)。

习题 1.2.8 在习题 1.2.7 中的条件下,设 $\sigma=20$ m,确定客体位置的圆概率误差和径向概率误差。

思 考 题

1. 给出随机向量及与其相应的概率分布函数、概率密度函数的定义,并列举这些函数的基本特性。

2. 给出随机向量的数学期望及协方差矩阵的定义,并说明在整个随机向量的数学期望及协方差矩阵已知时,如何计算任意两个分量的数学期望及协方差矩阵。

3. 联合概率密度函数一致性条件的本质是什么?在整个随机向量的联合概率密度函数已知时,如何确定任意两个分量的联合概率密度函数?

4. 给出随机变量独立性及互不相关性的概念,并解释为什么由随机变量的独立性可以得出它们的互不相关性。在什么情形下上述结论可逆,为什么?

5. 说明为什么数学期望变换是线性的。

6. 高斯随机变量的概率密度函数已知,写出任意两个分量的概率密度函数表达式。

7. 确定用同分布高斯随机变量描述的点落在平面上给定半径的圆内的概率。在什么条件下可以由瑞利分布确定?

8. 给出径向均方差、等概率圆及等概率球的概念。

1.3　随机变量和随机向量的变换

前面分析了确定原始随机变量和随机向量变换后的随机量矩的问题，本节将讨论对原始随机变量和随机向量进行线性和非线性变换后确定新的随机量概率密度函数问题。引入原始高斯随机变量平方后的概率密度函数确定的例子，解决了已知笛卡儿坐标下高斯概率密度时，确定极坐标下向量的概率密度函数问题；讨论随机变量和的概率密度函数的计算；详细研究了随机向量的线性变换；给出了线性变换后随机向量数学期望和协方差矩阵的计算式；分析了正交化问题 —— 将相关向量变换为互不相关的；引入了确定协方差矩阵元素与均方差椭球参数之间联系的关系式；研究了实际导航应用中非常重要的确定二维向量在任意方向上投影的统计学特征问题。

1.3.1　随机变量函数

设随机变量 $Y=g(X)$ 为概率密度函数 $f_X(x)$ 已知的随机变量 X 的变换。

要求确定描述随机变量 Y 特性的概率密度函数 $f_Y(y)$[44]。为解决这一问题，首先假设 $g(X)$ 为单调函数，那么在整个取值域内 X 与 Y 之间是单值对应的；这意味着，存在反函数 $X=h(Y)$ 使得 $X=h(Y)=h(g(X))$，此时显然有下列等式成立(图 1.3.1)：

$Pr(X<x_1)=Pr(Y<y_1)$ —— 对于递增函数，即 $\frac{\mathrm{d}y}{\mathrm{d}x}>0$；

$Pr(X<x_1)=Pr(Y>y_1)$ —— 对于递减函数，即 $\frac{\mathrm{d}y}{\mathrm{d}x}<0$。

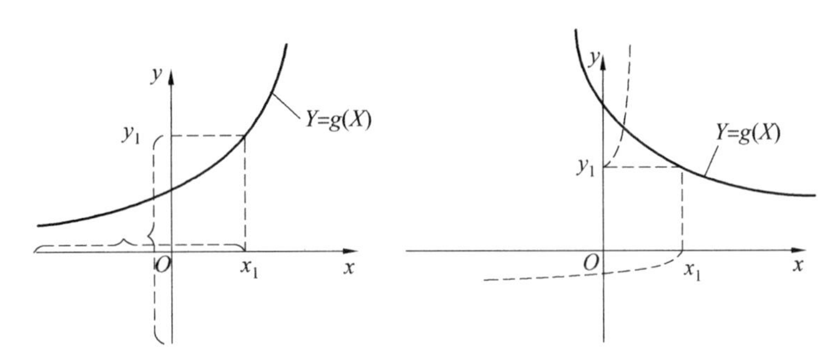

图 1.3.1　递增和递增函数概率的确定

由此可得，当 $\frac{\mathrm{d}y}{\mathrm{d}x}>0$ 时，

$$Pr(x_1\leqslant X<x_1+\mathrm{d}x)=Pr(y_1\leqslant Y<y_1+\mathrm{d}y) \tag{1.3.1}$$

即 Y 落在区域 $\mathrm{d}y$ 上的概率与 X 落在 $\mathrm{d}x$ 上的概率相同(图 1.3.2)。

由于 $Pr(x_1\leqslant X<x_1+\mathrm{d}x)\approx f_X(x)\mathrm{d}x$ 和 $Pr(y_1\leqslant Y<y_1+\mathrm{d}y)\approx f_Y(y)\mathrm{d}y$，则为保证式(1.3.1)必有 $f_Y(y)=f_X(x)\,\frac{\mathrm{d}x}{\mathrm{d}y}$，即 $f_Y(y)=f_X(h(y))\,\frac{\mathrm{d}h(y)}{\mathrm{d}y}$。

对于递增函数需要将导数的符号变作相反的，因此一般情况下有

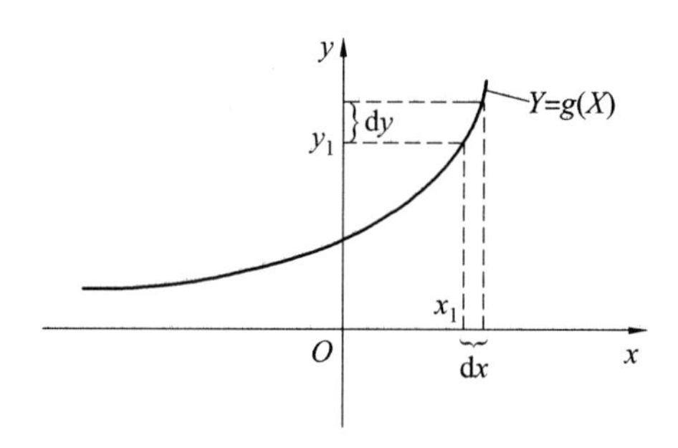

图 1.3.2 随机变量 Y 和 X 落在区域 dy 和 dx 上的概率相同

$$f_Y(y) = f_X(h(y))\left|\frac{dh(y)}{dy}\right|$$

如果函数 $X = h(Y) = h(g(X))$ 为多值的,则可将值域拆分成若干部分,使其在每一部分上为单值的,然后引入类似讨论,此时有下列关系式:

$$f_Y(y) = \sum_{k=1}^{K} f_X(h_k(y))\left|\frac{dh_k(y)}{dy}\right| \tag{1.3.2}$$

式中,$X = h_k(Y)$ 为各单值域上的函数 $k = 1, 2, \cdots, k$。

例 1.3.1 设随机变量 X 的概率密度函数是给定的,求这个变量平方的概率密度函数,即 $Y = X^2$[44]。

解 对每个常正的 y 值有两个相应的值

$$x_1 = \sqrt{y} \quad 和 \quad x_2 = -\sqrt{y} \tag{1.3.3}$$

如果 $y_1 \leqslant Y < y_1 + dy$,则有两个非同时的事件 $x_1 \leqslant X < x_1 + dx$ 或 $x_2 - dx \leqslant X < x_2$ 与其对应,由此可知

$$Pr(y_1 \leqslant Y < y_1 + dy) = Pr(x_1 \leqslant X < x_1 + dx_1) + Pr(x_2 - dx_2 \leqslant X < x_2)$$

或

$$f_X(x_1)dx_1 + f_X(x_2)\,|\,dx_2\,| \approx f_Y(y)dy$$

即

$$f_X(x_1)\frac{dx_1}{dy} + f_X(x_2)\left|\frac{dx_2}{dy}\right| \approx f_Y(y)$$

注意到式(1.3.3),对于 $y > 0$ 有

$$f_Y(y) = \frac{1}{2\sqrt{y}}f_X(\sqrt{y}) + \frac{1}{2\sqrt{y}}f_X(-\sqrt{y})$$

由此可得概率密度函数为

$$f_Y(y) = \begin{cases} \dfrac{1}{2\sqrt{y}}(f_X(\sqrt{y}) + f_X(-\sqrt{y})), & y \geqslant 0 \\ 0, & y < 0 \end{cases}$$

假设,随机变量 X 是高斯随机变量,$f_X(x) = N(x;0,\sigma^2)$,在这种情况下

$$f_Y(y) = \frac{1}{2\sigma\sqrt{2\pi y}}\left\{\exp\left[-\frac{(\sqrt{y})^2}{2\sigma^2}\right] + \exp\left[-\frac{(-\sqrt{y})^2}{2\sigma^2}\right]\right\} = \frac{1}{\sigma\sqrt{2\pi y}}\exp\left(-\frac{y}{2\sigma^2}\right)$$

$$y \geqslant 0$$

由此可得,高斯随机变量的平方的概率密度函数为

$$f_Y(y)=\frac{1}{\sigma\sqrt{2\pi y}}\exp\left(-\frac{y}{2\sigma^2}\right),\quad y\geqslant 0$$

这个概率密度函数对于不同 σ 值的曲线图如图 1.3.3 所示。

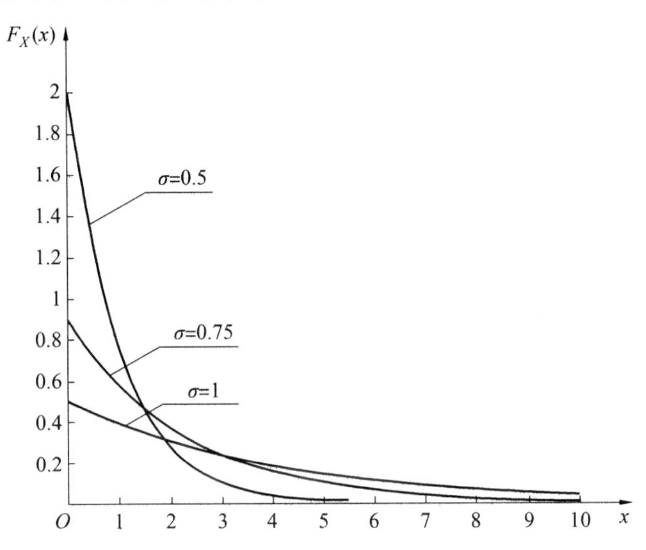

图 1.3.3　X 为高斯变量时 $Y=X^2$ 的概率密度曲线图

可以看出,对概率密度已知的初始随机变量进行不同的变换,将得到概率密度函数不同的随机变量。为得到概率分布函数 $F_Y(y)$ 可逆的随机变量,只需假设随机变量 X 在区间$[0,1]$上服从均匀分布,对其进行变换[73]

$$y=F_Y^{-1}(x)$$

事实上,设随机变量 X 在区间$[a,b]$上服从均匀分布,并给出概率密度函数

$$f_Y(y)=\frac{\mathrm{d}F_Y(y)}{\mathrm{d}y}\tag{1.3.4}$$

同时 $F_Y(y)$ 存在反函数 $F_Y^{-1}(x)$,引入下列新的随机变量

$$Y=g(X)=F_Y^{-1}\left(\frac{X-a}{b-a}\right)\tag{1.3.5}$$

为确定反函数

$$F_Y\left[F_Y^{-1}\left(\frac{X-a}{b-a}\right)\right]=F_Y(g(X))=\frac{X-a}{b-a}$$

有等式

$$(b-a)F_Y(g(X))+a=X$$

由此可知,$g(X)$ 的反函数 $h(\delta(X))=h(Y)$,有

$$h(Y)=(b-a)F_Y(Y)+a$$

由式(1.3.2)可得

$$f_Y(y)=f_X(h(Y))\left|\frac{\mathrm{d}h(Y)}{\mathrm{d}y}\right|=\frac{1}{b-a}(b-a)\frac{\mathrm{d}F_Y(y)}{\mathrm{d}y}=\frac{\mathrm{d}F_Y(y)}{\mathrm{d}y}$$

例 1.3.2 设已知在区间[0,1]上服从均匀分布的随机变量，求构成概率密度函数为指数函数

$$f_Y(y)=\alpha \mathrm{e}^{-\alpha y},\quad 0<y<\infty$$

的随机变量[73,p49]。

解 由于
$$F_Y(y)=\int_0^y \alpha \mathrm{e}^{-\alpha u}\mathrm{d}u=1-\mathrm{e}^{-\alpha y}$$

注意到 $F_Y(y)=1-\mathrm{e}^{-\alpha y}$ 的反函数形式，可得概率密度为指数函数的随机变量为

$$y=-\frac{1}{\alpha}\ln(1-x)$$

1.3.2 随机向量函数

前面讨论了随机变量的变换，现在来讨论随机变量的变换问题。与前面给出的一维情况类似，通过非线性变换 $g(\boldsymbol{X})=(g_1(X),g_2(X),\cdots,g_n(X))$ 来确定随机向量 $\boldsymbol{Y}=g(\boldsymbol{X})$ 的概率密度函数。设 n 维随机向量 $\boldsymbol{X}$ 的概率密度函数 $f_{\boldsymbol{X}}(\boldsymbol{x})$ 已知。当 $g(\boldsymbol{x})$ 在整个值域上都是单值的，即存在反函数 $\boldsymbol{x}=h(\boldsymbol{y})$ 使得 $\boldsymbol{x}=h(\boldsymbol{y})=h(g(\boldsymbol{x}))$，则 $f_{\boldsymbol{Y}}(\boldsymbol{y})$ 的概率密度为[44]

$$f_{\boldsymbol{Y}}(\boldsymbol{y})=f_{\boldsymbol{X}}(h(\boldsymbol{y}))\left|\det\left(\frac{\mathrm{d}h(\boldsymbol{y})}{\mathrm{d}\boldsymbol{y}^{\mathrm{T}}}\right)\right| \tag{1.3.6}$$

其中

$$\det\left(\frac{\mathrm{d}h(\boldsymbol{y})}{\mathrm{d}\boldsymbol{y}^{\mathrm{T}}}\right)=\det\begin{bmatrix}\frac{\mathrm{d}h_1(\boldsymbol{y})}{\mathrm{d}y_1} & \cdots & \frac{\mathrm{d}h_1(\boldsymbol{y})}{\mathrm{d}y_n}\\ \vdots & & \vdots\\ \frac{\mathrm{d}h_n(\boldsymbol{y})}{\mathrm{d}y_1} & \cdots & \frac{\mathrm{d}h_n(\boldsymbol{y})}{\mathrm{d}y_n}\end{bmatrix}$$

为雅可比变换。

如果在整个值域上函数 $g(\boldsymbol{x})$ 不是单值的，则将其划分为若干个满足单值条件的子区域，取代式(1.3.6)可得到类似于式(1.3.2)的表达式[44]。

例 1.3.3 设二维高斯随机向量 $\boldsymbol{x}=(x_1,x_2)$ 的分量是独立的，其概率密度函数为

$$f_{\boldsymbol{X}}(\boldsymbol{x})=N(\boldsymbol{x};\bar{\boldsymbol{x}},\boldsymbol{P}),\bar{\boldsymbol{x}}(\bar{x}_1,\bar{x}_2)^{\mathrm{T}},\quad \boldsymbol{P}=\begin{bmatrix}D_1 & 0\\ 0 & D_2\end{bmatrix} \tag{1.3.7}$$

其中 x_1、x_2 为点在平面上的笛卡儿坐标，将其变换至极坐标平面上的坐标 A、φ，即

$$A=\sqrt{x_1^2+x_2^2}\geqslant 0 \tag{1.3.8}$$

$$\varphi=\arctan\frac{x_2}{x_1},\ |\varphi|\leqslant \pi \tag{1.3.9}$$

确定分量为 A 和 φ 的向量 $\boldsymbol{y}=(y_1,y_2)^{\mathrm{T}}=(A,\varphi)^{\mathrm{T}}$ 的联合概率密度函数，即确定二维高斯随机变量变换到极坐标系后概率密度函数的变换。

A 和 φ 可视作坐标为(x_1,x_2)的点在绕原点做旋转运动时振动的幅值和相位，因此本

例可视作幅值和相位联合概率密度的确定问题。

此时

$$\boldsymbol{y}=g(\boldsymbol{x})=\begin{bmatrix}\sqrt{x_1^2+x_2^2}\\ \arctan\dfrac{x_2}{x_1}\end{bmatrix}$$

其逆变换为

$$\begin{bmatrix}x_1\\ x_2\end{bmatrix}=g^{-1}(\boldsymbol{y})=h(\boldsymbol{y})=\begin{bmatrix}A\cos\varphi\\ A\sin\varphi\end{bmatrix}\tag{1.3.10}$$

由前面给出的由随机变量函数来确定概率密度函数方法并注意到

$$\det\frac{\mathrm{d}h(\boldsymbol{y})}{\mathrm{d}\boldsymbol{y}^{\mathrm{T}}}=\det\begin{bmatrix}\cos\varphi & -A\sin\varphi\\ \sin\varphi & A\cos\varphi\end{bmatrix}=A$$

可以得到幅值和相位联合概率密度函数的表达式[44]：

$$f_{A,\varphi}(A,\varphi)=\frac{A}{2\pi(D_1D_2)^{\frac{1}{2}}}\exp\left\{-\frac{1}{2}\left[\frac{(A\cos\varphi-\overline{x_1})^2}{D_1}+\frac{(A\sin\varphi-\overline{x_2})^2}{D_2}\right]\right\}\tag{1.3.11}$$

对 φ 或 A 的积分式(1.3.11)，不难分别得到幅值和相位的概率密度，不同的分布形式对应着不同的参数 $\overline{x_1}$、$\overline{x_2}$、D_1、D_2 值。对于最简情况，$\overline{x_1}=\overline{x_2}=0$、$D_1=D_2=D$，幅值和相位彼此独立，对于幅值得到瑞利分布密度，对于相位得到区间 $[-\pi,+\pi]$ 上的均匀分布密度，即

$$f_A(A)=A\exp[-A^2/(2D))\}]/D,\quad A\geqslant 0\tag{1.3.12}$$

$$f_\varphi(\varphi)=\begin{cases}\dfrac{1}{2\pi}, & \varphi\in[-\pi,+\pi]\\ 0, & \varphi\notin[-\pi,+\pi]\end{cases}\tag{1.3.13}$$

由式(1.3.10)可实现从笛卡儿坐标到极坐标的可逆变换。由此，当随机变量 A 和 φ 的联合分布为式(1.3.11)时，由变换(1.3.10)得到的随机向量将服从式(1.3.7)给出的高斯分布，其中，当幅值 A 具有瑞利分布密度，相位 φ 为均匀分布，且彼此独立时，随机变量 $x_1=A\cos\varphi$、$x_2=A\sin\varphi$ 为相同方差的独立同分布随机变量。这个结果可作为结论来使用，因为需由服从特殊分布的随机变量非线性变换来形成高斯变量 x_1、x_2。

注意到在式(1.3.6)中向量 $\boldsymbol{x}$ 和 $\boldsymbol{y}$ 的维数是一致的，事实上还常常出现必须确定与维数不一致的向量存在函数关系的随机向量 $\boldsymbol{y}$ 的概率密度函数的情况，例如，已知两个维数分别为 n 和 m 的向量 $\boldsymbol{v}$、$\boldsymbol{x}$ 的联合概率密度 $f_{\boldsymbol{v},\boldsymbol{x}}(\boldsymbol{v},\boldsymbol{x})$，求 m 维向量 $\boldsymbol{y}=g_1(\boldsymbol{x},\boldsymbol{v})$ 的概率密度函数。此时需引入同维向量

$$\tilde{\boldsymbol{z}}=\begin{bmatrix}\widetilde{\boldsymbol{z}_1}\\ \widetilde{\boldsymbol{z}_2}\end{bmatrix}=\begin{bmatrix}\boldsymbol{y}\\ \boldsymbol{x}\end{bmatrix}=\begin{bmatrix}g_1(\boldsymbol{x},\boldsymbol{v})\\ \boldsymbol{x}\end{bmatrix}\quad 和\quad \boldsymbol{z}=\begin{bmatrix}\boldsymbol{z}_1\\ \boldsymbol{z}_2\end{bmatrix}=\begin{bmatrix}\boldsymbol{v}\\ \boldsymbol{x}\end{bmatrix}$$

使用前面给出的方法确定 $\tilde{\boldsymbol{z}}=g(\boldsymbol{z})$ 的概率密度函数，之后将 $f_{\tilde{z}_1,\tilde{z}_2}(\widetilde{\boldsymbol{z}_1},\widetilde{\boldsymbol{z}_2})$ 沿 $\widetilde{\boldsymbol{z}_2}=\boldsymbol{x}$ 积分可

得密度 $f_{\tilde{z}_1}(\widetilde{z_1}) \equiv f_Y(\boldsymbol{y})$。用下一道解决估计问题中十分重要的例题来解释这一过程。

例 1.3.4 设两个维数分别为 n 和 m 的向量 $\boldsymbol{x}$、$\boldsymbol{v}$ 的联合概率密度函数 $f_{v,x}(\boldsymbol{v},\boldsymbol{x})$ 已知，向量 $\boldsymbol{y}$ 为

$$\boldsymbol{y}=s(\boldsymbol{x})+\boldsymbol{v} \tag{1.3.14}$$

式中，$s(\boldsymbol{x})$ 为 m 维已知向量函数。

确定向量 $\boldsymbol{y}$ 的概率密度函数，引入向量 $\tilde{\boldsymbol{z}}$

$$\tilde{\boldsymbol{z}} \equiv \begin{bmatrix} \widetilde{\boldsymbol{z}_1} \\ \widetilde{\boldsymbol{z}_2} \end{bmatrix} \equiv \begin{bmatrix} \boldsymbol{y} \\ \boldsymbol{x} \end{bmatrix} = \begin{bmatrix} s(\boldsymbol{x})+\boldsymbol{v} \\ \boldsymbol{x} \end{bmatrix} \equiv \begin{bmatrix} s(\boldsymbol{z}_2)+\boldsymbol{z}_1 \\ \boldsymbol{z}_2 \end{bmatrix}$$

其反函数 $\boldsymbol{z}=h(\tilde{\boldsymbol{z}})$ 可表示为

$$\boldsymbol{z} \equiv \begin{bmatrix} \boldsymbol{z}_1 \\ \boldsymbol{z}_2 \end{bmatrix} \equiv \begin{bmatrix} \boldsymbol{v} \\ \boldsymbol{x} \end{bmatrix} = \begin{bmatrix} \boldsymbol{y}-s(\boldsymbol{x}) \\ \boldsymbol{x} \end{bmatrix} \equiv \begin{bmatrix} \widetilde{\boldsymbol{z}_1}-s(\widetilde{\boldsymbol{z}_2}) \\ \widetilde{\boldsymbol{z}_2} \end{bmatrix}$$

注意到

$$\det\left(\frac{\mathrm{d}h(\tilde{\boldsymbol{z}})}{\mathrm{d}\tilde{\boldsymbol{z}}^{\mathrm{T}}}\right)=\det\left(\begin{bmatrix} \boldsymbol{E} & -\dfrac{\mathrm{d}s(\widetilde{\boldsymbol{z}_2})}{\mathrm{d}\,\widetilde{\boldsymbol{z}_2}} \\ \boldsymbol{O} & \boldsymbol{E} \end{bmatrix}\right)=1$$

并由式(1.3.6) 可得

$$f_{\tilde{z}}(\tilde{\boldsymbol{z}}) \equiv f_{y,x}(\boldsymbol{y},\boldsymbol{x})=f_{v,x}(\widetilde{\boldsymbol{z}_1}-s(\widetilde{\boldsymbol{z}_2}),\widetilde{\boldsymbol{z}_2})=f_{v,x}(\boldsymbol{y}-s(\boldsymbol{x}),\boldsymbol{x}) \tag{1.3.15}$$

现在为确定概率密度函数 $\boldsymbol{y}=s(\boldsymbol{x})+\boldsymbol{v}$，只需对表达式右端的变量 $\boldsymbol{x}$ 积分，即

$$f_{\tilde{z}_1}(\widetilde{\boldsymbol{z}_1}) \equiv f_y(\boldsymbol{y})=\int f_{v,x}(\boldsymbol{y}-s(\boldsymbol{x}),\boldsymbol{x})\mathrm{d}\boldsymbol{x} \tag{1.3.16}$$

如果 $\boldsymbol{x}$ 和 $\boldsymbol{v}$ 独立，则这个表达式可写作

$$f_y(\boldsymbol{y})=\int f_v(\boldsymbol{y}-s(\boldsymbol{x}))f_x(\boldsymbol{x})\mathrm{d}\boldsymbol{x}$$

特别地，当 $\boldsymbol{y}=\boldsymbol{x}+\boldsymbol{v}$ 时，由式(1.3.6) 可得，两个向量和的分布密度表达式为

$$f_y(\boldsymbol{y})=\int f_{v,x}(\boldsymbol{y}-\boldsymbol{x},\boldsymbol{x})\mathrm{d}\boldsymbol{x} \tag{1.3.17}$$

当向量 $\boldsymbol{z}$、$\boldsymbol{v}$ 独立时可写作

$$f_y(\boldsymbol{y})=\int f_x(\boldsymbol{x})f_v(\boldsymbol{y}-\boldsymbol{x})\mathrm{d}\boldsymbol{x} \tag{1.3.18}$$

在计算两个向量和的概率密度函数时可将 $\tilde{\boldsymbol{z}}$ 表示为 $\tilde{\boldsymbol{z}}=\begin{bmatrix} \boldsymbol{y} \\ \boldsymbol{v} \end{bmatrix}=\begin{bmatrix} \boldsymbol{x}+\boldsymbol{v} \\ \boldsymbol{v} \end{bmatrix}$，那么取代式(1.3.17) 及(1.3.18) 可得下列类似的表达式(见本节习题 1.3.3)：

$$f_y(\boldsymbol{y})=\int f_{v,x}(\boldsymbol{v},\boldsymbol{y}-\boldsymbol{v})\mathrm{d}\boldsymbol{v} \tag{1.3.19}$$

$$f_y(\boldsymbol{y})=\int f_v(\boldsymbol{v})f_x(\boldsymbol{y}-\boldsymbol{v})\mathrm{d}\boldsymbol{v} \tag{1.3.20}$$

已知两个独立向量的概率密度确定其和的概率密度称作概率密度函数的合成[87,P47]. 由式(1.3.18)及(1.3.20)可知,这个合成是积分运算。

由式(1.3.16)或(1.3.18)可知,服从一致均匀分布的两个独立随机向量的和向量,其概率密度函数为三角形式的(见本节例1.3.4)。当和项数量增加时将趋向于高斯分布,称这一过程为概率密度函数的标准化。与概率密度函数标准化相关的一般结论形成了中心极限定理,这个定理的本质在于,具有相同方差独立同分布随机变量合成的随机变量随着和项的增加,其概率密度函数趋向于高斯密度函数[44]。从实际工程角度来看,这是一个十分重要的结论,因为它是经常使用的高斯变量特征问题的一个基础。事实上,如果某个量,例如观测器误差由不同的独立因素共同作用而形成,则可在一定程度上近似认为是高斯变量。

由前面得出的表达式可得出结论,高斯向量的和也是高斯向量。更一般的结论为:高斯向量进行线性变换后得到的仍然是高斯向量,构成向量的联合概率密度函数也是高斯的。如果式(1.3.16)中积分号下的密度不是高斯的,则一般情况下和 $\boldsymbol{y}=\boldsymbol{z}+\boldsymbol{v}$ 也不是高斯变量。相关的例子可参考文献[85]。如果构成的向量是独立的,则只需和项中的每一项密度都是高斯的(见本习题1.3.2)。

1.3.3　随机向量的线性变换

下面来更详尽地讨论随机向量的线性变换,这在实际工程中十分重要。

设已知 m 维向量 $\tilde{\boldsymbol{x}}$ 与 n 维向量 $\boldsymbol{x}$ 存在线性变换关系

$$\tilde{\boldsymbol{x}}=\boldsymbol{T}\boldsymbol{x} \tag{1.3.21}$$

需确定数学期望和协方差矩阵。

由式(1.2.9)及(1.2.10)不难解决这个问题。由式(1.2.9)可知 $g(\boldsymbol{x})=T(\boldsymbol{x})$,由式(1.2.10)可得 $g(\boldsymbol{x})=\boldsymbol{T}(\boldsymbol{x}-\bar{\boldsymbol{x}})(\boldsymbol{x}-\bar{\boldsymbol{x}})\boldsymbol{T}^{\mathrm{T}}$,有

$$M_{\tilde{x}}\tilde{\boldsymbol{x}}=\boldsymbol{M}_x\boldsymbol{T}\boldsymbol{x}=\boldsymbol{T}\boldsymbol{M}_x\boldsymbol{x}=\boldsymbol{T}\bar{\boldsymbol{x}}$$

$$\boldsymbol{M}_{\tilde{x}}\{(\tilde{\boldsymbol{x}}-\bar{\tilde{\boldsymbol{x}}})(\tilde{\boldsymbol{x}}-\bar{\tilde{\boldsymbol{x}}})^{\mathrm{T}}\}=\boldsymbol{M}_x\{\boldsymbol{T}(\boldsymbol{x}-\bar{\boldsymbol{x}})(\boldsymbol{T}(\boldsymbol{x}-\bar{\boldsymbol{x}}))^{\mathrm{T}}\}=\boldsymbol{M}_x\{\boldsymbol{T}(\boldsymbol{x}-\bar{\boldsymbol{x}})(\boldsymbol{x}-\bar{\boldsymbol{x}})\boldsymbol{T}^{\mathrm{T}}\}=$$

$$\boldsymbol{T}\boldsymbol{M}_x\{(\boldsymbol{x}-\bar{\boldsymbol{x}})(\boldsymbol{x}-\bar{\boldsymbol{x}})^{\mathrm{T}}\}\boldsymbol{T}^{\mathrm{T}}$$

那么可得

$$\bar{\tilde{\boldsymbol{x}}}=\boldsymbol{T}\bar{\boldsymbol{x}} \tag{1.3.22}$$

$$\boldsymbol{P}^{\tilde{x}}=\boldsymbol{T}\boldsymbol{P}^{x}\boldsymbol{T}^{\mathrm{T}} \tag{1.3.23}$$

由此可知,为计算由线性变换(1.3.21)得到的向量 $\tilde{\boldsymbol{x}}$ 的数学期望和协方差矩阵,并不需要知道原始向量 $\boldsymbol{x}$ 的概率密度函数,而只需知道其数学期望和协方差矩阵。

例 1.3.5　设已知向量 $\boldsymbol{z}$ 由 n 维向量 $\boldsymbol{x}$ 和 m 维向量 $\boldsymbol{v}$ 组成,即

$$\boldsymbol{z}=(\boldsymbol{x}^{\mathrm{T}},\boldsymbol{v}^{\mathrm{T}})^{\mathrm{T}} \tag{1.3.24}$$

确定其数学期望和协方差矩阵

$$M_z z = \bar{z} = \begin{bmatrix} \bar{x} \\ \bar{v} \end{bmatrix} \tag{1.3.25}$$

$$M_z (z - \bar{z})(z - \bar{z})^{\mathrm{T}} = \begin{bmatrix} P^x & B \\ B^{\mathrm{T}} & P^v \end{bmatrix} \tag{1.3.26}$$

这里 $B = M_{x,v}\{(x - \bar{x})(v - \bar{v})^{\mathrm{T}}\}$ 是由两个向量的相关系数构成的 $n \times m$ 矩阵。

需确定向量的数学期望和相关矩阵

$$\tilde{z} = \begin{bmatrix} x \\ y \end{bmatrix} = \begin{bmatrix} E & O \\ H & E \end{bmatrix} \begin{bmatrix} x \\ v \end{bmatrix} \tag{1.3.27}$$

注意到式(1.3.22)及(1.3.23),容易得到

$$\bar{\tilde{z}} = \begin{bmatrix} \bar{x} \\ H\bar{x} + \bar{v} \end{bmatrix} \tag{1.3.28}$$

$$P^{\tilde{z}} = \left[\begin{array}{c:c} P^x & P^x H^{\mathrm{T}} + B \\ \hdashline B^{\mathrm{T}} + HP^x & HP^x H^{\mathrm{T}} + HB + B^{\mathrm{T}} H^{\mathrm{T}} + P^v \end{array}\right] \tag{1.3.29}$$

由上例可知,对于向量

$$y = Hx + v \tag{1.3.30}$$

其数学期望和方差为

$$\bar{y} = H\bar{x} + \bar{v} \tag{1.3.31}$$

$$P^y = HP^x H^{\mathrm{T}} + HB + B^{\mathrm{T}} H^{\mathrm{T}} + P^v \tag{1.3.32}$$

显然,如果向量 x 和 v 不相关,则

$$P^y = HP^x H^{\mathrm{T}} + P^v \tag{1.3.33}$$

如果设式(1.3.21)中向量 x 为高斯的,即

$$f_x(x) = N(x; \bar{x}, P^x) \tag{1.3.34}$$

则由 1.3.2 小节可知,向量 $\tilde{x}$ 也是高斯的,其密度为

$$f_{\tilde{x}}(x) = N(\tilde{x}; T\bar{x}, TP^x T^{\mathrm{T}}) \tag{1.3.35}$$

例 1.3.6 设向量 $\tilde{x}$ 和 x 的维数相同,式(1.3.22)中的矩阵 T 是非奇异的,说明,若 x 为高斯向量,则 $\tilde{x}$ 同样是高斯向量。

由式(1.2.11)可得

$$f_{\tilde{x}}(\tilde{x}) = \frac{1}{(2\pi)^{\frac{n}{2}} (\det P^x)^{\frac{1}{2}}} \det(T^{-1}) \cdot \exp[-0.5(\tilde{x} - T\bar{x})^{\mathrm{T}} (T^{\mathrm{T}})^{-1} (P^x)^{-1} T^{-1} (\tilde{x} - T\bar{x})]$$

$$(TP^x T^{\mathrm{T}})^{-1} = (T^{\mathrm{T}})^{-1} (P^x)^{-1} T^{-1}$$

$$\det(TP^x T^{\mathrm{T}}) = (\det T)^2 \det P^x, \quad \det T^{-1} = 1/\det T$$

那么不难说明式(1.3.35),由于

$$f_{\tilde{x}}(x) = \frac{1}{(2\pi)^{\frac{n}{2}} (\det TP^x T^{\mathrm{T}})^{\frac{1}{2}}} \exp[-0.5(\tilde{x} - \bar{\tilde{x}})^{\mathrm{T}} (TP^x T^{\mathrm{T}})^{-1} (\tilde{x} - \bar{\tilde{x}})]$$

若设例 1.3.5 中两个向量 $\boldsymbol{x}$ 和 $\boldsymbol{v}$ 的联合分布是高斯的，即

$$f_{x,v}(\boldsymbol{x},\boldsymbol{v})=N\left(\begin{bmatrix}\boldsymbol{x}\\ \boldsymbol{v}\end{bmatrix};\begin{bmatrix}\bar{\boldsymbol{x}}\\ \bar{\boldsymbol{v}}\end{bmatrix},\begin{bmatrix}\boldsymbol{P}^x & \boldsymbol{B}\\ \boldsymbol{B}^{\mathrm{T}} & \boldsymbol{P}^v\end{bmatrix}\right) \tag{1.3.36}$$

则由式(1.3.27) 确定的向量 $\tilde{z}$ 也同样是高斯的，即

$$f_{\tilde{z}}(\tilde{\boldsymbol{z}})=N(\tilde{\boldsymbol{z}};\bar{\tilde{\boldsymbol{z}}},\boldsymbol{P}^{\tilde{z}}) \tag{1.3.37}$$

这个概率密度函数的参数由式(1.3.28) 及(1.3.29) 给出。

1.3.4　二维随机向量在给定方向上投影长度统计特征的确定

在导航信息处理中经常出现随机向量在给定方向上投影长度的统计特征确定问题。例如，当舰船沿着航线运动时，位置坐标在航线切向方向上的误差值是最重要的。设舰船在平面上的坐标误差由二维随机向量描述，沿航线的误差值求解问题可以下列方式提出。

给出二维随机向量 $\boldsymbol{x}=(\boldsymbol{x}_1,\boldsymbol{x}_2)^{\mathrm{T}}$，其数学期望为 $\bar{x}=(\bar{x}_1,\bar{x}_2)$，方差矩阵为

$$\boldsymbol{P}^x=\begin{bmatrix}\sigma_1^2 & K\\ K & \sigma_2^2\end{bmatrix} \tag{1.3.38}$$

需要确定随机向量 $\boldsymbol{y}$ 的数学期望和方差，$\boldsymbol{y}$ 如下确定：

$$\boldsymbol{y}=d_1\boldsymbol{x}_1+d_2\boldsymbol{x}_2 \tag{1.3.39}$$

式中，d_1、d_2 为已知数。

此类问题在例 1.2.1 中曾经分析过。如果令 $\boldsymbol{T}=(d_1,d_2)$，则其解由式(1.3.22) 及(1.3.23) 很容易得出，即

$$\bar{y}=d_1\bar{x}_1+d_2\bar{x}_2 \tag{1.3.40}$$

$$\sigma_y^2=d_1^2\sigma_1^2+d_2^2\sigma_2^2+2d_1d_2K \tag{1.3.41}$$

将这个问题具体化，设 $\boldsymbol{x}$ 的分量为点在平面上的坐标，需要确定表示向量 $\boldsymbol{x}$ 在单位方向矢量为

$$\boldsymbol{e}_\tau=(\sin\tau,\cos\tau)^{\mathrm{T}} \tag{1.3.42}$$

的方向上，投影长度的随机向量 $\boldsymbol{\rho}$ 的统计特征(图 1.3.4)。

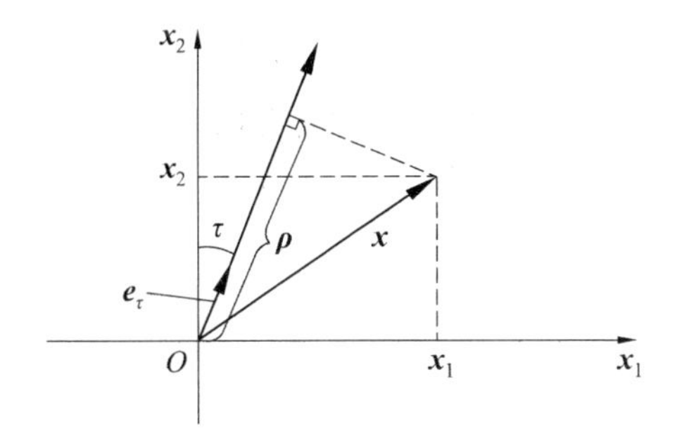

图 1.3.4　确定向量 $\boldsymbol{x}=(\boldsymbol{x}_1,\boldsymbol{x}_2)^{\mathrm{T}}$ 在单位方向上的投影

确定投影长度的量可表示为

$$\boldsymbol{\rho}=\boldsymbol{x}_1\sin\tau+\boldsymbol{x}_2\cos\tau \tag{1.3.43}$$

其数学期望和方差可写作

$$\bar{\rho}=\bar{x}_1\sin\tau+\bar{x}_2\cos\tau \tag{1.3.44}$$

$$D_\rho(\tau)=\sigma_2^2\cos^2\tau+\sigma_1^2\sin^2\tau+K\sin 2\tau \tag{1.3.45}$$

如果 $\boldsymbol{x}=(x_1,x_2)^{\mathrm{T}}$ 为同分布向量,则确定任意方向上的投影长度的量也是方差由式(1.3.45)表示的同分布随机变量。

注意到方差(1.3.45)可表示为二次型

$$D_\rho(\tau)=(\sin\tau\cos\tau)\boldsymbol{P}^x\begin{pmatrix}\sin\tau\\ \cos\tau\end{pmatrix}$$

当单位向量(1.3.42)的方向 τ 变化时,则方差的值也发生变化,确定使方差取极大或极小值的角度是有意义的问题。事实上,这是确定单位圆上二次型极大、极小值的已知问题[8]。协方差矩阵(1.3.38)的特征值的最大值为 λ_1,最小值为 λ_2,$\lambda_1\geqslant\lambda_2$,配合与其相应的特征向量确定了此问题的解。如果协方差矩阵是对角阵,则与方差最大和最小值方向对应的是坐标轴方向,同时 $\lambda_1=a^2$,$\lambda_2=b^2$。

由前所述,如果确定平面位置误差的向量 $\boldsymbol{x}=(\boldsymbol{x}_1,\boldsymbol{x}_2)^{\mathrm{T}}$ 是高斯的,那么确定其在指定方向上投影长度的向量同样也是高斯的,其数学期望和方差分别如式(1.3.44)和(1.3.45)所示。这个量的概率密度函数可以完全确定运动客体沿给定方向的误差特性,对解决一系列的惯性信息处理问题是十分重要的。

例 1.3.7 设二维同分布高斯随机向量 $\boldsymbol{x}=(\boldsymbol{x}_1,\boldsymbol{x}_2)^{\mathrm{T}}$ 描述了平面上相对给定点的位置误差,其协方差矩阵为 $\boldsymbol{P}^x=\begin{pmatrix}4&1\\1&1\end{pmatrix}\boldsymbol{M}^2$。确定其在与 x_2 轴夹角为 30° 的直线方向上的投影长度随机变量的概率密度函数(图 1.3.5)。

解 由式(1.3.45)可知,当 $\tau=30°$、$\sigma_1^2=4$、$\sigma_2^2=1$、$k=1$ 时,可得方差 $D_\rho(2)=2.62$。由前述结论可知在 $\tau=30°$ 方向上误差服从高斯分布,概率密度函数为 $f_\rho(\rho)=N(\rho;0,2.62)$(图 1.3.6)。

1.3.5 随机变量的正交化

协方差矩阵与均方椭圆的关系结束了随机变量和随机向量的构造问题,下面再来讨论一个解决实际问题时十分重要的随机向量正交化问题。设随机向量 $\boldsymbol{x}$ 的协方差矩阵 $\boldsymbol{P}^x$ 已知,一般情况下这个矩阵是非对角的,向量 $\boldsymbol{x}$ 的各分量之间的相关系数确定了矩阵的元素。由于协方差矩阵是对称的,则可由正交矩阵给出的相似变换得到对角阵形式,即[8]

$$\boldsymbol{TP}^x\boldsymbol{T}^{\mathrm{T}}=\boldsymbol{\Lambda}=\{\lambda_j\},\quad j=1,2,\cdots,n \tag{1.3.46}$$

式中,$\boldsymbol{T}^{\mathrm{T}}\boldsymbol{T}=\boldsymbol{E}$,$\boldsymbol{T}^{\mathrm{T}}=[\boldsymbol{t}_1\cdots\boldsymbol{t}_j\cdots\boldsymbol{t}_n]$,$\lambda_j$、$\boldsymbol{t}_j$ 中 $j=1,2,\cdots,n$,$\boldsymbol{T}^{\mathrm{T}}$ 为矩阵 $\boldsymbol{P}^x$ 的特征值及特征向量。

$$\boldsymbol{P}^x\boldsymbol{t}_j=\lambda_j\boldsymbol{t}_j \tag{1.3.47}$$

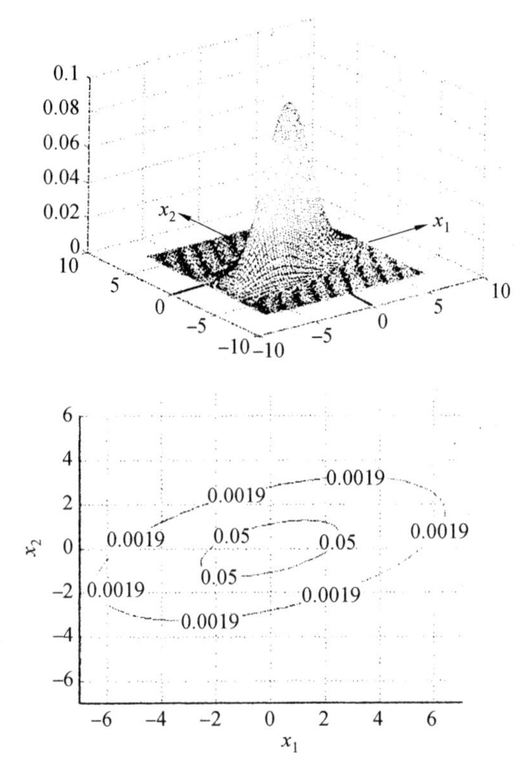

图 1.3.5　二维高斯向量概率密度函数及相应椭圆的曲线图

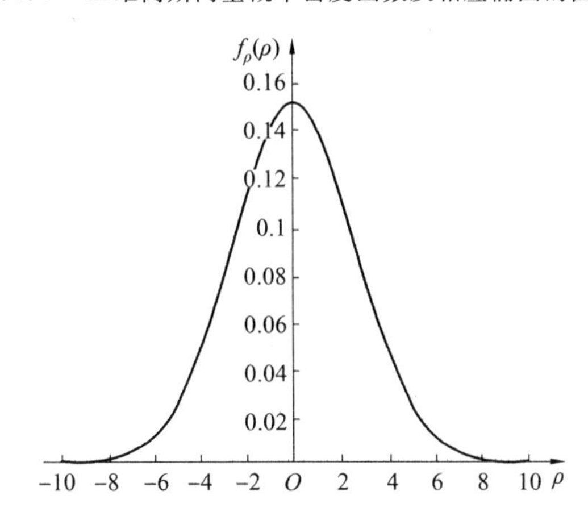

图 1.3.6　当 $\tau=30°$、$D_\rho(\tau)=2.62$ 时的概率密度曲线图

同时

$$\boldsymbol{t}_i^{\mathrm{T}}\boldsymbol{t}_j=\delta_{ij}$$

由于矩阵(1.3.26)是向量 $\tilde{\boldsymbol{x}}=\boldsymbol{Tx}$ 的协方差矩阵，则与分量相关的随机向量 $\boldsymbol{x}$(协方差矩阵非对角)总可由变换(1.3.21)，其中 $\boldsymbol{T}$ 为正交矩阵，转换为分量互不相关的新变量(正交的)，其协方差矩阵为对角的。等式(1.3.46)中正交矩阵的确定问题即对应着矩阵论中矩阵的对角化问题。

显然，若高斯变量的概率密度函数为

$$f_{X}(\boldsymbol{x})=N(\boldsymbol{x};\bar{\boldsymbol{x}},\boldsymbol{P}^{x})=\frac{1}{(2\pi)^{\frac{n}{2}}(\det \boldsymbol{P}^{x})^{\frac{1}{2}}}\exp\{-0.5(\boldsymbol{x}-\bar{\boldsymbol{x}})^{\mathrm{T}}(\boldsymbol{P}^{x})^{-1}(\boldsymbol{x}-\bar{\boldsymbol{x}})\}$$

对其正交化后,矢量 $\tilde{\boldsymbol{x}}$ 的密度为

$$f_{\tilde{X}}(\tilde{\boldsymbol{x}})=\frac{1}{(2\pi)^{\frac{n}{2}}\sqrt{\lambda_1\lambda_2\cdots\lambda_n}}\exp\left[-\frac{1}{2}\sum_{j=1}^{n}\frac{(\tilde{\boldsymbol{x}}_j-\bar{\tilde{\boldsymbol{x}}}_j)^2}{\lambda_j}\right] \tag{1.3.48}$$

以二维情形为例,解释正交化的几何思想。设二维随机向量的协方差矩阵由参数为 a、b、τ 的椭圆来描述,如图 1.3.7 所示。

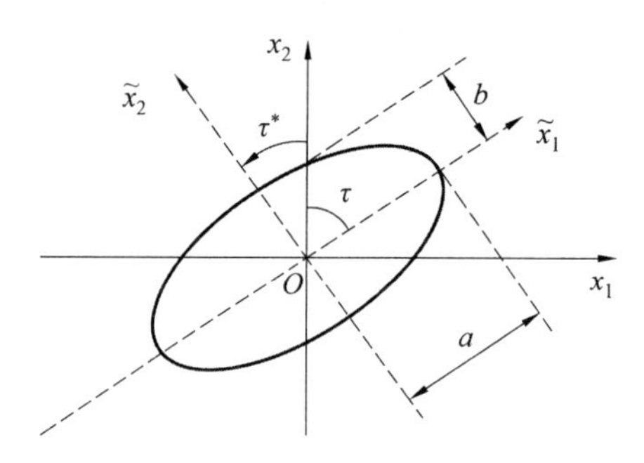

图 1.3.7 独立分量二维高斯向量误差椭圆

显然选择图 1.3.7 中给出的坐标系 $\widetilde{x_2}O\widetilde{x_1}$ 时,椭圆对应的将是形如(1.3.46)的对角阵。将向量从坐标系 x_2Ox_1 变换到 $\widetilde{x_2}O\widetilde{x_1}$ 时,需将轴 Ox_2 顺时针旋转角度 τ^*,可由矩阵 $\boldsymbol{T}$ 来实现[38,P58]。

$$\boldsymbol{T}=\begin{bmatrix}\cos\tau^* & \sin\tau^*\\ -\sin\tau^* & \cos\tau^*\end{bmatrix}\begin{bmatrix}\cos(90^\circ-\tau) & \sin(90^\circ-\tau)\\ -\sin(90^\circ-\tau) & \cos(90^\circ-\tau)\end{bmatrix}=\begin{bmatrix}\sin\tau & \cos\tau\\ -\cos\tau & \sin\tau\end{bmatrix} \tag{1.3.49}$$

可见正交化问题即为确定由原始坐标系到坐标轴与等概率误差椭圆主轴重合的坐标系变换的问题。

在导航问题中,确定协方差矩阵与相应的误差椭圆参数之间的关系式是十分重要的。协方差矩阵(1.3.38)的特征数 $\lambda_1=a^2$ 和 $\lambda_2=b^2(\lambda_1\geqslant\lambda_2)$,它们分别是椭圆长轴和短轴的平方,确定这些轴投影的角度由下列关系给出[23,P93]:

$$a^2(b^2)=\frac{1}{2}\left[\sigma_1^2+\sigma_2^2\pm\sqrt{(\sigma_1^2-\sigma_2^2)^2+4K^2}\right] \tag{1.3.50}$$

$$\tan 2\tau=\frac{2K}{\sigma_2^2-\sigma_1^2}$$

$$\tau=\frac{1}{2}\arctan\left(\frac{2K}{\sigma_2^2-\sigma_1^2}\right);\quad \tau=\begin{cases}\tau, & \sigma_2^2-\sigma_1^2>0,K\geqslant 0\\ \tau+\pi, & \sigma_2^2-\sigma_1^2>0,K<0\\ \tau+\dfrac{\pi}{2}, & \sigma_2^2-\sigma_1^2<0\end{cases} \tag{1.3.51}$$

这些关系式可以计算给出的协方差矩阵均方椭圆的参数。设 $\boldsymbol{P}^{\tilde{x}}=\begin{bmatrix}b^2 & O\\ 0 & a^2\end{bmatrix}$,由式

(1.3.21)、(1.3.23) 及(1.3.49) 可以得出由误差椭圆参数计算协方差矩阵(1.3.38) 元素的表达式为

$$\boldsymbol{P}^{x}=\boldsymbol{T}^{\mathrm{T}}\boldsymbol{P}^{\tilde{x}}\boldsymbol{T}=\begin{bmatrix}a^{2}\cos^{2}\tau+b^{2}\sin^{2}\tau & (a^{2}-b^{2})\cos\tau\sin\tau\\(a^{2}-b^{2})\cos\tau\sin\tau & a^{2}\sin^{2}\tau+b^{2}\cos^{2}\tau\end{bmatrix}\tag{1.3.52}$$

值得注意的是,尽管确定向量在给定方向上投影长度的随机变量方差与这个方向相关,但两个彼此正交的方向上方差的和总是常数,与其投影无关,有 $\sigma_1^2+\sigma_2^2=a^2+b^2$。这是因为正交变化时矩阵的迹不变。因此,使用径向误差(1.2.24) 来定量衡量位置的不确定性是完全正确的。

1.3.6　本节习题

习题 1.3.1　设高斯向量为 $\boldsymbol{z}=(\boldsymbol{x}^{\mathrm{T}},\boldsymbol{v}^{\mathrm{T}})^{\mathrm{T}}$,其子向量 $\boldsymbol{x}$ 和 $\boldsymbol{v}$ 的维数分别为 n 和 m,概率密度函数为

$$f_{z}(\boldsymbol{z})=N\left(\begin{bmatrix}\boldsymbol{x}\\\boldsymbol{v}\end{bmatrix};\begin{bmatrix}\bar{\boldsymbol{x}}\\\bar{\boldsymbol{v}}\end{bmatrix},\begin{bmatrix}\boldsymbol{P}^{x} & \boldsymbol{B}\\\boldsymbol{B}^{\mathrm{T}} & \boldsymbol{P}^{v}\end{bmatrix}\right)$$

对组合向量 $\tilde{\boldsymbol{z}}=(\boldsymbol{x}^{\mathrm{T}},\boldsymbol{y}^{\mathrm{T}})^{\mathrm{T}}$ 写出联合概率密度的表达式,其中 $\boldsymbol{y}=s(\boldsymbol{x})+\boldsymbol{v}$,式中 $s(\boldsymbol{x})$ 为已知非线性函数。

解　有

$$\tilde{\boldsymbol{z}}\equiv\begin{bmatrix}\tilde{\boldsymbol{z}}_1\\\tilde{\boldsymbol{z}}_2\end{bmatrix}\equiv\begin{bmatrix}\boldsymbol{x}\\\boldsymbol{y}\end{bmatrix}=\begin{bmatrix}\boldsymbol{x}\\s(\boldsymbol{x})+\boldsymbol{v}\end{bmatrix}\equiv\begin{bmatrix}\boldsymbol{z}_1\\s(\boldsymbol{z}_1)+\boldsymbol{z}_2\end{bmatrix}$$

则 $\boldsymbol{z}=h(\tilde{\boldsymbol{z}})$ 可写为

$$\boldsymbol{z}\equiv\begin{bmatrix}\boldsymbol{z}_1\\\boldsymbol{z}_2\end{bmatrix}\equiv\begin{bmatrix}\boldsymbol{x}\\\boldsymbol{v}\end{bmatrix}=\begin{bmatrix}\boldsymbol{x}\\\boldsymbol{y}-s(\boldsymbol{x})\end{bmatrix}\equiv\begin{bmatrix}\tilde{\boldsymbol{z}}_1\\\tilde{\boldsymbol{z}}_2-s(\tilde{\boldsymbol{z}}_1)\end{bmatrix}$$

注意到

$$\det\left(\frac{\mathrm{d}h(\tilde{\boldsymbol{z}})}{\mathrm{d}\tilde{\boldsymbol{z}}^{\mathrm{T}}}\right)=\det\left(\begin{bmatrix}\boldsymbol{E} & \boldsymbol{O}\\-\dfrac{\mathrm{d}s(\tilde{\boldsymbol{z}}_1)}{\mathrm{d}\,\tilde{\boldsymbol{z}}_1} & \boldsymbol{E}\end{bmatrix}\right)=1$$

由式(1.3.6),可得

$$f_{\tilde{z}}(\tilde{\boldsymbol{z}})\equiv f_{X,Y}(\boldsymbol{x},\boldsymbol{y})=f_{x,v}(h(\boldsymbol{x},\boldsymbol{v}))=N\left(\begin{bmatrix}\boldsymbol{x}\\\boldsymbol{y}-s(\boldsymbol{x})\end{bmatrix};\begin{bmatrix}\bar{\boldsymbol{x}}\\\bar{\boldsymbol{v}}\end{bmatrix},\begin{bmatrix}\boldsymbol{P}^{x} & \boldsymbol{B}\\\boldsymbol{B}^{\mathrm{T}} & \boldsymbol{P}^{v}\end{bmatrix}\right)$$

习题 1.3.2　由习题 1.3.1 的结果写出向量 $\tilde{\boldsymbol{z}}=(\boldsymbol{x}^{\mathrm{T}},\boldsymbol{y}^{\mathrm{T}})^{\mathrm{T}}$ 的联合密度,函数 $s(\boldsymbol{x})$ 为线性的,即 $s(\boldsymbol{x})=\boldsymbol{H}\boldsymbol{x}$。当 $\boldsymbol{x}$ 和 $\boldsymbol{v}$ 是独立同分布时写出其密度表达式。

解　当 $s(\boldsymbol{x})=\boldsymbol{H}\boldsymbol{x}$ 时,概率密度函数 $f_{X,Y}(\boldsymbol{x},\boldsymbol{y})$ 为

$$f_{X,Y}(\boldsymbol{x},\boldsymbol{y})=f_{x,v}(h(\boldsymbol{x},\boldsymbol{v}))=N\left(\begin{bmatrix}\boldsymbol{x}\\\boldsymbol{y}-\boldsymbol{H}\boldsymbol{x}\end{bmatrix};\begin{bmatrix}\bar{\boldsymbol{x}}\\\bar{\boldsymbol{v}}\end{bmatrix},\begin{bmatrix}\boldsymbol{P}^{x} & \boldsymbol{B}\\\boldsymbol{B}^{\mathrm{T}} & \boldsymbol{P}^{v}\end{bmatrix}\right)$$

由于 $\boldsymbol{x}$ 和 $\boldsymbol{v}$ 是独立同分布的,可写作

$$f_{X,Y}(\boldsymbol{x},\boldsymbol{y})=N\left(\begin{bmatrix}\boldsymbol{x}\\ \boldsymbol{y}-\boldsymbol{H}\boldsymbol{x}\end{bmatrix};\begin{bmatrix}\boldsymbol{0}\\ \boldsymbol{0}\end{bmatrix},\begin{bmatrix}\boldsymbol{P}^{x} & \boldsymbol{O}\\ \boldsymbol{O} & \boldsymbol{P}^{v}\end{bmatrix}\right)$$

$$=c\exp\left[-\frac{1}{2}(\boldsymbol{x}^{\mathrm{T}}(\boldsymbol{P}^{x})^{-1}\boldsymbol{x}+(\boldsymbol{y}-\boldsymbol{H}\boldsymbol{x})^{\mathrm{T}}(\boldsymbol{P}^{v})^{-1}(\boldsymbol{y}-\boldsymbol{H}\boldsymbol{x}))\right]$$

式中,c 为满足规范化条件的常数。指数表达式为

$$\begin{aligned}&\boldsymbol{x}^{\mathrm{T}}(\boldsymbol{P}^{x})^{-1}\boldsymbol{x}+(\boldsymbol{y}-\boldsymbol{H}\boldsymbol{x})^{\mathrm{T}}(\boldsymbol{P}^{v})^{-1}(\boldsymbol{y}-\boldsymbol{H}\boldsymbol{x})\\ =&\boldsymbol{x}^{\mathrm{T}}(\boldsymbol{P}^{x})^{-1}\boldsymbol{x}+\boldsymbol{y}^{\mathrm{T}}(\boldsymbol{P}^{v})^{-1}\boldsymbol{y}-\boldsymbol{y}^{\mathrm{T}}(\boldsymbol{P}^{v})^{-1}\boldsymbol{H}\boldsymbol{x}-\boldsymbol{x}^{\mathrm{T}}\boldsymbol{H}^{\mathrm{T}}(\boldsymbol{P}^{v})^{-1}\boldsymbol{y}+\boldsymbol{x}^{\mathrm{T}}\boldsymbol{H}^{\mathrm{T}}(\boldsymbol{P}^{v})^{-1}\boldsymbol{H}\boldsymbol{x}\\ =&[\boldsymbol{x}^{\mathrm{T}}\ \boldsymbol{y}^{\mathrm{T}}]\begin{bmatrix}(\boldsymbol{P}^{x})^{-1}+\boldsymbol{H}^{\mathrm{T}}(\boldsymbol{P}^{v})^{-1}\boldsymbol{H} & -\boldsymbol{H}^{\mathrm{T}}(\boldsymbol{P}^{v})^{-1}\\ -(\boldsymbol{P}^{v})^{-1}\boldsymbol{H} & (\boldsymbol{P}^{v})^{-1}\end{bmatrix}\begin{bmatrix}\boldsymbol{x}\\ \boldsymbol{y}\end{bmatrix}\end{aligned}$$

由分块矩阵公式可得

$$\begin{bmatrix}(\boldsymbol{P}^{x})^{-1}+\boldsymbol{H}^{\mathrm{T}}(\boldsymbol{P}^{v})^{-1}\boldsymbol{H} & \boldsymbol{H}^{\mathrm{T}}(\boldsymbol{P}^{v})^{-1}\\ (\boldsymbol{P}^{v})^{-1}\boldsymbol{H} & (\boldsymbol{P}^{v})^{-1}\end{bmatrix}^{-1}=\begin{bmatrix}\boldsymbol{P}^{x} & \boldsymbol{P}^{x}\boldsymbol{H}^{\mathrm{T}}\\ \boldsymbol{H}\boldsymbol{P}^{x} & \boldsymbol{P}^{v}+\boldsymbol{H}\boldsymbol{P}^{x}\boldsymbol{H}^{\mathrm{T}}\end{bmatrix}$$

由此可知,

$$f_{X,Y}(\boldsymbol{x},\boldsymbol{y})=N\left(\begin{bmatrix}\boldsymbol{x}\\ \boldsymbol{y}\end{bmatrix};\begin{bmatrix}\boldsymbol{0}\\ \boldsymbol{0}\end{bmatrix},\begin{bmatrix}\boldsymbol{P}^{x} & \boldsymbol{P}^{x}\boldsymbol{H}\\ \boldsymbol{H}^{\mathrm{T}}\boldsymbol{P}^{x} & \boldsymbol{P}^{v}+\boldsymbol{H}\boldsymbol{P}^{x}\boldsymbol{H}^{\mathrm{T}}\end{bmatrix}\right)$$

当 $s(\boldsymbol{x})=\boldsymbol{H}\boldsymbol{x}$ 时,组合变量服从高斯分布,即高斯变量线性变换后仍然服从高斯分布。因此为确定高斯密度只需找到组合变量的数学期望和协方差矩阵即可。

习题 1.3.3 证明向量 $\boldsymbol{y}=\boldsymbol{x}+\boldsymbol{v}$ 的概率密度函数为

$$f_{\boldsymbol{y}}(\boldsymbol{y})=\int f_{\boldsymbol{v},\boldsymbol{x}}(\boldsymbol{v},\boldsymbol{y}-\boldsymbol{v})\mathrm{d}v$$

当 $\boldsymbol{x}$ 和 $\boldsymbol{v}$ 彼此独立时为

$$f_{\boldsymbol{y}}(\boldsymbol{y})=\int f_{\boldsymbol{v}}(\boldsymbol{v})f_{\boldsymbol{x}}(\boldsymbol{y}-\boldsymbol{v})\mathrm{d}v$$

证明 由 $\tilde{\boldsymbol{z}}=\begin{bmatrix}\boldsymbol{y}\\ \boldsymbol{v}\end{bmatrix}=\begin{bmatrix}\boldsymbol{x}+\boldsymbol{v}\\ \boldsymbol{x}\end{bmatrix}$ 和 $\boldsymbol{z}=\begin{bmatrix}\boldsymbol{v}\\ \boldsymbol{x}\end{bmatrix}$ 即可得到这个表达式。

习题 1.3.4 设随机变量 $y=x+v$ 由两个在区间$[0,b]$上独立的均匀分布随机变量 x 和 v 合成。

证明 随机变量 Y 的概率密度函数是三角形的。

$$f_Y(y)=\begin{cases}\dfrac{1}{b^2}y, & y\in[0,b]\\ \dfrac{1}{b^2}(2b-y), & y\in[b,2b]\\ 0, & y\leqslant 0,y\geqslant 2b\end{cases}\tag{1}$$

解 注意到

$$f_X(x)=\begin{cases}\dfrac{1}{b}, & x\in[0,b]\\ 0, & x\notin[0,b]\end{cases}\tag{2}$$

并由式(1.3.7)可得

$$f_Y(y)=\int f_X(x)f_V(y-x)\mathrm{d}x=\frac{1}{b}\int_0^b f_V(y-x)\mathrm{d}x \tag{3}$$

式中

$$f_V(y-x)=\begin{cases}\dfrac{1}{b}, & x\in[y-b,y]\\ 0, & x\notin[y-b,y]\end{cases} \tag{4}$$

显然,仅在 $y\in[0,2b]$ 时概率密度函数 $f_Y(y)$ 不为零,即当 $y\leqslant 0$ 或 $y\geqslant 2b$ 时,$f_Y(y)=0$。由式(3)及(4)可得

$$f_Y(y)=\frac{1}{b^2}\int_\Omega \mathrm{d}x \tag{5}$$

或 $$\Omega=[y-b,y]\cap[0,b]$$

这里由式(4)可得第一个积分,由式(2)可得第二个积分。

不难证明

$$\int_\Omega \mathrm{d}x=\begin{cases}\displaystyle\int_0^y \mathrm{d}x=y, & y\in[0,b]\\ \displaystyle\int_{y-b}^b \mathrm{d}x=2b-y, & y\in[b,2b]\end{cases} \tag{6}$$

将式(6)代入式(5)中可得式(1)。

习题 1.3.5　给出两个独立同分布向量 $\boldsymbol{x}$ 和 $\boldsymbol{v}$,其维数分别为 n 和 m,协方差矩阵分别为 $\boldsymbol{P}^x$ 和 $\boldsymbol{R}$。同样为 n 维和 m 维向量

$$\hat{\boldsymbol{x}}=\boldsymbol{K}\boldsymbol{y},\quad \boldsymbol{y}=\boldsymbol{H}\boldsymbol{x}+\boldsymbol{v}$$

式中,$\boldsymbol{K}$ 和 $\boldsymbol{H}$ 为已知矩阵。

对组合变量 $\boldsymbol{X}=(\boldsymbol{x}^{\mathrm{T}},\boldsymbol{v}^{\mathrm{T}},\boldsymbol{y}^{\mathrm{T}},\boldsymbol{x})^{\mathrm{T}}$ 确定变换矩阵 $\boldsymbol{T}$,使得 $\boldsymbol{X}=\boldsymbol{t}\boldsymbol{z}$,式中 $\boldsymbol{z}=(\boldsymbol{x}^{\mathrm{T}},\boldsymbol{v}^{\mathrm{T}})^{\mathrm{T}}$,并求向量 $\boldsymbol{X}=\boldsymbol{T}\boldsymbol{z}$ 的协方差矩阵。

解　变换矩阵为

$$\boldsymbol{T}=\begin{bmatrix}\boldsymbol{E} & \boldsymbol{O}\\ \boldsymbol{O} & \boldsymbol{E}\\ \boldsymbol{H} & \boldsymbol{E}\\ \boldsymbol{K}\boldsymbol{H} & \boldsymbol{K}\end{bmatrix}$$

因此

$$\boldsymbol{P}^x=\begin{bmatrix}\boldsymbol{P}^x & \boldsymbol{O} & \boldsymbol{P}^x\boldsymbol{H}^{\mathrm{T}} & \boldsymbol{P}^x\boldsymbol{H}^{\mathrm{T}}\boldsymbol{K}^{\mathrm{T}}\\ \boldsymbol{O} & \boldsymbol{R} & \boldsymbol{R} & \boldsymbol{R}\boldsymbol{K}^{\mathrm{T}}\\ \boldsymbol{H}\boldsymbol{P}^x & \boldsymbol{R} & \boldsymbol{P}^y & \boldsymbol{P}^y\boldsymbol{K}^{\mathrm{T}}\\ \boldsymbol{K}\boldsymbol{H}\boldsymbol{P}^x & \boldsymbol{K}\boldsymbol{R} & \boldsymbol{K}\boldsymbol{P}^y & \boldsymbol{K}\boldsymbol{P}^y\boldsymbol{K}^{\mathrm{T}}\end{bmatrix}$$

式中,$\boldsymbol{P}^y=\boldsymbol{H}\boldsymbol{P}^x\boldsymbol{H}^{\mathrm{T}}+\boldsymbol{R}$。

习题 1.3.6　设 n 维变量 $\boldsymbol{\varepsilon}$ 的分量为

$$\varepsilon_i = v_i + d$$

式中,v_i 为彼此不相关的同分布随机变量,其方差为 $r_i^2, i=1,2,\cdots,n$;d 为与 $v_i(i=1,2,\cdots,n)$ 不相关的同分布随机变量,方差为 σ_d^2。

写出向量 $\boldsymbol{\varepsilon}$ 的协方差矩阵 $\boldsymbol{P}^{\varepsilon}$,再设所有变量为高斯变量,写出概率密度表达式。设所有 v_i 方差相同,即 $r_i^2 = r^2, i=1,2,\cdots,n$,使用矩阵求逆定理,写出逆矩阵 $\boldsymbol{P}^{\varepsilon}$ 的表达式。

解 协方差矩阵及概率密度表达式为

$$\boldsymbol{P}^{\varepsilon} = \mathrm{diag}\{r_i^2\} + \sigma_d^2 \boldsymbol{I}_{n\times n}, \quad f(\boldsymbol{\varepsilon}) = N(\boldsymbol{\varepsilon}; \boldsymbol{0}, \boldsymbol{P}^{\varepsilon})$$

式中,$\boldsymbol{I}_{n\times n}$ 为各元素均为 1 的 $n\times n$ 方阵。

由式(附 1.1.50) 可得

$$[r^2\boldsymbol{E}_n + \sigma_d^2 \boldsymbol{I}_{n\times n}]^{-1} = \frac{1}{r^2}\left(\boldsymbol{E}_n - \frac{\sigma_d^2}{n\sigma_d^2 + r^2}\boldsymbol{I}_{n\times n}\right)$$

式中,$\boldsymbol{E}_n$ 为 n 阶单位阵。

习题 1.3.7 确定随机变量 $y=\alpha x_1 + \beta x_2$ 的分布密度。假设 x_1、x_2 为数学期望 $\overline{\boldsymbol{x}} = (\overline{x_1}, \overline{x_2})^{\mathrm{T}}$,协方差矩阵 $\boldsymbol{P}^{x} = \begin{pmatrix} \sigma^2 & K \\ K & \sigma^2 \end{pmatrix}$ 的高斯向量的分量,α、β 为已知参数。

解 由于 $\boldsymbol{x}$ 为高斯向量,则由其分量线性组合得到的随机变量 y 同样服从高斯分布,其概率密度函数为

$$f(y) = \frac{1}{\sqrt{2\pi\sigma_y^2}} \mathrm{e}^{\frac{(y-\overline{y})^2}{2\sigma_y^2}}$$

这里 $\overline{y}$ 和 σ_y^2 分别由式(1.3.40) 及(1.3.41) 确定,即

$$\overline{y} = \alpha\overline{x_1} + \beta\overline{x_2}$$

$$\sigma_y^2 = \alpha^2 P_{11}^{x} + \beta^2 P_{22}^{x} + 2\alpha\beta K$$

思考题

1. 为什么在函数 $g(x)$ 存在反函数时确定随机变量的概率密度函数与 $g(x)$ 不是单值函数的情况相比较前者更简单?

2. 说明怎样得到高斯随机变量平方的概率密度函数,这个函数与哪些参数相关?其表达式什么样?

3. 已知二维同分布高斯变量,如何确定均匀分布及瑞利分布的随机向量和随机变量。

4. 什么条件下能够确定两个独立随机向量和向量的概率密度函数?只知道其数学期望及协方差矩阵是否足够?

5. 分别已知两个独立随机向量的概率密度函数,怎样确定和向量的概率密度函数?

6. 已知随机向量 $\boldsymbol{x}$ 的数学期望和协方差矩阵,计算由变换 $\tilde{\boldsymbol{x}} = \boldsymbol{T}\boldsymbol{x}$ 得到的随机向量的数学期望和方差。

7. 为什么各分量相关的随机向量总可由正交变换转化为分量彼此独立的随机向量？以二维情形为例解释这个问题的几何意义。

8. 写出二维高斯向量协方差矩阵与等概率均方椭圆参数之间的关系式，说明这个表达式的推导过程。

9. 写出同分布随机向量在已知单位向量方向上投影长度的方差表达式，设已知随机向量的协方差矩阵。

1.4　条件概率分布密度

这一节将给出估计理论中具有十分现实意义的条件概率密度函数的概念，给出已知一个高斯向量时计算两个高斯向量条件密度计算的方法及例题，讨论与第 2 章中研究的巴耶夫斯基估计问题紧密相关的退化问题。

1.4.1　贝叶斯公式、条件期望和条件协方差矩阵

给定两个随机向量 $\boldsymbol{X}$ 和 $\boldsymbol{Y}$，设其联合概率密度函数 $f_{\boldsymbol{X},\boldsymbol{Y}}(\boldsymbol{x},\boldsymbol{y})$ 已知，将这个函数分别对 $\boldsymbol{X}$ 或 $\boldsymbol{Y}$ 积分，由式(1.2.5) 可分别得到每个向量的概率密度函数 $f_{\boldsymbol{Y}}(\boldsymbol{y})$ 或 $f_{\boldsymbol{X}}(\boldsymbol{x})$，如果 $\boldsymbol{X}$ 和 $\boldsymbol{Y}$ 独立，则[16,44]

$$f_{\boldsymbol{X},\boldsymbol{Y}}(\boldsymbol{x},\boldsymbol{y})=f_{\boldsymbol{X}}(\boldsymbol{x})f_{\boldsymbol{Y}}(\boldsymbol{y})$$

更一般的情况下概率密度乘积公式为

$$f_{\boldsymbol{X},\boldsymbol{Y}}(\boldsymbol{x},\boldsymbol{y})=f(\boldsymbol{x}/\boldsymbol{y})f_{\boldsymbol{Y}}(\boldsymbol{y})=f(\boldsymbol{y}/\boldsymbol{x})f_{\boldsymbol{X}}(\boldsymbol{x}) \tag{1.4.1}$$

表达式中密度 $f(\boldsymbol{x}/\boldsymbol{y})$ 和 $f(\boldsymbol{y}/\boldsymbol{x})$ 确定了向量 $\boldsymbol{x}(\boldsymbol{y})$ 在 $\boldsymbol{y}(\boldsymbol{x})$ 固定时的统计学特性，因此称其为条件概率分布密度或简称为条件密度。在解决条件密度估计问题时，有时也称其为经验密度，强调这个密度对应于经验情形，即与估计向量相关的另一个向量是固定的，此时原始密度 $f_{\boldsymbol{X}}(\boldsymbol{x})$、$f_{\boldsymbol{Y}}(\boldsymbol{y})$ 称为是先验的，由式(1.4.1) 可得

$$f(\boldsymbol{x}/\boldsymbol{y})=\frac{f_{\boldsymbol{X},\boldsymbol{Y}}(\boldsymbol{x},\boldsymbol{y})}{\int f_{\boldsymbol{X},\boldsymbol{Y}}(\boldsymbol{x},\boldsymbol{y})\mathrm{d}\boldsymbol{x}}=\frac{f_{\boldsymbol{X},\boldsymbol{Y}}(\boldsymbol{x},\boldsymbol{y})}{f_{\boldsymbol{Y}}(\boldsymbol{y})} \tag{1.4.2}$$

$$f(\boldsymbol{y}/\boldsymbol{x})=\frac{f_{\boldsymbol{X},\boldsymbol{Y}}(\boldsymbol{x},\boldsymbol{y})}{\int f_{\boldsymbol{X},\boldsymbol{Y}}(\boldsymbol{x},\boldsymbol{y})\mathrm{d}\boldsymbol{y}}=\frac{f_{\boldsymbol{X},\boldsymbol{Y}}(\boldsymbol{x},\boldsymbol{y})}{f_{\boldsymbol{X}}(\boldsymbol{x})} \tag{1.4.3}$$

式(1.4.2) 和(1.4.3) 称为贝叶斯公式。由式(1.4.1) ～ (1.4.3)，可以在联合密度 $f_{\boldsymbol{X},\boldsymbol{Y}}(\boldsymbol{x},\boldsymbol{y})$ 已知时得到条件密度。

条件密度(1.4.2) 可由两种方式得到，首先将联合概率密度 $f_{\boldsymbol{X},\boldsymbol{Y}}(\boldsymbol{x},\boldsymbol{y})$ 中的 $\boldsymbol{y}$ 值固定，即 $f_{\boldsymbol{X},\boldsymbol{Y}}(\boldsymbol{x},\boldsymbol{y}=\boldsymbol{y}^*)$。相对 $\boldsymbol{x}$ 函数 $f_{\boldsymbol{X},\boldsymbol{Y}}(\boldsymbol{x},\boldsymbol{y}=\boldsymbol{y}^*)$ 是与条件密度函数成比例的，即 $f_{\boldsymbol{X},\boldsymbol{Y}}(\boldsymbol{x},\boldsymbol{y}=\boldsymbol{y}^*)\propto f(\boldsymbol{x}/\boldsymbol{y}=\boldsymbol{y}^*)$。换言之，$\boldsymbol{x}$ 的条件密度函数与 $\boldsymbol{y}$ 值固定的联合概率密度函数相似。为使函数 $f_{\boldsymbol{X},\boldsymbol{Y}}(\boldsymbol{x},\boldsymbol{y}=\boldsymbol{y}^*)$ 具有密度特性，必须将其除以 $f_{\boldsymbol{X},\boldsymbol{Y}}(\boldsymbol{x},\boldsymbol{y}=\boldsymbol{y}^*)$ 对变量 $\boldsymbol{x}$ 积分后与 $\boldsymbol{x}$ 无关的量，即保证规范化条件(1.2.4) 成立。得到的结果与基于一致性条

件(1.2.5)得到的 $f_Y(\boldsymbol{y}=\boldsymbol{y}^*)$ 相符。

与 $f(\boldsymbol{x}/\boldsymbol{y})$ 对应的数学期望 $\hat{\boldsymbol{x}}(\boldsymbol{y})=\int \boldsymbol{x} f(\boldsymbol{x}/\boldsymbol{y})\mathrm{d}\boldsymbol{x}$ 和协方差矩阵 $\boldsymbol{P}^{x/y}=\int(\boldsymbol{x}-\hat{\boldsymbol{x}}(\boldsymbol{y}))(\boldsymbol{x}-\hat{\boldsymbol{x}}(\boldsymbol{y}))^{\mathrm{T}} f(\boldsymbol{x}/\boldsymbol{y})\mathrm{d}\boldsymbol{x}$,称为条件数学期望和条件协方差矩阵。若涉及的是随机变量则使用条件方差。

条件密度与一般密度具有相同的特性,如果分析的是三个向量的密度 $f_{X,Y,Z}(\boldsymbol{x},\boldsymbol{y},\boldsymbol{z})$,则由一致性条件(1.2.5),可得

$$f(\boldsymbol{x}/\boldsymbol{z})=\int f(\boldsymbol{x},\boldsymbol{y}/\boldsymbol{z})\mathrm{d}\boldsymbol{y} \tag{1.4.4}$$

$$f(\boldsymbol{x}/\boldsymbol{z})=\int f(\boldsymbol{x}/\boldsymbol{y},\boldsymbol{z}) f(\boldsymbol{y}/\boldsymbol{z})\mathrm{d}\boldsymbol{y} \tag{1.4.5}$$

表达式(1.4.4)及(1.4.5)在必须消去条件密度中斜线左侧或右侧的变量时便于使用。

1.4.2 高斯条件概率密度参数确定规则

给出确定高斯条件分布密度的关系式[50],假设两个 n 维和 m 维的高斯向量 $\boldsymbol{x}$ 和 $\boldsymbol{y}$ 的联合概率密度函数为

$$f_{X,Y}(\boldsymbol{x},\boldsymbol{y})=N((\boldsymbol{x}^{\mathrm{T}},\boldsymbol{y}^{\mathrm{T}})^{\mathrm{T}};(\bar{\boldsymbol{x}}^{\mathrm{T}},\bar{\boldsymbol{y}}^{\mathrm{T}})^{\mathrm{T}},\boldsymbol{P}) \tag{1.4.6}$$

这里

$$\boldsymbol{P}=\begin{bmatrix}\boldsymbol{P}^{x} & \boldsymbol{P}^{xy}\\ (\boldsymbol{P}^{xy})^{\mathrm{T}} & \boldsymbol{P}^{y}\end{bmatrix}$$

对每个向量的概率密度函数都有

$$f_X(\boldsymbol{x})=N(\boldsymbol{x};\bar{\boldsymbol{x}},\boldsymbol{P}^{x}) \tag{1.4.7}$$

$$f_Y(\boldsymbol{y})=N(\boldsymbol{y};\bar{\boldsymbol{y}},\boldsymbol{P}^{y}) \tag{1.4.8}$$

设向量 $\boldsymbol{y}$ 值固定,确定条件概率密度 $f(\boldsymbol{x}/\boldsymbol{y})$ 的参数。

矩阵 $\boldsymbol{P}$ 的逆矩阵可写作

$$\boldsymbol{P}^{-1}=\begin{bmatrix}\boldsymbol{A} & \boldsymbol{B}\\ \boldsymbol{B}^{\mathrm{T}} & \boldsymbol{C}\end{bmatrix} \tag{1.4.9}$$

根据分块矩阵求逆法则有[50,P107]

$$\boldsymbol{A}=[\boldsymbol{P}^{x}-\boldsymbol{P}^{xy}(\boldsymbol{P}^{y})^{-1}\boldsymbol{P}^{yx}]^{-1}=(\boldsymbol{P}^{x})^{-1}+(\boldsymbol{P}^{x})^{-1}\boldsymbol{P}^{xy}\boldsymbol{C}\boldsymbol{P}^{yx}(\boldsymbol{P}^{x})^{-1} \tag{1.4.10}$$

$$\boldsymbol{B}=-\boldsymbol{A}\boldsymbol{P}^{xy}(\boldsymbol{P}^{y})^{-1}=-(\boldsymbol{P}^{x})^{-1}\boldsymbol{P}^{xy}\boldsymbol{C} \tag{1.4.11}$$

$$\boldsymbol{C}=[\boldsymbol{P}^{y}-\boldsymbol{P}^{yx}(\boldsymbol{P}^{x})^{-1}\boldsymbol{P}^{xy}]^{-1}=(\boldsymbol{P}^{y})^{-1}+(\boldsymbol{P}^{y})^{-1}\boldsymbol{P}^{yx}\boldsymbol{A}\boldsymbol{P}^{xy}(\boldsymbol{P}^{y})^{-1} \tag{1.4.12}$$

由式(1.4.2)并考虑式(1.4.6)及(1.4.8),有

$$f(\boldsymbol{x}/\boldsymbol{y})=\frac{N\left((\boldsymbol{x}^{\mathrm{T}},\boldsymbol{y}^{\mathrm{T}})^{\mathrm{T}};(\bar{\boldsymbol{x}}^{\mathrm{T}},\bar{\boldsymbol{y}}^{\mathrm{T}})^{\mathrm{T}},\begin{bmatrix}\boldsymbol{P}^{x} & \boldsymbol{P}^{xy}\\ (\boldsymbol{P}^{xy})^{\mathrm{T}} & \boldsymbol{P}^{y}\end{bmatrix}\right)}{N(\boldsymbol{y};\bar{\boldsymbol{y}},\boldsymbol{P}^{y})}$$

进一步有

$$f(\boldsymbol{x}/\boldsymbol{y})=\frac{1}{\sqrt{(2\pi)^{\frac{n}{2}}\ \dfrac{|\boldsymbol{P}|}{|\boldsymbol{P}^{y}|}}}\exp\left\{-\frac{1}{2}J(\boldsymbol{x},\boldsymbol{y})\right\} \tag{1.4.13}$$

其中

$$J(\boldsymbol{x},\boldsymbol{y})=[(\boldsymbol{x}-\bar{\boldsymbol{x}})^{\mathrm{T}}\quad(\boldsymbol{y}-\bar{\boldsymbol{y}})^{\mathrm{T}}]\begin{bmatrix}\boldsymbol{A} & \boldsymbol{B}\\ \boldsymbol{B}^{\mathrm{T}} & \boldsymbol{C}-(\boldsymbol{P}^{y})^{-1}\end{bmatrix}\begin{bmatrix}\boldsymbol{x}-\bar{\boldsymbol{x}}\\ \boldsymbol{y}-\bar{\boldsymbol{y}}\end{bmatrix}$$

注意到式(1.4.11)及(1.4.12),可得

$$\begin{aligned}J(\boldsymbol{x},\boldsymbol{y})=&[(\boldsymbol{x}-\bar{\boldsymbol{x}})^{\mathrm{T}},(\boldsymbol{y}-\bar{\boldsymbol{y}})^{\mathrm{T}}]\begin{bmatrix}\boldsymbol{A} & \boldsymbol{B}\\ \boldsymbol{B}^{\mathrm{T}} & \boldsymbol{C}-(\boldsymbol{P}^{y})^{-1}\end{bmatrix}\begin{bmatrix}(\boldsymbol{x}-\bar{\boldsymbol{x}})\\ (\boldsymbol{y}-\bar{\boldsymbol{y}})\end{bmatrix}=\\
&(\boldsymbol{x}-\bar{\boldsymbol{x}})^{\mathrm{T}}\boldsymbol{A}(\boldsymbol{x}-\bar{\boldsymbol{x}})+(\boldsymbol{x}-\bar{\boldsymbol{x}})^{\mathrm{T}}\boldsymbol{B}(\boldsymbol{y}-\bar{\boldsymbol{y}})+(\boldsymbol{y}-\bar{\boldsymbol{y}})^{\mathrm{T}}\boldsymbol{B}^{\mathrm{T}}(\boldsymbol{x}-\bar{\boldsymbol{x}})+\\
&(\boldsymbol{y}-\bar{\boldsymbol{y}})^{\mathrm{T}}[\boldsymbol{C}-(\boldsymbol{P}^{y})^{-1}](\boldsymbol{y}-\bar{\boldsymbol{y}})=\\
&(\boldsymbol{x}-\bar{\boldsymbol{x}})^{\mathrm{T}}\boldsymbol{A}(\boldsymbol{x}-\bar{\boldsymbol{x}})+2(\boldsymbol{x}-\bar{\boldsymbol{x}})^{\mathrm{T}}\boldsymbol{A}\boldsymbol{P}^{xy}(\boldsymbol{P}^{y})^{-1}\times(\boldsymbol{y}-\bar{\boldsymbol{y}})+(\boldsymbol{y}-\bar{\boldsymbol{y}})^{\mathrm{T}}\\
&[(\boldsymbol{P}^{y})^{-1}\boldsymbol{P}^{yx}\boldsymbol{A}\boldsymbol{P}^{xy}(\boldsymbol{P}^{y})^{-1}](\boldsymbol{y}-\bar{\boldsymbol{y}})=\\
&[(\boldsymbol{x}-\bar{\boldsymbol{x}})-\boldsymbol{P}^{xy}(\boldsymbol{P}^{y})^{-1}(\boldsymbol{y}-\bar{\boldsymbol{y}})]^{\mathrm{T}}\boldsymbol{A}[(\boldsymbol{x}-\bar{\boldsymbol{x}})-\boldsymbol{P}^{xy}(\boldsymbol{P}^{y})^{-1}(\boldsymbol{y}-\bar{\boldsymbol{y}})]\end{aligned}$$

由此可得

$$J(\boldsymbol{x},\boldsymbol{y})=(\boldsymbol{x}-\hat{\boldsymbol{x}})^{\mathrm{T}}\boldsymbol{A}(\boldsymbol{x}-\hat{\boldsymbol{x}}) \tag{1.4.14}$$

其中 $\hat{\boldsymbol{x}}=\bar{\boldsymbol{x}}+\boldsymbol{P}^{xy}(\boldsymbol{P}^{y})^{-1}(\boldsymbol{y}-\bar{\boldsymbol{y}})$。

此时变换(1.4.13)中的第一个乘子为

$$\boldsymbol{P}=\begin{bmatrix}\boldsymbol{P}^{x} & \boldsymbol{P}^{xy}\\ (\boldsymbol{P}^{xy})^{\mathrm{T}} & \boldsymbol{P}^{y}\end{bmatrix}=\begin{bmatrix}\boldsymbol{P}^{x}-\boldsymbol{P}^{xy}(\boldsymbol{P}^{y})^{-1}\boldsymbol{P}^{yx} & \boldsymbol{P}^{xy}\\ \boldsymbol{O} & \boldsymbol{P}^{y}\end{bmatrix}\begin{bmatrix}\boldsymbol{E}_{n} & \boldsymbol{O}\\ (\boldsymbol{P}^{y})^{-1}\boldsymbol{P}^{yx} & \boldsymbol{E}_{m}\end{bmatrix}$$

可得

$$|\boldsymbol{P}|=|\boldsymbol{P}^{x}-\boldsymbol{P}^{xy}(\boldsymbol{P}^{y})^{-1}\boldsymbol{P}^{yx}||\boldsymbol{P}^{y}|$$

即有

$$\frac{|\boldsymbol{P}|}{|\boldsymbol{P}^{y}|}=|\boldsymbol{P}^{x}-\boldsymbol{P}^{xy}(\boldsymbol{P}^{y})^{-1}\boldsymbol{P}^{yx}| \tag{1.4.15}$$

式(1.4.13) ~ (1.4.15)的分析表明,条件密度 $f(\boldsymbol{x}/\boldsymbol{y})$ 是高斯的,即 $f(\boldsymbol{x}/\boldsymbol{y})=N(\boldsymbol{x};\hat{\boldsymbol{x}}(\boldsymbol{y}),\boldsymbol{P}^{\frac{x}{y}})$,其参数由下式确定:

$$\hat{\boldsymbol{x}}(\boldsymbol{y})=\bar{\boldsymbol{x}}+\boldsymbol{P}^{xy}(\boldsymbol{P}^{y})^{-1}(\boldsymbol{y}-\bar{\boldsymbol{y}}) \tag{1.4.16}$$

$$\boldsymbol{P}^{\frac{x}{y}}=\boldsymbol{P}^{x}-\boldsymbol{P}^{xy}(\boldsymbol{P}^{y})^{-1}(\boldsymbol{P}^{xy})^{\mathrm{T}} \tag{1.4.17}$$

式(1.4.16)及(1.4.17)给出了两个高斯向量条件概率密度函数的参数确定法则。

1.4.3　确定条件高斯密度参数的例题

通过两道例题来具体使用前一节得到的表达式。

例 1.4.1　设已知二维同分布高斯向量 $\boldsymbol{x}=(x_1,x_2)^{\mathrm{T}}$,其协方差矩阵形如式(1.2.14)。当第二个分量固定时,确定第一个分量条件高斯密度的参数。

由式(1.2.14)、(1.2.15)、(1.4.6)、(1.4.17)可得下列条件期望和方差：

$$\hat{x_1}=r\frac{\sigma_1}{\sigma_2}x_2$$

$$\sigma_{1ycn}^2=\sigma_1^2(1-r^2)$$

即

$$f(x_1/x_2)=\frac{1}{\sigma_1\sqrt{2\pi(1-r^2)}}\exp\left[-\frac{1}{2(1-r^2)\sigma_1^2}\left(x_1-r\frac{\sigma_1}{\sigma_2}x_2\right)^2\right]$$

在图1.4.1中给出了 $x_2=1$、$\sigma_1=\sigma_2=1$ 时不同 r 值对应的概率密度曲线图，由图中可以看出随着相关系数的增加条件方差减小，这是完全符合规律的，因为相关系数表示了一个变量对另一个变量的统计学相关程度，这个相关度越高，条件方差与原方差相比就越小。不难看出，当 $r\to1$ 时 $f(x_1/x_2)\to\delta\left(x_1-\frac{\sigma_1}{\sigma_2}x_2\right)$。

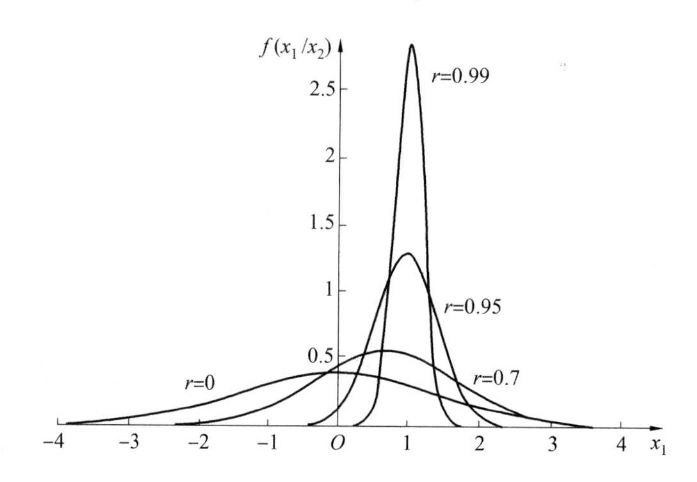

图1.4.1　不同规范化相关系数值对应的条件下高斯概率密度曲线图

例1.4.2　类似于习题1.3.5，已知 n 维和 m 维向量 $\boldsymbol{x}$ 和 $\boldsymbol{v}$ 的数学期望及协方差矩阵，除此之外，它们的联合分布是高斯的，即

$$f_{x,v}(\boldsymbol{x},\boldsymbol{v})=N\left(\begin{bmatrix}\boldsymbol{x}\\\boldsymbol{v}\end{bmatrix};\begin{bmatrix}\bar{\boldsymbol{x}}\\\bar{\boldsymbol{v}}\end{bmatrix},\begin{bmatrix}\boldsymbol{P}^x & \boldsymbol{B}\\\boldsymbol{B}^{\mathrm{T}} & \boldsymbol{P}^v\end{bmatrix}\right) \tag{1.4.18}$$

设向量 $\boldsymbol{y}$ 与 $\boldsymbol{x}$、$\boldsymbol{v}$ 之间的关系式为

$$\boldsymbol{y}=\boldsymbol{H}\boldsymbol{x}+\boldsymbol{v} \tag{1.4.19}$$

确定条件概率密度 $f(\boldsymbol{x}/\boldsymbol{y})$。

这个问题的求解分为两个阶段。

第一阶段：确定向量 $\boldsymbol{x}$ 和 $\boldsymbol{y}$ 的组合向量的概率密度。在习题1.3.3中已知

$$f_{x,y}(\boldsymbol{x},\boldsymbol{y})=N\left(\begin{bmatrix}\boldsymbol{x}\\\boldsymbol{y}\end{bmatrix}\begin{bmatrix}\bar{\boldsymbol{x}}\\\boldsymbol{H}\bar{\boldsymbol{x}}+\bar{\boldsymbol{v}}\end{bmatrix},\begin{bmatrix}\boldsymbol{P}^x & \boldsymbol{P}^x\boldsymbol{H}^{\mathrm{T}}+\boldsymbol{B}\\\boldsymbol{B}^{\mathrm{T}}+\boldsymbol{H}\boldsymbol{P}^x & \boldsymbol{H}\boldsymbol{P}^x\boldsymbol{H}^{\mathrm{T}}+\boldsymbol{H}\boldsymbol{B}+\boldsymbol{B}^{\mathrm{T}}\boldsymbol{H}^{\mathrm{T}}+\boldsymbol{P}^v\end{bmatrix}\right) \tag{1.4.20}$$

第二阶段:确定条件概率密度 $f(\boldsymbol{x}/\boldsymbol{y})$。由前面给出的条件高斯密度确定方法很容易得到

$$f(\boldsymbol{x}/\boldsymbol{y})=N(\boldsymbol{x};\hat{\boldsymbol{x}}(\boldsymbol{y}),\boldsymbol{P}^{x/y}) \tag{1.4.21}$$

这里条件数学期望和协方差矩阵由式(1.4.16)及(1.4.17)确定。

$$\hat{\boldsymbol{x}}(\boldsymbol{y})=\bar{\boldsymbol{x}}+(\boldsymbol{P}^x\boldsymbol{H}^{\mathrm{T}}+\boldsymbol{B})(\boldsymbol{H}\boldsymbol{P}^x\boldsymbol{H}^{\mathrm{T}}+\boldsymbol{H}\boldsymbol{B}+\boldsymbol{B}^{\mathrm{T}}\boldsymbol{H}^{\mathrm{T}}+\boldsymbol{P}^v)^{-1}(\boldsymbol{y}-\boldsymbol{H}\bar{\boldsymbol{x}}-\bar{\boldsymbol{v}}) \tag{1.4.22}$$

$$\boldsymbol{P}^{x/y}=\boldsymbol{P}^x-(\boldsymbol{P}^x\boldsymbol{H}^{\mathrm{T}}+\boldsymbol{B})(\boldsymbol{H}\boldsymbol{P}^x\boldsymbol{H}^{\mathrm{T}}+\boldsymbol{H}\boldsymbol{B}+\boldsymbol{B}^{\mathrm{T}}\boldsymbol{H}^{\mathrm{T}}+\boldsymbol{P}^v)^{-1}(\boldsymbol{B}^{\mathrm{T}}+\boldsymbol{H}\boldsymbol{P}^x) \tag{1.4.23}$$

特别地,当向量 $\boldsymbol{x}$ 和 $\boldsymbol{v}$ 独立且 $\bar{\boldsymbol{v}}=\boldsymbol{0}$ 时,上述表达式可减化为

$$\hat{\boldsymbol{x}}(\boldsymbol{y})=\bar{\boldsymbol{x}}+\boldsymbol{K}(\boldsymbol{y}-\boldsymbol{H}\bar{\boldsymbol{x}}) \tag{1.4.24}$$

$$\boldsymbol{K}=\boldsymbol{P}^x\boldsymbol{H}^{\mathrm{T}}(\boldsymbol{H}\boldsymbol{P}^x\boldsymbol{H}^{\mathrm{T}}+\boldsymbol{P}^v)^{-1} \tag{1.4.25}$$

$$\boldsymbol{P}^{x/y}=\boldsymbol{P}^x-\boldsymbol{P}^x\boldsymbol{H}^{\mathrm{T}}(\boldsymbol{H}\boldsymbol{P}^x\boldsymbol{H}^{\mathrm{T}}+\boldsymbol{P}^v)^{-1}\boldsymbol{H}\boldsymbol{P}^x \tag{1.4.26}$$

$$\boldsymbol{P}^{x/y}=\boldsymbol{P}^x-\boldsymbol{P}^x\boldsymbol{H}^{\mathrm{T}}(\boldsymbol{H}\boldsymbol{P}^x\boldsymbol{H}^{\mathrm{T}}+\boldsymbol{P}^v)^{-1}\boldsymbol{H}\boldsymbol{P}^x=((\boldsymbol{P}^x)^{-1}+\boldsymbol{H}^{\mathrm{T}}(\boldsymbol{P}^v)^{-1}\boldsymbol{H})^{-1} \tag{1.4.27}$$

这可由矩阵可逆定理简单地说明。

由式(1.4.27)及等式轮换有[50]

$$\begin{aligned}\boldsymbol{P}^x\boldsymbol{H}^{\mathrm{T}}(\boldsymbol{H}\boldsymbol{P}^x\boldsymbol{H}^{\mathrm{T}}+\boldsymbol{P}^v)^{-1}&=[(\boldsymbol{P}^x)^{-1}+\boldsymbol{H}^{\mathrm{T}}(\boldsymbol{P}^v)^{-1}\boldsymbol{H}]^{-1}[(\boldsymbol{P}^x)^{-1}+\boldsymbol{H}^{\mathrm{T}}(\boldsymbol{P}^v)^{-1}\boldsymbol{H}]\times\\&\quad\boldsymbol{P}^x\boldsymbol{H}^{\mathrm{T}}(\boldsymbol{H}\boldsymbol{P}^x\boldsymbol{H}^{\mathrm{T}}+\boldsymbol{P}^v)^{-1}\\&=\boldsymbol{P}^{x/y}[\boldsymbol{H}^{\mathrm{T}}+\boldsymbol{H}^{\mathrm{T}}(\boldsymbol{P}^v)^{-1}\boldsymbol{H}\boldsymbol{P}^x\boldsymbol{H}^{\mathrm{T}}]\times\\&\quad(\boldsymbol{H}\boldsymbol{P}^x\boldsymbol{H}^{\mathrm{T}}+\boldsymbol{P}^v)^{-1}=\boldsymbol{P}^{x/y}\boldsymbol{H}^{\mathrm{T}}(\boldsymbol{P}^v)^{-1}\end{aligned}$$

式(1.4.25)中的矩阵 $\boldsymbol{K}$ 为

$$\boldsymbol{K}=\boldsymbol{P}^{x/y}\boldsymbol{H}^{\mathrm{T}}(\boldsymbol{P}^v)^{-1} \tag{1.4.28}$$

与例 1.4.2 中得到的 $f(\boldsymbol{y}/\boldsymbol{x})$ 类似可得(见本节习题 1.4.1)

$$f(\boldsymbol{y}/\boldsymbol{x})=N(\boldsymbol{y};\hat{\boldsymbol{y}}(\boldsymbol{x}),\boldsymbol{P}^{y/x}) \tag{1.4.29}$$

这里

$$\hat{\boldsymbol{y}}(\boldsymbol{x})=\boldsymbol{H}\bar{\boldsymbol{x}}+\bar{\boldsymbol{v}}+[\boldsymbol{B}^{\mathrm{T}}(\boldsymbol{P}^x)^{-1}+\boldsymbol{H}](\boldsymbol{x}-\bar{\boldsymbol{x}}) \tag{1.4.30}$$

$$\boldsymbol{P}^{y/x}=\boldsymbol{P}^v-\boldsymbol{B}^{\mathrm{T}}(\boldsymbol{P}^x)^{-1}\boldsymbol{B} \tag{1.4.31}$$

不难发现,$\hat{\boldsymbol{v}}(\boldsymbol{x})=\bar{\boldsymbol{v}}+\boldsymbol{B}^{\mathrm{T}}(\boldsymbol{P}^x)^{-1}(\boldsymbol{x}-\bar{\boldsymbol{x}})$ 和 $\boldsymbol{P}^{y/x}=\boldsymbol{P}^{v/x}$ 是向量 $\boldsymbol{x}$ 固定时,向量 $\boldsymbol{v}$ 的条件数学期望和条件协方差矩阵。由于 $\boldsymbol{y}=\boldsymbol{H}\boldsymbol{x}+\boldsymbol{v}$,当 $\boldsymbol{x}$ 固定时,向量 $\boldsymbol{y}$ 的数学期望和协方差矩阵将由向量 $\boldsymbol{v}$ 的条件数学期望和条件协方差矩阵完全确定。

在解决估计问题中与确定条件高斯密度参数问题相关的最常用的表达式在表 1.4.1 中给出。

表 1.4.1　条件高斯密度参数的确定

条件	问题	解
给定概率密度函数 $f_{x,y}(\boldsymbol{x},\boldsymbol{y})=N\left(\begin{bmatrix}\boldsymbol{x}\\\boldsymbol{y}\end{bmatrix};\begin{bmatrix}\bar{\boldsymbol{x}}\\\bar{\boldsymbol{y}}\end{bmatrix},\begin{bmatrix}\boldsymbol{P}^x & \boldsymbol{P}^{xy}\\(\boldsymbol{P}^{xy})^{\mathrm{T}} & \boldsymbol{P}^y\end{bmatrix}\right)$	确定条件概率密度函数 $f(\boldsymbol{x}/\boldsymbol{y})$	$f(\boldsymbol{x}/\boldsymbol{y})=N(\boldsymbol{x};\hat{\boldsymbol{x}}(\boldsymbol{y}),\boldsymbol{P}^{x/y})$ $\hat{\boldsymbol{x}}(\boldsymbol{y})=\bar{\boldsymbol{x}}+\boldsymbol{P}^{xy}(\boldsymbol{P}^y)^{-1}(\boldsymbol{y}-\bar{\boldsymbol{y}})$ $\boldsymbol{P}^{x/y}=\boldsymbol{P}^x-\boldsymbol{P}^{xy}(\boldsymbol{P}^y)^{-1}(\boldsymbol{P}^{xy})^{\mathrm{T}}$

续表 1.4.1

条件	问题	解
给定概率密度函数 $f_{x,v}(\boldsymbol{x},\boldsymbol{v})=N\left(\begin{bmatrix}\boldsymbol{x}\\\boldsymbol{v}\end{bmatrix};\begin{bmatrix}\bar{\boldsymbol{x}}\\\boldsymbol{0}\end{bmatrix},\begin{bmatrix}\boldsymbol{P}^x & \boldsymbol{O}\\\boldsymbol{O} & \boldsymbol{P}^v\end{bmatrix}\right)$ 和向量 $\boldsymbol{y}=\boldsymbol{H}\boldsymbol{x}+\boldsymbol{v}$	确定条件概率密度函数 $f(\boldsymbol{x}/\boldsymbol{y})$	$f(\boldsymbol{x}/\boldsymbol{y})=N(\boldsymbol{x};\hat{\boldsymbol{x}}(\boldsymbol{y}),\boldsymbol{P}^{x/y})$ $\hat{\boldsymbol{x}}(\boldsymbol{y})=\bar{\boldsymbol{x}}+\boldsymbol{K}(\boldsymbol{y}-\boldsymbol{H}\bar{\boldsymbol{x}})$ $\boldsymbol{K}=\boldsymbol{P}^x\boldsymbol{H}^{\mathrm{T}}(\boldsymbol{H}\boldsymbol{P}^x\boldsymbol{H}^{\mathrm{T}}+\boldsymbol{P}^v)^{-1}$ $\boldsymbol{P}^{x/y}=\boldsymbol{P}^x-\boldsymbol{P}^x\boldsymbol{H}^{\mathrm{T}}(\boldsymbol{H}\boldsymbol{P}^x\boldsymbol{H}^{\mathrm{T}}+\boldsymbol{P}^v)^{-1}\boldsymbol{H}\boldsymbol{P}^x$ $\boldsymbol{P}^{x/y}=[(\boldsymbol{P}^x)^{-1}+\boldsymbol{H}^{\mathrm{T}}(\boldsymbol{P}^v)^{-1}\boldsymbol{H}]^{-1}$ $\boldsymbol{K}=\boldsymbol{P}^{x/y}\boldsymbol{H}^{\mathrm{T}}(\boldsymbol{P}^v)^{-1}$

1.4.4 退化问题

在后面构建估计算法时十分重要的问题是当与向量 $\boldsymbol{x}$ 统计学相关的向量 $\boldsymbol{y}$ 固定时对向量 $\boldsymbol{x}$ 的描述，这个问题称为 $\boldsymbol{x}$ 沿 $\boldsymbol{y}$ 的退化问题，在数学上是函数 $\tilde{\boldsymbol{x}}(\boldsymbol{y})$ 下向量 $\boldsymbol{x}$ 某种意义上的最优近似问题。

在近似估计时选择二次型函数

$$L(\boldsymbol{x}-\tilde{\boldsymbol{x}}(\boldsymbol{y}))=\sum_{i=1}^{n}(x_i-\tilde{x}_i(\boldsymbol{y}))^2=$$
$$(\boldsymbol{x}-\tilde{\boldsymbol{x}}(\boldsymbol{y}))^{\mathrm{T}}(\boldsymbol{x}-\tilde{\boldsymbol{x}}(\boldsymbol{y}))=Sp\{(\boldsymbol{x}-\tilde{\boldsymbol{x}}(\boldsymbol{y}))(\boldsymbol{x}-\tilde{\boldsymbol{x}}(\boldsymbol{y}))^{\mathrm{T}}\} \tag{1.4.32}$$

那么 x 沿 y 的退化问题可视为使下列函数取极小值的函数 $\tilde{\boldsymbol{x}}(\boldsymbol{y})$ 的确定问题：

$$J=M_{x,y}(\boldsymbol{x}-\tilde{\boldsymbol{x}}(\boldsymbol{y}))^{\mathrm{T}}(\boldsymbol{x}-\tilde{\boldsymbol{x}}(\boldsymbol{y}))=\iint(\boldsymbol{x}-\tilde{\boldsymbol{x}}(\boldsymbol{y}))^{\mathrm{T}}(\boldsymbol{x}-\tilde{\boldsymbol{x}}(\boldsymbol{y}))f_{x,y}(\boldsymbol{x},\boldsymbol{y})\mathrm{d}\boldsymbol{x}\mathrm{d}\boldsymbol{y} \tag{1.4.33}$$

由这个关系式可知，为解决此问题需求联合概率密度 $f_{x,y}(\boldsymbol{x},\boldsymbol{y})$。

不难说明，与先验密度 $f(\boldsymbol{x}/\boldsymbol{y})$ 相应的数学期望即为退化问题的解，即[16]

$$\hat{\boldsymbol{x}}(\boldsymbol{y})=\int\boldsymbol{x}f(\boldsymbol{x}/\boldsymbol{y})\mathrm{d}\boldsymbol{x} \tag{1.4.34}$$

这个结果的证明十分简单，将积分(1.4.33)写作

$$J=\iint(\boldsymbol{x}-\tilde{\boldsymbol{x}}(\boldsymbol{y}))^{\mathrm{T}}(\boldsymbol{x}-\tilde{\boldsymbol{x}}(\boldsymbol{y}))f(\boldsymbol{x}/\boldsymbol{y})\mathrm{d}\boldsymbol{x}f(\boldsymbol{y})\mathrm{d}\boldsymbol{y}$$

并将其对估计微分，可得

$$\frac{\mathrm{d}}{\mathrm{d}\tilde{\boldsymbol{x}}(\boldsymbol{y})}\int(\boldsymbol{x}-\tilde{\boldsymbol{x}}(\boldsymbol{y}))^{\mathrm{T}}(\boldsymbol{x}-\tilde{\boldsymbol{x}}(\boldsymbol{y}))f(\boldsymbol{x}/\boldsymbol{y})\mathrm{d}\boldsymbol{x}=-2\int(\boldsymbol{x}-\tilde{\boldsymbol{x}}(\boldsymbol{y}))^{\mathrm{T}}f(\boldsymbol{x}/\boldsymbol{y})\mathrm{d}\boldsymbol{x}=0$$

由此可知

$$\int\boldsymbol{x}^{\mathrm{T}}f(\boldsymbol{x}/\boldsymbol{y})\mathrm{d}\boldsymbol{x}=\tilde{\boldsymbol{x}}^{\mathrm{T}}(\boldsymbol{y})\int f(\boldsymbol{x}/\boldsymbol{y})\mathrm{d}\boldsymbol{x}$$

由规范化条件可知，使式(1.4.33)取极小值的估计由式(1.4.34)来确定。由此，条

件数学期望即为退化问题的解。

在解决退化问题时经常会限制使泛函(1.4.33)取极小值的函数的类型。最常见的是线性退化,即当取极小值时泛函极小的使用是向量 $\boldsymbol{y}$ 的线性函数

$$\tilde{\boldsymbol{x}}(\boldsymbol{y})=\boldsymbol{d}+\boldsymbol{K}\boldsymbol{y}$$

可以证明(见 2.4 节),当数学期望 $\bar{\boldsymbol{x}}$、$\bar{\boldsymbol{y}}$,协方差矩阵 $\boldsymbol{P}^{y}$ 和相关矩阵 $\boldsymbol{P}^{xy}$ 已知时,若 $\boldsymbol{P}^{y}$ 非奇异,则此问题的解由下列关系式确定:

$$\boldsymbol{K}=\boldsymbol{P}^{xy}(\boldsymbol{P}^{y})^{-1}$$

$$\boldsymbol{d}=\bar{\boldsymbol{x}}+\boldsymbol{P}^{xy}(\boldsymbol{P}^{y})^{-1}\bar{\boldsymbol{y}}=\bar{\boldsymbol{x}}+\boldsymbol{K}\bar{\boldsymbol{y}}$$

由此可知,为求解线性退化问题,只需已知 $\bar{\boldsymbol{x}}$、$\bar{\boldsymbol{y}}$、$\boldsymbol{p}^{y}$ 和 $\boldsymbol{p}^{xy}$。

值得注意的是,当随机向量为高斯向量时,线性退化问题的解即是非线性退化问题的解,不需要引入对式(1.4.33)取极小值的函数类型进行限制。

1.4.5　本节习题

习题 1.4.1　已知向量 $\boldsymbol{y}=H\boldsymbol{x}+\boldsymbol{v}$,其中联合密度由式(1.4.20)给出,求条件概率分布密度 $f(\boldsymbol{y}/\boldsymbol{x})$。

解　为方便求解,由概率密度的对称性,将联合概率密度(1.4.20)表示为

$$f_{x,y}(\boldsymbol{x},\boldsymbol{y})=f_{y,x}(\boldsymbol{y},\boldsymbol{x})=N\left(\begin{bmatrix}\boldsymbol{y}\\ \boldsymbol{x}\end{bmatrix};\begin{bmatrix}\boldsymbol{H}\bar{\boldsymbol{x}}+\bar{\boldsymbol{v}}\\ \bar{\boldsymbol{x}}\end{bmatrix}\right.$$
$$\left.\left[\begin{array}{c:c}\boldsymbol{H}\boldsymbol{P}^{x}\boldsymbol{H}^{\mathrm{T}}+\boldsymbol{H}\boldsymbol{B}+\boldsymbol{B}^{\mathrm{T}}\boldsymbol{H}^{\mathrm{T}}+\boldsymbol{P}^{v} & \boldsymbol{B}^{\mathrm{T}}+\boldsymbol{H}\boldsymbol{P}^{x}\\ \hdashline \boldsymbol{P}^{x}\boldsymbol{H}^{\mathrm{T}}+\boldsymbol{B} & \boldsymbol{P}^{x}\end{array}\right]\right)$$

由于条件密度为高斯的,即

$$f(\boldsymbol{y}/\boldsymbol{x})=N(\boldsymbol{y};\hat{\boldsymbol{y}}(\boldsymbol{x}),\boldsymbol{P}^{y/x})$$

则由条件高斯概率密度参数计算规则可得

$$\hat{\boldsymbol{y}}(\boldsymbol{x})=\boldsymbol{H}\bar{\boldsymbol{x}}+\bar{\boldsymbol{v}}+(\boldsymbol{B}^{\mathrm{T}}+\boldsymbol{H}\boldsymbol{P}^{x})(\boldsymbol{P}^{x})^{-1}(\boldsymbol{x}-\bar{\boldsymbol{x}})$$

$$\boldsymbol{P}^{y/x}=\boldsymbol{H}\boldsymbol{P}^{x}\boldsymbol{H}^{\mathrm{T}}+\boldsymbol{H}\boldsymbol{B}+\boldsymbol{B}^{\mathrm{T}}\boldsymbol{H}^{\mathrm{T}}+\boldsymbol{P}^{v}-(\boldsymbol{B}^{\mathrm{T}}+\boldsymbol{H}\boldsymbol{P}^{x})(\boldsymbol{P}^{x})^{-1}(\boldsymbol{P}^{x}\boldsymbol{H}^{\mathrm{T}}+\boldsymbol{B})$$

将表达式中的括号展开可得

$$\hat{\boldsymbol{y}}(\boldsymbol{x})=\boldsymbol{H}\bar{\boldsymbol{x}}+\bar{\boldsymbol{v}}+\boldsymbol{B}^{\mathrm{T}}(\boldsymbol{P}^{x})^{-1}+\boldsymbol{H}(\boldsymbol{x}-\bar{\boldsymbol{x}})$$

$$\boldsymbol{P}^{y/x}=\boldsymbol{P}^{v}-\boldsymbol{B}^{\mathrm{T}}(\boldsymbol{P}^{x})^{-1}\boldsymbol{B}$$

若 $\boldsymbol{x}$ 和 $\boldsymbol{v}$ 独立,且 $\bar{\boldsymbol{v}}=\boldsymbol{0}$,则

$$\hat{\boldsymbol{y}}(\boldsymbol{x})=\boldsymbol{H}\boldsymbol{x},\quad \boldsymbol{P}^{y/x}=\boldsymbol{P}^{v}$$

即

$$f(\boldsymbol{y}/\boldsymbol{x})=N(\boldsymbol{x};\boldsymbol{H}\boldsymbol{x},\boldsymbol{P}^{v})$$

由此可知,当 $\boldsymbol{x}$ 与 $\boldsymbol{v}$ 独立时,$f(\boldsymbol{y}/\boldsymbol{x})=f_{v}(\boldsymbol{y}-\boldsymbol{H}\boldsymbol{x})$。

习题 1.4.2　设向量 $\boldsymbol{y}=s(\boldsymbol{x})+\boldsymbol{v}$,且联合概率密度 $f_{x,v}(\boldsymbol{x},\boldsymbol{v})$ 为由式(1.3.25)及(1.3.26)确定的高斯密度,求条件概率分布密度 $f(\boldsymbol{y}/\boldsymbol{x})$。

解　由 $f(\boldsymbol{x},\boldsymbol{v})$ 不难求得

$$f(\boldsymbol{v}/\boldsymbol{x})=N(\boldsymbol{v};\hat{\boldsymbol{v}}(\boldsymbol{x}),\boldsymbol{P}^{v/x})$$

其中

$$\hat{\boldsymbol{v}}(\boldsymbol{x})=\bar{\boldsymbol{v}}+\boldsymbol{B}^{\mathrm{T}}(\boldsymbol{P}^{x})^{-1}(\boldsymbol{x}-\bar{\boldsymbol{x}})$$

$$\boldsymbol{P}^{v/x}=\boldsymbol{P}^{v}-\boldsymbol{B}^{\mathrm{T}}(\boldsymbol{P}^{x})^{-1}\boldsymbol{B}$$

由随机向量变换后的条件概率密度函数的计算规则(1.3.6),可得

$$f(\boldsymbol{y}/\boldsymbol{x})=f_{v/x}(\boldsymbol{y}-s(\boldsymbol{x}))=N(\boldsymbol{y}-s(\boldsymbol{x});\bar{\boldsymbol{v}}+\boldsymbol{B}^{\mathrm{T}}(\boldsymbol{P}^{x})^{-1}(\boldsymbol{x}-\bar{\boldsymbol{x}}),\boldsymbol{P}^{v/x})$$

当 $\boldsymbol{B}=\boldsymbol{0}$ 时,即 $\boldsymbol{x}$ 和 $\boldsymbol{v}$ 独立时,

$$f(\boldsymbol{y}/\boldsymbol{x})=f_{v}(\boldsymbol{y}-s(\boldsymbol{x}))=N(\boldsymbol{y}-s(\boldsymbol{x});\bar{\boldsymbol{v}},\boldsymbol{P}^{v})$$

习题 1.4.3 在习题 1.4.4 的条件下,当 $\boldsymbol{x}$ 和 $\boldsymbol{v}$ 独立时,写出联合概率密度 $f(\boldsymbol{x},\boldsymbol{y})$ 和条件概率密度函数 $f(\boldsymbol{x}/\boldsymbol{y})$。

解 由条件密度函数 $f(\boldsymbol{y}/\boldsymbol{x})=f_{v}(\boldsymbol{y}-s(\boldsymbol{x}))=N(\boldsymbol{y}-s(\boldsymbol{x});\bar{\boldsymbol{v}},\boldsymbol{P}^{v})$,并由式(1.4.1)可得

$$f_{x,y}(\boldsymbol{x},\boldsymbol{y})=f_{x}(\boldsymbol{x})f(\boldsymbol{y}/\boldsymbol{x})=N(\boldsymbol{x};\bar{\boldsymbol{x}},\boldsymbol{P}^{x})N(\boldsymbol{y}-s(\boldsymbol{x});\bar{\boldsymbol{v}},\boldsymbol{P}^{v})$$

当 $\boldsymbol{B}=\boldsymbol{0}$ 时,$f(\boldsymbol{y}/\boldsymbol{x})$ 的表达式与习题 1.4.1 的结果一致。

$f(\boldsymbol{x}/\boldsymbol{y})$ 可写作

$$f(\boldsymbol{x}/\boldsymbol{y})=\frac{f_{x}(\boldsymbol{x})f(\boldsymbol{y}/\boldsymbol{x})}{\int f_{x}(\boldsymbol{x})f(\boldsymbol{y}/\boldsymbol{x})\mathrm{d}\boldsymbol{x}}=\frac{N(\boldsymbol{x};\bar{\boldsymbol{x}},\boldsymbol{P}^{x})N(\boldsymbol{y}-s(\boldsymbol{x});\bar{\boldsymbol{v}},\boldsymbol{P}^{v})}{\int N(\boldsymbol{x};\bar{\boldsymbol{x}},\boldsymbol{P}^{x})N(\boldsymbol{y}-s(\boldsymbol{x});\bar{\boldsymbol{v}},\boldsymbol{P}^{v})\mathrm{d}\boldsymbol{x}}$$

习题 1.4.4 给定概率密度函数 $f(x,y/z)$,求 $f(x/z)$。

解

$$f(x/z)=\int f(x,y/z)\mathrm{d}y$$

习题 1.4.5 给定两个概率密度 $f(x/y,z)$ 和 $f(y/z)$,求概率密度 $f(x/z)$。

解

$$f(x/z)=\int f(x/y,z)f(y/z)\mathrm{d}y$$

思考题

1. 什么是条件(经验)概率密度函数?对于两个随机向量,为确定一个相对于另一个的条件概率密度需已知哪些条件?怎么做?

2. 什么条件下先验概率密度与经验概率密度一致?

3. 什么情况下只需知道条件数学期望和条件协方差矩阵即可确定先验概率密度?

4. 已知两个向量的联合概率密度函数为参数已知的高斯密度函数,当固定一个向量时求另一个向量的概率密度函数,并写出其计算过程。当标准相关系数趋向于1时,这个函数值趋向于什么?

5. 已知两个向量 $\boldsymbol{x}$ 和 $\boldsymbol{v}$ 的联合概率密度是高斯的,当向量 $\boldsymbol{y}=\boldsymbol{Hx}+\boldsymbol{v}$ 固定时,求向量 $\boldsymbol{x}$ 的概率密度函数,写出求解的两个主要阶段。当向量 $\boldsymbol{x}$ 和 $\boldsymbol{v}$ 彼此独立时,写出条件密度的表达式。

6. 说明退化问题、线性退化问题的特殊性是什么？

1.5　随机变量和随机向量的建模及其抽样特征的计算

在与信息加工统计方法相关的实际问题中，能够建立按照不同规律分布的随机变量模型及确定其特征是十分重要的问题，本节将讨论这个问题，分析由随机数生成器测量值建立随机变量和随机向量试验模型的方法，给出估计理论中广泛使用的计算方法——蒙特卡洛方法试验（统计方法）的基本过程，研究独立随机变量概率密度函数相同时由蒙特卡洛方法确定抽样特征的问题，以及频率分布图的绘制规则，给出了对给定特性的随机变量建模和确定样本特征及建立频率分布图的 Matlab 中 m－函数的构建准则。

1.5.1　伪随机序列及随机数生成器

为得到随机变量，一般而言，要使用不同形式的递推算法，例如，为形成均匀分布的随机变量，相应采用勒梅尔算法（也称为残余算法）使用下列关系式[73]：

$$\gamma_{i+1}=D(g\gamma_i),\quad i=0,1,2,\cdots,\quad \gamma_0=\frac{l}{B}$$

式中，g 为大数；D 为划出分数部分的函数；B 和 l 为互不可约整数。

在给定初始条件后，每次都将得到相同的序列，对于这种序列，称其为伪随机序列。形成伪随机序列的计算机程序称为随机数生成器，这个生成器用于构成彼此独立的、概率密度函数已知的相同分布随机变量。

为得到不同的概率密度函数，通常首先形成概率密度函数比较简单的随机变量，如均匀分布，随后使用不同的变换，以得到指定的概率密度函数。在 1.3.1 小节中曾经说明了如何由均匀分布随机变量得到服从指数分布的随机变量。经常需要建立高斯随机变量。一般而言，生成器形成标准高斯随机变量，即方差唯一的同分布高斯变量，为得到给定方差的随机变量，生成器的输出值需乘以均方差的值。

1.5.2　蒙特卡洛方法

在解决实际估计问题时经常需要计算作为某函数 $g(x)$ 数学期望的多次积分[73]，为此广泛使用基于蒙特卡洛方法的计算方式，这个方法也称实验统计方法。分析这个方法的基本过程，需确定积分

$$\bar{g}=\int g(\boldsymbol{x})f_{\boldsymbol{X}}(\boldsymbol{x})\mathrm{d}x=M_{\boldsymbol{X}}\{g(\boldsymbol{x})\}\tag{1.5.1}$$

式中，$f_{\boldsymbol{X}}(\boldsymbol{x})$ 为向量 $\boldsymbol{x}$ 的概率密度，需计算的积分值写作

$$\hat{\boldsymbol{g}}=\frac{1}{L}\sum_{j=1}^{L}g(\boldsymbol{x}^{(j)})\tag{1.5.2}$$

式中，$\boldsymbol{x}^{(j)}$ 为对应于密度函数 $f_{\boldsymbol{X}}(\boldsymbol{x})$ 由随机数生成器得到的随机向量，且 $\boldsymbol{x}^{(j)}$ 是彼此独立的随机向量。由于 $\boldsymbol{x}^{(j)}$ 是随机的，因此，估计值 $\hat{\boldsymbol{g}}$ 也是随机的，同时 $M_{\boldsymbol{X}}\{\hat{\boldsymbol{g}}\}=\bar{\boldsymbol{g}}$。

本方法中计算的精确性由估计的方差决定,其表达式为

$$D_{\hat{g}}=M_X(\hat{\boldsymbol{g}}-\bar{\boldsymbol{g}})^2=M_X\left(\frac{1}{L}\sum_{j=1}^{L}(g(\boldsymbol{x}^{(j)}))-\bar{\boldsymbol{g}}\right)^2=M_X\left(\frac{1}{L}\sum_{j=1}^{L}(g(\boldsymbol{x}^{(j)})-\bar{\boldsymbol{g}})\right)^2\cdot$$

$$M_X\frac{1}{L^2}\left(\sum_{j=1}^{L}(g(\boldsymbol{x}^{(j)})-\bar{\boldsymbol{g}})\right)^2$$

由于对任意 j 值 $\boldsymbol{x}^{(j)}$ 都是独立的,则同分布随机向量 $(g(\boldsymbol{x}^{(j)})-\bar{\boldsymbol{g}})$ 同样是独立的,有

$$D_{\hat{g}}=\frac{1}{L}M_X\{[g(\boldsymbol{x})-\bar{\boldsymbol{g}}]^2\}=\frac{1}{L}\sigma_g^2 \tag{1.5.3}$$

这里 $\sigma_g^2=M_X\{[g(\boldsymbol{x})-\bar{\boldsymbol{g}}]^2\}$ 为随机向量 $g(\boldsymbol{x})$ 的方差。由这个关系式可知使用蒙特卡洛方法时随着 L 的增加可到达任意指定的精度。

一般而言,σ_g^2 预先是未知的,为确定 D_g 的值需要使用下列近似关系式

$$D_{\hat{g}}\approx\frac{1}{L^2}\sum_{j=1}^{L}(g(\boldsymbol{x}^{(j)})-\hat{\boldsymbol{\zeta}})^2=\frac{1}{L^2}\sum_{j=1}^{L}g^2(\boldsymbol{x}^{(j)})-\frac{\hat{\boldsymbol{g}}^2}{L^2} \tag{1.5.4}$$

这个值可以根据蒙特卡洛方法将式(1.5.3)中的 $M_X\{[g(\boldsymbol{x})-\bar{\boldsymbol{g}}]^2\}$ 值代入得到。

由得到的关系式可知,蒙特卡洛方法的精度可在计算过程中确定,这是蒙特卡洛方法一个非常重要的优点。保证必要精度的 L 的数值在很大程度上取决于函数 $g(\boldsymbol{x})$ 在 $f_X(\boldsymbol{x})$ 不为零的区域上的变化特性。

1.5.3 样本统计特征

在检验随机向量建模后的特性时经常要计算样本期望和样本方差,为计算它们可使用蒙特卡洛方法。计算样本期望的表达式为

$$\hat{\boldsymbol{x}}=\frac{1}{L}\sum_{j=1}^{L}\boldsymbol{x}^{(j)}\approx\bar{\boldsymbol{x}} \tag{1.5.5}$$

式中,$\boldsymbol{x}^{(j)}$ 为概率密度函数相同的独立随机变量。这个表达式是式(1.5.1)在 $g(\boldsymbol{x})=\boldsymbol{x}$ 时的特殊情况。

设随机变量 $\boldsymbol{X}$ 的方差 σ_x^2 已知,那么近似逼近式(1.5.5)可以由误差 $\boldsymbol{\varepsilon}=\hat{\boldsymbol{x}}-\bar{\boldsymbol{x}}$ 的方差估计,由式(1.5.3)可知其表达式为

$$D_{\hat{x}}=\frac{1}{L}\sigma_x^2 \tag{1.5.6}$$

类似式(1.5.5)数学期望已知的随机向量方差估计式为

$$\hat{\sigma}_x^2=\frac{1}{L}\sum_{j=1}^{L}(\boldsymbol{x}^{(j)}-\bar{\boldsymbol{x}})^2 \tag{1.5.7}$$

可以证明,此时有

$$M_X\hat{\sigma}_x^2=\frac{1}{L}M_X\sum_{j=1}^{L}(\boldsymbol{x}^{(j)}-\bar{\boldsymbol{x}})^2=\sigma_x^2 \tag{1.5.8}$$

即方差估计的数学期望与其真实值相符。如果数学期望未知,为计算式(1.5.8)必须使用下列关系式:

$$\hat{\sigma} = \frac{1}{L-1}\sum_{j=1}^{L}(\boldsymbol{x}^{(j)} - \hat{\bar{\boldsymbol{x}}})^2 \tag{1.5.9}$$

事实上，由 $\boldsymbol{x}^j, j = \overline{1,2,\cdots,L}$ 的独立性，式(1.5.5)可写作如下等式

$$M_{\boldsymbol{x}}\hat{\sigma}_x^2 = \frac{1}{L-1}M_{\boldsymbol{x}}\left\{\sum_{j=1}^{L}\left(\boldsymbol{x}^{(j)} - \frac{1}{L}\sum_{j=1}^{L}\boldsymbol{x}^{(j)}\right)^2\right\} = \frac{1}{L-1}M_{\boldsymbol{x}}\sum_{j=1}^{L}\left(\boldsymbol{x}^{(j)} - \bar{\boldsymbol{x}} + \bar{\boldsymbol{x}} - \frac{1}{L}\sum_{j=1}^{L}\boldsymbol{x}^{(j)}\right)^2$$

$$= \frac{1}{L-1}M_{\boldsymbol{x}}\sum_{j=1}^{L}\left\{(\boldsymbol{x}^{(j)} - \bar{\boldsymbol{x}})^2 - \frac{2}{L}(\boldsymbol{x}^{(j)} - \bar{\boldsymbol{x}})\sum_{j=1}^{L}(\boldsymbol{x}^{(j)} - \bar{\boldsymbol{x}}) + \frac{1}{L^2}\sum_{j=1}^{L}(\boldsymbol{x}^{(j)} - \bar{\boldsymbol{x}})^2\right\}$$

$$= \frac{1}{L-1}\sum_{j=1}^{L}\left(\sigma_x^2 - \frac{2}{L}\sigma_x^2 + \frac{1}{L}\sigma_x^2\right) = \sigma_x^2\,\frac{1}{L-1}\sum_{j=1}^{L}\left(1 - \frac{1}{L}\right) = \sigma_x^2$$

随机向量的样本特征可用类似于式(1.5.5)、式(1.5.9)的式子计算，即

$$\hat{\bar{\boldsymbol{x}}} \approx \frac{1}{L}\sum_{j=1}^{L}\boldsymbol{x}^{(j)};\quad \hat{\boldsymbol{P}}^x \approx \frac{1}{L-n}\sum_{j=1}^{L}(\boldsymbol{x}^{(j)} - \hat{\bar{\boldsymbol{x}}})(\boldsymbol{x}^{(j)} - \hat{\bar{\boldsymbol{x}}})^{\mathrm{T}} \tag{1.5.10}$$

值 $\hat{\sigma}_x = \sqrt{\frac{1}{L-1}\sum_{j=1}^{L}(\boldsymbol{x}^{(j)} - \hat{\bar{\boldsymbol{x}}})^2}$ 及矩阵 $\hat{\boldsymbol{P}}^x$ 分别称为样本均方差与样本协方差矩阵。

1.5.4　频率分布图

设有一组独立的随机变量，$x^{(1)}, x^{(2)}, \cdots, x^{(j)}, x^{(L)}$，不仅可以计算其样本特征，还可以估计其概率密度函数。对此需使用频率分布图，来解释其意义。

设存在伪随机序列 $x^{(1)}, x^{(2)}, \cdots, x^{(M)}$，$x^{(1)}$ 和 $x^{(M)}$ 分别为最大和最小值。将区间 $x^{(M)} - x^{(1)}$ 分成 r 个长度为 $\Delta = \frac{x^{(M)} - x^{(1)}}{r}$ 的子区间。

确定第 i 个区间上的样本概率，它表示落在其上的量与总量之间的关系 $p_i = \frac{M_i}{M}$。如果在区间$[x^{(1)} + (i-1)\Delta, x^{(1)} + i\Delta]$上构建等于$\frac{M_i}{M\Delta}$的函数(为使长方形面积为 $P_i = \frac{M_i}{M}$)，即可得到频率分布图。随着区间数量的增加，这个函数将趋近于满足概率密度函数特性的函数 $f_X(x)$，

$$Pr[x^{(1)} + (i-1)\Delta \leqslant X < x^{(1)} + i\Delta] \approx f_X([x^{(1)} + (i-1)\Delta])\Delta \tag{1.5.11}$$

由此，如果与伪随机变量相应的频率分布为

$$\frac{M_i}{M} \approx Pr[x^{(1)} + (i-1)\Delta \leqslant X < x^{(1)} + i\Delta] \tag{1.5.12}$$

则可建立概率密度函数为 $f_X(x)$ 的随机向量模型。

为检验对随机变量分布规律的假设，使用定理，其本质为建立频率分布图的统计特征[73,P31]. 基于定理引入检验不同随机变量分布规律假设的 χ^2 一致准则。

在 Matlab 中绘制频率分布图需使用 m－函数 hist(y,n)，在表 1.5.1 中给出了由 20 000 个随机变量 A、φ 形成的频率分布图，它们在区间$[-\pi,\pi]$上服从瑞利分布和均匀分布，使用了 random 建模。这里频率分布图中将原始变量进行了变换，$\sin\varphi$ 和 $A\sin\varphi$ 形成新的随机变量。

由表 1.5.1 可以看出随机变量 $A\sin\varphi$ 服从高斯分布,这与 1.3.1 小节中的结果一致。

在 Matlab 中使用 m－函数 randtool 是非常有益的,这个函数类似于函数 disttool。由这个函数可以很方便地绘制频率分布图。函数 randtool 有独立的窗口及相应的菜单,可以在其中选择随机变量的数量及分布参数以形成相应的概率密度函数。

表 1.5.1　服从瑞利分布和均匀分布的幅值和相位及其变换的频率分布图(hist(z,30))

<table>
<tr>
<td>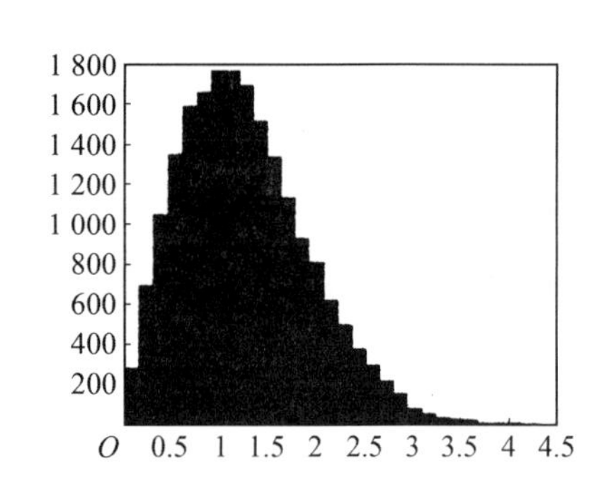

服从瑞利分布的幅值频率分布图 A = random(•)</td>
<td>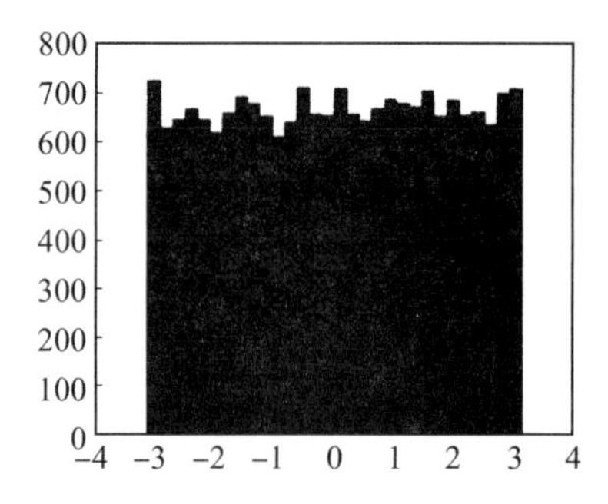

服从均匀分布的相位频率分布图
f_i = random(•)</td>
</tr>
<tr>
<td>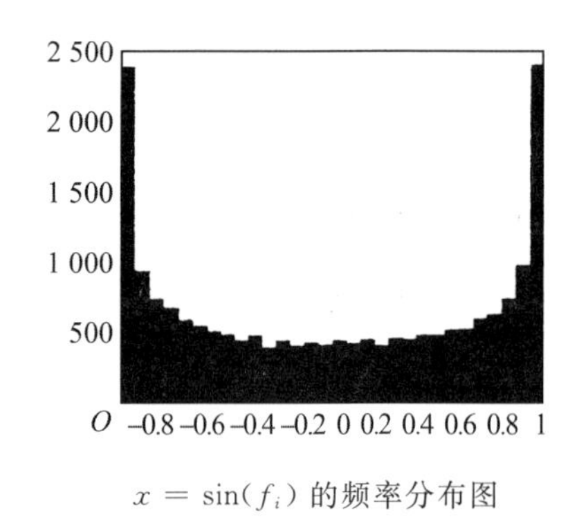

$x = \sin(f_i)$ 的频率分布图</td>
<td>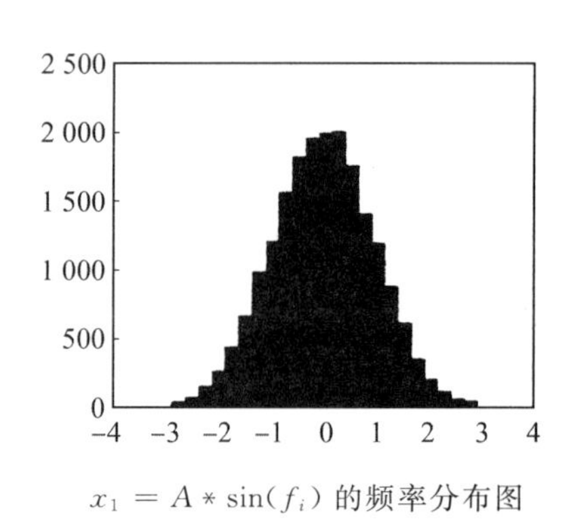

$x_1 = A * \sin(f_i)$ 的频率分布图</td>
</tr>
</table>

1.5.5　Matlab 中随机变量的建模

在 Matlab 中对随机变量进行建模需要使用表 1.5.2 中给出的专门 m－函数[64]。

表 1.5.2　Matlab 随机数发生器

函数	调用及意义
random	$y=\text{random}('名称',A_1,A_2,A_3,m,n)$——返回 $m\times n$ 的随机变量矩阵，其概率密度函数与 PDF 和 CDF 中使用的函数名称一致。A_1、A_2 和 A_3 是可能的分布参数，忽略 $m=n=2$
$x=\text{rand}$	在区间[0,1]上形成均匀分布随机变量
$x=\text{rand}(n)$	在区间[0,1]上形成 $n\times n$ 的均分布随机变量组
$x=\text{rand}(m,n)$	在区间[0,1]上形成 $m\times n$ 的均匀分布随机变量组
$x=\text{rand}(\text{size}(\mathbf{A}))$	在区间[0,1]上形成均匀分布随机变量组，其维数与矩阵 **A** 的维数一致
$s=\text{rand}('\text{state}')$	返回确定当前随机数发生器状态的向量
rand('state',0)	将发生器恢复至初始值
rand('state',j)	将发生器设置至第 j 个状态

注：① 为得到期望为零、方差为 1 的标准化高斯随机变量必须使用 m－函数 randn，其调用及意义类似于函数 rand

② 随机变量序列取决于发生器的初始状态，其可由函数 $s=\text{rand}('\text{state}')$ 或 randn('state') 确定。函数 rand('state',j) 将发生器置于对应第 j 个状态，rand('state',0) 将发生器置于初始值。对于构成高斯变量的函数 randn 也可进行类似的设置

在图 1.5.1 上给出了 40 个由函数 randn 形成的值。

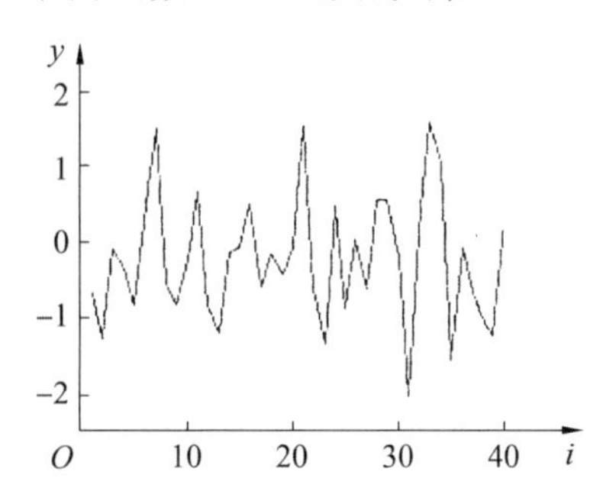

图 1.5.1　Matlab 中 m－函数 randn($y=\text{rand}(1,40)$;plot(y)) 给出的标准高斯变量

为确定随机变量序列、数学期望、方差、中位数的样本值，在 Matlab 中可以使用表 1.5.3 中给出的函数。

表 1.5.3　确定样本特征的函数[64]

函数	意义
mean(x)	由式(1.5.5) 计算组 x 元素的样本数学期望，这里 L 由 x 的长度确定
std(x)	计算与式(1.5.7) 对应的样本均方差
median(x)	计算 x 的样本中位数。在计算中位数时假设 x 的元素增序。当 L 为奇数时中位数为 $x_{\frac{L}{2}+\frac{1}{2}}$，为偶数时中位数为 $-\frac{1}{2}(x_{\frac{L}{2}}+x_{\frac{L}{2}+1})$

在表 1.5.4 中给出了 $x=\text{rand}(1,n)$ 形成的高斯变量分别在 10、100、1 000 个值下由

函数 mean(x)、std(x) 和 median(x) 计算的样本数学期望、方差和中位数。

表 1.5.4　标准高斯序列的样本数学期望、方差和中位数的值

随机变量个数	数学期望	方差	中位数
10	−0.676 2	0.976	−0.537 4
100	−0.085 5	0.971 4	0.011 4
1 000	0.001 2	0.991 5	0.011 1

同预期一致，在表 1.5.4 中数字特征随着随机变量数的增加很大程度上与假设(数学期望为零、方差为 1) 相一致。

已知概率基本定理，独立同分布随机变量和概率密度函数随着和项的增加趋近于高斯密度函数(标准的)。换言之，即独立同分布随机变量进行的随机变量规范化。现在由频率分布图来解释这个定理。

在表 1.5.5 中给出了区间 $-b$ 到 $+b(b=1)$ 上均匀同分布的随机变量频率分布图及 2 个、3 个、5 个和 10 个服从不同分布规律的独立随机变量和的频率分布图。随机变量均需乘以系数，以使构成的随机变量方差为 1。

表 1.5.5　独立同分布随机变量和的标准化

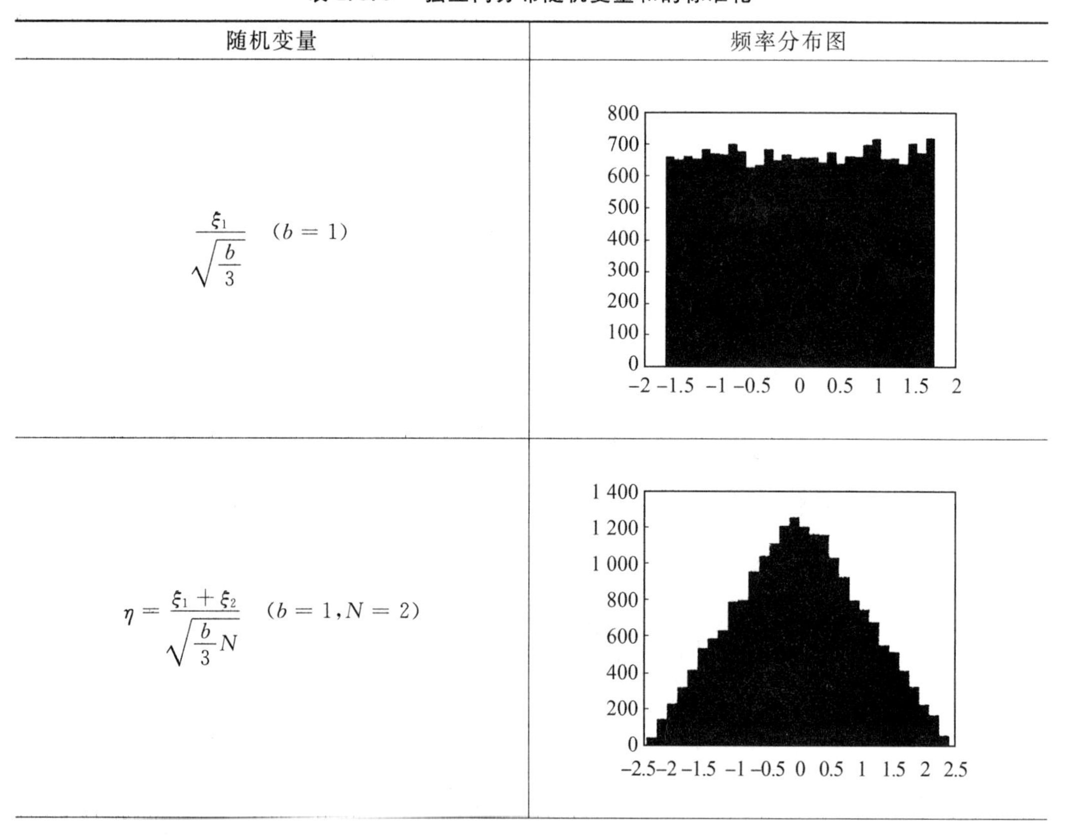

随机变量	频率分布图
$\dfrac{\xi_1}{\sqrt{\dfrac{b}{3}}}\quad(b=1)$	
$\eta=\dfrac{\xi_1+\xi_2}{\sqrt{\dfrac{b}{3}N}}\quad(b=1,N=2)$	

续表 1.5.5

随机变量	频率分布图
$\zeta = \dfrac{\xi_1 + \xi_2 + \xi_3}{\sqrt{\dfrac{b}{3}N}}$　$(b = 1, N = 3)$	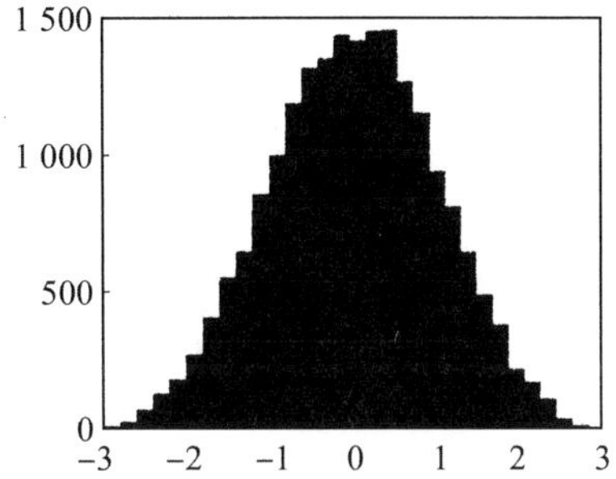
$\zeta = \dfrac{\xi_1 + \xi_2 + \xi_3 + \xi_4 + \xi_5}{\sqrt{\dfrac{b}{3}N}}$ $(b = 1, N = 5)$	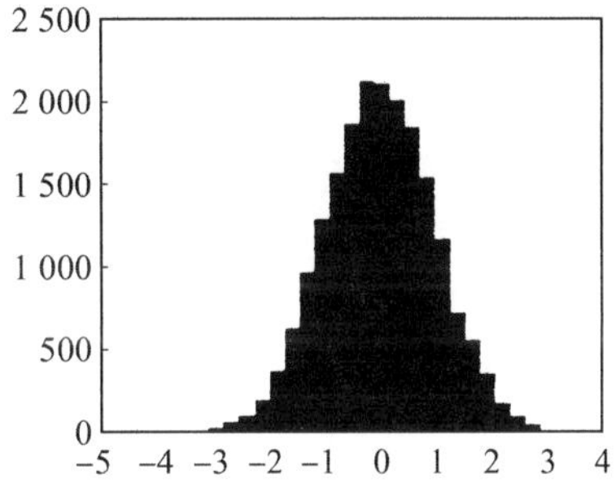
$\rho = \dfrac{\sum_{i=1}^{10} \xi_i}{\sqrt{\dfrac{b}{3}N}}$ $(b = 1, N = 10)$	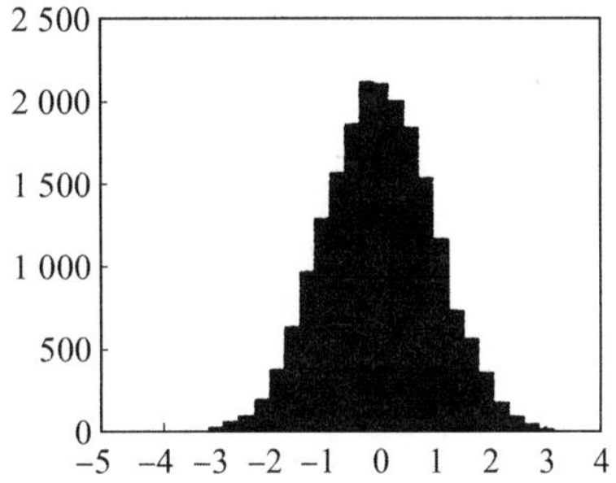
标准高斯随机变量	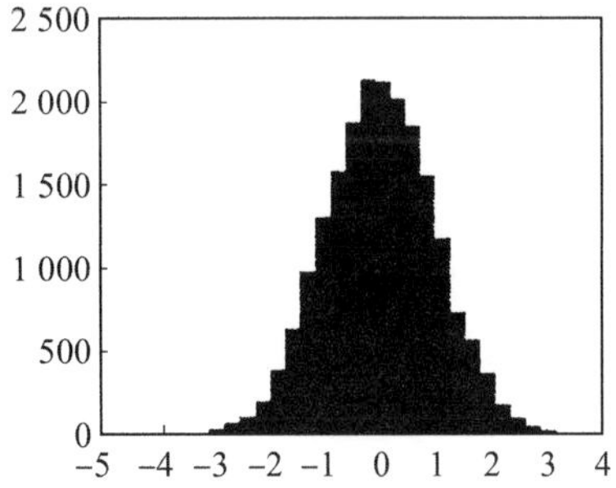

在表 1.5.5 的最末端给出了数学期望为零、方差为 1 的标准随机变量的频率分布图。由表中可以看出,当和项数为 5 时,得到的随机变量频率分布图已经接近标准高斯随机变量。

前面给出了随机变量的建模及相应的例子。当向量的各分量彼此独立时,即协方差矩阵为对角的,为得到向量模型只需分别对每一个分量建模。在图 1.5.2(a) 中当 $\boldsymbol{P}^x=\begin{bmatrix}\sigma_1^2 & 0\\ 0 & \sigma_2^2\end{bmatrix}=\begin{bmatrix}4^2 & 0\\ 0 & 1\end{bmatrix}$ 时作为平面上点的二维同分布高斯变量建模的例子,图 1.5.2(b) 中 $\boldsymbol{P}^x=\begin{bmatrix}\sigma_1^2 & k\\ k & \sigma_2^2\end{bmatrix}=\begin{bmatrix}1 & 1\\ 1 & 4^2\end{bmatrix}$。

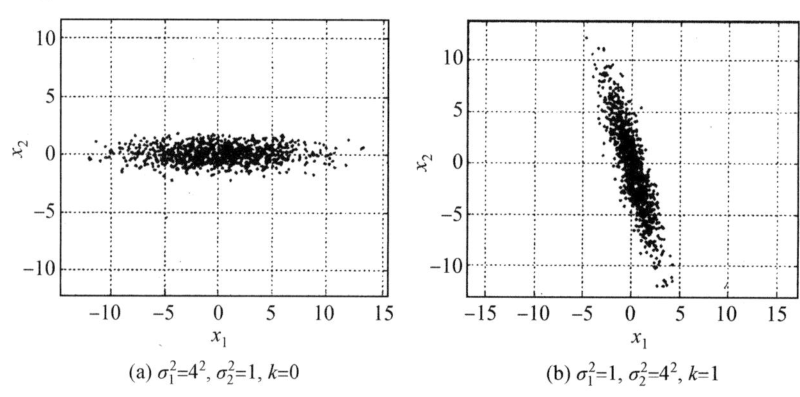

图 1.5.2 二维同分布高斯向量的建模

如果协方差矩阵不是对角的,则如 1.3.5 小节中所述,需要寻找正交变换 $\boldsymbol{T}$ 使得不独立的原始随机向量 $\boldsymbol{X}$ 转化为彼此独立的随机向量 $\widetilde{\boldsymbol{X}}$,随后,对向量 $\widetilde{\boldsymbol{x}}^j$ 建模,再由逆变换得到原始向量的模型 $\boldsymbol{x}^j=\boldsymbol{T}^{\mathrm{T}}\widetilde{\boldsymbol{x}}^j$。

例如,如果要求协方差矩阵为 $\boldsymbol{P}^x=\begin{bmatrix}\sigma_1^2 & k\\ k & \sigma_2^2\end{bmatrix}$ 的二维同分布高斯随机向量 $\boldsymbol{Z}$ 的模型,首先,应由式(1.3.50) 和(1.3.51) 得到特征值;之后对协方差矩阵为 $\boldsymbol{P}^{\widetilde{x}}=\begin{bmatrix}a^2 & 0\\ 0 & b^2\end{bmatrix}$ 的向量 $\widetilde{\boldsymbol{X}}^j$ 建模;最后,利用正交变换 $\boldsymbol{T}^{\mathrm{T}}=\begin{bmatrix}\sin\tau & -\cos\tau\\ \cos\tau & -\sin\tau\end{bmatrix}$ 得到原始向量 $\boldsymbol{x}^j=\boldsymbol{T}^{\mathrm{T}}\widetilde{\boldsymbol{x}}^j$.

思考题

1. 为什么在计算机上得到的随机变量序列称为伪随机变量?怎样使随机数发生器每次都得到相同的随机变量序列?

2. 蒙特卡洛算法的基本思想是什么,为什么在估计理论问题中广泛使用?

3. 什么是样本均值和样本方差?怎样计算?

4. 什么是频率分布图，为什么在研究随机变量特性时要用到它？

5. 与表 1.5.5 中两个随机变量和的频率分布图相对应的概率密度函数是什么形式的？

6. 说明如何对协方差矩阵为非对角的随机向量建模。

1.6　使用 Matlab 建模的问题

1. 对表 1.6.1 中选用的方案完成下列问题

(1) 按给定的分布参数计算数学期望和方差。

(2) 在同一图表中使用Matlab绘出给定参数值及参数值减小一半时概率密度函数的频率分布图。

(3) 使用 Matlab 中的 m－函数构造 200 个随机变量，计算样本均值、方差和中位数，再对 20 000 个随机变量进行同样的计算。分别绘出这 200 和 20 000 个变量的频率分布图，对得到的结果进行说明。

表 1.6.1　建模方案

分布名称	分布参数
β 分布	$a=1,b=2$
χ^2－分布	$\upsilon=1$
指数分布	$\mu=2$
η 分布	$a=2,b=1$
正态分布	$\bar{x}=1,\sigma^2=2$
瑞利分布	$\sigma=2$
均匀分布	$a=1,b=2$

2. 对二维同分布高斯随机变量给出协方差矩阵元素

$P_{ij},i,j=1,2$ 的值，设 $P_{jj}\in[1,9],j=1,2$（P_{22} 确定纵坐标的方差），$P_{12}=P_{21}\in[-3,3]$，完成下列问题：

(1) 写出概率密度函数的表达式。

(2) 确定均方误差椭圆的参数。

(3) 用 Matlab 方法建立相应的二维变量概率密度函数曲线图。

(4) 同分布高斯随机变量在方向 $\tau=30°\sim60°$ 上的投影长度形成一维高斯随机变量，确定其参数并绘制曲线图。

本章小结

(1) 引入随机变量和随机向量的概念及其描述方法，分析不同形式的概率分布函数和概率密度函数。

(2) 定义随机变量和随机向量最重要的统计特征,重点研究了在实际问题中具有广泛应用的高斯随机变量和高斯随机向量及其统计特征。

(3) 引入导航信息加工中有广泛应用的一系列概念,包括:均方误差椭圆、圆概率密度、圆误差;确定误差椭圆与相关矩阵的关系,分析在导航问题中具有重要意义的一系列问题,包括:随机量的正交化,落在给定区域内概率的计算及二维随机变量在给定方向上投影长度特征的确定。

(4) 讨论线性及非线性变换后随机变量和随机向量特征的确定问题。

(5) 引入条件概率分布密度(或验前密度) 的概念,并给出了两个向量的验前一致密度是高斯的,确定其参数的方法。

(6) 提出退化问题,其本质在于固定一个向量值来确定与其相关的另一个向量的特征。

(7) 讨论随机变量和随机向量的建模方法,分析蒙特卡洛方法并引出样本统计特征的计算方法。

(8) 基于在下一章中要用到的导航信息处理问题,分析对估计理论理解有重要意义的习题和例子。

第2章 估计理论基础

本章的目的是以导航应用中比较简单,但非常重要的常参数估计问题为例给出估计算法构建的基本准则和方法。本章开始首先给出这类问题的基本构成,同时划分出线性和非线性问题。

所使用的算法构造方法在很大程度上取决于待估计向量和量测误差的先验信息。与此相关,着重阐述下列内容。

第一组估计算法基于最小方差和观测准则的最小化方法,它们并不与估计误差直接相关,而是描述了量测值与计算值之间的近似程度。换言之,算法的构造属于确定性范围,其显著特点是算法综合时对于待估计向量和量测误差可不做任何假设,这种假设仅是为了解决精确性问题的分析,对此需要的是最初两个时刻的先验统计信息。本章将给出一系列应用最为广泛的算法,其中包括非线性估计问题的算法,在后面将对不同程度的先验信息从随机的角度引入。

随后将分析算法建模中的非巴耶夫斯基或经典方法,其中引入量测误差随机特征的假设。对于待估计的参数,与前面一样,假设其为未知的确定向量。误差的特征由相应的概率密度函数给出,由这个概率密度函数可以衍生出在算法构建中十分重要的似然函数。

非巴耶夫斯基方法从先验统计信息使用的角度来看位于两组不需要假设估计向量及其量测误差统计特性的方法之间,而巴耶夫斯基方法认为估计向量及其量测误差是随机的。

本章有两节讲述了基于直接描述估计误差水平的最小均方准则的巴耶大斯基方法。首先为简化算法的建立假设仅面向估计与量测线性相关的问题,这使得仅需要给出最初两个时刻的估计参数和量测误差向量。

随后分析了最优巴耶夫斯基算法(或估计),在构造这个算法时不仅仅需要使用估计,还需要使用由联合概率密度函数给出的估计向量和量测误差的全部统计学信息。相应的知识可在第1章的对应章节中找到。

由前所述,本章使用两种研究方法。为初步了解估计理论方法,在2.1、2.2、2.4、2.6.4这几节中仅使用最初两个时刻来描述随机向量。为深入研究估计理论基础,这里需要引入概率分布密度函数的概念,在2.3、2.5和2.6节中进行研究。

所有算法都配有相应的例题及导航信息处理的实际问题。

应当强调的是,在叙述中相当大的篇幅用于描述不同方式得到的算法之间的比较,这一算法之间的比较是十分重要的,因为经常会出现在用不同方式得出算法时,有些不需要使用先验信息,有些相反会引出不可靠的特性。这种可以使用不同的方法和假设得到算法的情况在解决实际问题时具有更为重要的意义。

需要注意,为简化后面对随机向量和随机变量使用相同标号,即不再使用 $\bar{x}$,统一使用 x。

2.1 导航信息处理时常参数的估计问题及例题

本节研究在导航信息处理时常参数估计问题中典型的线性、非线性问题。

2.1.1 多项式系数的估计

设在时刻 $t_i(i=1,2,\cdots,m)$ 时由飞行器侧面的传感器测量高度,假设在整个测量期间高度不发生变化,那么,引入定义 $h=x$ 并假设,量测中包含误差 $v_i(i=1,2,\cdots,m)$,高度 h 的确定问题可以归结为对量测噪声未知常数 x 的估计

$$y_i = x + v_i, \qquad i=1,2,\cdots,m \tag{2.1.1}$$

引入分量全部为 1 的列向量 $\boldsymbol{H}$,$\boldsymbol{H}^{\mathrm{T}}=[1,1,\cdots,1]$,$m$ 维向量 $\boldsymbol{y}=(y_1,y_2,\cdots,y_m)^{\mathrm{T}}$ 和 $\boldsymbol{v}=(v_1,v_2,\cdots,v_m)^{\mathrm{T}}$,量测式(2.1.1) 可写作

$$\boldsymbol{y} = \boldsymbol{H}\boldsymbol{x} + \boldsymbol{v} \tag{2.1.2}$$

这个表达式的特殊性在于量测与估计参数的关系是线性的,这个关系表述了量测的线性特征。为描述在测量区间内高度的变化可引入更为复杂的模型,其中,如果假设高度是线性变化的(或线性趋势),则区间 Δt 上的量测可表示为

$$y_i = x_0 + Vt_i + v_i, \qquad i=1,2,\cdots,m \tag{2.1.3}$$

式中,x_0,v 分别为其确定初始高度和铅垂速度的未知常量;$t_i=(i-1)\Delta t$ 为相对初始观测的时间。

这种情况下,由式(2.1.2) 在引入估计向量及矩阵 $\boldsymbol{H}$ 后可将量测(2.1.3) 表示为

$$\boldsymbol{x}=(x_1,x_2)^{\mathrm{T}}=(x_0,V)^{\mathrm{T}}; \quad \boldsymbol{H}^{\mathrm{T}}=\begin{bmatrix}1 & 1 & 1\\ t_1 & t_2 & t_m\end{bmatrix} \tag{2.1.4}$$

一般可以得到形如式(2.1.2) 的表达式,对更一般的情况,当高度的变化由 $n-1$ 阶多项式表示时,可将其在数学上表示为这个量测多项式中系数 $\boldsymbol{x}=(x_1,x_2,\cdots,x_n)^{\mathrm{T}}$ 的估计

$$y_i = x_1 + x_2t_i + x_3t_i^2 + \cdots + x_nt_i^{n-1} + v_i, \qquad i=1,2,\cdots,m \tag{2.1.5}$$

这种提法常出现在为降低传感器噪声水平量测初始处理的问题中。

在解决仪器校准问题时也必须进行多项式的系数估计,其本质在于仪器的指数或者是与量测参数校准值比较,或者是与其他更精确的仪器相比较。同时还需要随时间变化的误差变化模型,使得当没有校准值时,考虑这些变化同样可以提高额定工作状态下量测的精度。

含有常数部分的量测误差及平方趋势(二次多项式) 量测误差实现的例子在图 2.1.1

中给出.

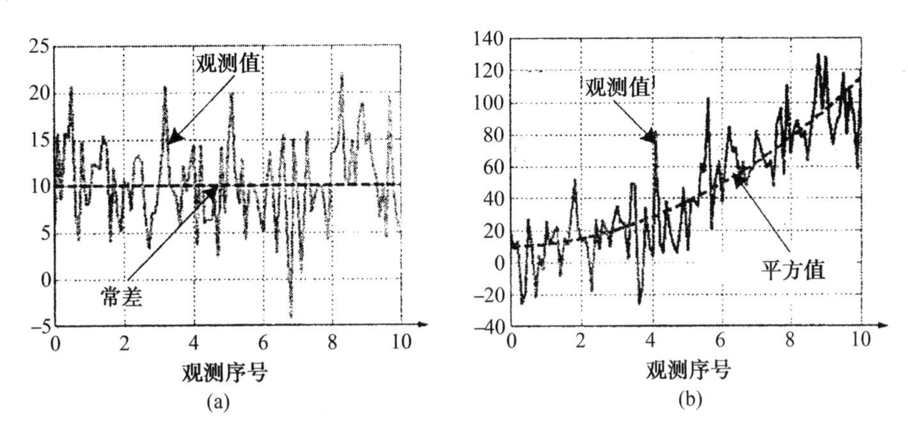

图 2.1.1　量测误差为常值及平方趋势为

$t=10$ s、$\Delta t=0.1$ s 时量测误差实现的例子

在表达式(2.1.5)中不是必须限制时间为变量。这里可以使用其他物理量，例如温度。已知高精度测量仪的误差与温度变化显著相关。为降低这种误差要预先设置温度镇定系统。如果预先描述出仪器与温度相关的误差变化，例如使用多项式模型，那么在很多情况下可以显著降低对温度镇定系统的需求。

2.1.2　惯性导航系统初始设置问题及其最简情形

已知，如果可以忽略惯性导航系统(简称惯导系统)敏感元件的误差，则其速度误差在最简情形下可由下列表达式近似描述[4]：

$$\Delta V_E(t_i)=-\alpha(0)\sqrt{gR}\sin\omega_{\mathrm{w}}t_i+\Delta V_E(0)\cos\omega_{\mathrm{w}}t_i,\qquad i=1,2,\cdots,m$$

其中，$\alpha(0)$、$\Delta V_E(0)$ 分别为铅垂仪结构误差(实际水平面与惯导系统中测量的水平面之间的夹角)和速度的初始误差；g 为重力加速度；R 为地球半径；ω_{w} 为与舒勒周期相应的频率，$\omega_{\mathrm{w}}=\sqrt{\dfrac{g}{R}}$；$T_{\mathrm{w}}=2\pi\sqrt{\dfrac{R}{g}}\approx 84\ \mathrm{min}$。

设惯导系统所处的客体处于运动状态，即速度不为零，此时惯性系统获取的速度指数实际上即是惯导系统的误差，在离散时刻去除这个指数，可表示为

$$y(t_i)=-\alpha(0)\sqrt{gR}\sin\omega_{\mathrm{w}}t_i+\Delta V_E(0)\cos\omega_{\mathrm{w}}t_i+v_i \tag{2.1.6}$$

式中，v_i 为指数误差。

由一组量测可以估计出铅垂仪结构初始误差和速度处理误差，这本质上就是最简情形下惯导系统初始设置问题。引入参数估计向量和矩阵 $\boldsymbol{H}$：

$$\boldsymbol{x}=(\alpha(0),\Delta V_E(0)) \tag{2.1.7}$$

$$\boldsymbol{H}^{\mathrm{T}}=\begin{bmatrix}\sqrt{gR}\sin\omega_{\mathrm{w}}t_1 & \sqrt{gR}\sin\omega_{\mathrm{w}}t_2 & \cdots & \sqrt{gR}\sin\omega_{\mathrm{w}}t_m\\ \cos\omega_{\mathrm{w}}t_1 & \cos\omega_{\mathrm{w}}t_2 & \cdots & \cos\omega_{\mathrm{w}}t_m\end{bmatrix} \tag{2.1.8}$$

不难将这些表达式写作形如式(2.1.2)的形式。

如果设问题是在与舒勒周期相比较小的时间段内发生,则将函数 $\sin \omega_w t_i$ 和 $\cos w_w t_i$ 展成级数形式,可将这个问题简单地归结为多项式参数估计问题,其中,如果设当 $t_i \ll T_w$ 时 $\sin \omega_w t_i \approx \frac{2\pi}{T_w} t_i$,$\cos w_w t_i \approx 1$,则量测可以近似地由一阶多项式表示为

$$y(t_i) \approx -\alpha(0)\sqrt{gR}\,\frac{2\pi}{T_w}t_i + \Delta V_E(0) + v_i = \Delta V_E(0) - g\alpha(0)t_i + v_i \tag{2.1.9}$$

在对二、三阶多项式进行估计时需要处理动力学参数问题,在对其进行求解时需要根据速度和位移在时间区间 ΔT 上的分量由多项式模型近似描述惯导系统的误差[4,P255]。

2.1.3 线性估计问题的提出

所有前面给出的问题都可以归结为下列线性估计问题。

给出常 n 维向量 $\boldsymbol{x} = (x_1, x_2, \cdots, x_n)^{\mathrm{T}}$,

$$\dot{\boldsymbol{x}} = \boldsymbol{0} \tag{2.1.10}$$

以及 m 维量测向量 $\boldsymbol{y} = (y_1, y_2, \cdots, y_m)^{\mathrm{T}}$,

$$\boldsymbol{y} = \boldsymbol{H}\boldsymbol{x} + \boldsymbol{v} \tag{2.1.11}$$

式中,$\boldsymbol{H}$ 为 $m \times n$ 维矩阵;$\boldsymbol{v}$ 为 m 维向量,表示量测误差,$\boldsymbol{v} = (v_1, v_2, \cdots, v_m)^{\mathrm{T}}$。

要求展开式(2.1.11),得到未知向量 $\boldsymbol{x}$ 某种意义下"好"的估计 $\hat{\boldsymbol{x}}(\boldsymbol{y})$,这个向量在估计问题中称为状态向量(state vector)。式 $\dot{\boldsymbol{x}} = \frac{\mathrm{d}\boldsymbol{x}}{\mathrm{d}t} = \boldsymbol{0}$ 意味着向量 $\boldsymbol{x}$ 为常向量,即 $\boldsymbol{x} = \mathrm{const}$。这个式子在本章中可视为对由微分方程等各类不同方程描述的变向量估计问题在常向量估计问题中的应用。

在解决上述问题时重要的不仅是对量测进行估计的算法本身,还包括对估计误差水平式(2.1.12)的定理描述:

$$\boldsymbol{\varepsilon}(\boldsymbol{y}) = \boldsymbol{x} - \hat{\boldsymbol{x}}(\boldsymbol{y}) \tag{2.1.12}$$

即定量地对估计算法的准确性进行描述。后者在导航信息问题处理中尤为重要。由此,对此类问题存在两个重要问题:算法综合问题,即计算估计 $\tilde{\boldsymbol{x}}(\boldsymbol{y})$ 的具体步骤;准确性分析问题,其本质在于描述误差式(2.1.12)的特性,其中包括确定这个误差的程度。

2.1.4 相对变化的确定

接下来分析非线性估计问题的例子。在解决实际问题时经常遇到需要确定两个量测相对变化的问题来解释其本质。设向量 $\boldsymbol{s}(\boldsymbol{t})$ 为已知的非线性函数,量测表示为

$$y_i = s(t_i + \tau) + v_i, \quad i = 1, 2, \cdots, m \tag{2.1.13}$$

式中,$v_i (i = 1, 2, \cdots, m)$ 为函数在点 $t_i + \tau$ 处的量测误差,其值精确到未知常量 τ。

已知函数 $s(t)$,以及 y_i、$t_i (i = 1, 2, \cdots, m)$,估计 τ 值,即确定一个量测相对另一个量测随时间的变化。例如,当 $s(t)$ 为谐振动时,这个表达式可具体表示为

$$y_i = A\sin(\omega t_i + \varphi_0) + v_i, \qquad i = 1, 2, \cdots, m \tag{2.1.14}$$

式中，A 为振幅；ω 为圆频率，$\omega = 2\pi f$；φ_0 为相位。

在振幅和频率已知时，即得到了相位的确定问题。这个表达式最显著的特点就是量测与估计参数的关系是非线性的，可以说量测具有非线性特征。一般情况下，非线性量测估计问题可写作

$$\boldsymbol{y} = s(\boldsymbol{x}) + \boldsymbol{v} \tag{2.1.15}$$

式中，$\boldsymbol{x}$、$\boldsymbol{v}$ 分别为 n 维及 m 维向量；$s(\boldsymbol{x})$ 为 m 维函数向量，$s(\boldsymbol{x}) = (s_1(x), s_2(x), \cdots, s_m(x))^{\mathrm{T}}$.

上述问题中，如果令式(2.1.14) 中 $x = \varphi_0$，$s(\boldsymbol{x}) = (A\sin(\omega t_1 + x), \cdots, A\sin(\omega t_m + x))^{\mathrm{T}}$，则转化为式(2.1.15)。这个问题的几何思想由图 2.1.2 表述。

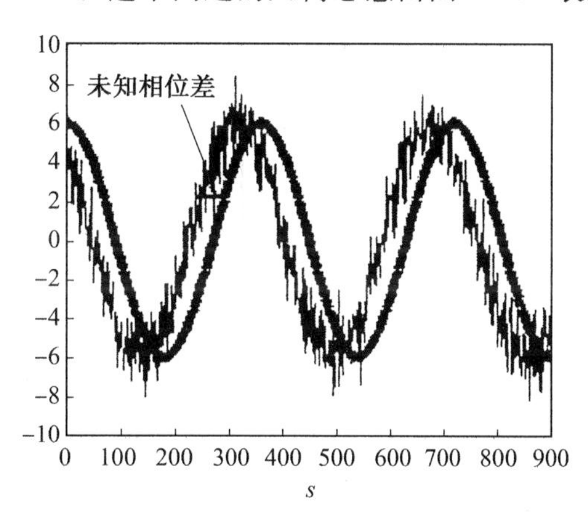

图 2.1.2　相位确定问题

如果需要解决频率的确定问题，则需要已知相位和幅值 $s(\cdot) = (A\sin(xt_1 + \varphi_0), \cdots, A\sin(xt_m + \varphi_0))^{\mathrm{T}}$。如果需要确定的不只是相位，还有信号频率，则在式(2.1.15) 中令 $\boldsymbol{x}^{\mathrm{T}} = (\varphi_0, w)$，$as(\cdot) = (A\sin(x_2 t_1 + x_1), \cdots, A\sin(x_2 t_m + x_1))^{\mathrm{T}}$。此时即得到了频率自动控制问题，这类问题在设计不同的量测仪器时经常出现。一般情况下在谐参数确定问题中可能振幅频率和相位三个参数都是未知的，那么待估参数向量将是三维的，$\boldsymbol{x}^{\mathrm{T}} = (A, \varphi_0, \omega)$。不难看出，当频率和相位值已知时，量测与振幅的关系是线性的。

大量导航系统问题中需要确定误差函数类型为式(2.1.14) 的量测相对另一个标准量测的误差。其中，在现代卫星导航系统中，坐标的确定需要考虑卫星与地面之间信号传播的延迟。

类似的问题还有校正一极值导航或沿地球物理场的导航[41,80]。这个导航方法的思想在于基于某些地球物理参数测量值来确定运动客体的坐标，例如所处位置的地形，根据地图计算的数值等。在这种情况下量测式(2.1.13) 对应于这类问题的一维情况，如果用空间参数替换时间参数，函数 $s(\cdot)$ 对应于所处位置的地形相对于空间坐标的变化如图 2.1.3 所示。

这里还需要确定量测相对于地图的变化。这个问题更详细的讨论在第 3 章给出。

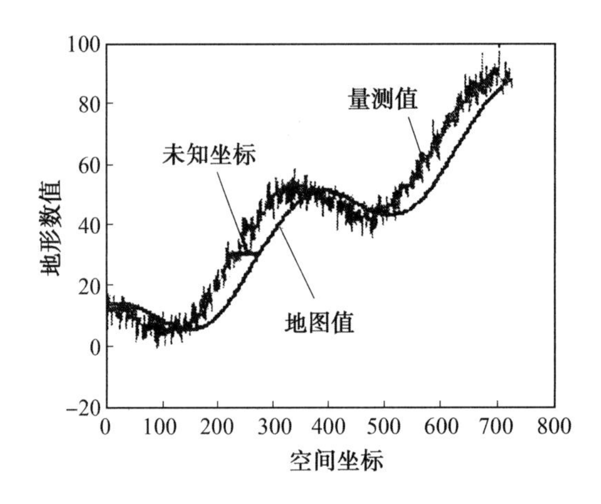

图 2.1.3　按照位置地形确定位置坐标的一维问题

2.1.5　按照到给定轨道的距离量测确定坐标

另一个非线性估计问题的例子为根据到已知给定轨道的距离量测来确定客体的坐标，此时 $\boldsymbol{x}=(x_1,x_2)^{\mathrm{T}}$，量测为

$$y_i=s_i(x)+v_i=\sqrt{(x_1^i-x_1)^2+(x_2^i-x_2)^2}+v_i,\quad i=1,2,\cdots,m \tag{2.1.16}$$

这里 $x_1,x_2;x_1^i,x_2^i(i=1,2,\cdots,m)$ 分别为客体及轨道坐标，有

$$S_i(x)=D_i(x)=\sqrt{(x_1^i-x_1)^2+(x_2^i-x_2)^2}$$

由距离量测确定位置的思路非常简明。当已知到某一确定轨道的无误差量测的客体坐标分布在已知的圆周之上时，其半径为距离的量测值。导航问题中被测参数的等值线称为位置等值线[23]。在这种情形下等值线是一个圆。已知两个没有误差的距离量测，客体坐标可由这些等值线两个交点中的一个确定。由于量测中含有误差，代替等值线可成一个区域，位于给定量测误差下距离量测的最大、最小值之间。当存在两个量测时客体的可能坐标以大概率出现在两个区域相交形成的图形内。当量测的数量很大时，就产生了最高准确性的坐标确定问题，如图 2.1.4 所示。

如果所有量测包含相同的常误差分量，则定义其为 x_3，可得

$$y_i=s_i(x)+v_i=\sqrt{(x_1^i-x_1)^2+(x_2^i-x_2)^2}+x_3+v_i,\qquad i=1,2,\cdots,m \tag{2.1.17}$$

这个分量称为系统误差。显然，根据这些量测确定坐标需要估计向量 $\boldsymbol{x}=(x_1,x_2,x_3)^{\mathrm{T}}$。

解决问题的目的是确定客体 x_1、x_2 的坐标，而未知的常量测误差分量 x_3 及误差 v_i 仅仅是“妨碍”问题的求解。与此相关，x_3 的参数类型常称为妨碍参数。在估计向量中引入未知参数称为估计状态向量的扩展(augmentation)。

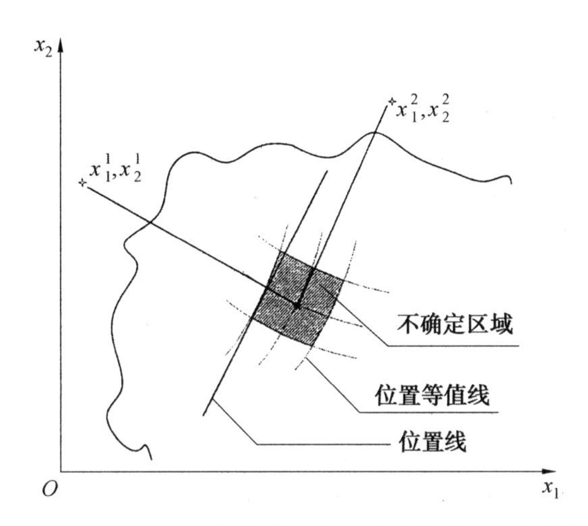

图 2.1.4　由距两个已知轨道距离量测确定平面上的客体坐标

2.1.6　根据卫星数据确定坐标和速度

很容易将前面的问题推广至三维空间坐标的确定。这种类型的量测在卫星导航系统的坐标确定中经常出现。测量出时间延迟且已知无线波的分布速度，可将到卫星距离的量测值表示为

$$\rho_i = \sqrt{(x_1^i - x_1)^2 + (x_2^i - x_2)^2 + (x_3^i - x_3)^2} + c\Delta t + \varepsilon_i \tag{2.1.18}$$

式中，x_1、x_2、x_3 分别为信号发出时刻地心系下的未知坐标；$x_j^i (j=1,2,3)$ 为相同坐标系下导航传递出的第 i 个卫星的坐标；Δt 为时间误差；ε_i 为量测误差之和；c 为光速[13,75]。

注意到，轨道及其上卫星的分布的选择应使得任意时刻下在地球上的任意点都能够观测到不少于 4 颗卫星。在卫星导航系统中除了卫星外还包括地面监测站，其任务是确定卫星的运动参数(坐标和速度)(图 2.1.5)。

待估向量 $\boldsymbol{x} = (x_1, x_2, x_3, \Delta t)^{\mathrm{T}}$ 的各分量分别是用户坐标及时间误差。

在卫星导航系统中除坐标外还需要确定用户的速度分量。为此需要量测频率的多普勒载波位移$(f_j)^{доп}$，这个位移在考虑卫星和用户之间的相互位移时会出现。

根据量测，可得

$$\rho_i = \frac{(x_1^i - x_1)(\dot{x}_1^i - \dot{x}_1) + (x_2^i - x_2)(\dot{x}_2^i - \dot{x}_2) + (x_3^i - x_3)(\dot{x}_3^i - \dot{x}_3)}{\sqrt{(x_1^i - x_1)^2 + (x_2^i - x_2)^2 + (x_3^i - x_3)^2}} + c\dot{\Delta t} + \tilde{\varepsilon}_i \tag{2.1.19}$$

式中，$\dot{x}_j$、$\dot{x}_j^i (j=1,2,3)$ 分别为用户及第 i 个卫星的相应速度分量；$\dot{\Delta t}$ 为由于用户时间偏差产生的误差；$\tilde{\varepsilon}_i$ 为多普勒量测误差之和。这里估计向量包括用户速度分量 $\dot{x}_1$、$\dot{x}_2$、$\dot{x}_3$ 以及由于时间偏差产生的误差。

如果表达式中所表示的距离及速度量测误差等均具有统计学特征，它们的存在决定了在参数量测(2.1.18)、(2.1.19) 中要使用的术语 —— 伪距离和伪速度，同时在求解导

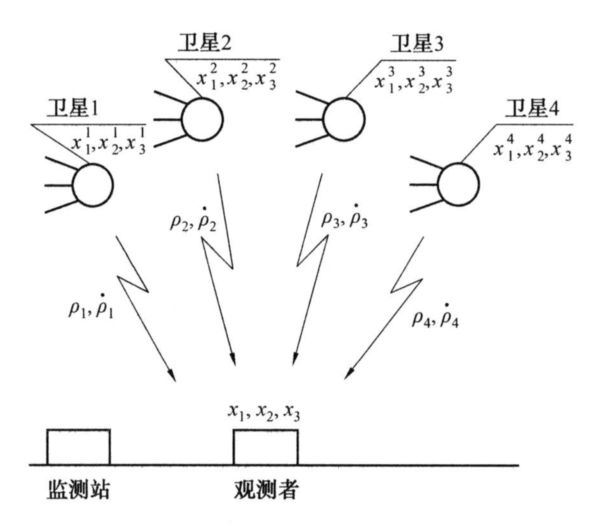

图 2.1.5　根据卫星导航系统数据确定导航参数

航问题时至少需要同时测量不少于 4 颗卫星。

2.1.7　非线性估计问题的提出及其线性化

所有前面列举的问题都可以归结为下列非线性估计的一般问题。

给定未知 n 维常向量 $\boldsymbol{x}=(x_1,x_2,\cdots,x_n)^{\mathrm{T}}$

$$\dot{\boldsymbol{x}}=\boldsymbol{0} \tag{2.1.20}$$

已知 m 维观测向量 $\boldsymbol{y}=(y_1,y_2,\cdots,y_m)^{\mathrm{T}}$

$$\boldsymbol{y}=s(\boldsymbol{x})+\boldsymbol{v} \tag{2.1.21}$$

式中,$s(\cdot)=(s_1(x),s_2(x),\cdots,s_m(x))^{\mathrm{T}}$ 为 m 维非线性向量;$\boldsymbol{v}=(v_1,v_2,\cdots,v_m)^{\mathrm{T}}$ 为描述量测误差的 m 维向量。

要求,已知观测(2.1.21),求未知向量 $\boldsymbol{x}$ 在某种意义下较好的估计 $\hat{\boldsymbol{x}}(\boldsymbol{y})$。

这里,与线性情况类似,必须区分出算法的综合问题和精确性分析问题,其本质在于确定估计(2.1.12)的特性。显然,这样的提法也适用于线性问题,只需将式(2.1.21)中的 $s(\boldsymbol{x})$ 替换为 $\boldsymbol{Hx}$,即成为式(2.1.10)、(2.1.11)对应的问题。

随后在讨论估计算法的构造以及进行准确性分析时将研究两类问题:线性的和非线性的,更主要的将是线性问题。这不仅是因为线性问题求解简单,同时也是由于在很多情况下将非线性问题转化为线性问题并不会引起很大的误差。这一实现基于函数 $s(\cdot)=(s_1(x),s_2(x),\cdots,s_m(x))^{\mathrm{T}}$ 的线性化,即将其展开为泰勒级数并只保留一阶项

$$s(\boldsymbol{x})\approx s(\boldsymbol{x}^{л})+\left.\frac{\mathrm{d}s}{\mathrm{d}\boldsymbol{x}^{\mathrm{T}}}\right|_{x=x^{л}}(\boldsymbol{x}-\boldsymbol{x}^{л})=s(\boldsymbol{x}^{л})+\boldsymbol{H}(\boldsymbol{x}^{л})(\boldsymbol{x}-\boldsymbol{x}^{л}) \tag{2.1.22}$$

式中,$x^{л}$ 为线性化点。

$$\boldsymbol{H}(\boldsymbol{x}^{л})=\left.\frac{\mathrm{d}s}{\mathrm{d}\boldsymbol{x}^{\mathrm{T}}}\right|_{\boldsymbol{x}=\boldsymbol{x}^{л}} \tag{2.1.23}$$

在基于线性化方法构建估计算法时，比较方便的是选用如下形式的误差向量作为待估的状态向量：

$$\delta \boldsymbol{x} = (\boldsymbol{x} - \boldsymbol{x}^{\text{л}}) \tag{2.1.24}$$

将已知的和项代入方程左端并引入定义

$$\tilde{\boldsymbol{y}}(\boldsymbol{x}^{\text{л}}) \overset{\triangle}{=\!=} \boldsymbol{y} - s(\boldsymbol{x}^{\text{л}}) \tag{2.1.25}$$

则可得如下的近似关系式：

$$\tilde{\boldsymbol{y}}(\boldsymbol{x}^{\text{л}}) \approx \left.\frac{\mathrm{d}s}{\mathrm{d}\boldsymbol{x}^{\mathrm{T}}}\right|_{x=x^{\text{л}}} (\boldsymbol{x}^{\text{л}})\delta \boldsymbol{x} + \boldsymbol{v} = \boldsymbol{H}(\boldsymbol{x}^{\text{л}})\delta \boldsymbol{x} + \boldsymbol{v} \tag{2.1.26}$$

其中 $\tilde{\boldsymbol{y}}(\boldsymbol{x}^{\text{л}})$ 表示由已知量计算得到的观测值。

因此，由原始的非线性问题近似地导出了按照观测(2.1.26)估计 $\delta \boldsymbol{x}$ 的线性问题。

显然，线性化描述仅适用于线性化点的有限邻域，这个表述的精确性对于标量情况可由量

$$\delta = \frac{\mathrm{d}^2 s}{\mathrm{d}\boldsymbol{x}^2}(\boldsymbol{x} - \boldsymbol{x}^{\text{л}})^2 \tag{2.1.27}$$

进行估计，这个量确定了泰勒展开中二阶项的程度，它一方面与二阶导数 $\frac{\mathrm{d}^2 s}{\mathrm{d}x^2}$ 相关，另一方面与待估参数 $(x - x^{\text{л}})$ 的实际值及线性化点的偏差相关。

期望观测误差 v 与期望值

$$\delta = \frac{\mathrm{d}^2 s}{\mathrm{d}x^2}(x - x^{\text{л}})^2$$

可以在解决估计问题时讨论线性化描述的可行性问题。

通过 2.1.5 小节，根据观测(2.1.16)来测量平面上客体坐标到准确轨道距离问题的例子来解释上述论述。由上述线性化过程可得

$$\tilde{\boldsymbol{y}}(\boldsymbol{x}^{\text{л}}) \approx \boldsymbol{H}(\boldsymbol{x}^{\text{л}})\delta \boldsymbol{x} + \boldsymbol{v} \tag{2.1.28}$$

这里

$$\tilde{y}_i(x^{\text{л}}) \overset{\triangle}{=} y_i - D_i(x^{\text{л}}), \qquad i = 1, 2, \cdots, m \tag{2.1.29}$$

$$D_i(x^{\text{л}}) = \sqrt{(x_1^i - x_1^{\text{л}})^2 + (x_2^i - x_2^{\text{л}})^2} \tag{2.1.30}$$

$$\boldsymbol{H}(\boldsymbol{x}^{\text{л}}) = \begin{bmatrix} (x_1^{\text{л}} - x_1^1)/D_1(x^{\text{л}}) & (x_2^{\text{л}} - x_2^1)/D_1(x^{\text{л}}) \\ (x_1^{\text{л}} - x_1^2)/D_2(x^{\text{л}}) & (x_2^{\text{л}} - x_2^2)/D_2(x^{\text{л}}) \\ \vdots & \vdots \\ (x_1^{\text{л}} - x_1^m)/D_m(x^{\text{л}}) & (x_2^{\text{л}} - x_2^m)/D_m(x^{\text{л}}) \end{bmatrix}$$

$$= -\begin{bmatrix} \sin \pi_1(x^{\text{л}}) & \cos \pi_1(x^{\text{л}}) \\ \sin \pi_2(x^{\text{л}}) & \cos \pi_2(x^{\text{л}}) \\ \vdots & \vdots \\ \sin \pi_m(x^{\text{л}}) & \cos \pi_m(x^{\text{л}}) \end{bmatrix} \tag{2.1.31}$$

矩阵为 $m \times 2$ 的。

在这些表达式中，$\pi_i(x^{л})$ 与轴 Ox_2 的夹角确定了向量空间中自 $\boldsymbol{x}^{л}=(x_1^{л},x_2^{л})^{\mathrm{T}}$ 到准确轨道方向上的投影。这个向量本身给出了待估导航参数的方向（这种情况下指的是距离）—— 最大变化的方向。分量 $\boldsymbol{H}_i^{\mathrm{T}}(x^{л})$ 相应于沿坐标 Ox_1 和 Ox_2 的方向导数。这个例子中线性化的本质在于，前面给出的圆周等值线被直线代替（图 2.1.4），称其为位置线。

在这个例子中对于量（2.1.27）有下列表达式：

$$\delta=\frac{\mathrm{d}^2 D}{\mathrm{d}x_1^2}(x_1-x_1^{л})^2+\frac{\mathrm{d}^2 D}{\mathrm{d}x_2^2}(x_2-x_2^{л})^2+\frac{\mathrm{d}^2 D}{\mathrm{d}x_1\mathrm{d}x_2}(x_1-x_1^{л})(x_2-x_2^{л})$$

当 $x_1-x_1^{л}\approx x_2-x_2^{л}\approx\Delta$ 时可写作

$$\delta=\left(\frac{\mathrm{d}^2 D}{\mathrm{d}x_1^2}+\frac{\mathrm{d}^2 D}{\mathrm{d}x_2^2}+\frac{\mathrm{d}^2 D}{\mathrm{d}x_1\mathrm{d}x_2}\right)\Delta^2$$

为了简单，假设坐标中的一个是已知的，而连接准确轨道和线性化点的直线方向与未知坐标的方向一致，对量 δ 可得

$$\delta=\frac{\mathrm{d}^2 D}{\mathrm{d}x_1^2}\Delta^2=\frac{\Delta^2}{D}=\frac{\Delta}{D}\Delta \tag{2.1.32}$$

由此可知，线性化表示的误差取决于线性化点到准确轨道距离量的选择时坐标可能误差的关系式，同时值 δ 本身是与距离观测误差水平相比较的。在根据轨道高度为 2 万千米卫星数据确定坐标的问题求解时，可以说明，当线性化点的误差为 1 ～ 10 km 时，$\delta\approx 0.5\sim 5$ m。这个量随着现代卫星系统距离观测误差水平而发生变化。

2.1.8　多余观测的综合处理问题

多余观测的综合处理问题完全可以归结为前面提出的估计问题的类型。

最简单的多余观测的综合处理问题为根据两个已知观测确定未知参数向量 $\boldsymbol{x}$ 的问题，可表示为

$$\begin{cases}\boldsymbol{y}_1=\boldsymbol{x}+\boldsymbol{v}_1\\ \boldsymbol{y}_2=\boldsymbol{x}+\boldsymbol{v}_2\end{cases} \tag{2.1.33}$$

每个观测都必须保证能够观测出待估 n 维向量的所有分量。

显然，这个问题是式（2.1.10）、（2.1.11）的特殊情况，只需令 $\boldsymbol{y}=(\boldsymbol{y}_1^{\mathrm{T}},\boldsymbol{y}_2^{\mathrm{T}})^{\mathrm{T}}$，$\boldsymbol{v}=(\boldsymbol{v}_1^{\mathrm{T}},\boldsymbol{v}_2^{\mathrm{T}})^{\mathrm{T}}$，$\boldsymbol{H}=\begin{bmatrix}\boldsymbol{E}_{n\times n}\\ \boldsymbol{E}_{n\times n}\end{bmatrix}$，这里 $\boldsymbol{E}_{n\times n}$ 为 $n\times n$ 的单位矩阵。

与综合处理相关的问题很多，再给出一个例子。设需要根据两组观测确定估计 $\boldsymbol{x}$：

$$\boldsymbol{y}_1=\boldsymbol{x}+\boldsymbol{v}_1 \tag{2.1.34}$$

$$\boldsymbol{y}_2=\tilde{s}(\boldsymbol{x})+\boldsymbol{v}_2 \tag{2.1.35}$$

式中，$\boldsymbol{y}_2$ 为 l 维向量；$\tilde{s}(\boldsymbol{x})$ 为 l 维非线性向量函数，$\tilde{s}(\boldsymbol{x})=(\tilde{s}_1(x),s_2(x),\cdots,\tilde{s}_L(x))^{\mathrm{T}}$，其自变量为未知向量 $\boldsymbol{x}$；$\boldsymbol{v}_1$ 和 $\boldsymbol{v}_2$ 分别为相应维数的向量。

这两个观测中的一个可以直接观测出未知向量的所有分量，另一个可以观测出与这

个向量 $\boldsymbol{x}$ 相关的某些函数。必须强调的是,观测 $\boldsymbol{y}_2$ 的维数一般情况下与待估参数向量的维数是不相符的,在这个意义上可视其为任意的。

引入 $l+n$ 维的向量函数 $s(\boldsymbol{x})$ 及向量 $\boldsymbol{v}$

$$s(\boldsymbol{x})=\begin{bmatrix}\boldsymbol{E}_{n\times n}\\ \tilde{s}(\boldsymbol{x})\end{bmatrix},\quad \boldsymbol{v}=\begin{bmatrix}\boldsymbol{v}_1\\ \boldsymbol{v}_2\end{bmatrix}$$

就得到了 2.1.7 小节中给出的非线性估计问题(2.1.20)、(2.1.21),对其进行线性化处理后,例如在点 $\boldsymbol{x}^{л}=\boldsymbol{0}$ 处线性化,可以得到估计 $\boldsymbol{x}$ 相对观测的线性化问题:

$$\begin{gathered}\boldsymbol{y}_1=\boldsymbol{x}+\boldsymbol{v}_1\\ \tilde{\boldsymbol{y}}_2(\boldsymbol{x}^{л})=\boldsymbol{y}_2-s(\boldsymbol{0})=\widetilde{\boldsymbol{H}}\boldsymbol{x}+\boldsymbol{v}_2\end{gathered}\tag{2.1.36}$$

式中,$\widetilde{\boldsymbol{H}}=\dfrac{\mathrm{d}\tilde{s}(\boldsymbol{x})}{\mathrm{d}\boldsymbol{x}^{\mathrm{T}}}$ 为 $l\times n$ 矩阵。

这个问题实际上是式(2.1.10)、(2.1.11) 的特例,只需将其中的 $\boldsymbol{H}$ 选为维数为$(l+n)\times n$ 的矩阵,即

$$\boldsymbol{H}=\begin{bmatrix}\boldsymbol{E}_{n\times n}\\ \dfrac{\mathrm{d}\tilde{s}(\boldsymbol{x})}{\mathrm{d}\boldsymbol{x}^{\mathrm{T}}}\end{bmatrix}\tag{2.1.37}$$

对这个问题要进行简单的解释,例如,在使用某些客体坐标修正的观测来校正导航系统指数时,如到确定轨道的距离观测。我们设 $\boldsymbol{x}=(x_1,x_2)^{\mathrm{T}}$ 为平面上确定客体坐标的二维向量,导航系统的指数选用观测 $\boldsymbol{y}=\boldsymbol{x}+\boldsymbol{v}_1$ 和到确定轨道距离的观测$(l=1)$,可写作

$$y_1=x_1+v_1\tag{2.1.38}$$

$$y_2=x_2+v_2\tag{2.1.39}$$

$$y_3=\sqrt{(x_1^0-x_1)^2+(x_2^0-x_2)^2}+v_3\tag{2.1.40}$$

这里 $\boldsymbol{x}=(x_1^0,x_2^0)^{\mathrm{T}}$ 为确定轨道的坐标。

将函数 $s(\boldsymbol{x})$ 在点 $\boldsymbol{x}^{л}=\boldsymbol{0}$ 处线性化之后修正观测(2.1.40) 可表示为

$$\tilde{y}_3(\boldsymbol{x}^{л})=y_3-s(\boldsymbol{0})=\widetilde{\boldsymbol{H}}\boldsymbol{x}+\boldsymbol{v}_3=-x_1\sin x-x_2\cos x+v_3\tag{2.1.41}$$

由此,令 $\boldsymbol{y}=(y_1,y_2,y_3)^{\mathrm{T}}$,$\boldsymbol{H}=\begin{bmatrix}1&0\\0&1\\-\sin x&\cos x\end{bmatrix}$,不难将观测表示为式(2.1.11)。

线性情形下合成处理问题可更一般地如下表示。

由 m 个下列形式的向量观测估计 n 维向量 $\boldsymbol{x}$

$$\boldsymbol{y}_j=\boldsymbol{H}_j\boldsymbol{x}+\boldsymbol{v}_j,\qquad j=1,2,\cdots,m\tag{2.1.42}$$

式中,$\boldsymbol{H}_j$ 为 $m_j\times n$ 维矩阵;$\boldsymbol{v}_j$ 为 m_j 维观测误差向量;j 为观测号。

引入 $m_{\Sigma}\times n$ 矩阵 $\boldsymbol{H}$,这里 $m_{\Sigma}=\sum\limits_{j=1}^{m}m^j$,观测向量 $\boldsymbol{y}$ 及误差 $\boldsymbol{v}$ 为

$$H=\begin{bmatrix}H_1\\H_2\\\vdots\\H_m\end{bmatrix},\quad y=\begin{bmatrix}y_1\\y_2\\\vdots\\y_m\end{bmatrix},\quad v=\begin{bmatrix}v_1\\v_2\\\vdots\\v_m\end{bmatrix}\tag{2.1.43}$$

应当注意到,此时问题与式(2.1.10)、(2.1.11)一致.

2.1.9　本节习题

习题 2.1.1　设存在下列观测:

$$y_i=x_1+x_2+v_i,\qquad i=1,2,\cdots,m\tag{1}$$

当仅需确定 x_1 和 $\varepsilon_i=x_2+v_i$ 视作误差时写出形如式(2.1.11)的问题。再写出需要估计 x_1 和 x_2 的情形。

解　第一种情形中 $\boldsymbol{x}=x_1$,$\boldsymbol{y}=\boldsymbol{Hx}+\boldsymbol{\varepsilon}$,这里 $\boldsymbol{H}^{\mathrm{T}}=(1,1,\cdots,1)$,误差向量 $\boldsymbol{\varepsilon}=(\varepsilon_1,\varepsilon_2,\cdots,\varepsilon_m)^{\mathrm{T}}$ 的各分量为

$$\varepsilon_i=x_2+v_i\tag{2}$$

第二种情形,$\boldsymbol{x}=(x_1,x_2)^{\mathrm{T}}$,$\boldsymbol{y}=\boldsymbol{Hx}+\boldsymbol{v}$,这里 $\boldsymbol{H}^{\mathrm{T}}=\begin{bmatrix}1&1&\cdots&1\\1&1&\cdots&1\end{bmatrix}$,误差向量为 $\boldsymbol{v}=(v_1,v_2,\cdots,v_m)^{\mathrm{T}}$。

习题 2.1.2　设离散时刻 $t_i(i=1,2,\cdots,m)$ 的观测为

$$y_i=A\sin(\omega t_i+\varphi_0)+v_i,\quad i=1,2,\cdots,m$$

式中,A 为振幅;$\omega=2\pi f$ 为圆频率;φ_0 为相位。

设频率和相位已知,写出形如(2.1.11)的振幅估计问题。

解　为得到表达式(2.1.11),设

$$x=A,\quad v=(v_1,v_2,\cdots,v_m)^{\mathrm{T}}$$

有

$$\boldsymbol{H}^{\mathrm{T}}=[\sin(\omega t_1+\varphi_0),\sin(\omega t_2+\varphi_0),\cdots,\sin(\omega t_m+\varphi_0)]$$

习题 2.1.3　设离散时刻 $t_i(i=1,2,\cdots,m)$ 的观测为 $y_i=x_1+A\sin\omega t_i+v_i$,其中圆频率 $\omega=2\pi f$ 设为已知,x_1 和 A 为未知量。

根据观测估计来确定振幅,将 $\varepsilon_i=x_1+v_i$ 视作误差,将其表示为形如式(2.1.11)的形式,再分别估计 x_1 和 A。

习题 2.1.4　设观测如例 2.1.2,在频率和振幅已知时确定相位。当在点 $\overline{\varphi}_0$ 处线性化时,写出线性化问题。另外,在相位和振幅已知时确定频率。

解　在第一种情形下,引入定义 $x=\varphi_0$,$x^{\text{л}}=\overline{\varphi}_0$,$\delta x=(\varphi_0-\overline{\varphi}_0)$,$\tilde{y}_i(x^{\text{л}})\triangleq y_i-S_i(x^{\text{л}})$,由近似展开可得

$$S_i(x)\approx A\sin(\omega t_i+x^{\text{л}})+(x-x^{\text{л}})A\cos(\omega t_i+x^{\text{л}})$$

可写作

$$\tilde{y}_i(x^{\text{л}})=\delta xA\cos(\omega t_i+x^{\text{л}})+v_i,\quad i=1,2,\cdots,m$$

这样线性化问题即归结为根据这些观测来估计 δx。

类似的，在第二种情形下引入定义 $x=\omega, x^{л}=\bar{\omega}, \delta x=(\omega-\bar{\omega}), \tilde{y}_i(x^{л})=y_i-s_i(x^{л})$，可将线性化问题归结为根据下列观测确定 δx 的问题。

$$\tilde{y}_i(x^{л})=\delta x A t_i \cos(\bar{\omega} t_i+\varphi_0)+v_i, \quad i=1,2,\cdots,m$$

其中
$$\tilde{y}_i(x^{л})=y_i-A\sin(\bar{\omega} t_i+\varphi_0)$$

习题 2.1.5　运动客体的跟踪问题(轨道观测问题)(图 2.1.6)。

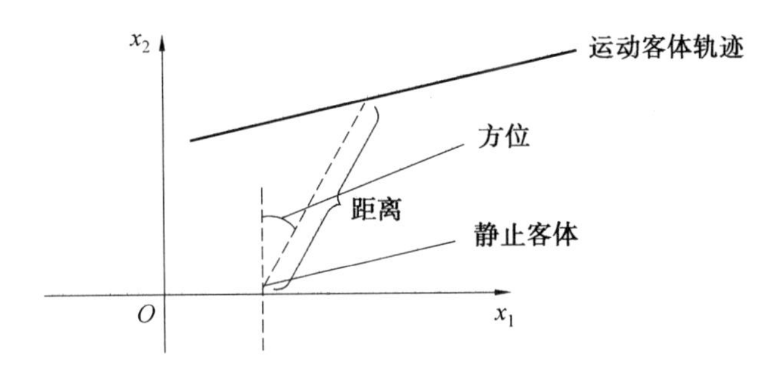

图 2.1.6　轨道观测问题

设在平面上点(相对运动客体)的坐标 x_1^*、x_2^* 是已知的，运动客体做匀速直线运动，在各离散时刻可以引入距离观测 ρ_i 和方位角 θ_i，它们的误差分别由 $\delta\rho_i$ 和 $\delta\theta_i$ 来表示，$i=1,2,\cdots,m$。求初始时刻观测分别为式(2.1.20)、(2.1.21)的运动客体的坐标和速度分量的观测问题。

(1) 设距离观测已知；

(2) 设方位角观测已知；

(3) 设距离和方位角观测均为已知 —— 综合处理问题。

解　情形(1)

距离值可以表示为

$$\rho_i=\sqrt{(x_{i1}-x_1^*)^2+(x_{i2}-x_2^*)^2} \tag{1}$$

运动客体的坐标为

$$x_{i1}=x_{10}+V_{10}t_i \tag{2}$$

$$x_{i2}=x_{20}+V_{20}t_i \tag{3}$$

将式(2)和式(3)代入式(1)中并引入估计向量 $\boldsymbol{x}=(x_{10},x_{20},v_{10},v_{20})^{\mathrm{T}}$，可得如下问题，根据观测(2.1.21)，对 $\dot{\boldsymbol{x}}=\mathbf{0}$ 进行估计。这里

$$y_{i1}=s_{i1}(x)+v_{i1}=\sqrt{(x_{10}+V_{10}t_i-x_1^*)^2+(x_{20}+V_{20}t_i-x_2^*)^2}+v_i, \qquad i=1,2,\cdots,m$$

其中 $v_i=\delta\rho_i$。

习题 2.1.6　构成对运动客体跟踪问题。设习题 2.1.5 中的条件成立，距离和方位角的观测误差已知。

习题 2.1.7　将上述两个问题在线性条件下形成已知距离和方位角观测估计运动客体的坐标和速度分量的综合处理问题。

思考题

1.解释常量的线性估计问题的意义,线性和平方趋势的参数估计问题,匀速运动客体的一维坐标和速度估计问题及多项式系数的估计问题。

2.解释惯导系统估计问题在其最简情形下的数学描述及其意义。

3.解释估计问题的意义及其数学描述,以卡尔曼相位估计问题的求解为例来对其进行解释。

4.解释调和信号频率和相位自动调节估计问题的意义及其数学描述。

5.解释在存在或不存在常分量量测误差下依照到定点的距离观测估计平面及空间中坐标非线性问题的意义及其数学描述并说明什么是干扰参数。

6.什么是一般情形下根据噪声观测的常矢量估计问题,用例子来说明。解释信号综合及其准确性分析问题的特殊性。

7.解释线性化手段的意义并形成与其相应的基于到确定轨道坐标及运动客体距离观测的线性化问题描述。

8.形成多余观测的综合处理问题并举例进行说明。

2.2 基于确定性方法的估计问题求解——最小二乘法

在引言中已经提到过,在解决估计问题时可以使用基于已知向量 $\boldsymbol{x}$ 及观测误差 $\boldsymbol{v}$ 的先验静态特征信息的各种不同方法。本节分析确定性方法,其中不包含随机向量 $\boldsymbol{x}$ 和观测误差 $\boldsymbol{v}$ 的假设,同时不需要任何先验静态特征信息。

2.2.1 最小二乘法的基本假设及问题描述方法

这个方法的特殊性在于算法的综合问题,即根据观测 $\boldsymbol{y}$ 来计算未知向量 $\boldsymbol{x}$ 的误差,要求保证描述观测值和计算值 $s(\boldsymbol{x})$ 或 $\boldsymbol{Hx}$ 的相近程度的选择准则取最小值。这个准则的最简形式为

$$J^{\text{MHK}}(\boldsymbol{x})=(\boldsymbol{y}-s(\boldsymbol{x}))^{\mathrm{T}}(\boldsymbol{y}-s(\boldsymbol{x}))=\sum_{i=1}^{m}(y_i-s_i(x))^2 \tag{2.2.1}$$

随后我们用术语“观测准则”来表示式(2.2.1),强调在观测 y 已知时可作为 x 的函数直接计算其值。

那么在基于误差观测准则的最小化问题求解时应当选择值 x 保证对观测的确定性需求;其值应当在选择准则的意义下取极小值。

基于形如(2.2.1)的最小准则的算法称为最小二乘法(least squares method, LSM)。后面基于其他最小准则的算法,也将称其为最小二乘法。

准则(2.2.1)及与其相应的误差

$$\hat{x}^{\text{МНК}}(\boldsymbol{y}) = \arg\min_{x}(\boldsymbol{y} - s(\boldsymbol{x}))^{\mathrm{T}}(\boldsymbol{y} - s(\boldsymbol{x})) \tag{2.2.2}$$

具有非常明确的意义 —— 选择未知的参数使得计算值与观测值误差的平方和为最小。

计算 $J^{\text{МНК}}(\boldsymbol{x})$ 的导数(其计算方法见式(附 1.1.63))并注意到极小值条件,可以写出标准方程组

$$\frac{\mathrm{d}J^{\text{МНК}}(\boldsymbol{x})}{\mathrm{d}x} = -2\frac{\mathrm{d}s^{\mathrm{T}}(\boldsymbol{x})}{\mathrm{d}x}(\boldsymbol{y} - s(\boldsymbol{x})) = 0 \tag{2.2.3}$$

应当注意到,式(2.2.3) 仅为必要条件,为保证 $J^{\text{МНК}}(\boldsymbol{x})$ 极小,需要检验充分条件(下式) 是否满足

$$\left.\frac{\partial^2}{\partial\boldsymbol{x}\partial\boldsymbol{x}^{\mathrm{T}}}J^{\text{МНК}}(\boldsymbol{x})\right|_{\hat{x}^{\text{МНК}}(\boldsymbol{y})} \geqslant 0 \tag{2.2.4}$$

代替式(2.2.1) 作为观测准则还可以使用函数

$$J^{\text{ОМНК}}(\boldsymbol{x}) = (\boldsymbol{y} - s(\boldsymbol{x}))^{\mathrm{T}}\boldsymbol{Q}(\boldsymbol{y} - s(\boldsymbol{x})) \tag{2.2.5}$$

其中,$\boldsymbol{Q}$ 为某对称非负矩阵。如果设 $\boldsymbol{Q}$ 为元素为 $q_i(i = 1,2,\cdots,m)$ 的对角阵,则代替式(2.2.1) 有

$$J^{\text{ОМНК}}(\boldsymbol{x}) = \sum_{i=1}^{m} q_i(y_i - s_i(x))^2$$

引入质量矩阵 $\boldsymbol{Q}$ 的意义在于,保证可以在计算中考虑观测与由不同观测分量相应的计算值的差值(这时称其为广义最小二乘法),有时也称其为加权最小二乘法(weighted lest squares method)。在最一般的情形下,引入非负正定对称矩阵 $\boldsymbol{D}$,其中极小观测准则可使用函数

$$J^{\text{ММНК}}(\boldsymbol{x}) = (\boldsymbol{y} - s(\boldsymbol{x}))^{\mathrm{T}}\boldsymbol{Q}(\boldsymbol{y} - s(\boldsymbol{x})) + (\boldsymbol{x} - \bar{\boldsymbol{x}})^{\mathrm{T}}\boldsymbol{D}(\boldsymbol{x} - \bar{\boldsymbol{x}}) \tag{2.2.6}$$

当 $\boldsymbol{Q}$、$\boldsymbol{D}$ 为对角阵时可表示为

$$J^{\text{ММНК}}(\boldsymbol{x}) = \sum_{i=1}^{m} q_i(y_i - s_i(x))^2 + \sum_{j=1}^{n} d_j(x_j - \bar{x}_j)^2$$

这里 $\bar{\boldsymbol{x}} = (\bar{x}_1, \bar{x}_2, \cdots, \bar{x}_n)^{\mathrm{T}}$ 为某已知向量。

称基于最小准则(2.2.6) 的方法为修正最小二乘法。第二个和项的意义在于,当与值 $\bar{x}_j$ 有差 $\hat{x}_j(y)$ 时,可由值 $d_j(j = 1,2,\cdots,n)$ 来给出。

由前述可知,由最小二乘法类方法确定误差的问题可以归结为函数(2.2.1)、(2.2.5) 或(2.2.6) 的极小值确定问题。

例 2.2.1　设需要由观测(2.1.14) 估计调和振动的振幅 A,假设相位和频率是已知的。

将此题归结为使用最小二乘法求解的问题。当 $x = A$ 时,这个问题写作

$$J^{\text{МНК}}(x) = \sum_{i=1}^{m}[y_i - x\sin(\omega t_i + \varphi_0)]^2$$

这个准则相应的误差计算比较简单。事实上,

$$\frac{\mathrm{d}J^{\text{МНК}}(x)}{\mathrm{d}x} = 2\sum_{i=1}^{m}[y_i - x\sin(\omega t_i + \varphi_0)]\sin(\omega t_i + \varphi_0) = 0$$

由此

$$\hat{x}^{\text{МНК}}=\frac{1}{\sum_{i=1}^{m}\sin^2(\omega t_i+\varphi_0)}\sum_{i=1}^{m}(\omega t_i+\varphi_0)y_i=\sum_{i=1}^{m}\tilde{q}_i y_i$$

这里 $\tilde{q}_i$ 是参数,其表达式为

$$\tilde{q}_i=\frac{\sin(\omega t_i+\varphi_0)}{\sum_{i=1}^{m}\sin^2(\omega t_i+\varphi_0)}$$

显然,由于$\frac{\mathrm{d}^2 J^{\text{МНК}}(x)}{\mathrm{d}x^2}=2\sum_{i=1}^{m}\sin^2(\omega t_i+\varphi_0)\geqslant 0$,充分条件(2.2.4)成立。

在图 2.2.1 上给出了频率为 1,相位为$\frac{\pi}{2}$和振幅为 1 的调和振动的观测值,区间为 0 ~ 2,步长为 0.02,并给出了这些参数下当振幅值分别为 $A_1=0.5$、$A_2=1.0$、$A_3=1.5$ 时计算的无误差调和振动的值。

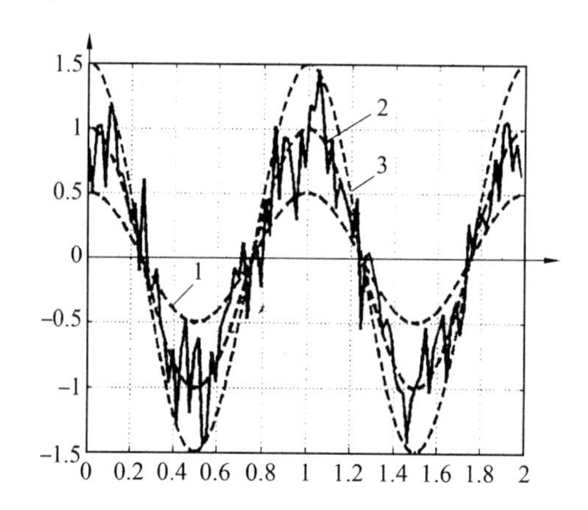

图 2.2.1　振幅分别为 0.5(1)、1.0(2)、1.5(3) 时调和振动的量测值和计算值

由这个图中可以明显看出由最小二乘法确定误差的几何思想为选择振幅值使得调和振动的观测值和计算值达到最为一致。

这个例子中的最小准则 $J^{\text{МНК}}(x)=\sum_{i=1}^{m}(y_i-x\sin(\omega t_i+\varphi_0))^2$ 在图 2.2.2 中表述,可以看出函数 $J^{\text{МНК}}(x)$ 为双曲线,有一个极值点,确定了与最小二乘法对应的误差值。

对三个不同振幅值 $A_1=0.5$、$A_2=1.0$ 和 $A_3=1.5$ 最小准则的值和例 2.2.1 中当 $\hat{x}=0.944\ 8$ 时得到的最小值在表 2.2.1 中给出。

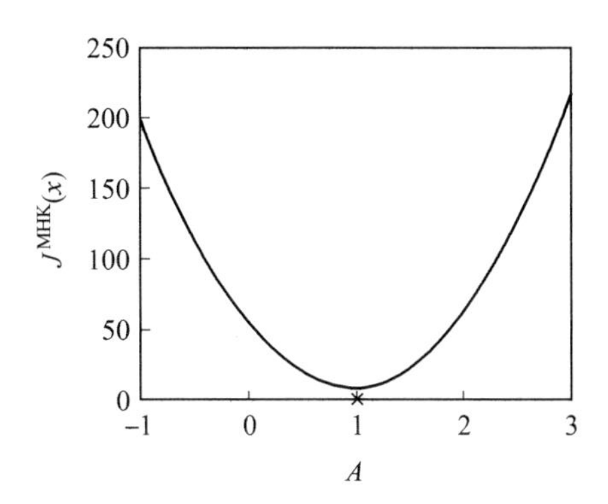

图 2.2.2　最小准则 $J^{\text{МНК}}(x)$ 的形状

表 2.2.1　不同振幅值下最小准则的值

$x=A$	0.5	1.0	1.5	$\hat{x}=\hat{A}=0.944\ 8$
$J^{\text{МНК}}(x)$	18.8	9.0	24.4	8.86

由表中可以看出,准则取最小值的点与真实的振幅值并不相符,这是由于存在着观测误差,可以由误差表达式说明

$$\hat{x}^{\text{МНК}}=\frac{\sum_{i=1}^{m}\sin(\omega t_i+\varphi_0)(x\sin(\omega t_i+\varphi_0)+v_i)}{\sum_{i=1}^{m}\sin^2(\omega t_i+\varphi_0)}=x+\sum_{i=1}^{m}\tilde{q}_i v_i$$

误差可表示为

$$\tilde{x}^{\text{МНК}}-x=\sum_{i=1}^{m}\tilde{q}_i v_i$$

不难得到广义最小二乘法下该问题的解。当矩阵$\boldsymbol{Q}$为对角阵且$x=A$时准则(2.2.5)可写为

$$J^{\text{ОМНК}}(x)=\sum_{i=1}^{m}q_i(y_i-x\sin(\omega t_i+\varphi_0))^2$$

与这个准则相应的误差确定是十分简单的,事实上

$$\frac{\mathrm{d}J^{\text{МНК}}(x)}{\mathrm{d}x}=2\sum_{i=1}^{m}q_i(y_i-x\sin(\omega t_i+\varphi_0))\sin(\omega t_i+\varphi_0)=0$$

由此可得

$$\hat{x}^{\text{ОМНК}}=\frac{1}{\sum_{i=1}^{m}q_i\sin^2(\omega t_i+\varphi_0)}\sum_{i=1}^{m}q_i\sin(\omega t_i+\varphi_0)y_i=\sum_{i=1}^{m}\tilde{q}_i y_i$$

这里 $\tilde{q}_i$ 为参数,其表达式为

$$\tilde{q}_i=\frac{\sum_{i=1}^{m}q_i\sin(\omega t_i+\varphi_0)}{\sum_{i=1}^{m}q_i x\sin(\omega t_i+\varphi_0)}$$

确定改进的最小二乘法的误差不必再进行计算,因为在这种情形下问题的解同样归结为双曲线的极值确定问题

$$J^{\text{ммнк}}(x)=J^{\text{омнк}}(x)+d(x-\bar{x})^2$$

2.2.2 线性情形下基于最小二乘法的算法综合问题

在前面分析的例题中误差计算算法即综合问题,取决于观测与未知振幅和观测估计的关系。下面来研究一般情形下线性估计问题的求解算法,即观测可写作形如(2.1.11)的形式。对于一般的最小二乘法,此时的极小值准则(2.2.1)可写作

$$J^{\text{мнк}}(\boldsymbol{x})=(\boldsymbol{y}-\boldsymbol{H}\boldsymbol{x})^{\mathrm{T}}(\boldsymbol{y}-\boldsymbol{H}\boldsymbol{x}) \tag{2.2.7}$$

不难看出,作为 $\boldsymbol{x}$ 的函数(2.2.7)为二次型

$$J^{\text{мнк}}(\boldsymbol{x})=\boldsymbol{x}^{\mathrm{T}}\boldsymbol{H}^{\mathrm{T}}\boldsymbol{H}\boldsymbol{x}-2\boldsymbol{x}^{\mathrm{T}}\boldsymbol{H}^{\mathrm{T}}\boldsymbol{y}+\boldsymbol{y}^{\mathrm{T}}\boldsymbol{y} \tag{2.2.8}$$

当 $\boldsymbol{H}^{\mathrm{T}}\boldsymbol{H}$ 非奇异时有唯一极值,同时充分条件(2.2.4)成立。

注意到关系式(附1.1.61),与式(2.2.7)对应的标准方程组为

$$\boldsymbol{H}^{\mathrm{T}}(\boldsymbol{y}-\boldsymbol{H}\boldsymbol{x})=0$$

$\boldsymbol{H}^{\mathrm{T}}\boldsymbol{H}$ 的非奇异条件称为可观测条件,关于这个术语的使用,有如下说明,即

$$\hat{x}^{\text{мнк}}(\boldsymbol{y})=(\boldsymbol{H}^{\mathrm{T}}\boldsymbol{H})^{-1}\boldsymbol{H}^{\mathrm{T}}\boldsymbol{y} \tag{2.2.9}$$

或

$$\hat{x}^{\text{мнк}}(\boldsymbol{y})=K^{\text{мнк}}\boldsymbol{y} \tag{2.2.10}$$

这里

$$K^{\text{мнк}}=(\boldsymbol{H}^{\mathrm{T}}\boldsymbol{H})^{-1}\boldsymbol{H}^{\mathrm{T}} \tag{2.2.11}$$

由此可知,当不存在观测误差时有可观测条件成立

$$\hat{x}^{\text{мнк}}(\boldsymbol{y})=(\boldsymbol{H}^{\mathrm{T}}\boldsymbol{H})^{-1}\boldsymbol{H}^{\mathrm{T}}\boldsymbol{H}\boldsymbol{x}\equiv\boldsymbol{x} \tag{2.2.12}$$

即估计与真实值一致。

求解线性情形下的广义最小二乘法可做类似结论,设 $\boldsymbol{H}^{\mathrm{T}}\boldsymbol{Q}\boldsymbol{H}$ 非奇导,写出

$$J^{\text{омнк}}(\boldsymbol{x})=(\boldsymbol{y}-\boldsymbol{H}\boldsymbol{x})^{\mathrm{T}}\boldsymbol{Q}(\boldsymbol{y}-\boldsymbol{H}\boldsymbol{x}) \tag{2.2.13}$$

$$\hat{x}^{\text{омнк}}(\boldsymbol{y})=K^{\text{омнк}}\boldsymbol{y} \tag{2.2.14}$$

其中

$$K^{\text{омнк}}=(\boldsymbol{H}^{\mathrm{T}}\boldsymbol{Q}\boldsymbol{H})^{-1}\boldsymbol{H}^{\mathrm{T}}\boldsymbol{Q} \tag{2.2.15}$$

注意到,一般而言,矩阵 $\boldsymbol{Q}$ 非奇异,由此,当观测性条件成立时矩阵 $\boldsymbol{H}^{\mathrm{T}}\boldsymbol{Q}\boldsymbol{H}$ 同样是非奇异的。

对改进的最小二乘法(见例2.2.1)可得下列关系式:

$$J^{\text{ммнк}}(\boldsymbol{x})=(\boldsymbol{y}-\boldsymbol{H}\boldsymbol{x})^{\mathrm{T}}\boldsymbol{Q}(\boldsymbol{y}-\boldsymbol{H}\boldsymbol{x})+(\boldsymbol{x}-\bar{\boldsymbol{x}})^{\mathrm{T}}\boldsymbol{D}(\boldsymbol{x}-\bar{\boldsymbol{x}}) \tag{2.2.16}$$

$$\hat{x}^{\text{ммнк}}(\boldsymbol{y})=\bar{\boldsymbol{x}}+K^{\text{ммнк}}(\boldsymbol{y}-\boldsymbol{H}\bar{\boldsymbol{x}}) \tag{2.2.17}$$

这里

$$K^{\text{ммнк}}=(\boldsymbol{D}+\boldsymbol{H}^{\mathrm{T}}\boldsymbol{Q}\boldsymbol{H})^{-1}\boldsymbol{H}^{\mathrm{T}}\boldsymbol{Q} \tag{2.2.18}$$

将上述给出的各表达式形成表格2.2.2。

表 2.2.2　线性估计问题的观测准则

方法	准则	算法
最小二乘法	$J^{\text{МНК}}(\boldsymbol{x})=(\boldsymbol{y}-\boldsymbol{Hx})^{\mathrm{T}}(\boldsymbol{y}-\boldsymbol{Hx})$	$\hat{x}^{\text{МНК}}(\boldsymbol{y})=K^{\text{МНК}}\boldsymbol{y}$ $K^{\text{МНК}}=(\boldsymbol{H}^{\mathrm{T}}\boldsymbol{H})^{-1}\boldsymbol{H}^{\mathrm{T}}$
广义最小二乘法	$J^{\text{ОМНК}}(\boldsymbol{x})=(\boldsymbol{y}-\boldsymbol{Hx})^{\mathrm{T}}\boldsymbol{Q}(\boldsymbol{y}-\boldsymbol{Hx})$	$\hat{x}^{\text{ОМНК}}(\boldsymbol{y})=K^{\text{ОМНК}}\boldsymbol{y}$ $K^{\text{ОМНК}}=(\boldsymbol{H}^{\mathrm{T}}\boldsymbol{QH})^{-1}\boldsymbol{H}^{\mathrm{T}}\boldsymbol{Q}$
改进的最小二乘法	$J^{\text{ММНК}}(\boldsymbol{x})=(\boldsymbol{y}-\boldsymbol{Hx})^{\mathrm{T}}\boldsymbol{Q}(\boldsymbol{y}-\boldsymbol{Hx})+$ $(\boldsymbol{x}-\bar{\boldsymbol{x}})^{\mathrm{T}}\boldsymbol{D}(\boldsymbol{x}-\bar{\boldsymbol{x}})$	$\hat{x}^{\text{ММНК}}(\boldsymbol{y})=\bar{\boldsymbol{x}}+K^{\text{ММНК}}(\boldsymbol{y}-\boldsymbol{H}\bar{\boldsymbol{x}})$ $K^{\text{ММНК}}=(\boldsymbol{D}+\boldsymbol{H}^{\mathrm{T}}\boldsymbol{QH})^{-1}\boldsymbol{H}^{\mathrm{T}}\boldsymbol{Q}$

注意到一个十分重要的情况，就是所有得到的估计都与观测线性相关，这是由线性观测(2.1.11)和最小准则(2.2.7)、(2.2.13)、(2.2.16)的特性决定的。

利用给出的关系式在例 2.2.1 中很容易得到估计的表达式，这需要考虑矩阵 $\boldsymbol{H}$ 的形式，不难理解，可将其写为 $\boldsymbol{H}^{\mathrm{T}}=(\sin(\omega t_1),\sin(\omega t_2),\cdots,\sin(\omega t_m))$。

再来分析两道例题。

例 2.2.2　根据观测(2.1.1)估计未知量的值，选择准则(2.2.11)，为计算简单，设矩阵 $\boldsymbol{Q}$ 为对角的，其元素 $q_i>0, i=1,2,\cdots,m$，在准则(2.2.16)中，假设 $\boldsymbol{D}=d$。

显然，在这种情形下极小值准则为双曲形式，由于矩阵 $\boldsymbol{H}$ 为 $\boldsymbol{H}^{\mathrm{T}}=(1,1,\cdots,1)$，其表达式由表 2.2.3 中的相应关系式给出。

表 2.2.3　根据观测 $y_i=x+v_i(i=1,2,\cdots,m)$ 确定 x 的三种最小二乘法的估计算法

方法	准则	算法
最小二乘法	$J^{\text{МНК}}(\boldsymbol{x})=\sum\limits_{i=1}^{m}(y_i-x)^2$	$\hat{x}^{\text{МНК}}=\dfrac{1}{m}\sum\limits_{i=1}^{m}y_i$
广义最小二乘法	$J^{\text{ОМНК}}(\boldsymbol{x})=\sum\limits_{i=1}^{m}q_i(y_i-x)^2$	$\hat{x}^{\text{ОМНК}}=\sum\limits_{i=1}^{m}\tilde{q}_i^{\text{ОМНК}}y_i,\ \tilde{q}_i^{\text{ОМНК}}=\dfrac{q_i}{\sum\limits_{i=1}^{m}q_i}$
改进的最小二乘法	$J^{\text{ММНК}}(\boldsymbol{x})=d(x-\bar{x})^2+\sum\limits_{i=1}^{m}q_i(y_i-x)^2$	$\hat{x}^{\text{ММНК}}=\beta\bar{x}+\sum\limits_{i=1}^{m}\tilde{q}_i^{\text{ММНК}}y_i$ $\beta=\dfrac{d}{d+\sum\limits_{i=1}^{m}q_i},\ \tilde{q}_i^{\text{ММНК}}=\dfrac{q_i}{d+\sum\limits_{i=1}^{m}q_i}$

由这些表达式可以看出，在最小二乘法中估计是观测 y_i 的均值。对于广义最小二乘法估计是按下列参数观测的结果：

$$\sum_{i=1}^{m}\tilde{q}_i^{\text{ОМНК}}=1;\quad \tilde{q}_i^{\text{ОМНК}}=\frac{q_i}{\sum\limits_{i=1}^{m}q_i}$$

对于改进的最小二乘法，存在先验信息，需要添加补充项。

例 2.2.3　根据形如式(2.1.3)的观测估计坐标初始值 x_0 和速度 V 的值，最小二乘法准则可表示为

$$J^{\text{МНК}}(x_0,V)=\sum_{i=1}^{m}(y_i-x_0-Vt_i)^2$$

注意到定义(2.1.4)，容易得到，这个准则是二次型(2.2.8)，可表示为

$$J^{\text{МНК}}(\boldsymbol{x})=(x_1,x_2)^{\mathrm{T}}\left(\begin{bmatrix} m & \sum_{i=1}^{m}t_i \\ \sum_{i=1}^{m}t_i & \sum_{i=1}^{m}t_i^2\end{bmatrix}\begin{bmatrix}x_1\\x_2\end{bmatrix}-2\begin{bmatrix}\sum_{i=1}^{m}y_i\\ \sum_{i=1}^{m}t_iy_i\end{bmatrix}\right)+\sum_{i=1}^{m}y_i^2$$

或

$$J^{\text{МНК}}(\boldsymbol{x})=mx_1^2+x_2^2\sum_{i=1}^{m}t_i^2+2x_1x_2\left(\sum_{i=1}^{m}t_i\right)^2-2\left(x_1\sum_{i=1}^{m}y_i+x_2\sum_{i=1}^{m}t_iy_i\right)+\sum_{i=1}^{m}y_i^2$$

由关系式(2.2.9)可得下列表达式：

$$\begin{bmatrix}\hat{x}_1^{\text{МНК}}\\ \hat{x}_2^{\text{МНК}}\end{bmatrix}=\begin{bmatrix} m & \sum_{i=1}^{m}t_i \\ \sum_{i=1}^{m}t_i & \sum_{i=1}^{m}t_i^2\end{bmatrix}^{-1}\begin{bmatrix}\sum_{i=1}^{m}y_i\\ \sum_{i=1}^{m}t_iy_i\end{bmatrix} \tag{2.2.19}$$

对于广义最小二乘法，当 $\boldsymbol{Q}$ 为对角阵时准则中出现乘子 q_i，估计表达式可表示为

$$\hat{\boldsymbol{x}}^{\text{ОМНК}}=\begin{bmatrix}\sum_{i=1}^{m}q_i & \sum_{i=1}^{m}q_it_i\\ \sum_{i=1}^{m}q_it_i & \sum_{i=1}^{m}q_it_i^2\end{bmatrix}\begin{bmatrix}\sum_{i=1}^{m}q_iy_i\\ \sum_{i=1}^{m}q_it_iy_i\end{bmatrix}$$

在这个例中使用改进的最小二乘法估计准则也是比较容易的。在图 2.2.3 上给出了坐标的观测值，在区间[0,10]上步长为 1，当 $x_0=1$ m，$v=-1$ m/s 时，在图 2.2.4 上给出了描述准则 $J^{\text{МНК}}(\boldsymbol{x})$ 的函数，这个函数沿与二次型相应的抛物面一个轴拉伸，则

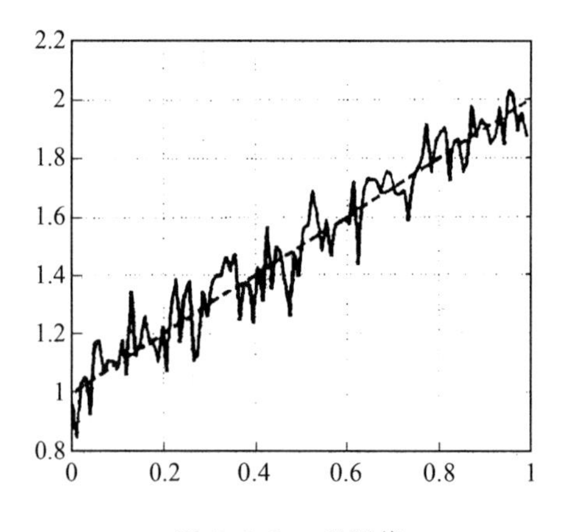

图 2.2.3　观测值

$y_{1i}=x_0+vt_i+v_i,\quad i=1,2,\cdots,m$

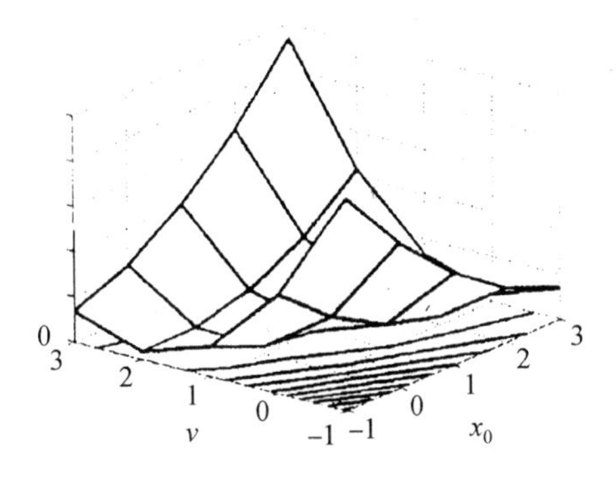

图 2.2.4　极小准则 $J^{\text{МНК}}(x_0, v)$

2.2.3　线性情形下最小二乘法的准确性分析

在 2.1 节中说明了除算法综合问题外还有准确性分析问题也是十分重要的，即研究估计的误差特性。对于线性情况，由式(2.2.10) 及(2.2.14) 用最小二乘法和广义最小二乘法可得到误差估计的表达式

$$\boldsymbol{\varepsilon}^{\text{МНК}}(\boldsymbol{y}) = \boldsymbol{x} - \hat{\boldsymbol{x}}^{\text{МНК}}(\boldsymbol{y}) = \boldsymbol{x} - \boldsymbol{K}^{\text{МНК}}\boldsymbol{y} = (\boldsymbol{E} - \boldsymbol{K}^{\text{МНК}}\boldsymbol{H})\boldsymbol{x} - \boldsymbol{K}^{\text{МНК}}\boldsymbol{v}$$

$$\boldsymbol{\varepsilon}^{\text{ОМНК}}(\boldsymbol{y}) = \boldsymbol{x} - \hat{\boldsymbol{x}}^{\text{ОМНК}}(\boldsymbol{y}) = \boldsymbol{x} - \boldsymbol{K}^{\text{ОМНК}}\boldsymbol{y} = (\boldsymbol{E} - \boldsymbol{K}^{\text{ОМНК}}\boldsymbol{H})\boldsymbol{x} - \boldsymbol{K}^{\text{ОМНК}}\boldsymbol{v}$$

由于对于最小二乘法和广义最小二乘法有下列关系式成立

$$\boldsymbol{E} - K^{\text{МНК}}\boldsymbol{H} = \boldsymbol{E} - (\boldsymbol{H}^{\mathrm{T}}\boldsymbol{H})^{-1}\boldsymbol{H}^{\mathrm{T}}\boldsymbol{H} = \boldsymbol{0} \tag{2.2.20}$$

$$\boldsymbol{E} - K^{\text{ОМНК}}\boldsymbol{H} = \boldsymbol{E} - (\boldsymbol{H}^{\mathrm{T}}\boldsymbol{Q}\boldsymbol{H})^{-1}\boldsymbol{H}^{\mathrm{T}}\boldsymbol{Q}\boldsymbol{H} = \boldsymbol{0} \tag{2.2.21}$$

与这两个方法相应的误差可表示为

$$\boldsymbol{\varepsilon}^{\text{МНК}}(\boldsymbol{y}) = -\boldsymbol{K}^{\text{МНК}}\boldsymbol{v} \tag{2.2.22}$$

$$\boldsymbol{\varepsilon}^{\text{ОМНК}}(\boldsymbol{y}) = -\boldsymbol{K}^{\text{ОМНК}}\boldsymbol{v} \tag{2.2.23}$$

对于改进的最小二乘法，由于$(\boldsymbol{E} - \boldsymbol{K}^{\text{ММНК}}\boldsymbol{H}) \neq \boldsymbol{0}$，误差方程为

$$\boldsymbol{\varepsilon}^{\text{ММНК}}(\boldsymbol{y}) = \boldsymbol{x} - \hat{\boldsymbol{x}}^{\text{ММНК}}(\boldsymbol{y}) = (\boldsymbol{E} - \boldsymbol{K}^{\text{ММНК}}\boldsymbol{H})(\boldsymbol{x} - \overline{\boldsymbol{x}}) - \boldsymbol{K}^{\text{ММНК}}\boldsymbol{v} \tag{2.2.24}$$

由得到的关系式可得下列结论：线性情形下与最小二乘法和广义最小二乘法的估计误差不包含与估计参数向量相关的项，只是与观测误差相关，这种情况下可以说估计误差相对未知向量是独立的。对于改进的最小二乘法，估计的误差还与待估向量本身的值有关，即不具有独立性。

这些方法的优势在于，在进行算法综合时，不需要静态特性的任何先验信息，但是这使得精度问题的分析求解变得更加困难。如果引入观测误差(对最小二乘法和广义最小二乘法)，或待估向量(改进的最小二乘法) 作为随机特征假设，就可能会出现这个问题。

特别的，设观测误差 $y_i(i=1,2,\cdots,m)$ 是中心随机变量，其协方差矩阵 $\boldsymbol{R}$ 是确定的，那么由关系式(2.2.22)、(2.2.23) 可得，对于最小二乘法和广义最小二乘法估计误差同样是中心随机变量，其协方差矩阵为

$$\boldsymbol{P}^{\text{МНК}} = M\{(\boldsymbol{K}^{\text{МНК}}\boldsymbol{v})(\boldsymbol{K}^{\text{МНК}}\boldsymbol{v})^{\mathrm{T}}\} = (\boldsymbol{H}^{\mathrm{T}}\boldsymbol{H})^{-1}\boldsymbol{H}^{\mathrm{T}}\boldsymbol{R}\boldsymbol{H}(\boldsymbol{H}^{\mathrm{T}}\boldsymbol{H})^{-1} \tag{2.2.25}$$

$$P^{\text{омнк}}=(H^{\mathrm{T}}QH)^{-1}H^{\mathrm{T}}QRQH(H^{\mathrm{T}}QH)^{-1} \tag{2.2.26}$$

为计算改进最小二乘法的估计误差的协方差矩阵,不仅必须补充上向量 $\boldsymbol{v}$ 和 $\boldsymbol{x}$ 的静态特性待估向量的随机特征,还需要确定它们之间的相互静态特性。例如,设 $\boldsymbol{x}$ 和 $\boldsymbol{v}$ 是数学期望为 $\bar{\boldsymbol{x}}$ 和 $\bar{\boldsymbol{v}}=\mathbf{0}$ 的互不相关的随机变量,其协方差矩阵分别是 $\boldsymbol{R}$、$\boldsymbol{P}^{x}$,则由表达式(2.2.24)不难得出,估计误差也是中心变量,它们相应的协方差矩阵写作

$$P^{\text{ммнк}}=(E-K^{\text{ммнк}}H)P^{x}(E-K^{\text{ммнк}}H)^{\mathrm{T}}+K^{\text{ммнк}}R(K^{\text{ммнк}})^{\mathrm{T}} \tag{2.2.27}$$

这里 $\boldsymbol{K}^{\text{ммнк}}$ 由表达式(2.2.18)给出。

如果在准则(2.2.13)中令 $\boldsymbol{Q}=\boldsymbol{R}^{-1}$,则广义最小二乘法的估计及其误差协方差矩阵可写作

$$\hat{x}^{\text{омнк}}(y)=(H^{\mathrm{T}}R^{-1}H)^{-1}H^{\mathrm{T}}R^{-1}y \tag{2.2.28}$$

$$P^{\text{омнк}}=(H^{\mathrm{T}}R^{-1}H)^{-1} \tag{2.2.29}$$

如果除此之外设 $\boldsymbol{D}=(\boldsymbol{P}^{x})^{-1}$,则 $\boldsymbol{K}^{\text{ммнк}}=((\boldsymbol{P}^{x})^{-1}+\boldsymbol{H}^{\mathrm{T}}\boldsymbol{R}^{-1}\boldsymbol{H})^{-1}\boldsymbol{H}^{\mathrm{T}}\boldsymbol{R}^{-1}$,估计的表达式(2.2.17)及相应的协方差矩阵(见例 2.2.3)表示为

$$\hat{x}^{\text{ммнк}}(y)=\bar{x}+[(P^{x})^{-1}+H^{\mathrm{T}}R^{-1}H]^{-1}H^{\mathrm{T}}R^{-1}(y-H\bar{x}) \tag{2.2.30}$$

$$P^{\text{ммнк}}=[(P^{x})^{-1}+H^{\mathrm{T}}R^{-1}H]^{-1} \tag{2.2.31}$$

估计误差协方差矩阵的可计算性保证了精度分析问题的求解,因此可以对其进行定量的描述,其中,估计误差协方差矩阵(2.2.25)~(2.2.27)的对角元素即为未知向量 $\boldsymbol{x}$ 各分量的估计误差方差。

矩阵 $\boldsymbol{P}^{x}$ 对角元素的值通常称为估计误差的先验方差。这个名词来源于,如果设在进行观测之前,将数学期望 $\bar{\boldsymbol{x}}$ 的值作为先验估计,各相应的经验方差(协方差矩阵(2.2.25)~(2.2.27)的对角元素),即在得到观测值之后使用不同算法得到的值,由其组成的先验方差可以评价这些算法的有效性。相应地,协方差矩阵 $\boldsymbol{P}^{x}$ 称为先验矩阵,矩阵(2.2.25)~(2.2.27)称为估计误差先验协方差矩阵。

如果补充假设数学期望和协方差矩阵是已知的,设观测误差和待估向量是高斯的,则基于变换(2.2.22)~(2.2.24)的线性特性所使用的分析方法的估计误差也具有高斯特性。换言之,估计误差向量的概率密度函数是已知的,由此可充分描述其静态特性。其中,可计算如概率误差、临界误差、分位数等特征。

例 2.2.4 设在例 2.2.2 中 $\boldsymbol{x}$ 为数学期望 $\bar{\boldsymbol{x}}$ 和方差为 σ_0^2 的随机向量,观测误差为中心随机向量,与 $\boldsymbol{x}$ 互不相关,且方差为 $r_i^2, i=1,2,\cdots,m$(非等精度观测),特殊情形 $r_i^2=r^2$,$i=1,2,\cdots,m$(等精度观测),可以得到估计误差及与其相应的三种最小二乘法的方差表达式,形成了标量 x 的估计问题。

基于上述假设矩阵 $\boldsymbol{R}$ 为元素为 $r_i^2, i=1,2,\cdots,m$ 的对角阵,矩阵 $\boldsymbol{H}^{\mathrm{T}}=(1,1,\cdots,1)$,对角矩阵 $\boldsymbol{Q}$ 在第一种情形下各元素为 $q_i=\dfrac{1}{r_i^2}$,在第二种情形下为 $q_i=\dfrac{1}{r^2}, i=1,2,\cdots,m$。这样,即可得到表 2.2.4 中的表达式。

表 2.2.4　最简形下三种最小二乘法的估计误差方程及其方差值

方法	估计误差	方差	
		非等精度观测	等精度观测 $r_i^2=r^2$
最小二乘法	$\varepsilon^{\text{МНК}}=\dfrac{1}{m}\sum\limits_{i=1}^{m}v_i$	$P^{\text{МНК}}=\dfrac{\sum\limits_{i=1}^{m}r_i^2}{m^2}$	$P^{\text{МНК}}=\dfrac{r^2}{m}$
广义最小二乘法	$\varepsilon^{\text{ОМНК}}=\sum\limits_{i=1}^{m}\tilde{q}_i^{\text{ОМНК}}v_i,\tilde{q}_i^{\text{ОМНК}}=\dfrac{q_i}{\sum\limits_{i=1}^{m}q_i}$	$P^{\text{ОМНК}}=\left(\sum\limits_{i=1}^{m}\dfrac{1}{r_i^2}\right)^{-1}$	$P^{\text{ОМНК}}=\dfrac{r^2}{m}$
改进的最小二乘法	$\varepsilon^{\text{ММНК}}(y)=\beta(x-\bar{x})+\sum\limits_{i=1}^{m}\tilde{q}_i^{\text{ММНК}}v_i$ $\tilde{q}_i^{\text{ММНК}}=\dfrac{q_i}{d+\sum\limits_{i=1}^{m}q_i},\beta=\dfrac{d}{d+\sum\limits_{i=1}^{m}q_i}$	$P^{\text{ММНК}}=\left[\dfrac{1}{\sigma_0^2}+\sum\limits_{i=1}^{m}\dfrac{1}{r_i^2}\right]^{-1}$	$P^{\text{ММНК}}=\dfrac{\sigma_0^2r^2}{r^2+\sigma_0^2m}$

表 2.2.5 中给出了观测误差的方差都为 $r^2=1,m=1,2,\cdots,10$ 时广义最小二乘法和改进的最小二乘法不同观测数下估计误差均方值的计算结果。

表 2.2.5　σ_b 值不同时广义最小二乘法与改进的最小二乘法不同观测数下估计误差的均方值

方法	观测数									
	1	2	3	4	5	6	7	8	9	10
广义最小二乘法	1	0.7	0.58	0.5	0.45	0.41	0.38	0.35	0.33	0.32
改进的最小二乘法 $\sigma_0\geqslant 10$ $\bar{x}=0$	1	0.7	0.58	0.5	0.45	0.41	0.38	0.35	0.33	0.32
改进的最小二乘法 $\sigma_0=1$ $\bar{x}=0$	0.7	0.58	0.5	0.45	0.41	0.38	0.35	0.33	0.32	0.3

由上述结果可知，广义最小二乘法和改进的最小二乘法当 $\sigma_0\geqslant 10$ 时在精度方面没有区别。这种情况下先验信息的影响并不明显，因为 $\sigma_0\gg r$。当 $\sigma_0=r=1$ 时这个影响仅在观测数很小时存在。事实上广义最小二乘法和改进的最小二乘法的均方差在最初的几步时几乎是一致的。如果注意到随后在 2.2.4 小节中给出的考虑形如补充观测(2.2.46)的先验信息存在时的可能轨迹，这个情形可以很容易解释。

对于例 2.2.3 中给出的二维向量估计问题现在使用关系式(2.2.25)、(2.2.26) 和(2.2.31) 解答。

例 2.2.5　根据观测(2.1.3)求一阶多项式系数估计误差相关矩阵的表达式，设观测

误差都是方差为 r^2 彼此不相关的中心随机变量,待估系数为互不相关的中心随机变量($\bar{\boldsymbol{x}}=\boldsymbol{0}$),随机变量观测误差的协方差矩阵为 $\boldsymbol{P}^x=\begin{bmatrix}\sigma_0^2 & 0\\ 0 & \sigma_1^2\end{bmatrix}$。

由式(2.1.4)、(2.2.25)、(2.2.26)对于对角阵 $\boldsymbol{Q}=\{q_i\}$,使用广义最小二乘法准则可得下列表达式

$$\boldsymbol{P}^{\text{МНК}}=r^2\begin{bmatrix} m & \sum_{i=1}^{m}t_i\\ \sum_{i=1}^{m}t_i & \sum_{i=1}^{m}t_i^2\end{bmatrix}^{-1} \tag{2.2.32}$$

$$\boldsymbol{P}^{\text{ОМНК}}=\begin{bmatrix} \sum_{i=1}^{m}q_i & \sum_{i=1}^{m}q_it_i\\ \sum_{i=1}^{m}q_it_i & \sum_{i=1}^{m}q_it_i^2\end{bmatrix}^{-1} \tag{2.2.33}$$

令 $\boldsymbol{Q}=\boldsymbol{R}^{-1}$,对于改进的最小二乘法假设 $\bar{\boldsymbol{x}}=\boldsymbol{0}$,$\boldsymbol{D}=(\boldsymbol{P}^x)^{-1}$ 并注意到,$\boldsymbol{R}=r^2\boldsymbol{E}$,容易得出,这种情形下对于最小二乘法和广义最小二乘法的估计误差协方差矩阵是一致的,即 $\boldsymbol{P}^{\text{ОМНК}}=\boldsymbol{P}^{\text{МНК}}$,对于改进的最小二乘法有

$$\boldsymbol{P}^{\text{ММНК}}=\begin{bmatrix} \frac{1}{\sigma_0^2}+\frac{m}{r^2} & \frac{1}{r^2}\sum_{i=1}^{m}t_i\\ \frac{1}{r^2}\sum_{i=1}^{m}t_i & \frac{1}{\sigma_1^2}+\frac{1}{r^2}\sum_{i=1}^{m}t_i^2\end{bmatrix}^{-1} \tag{2.2.34}$$

来更加详细地讨论不同最小二乘方法估计手段及相应的精度特性的相关性及其区别。

2.2.4 线性情形下不同最小二乘法的相关性

在讨论计算方法的一致性时假设待估向量的数学期望是已知的,其相应的协方差矩阵是 $\boldsymbol{P}^x$,误差向量互不相关,且为协方差矩阵为 $\boldsymbol{R}$ 的中心向量。除此之外,假设广义最小二乘法准则中 $\boldsymbol{Q}=\boldsymbol{R}^{-1}$,在改进的最小二乘法中向量 $\boldsymbol{x}$ 的数学期望为 $\bar{x}$,且 $\boldsymbol{D}=(\boldsymbol{P}^x)^{-1}$。

在对不同形式最小二乘法估计相关性时,使用由广义最小二乘法表示改进的最小二乘法的估计表达式是十分有益的。首先写出

$$\hat{\boldsymbol{x}}^{\text{ММНК}}(\boldsymbol{y})=\bar{\boldsymbol{x}}+\boldsymbol{K}^{\text{ММНК}}(\boldsymbol{y}-\boldsymbol{H}\bar{\boldsymbol{x}})=(\boldsymbol{E}-\boldsymbol{K}^{\text{ММНК}}\boldsymbol{H})\bar{\boldsymbol{x}}+\boldsymbol{K}^{\text{ММНК}}\boldsymbol{y}$$

注意到

$$\begin{aligned}(\boldsymbol{E}-\boldsymbol{K}^{\text{ММНК}}\boldsymbol{H})&=(\boldsymbol{D}+\boldsymbol{H}^{\mathrm{T}}\boldsymbol{Q}\boldsymbol{H})^{-1}(\boldsymbol{D}+\boldsymbol{H}^{\mathrm{T}}\boldsymbol{Q}\boldsymbol{H})-(\boldsymbol{D}+\boldsymbol{H}^{\mathrm{T}}\boldsymbol{Q}\boldsymbol{H})^{-1}\boldsymbol{H}^{\mathrm{T}}\boldsymbol{Q}\boldsymbol{H}\\ &=(\boldsymbol{D}+\boldsymbol{H}^{\mathrm{T}}\boldsymbol{Q}\boldsymbol{H})^{-1}(\boldsymbol{D}+\boldsymbol{H}^{\mathrm{T}}\boldsymbol{Q}\boldsymbol{H}-\boldsymbol{H}^{\mathrm{T}}\boldsymbol{Q}\boldsymbol{H})=(\boldsymbol{D}+\boldsymbol{H}^{\mathrm{T}}\boldsymbol{Q}\boldsymbol{H})^{-1}\boldsymbol{D}\\ \boldsymbol{K}^{\text{ММНК}}&=(\boldsymbol{D}+\boldsymbol{H}^{\mathrm{T}}\boldsymbol{Q}\boldsymbol{H})^{-1}\boldsymbol{H}^{\mathrm{T}}\boldsymbol{Q}=(\boldsymbol{D}+\boldsymbol{H}^{\mathrm{T}}\boldsymbol{Q}\boldsymbol{H})^{-1}(\boldsymbol{H}^{\mathrm{T}}\boldsymbol{Q}\boldsymbol{H})(\boldsymbol{H}^{\mathrm{T}}\boldsymbol{Q}\boldsymbol{H})^{-1}\boldsymbol{H}^{\mathrm{T}}\boldsymbol{Q}\end{aligned}$$

可将估计(2.2.17)及与其相应的误差写作

$$\hat{\boldsymbol{x}}^{\text{ММНК}}(\boldsymbol{y})=(\boldsymbol{D}+\boldsymbol{H}^{\mathrm{T}}\boldsymbol{Q}\boldsymbol{H})^{-1}(\boldsymbol{D}\bar{\boldsymbol{x}}+\boldsymbol{H}^{\mathrm{T}}\boldsymbol{Q}\boldsymbol{H}\hat{\boldsymbol{x}}^{\text{ОМНК}}(\boldsymbol{y})) \tag{2.2.35}$$

$$\varepsilon^{\text{ММНК}}(\boldsymbol{y})=(\boldsymbol{D}+\boldsymbol{H}^{\mathrm{T}}\boldsymbol{Q}\boldsymbol{H})^{-1}[\boldsymbol{D}(\boldsymbol{x}-\bar{\boldsymbol{x}})+\boldsymbol{H}^{\mathrm{T}}\boldsymbol{Q}\boldsymbol{H}\varepsilon^{\text{ММНК}}(\boldsymbol{y})] \tag{2.2.36}$$

注意到所做假设，可得如下表达式

$$\hat{\boldsymbol{x}}^{\text{ММНК}}(\boldsymbol{y})=\boldsymbol{P}^{\text{ММНК}}[(\boldsymbol{P}^{x})^{-1}\bar{\boldsymbol{x}}+(\boldsymbol{P}^{\text{ОМНК}})^{-1}\hat{\boldsymbol{x}}^{\text{ОМНК}}(\boldsymbol{y})] \tag{2.2.37}$$

分析式(2.2.31)、(2.2.37)，可知如果设不等式$(\boldsymbol{P}^{x})^{-1}\ll\boldsymbol{H}^{\mathrm{T}}\boldsymbol{R}^{-1}\boldsymbol{H}$成立，广义最小二乘法和改进的最小二乘法的估计及与其相应的误差协方差矩阵几乎是相同的。除此之外，如果设$\boldsymbol{R}=r^{2}\boldsymbol{E}$，则三种最小二乘法的估计及其相应的误差也几乎是一致的。

由表达式(2.2.37)可得，线性情形下改进的最小二乘法的估计可由确定向量$\boldsymbol{x}$先验值的$\bar{\boldsymbol{x}}$来表示，而估计$\hat{\boldsymbol{x}}^{\text{ОМНК}}(\boldsymbol{y})$则不需要计算这个先验信息的值，同时位于$\bar{\boldsymbol{x}}$和$\hat{\boldsymbol{x}}^{\text{ОМНК}}(\boldsymbol{y})$前面的质量矩阵在很大程度上由描述加权量精度的矩阵的逆矩阵来确定。

其中，例 2.2.2 中这种情形下对于改进的最小二乘法(2.2.35)、(2.2.36)其估计及相应的误差表达式可表示为

$$\hat{\boldsymbol{x}}^{\text{ММНК}}(\boldsymbol{y})=\beta\bar{\boldsymbol{x}}+\alpha\hat{\boldsymbol{x}}^{\text{ОМНК}}(\boldsymbol{y})$$
$$\boldsymbol{\varepsilon}^{\text{ММНК}}(\boldsymbol{y})=\beta(\boldsymbol{x}-\bar{\boldsymbol{x}})+\boldsymbol{\alpha}\boldsymbol{\varepsilon}^{\text{ОМНК}}(\boldsymbol{y})$$

这里

$$\beta=\frac{d}{d+\sum_{i=1}^{m}q_i},\quad \alpha=\frac{\sum_{i=1}^{m}q_i}{d+\sum_{i=1}^{m}q_i}$$

显然，如果矩阵$\boldsymbol{P}^{\text{ОМНК}}$和$\boldsymbol{P}^{x}$非奇异，则可将式(2.2.36)、(2.2.37)表示为矢量形式，而当矩阵$\boldsymbol{P}^{\text{ММНК}}$非奇异时，存在根据改进最小二乘法计算$\hat{\boldsymbol{x}}^{\text{ОМНК}}(\boldsymbol{y})$的可逆运算

$$\hat{\boldsymbol{x}}^{\text{ОМНК}}(\boldsymbol{y})=\boldsymbol{P}^{\text{ОМНК}}[(\boldsymbol{P}^{\text{ММНК}})^{-1}\hat{\boldsymbol{x}}^{\text{ММНК}}-(\boldsymbol{P}^{x})^{-1}\bar{\boldsymbol{x}}] \tag{2.2.38}$$

由不同算法协方差矩阵的计算可对其精度进行比较，在上述假设($\boldsymbol{Q}=\boldsymbol{R}^{-1}$，$\boldsymbol{D}=(\boldsymbol{P}^{x})^{-1}$)下可以得出(例 2.2.4)，有如下不等式组成立

$$\boldsymbol{P}^{\text{МНК}}\geqslant\boldsymbol{P}^{\text{ОМНК}}\geqslant\boldsymbol{P}^{\text{ММНК}} \tag{2.2.39}$$

根据 2.1 节中给出的由形如式(2.1.33)的两个观测进行信息综合的问题来详细讨论不同算法的相关性。设$\boldsymbol{v}_1$、$\boldsymbol{v}_2$为已知协方差矩阵$\boldsymbol{R}_j>\boldsymbol{0}$，$j=1,2$彼此互不相关的中心向量，$\boldsymbol{x}$为与误差无关的随机向量，其数学期望为$\bar{\boldsymbol{x}}$，协方差矩阵为$\boldsymbol{P}^{x}$，广义最小二乘法中$\boldsymbol{Q}=\boldsymbol{R}^{-1}$。

注意到假设及$\boldsymbol{H}=\begin{bmatrix}E_n\\E_n\end{bmatrix}$，这里$\boldsymbol{E}_n$为$n\times n$阶，观测误差的协方差方差矩阵为$\boldsymbol{R}=\begin{bmatrix}\boldsymbol{R}_1&0\\0&\boldsymbol{R}_2\end{bmatrix}$，可将前面得到的各种方法的估计和协方差矩阵的表达式用于本题。最小二乘法和广义最小二乘法的结论为

$$\hat{\boldsymbol{x}}^{\text{МНК}}=\frac{1}{2}(\boldsymbol{y}_1+\boldsymbol{y}_2) \tag{2.2.40}$$

$$\boldsymbol{P}^{\text{мнк}}=\frac{1}{4}(\boldsymbol{R}_1+\boldsymbol{R}_2) \tag{2.2.41}$$

$$\hat{\boldsymbol{x}}^{\text{омнк}}=(\boldsymbol{R}_1^{-1}+\boldsymbol{R}_2^{-1})^{-1}(\boldsymbol{R}_1^{-1}\boldsymbol{y}_1+\boldsymbol{R}_2^{-1}\boldsymbol{y}_2) \tag{2.2.42}$$

$$\boldsymbol{P}^{\text{омнк}}=(\boldsymbol{R}_1^{-1}+\boldsymbol{R}_2^{-1})^{-1} \tag{2.2.43}$$

由得到的表达式可知,在求解综合处理问题时最小二乘法对应于已有观测的简单均值,而在广义最小二乘法中这些观测中的权重,能够考虑到观测的不同偏差程度。正是这种情况决定了不等式 $\boldsymbol{P}^{\text{мнк}}\geqslant\boldsymbol{P}^{\text{омнк}}$:广义的最小二乘法考虑了观测的不同偏差程度,最小二乘法中所有的观测都是同等权重的。

对于改进的最小二乘法估计及相应的误差协方差矩阵的表达式为

$$\hat{\boldsymbol{x}}^{\text{ммнк}}(\boldsymbol{y})=\boldsymbol{P}^{\text{ммнк}}[(\boldsymbol{P}^{x})^{-1}\bar{\boldsymbol{x}}+(\boldsymbol{P}^{\text{омнк}})^{-1}\hat{\boldsymbol{x}}^{\text{омнк}}(\boldsymbol{y})] \tag{2.2.44}$$

$$\boldsymbol{P}^{\text{ммнк}}=[(\boldsymbol{P}^{x})^{-1}+\boldsymbol{R}_1^{-1}+\boldsymbol{R}_2^{-1}]^{-1} \tag{2.2.45}$$

不难发现,同样的关系式也可使用广义最小二乘法根据观测(2.1.33)来估计 $\boldsymbol{x}$ 得到,但同时需要给观测(2.1.33)补充下列形式的观测

$$\boldsymbol{y}_3\equiv\bar{\boldsymbol{x}}=\boldsymbol{x}+\boldsymbol{v}_3 \tag{2.2.46}$$

式中,$\boldsymbol{v}_3$ 为与 $\boldsymbol{v}_1$ 和 $\boldsymbol{v}_2$ 无关的中心向量,协方差矩阵为 $\boldsymbol{P}^{x}$。由此可知存在待估向量的先验信息可以传递补充观测(2.2.46)。

这个转换可以给出不等式 $P^{\text{мнк}}\geqslant P^{\text{омнк}}$ 的简单解释,因为显然随着观测数量的增加,精度也会提升。由此可知,改进的最小二乘法相对于最小二乘法具有显著的优点,可以考虑不同的观测特征,同时,还具有一个优点,可以考虑先验信息的存在,这在广义最小二乘法中是不被考虑的。

例 2.2.6 分析上述问题的具体情形,设估计向量的方差为 σ_0^2,估计误差的方差为 r_1^2 和 r_2^2。

各关系式可表示为

$$\hat{x}^{\text{мнк}}=\frac{y_1+y_2}{2},\quad P^{\text{мнк}}=\frac{r_1^2+r_2^2}{4} \tag{2.2.47}$$

$$\hat{x}^{\text{омнк}}=\frac{r_2^2}{r_1^2+r_2^2}y_1+\frac{r_1^2}{r_1^2+r_2^2}y_2,\quad P^{\text{омнк}}=\frac{r_1^2r_2^2}{r_1^2+r_2^2} \tag{2.2.48}$$

$$\hat{x}^{\text{ммнк}}=\frac{\sigma_0^2}{\sigma_0^2+r_1^2+r_2^2}\bar{x}+\frac{r_2^2}{\sigma_0^2+r_1^2+r_2^2}y_1+\frac{r_1^2}{\sigma_0^2+r_1^2+r_2^2}y_2 \tag{2.2.49}$$

$$P^{\text{ммнк}}=\left(\frac{1}{\sigma_0^2}+\frac{1}{r_1^2}+\frac{1}{r_2^2}\right)^{-1} \tag{2.2.50}$$

由表达式(2.2.48)可得,广义最小二乘法的估计是观测传感器考虑与其精度相关的权重得到的;传感器越精确,观测的权重就越大。那么,$r_1^2>r_2^2$,则精度高的观测权重系数(第二个传感器,其观测的方差小)比精度低的(方差大的)要高。由式(2.2.48)可知,使用广义最小二乘法由两个观测器进行综合信息处理得到的估计误差方差 $P^{\text{омнк}}$ 总是小于使用单个观测器得到的方差,即 $P^{\text{омнк}}\leqslant\min(r_1^2,r_2^2)$。使用最小二乘法时方差为 $P^{\text{мнк}}=$

$\frac{r_1^2+r_2^2}{4}$，其值可能明显高于 $P^{\text{омнк}}$。对于改进的最小二乘法类似的关系式为 $P^{\text{ммнк}} \leqslant \min(\sigma_0^2, r_1^2, r_2^2)$。容易理解，当观测中的一个比其他的更精确时，例如 $r_1^2 \ll r_2^2$ 且 $r_1^2 \ll \sigma_0^2$，则有 $\hat{x}^{\text{омнк}} \approx \hat{x}^{\text{ммнк}} \approx y_1$，而 $P^{\text{омнк}} \approx P^{\text{ммнк}} \approx r_1^2$。这意味着，估计实际上就像最准确的观测一样。很明显，在这种情形下广义最小二乘法在精度上显著落后于广义最小二乘法和改进的最小二乘法。

如果 $\sigma_0^2 = r_1^2 = r_2^2 = r^2$，则最小二乘法与广义最小二乘法一致，相应的均方误差为 $\frac{r}{\sqrt{2}}$，对于改进的最小二乘法则为 $\frac{r}{\sqrt{3}}$。

先验信息的有效性在确定平面上点坐标时使用两个观测器进行信息综合的问题中表现得非常明确，下面来更详尽地分析这个例子。

例 2.2.7　设有两个观测器，形如(2.1.33)，其中二维向量 $\boldsymbol{x}=(x_1, x_2)^{\mathrm{T}}$ 给出平面上客体的坐标，设这个随机向量的数学期望为 $\bar{\boldsymbol{x}}$，协方差矩阵为 $\boldsymbol{P}^x$，与 $\boldsymbol{x}$ 互不相关的二维观测误差向量为中心随机向量，其协方差矩阵为 $\boldsymbol{R}_1$，$\boldsymbol{R}_2$。

设 $\boldsymbol{P}^x$、$\boldsymbol{R}_1$、$\boldsymbol{R}_2$ 分别为

$$\boldsymbol{P}^x = \begin{bmatrix} \sigma_0^2 & 0 \\ 0 & \sigma_0^2 \end{bmatrix};\quad \boldsymbol{R}_1 = \begin{bmatrix} a^2 & 0 \\ 0 & b^2 \end{bmatrix};\quad \boldsymbol{R}_2 = \begin{bmatrix} b^2 & 0 \\ 0 & a^2 \end{bmatrix}$$

由式(2.2.41)、(2.2.43)、(2.2.45)可得

$$\boldsymbol{P}^{\text{мнк}} = \frac{a^2+b^2}{4}\begin{bmatrix} 1 & 0 \\ 0 & 1 \end{bmatrix};\quad \boldsymbol{P}^{\text{омнк}} = \frac{a^2b^2}{a^2+b^2}\begin{bmatrix} 1 & 0 \\ 0 & 1 \end{bmatrix}$$

$$\boldsymbol{P}^{\text{ммнк}} = \frac{\sigma_0^2 a^2 b^2}{a^2b^2+\sigma_0^2(a^2+b^2)}\begin{bmatrix} 1 & 0 \\ 0 & 1 \end{bmatrix}$$

各方法精度的比较可方便地由均方误差值来表示：

$$DRMS^{\text{мнк}} = \sqrt{\frac{a^2+b^2}{2}};\quad DRMS^{\text{омнк}} = \sqrt{2\frac{a^2b^2}{a^2+b^2}}$$

$$DRMS^{\text{ммнк}} = \sqrt{2\frac{\sigma_0^2 a^2 b^2}{a^2b^2+\sigma_0^2(a^2+b^2)}}$$

描述了确定位置的精度。在表 2.2.6 和图 2.2.5、2.2.6 中给出了不同先验信息计算结果的比对。

表 2.2.6　由两个观测器确定平面上的位置坐标时使用不同最小方差类方法的均方误差值

使用的方法	数值		
	$a=b=\sigma_0=100$ m	$a=\sigma_0=100$ m $b=100$ m	$a=100$ m $b=\sigma_0=10$ m
$DRMS^{\text{МНК}}$	100	70	70
$DRMS^{\text{ОМНК}}$	100	14	14
$DRMS^{\text{ММНК}}$	82	14	10

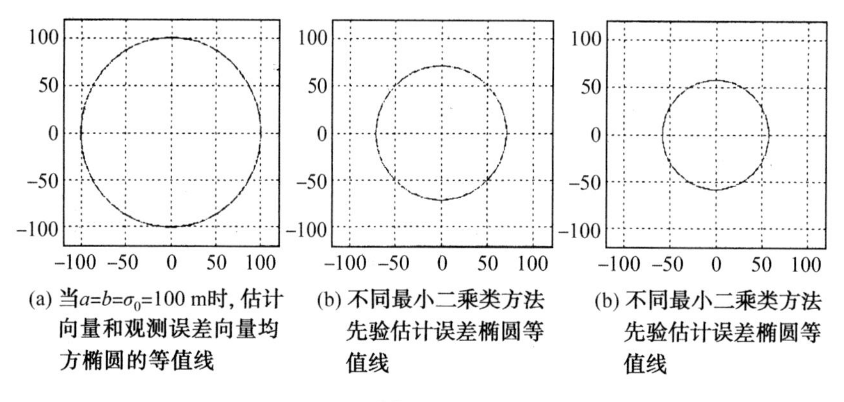

(a) 当$a=b=\sigma_0=100$ m时，估计向量和观测误差向量均方椭圆的等值线　(b) 不同最小二乘类方法先验估计误差椭圆等值线　(b) 不同最小二乘类方法先验估计误差椭圆等值线

图 2.2.5

由图 2.2.5 可知，当 $a=b=\sigma_0=r=100$ m 时，最小二乘法和广义最小二乘法的协方差矩阵对应的圆周半径为$\frac{r}{\sqrt{2}}=70$ m，而改进的最小二乘法为$\frac{r}{\sqrt{3}}=58$ m。

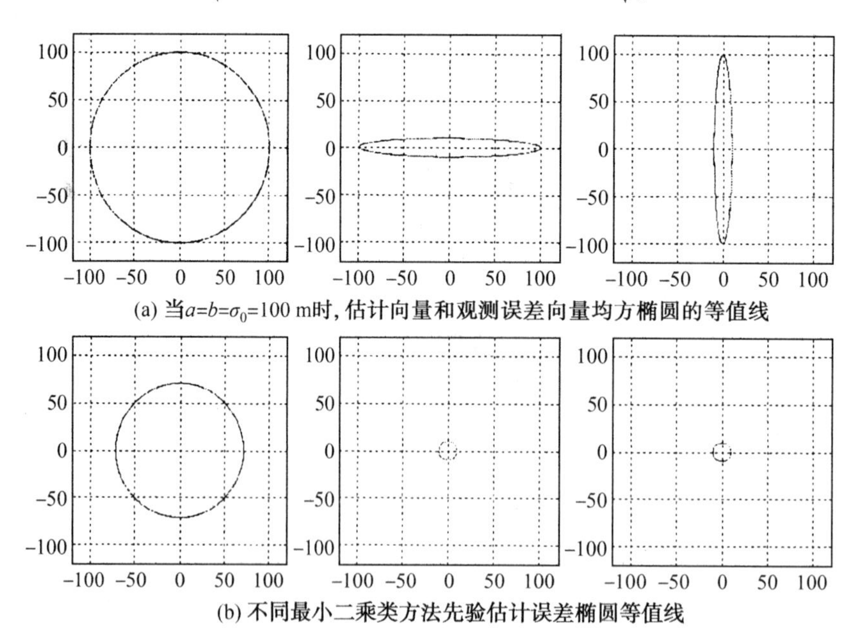

(a) 当$a=b=\sigma_0=100$ m时，估计向量和观测误差向量均方椭圆的等值线

(b) 不同最小二乘类方法先验估计误差椭圆等值线

图 2.2.6

当 $a=\sigma_0=100\ \mathrm{m}$、$b=10\ \mathrm{m}$ 时，一方面两个观测器均方误差椭圆的最大最小半轴的大小相同，另一方面，它们的最大半轴方向是正交的，这种情形下广义最小二乘法在精度方面与改进的最小二乘法是没有区别的，因为由先验信息在 $\sigma_0=100\ \mathrm{m}$ 时最小半轴的大小带来的影响并不显著。

由给出的表格和图可以看出，当假设 $a \gg b, \sigma_0=b$ 时，精度方面的优势是最为明显的。这时由下列表达式：$DRMS^{\text{МНК}}=\dfrac{a}{\sqrt{2}}$，$PRMS^{\text{ОМНК}}=\sqrt{2}\,b$，$DRMS^{\text{ММНК}}=b$，描述了在选择处理方法时考虑先验信息的优势。

在本节结束时需要再次强调关于算法比较得到的所有结论仅在本节开始时做出关于观测误差待估向量特性的假设下才能成立。除此之外，假设在广义最小二乘法准则中 $\boldsymbol{Q}=\boldsymbol{R}^{-1}$，在改进的最小二乘法中则使用 $\boldsymbol{x}$ 的数学期望 $\bar{\boldsymbol{x}}$ 和 $\boldsymbol{D}=(\boldsymbol{P}^{x})^{-1}$。在这些条件不成立时随着与广义最小二乘法和改进的最小二乘法相应的协方差矩阵的增加，必须使用式(2.2.26)、(2.2.27) 来代替式(2.2.29)、(2.2.31)，这不仅改变了协方差矩阵的值，还可能导致由不等式(2.2.39) 表述的其相互之间关系的破坏。

2.2.5　非线性估计问题的求解、线性化和迭代方法

前面我们得到了最小二乘法计算估计的最简算法。在引入待估向量和观测误差随机特性的补充假设之后同样可以方便地计算出描述估计精度的估计误差协方差矩阵。线性情形下误差及其精度特性的计算是相对简单的，当观测与待估参数之间的关系是非线性的，估计问题的求解就复杂一些了。我们已经指出，存在相当宽泛的导航信息处理非线性问题可以使用前面给出的算法求解，在非线性情形下要使用 2.1.7 小节中提到的线性化方法来更详细地讨论这个问题。

将原始的非线性问题进行线性化时，使用式(2.1.26) 描述的观测(2.1.25)，由这个关系式可以很方便地得到最小二乘法的线性化描述，这种方法的有效性在一定程度上取决于线性化点的合理选择，这个点选择的越接近待估参数的值，线性化描述就越精确，相应的线性化方法得到的估计也就越精确。由此可知，为提高基于线性化的算法精确性，必须尽可能选择接近待估参数实际值的线性化点。由上述论述可知，为提高线性化算法的有效性，需要使用相当直观的方法，其本质在于多次重复观测处理及使用得到的结果来精确线性化点的分布。下面详细解释这个方法的思想。

选择 $\boldsymbol{x}^{\text{л}}$ 为初始的线性化点，并使用近似

$$\boldsymbol{s}(\boldsymbol{x}) \approx \boldsymbol{s}(\boldsymbol{x}^{\text{л}}) + \left.\frac{\mathrm{d}\boldsymbol{s}}{\mathrm{d}\boldsymbol{x}^{\mathrm{T}}}\right|_{\boldsymbol{x}=\boldsymbol{x}^{\text{л}}} (\boldsymbol{x}-\boldsymbol{x}^{\text{л}}) = s(\boldsymbol{x}^{\text{л}}) + \boldsymbol{H}(\boldsymbol{x}^{\text{л}})(\boldsymbol{x}-\boldsymbol{x}^{\text{л}})$$

由下列关系式得到向量的初始估计

$$\hat{\boldsymbol{x}}^{(1)} = \bar{\boldsymbol{x}} + \boldsymbol{K}(\boldsymbol{x}^{\text{л}}) \mid \boldsymbol{y} - \boldsymbol{s}(\boldsymbol{x}^{\text{л}}) - \boldsymbol{H}^{(1)}(\boldsymbol{x}^{\text{л}})(\bar{\boldsymbol{x}} - \boldsymbol{x}^{\text{л}}) \tag{2.2.51}$$

其中 $\boldsymbol{H}^{(1)}(\boldsymbol{x}^{\text{л}}) = \left.\dfrac{\mathrm{d}\boldsymbol{s}}{\mathrm{d}\boldsymbol{x}^{\mathrm{T}}}\right|_{\boldsymbol{x}=\boldsymbol{x}^{\text{л}}}$，$\boldsymbol{K}(\boldsymbol{x}^{\text{л}})$ 根据相应的最小二乘法准则计算，重复进行这一步骤直

至估计的值不再有显著的变化。一般情况下对改进的最小二乘法有

$$\hat{\boldsymbol{x}}^{(\gamma+1)}=\bar{\boldsymbol{x}}+\boldsymbol{K}(\hat{\boldsymbol{x}}^{(\gamma)})[\boldsymbol{y}-\boldsymbol{s}(\hat{\boldsymbol{x}}^{(\gamma)})-\boldsymbol{H}^{(\gamma)}(\hat{\boldsymbol{x}}^{(\gamma)})(\bar{\boldsymbol{x}}-\hat{\boldsymbol{x}}^{(\gamma)})] \tag{2.2.52}$$

$$\boldsymbol{K}(\hat{\boldsymbol{x}}^{(\gamma)})=\boldsymbol{P}(\hat{\boldsymbol{x}}^{(\gamma)})\boldsymbol{H}^{\mathrm{T}}(\hat{\boldsymbol{x}}^{(\gamma)})\boldsymbol{R}^{-1} \tag{2.2.53}$$

$$\boldsymbol{P}(\hat{\boldsymbol{x}}^{(\gamma)})=((\boldsymbol{P}^{x})^{-1}+\boldsymbol{H}^{\mathrm{T}}(\hat{\boldsymbol{x}}^{(\gamma)})\boldsymbol{R}^{-1}\boldsymbol{H}(\hat{\boldsymbol{x}}^{(\gamma)}))^{-1} \tag{2.2.54}$$

$$\gamma=0,1,2,\cdots \quad \hat{\boldsymbol{x}}^{(0)}=\bar{\boldsymbol{x}}$$

对于广义的最小二乘法将$(\boldsymbol{P}^{x})^{-1}=\boldsymbol{0}$和$\bar{\boldsymbol{x}}=\boldsymbol{0}$代入,对于最小二乘法还另需$\boldsymbol{R}^{-1}=\boldsymbol{E}$。这种方法在估计理论中称为迭代算法(iterated algorithm)或者指数惯性算法[109].

注意到,由等式$\boldsymbol{KH}=\boldsymbol{z}$,在使用最小二乘法或广义最小二乘法时,估计(2.2.52)的表达式可写作如下在实际应用中很方便的表达式:$\tilde{\boldsymbol{x}}^{r+1}=\hat{\boldsymbol{x}}^{(r)}+\delta\hat{\boldsymbol{x}}^{(\gamma+1)}$,其中$\delta\hat{\boldsymbol{x}}^{r+1}=\boldsymbol{K}(\hat{\boldsymbol{x}}^{(\gamma)})[\boldsymbol{y}-\boldsymbol{s}(\hat{\boldsymbol{x}}^{(\gamma)})]$,这里使用了相对迭代性标号的递推。

如果假设观测误差为协方差矩阵为$\boldsymbol{R}$的中心随机向量,而待估随机向量的数学期望为$\bar{\boldsymbol{x}}$,协方差矩阵为$\boldsymbol{P}^{x}$,则对应线性化假设的表达式(2.2.54)将确定估计误差协方差的计算矩阵。这个术语的使用与函数$\boldsymbol{s}(\boldsymbol{x})$的线性表达式正确性假设下得到的协方差矩阵是紧密相联的,一般情况下与任意估计$\tilde{\boldsymbol{x}}(\boldsymbol{y})$对应的实际协方差矩阵是不同的,其中包括由线性化算法或迭代算法得到的估计,如

$$\tilde{\boldsymbol{P}}=\boldsymbol{M}\{(\boldsymbol{x}-\tilde{\boldsymbol{x}}(\boldsymbol{y}))(\boldsymbol{x}-\tilde{\boldsymbol{x}}(\boldsymbol{y}))^{\mathrm{T}}\} \tag{2.2.55}$$

在这个关系中出现了 ageklathoc 问题,即协方差计算矩阵与其实际值的一致问题,这个问题更详尽的讨论在 2.5.4 节和 2.5.6 节中进行。

值得重点强调的是,得到的算法相对观测不再是线性的,因为由于与观测非线性相关的矩阵$\boldsymbol{K}(\hat{\boldsymbol{x}}^{(\gamma)})=K(\hat{\boldsymbol{x}}^{(\gamma)}(\boldsymbol{y}))$。对于计算协方差矩阵同样出现了与观测的相关性$P(\hat{x}^{(\gamma)})=\boldsymbol{P}(\hat{\boldsymbol{x}}^{(\gamma)}(\boldsymbol{y}))$。

与迭代算法相应的条件方块图如图 2.2.7 所示。

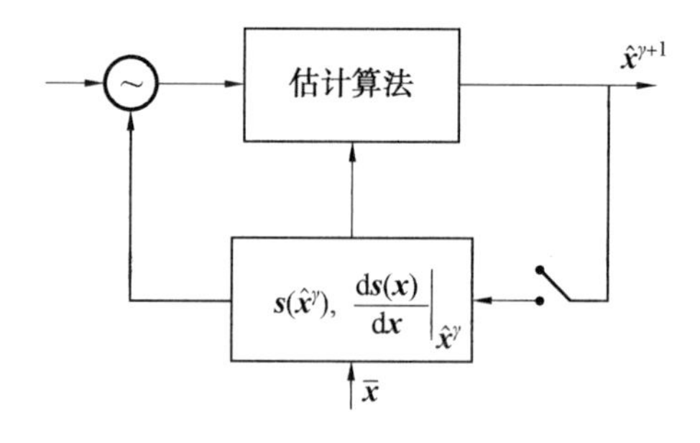

图 2.2.7　估计迭代算法方块图

例 2.2.8　设调和振动的振幅和频率已知,使用与最小二乘法对应的线性化及迭代算法估计相位,为计算简单设振幅为单位值。

最小二乘法准则在$x=\varphi_0$时可写作

$$J^{\text{мнк}}(x) = \sum_{i=1}^{m} (y_i - \sin(\omega t_i + x))^2 \tag{2.2.56}$$

为了得到与该准则对应的估计误差,必须找到其极小值在横轴上的位置点或者首先尝试解决与下列极值存在必要条件对应的标准方程

$$\frac{\mathrm{d}J^{\text{мнк}}(x)}{\mathrm{d}x} = 2\sum_{i=1}^{m} (y_i - \sin(\omega t_i + x))\cos(\omega t_i + x) = 0$$

显然,将准则(2.2.56)的极值问题转化为这个非线性方程的求解问题并没有简化求解,使用函数 $\sin(\omega t_i + x)$ 的线性化描述。

$$\sin(\omega t_i + x) \approx \sin(\omega t_i + x^{\text{л}}) + (x - x^{\text{л}})A\cos(\omega t_i + x^{\text{л}}), i = 1, 2, \cdots, m$$

这里 $x^{\text{л}}$ 为选择的线性化点。那么在线性化点的邻域内准则可表示为抛物线

$$J^{\text{мнк}}(x) \approx \sum_{i=1}^{m} (\tilde{y}_i(x^{\text{л}}) - (x - x^{\text{л}})\cos(\omega t_i + x^{\text{л}}))^2 \tag{2.2.57}$$

其中

$$\tilde{y}_i(x^{\text{л}}) \stackrel{\triangle}{=\!=} y_i - \sin(\omega t_i + x^{\text{л}})$$

与准则极小化对应的原始非线性函数及其线性描述在 $\varphi_0 = \frac{\pi}{2}$、$x^{\text{л}} = \bar{\varphi}_0 = \frac{3}{4}\pi$ 时的曲线在图 2.2.8 中给出

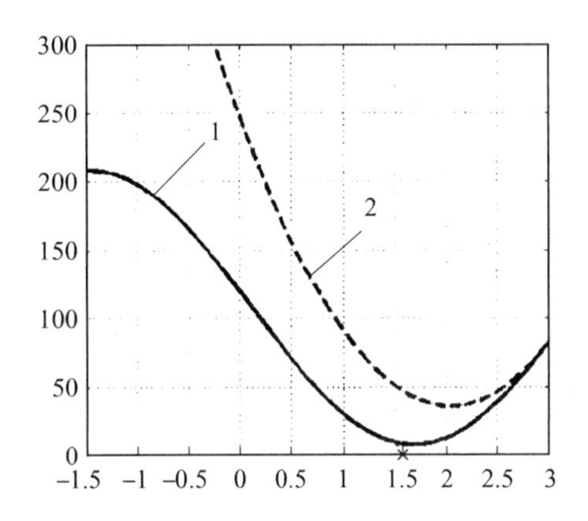

图 2.2.8　相位估计问题中准则 $J^{\text{мнк}}(\varphi_0)$(1) 及其线性化描述曲线

选择 $x^{\text{л}} = \hat{x}^{(0)} = \bar{\varphi}_0$ 作为初始线性化点,这里 φ_0 为相位的某个先验值,由式(2.2.51)并注意到 $\boldsymbol{H}^{(0)} = (\cos(\omega t_1 + \bar{\varphi}_0), \cos(\omega t_2 + \bar{\varphi}_0), \cdots, \cos(\omega t_m + \bar{\varphi}_0))^{\mathrm{T}}$,可得下列首次变换的估计表达式为

$$\hat{\varphi}_0^{(1)} = \bar{\varphi}_0 + \frac{\sum_{i=1}^{m} \cos(\omega t_i + \bar{\varphi}_0)(y_i - \sin(\omega t_i + \bar{\varphi}_0))}{\sum_{i=1}^{m} \cos^2(\omega t_i + \bar{\varphi}_0)}$$

这个估计与抛物线(2.2.57)的极值点相对应。再假设观测误差与同方差 r^2 的随机向量是线性无关的,可得这个估计相应的计算误差为

$$(\sigma^{\text{мнк}}(\bar{\varphi}_0))^2 = \frac{r^2}{\sum_{i=1}^{m}\cos^2(\omega t_i + \bar{\varphi}_0)}$$

选择下列线性化点 $x^{л} = \hat{\varphi}_0^{(1)}$ 并对观测信息重复处理,可得线性化点邻域内最小准则的更精确的描述,以及更精确的估计值及与其相应的计算方差。估计(2.2.52)的一般表达式及相应于惯性算法的计算方差在本题中可具体表示为

$$\hat{\varphi}_0^{(\gamma+1)} = \bar{\varphi}_0 + \frac{\sum_{i=1}^{m}\cos(\omega t_i + \hat{\varphi}_0^{(\gamma)})(y_i - \sin(\omega t_i + \hat{\varphi}_0^{(\gamma)}) - \cos(\omega t_i + \hat{\varphi}_0^{(\gamma)})(\bar{\varphi}_0 - \hat{\varphi}_0^{(\gamma)}))}{\sum_{i=1}^{m}\cos^2(\omega t_i + \hat{\varphi}_0^{(\gamma)})} \tag{2.2.58}$$

$$(\sigma^{\text{мнк}}(\hat{\varphi}_0^{(\gamma)}))^2 = \frac{r^2}{\sum_{i=1}^{m}\cos^2(\omega t_i + \hat{\varphi}_0^{(\gamma)})}$$

重复上述估计的计算方法直到估计值不再发生明显变化,可得到比单次计算值明显减小的误差。

上述情况可由下面对表格2.2.7中给出的不同迭代次数计算出的估计 $\hat{\varphi}_0^{(\gamma)}$,估计误差 $\varepsilon^{(\gamma)}$ 及计算均方差 $\sigma^{\text{мнк}}(\tilde{\varphi}_0^{(\gamma)})$ 结果的曲线解释假设,相位的实际值为 $\varphi_0 = \frac{\pi}{2}$,线性化点为 $\varphi_0^{л} = \frac{3}{4}\pi$。

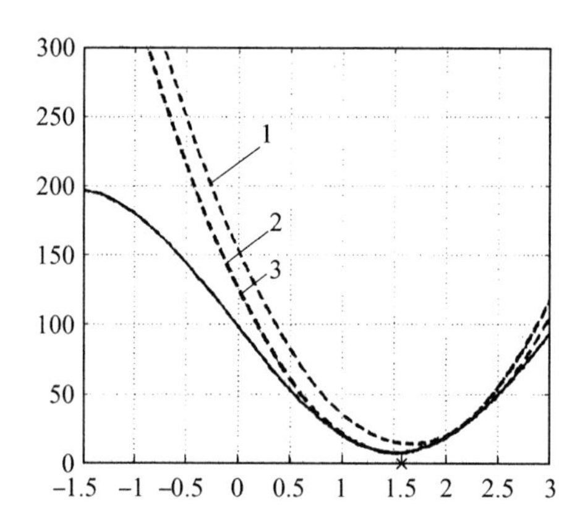

图 2.2.9　不同迭代次数下准则 $J^{\text{мнк}}(\varphi_0)$ 及其近似描述曲线

注意到,当线性化点改变时函数 $\sin(\omega_i t + x)$ 导数值的微小变化几乎不改变计算方程的表达式。

表 2.2.7　相位估计问题中使用迭代算法计算的估计 $\hat{\varphi}_0^{(\gamma)}$，估计误差 $\varepsilon^{(\gamma)}$ 及计算均方差 $\sigma^{\text{МНК}}(\tilde{\varphi}_0^{(\gamma)})$

$\varphi_0^{\text{л}} = \frac{3\pi}{4}$，实际值 $\varphi_0 = \frac{\pi}{2}$			
迭代序号	$\hat{\varphi}_0^{(\gamma)}$	$\varepsilon^{(\gamma)}$	$\sigma^{\text{МНК}}(\hat{\varphi}_0^{(\gamma)})$
1	1.649 9	0.079 1	0.042 2
2	1.523 3	−0.047 5	0.042 2
3	1.516 4	−0.054 4	0.042 2
4	1.516 1	−0.054 7	0.042 2
5	1.516 1	−0.054 7	0.042 2

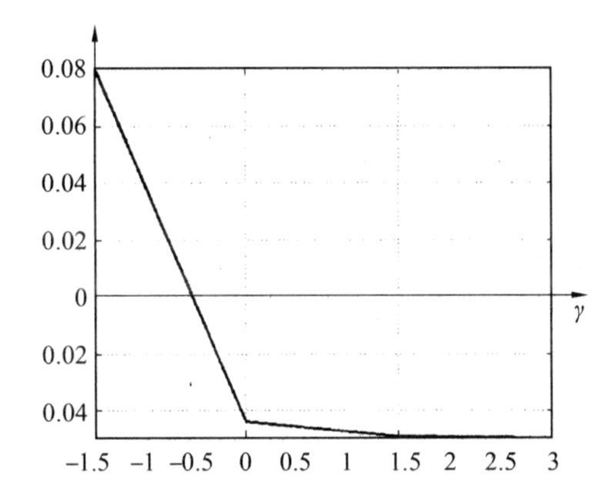

图 2.2.10　相位估计误差与迭代次数的关系曲线

使用的递推过程由迭代序列号可表示为

$$\hat{\varphi}_0^{(\gamma+1)} = \hat{\varphi}_0^{(\gamma)} + \delta\hat{\varphi}_0^{(\gamma+1)}$$

其中

$$\delta\hat{\varphi}_0^{(\gamma+1)} = \frac{\sum_{i=1}^{m}\cos(\omega t_i + \hat{\varphi}_0^{(\gamma)})(y_i - \sin(\omega t_i + \hat{\varphi}_0^{(\gamma)}))}{\sum_{i=1}^{m}\cos^2(\omega t_i + \hat{\varphi}_0^{(\gamma)})}$$

线性化及迭代算法广泛地用于定轨坐标确定问题的求解。分析平面问题中的算法见以下例题。

例 2.2.9　已知到两个定轨的观测(2.1.16)，为计算简单，设其中一个分布在 Ox_1 轴上，另一个分布在 Ox_2 轴上，首先写出线性化的最小二乘方法。

此时，最小二乘法的最小准则为

$$J^{\text{МНК}}(x_1, x_2) = \sum_{i=1}^{2}\left(y_i - \sqrt{(x_1^i - x_1)^2 + (x_2^i - x_2)^2}\right)^2 \tag{2.2.59}$$

将函数 $S_i(x) = D_i(x) = \sqrt{(x_1^i - x_1)^2 + (x_2^i - x_2)^2}$ 在线性化点的邻域内进行线性化，可得抛物线

$$J^{\text{мнк}}(x_1,x_2) \approx \sum_{i=1}^{2}(\tilde{y}_i - H_{i1}(x)(x_1 - x_1^{л}) - H_{i2}(x)(x_2 - x_2^{л}))^2, i=1,2 \tag{2.2.60}$$

其中 $H_{i1}(x^{л}) = -\sin \varPi_i(x^{л}), H_{i2}(x^{л}) = -\cos \varPi_i(x^{л})$,

$$\tilde{y}_i(x^{л}) \stackrel{\triangle}{=} y_i - D_i(x^{л}) = y_i - \sqrt{(x_1^i - x_1^{л})^2 + (x_2^i - x_2^{л})^2}, \qquad i=1,2$$

引入

$$\boldsymbol{H} = \begin{bmatrix} \sin \varPi_1(x^{л}) & \cos \varPi_1(x^{л}) \\ \sin \varPi_2(x^{л}) & \cos \varPi_2(x^{л}) \end{bmatrix} = \begin{bmatrix} H_1(x^{л}) \\ H_2(x^{л}) \end{bmatrix}; \qquad \tilde{y} = \begin{bmatrix} \tilde{y}_1(x^{л}) \\ \tilde{y}_2(x^{л}) \end{bmatrix}; \delta x = x - x^{л}$$

并注到(2.2.9),可得

$$\delta\hat{x}^{\text{мнк}} = (\boldsymbol{H}_1^{\mathrm{T}}(x_{л})H_1(x^{л}) + \boldsymbol{H}_2^{\mathrm{T}}(x^{л})H_2(x^{л}))^{-1}(\boldsymbol{H}_1^{\mathrm{T}}(x^{л})\tilde{y}_1(x^{л}) + \boldsymbol{H}_2^{\mathrm{T}}(x^{л})\tilde{y}_2(x^{л}))$$

这里 $\qquad H_i(x^{л}) = -(\sin \varPi_i(x^{л}), \cos \varPi_i(x^{л})), i=1,2$

继续假设,观测误差是彼此线性无关的随机向量,并且方差都是 r^2,估计误差的计算协方差矩阵表达式(2.2.25)写作

$$P^{\text{мнк}}(r^{л}) = r^2(\boldsymbol{H}_1^{\mathrm{T}}(x^{л})H_1(x^{л}) + \boldsymbol{H}_2^{\mathrm{T}}(x^{л})H_2(x^{л}))^{-1}$$

设将坐标原点选为线性化点,即 $x^{л}=0$,此时 $\varPi_1(x^{л})=90°$,$\varPi_2(x^{л})=0$,相应地,$\boldsymbol{H}=-\boldsymbol{E}$,可得

$$\delta\hat{\boldsymbol{x}}^{\text{мнк}} = -\begin{bmatrix} \tilde{y}_1(x^{л}) \\ \tilde{y}_2(x^{л}) \end{bmatrix}; \quad \boldsymbol{P}^{\text{мнк}} = \begin{bmatrix} r^2 & 0 \\ 0 & r^2 \end{bmatrix}$$

由此,由最小二乘法计算出的客体坐标为

$$\hat{x}_i^{\text{мнк}} = x_i^{л} + \delta\hat{x}_i^{\text{мнк}} = x_i^{л} + D_i(x^{л}) - y_i$$

或者,考虑到线性化点选在了坐标原点有

$$\hat{x}_i^{\text{мнк}} = \delta\hat{x}_i^{\text{мнк}} = D_i(0) - y_i, \quad i=1,2$$

现在选择线性化点为 $x^{л}=\delta\hat{x}_i^{\text{мнк}}$,再重复一次计算过程,同时注意到 $\delta\hat{x}_i^{\text{мнк}} \neq 0$ 时矩阵 $\boldsymbol{H}$ 不再是对角阵,因为 $\varPi_1(x^{л})$ 和 $\varPi_2(x^{л})$ 不再是 90°和 0°了。对于迭代算法应将上述过程重复计算至 $\delta\hat{x}_i^{\text{мнк}}$ 不再显著变小。

显然,如果权重矩阵 $\boldsymbol{Q}$ 的对角线元素为 $\frac{1}{r^2}$,矩阵 $\boldsymbol{D}$ 为 0,这个估计将与广义最小二乘法的估计结果相同。

不难将此算法用于已知 m 个观测的情况. 例如,设 $x \equiv \delta x = (x - x^{л})$ 是协方差矩阵为 P^x 的中心向量,观测是彼此互不相关的,向量 $\boldsymbol{x}$ 是方差为 $r_i^2, i=1,2,\cdots,m$ 的中心随机变量,与不同最小二乘类方法对应的估计误差计算协方差矩阵为

$$\boldsymbol{P}^{\text{мнк}}(x^{л}) = \left(\sum_{i=1}^{m} M_i(x^{л})\right)^{-1}\left(\sum_{i=1}^{m} r_i^2 M_i(x^{л})\right)\left(\sum_{i=1}^{m} M_i(x^{л})\right)^{-1} \tag{2.2.61}$$

$$\boldsymbol{P}^{\text{омнк}}(x^{л}) = \left(\sum_{i=1}^{m} \frac{1}{r_i^2} M_i(x^{л})\right)^{-1} \tag{2.2.62}$$

$$\boldsymbol{P}^{\text{ММНК}}(x^{л})=\left((\boldsymbol{P}^{x})^{-1}+\sum_{i=1}^{m}\frac{1}{r_i^2}M_i(x^{л})\right)^{-1} \tag{2.2.63}$$

其中

$$M_i(x^{л})\xlongequal{\triangle}\begin{bmatrix}\sin^2\mathit{\Pi}_i(x^{л}) & 0.5\sin 2\mathit{\Pi}_i(x^{л})\\ 0.5\sin 2\mathit{\Pi}_i(x^{л}) & \cos^2\mathit{\Pi}_i(x^{л})\end{bmatrix} \tag{2.2.64}$$

如果设观测为等精度的，设 $r_i^2=r^2,i=1,2,\cdots,m$，则表达式可简化为

$$\boldsymbol{P}^{\text{МНК}}(x^{л})=\boldsymbol{P}^{\text{ОМНК}}(x^{л})=r^2\left(\sum_{i=1}^{m}M_i(x^{л})\right)^{-1} \tag{2.2.65}$$

$$\boldsymbol{P}^{\text{ММНК}}(x^{л})=\left((\boldsymbol{P}^{x})^{-1}+\frac{1}{r^2}\sum_{i=1}^{m}M_i(x^{л})\right)^{-1} \tag{2.2.66}$$

使用迭代算法时求计算协方差矩阵应用最后一次迭代值取代 $x^{л}$。

注意到观测值的数量可能与定轨的数量不一致。

由例 2.2.9 中得到的关系式可知，由确定轨道进行坐标估计的计算精度在很大程度上取决于两个轨道之间的相互关系。事实上，按照式(1.2.24)引入位置坐标方差 σ_M，可得

$$\sigma_M\equiv DRMS=\sqrt{P^{\text{ОМНК}}(1,1)+P^{\text{ОМНК}}(2,2)}=r\sqrt{Sp\left(\sum_{i=1}^{m}M_i(x^{л})\right)^{-1}} \tag{2.2.67}$$

由此可知，当 r 值相同时在先验误差近似中 σ_M 由距离观测均方差与其确定轨道相互分布相关的参数的乘积来确定

$$PDOP=\sqrt{Sp\left(\sum_{i=1}^{m}M_i(x^{л})\right)^{-1}} \tag{2.2.68}$$

这个参数称为几何因子(position dilution of preasion)，例如，在有两个已知轨道，当 $\mathit{\Pi}_2=\mathit{\Pi}_1+90^\circ$ 不难得到 $\sigma_M=\sqrt{2}r$(见例 2.2.5)。显然，当轨道数增加至 m 时计算的均方值误差将会变小。

在使用基于线性化的方法时，必须认识它们的近似特征。描述的算法仅在极小准则仅存在唯一极值的情形是有效的，此类问题通常称为伪非线性问题。对于某些这个条件不能成立的问题，如函数 $S(x)$ 在先验不确定性区域具有较为复杂的行为，必须使用能够完整考虑非线性及多极值特性的算法，将这种问题称为实非线性问题，这类问题的求解特征在下一节中研究。

2.2.6　实非线性估计问题的特性

讨论实非线性问题的特殊性及使用最小二乘法解决的可能性。首先来分析一维问题。

例 2.2.10　设观测形如(2.1.14)，已知振幅和相位估计调和振动的频率，为计算简单，与例 2.2.8 一样，设振幅为单位值。

当振幅和相位已知时求频率，有

$$J^{\text{мнк}}(x)=\sum_{i=1}^{m}(y_i-\sin(xt_i+\varphi_0))^2$$

$$\frac{\mathrm{d}J^{\text{мнк}}(x)}{\mathrm{d}x}=2\sum_{i=1}^{m}t_i(y_i-\sin(xt_i+\varphi_0))\cos(xt_i+\varphi_0)=0$$

引入 $x=\omega, x^{л}=\bar{\omega}, \delta x=(\omega-\bar{\omega}), \tilde{y}_i(x^{л})\stackrel{\triangle}{=}y_i-\sin(x^{л}t_i+\varphi_0)$,类似于例 2.2.8 中,可得

$$\tilde{y}_i(x^{л})\approx\delta x t_i\cos(\bar{\omega}t_i+\varphi_0)+v_i,\quad i=1,2,\cdots,m$$

$$J^{\text{мнк}}(x)\approx\sum_{i=1}^{m}(\tilde{y}_i(x^{л})-(x-x^{л})t_i\cos(x^{л}t_i+\varphi_0))^2$$

$$\delta\hat{x}^{\text{мнк}}=\frac{\sum_{i=1}^{m}t_i\cos(\bar{\omega}t_i+\varphi_0)(y_i-\sin(\bar{\omega}t_i+\varphi_0))}{\sum_{i=1}^{m}t_i^2\cos^2(\bar{\omega}t_i+\varphi_0)}$$

$$(\sigma^{\text{мнк}})^2=\frac{r^2}{\sum_{i=1}^{m}t_i^2\cos^2(\bar{\omega}t_i+\varphi_0)}$$

$\hat{\omega}=\bar{\omega}+\delta\hat{x}$ 即为未知的频率值,这里同样可以使用迭代算法。在表 2.2.8 中给出了计算估计 $\hat{\omega}^{(\gamma)}$ 的例子,其误差 $\varepsilon^{(\gamma)}$ 及计算均方差的值 $\sigma(\hat{\omega}^{(\gamma)})$,这里使用了初始线性化点分别为 $\omega^{л}=8$ rad/s 和 $\omega^{л}=3$ rad/s 时的迭代算法,频率的实际值为 $\omega=2\pi$ rad/s。在图2.2.11 给出了准则 $J^{\text{мнк}}(\omega)$ 的曲线图及其对不同线性化点的几次迭代后的近似描述。

表 2.2.8 频率估计问题迭代算法的估计 $\hat{\omega}^{(\gamma)}$ 及其误差 $\varepsilon^{(\gamma)}$ 和计算均方误差 $\sigma(\hat{\omega}^{(\gamma)})$ 的值

$\omega^{л}=8$ rad/s 实际值 $\omega=2\pi$ rad/s				$\omega^{л}=3$ rad/s 实际值 $\omega=2\pi$ rad/s			
γ	$\hat{\omega}^{(\gamma)}$	$\varepsilon^{(\gamma)}$	$\sigma(\hat{\omega}^{(\gamma)})$	γ	$\hat{\omega}^{(\gamma)}$	$\varepsilon^{(\gamma)}$	$\sigma(\hat{\omega}^{(\gamma)})$
1	7.491 3	1.208 1	0.037 7	1	2.842 1	−3.441 1	0.034 9
2	6.863 8	0.580 6	0.035 1	2	2.779 1	−3.504 1	0.033 2
3	6.371 5	0.088 3	0.038 5	3	2.755 5	−3.527 6	0.032 8
4	6.282 4	−0.000 8	0.037 5	4	2.746 8	−3.536 4	0.032 7
5	6.282 1	−0.001 1	0.036 7	5	2.743 6	−3.539 6	0.032 7

由给出的结果可以明确看出,仅仅在选择的线性化点的邻域上多极值准则 $J^{\text{мнк}}(x)$ 可近似地描述为抛物线.这样,使用迭代方法得到的结果最好的是对应局部极值点,同时为解决问题需要确定全局极值。还可以看出基于线性化函数描述的抛物线形式准则假设的精度计算特性甚至并不总是与误差实际值相适应的。

与一维情形问题类似的情况也存在于向量问题中。

例 2.2.11 设例 2.2.9 中根据定轨确定导航的问题中,客体位于坐标原点的邻域内,在两个定轨上的坐标分别为 $\boldsymbol{x}^1=[\rho,0]^{\mathrm{T}}, \boldsymbol{x}^2=[0,\rho]^{\mathrm{T}}$,即 $\Pi_1=0, \Pi_2=90°$. 设 $\rho=3\ 000$ m 并确定客体可能位置的先验邻域为半径为 $3\sigma_0$ 的圆周,可以确定这个区域的分布

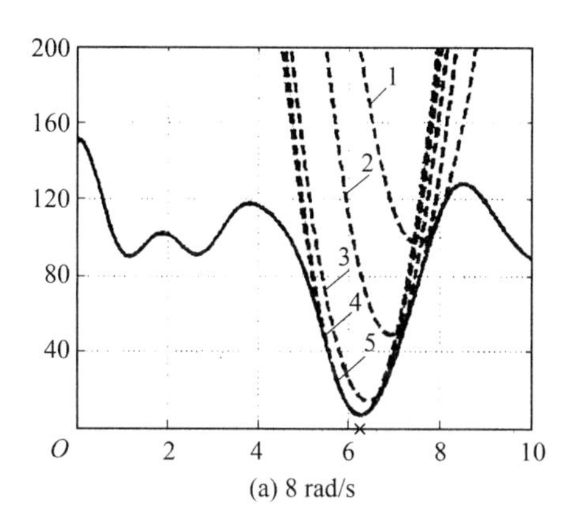

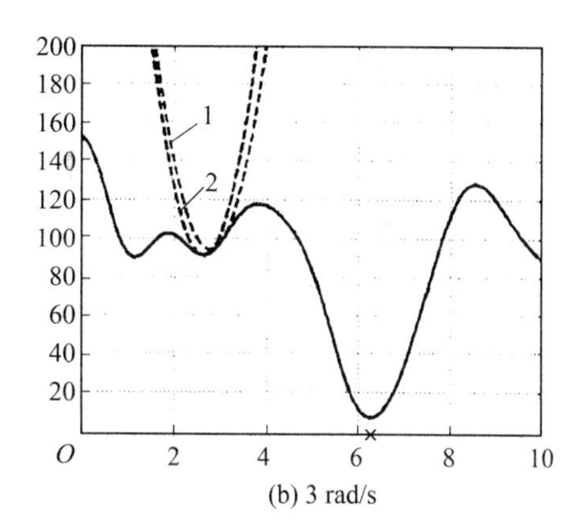

图 2.2.11　不同初始线性化点 8 rad/s(a) 和 3 rad/s 的准则 $J^{\text{МНК}}(\omega)$ 曲线图及其近似描述

与位置等值线。有两种方案：当 $\sigma_0 = 500$ m(图 2.2.12(a)) 时在先验不确定邻域中应当等待一个与位置等值线相交的点进入；而当 $\sigma_0 = 1\ 400$ m 时这样的点应当有两个(图 2.2.12(b))。

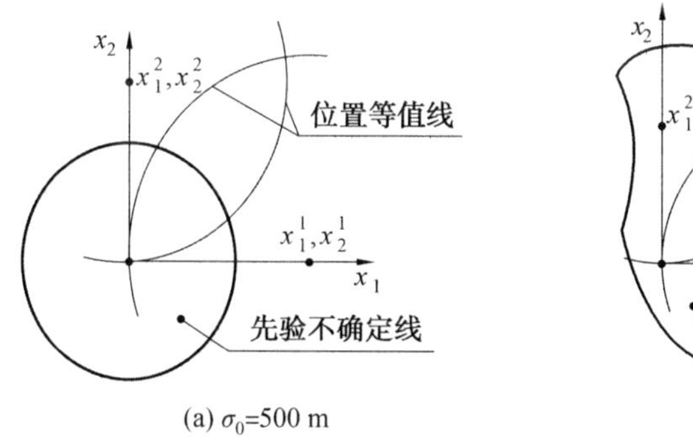

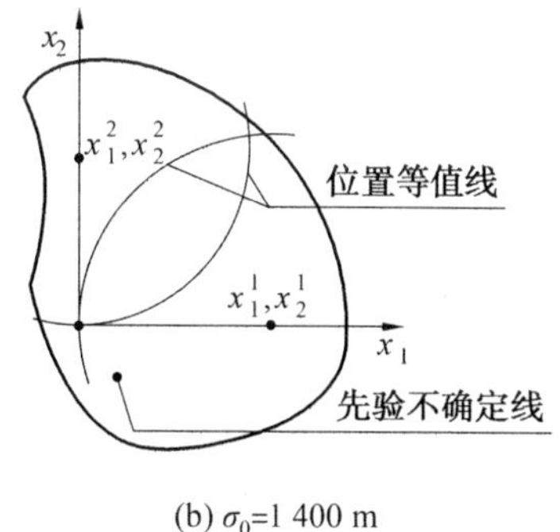

图 2.2.12　由到定轨距离观测确定坐标问题中的位置等值线分布

由此可见，当 $\sigma_0 < 500$ m 时最小二乘法的准则(2.2.59) 在先验不确定域上有一个极值，而在第二种情形下，有两个。在图 2.2.13 ～ 2.2.15 中给出了描述等值线行为及与近似(2.2.60) 和(2.2.59) 对应的准则当 $\sigma_0 = 1\ 400$ m 时在线性化点邻域内的曲线。

由分析的例中可知解决最小准则有多个极值的问题时，为得到基于最小二乘法的估计算法，必须使用需确定待寻全局极值的非线性方法。一般情形下这个问题是并不是特别简单的，解决实非线性问题估计算法构造的更详尽的讨论将在 2.5 节中进行。

最后应当注意到，在区分实非线性问题和伪非线性问题时存在着条件特征，因为同样的一个问题，就象例题中分析的那样，与先验不确定程度相关可能属于不同的类型。

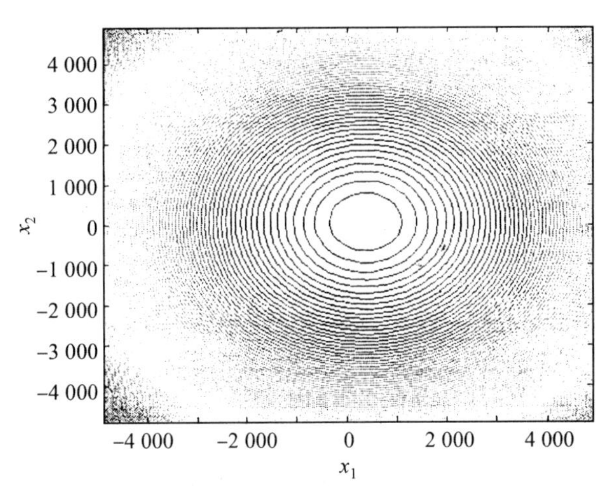

图 2.2.13　根据定轨确定坐标问题中近似准则(2.2.60)等值线曲线图

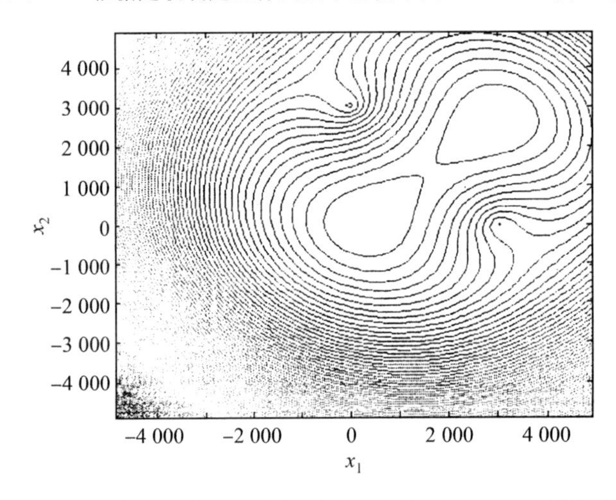

图 2.2.14　根据定轨确定坐标问题中准则(2.2.59)等值线曲线图

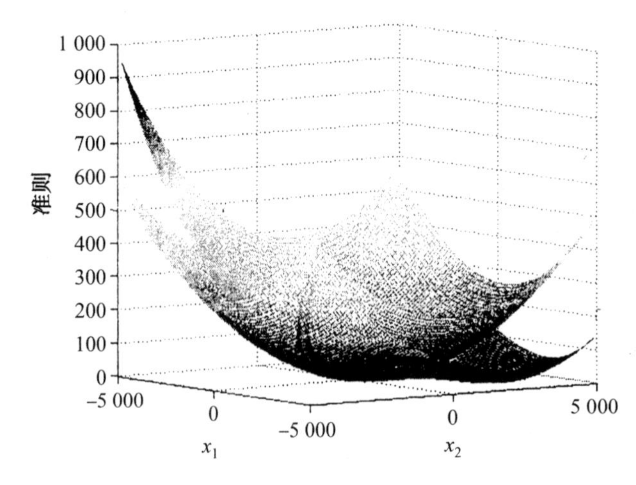

图 2.2.15　根据定轨确定坐标问题中准则及其近似描述曲线图

2.2.7　本节习题

习题 2.2.1　给出准则形式为

$$J^{\text{ммнк}}(\boldsymbol{x})=(\boldsymbol{y}-\boldsymbol{Hx})^{\mathrm{T}}\boldsymbol{R}^{-1}(\boldsymbol{y}-\boldsymbol{Hx})+(\boldsymbol{x}-\bar{\boldsymbol{x}})^{\mathrm{T}}(\boldsymbol{P}^{x})^{-1}(\boldsymbol{x}-\bar{\boldsymbol{x}}) \tag{1}$$

确定使准则取极小值的 x

$$\hat{\boldsymbol{x}}(\boldsymbol{y})=\bar{\boldsymbol{x}}+((\boldsymbol{P}^{x})^{-1}+\boldsymbol{H}^{\mathrm{T}}\boldsymbol{R}^{-1}\boldsymbol{H})^{-1}\boldsymbol{H}^{\mathrm{T}}\boldsymbol{R}^{-1}(\boldsymbol{y}-\boldsymbol{H}\bar{\boldsymbol{x}})$$

要求，使用下列方法解决问题：

① 标准方程组；

② 平方分解方法。

解　① 引入表达式(附 1.1.61)，标准方程为

$$\frac{\mathrm{d}J(\boldsymbol{x})}{\mathrm{d}\boldsymbol{x}}=2(\boldsymbol{H}^{\mathrm{T}}\boldsymbol{R}^{-1}(\boldsymbol{y}-\boldsymbol{Hx})+(\boldsymbol{P}^{x})^{-1}(\boldsymbol{x}-\bar{\boldsymbol{x}}))=0$$

由此可知

$$(\boldsymbol{H}^{\mathrm{T}}\boldsymbol{R}^{-1}\boldsymbol{H}+(\boldsymbol{P}^{x})^{-1})\boldsymbol{x}=(\boldsymbol{P}^{x})^{-1}\bar{\boldsymbol{x}}+\boldsymbol{H}^{\mathrm{T}}\boldsymbol{R}^{-1}\boldsymbol{y}$$

或

$$(\boldsymbol{H}^{\mathrm{T}}\boldsymbol{R}^{-1}\boldsymbol{H}+(\boldsymbol{P}^{x})^{-1})\boldsymbol{x}=(\boldsymbol{P}^{x})^{-1}\bar{\boldsymbol{x}}+\boldsymbol{H}^{\mathrm{T}}\boldsymbol{R}^{-1}\boldsymbol{H}\bar{\boldsymbol{x}}-\boldsymbol{H}^{\mathrm{T}}\boldsymbol{R}^{-1}\boldsymbol{H}\bar{\boldsymbol{x}}+\boldsymbol{H}^{\mathrm{T}}\boldsymbol{R}^{-1}\boldsymbol{y}$$

因此，使准则取极小值的未知量如下确定

$$\hat{\boldsymbol{x}}(\boldsymbol{y})=\bar{\boldsymbol{x}}+((\boldsymbol{P}^{x})^{-1}+\boldsymbol{H}^{\mathrm{T}}\boldsymbol{R}^{-1}\boldsymbol{H})^{-1}\boldsymbol{H}^{\mathrm{T}}\boldsymbol{R}^{-1}(\boldsymbol{y}-\boldsymbol{H}\bar{\boldsymbol{x}})$$

解　② 将(1)式中的括号展开，可得

$$J(\boldsymbol{x})=\boldsymbol{x}^{\mathrm{T}}((\boldsymbol{P}^{x})^{-1}+\boldsymbol{H}^{\mathrm{T}}\boldsymbol{R}^{-1}\boldsymbol{H})\boldsymbol{x}-2\boldsymbol{x}^{\mathrm{T}}(\boldsymbol{H}^{\mathrm{T}}\boldsymbol{R}^{-1}\boldsymbol{y}+(\boldsymbol{P}^{x})^{-1}\bar{\boldsymbol{x}})+\bar{\boldsymbol{x}}^{\mathrm{T}}(\boldsymbol{P}^{x})^{-1}\bar{\boldsymbol{x}}+\boldsymbol{y}^{\mathrm{T}}\boldsymbol{R}^{-1}\boldsymbol{y}$$

随后，由表达式(附 1.1.64)，其中 $\boldsymbol{A}$ 和 z 为

$$\boldsymbol{A}=(\boldsymbol{P}^{x})^{-1}+\boldsymbol{H}^{\mathrm{T}}R^{-1}\boldsymbol{H};\quad z=\boldsymbol{H}^{\mathrm{T}}R^{-1}\boldsymbol{y}+(\boldsymbol{P}^{x})^{-1}\bar{\boldsymbol{x}}$$

可得

$$J(\boldsymbol{x})=\boldsymbol{x}^{\mathrm{T}}\boldsymbol{Ax}-2\boldsymbol{x}^{\mathrm{T}}z+\bar{\boldsymbol{x}}^{\mathrm{T}}(\boldsymbol{P}^{x})^{-1}\bar{\boldsymbol{x}}+\boldsymbol{y}^{\mathrm{T}}\boldsymbol{R}^{-1}\boldsymbol{y}=(\boldsymbol{x}-\boldsymbol{A}^{-1}z)\boldsymbol{A}(\boldsymbol{x}-\boldsymbol{A}^{-1}z)-z^{\mathrm{T}}\boldsymbol{A}^{-1}z+\bar{\boldsymbol{x}}^{\mathrm{T}}(\boldsymbol{P}^{x})^{-1}\bar{\boldsymbol{x}}+\boldsymbol{y}^{\mathrm{T}}\boldsymbol{R}^{-1}\boldsymbol{y}$$

由于最后的三项与 $\boldsymbol{x}$ 无关，不难看出，保证准则取极值的未知量的值，如下确定

$$\hat{\boldsymbol{x}}(\boldsymbol{y})=((\boldsymbol{P}^{x})^{-1}+\boldsymbol{H}^{\mathrm{T}}\boldsymbol{R}^{-1}\boldsymbol{H})^{-1}(\boldsymbol{H}^{\mathrm{T}}\boldsymbol{R}^{-1}\boldsymbol{y}+(\boldsymbol{P}^{x})^{-1}\bar{\boldsymbol{x}})$$

注意到$(\boldsymbol{P}^{x})^{-1}\bar{\boldsymbol{x}}\equiv((\boldsymbol{P}^{x})^{-1}+\boldsymbol{H}^{\mathrm{T}}\boldsymbol{R}^{-1}\boldsymbol{H}-\boldsymbol{H}^{\mathrm{T}}\boldsymbol{R}^{-1}\boldsymbol{H})\bar{\boldsymbol{x}}$，表达式可表示为

$$\hat{\boldsymbol{x}}(\boldsymbol{y})=\bar{\boldsymbol{x}}+((\boldsymbol{P}^{x})^{-1}+\boldsymbol{H}^{\mathrm{T}}\boldsymbol{R}^{-1}\boldsymbol{H})^{-1}\boldsymbol{H}^{\mathrm{T}}\boldsymbol{R}^{-1}(\boldsymbol{y}-\boldsymbol{H}\bar{\boldsymbol{x}})$$

习题 2.2.2　说明由最小二乘法和广义最小二乘法根据观测(2.1.2)求解向量 $\boldsymbol{x}$ 估计时下列关系式是正确的[14,P412;5,P101]

$$(\boldsymbol{y}-\hat{\boldsymbol{y}}^{\text{мнк}})^{\mathrm{T}}\hat{\boldsymbol{y}}^{\text{мнк}}=0$$

$$(\boldsymbol{y}-\hat{\boldsymbol{y}}^{\text{омнк}})^{\mathrm{T}}\boldsymbol{Q}\hat{\boldsymbol{y}}^{\text{омнк}}=0$$

其中　$\hat{\boldsymbol{y}}^{\text{мнк}}=\boldsymbol{H}\hat{\boldsymbol{x}}^{\text{мнк}}=\boldsymbol{HK}^{\text{мнк}}\boldsymbol{y};\quad \hat{\boldsymbol{y}}^{\text{омнк}}=\boldsymbol{H}\hat{\boldsymbol{x}}^{\text{омнк}}=\boldsymbol{HK}^{\text{омнк}}\boldsymbol{y}$

解　实际上，注意到(2.2.11)，可得

$$(\boldsymbol{y}-\boldsymbol{H}\boldsymbol{K}^{\text{мнк}}\boldsymbol{y})^{\mathrm{T}}\boldsymbol{H}\boldsymbol{K}^{\text{мнк}}\boldsymbol{y}=\boldsymbol{y}^{\mathrm{T}}\boldsymbol{H}\boldsymbol{K}^{\text{мнк}}\boldsymbol{y}-\boldsymbol{y}^{\mathrm{T}}(\boldsymbol{K}^{\text{мнк}})^{\mathrm{T}}\boldsymbol{H}^{\mathrm{T}}\boldsymbol{H}\boldsymbol{K}^{\text{мнк}}\boldsymbol{y}=$$
$$\boldsymbol{y}^{\mathrm{T}}\langle\boldsymbol{H}(\boldsymbol{H}^{\mathrm{T}}\boldsymbol{H})^{-1}\boldsymbol{H}^{\mathrm{T}}-\boldsymbol{H}(\boldsymbol{H}^{\mathrm{T}}\boldsymbol{H})^{-1}\boldsymbol{H}^{\mathrm{T}}\boldsymbol{H}(\boldsymbol{H}^{\mathrm{T}}\boldsymbol{H})^{-1}\boldsymbol{H}^{\mathrm{T}}\rangle\boldsymbol{y}=0$$

对广义最小二乘法注意到式(2.2.15)类似地有

$$(\boldsymbol{y}-\boldsymbol{H}\boldsymbol{K}^{\text{омнк}}\boldsymbol{y})^{\mathrm{T}}\boldsymbol{Q}\boldsymbol{H}\boldsymbol{K}^{\text{омнк}}\boldsymbol{y}=$$
$$\boldsymbol{y}^{\mathrm{T}}\langle\boldsymbol{Q}\boldsymbol{H}(\boldsymbol{H}^{\mathrm{T}}\boldsymbol{Q}\boldsymbol{H})^{-1}\boldsymbol{H}^{\mathrm{T}}\boldsymbol{Q}-\boldsymbol{Q}\boldsymbol{H}(\boldsymbol{H}^{\mathrm{T}}\boldsymbol{Q}\boldsymbol{H})^{-1}\boldsymbol{H}^{\mathrm{T}}\boldsymbol{Q}\rangle\boldsymbol{y}=0$$

习题 2.2.3 设准则(2.2.16)中 $\boldsymbol{Q}=\boldsymbol{R}^{-1}$，$\boldsymbol{D}=(\boldsymbol{P}^{x})^{-1}$，则在改进的最小二乘法估计表达式中 $\hat{\boldsymbol{x}}^{\text{ммнк}}(\boldsymbol{y})=\bar{\boldsymbol{x}}+\boldsymbol{K}^{\text{ммнк}}(\boldsymbol{y}-H\bar{\boldsymbol{x}})$，$\boldsymbol{K}^{\text{ммнк}}=((\boldsymbol{P}^{x})^{-1}+\boldsymbol{H}^{\mathrm{T}}\boldsymbol{R}^{-1}\boldsymbol{H})^{-1}\boldsymbol{H}^{\mathrm{T}}\boldsymbol{R}^{-1}$。设 $\boldsymbol{x}$ 和 $\boldsymbol{v}$ 为互不相关的随机向量，其协方差矩阵分别为 $\boldsymbol{P}^{x}$ 和 R，向量 $\boldsymbol{x}$ 的期望为 $\bar{\boldsymbol{x}}$，说明改进的最小二乘法估计误差的协方差矩阵为

$$\boldsymbol{P}^{\text{ммнк}}=((\boldsymbol{P}^{x})^{-1}+\boldsymbol{H}^{\mathrm{T}}\boldsymbol{R}^{-1}\boldsymbol{H})^{-1}\tag{1}$$

解 将式(2.2.24)中的 $\boldsymbol{K}^{\text{ммнк}}$ 展开并注意到

$$\boldsymbol{E}-\boldsymbol{K}^{\text{ммнк}}\boldsymbol{H}=\boldsymbol{E}-((\boldsymbol{P}^{x})^{-1}+\boldsymbol{H}^{\mathrm{T}}\boldsymbol{R}^{-1}\boldsymbol{H})^{-1}(\boldsymbol{H}^{\mathrm{T}}\boldsymbol{R}^{-1}\boldsymbol{H}+(\boldsymbol{P}^{x})^{-1}-(\boldsymbol{P}^{x})^{-1})=$$
$$((\boldsymbol{P}^{x})^{-1}+\boldsymbol{H}^{\mathrm{T}}\boldsymbol{R}^{-1}\boldsymbol{H})^{-1}(\boldsymbol{P}^{x})^{-1}$$

可写出

$$\boldsymbol{P}^{\text{ммнк}}=((\boldsymbol{P}^{x})^{-1}+\boldsymbol{H}^{\mathrm{T}}\boldsymbol{R}^{-1}\boldsymbol{H})^{-1}(\boldsymbol{P}^{x})^{-1}((\boldsymbol{P}^{x})^{-1}+\boldsymbol{H}^{\mathrm{T}}\boldsymbol{R}^{-1}\boldsymbol{H})^{-1}+$$
$$((\boldsymbol{P}^{x})^{-1}+\boldsymbol{H}^{\mathrm{T}}\boldsymbol{R}^{-1}\boldsymbol{H})^{-1}\boldsymbol{H}^{\mathrm{T}}\boldsymbol{R}^{-1}\boldsymbol{H}((\boldsymbol{P}^{x})^{-1}+\boldsymbol{H}^{\mathrm{T}}\boldsymbol{R}^{-1}\boldsymbol{H})^{-1}=$$
$$((\boldsymbol{P}^{x})^{-1}+\boldsymbol{H}^{\mathrm{T}}\boldsymbol{R}^{-1}\boldsymbol{H})^{-1}((\boldsymbol{P}^{x})^{-1}+\boldsymbol{H}^{\mathrm{T}}\boldsymbol{R}^{-1}\boldsymbol{H})((\boldsymbol{P}^{x})^{-1}+\boldsymbol{H}^{\mathrm{T}}\boldsymbol{R}^{-1}\boldsymbol{H})^{-1}$$

由此显然有(1)式。

习题 2.2.4 设根据观测(2.1.1)进行估计的问题中有 $2m$ 个观测，它们可分成两组，并且其中每组观测误差的方差值都是不同的。第一组 m 个观测中方差为 r_1^2，第二组为 $-r_2^2$。除此之外，设 x 为方差为 σ_0^2 的中心随机向量，在准则(2.2.13)中矩阵 $\boldsymbol{Q}$ 为对角阵，其元素为 $q_i=\dfrac{1}{r_1^2}$，$i=1,2,\cdots,m$，$q_i=\dfrac{1}{r_2^2}$，$i=m+1,m+2,\cdots,2m$。在式(2.2.16)中，$\bar{x}=0$，$d=\dfrac{1}{\sigma_0^2}$，求与不同算法对应的估计及其误差方差表达式，说明不等式(2.2.39)是正确的。

解 最小二乘法，广义最小二乘法和改进的最小二乘法估计。

计算式分别为

$$\tilde{x}^{\text{мнк}}(y)=\frac{1}{2m}\sum_{i=1}^{2m}y_i$$

$$\hat{x}^{\text{омнк}}(y)=\frac{r_2^2}{r_1^2+r_2^2}\frac{1}{m}\sum_{i=1}^{m}y_i+\frac{r_1^2}{r_1^2+r_2^2}\frac{1}{m}\sum_{i=m+1}^{2m}y_i$$

$$\hat{x}^{\text{ммнк}}(y)=\frac{r_1^2r_2^2}{r_1^2r_2^2+\sigma_0^2m(r_1^2+r_2^2)}+\frac{\sigma_0^2m(r_1^2+r_2^2)}{r_1^2r_2^2+\sigma_0^2m(r_1^2+r_2^2)}\hat{x}^{\text{омнк}}(y)\approx\hat{x}^{\text{омнк}}(y)$$

误差方差为

$$P^{\text{мнк}}=\frac{r_1^2+r_2^2}{4m};\quad P^{\text{омнк}}=\frac{r_1^2r_2^2}{m(r_1^2+r_2^2)};\quad P^{\text{ммнк}}=\left(\frac{1}{\sigma_0^2}+\frac{m(r_1^2+r_2^2)}{r_1^2r_2^2}\right)^{-1}$$

为说明式(2.2.39) 是正确的，将 r_1^2 表式为 $r_1^2=\alpha r_2^2$。此时可写出 $\frac{r_1^2+r_2^2}{4}-\frac{r_1^2 r_2^2}{(r_1^2+r_2^2)}=r_2^2\left[\left(\frac{1+\alpha}{4}\right)-\left(\frac{\alpha}{1+\alpha}\right)\right]$. 因为 $\alpha>0$，则 $\frac{1+\alpha}{4}-\frac{\alpha}{1+\alpha}=\frac{(1+\alpha)^2-4\alpha}{4(1+\alpha)}=\frac{(1-\alpha)^2}{4(1+\alpha)}\geqslant 0$。由此，$\frac{r_1^2 r_2^2}{r_1^2+r_2^2}\leqslant\frac{r_1^2+r_2^2}{4}$，又 $\sigma_0^2>0$，则 $P^{\text{мнк}}\geqslant P^{\text{омнк}}\geqslant P^{\text{ммнк}}$。

习题 2.2.5　计算由二个定轨的观测(2.1.16)确定平面上客体坐标估计问题中几何因子的值.有如下假设:线性化点位于坐标原点，二个定轨一个沿 Ox_1 轴，一个沿 Ox_2 轴分布;观测误差是彼此互不相关的中心随机变量，且方差到为 r^2。

解　引入

$$\boldsymbol{H}=\begin{bmatrix}\boldsymbol{H}_1(\boldsymbol{x}^{л})\\ \boldsymbol{H}_2(\boldsymbol{x}^{л})\end{bmatrix},\text{这里}\quad \boldsymbol{H}_i(x^{л})=-(\sin\Pi_i(\boldsymbol{x}^{л}),\cos\Pi_i(\boldsymbol{x}^{л})),\qquad i=1,2$$

由式(2.2.65) 可得

$$\boldsymbol{P}^{\text{омнк}}=\boldsymbol{P}^{\text{мнк}}=r^2(\boldsymbol{H}_1^{\mathrm{T}}(\boldsymbol{x}^{л})H_1(x^{л})+H_2^{\mathrm{T}}(\boldsymbol{x}^{л})\boldsymbol{H}_2(\boldsymbol{x}^{л}))^{-1}$$

注意到 $\Pi_1(\boldsymbol{x}^{л})=90°$，$\Pi_2(\boldsymbol{x}^{л})=0$，可得:$\boldsymbol{P}^{\text{мнк}}=\begin{bmatrix}r^2 & 0\\ 0 & r^2\end{bmatrix}$。

由此，几何因子(2.2.68) 的值为 $PDOP=\sqrt{2}$。

习题 2.2.6　设已知观测 $y_i=hx+\varepsilon_i$

$$y_i=hx+\varepsilon_i \tag{1}$$

其中包括系统构造误差 ε_i，它由方差为 σ_d^2 的中心随机向量之和表示，彼此互不相关，且为 d 的中心随机变量，方差均为 $r_i^2=r^2$，$i=1,2,\cdots,m$，即 $\varepsilon_i=d+v_i$。

① 设 x 和 d 为待估值，写出矩阵 $\boldsymbol{H}$ 的表达式并说明满足可观测性条件是否成立;

② 设仅 x 为待估值，写出最小二乘法与广义最小二乘法的估计表达式，计算其误差方差;

③ 比较最小二乘法和广义最小二乘法的表达式并解释得到的结果。

解　①x 和 d 为待估值时，H 的形式为

$$\boldsymbol{H}^{\mathrm{T}}=\begin{bmatrix}h & h & \cdots & h\\ 1 & 1 & \cdots & 1\end{bmatrix}$$

由此可知 $\boldsymbol{H}^{\mathrm{T}}\boldsymbol{H}=m\begin{bmatrix}h^2 & h\\ h & 1\end{bmatrix}$ 奇异，可观性条件不成立。

②x 为待估值时，可观性条件显然是成立的，此时

$$\boldsymbol{H}^{\mathrm{T}}=h[1,1,\cdots,1]$$

有

$$\boldsymbol{H}^{\mathrm{T}}\boldsymbol{H}=h^2 m$$

最小二乘法的估计及其误差表达式(2.2.9)、式(2.2.25) 在这里可写作

$$\hat{x}^{\text{мнк}}(y)=\frac{1}{hm}\sum_{i=1}^{m}y_i$$

$$P^{\text{МНК}}=(H^{\mathrm T}H)^{-1}H^{\mathrm T}RH(H^{\mathrm T}H)^{-1}=\frac{\sigma_d^2}{h^2}+\frac{r^2}{mh^2} \tag{4}$$

注意题 1.3.6 解的结果，向量 $\boldsymbol{\varepsilon}$ 协方差矩阵及其逆矩阵可写作

$$R=r^2E_m+\sigma_d^2I_m,\quad R^{-1}=\frac{1}{r^2}\left(E_m-\frac{\sigma_d^2}{m\sigma_d^2+r^2}I_m\right) \tag{5}$$

这里 E_m、I_m 分别为 $m\times m$ 的单位阵，所有元素均为 1 的 $m\times m$ 矩阵。

由此可知

$$R^{-1}y=\frac{1}{r^2}\left(E_m-\frac{\sigma_d^2}{m\sigma_d^2+r^2}I_m\right)y=\frac{1}{r^2}\left(\begin{bmatrix}y_1\\y_2\\\vdots\\y_m\end{bmatrix}-\frac{\sigma_d^2\sum\limits_{i=1}^{m}y_i}{m\sigma_d^2+r^2}\begin{bmatrix}1\\1\\\vdots\\1\end{bmatrix}\right)$$

$$H^{\mathrm T}R^{-1}y=\frac{1}{r^2}H^{\mathrm T}\left(E_m-\frac{\sigma_d^2}{m\sigma_d^2+r^2}I_m\right)y=\frac{h}{r^2}\sum_{j=1}^{m}y_j\left(1-\frac{m\sigma_d^2}{m\sigma_d^2+r^2}\right)=\frac{h}{m\sigma_d^2+r^2}\sum_{j=1}^{m}y_j$$

注意到这个关系式可得

$$\hat{x}^{\text{ОМНК}}(y)=(H^{\mathrm T}R^{-1}H)^{-1}H^{\mathrm T}R^{-1}y=\frac{1}{hm}\sum_{j=1}^{m}y_j \tag{6}$$

$$P^{\text{ОМНК}}=(H^{\mathrm T}R^{-1}H)^{-1}=\frac{1}{h^2}\left(\frac{r^2}{m}\frac{(m\sigma_d^2+r^2)}{r^2}\right)=\frac{\sigma_d^2}{h^2}+\frac{r^2}{mh^2} \tag{7}$$

③ 比较。比较式(3)、(4)、(6)、(7)，可知当最小二乘法和广义最小二乘法的极小化准则一致时，得到的结果将是一致的，本题中可写作：

$$J^{\text{МНК}}=(y-Hx)^{\mathrm T}(y-Hx)=\sum_{i=1}^{m}(y_i-hx)^2$$

$$J^{\text{ОМНК}}=(y-Hx)^{\mathrm T}R^{-1}(y-Hx)=(y-Hx)^{\mathrm T}\frac{1}{r^2}\left(E_m-\frac{\sigma_d^2}{m\sigma_d^2+r^2}I_m\right)(y-Hx)$$

注意到矩阵 H 和 R^{-1} 的形式可得

$$J^{\text{ОМНК}}=\frac{1}{r^2}\left\{\sum_{i=1}^{m}(y_i-hx)^2-\frac{\sigma_d^2}{m\sigma_d^2+r^2}\left[\sum_{i=1}^{m}(y_i-hx)\right]^2\right\} \tag{8}$$

对括号中的表达式进行整理可知，从准则相对 x 的极值角度它与 $J^{\text{МНК}}$ 是一致的。

那么，可知这种情形下估计与极小化准则是一致的。这个情况是由于本例中未知参数 x 及误差成分中的常数 d 都是不可观测的，即它们不能够分别单个确定。

这同样可由下列不等式来解释：$P^{\text{ОМНК}}\geqslant\frac{\sigma_d^2}{\eta^2}$，即随着观测数目增加时估计 x 的误差方差由观测误差的常分量误差确定。

习题 2.2.7　存在两个观测(2.1.33)，其中 $x=(x_1,x_2)^{\mathrm T}$ 是二维向量，给出了平面上的客体坐标。设观测误差二维向量为互不相关的中心随机向量，其协方差矩阵 $R_2>0$。

设矩阵 Q 为分块对角阵，矩阵块为 R_1^{-1} 和 R_2^{-1}，可得估计误差协方差矩阵表达式。

设椭圆的长轴与短轴的大小相同，即 $a_1=a_2=a$，$b_1=b_2=b$，求椭圆的相互关系是怎样时，由式(1.2.24) 给出的径向均方误差是最小的(最大的)。

解　对于协方差矩阵有 $\boldsymbol{P}^{\text{ОМНК}}=(\boldsymbol{R}_1^{-1}+\boldsymbol{R}_2^{-1})^{-1}$. 由几何描述可清楚地看到径向均方误差达到最小值时,一个椭圆的最大半轴与另一个椭圆的最小半轴垂直(图 2.2.16(b))。此时有

$$DRMS=\sqrt{2\frac{a^2b^2}{a^2+b^2}} \tag{1}$$

当 $a\gg b$ 时,有

$$DRMS=\sqrt{2}\,b \tag{2}$$

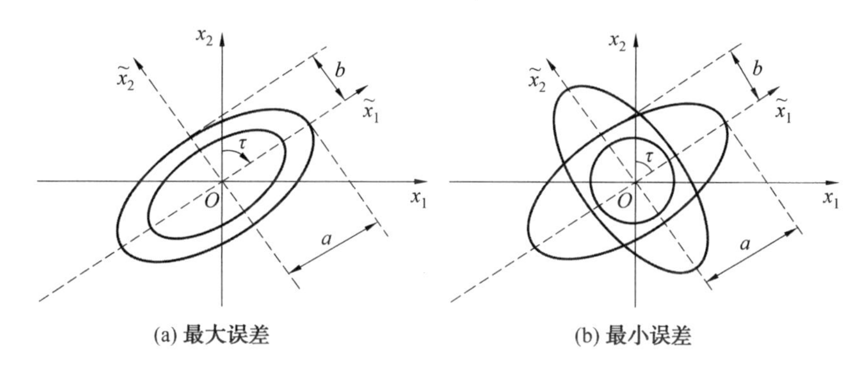

图 2.2.16　最大和最小误差

对应于椭圆相同的情况(图 2.2.16(a)),有

$$DRMS=\frac{1}{\sqrt{2}}\sqrt{a^2+b^2} \tag{3}$$

如果每个椭圆的半轴长度近似相同,则它们成为圆,其互相分布的位置关系就没有意义了。重要的仅是圆的半径的大小,那么与一维问题中径向均方误差减小$\sqrt{2}$ 倍一样,这里每个观测的值都减小至$\frac{\sqrt{2}}{2}$。

题 2.2.8　说明不同类型的最小二乘法的估计与观测的线性非奇异变换无关。

解　这里用改进最小二乘法的观测(2.1.21) 估计向量 $\boldsymbol{x}$ 的非线性问题求解来说明。代替式(2.1.21) 引入观测变换

$$\tilde{\boldsymbol{y}}=\boldsymbol{T}\boldsymbol{y}=\boldsymbol{T}\boldsymbol{s}(\boldsymbol{x})+\boldsymbol{T}\boldsymbol{v}=\tilde{\boldsymbol{s}}(\boldsymbol{x})+\tilde{\boldsymbol{v}}$$

其中,$\boldsymbol{T}$ 为 $m\times m$ 非奇异方阵。

为证明上述结论需要说明最小化准则是一致的,这是十分显然的,因为

$$\begin{aligned}(\boldsymbol{y}-\boldsymbol{S}(\boldsymbol{x}))^{\mathrm{T}}\boldsymbol{R}^{-1}(\boldsymbol{y}-\boldsymbol{s}(\boldsymbol{x}))&=(\boldsymbol{y}-\boldsymbol{s}(\boldsymbol{x}))^{\mathrm{T}}\boldsymbol{T}^{\mathrm{T}}(\boldsymbol{T}^{\mathrm{T}})^{-1}\boldsymbol{R}^{-1}\boldsymbol{R}^{-1}\boldsymbol{T}^{-1}\boldsymbol{T}(\boldsymbol{y}-\boldsymbol{s}(\boldsymbol{x}))\\&\equiv(\tilde{\boldsymbol{y}}-\tilde{\boldsymbol{s}}(\boldsymbol{x}))^{\mathrm{T}}\tilde{\boldsymbol{R}}^{-1}(\tilde{\boldsymbol{y}}-\tilde{\boldsymbol{s}}(\boldsymbol{x}))\end{aligned}$$

这里,$\tilde{\boldsymbol{R}}=\boldsymbol{T}\boldsymbol{R}\boldsymbol{T}^{\mathrm{T}}$ 为观测误差向量 $\tilde{\boldsymbol{v}}$ 的协方差矩阵。对于最小二乘法和广义最小二乘法的准则也是一致的。

思考题

1. 提出使用观测进行估计的问题，解释最小二乘法，广义最小二乘法和改进的最小二乘法的特性。什么是观测误差和标准方程组？形成相位估计问题标准方程组的例子. 求解由最小二乘方进行调谐信号振幅估计的问题。

2. 说出最小二乘法估计计算方法及其线性问题的解法。用最简的常量估计问题为例说明这些算法的使用方法。

3. 写出线性情况下最小二乘法的误差估计方程及其求解过程并写出估计误差协方差矩阵。在使用最小二乘法求解估计误差协方差矩阵时必须对观测误差的特性进行哪些补充假设。

4. 说明双观测器给出的综合信息处理问题中不同类型最小二乘法的特性、联系和区别。

5. 设由观测(2.1.21)得到广义最小二乘法的估计值，同时准则中的权重矩阵选用矩阵 $\boldsymbol{Q}=R^{-1}$，其中 R 为已知的观测误差协方差矩阵。如果使用广义最小二乘法确定估计值时，使用 $m\times m$ 个非奇异变换矩阵得到的观测 $\tilde{y}=Ty$ 代替初始观测 y，选用 $\tilde{Q}=\tilde{R}^{-1}$ 作为权重矩阵，估计值是否会发生变化？解释自己的答案。

6. 说明如何通过观测(2.1.21)得到基于线性化算法. 以平面定轨的距离观测估计调谐信号相位估计和坐标估计为例解释这一过程。迭代算法的特征是什么？在什么条件下可以得到最小二乘法估计？

7. 实非线性估计问题的特殊性在于何处？如何解决？引入例子说明。

2.3 非巴耶索夫斯基估计算法

对待估向量 $\boldsymbol{x}$ 的随机特性及观测误差 $\boldsymbol{v}$ 作出假设并给出其静态特性，这一过程不仅是在分析不同算法的精度时存在，还可以在问题的建模和求解时进行考虑。换言之，可以尝试从估计误差程度和特性的角度建立更高品质的算法。本节将分析这些算法。

在本节中将分析非巴耶索夫斯基方法，仅需对观测误差的随机特性进行假设，同时设其静态特征是完全已知的。具体地，即概率分布密度函数 $f_v(\boldsymbol{v})$ 是已知的。与最小二乘类方法相同，假设未知的待估向量是非随机向量(确定性向量)[16,44]。上述假设下求估计的方法称为非巴耶索夫斯基方法，或经典方法。

2.3.1 基本假设和建模

给出的观测误差随机特性及概率分布密度函数 $f_v(\boldsymbol{v})$ 已知的假设使得在形成算法时就可以在 $\boldsymbol{x}$ 的值确定时将观测视为由条件概率分布密度函数 $f(\boldsymbol{y}/\boldsymbol{x})$ 确定的随机向量。这即与估计 $\tilde{\boldsymbol{x}}(\boldsymbol{y})$ 相关，也与其误差 $\boldsymbol{\varepsilon}(\boldsymbol{y})=\boldsymbol{x}-\tilde{\boldsymbol{x}}(\boldsymbol{y})$ 相关，注意到关系式(2.1.21)、1.3.2

小节的结果及固定 $\boldsymbol{x}$，有 $f(\boldsymbol{y}/\boldsymbol{x})$ 的表达式为

$$f(\boldsymbol{y}/\boldsymbol{x}) = f_v(\boldsymbol{y} - \boldsymbol{s}(\boldsymbol{x})) \tag{2.3.1}$$

其中，$f_v(\cdot)$ 为观测误差概率密度函数。

假设式(2.1.21) 中的观测误差是协方差矩阵 $\boldsymbol{R}$ 已知的高斯中心向量，$f(\boldsymbol{y}/\boldsymbol{x})$ 可以表示为

$$f(\boldsymbol{y}/\boldsymbol{x}) = \frac{1}{(2\pi)^{\frac{m}{2}}\sqrt{\det \boldsymbol{R}}}\exp\left(-\frac{1}{2}(\boldsymbol{y} - \boldsymbol{s}(\boldsymbol{x}))^{\mathrm{T}}\boldsymbol{R}^{-1}(\boldsymbol{y} - \boldsymbol{s}(\boldsymbol{x}))\right) \tag{2.3.2}$$

如果除此之外还假设 $v_i(i=1,2,\cdots,m)$ 是彼此独立的随机向量，其方差为 $r_i^2(i=1,2,\cdots,m)$，则 $f(\boldsymbol{y}/\boldsymbol{x})$ 表示为

$$f(\boldsymbol{y}/\boldsymbol{x}) = \frac{1}{(2\pi)^{\frac{m}{2}}\sqrt{\prod\limits_{i=1}^{m} r_i^2}}\exp\left(-\frac{1}{2}\sum_{i=1}^{m}\frac{(y_i - s_i(x))^2}{r_i^2}\right) \tag{2.3.3}$$

根据观测 $\boldsymbol{y}$ 得到估计 $\boldsymbol{x}$ 的数量特征可由函数 $L(\boldsymbol{x} - \tilde{\boldsymbol{x}}(\boldsymbol{y}))$ 来表征，描述了估计与真实值的差别程度，称其为损失函数。在惯性导航信息处理问题估计的定性分析中广泛应用平方损失函数

$$L(\boldsymbol{x} - \tilde{\boldsymbol{x}}(\boldsymbol{y})) = \sum_{i=1}^{n}(\boldsymbol{x}_i - \tilde{\boldsymbol{x}}_i(\boldsymbol{y}))^2 = (\boldsymbol{x} - \tilde{\boldsymbol{x}}(\boldsymbol{y}))^{\mathrm{T}}(\boldsymbol{x} - \tilde{\boldsymbol{x}}(\boldsymbol{y})) = Sp\{(\boldsymbol{x} - \tilde{\boldsymbol{x}}(\boldsymbol{y}))(\boldsymbol{x} - \tilde{\boldsymbol{x}}(\boldsymbol{y}))^{\mathrm{T}}\}$$

引入与其相关的数学期望形式的准则

$$J(\boldsymbol{x}) = M_{\boldsymbol{y}/\boldsymbol{x}}\{L(\boldsymbol{x} - \tilde{\boldsymbol{x}}(\boldsymbol{y}))\} = M_{\boldsymbol{y}/\boldsymbol{x}}\{(\boldsymbol{x} - \tilde{\boldsymbol{x}}(\boldsymbol{y}))^{\mathrm{T}}(\boldsymbol{x} - \tilde{\boldsymbol{x}}(\boldsymbol{y}))\} \tag{2.3.4}$$

由数学期望变换的可交换性及矩阵迹的计算式可得

$$J(\boldsymbol{x}) = M_{\boldsymbol{y}/\boldsymbol{x}}\{Sp(\boldsymbol{x} - \tilde{\boldsymbol{x}}(\boldsymbol{y}))(\boldsymbol{x} - \tilde{\boldsymbol{x}}(\boldsymbol{y}))^{\mathrm{T}}\} = Sp\tilde{\boldsymbol{P}}(\boldsymbol{x})$$

这里

$$\tilde{\boldsymbol{P}}(\boldsymbol{x}) = M_{\boldsymbol{y}/\boldsymbol{x}}\{(\boldsymbol{x} - \tilde{\boldsymbol{x}}(\boldsymbol{y}))(\boldsymbol{x} - \tilde{\boldsymbol{x}}(\boldsymbol{y}))^{\mathrm{T}}\} \tag{2.3.5}$$

为估计误差的协方差矩阵。

特别重要的是，数学期望的符号与 $f(\boldsymbol{y}/\boldsymbol{x})$ 是相一致的。为了明确这种情况，这一矩阵及准则中引入了自变量 x。

这样在非巴耶索夫斯基类方法中算法综合问题可如下具体描述。确定根据观测(2.1.21) 估计未知的确定性向量 $\boldsymbol{x}$ 的计算方法，其中，$\boldsymbol{v}$ 为 m 维随机观测误差随机向量，并由极小化准则(2.3.4) 给出了 $f_v(\boldsymbol{v})$

$$\hat{\boldsymbol{x}}(\boldsymbol{y}) = \arg\min_{\tilde{\boldsymbol{x}}(\boldsymbol{y})} M_{\boldsymbol{y}/\boldsymbol{x}}\left\{\sum_{i=1}^{n}(\boldsymbol{x} - \tilde{\boldsymbol{x}}_i(\boldsymbol{y}))^2\right\}$$

在非巴耶索夫斯基情形下精度分析问题归结为估计误差协方差矩阵(2.3.5)。

准则(2.3.4) 称为均方准则，与极小值对应估计 —— 均方意义下的最优非巴耶索夫斯基估计。注意到，准则(2.3.4) 与观测准则有本质上的区别，因为问题求解的目的是保证未知向量估计误差的要求，而不是计算观测参数的值。

遗憾的是，上述问题不存在由最小化准则(2.3.4) 确定估计的一般方法。与此相关

的是在观测误差为随机的,未知向量为确定性的假设下选择不同的估计算法要比较相应的准则值及相应的估计特性。在这里扮演着重要角色的是概念无偏性、可靠性和有效性.给出这些概念的定义并解释它们的意义。

在非巴耶索夫斯基情形下称估计 $\tilde{\boldsymbol{x}}(\boldsymbol{y})$ 为无偏的,如果其数学期望与参数 x 的真实值是一致的,即

$$M_{y/x}\{\tilde{\boldsymbol{x}}(\boldsymbol{y})\}=\boldsymbol{x} \tag{2.3.6}$$

或者,更详尽地写作

$$M_{y/x}\{\tilde{\boldsymbol{x}}(\boldsymbol{y})\}=\int\tilde{\boldsymbol{x}}(\boldsymbol{y})f(\boldsymbol{y}/\boldsymbol{x})\mathrm{d}\boldsymbol{y}=\boldsymbol{x}$$

一般而言,准则(2.3.3)在最小化时对估计的无偏性有补充要求。在式(2.3.6)成立时,保障这个准则取极小值的估计称为极小方差的非巴耶索夫斯基无偏估计。

为了解释可靠性的意义,假设观测量 $y_i=x+v_i(i=1,2,\cdots,m)$ 具有连续性,与其相应的估计为 $\tilde{\boldsymbol{x}}_m$。这个估计称为是可靠的,如果在观测数目 m 增加时其在概率上接近估计值的真实值,即

$$\lim_{m\to\infty}Pr(x-e<\tilde{\boldsymbol{x}}_m<\boldsymbol{x}+\boldsymbol{e})=1$$

这里 e 为任意小的正数。

类似地可以定义向量情形的可靠性。

估计的有效性概念与劳-卡尔曼不等式相关。对于无偏估计 $\tilde{x}(y)$ 非巴耶索夫斯基情形下劳-卡尔曼不等式如下构成[16]:

$$\tilde{\boldsymbol{P}}(\boldsymbol{x})\geqslant\boldsymbol{I}^{-1}(\boldsymbol{x}) \tag{2.3.8}$$

这里

$$\boldsymbol{I}(\boldsymbol{x})=M_{y/x}\left\{\frac{\partial\ln f(\boldsymbol{y}/\boldsymbol{x})}{\partial x}\left(\frac{\partial\ln f(\boldsymbol{y}/\boldsymbol{x})}{\partial x}\right)^{\mathrm{T}}\right\} \tag{2.3.9}$$

由这个不等式可知,对于确定的值 x 总是可以给出矩阵 $I(x)$,它总是小于或等于任意无偏估计的协方差矩阵。在这个意义下矩阵 $\boldsymbol{I}^{-1}(x)$ 确定了非巴耶索夫斯基情形下问题求解能够达到的精度,称这个矩阵为给出精度下确界的矩阵,或简称为下确界矩阵。为保证不等式的正确性要使 $f(\boldsymbol{y}/\boldsymbol{x})$ 满足可控性条件,可归结为绝对可积性及 $\boldsymbol{x}$ 的一阶、二阶可导性。使式(2.3.8)中等号成立的估计称为有效的非巴耶索夫斯基估计。表达式(2.3.9)右端的矩阵称为费舍尔信息阵。

如果确定了有效估计 $\hat{\boldsymbol{x}}(\boldsymbol{y})$ 的计算方法,有下列不等式成立:

$$M_{y/x}\{(\boldsymbol{x}-\hat{\boldsymbol{x}}(\boldsymbol{y}))(\boldsymbol{x}-\hat{\boldsymbol{x}}(\boldsymbol{y}))^{\mathrm{T}}\}\leqslant M_{y/x}\{(\boldsymbol{x}-\tilde{\boldsymbol{x}}(\boldsymbol{y}))(\boldsymbol{x}-\tilde{\boldsymbol{x}}(\boldsymbol{y}))^{\mathrm{T}}\} \tag{2.3.10}$$

表示,无论选择什么无偏估计 $\tilde{\boldsymbol{x}}(\boldsymbol{y})$ 的计算方法,与其相应的协方差矩阵总是小于或等于费舍尔信息阵的逆矩阵。

由此可知,最小方差的非巴耶索夫斯基无偏估计确定问题如果其存在等效于无偏有效估计的确定问题。

劳-卡尔曼不等式的运用在精度分析中是十分有益的,因为由其可以不必进行估计

过程而估计出精度。前面给出的与估计特性相关的概念可以对算法方便地进行比较。

2.3.2　极大似然方法

在非巴耶索夫斯基情形下大量使用的估计计算方法是基于 x 的函数 $f(y/x)$ 在观测 y 确定时的最大化计算。这个函数在估计理论中称为似然函数。而基于其最大化的计算方法称为极大似然方法[16,44]．注意到，$f(y/x)$ 与小位移 Δy 相乘由式(1.1.9)可近似确定落在 $(y+\Delta y)$ 区间上的观测概率。由此可知，本方法的思想在于，当观测为确定值时，选择未知变量的值，使概率达到最大，即保证观测值与计算值之间的最大似然。代替似然函数存在其对数或对数似然函数，通常这个函数由任意的常数因子来确定。

由估计理论可知，与似然函数最大值对应的估计具有重要的特性，它是可靠的。随着观测数量趋向于无穷是非无偏的和标准的(存在高斯分布)[16,P82]。除此以外，还有如下结论：如果非巴耶索夫斯基估计是有效的，则它也是使似然函数取极大值的估计[16]。列举出与似然函数极大值对应的估计特性并解释其在非巴耶索夫斯基情形下的广泛应用。但是应当注意到，这个估计并不是确定最小方差无偏估计准则最小化问题的一般解，甚至在观测有限时并不总是简单无偏的[44]。

综上所述，极大似然估计(maximum likelihood estimate)可由使函数 $f(y/x)$ 取极大值的 x 值来确定，即

$$\hat{x}^{\text{мфп}}(y)=\arg\max_{x} f(y/x) \tag{2.3.11}$$

或

$$\hat{x}^{\text{мфп}}(y)=\arg\max_{x}\ln f(y/x)$$

为保证似然函数取极大值需要相应的估计满足极大值必要条件

$$\left.\frac{\mathrm{d}}{\mathrm{d}x}f(y/x)\right|_{\hat{x}^{\text{мфп}}(y)}=0$$

或

$$\left.\frac{\mathrm{d}}{\mathrm{d}x}\ln f(y/x)\right|_{\hat{x}^{\text{мфп}}(y)}=0 \tag{2.3.12}$$

这个方程称为似然方程。

类似于最小二乘法，给出的条件仅是取极大值的必要条件，得到的每个解还需要再检查充分条件

$$\left.\frac{\mathrm{d}^2}{\mathrm{d}\boldsymbol{x}\mathrm{d}\boldsymbol{x}^{\mathrm{T}}}\ln f(\boldsymbol{y}/\boldsymbol{x})\right|_{\hat{x}^{\text{мфп}}(y)}\leqslant 0 \tag{2.3.13}$$

下面来分析两道例题。

例 2.3.1　给出使似然函数极大化的估计计算方法，根据下列观测来估计标量 x

$$y_i=x+v_i,\qquad i=1,2,\cdots,m \tag{2.3.14}$$

其中 $v_i(i=1,2,\cdots,m)$ 为互不相关的高斯随机变量，且方差是相同的，即：$\boldsymbol{R}=r^2\boldsymbol{E}$。

由于本例中似然函数的形式如同式(2.3.3)，且 $\boldsymbol{s}(\boldsymbol{x})=\boldsymbol{x}$，确定估计的算法归结为准

则

$$J^{\text{мфп}}(x)=-\frac{1}{2r^2}\sum_{i=1}^{m}(y_i-x)^2$$

的极小化,由此可得

$$\hat{x}^{\text{мфп}}(y)=\frac{1}{m}\sum_{i=1}^{m}y_i$$

那么,本例中对应于似然函数极大值的估计为所有观测的算术平均值,下面来分析这个估计的特性。

由于 $M_{y/x}\{\hat{x}^{\text{мфп}}(y)\}=\frac{1}{m}M_{y/x}\left\{\sum_{i=1}^{m}(x+v_i)\right\}=x$,估计为无偏的,其误差的方差计算为

$$M_{y/x}\{(\hat{x}^{\text{мфп}}(y)-x)^2\}=\frac{1}{m^2}M_{y/x}\left\{\left(\sum_{i=1}^{m}v_i\right)^2\right\}=\frac{r^2}{m}$$

由于估计误差的方差随着观测数量 m 的增加趋向于零,估计 $\hat{x}^{\text{мфп}}(y)$ 是相容的。

计算本例中的极限容许精度,此时有

$$\frac{\partial\ln f(y/x)}{\partial x}=\boldsymbol{H}^{\mathrm{T}}\frac{1}{r^2}(\boldsymbol{y}-\boldsymbol{H}x)$$

这里 $\boldsymbol{H}^{\mathrm{T}}$ 为元素全部为 1 的行阵。

注意到

$$M_{y/x}\{(\boldsymbol{y}-\boldsymbol{H}x)(\boldsymbol{y}-\boldsymbol{H}x)^{\mathrm{T}}\}=r^2\boldsymbol{E}_m$$

可得

$$\tilde{\boldsymbol{P}}(x)\geqslant\frac{r^2}{m}$$

由此可知,根据观测(2.3.14)估计向量问题时,当观测误差是相同方差的彼此互不相关的高斯随机变量时,无偏估计的误差方差不可能小于$\frac{r^2}{m}$。由此可知,本例中对应于似然函数极大值的估计是无偏的有效估计,且无偏估计具有极小方差。

例 2.3.2 求上例中确定似然函数极大值的估计算法,假设观测误差 $v_i(i=1,2,\cdots,m)$ 是彼此独立地在区间[0,1]上均匀分布的随机向量。

有

$$\hat{x}^{\text{мфп}}(y)=\arg\max_x f_v(y/x)=\arg\max_x\prod_{i=1}^{m}f_v(y_i-x)$$

由于

$$f_v(y_i-x)=\begin{cases}1 & x\in[y_i-1,y_i]\\0 & x\notin[y_i-1,y_i]\end{cases},\qquad i=1,2,\cdots,m$$

则

$$f_v(y/x)=\prod_{i=1}^{m}f_v(y_i-x)=\begin{cases}1,x\in\Omega_m\\0,x\notin\Omega_m\end{cases}$$

这里 Ω_m 是所有区间$[y_i-1,y_i]$,$i=1,2,\cdots,m$ 的交集,即 $\Omega_m=\bigcap_{i=1}^{m}[y_i-1,y_i]$。

由此可知,可选择任意 $x\in\Omega_m$ 值作为与似然函数极大值对应的估计。注意到,如果是按照升序排列得到的观测,则区域 Ω_m 的界限可以由极大值 $y_{\max}(m)$ 和极小值 $y_{\min}(m)$ 来表示,即将其表示为 $\Omega_m=[y_{\max}(m)-1,y_{\min}(m)]$。那么,估计算法本质上归结为求观测的极大和极小值。

例如,如果仅有两个观测,同时 $y_2>y_1$,则使似然函数极大化的估计可以选择任意 $x\in[\max\{y_1,y_2\}-1,\min\{y_1,y_2\}]$(图 2.3.1)。

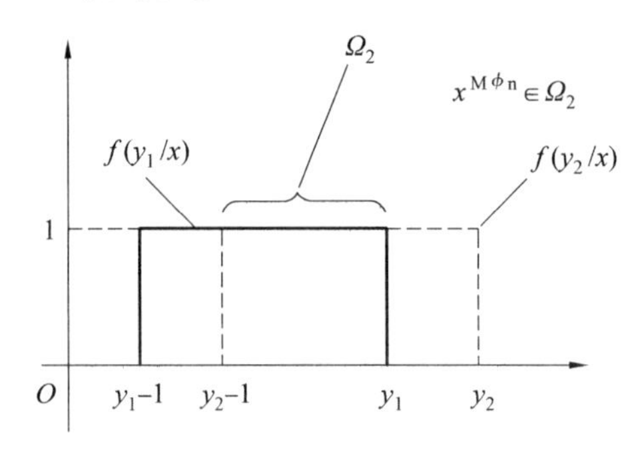

图 2.3.1　当估计误差均匀分布时使似然函数 $f(\boldsymbol{y}/\boldsymbol{x})=f(\boldsymbol{y}_1/\boldsymbol{x})f(\boldsymbol{y}_2/\boldsymbol{x})$ 极大化的常向量估计算法的确定

注意到,在给出的例中不能够使用劳－卡尔曼不等式,因为此时概率分布密度函数不满足可控性条件,即这个函数不可微分。

由上述例题可以看出,由同一观测使用似然函数极大化方法确定估计的算法在观测误差分布不同时可能形式完全不同。在例 2.3.1 中,估计计算方法相对观测是线性的,是观测一般意义下的平均在例 2.3.2 中则是非线性的,归结为寻找所有观测中的极大值和极小值问题。

2.3.3　线性高斯问题的一般解

与最小二乘法的相互联系。

例 2.3.1 中求解无偏的有效估计的问题十分简单,而且不难看出,得到的算法与最小二乘法相一致,这是由于例中求解的是线性高斯问题。正是在这种情形下求解对应似然函数极大值的估计的算法更为简单,下面说明这一点。

分析线性问题(2.1.10)、及(2.1.11),假设观测误差 $\boldsymbol{v}$ 是协方差矩阵为 $\boldsymbol{R}$ 的中心随机高斯变量,求解极大似然估计并分析其特性。

在上述假设下似然函数的表达式为式(2.3.2),其中 $s(\boldsymbol{x})=\boldsymbol{Hx}$,即

$$f(\boldsymbol{y}/\boldsymbol{x})=\frac{1}{(2\pi)^{m/2}\sqrt{\det\boldsymbol{R}}}\exp\left(-\frac{1}{2}(\boldsymbol{y}-\boldsymbol{Hx})^{\mathrm{T}}\boldsymbol{R}^{-1}(\boldsymbol{y}-\boldsymbol{Hx})\right)$$

其对数似然函数可表示为

$$J^{\text{мфп}}(\boldsymbol{x})=(\boldsymbol{y}-\boldsymbol{Hx})^{\mathrm{T}}\boldsymbol{R}^{-1}(\boldsymbol{y}-\boldsymbol{Hx})\tag{2.3.15}$$

那么

$$\hat{\boldsymbol{x}}^{\text{мфп}}(\boldsymbol{y})=\arg\max_{x}N(\boldsymbol{y},\boldsymbol{Hx},\boldsymbol{R})=\arg\min_{x}J^{\text{мфп}}(\boldsymbol{x}) \tag{2.3.16}$$

由此可得

$$\hat{\boldsymbol{x}}^{\text{мфп}}(\boldsymbol{y})=\boldsymbol{K}^{\text{мфп}}\boldsymbol{y} \tag{2.3.17}$$

$$\boldsymbol{P}^{\text{мфп}}=\boldsymbol{K}^{\text{мфп}}\boldsymbol{R}(\boldsymbol{K}^{\text{мфп}})^{\mathrm{T}}=(\boldsymbol{H}^{\mathrm{T}}\boldsymbol{R}^{-1}\boldsymbol{H})^{-1} \tag{2.3.18}$$

其中

$$\boldsymbol{K}^{\text{мфп}}=(\boldsymbol{H}^{\mathrm{T}}\boldsymbol{R}^{-1}\boldsymbol{H})^{-1}\boldsymbol{H}^{\mathrm{T}}\boldsymbol{R}^{-1} \tag{2.3.19}$$

估计(2.3.17)是无偏的。

实际上，由于 $M_{y/x}\{\boldsymbol{y}\}=\boldsymbol{Hx}$，$\boldsymbol{E}-\boldsymbol{K}^{\text{мфп}}\boldsymbol{H}=0$，有 $M_{y/x}\{(\boldsymbol{x}-\boldsymbol{K}^{\text{мфп}}\boldsymbol{y})\}=0$。

由于估计误差 $\boldsymbol{\varepsilon}^{\text{мфп}}(\boldsymbol{y})=\boldsymbol{x}-\hat{\boldsymbol{x}}^{\text{мфп}}(\boldsymbol{y})$ 可以表示成类似于式(2.2.23)的形式，即有

$$\boldsymbol{\varepsilon}^{\text{мфп}}(\boldsymbol{y})=-\boldsymbol{K}^{\text{мфп}}\boldsymbol{v} \tag{2.3.20}$$

这个误差与估计向量 $\boldsymbol{x}$ 无关，仅与观测误差有关。即这一问题中极大似然方法的估计误差相对待估向量是不变的。同时，在这个问题中，协方差矩阵同样与待估向量无关。

由于本题中描述精度下界的矩阵不难确定，同样不难说明估计(2.3.17)是有效的。事实上，由于 $\boldsymbol{s}(\boldsymbol{x})=\boldsymbol{Hx}$，则由关系式

$$\frac{\partial \ln f(\boldsymbol{y}/\boldsymbol{x})}{\partial \boldsymbol{x}}=\boldsymbol{H}^{\mathrm{T}}\boldsymbol{R}^{-1}(\boldsymbol{y}-\boldsymbol{Hx})$$

并且可控条件成立，容易算出式(2.3.9)中的数学期望，对于费舍尔矩阵，有

$$\boldsymbol{I}(\boldsymbol{x})=\boldsymbol{H}^{\mathrm{T}}\boldsymbol{R}^{-1}\boldsymbol{H} \tag{2.3.21}$$

比较由表达式(2.3.18)给出的协方差矩阵 $\boldsymbol{P}^{\text{мфп}}(\boldsymbol{x})$ 和 $\boldsymbol{I}^{-1}(\boldsymbol{x})$，即可说明它们的一致性。

那么，在线性高斯中极大似然估计(2.3.17)是无偏的有效非巴耶索夫斯基估计，其协方差矩阵为式(2.3.18)，或者也可以说是方差极小的无偏非巴耶索夫斯基估计。

现在来讨论与最小二乘法的相关性。注意到，得到的表达式(2.3.17)、(2.3.18)与 $\boldsymbol{Q}=\boldsymbol{R}^{-1}$ 时广义最小二乘法对应的式(2.2.28)、式(2.2.29)是相同的。这是十分合乎逻辑的，因为这种情形下，由于准则(2.3.15)与广义最小二乘法的准则一致，广义最小二乘法准则的极小化问题归结为似然函数的极大值问题。

由上述论述可知，在由观测(2.1.11)估计 x 的问题中，当观测误差具有高斯特性时，如果广义最小二乘法准则中的权重矩阵 $\boldsymbol{Q}=\boldsymbol{R}^{-1}$，极大似然函数方法对应的估计值与广义最小二乘法的估计值是一致的。

如前所述，由于极大似然法的估计值与广义最小二乘法的估计值一致，则对于广义最小二乘法的估计在矩阵相应选择时得到正确结论。

线性高斯估计问题中使用广义最小二乘法，当准则中的权重矩阵选择为 $\boldsymbol{Q}=\boldsymbol{R}^{-1}$ 时，为协方差矩阵为(2.3.18)的无偏有效非巴耶索夫斯基估计。

由例 2.2.2 ~ 2.2.5 及与广义最小二乘法的一致性结论，可以得到相应的极大似然函数法的结论，如果补充假设观测误差具有高斯特性，且 $\boldsymbol{Q}=\boldsymbol{R}^{-1}$。

最后还应注意到，线性问题(2.1.10)、(2.1.11) 得到最小方差的无偏估计解时原则上可以不必给出观测误差的概率密度函数。如果将准则(2.3.4) 的最小化限制在线性范围内(见题 2.3.6) 并设观测误差由其最初的两个时刻给出，这是可以做到的。

2.3.4　非线性高斯问题的解与最小二乘法的相关性

现在来讨论非线性问题(2.1.20)、(2.1.21) 中似然函数极大值对应的估计算法可归结为什么问题，假设观测误差与前一小节中给出的相同，为协方差矩阵为 $\boldsymbol{R}$ 的中心高斯随机变量，此时，对数似然函数可表示为

$$J^{\text{мфп}}(\boldsymbol{x}) = \ln f(\boldsymbol{y}/\boldsymbol{x}) = -\frac{1}{2}(\boldsymbol{y} - \boldsymbol{s}(\boldsymbol{x}))^{\mathrm{T}}\boldsymbol{R}^{-1}(\boldsymbol{y} - \boldsymbol{s}(\boldsymbol{x})) \tag{2.3.22}$$

由此可知，为确定估计值必须求这个准则的极大值，或者求解非线性方程组

$$\frac{\partial \ln f(\boldsymbol{y}/\boldsymbol{x})}{\partial \boldsymbol{x}} = \frac{\mathrm{d}\boldsymbol{s}^{\mathrm{T}}(\boldsymbol{x})}{\mathrm{d}\boldsymbol{x}}\boldsymbol{R}^{-1}(\boldsymbol{y} - \boldsymbol{s}(\boldsymbol{x})) = 0 \tag{2.3.23}$$

并检验条件(2.3.13)。

不难看出，如果最小二乘法中的权重矩阵为 $\boldsymbol{Q} = \boldsymbol{R}^{-1}$，给出的高斯情形对应的准则(2.3.22) 与广义最小二乘法的准则(2.2.5) 只相差常数因子，由此可得与线性问题类似的结论。由观测(2.1.21) 估计 x 的非线性问题中，如果最小二乘法准则中 $\boldsymbol{Q} = \boldsymbol{R}^{-1}$，与极大似然函数方法对应的估计值在观测误差具有高斯特性时与广义最小二乘法的估计值是一致的。

由上述论述可知，在 2.2.5、2.2.6 小节中分析的基于精度构建算法的方式如同基于似然函数极大值的求解方法，其中，可使用线性化和迭代算法。同时还应注意到，在精度分析时必须使用矩阵(2.2.55)，在其计算时必须引入条件概率密度函数 $f(\boldsymbol{y}/\boldsymbol{x})$。

显然，在确定这些矩阵时，例如与统计实验方法对应的，必须进行大量的计算。在这里使用劳－卡尔曼不等式是十分有益的，因为无论是在线性问题还是非线性问题中，确定描述精度下界的函数都是十分简单的。事实上，假设函数 $S(x)$ 保证可控性条件成立，并注意到关系式

$$\frac{\partial \ln f(\boldsymbol{y}/\boldsymbol{x})}{\partial \boldsymbol{x}} = \frac{\mathrm{d}\boldsymbol{s}^{\mathrm{T}}(\boldsymbol{x})}{\mathrm{d}\boldsymbol{x}}\boldsymbol{R}^{-1}(\boldsymbol{y} - \boldsymbol{s}(\boldsymbol{x})) \tag{2.3.24}$$

可得

$$\boldsymbol{I}(\boldsymbol{x}) = \frac{\mathrm{d}\boldsymbol{s}^{\mathrm{T}}(\boldsymbol{x})}{\mathrm{d}\boldsymbol{x}}\boldsymbol{R}^{-1}\frac{\mathrm{d}\boldsymbol{s}(\boldsymbol{x})}{\mathrm{d}\boldsymbol{x}^{\mathrm{T}}} \tag{2.3.25}$$

不难看出，如果问题可以使用线性描述(2.1.21) 并可使用(2.3.17) 的极大似然方法求解，则按照(2.3.18) 计算的协方差矩阵与 $\boldsymbol{I}^{-1}(\boldsymbol{x})$ 一致，因为

$$\boldsymbol{I}^{-1}(\boldsymbol{x}) \approx \boldsymbol{I}^{-1}(\boldsymbol{x}^{\text{л}}) = (\boldsymbol{H}^{\mathrm{T}}(\boldsymbol{x}_{\text{л}})\boldsymbol{R}^{-1}\boldsymbol{H}(\boldsymbol{x}^{\text{л}}))^{-1} = \boldsymbol{P}^{\text{мфп}}$$

将得到的关系式用于两个例子中。

例 2.3.3　求根据下列观测估计 $\boldsymbol{x}$ 的问题中确定下界的表达式

$$\boldsymbol{y}_i = s_i(\boldsymbol{x}) + v_i, \qquad i = 1,2,\cdots,m \tag{2.3.26}$$

其中 $v_i(i=1,2,\cdots,m)$ 是方差均为 r^2 的高斯随机向量,即 $\boldsymbol{R}=r^2\boldsymbol{E}$。

由表达式(2.3.25),可得

$$\boldsymbol{I}(\boldsymbol{x})=\frac{1}{r^2}\sum_{i=1}^{m}\left(\frac{\mathrm{d}s_i(\boldsymbol{x})}{\mathrm{d}\boldsymbol{x}}\right)^2$$

如果引入表示导数值的量

$$\bar{\boldsymbol{g}}(\boldsymbol{x})=\sqrt{\frac{1}{m}\sum_{i=1}^{m}\left(\frac{\mathrm{d}s_i(\boldsymbol{x})}{\mathrm{d}\boldsymbol{x}}\right)^2}$$

则确定精度下界的表达式可写作

$$\boldsymbol{P}(\boldsymbol{x})\geqslant\boldsymbol{I}^{-1}(\boldsymbol{x})=\frac{r^2}{\bar{\boldsymbol{g}}^2(\boldsymbol{x})m}\tag{2.3.27}$$

注意到 $\boldsymbol{I}^{-1}(\boldsymbol{x})=(\sigma^{\text{МНК}}(\boldsymbol{x}))^2$,这里$(\sigma^{\text{МНК}}(\boldsymbol{x}))^2$ 为线性化最小二乘法在线性化点 $\boldsymbol{x}=\boldsymbol{x}^{\text{л}}$ 的估计误差方差值。

不难将得到的关系式用于例 2.2.8 中,其中描述派生的值选择为

$$\bar{\boldsymbol{g}}^2(\boldsymbol{x})=\frac{\sum_{i=1}^{m}\cos^2(\omega t_i+\boldsymbol{x})}{m}$$

例 2.3.4 求描述精度下界的矩阵的表达式,由到 m 个定轨的距离观测(2.1.16) 确定坐标的非线性问题中假设观测误差是彼此独立的方差为 $r_i^2(i=1,2,\cdots,m)$ 的中心高斯随机向量。

注意到式(2.3.25),对于下界矩阵可写出表达式 $\boldsymbol{I}^{-1}(\boldsymbol{x})=\left(\sum_{i=1}^{m}\frac{1}{r_i^2}M_i(\boldsymbol{x})\right)^{-1}$,其中 $M_i(\boldsymbol{x})$ 由式(2.2.64) 确定,即

$$M_i(\boldsymbol{x})\stackrel{\triangle}{=}\begin{bmatrix}\sin^2\Pi_i(\boldsymbol{x}) & 0.5\sin 2\Pi_i(\boldsymbol{x})\\0.5\sin 2\Pi_i(\boldsymbol{x}) & \cos^2\Pi_i(\boldsymbol{x})\end{bmatrix}$$

如果假设在先验不确定区域线性化描述是正确的,则可以看到广义最小二乘法的协方差矩阵在用线性化值 $\boldsymbol{x}^{\text{л}}$ 代替真实值 $\boldsymbol{x}$ 时,就像例 2.2.9 中一样,与描述精度下界的计算矩阵一致。

一般情形下在非线性问题的精度分析中使用不等式劳 - 卡尔曼必须记得,算法估计误差的实协方差矩阵由式(2.2.55) 给出。这个矩阵与 $\boldsymbol{I}^{-1}(\boldsymbol{x})$ 是完全不同的,甚至是在近似等式 $\boldsymbol{I}^{-1}(\boldsymbol{x})\approx\boldsymbol{I}^{-1}(\boldsymbol{x}^{\text{л}})$ 成立时,其中,这种情况在基于近似描述(2.1.22) 的线性化算法计算时就存在,同时不等式(2.3.8) 在这里表示为

$$\breve{\boldsymbol{P}}\geqslant\left(\frac{\mathrm{d}\boldsymbol{s}^{\mathrm{T}}(\boldsymbol{x})}{\mathrm{d}\boldsymbol{x}}\boldsymbol{R}^{-1}\frac{\mathrm{d}\boldsymbol{s}(\boldsymbol{x})}{\mathrm{d}\boldsymbol{x}^{\mathrm{T}}}\right)^{-1}$$

总是成立的,如果 $\boldsymbol{s}(\boldsymbol{x})$ 保证似然函数(2.3.2) 的控制条件成立。这意味着,无论选择什么算法求解问题,其误差协方差矩阵总是大于不等式右端未知向量值确定时的计算矩阵。

2.3.5 本节习题

习题 2.3.1 写出似然函数和描述精度下界的方差的表达式,估计问题中 $\boldsymbol{x}$ 对应的

观测为(2.3.36)类型,表示为

$$\boldsymbol{y}_i=\boldsymbol{s}_i(\boldsymbol{x})+\varepsilon_i \tag{1}$$

这里观测误差为

$$\varepsilon_i=d+v_i \tag{2}$$

是彼此互相独立的、方差为 σ_d^2 的中心高斯随机变量与彼此互相独立的、方差为 $r_i^2=r^2(i=1,2,\cdots,m)$ 相对 d 为中心高斯随机变量的和。

解　注意到题 1.3.6 的结果,向量 ε 误差协方差矩阵及其逆矩阵可以表示为

$$\boldsymbol{R}^{\varepsilon}=r^2\boldsymbol{E}_m+\sigma_d^2\boldsymbol{I}_m,\quad (\boldsymbol{R}^{\varepsilon})^{-1}=\frac{1}{r^2}\left(\boldsymbol{E}_m-\frac{\sigma_d^2}{m\sigma_d^2+r^2}\boldsymbol{I}_m\right) \tag{3}$$

由于 $f_{\boldsymbol{\varepsilon}}(\boldsymbol{\varepsilon})=N(\boldsymbol{\varepsilon};0,\boldsymbol{R}^{\varepsilon})$,似然函数表达式为

$$f(\boldsymbol{y}/\boldsymbol{x})=f_{\boldsymbol{\varepsilon}}(\boldsymbol{y}-\boldsymbol{s}(\boldsymbol{x}))=N(\boldsymbol{y}-\boldsymbol{s}(\boldsymbol{x});0,\boldsymbol{R}^{\varepsilon}) \tag{4}$$

不难看出在这种情形下,对 $\ln f(\boldsymbol{y}/\boldsymbol{x})$ 有下列表达式

$$\ln f(\boldsymbol{y}/\boldsymbol{x})=-\frac{1}{2r^2}\left[\sum_{i=1}^{m}(\boldsymbol{y}_i-s_i(\boldsymbol{x}))^2-\frac{\sigma_d^2}{m\sigma_d^2+r^2}\left(\sum_{i=1}^{m}(\boldsymbol{y}_i-s_i(\boldsymbol{x}))\right)^2\right] \tag{5}$$

这样,为确定与极大似然估计方法对应的估计,必须极小化准则

$$\boldsymbol{J}^{\text{мфп}}(\boldsymbol{x})=\frac{1}{2r^2}\left[\sum_{i=1}^{m}(\boldsymbol{y}_i-s_i(\boldsymbol{x}))^2-\frac{\sigma_d^2}{m\sigma_d^2+r^2}\left(\sum_{i=1}^{m}(\boldsymbol{y}_i-s_i(\boldsymbol{x}))\right)^2\right] \tag{6}$$

为计算描述精度下界的方差,使用表达式(2.3.25),将$(\boldsymbol{R}^{\varepsilon})^{-1}$ 的表达式代入并定义 $h_i(\boldsymbol{x})=\dfrac{\mathrm{d}s_i(\boldsymbol{x})}{\mathrm{d}\boldsymbol{x}}$,可得

$$\boldsymbol{I}^{-1}(\boldsymbol{x})=r^2\left[\sum_{i=1}^{m}h_i^2(\boldsymbol{x})-\frac{\sigma_d^2}{m\sigma_d^2+r^2}\left(\sum_{i=1}^{m}h_i(\boldsymbol{x})\right)^2\right]^{-1}$$

习题 2.3.2　说明例题 2.3.1 中 $\boldsymbol{J}^{\text{мфп}}(\boldsymbol{x})$ 的表达式(6) 可以写作

$$\boldsymbol{J}^{\text{мфп}}=\sum_{i=1}^{m}\frac{(\boldsymbol{y}_i-s_i(\boldsymbol{x})-\hat{d}_{i-1}(\boldsymbol{x}))^2}{r^2+\tilde{\sigma}_{i-1}^2} \tag{1}$$

其中

$$\hat{d}_i(\boldsymbol{x})=\hat{d}_{i-1}(\boldsymbol{x})+\frac{\tilde{\sigma}_{i-1}^2}{\tilde{\sigma}_{i-1}^2+r^2}(\boldsymbol{y}_i-s_i(\boldsymbol{x})-\hat{d}_{i-1}(\boldsymbol{x})) \tag{2}$$

$$\tilde{\sigma}_i^2=\frac{\tilde{\sigma}_{i-1}^2r^2}{\tilde{\sigma}_{i-1}^2+r^2}\quad i=1,2,\cdots,m$$

$$\tilde{\sigma}_0^2=\sigma_d^2,\hat{d}_0(\boldsymbol{x})=0 \tag{3}$$

解　为说明式(1) 是正确的,写出下列表达式

$$f(\boldsymbol{y}/\boldsymbol{x})=f(\boldsymbol{y}_m/\boldsymbol{y}_{m-1},\boldsymbol{y}_{m-2},\cdots\boldsymbol{y}_1,\boldsymbol{x})f(\boldsymbol{y}_{m-1}/\boldsymbol{y}_{m-2},\boldsymbol{y}_{m-3},\cdots,\boldsymbol{y}_1,\boldsymbol{x})\cdots f(\boldsymbol{y}_1/\boldsymbol{x})$$

由这个表达式可以容易地得到式(1),如果考虑到随机量 $\boldsymbol{y}_i=s_i(\boldsymbol{x})+d+v_i,i=1,2,\cdots,m$,在值 $\boldsymbol{x}$ 和 $\boldsymbol{y}_j,j=1,2,\cdots,i-1$ 确定时,是数学期望和方差分别为(2) 和(3) 的高斯向量,那么

$$J^{\text{мфп}}(\boldsymbol{x})=\frac{1}{2r^2}\left[\sum_{i=1}^{m}(\boldsymbol{y}_i-s_i(\boldsymbol{x}))^2-\frac{\sigma_d^2}{m\sigma_d^2+r^2}\left(\sum_{i=1}^{m}(\boldsymbol{y}_i-s_i(\boldsymbol{x}))\right)^2\right]$$

可以表示为

$$J^{\text{мфп}}(\boldsymbol{x})=\sum_{i=1}^{m}\frac{(\boldsymbol{y}_i-s_i(\boldsymbol{x})-\hat{d}_{i-1}(\boldsymbol{x}))^2}{r^2+\tilde{\sigma}_{i-1}^2}$$

习题 2.3.3 设如例2.2.7中,有两个观测(2.1.33),其中$\boldsymbol{x}=(x_1,x_2)^{\mathrm{T}}$是二维向量,给出了平面上客体的坐标。设这个向量是确定性的向量,观测误差是协方差矩阵为$\boldsymbol{R}_1$、$\boldsymbol{R}_2$的二维中心高斯向量,求有效估计及与其对应的协方差矩阵的计算方法。将结果与最小二乘法的解进行比较,设矩阵$\boldsymbol{Q}$为分块对角阵,各块分别为$\boldsymbol{R}_1^{-1}$和$\boldsymbol{R}_2^{-1}$。

习题 2.3.4 使用基于线性化的极大似然估计迭代算法求解由观测(2.1.14)的调谐振动相位估计问题,设振幅和频率是已知的,观测误差是彼此互不相关方差r^2相同的高斯随机向量。将结果与最小二乘法的解进行比较。

习题 2.3.5 说明极大似然估计方法所得的估计与观测的线性非奇异变换无关。

解 以观测(2.1.21)的向量$\boldsymbol{x}$估计的非线性高斯问题为例来说明这一点。

代替式(2.1.21)引入变换后的观测

$$\tilde{\boldsymbol{y}}=\boldsymbol{T}\boldsymbol{y}=\boldsymbol{T}\boldsymbol{s}(\boldsymbol{x})+\boldsymbol{T}\boldsymbol{v}=\tilde{\boldsymbol{s}}(\boldsymbol{x})+\tilde{\boldsymbol{v}}$$

其中,$\boldsymbol{T}$为$m\times m$阶非奇异方阵。

为证明上述结论需说明似然函数$f(\tilde{\boldsymbol{y}}/\boldsymbol{x})$和$f(\boldsymbol{y}/\boldsymbol{x})$是一致的。这是显然的,因为

$$\begin{aligned}(\boldsymbol{y}-\boldsymbol{s}(\boldsymbol{x}))^{\mathrm{T}}\boldsymbol{R}^{-1}(\boldsymbol{y}-\boldsymbol{s}(\boldsymbol{x}))&=(\boldsymbol{y}-\boldsymbol{s}(\boldsymbol{x}))^{\mathrm{T}}(\boldsymbol{T}^{\mathrm{T}})^{-1}\boldsymbol{T}^{\mathrm{T}}\boldsymbol{R}^{-1}\boldsymbol{T}\boldsymbol{T}^{-1}(\boldsymbol{y}-\boldsymbol{s}(\boldsymbol{x}))\\&=(\tilde{\boldsymbol{y}}-\tilde{\boldsymbol{s}}(\boldsymbol{x}))^{\mathrm{T}}\tilde{\boldsymbol{R}}^{-1}(\tilde{\boldsymbol{y}}-\tilde{\boldsymbol{s}}(\boldsymbol{x}))\end{aligned}$$

这里$\tilde{\boldsymbol{R}}=\boldsymbol{T}\boldsymbol{R}\boldsymbol{T}^{\mathrm{T}}$为变换后观测误差向量$\tilde{\boldsymbol{v}}$的协方差矩阵。

习题 2.3.6 假设根据观测$\boldsymbol{y}=\boldsymbol{H}\boldsymbol{x}+\boldsymbol{v}$解决向量$\boldsymbol{x}$的线性估计问题,估计形如$\hat{\boldsymbol{x}}(\boldsymbol{y})=\boldsymbol{K}\boldsymbol{y}$,确定满足条件$\boldsymbol{E}-\boldsymbol{k}\boldsymbol{H}=\boldsymbol{0}$且保证准则(2.3.4)取极小值的矩阵$\boldsymbol{K}$的表达式,即

$$\boldsymbol{J}=M_{\boldsymbol{y}/\boldsymbol{x}}[(\boldsymbol{x}-\hat{\boldsymbol{x}}(\boldsymbol{y}))^{\mathrm{T}}(\boldsymbol{x}-\hat{\boldsymbol{x}}(\boldsymbol{y}))]$$

认为在上述条件成立时计算准则$\boldsymbol{J}$只需假设观测误差向量具有随机特性,并且仅由其最初两个时刻给出。

假设$\boldsymbol{v}$为协方差矩阵$\boldsymbol{R}$已知的中心随机变量,求估计协方差矩阵的表达式。

解 在条件$\boldsymbol{E}-\boldsymbol{k}\boldsymbol{H}=\boldsymbol{0}$成立时,$\boldsymbol{x}-\hat{\boldsymbol{x}}(\boldsymbol{y})=\boldsymbol{x}-\boldsymbol{K}(\boldsymbol{H}\boldsymbol{x}+\boldsymbol{v})=-\boldsymbol{K}\boldsymbol{V}$。那么,在计算数学期望$\boldsymbol{J}=M_{\boldsymbol{y}/\boldsymbol{x}}\{(\boldsymbol{x}-\hat{\boldsymbol{x}}(\boldsymbol{y}))^{\mathrm{T}}(\boldsymbol{x}-\hat{\boldsymbol{x}}(\boldsymbol{y}))\}$时必须考虑的就只有向量$\boldsymbol{v}$的随机特性及其最初的两个时刻。那么考虑到,$\bar{\boldsymbol{v}}=0$,可得

$$\begin{aligned}\boldsymbol{J}&=M_{\boldsymbol{y}/\boldsymbol{x}}\{(\boldsymbol{x}-\hat{\boldsymbol{x}}(\boldsymbol{y}))^{\mathrm{T}}(\boldsymbol{x}-\hat{\boldsymbol{x}}(\boldsymbol{y}))\}=M_{\boldsymbol{y}/\boldsymbol{x}}\langle Sp\{(\boldsymbol{x}-\hat{\boldsymbol{x}}(\boldsymbol{y}))(\boldsymbol{x}-\hat{\boldsymbol{x}}(\boldsymbol{y}))^{\mathrm{T}}\}\rangle\\&=M_{\boldsymbol{v}}\langle Sp\{\boldsymbol{K}\boldsymbol{v}\boldsymbol{v}^{\mathrm{T}}\boldsymbol{K}^{\mathrm{T}}\}\rangle=Sp\{\boldsymbol{K}\boldsymbol{R}\boldsymbol{K}^{\mathrm{T}}\}\end{aligned}\tag{1}$$

由上述论述可知,为确定矩阵$\boldsymbol{K}$只需求解准则(1)的参数极小化问题,此时有条件$\boldsymbol{E}-\boldsymbol{K}\boldsymbol{H}=\boldsymbol{0}$。

使用拉格朗日条件乘子法来确定条件极值$\boldsymbol{J}(\boldsymbol{K})$,分析准则

$$\tilde{J}(K)=Sp(KRK^{\mathrm{T}})+Sp(\Lambda(E-H^{\mathrm{T}}K^{\mathrm{T}}))$$

这里，Λ 为拉格朗日条件乘子矩阵。

由向量函数矩阵导数准则(附 1.1.451) 可得方程组

$$\begin{cases}\dfrac{\mathrm{d}\tilde{J}}{\mathrm{d}K}=2KR-\Lambda H^{\mathrm{T}}=0\\[2ex]\dfrac{\mathrm{d}\tilde{J}}{\mathrm{d}\Lambda}=E-KH=0\end{cases}$$

进一步写作

$$K=\frac{1}{2}\Lambda H^{\mathrm{T}}R^{-1}$$

$$E=KH$$

将第一个方程右乘矩阵 H，可得方程组的解为

$$\Lambda=2(H^{\mathrm{T}}R^{1}H)^{-1}$$

$$K=(H^{\mathrm{T}}R^{-1}H)^{-1}H^{\mathrm{T}}R^{-1}$$

估计误差协方差矩阵如下确定

$$M\{(x-\hat{x}(y))(x-\hat{x}(y))^{\mathrm{T}}\}=M\langle\{Kvv^{\mathrm{T}}K^{\mathrm{T}}\}\rangle=\{KRK^{\mathrm{T}}\}=(H^{\mathrm{T}}R^{-1}H)^{-1}$$

由于条件 $E-kH=0$ 保证了估计的无偏性，这个问题与线性无偏估计类型的极小方差无偏非巴耶索夫斯基估计问题一致。这个估计及与其相应的协方差矩阵表达式为

$$\hat{x}(y)=(H^{\mathrm{T}}R^{-1}H)^{-1}H^{\mathrm{T}}R^{-1}y$$

$$P=(H^{\mathrm{T}}R^{-1}H)^{-1}$$

值得再次强调，在本题中为解决问题只需要知道观测误差向量的最初两个时刻的信息. 注意到，在求解时需要限制估计类型为 2.3.3 小节中给出的，在求解时如不限制估计类型，则需假设观测误差具有高斯特性。

思考题

1. 在非巴耶索夫斯基情形下提出估计问题，与最小二乘法相比这个方法的特殊性是什么?

2. 给出无偏性和可靠性估计的定义，以及最小方差的无偏非巴耶索夫斯基估计的定义。

3. 写出劳－卡尔曼不等式并解释其意义。什么是有效估计?

4. 解释极大似然法的本质。什么是似然函数和似然水平?

5. 写出线性和非线性高斯估计问题的费舍尔信息矩阵表达式。

6. 写出极大似然估计方法估计线性高斯问题的解。得到的估计是否是有效的? 与最小二乘方法有什么相互关系?

7. 描述精度下界的矩阵与非线性高斯问题估计误差协方差矩阵及线性化算法的计算

矩阵有什么相互关系?

8.解释使用极大似然估计方法的非线性高斯问题中能够得出估计算法的方法。

9.写出线性无偏估计中确定极小方差无偏非巴耶索夫斯基估计的问题。在什么条件下这个方程的解与不需要限制估计类型的无偏非巴耶索夫斯基估计问题的解一致。

2.4 巴耶索夫斯基方法——线性最优估计

下面来分析除假设观测误差 v 具有随机特性外,估计向量 $\boldsymbol{x}$ 也具有随机特性时估计问题的求解方法。具有上述假设的估计问题具有巴耶索夫斯基方法的特征,随后将对其进行分析。在巴耶索夫斯基方法下得到的估计算法称其为巴耶索夫斯基方法。首先分析线性算法。

2.4.1 问题的建模及其一般解

在巴耶索夫斯基方法下估计问题(2.1.20)、(2.1.21)的求解中假设向量 $\boldsymbol{x}$,观测误差 $\boldsymbol{v}$,及观测误差 $\boldsymbol{y}$ 本身都是随机的。

如前一节的假设,引入损耗平方函数

$$L=(\boldsymbol{x}-\tilde{\boldsymbol{x}}(\boldsymbol{y})=\sum_{i=1}^{n}(x_i-\tilde{x}_i(y))^2=(\boldsymbol{x}-\tilde{\boldsymbol{x}}(\boldsymbol{y}))^{\mathrm{T}}(\boldsymbol{x}-\tilde{\boldsymbol{x}}(\boldsymbol{y}))$$
$$=Sp\{(\boldsymbol{x}-\tilde{\boldsymbol{x}}(\boldsymbol{y}))(\boldsymbol{x}-\tilde{\boldsymbol{x}}(\boldsymbol{y}))^{\mathrm{T}}\}$$

与其相关的准则写作损耗平方函数数学期望的形式

$$J=M_{x,y}\{L(\boldsymbol{x}-\tilde{\boldsymbol{x}}(\boldsymbol{y}))\}=M_{x,y}\langle Sp\{(\boldsymbol{x}-\tilde{\boldsymbol{x}}(\boldsymbol{y}))(\boldsymbol{x}-\tilde{\boldsymbol{x}}(\boldsymbol{y}))^{\mathrm{T}}\}\rangle=Sp\{\tilde{\boldsymbol{P}}\} \tag{2.4.1}$$

其中

$$\tilde{\boldsymbol{P}}=M_{x,y}(\boldsymbol{x}-\tilde{\boldsymbol{x}}(\boldsymbol{y}))(\boldsymbol{x}-\tilde{\boldsymbol{x}}(\boldsymbol{y}))^{\mathrm{T}}=\iint(\boldsymbol{x}-\tilde{\boldsymbol{x}}(\boldsymbol{y}))(\boldsymbol{x}-\tilde{\boldsymbol{x}}(\boldsymbol{y}))^{\mathrm{T}}f_{x,y}(\boldsymbol{x},\boldsymbol{y})\mathrm{d}\boldsymbol{x}\mathrm{d}\boldsymbol{y} \tag{2.4.2}$$

先验误差协方差矩阵 $\boldsymbol{\varepsilon}(\boldsymbol{y})=\boldsymbol{x}-\tilde{\boldsymbol{x}}(\boldsymbol{y})$。

注意到,这个先验协方差矩阵与观测无关,因为既需计算 $\boldsymbol{x}$,也需计算 $\boldsymbol{y}$ 的均值。

准则(2.4.1)在巴耶索夫斯基方法下称为巴耶索夫斯基损失或均巴耶索夫斯基损耗。

由下列方式形成根据观测 $\boldsymbol{y}$ 估计 $\boldsymbol{x}$ 的问题:确定估计使得损耗平方函数的数学期望取极小值,即

$$\hat{\boldsymbol{x}}(\boldsymbol{y})=\arg\min_{\tilde{x}(y)}M_{x,y}\Big\{\sum_{i=1}^{n}(\boldsymbol{x}-\tilde{\boldsymbol{x}}_i(\boldsymbol{y}))^2\Big\}=\arg\min_{\tilde{x}(y)}Sp\{\tilde{\boldsymbol{P}}\}$$

这个估计问题的建模在很大程度上与2.3.1小节中分析的问题有很大程度的类似,但有一个显著的区别,由上式给出的概率均值对应的是联合概率密度 $f_{x,y}(\boldsymbol{x},\boldsymbol{y})$,而不是

2.3 节中的条件概率密度函数 $f_{y/x}(\boldsymbol{y}/\boldsymbol{x})$。

那么,类似于 2.3 节,估计误差的确定归结为估计误差方差和的极小化问题,或者说是其误差的先验协方差矩阵迹的极小化问题。保证式(2.4.1) 取极小值的估计称为均方意义下的最优巴耶索夫斯基估计,这个估计还称为极小方差的巴耶索夫斯基估计。随后,在不引起疑义的情况下,将均方意义下的最优巴耶索夫斯基估计或者极小方差巴耶索夫斯基估计称为最优估计。

这里,就像非巴耶索夫斯基方法一样,准则(2.4.1) 与 2.2 节中的观测准则有本质上的区别,因为问题求解的目的是确保未知向量的估计误差 $\boldsymbol{\varepsilon}(\boldsymbol{y})=\boldsymbol{x}-\tilde{\boldsymbol{x}}(\boldsymbol{y})$ 满足要求,而不是计算待估向量的值。

由式(2.4.1)、式(2.4.2) 可知,为计算这一准则必须已知概率密度函数 $f_{x,y}(\boldsymbol{x},\boldsymbol{y})$。为降低对先验信息的需求,我们来分析巴耶索夫斯基方法简化情形下估计问题的求解。

设　待估向量与观测线性相关,即

$$\tilde{\boldsymbol{x}}(\boldsymbol{y})=\bar{\boldsymbol{x}}+\boldsymbol{K}(\boldsymbol{y}-\bar{\boldsymbol{y}}) \tag{2.4.3}$$

不难看出,此时有下列等式

$$M_y\tilde{\boldsymbol{x}}(\boldsymbol{y})=\bar{\boldsymbol{x}} \tag{2.4.4}$$

满足这一条件的巴耶索夫斯基估计称为无偏的。

注意到,这个定义与 2.3 节中给出的是有区别的,同时,它又是完全合乎逻辑的,因为这个估计是随机的。

由上述内容,由观测 $\boldsymbol{y}$ 估计向量 $\boldsymbol{x}$ 的问题可如下形成:求解使线性形式的损耗平方函数数学期望(2.4.3) 取极小值的估计。

由于假设估计(2.4.3) 与观测线性相关,则所述为线性极小方差无偏巴耶索夫斯基估计的求解问题,或者说是均方意义下的最优巴耶索夫斯基线性估计问题。随后为简化我们称其为线性最优估计。求解估计的算法称其为线性最优算法。

将式(2.4.3) 代入式(2.4.1),可得

$$\begin{aligned}
\boldsymbol{J}&=M_{x,y}\{(\boldsymbol{x}-\bar{\boldsymbol{x}}-\boldsymbol{K}(\boldsymbol{y}-\bar{\boldsymbol{y}}))^{\mathrm{T}}(\boldsymbol{x}-\bar{\boldsymbol{x}}-\boldsymbol{K}(\boldsymbol{y}-\bar{\boldsymbol{y}}))\}\\
&=M_{x,y}\{Sp[(\boldsymbol{x}-\bar{\boldsymbol{x}}+K(\boldsymbol{y}-\bar{\boldsymbol{y}}))(\boldsymbol{x}-\bar{\boldsymbol{x}}+K(\boldsymbol{y}-\bar{\boldsymbol{y}}))^{\mathrm{T}}]\}\\
&=SpM_{x,y}\{(\boldsymbol{x}-\bar{\boldsymbol{x}})(\boldsymbol{x}-\bar{\boldsymbol{x}})^{\mathrm{T}}+\boldsymbol{K}(\boldsymbol{y}-\bar{\boldsymbol{y}})(\boldsymbol{x}-\bar{\boldsymbol{x}})^{\mathrm{T}}+\\
&\quad(\boldsymbol{x}-\bar{\boldsymbol{x}})(\boldsymbol{y}-\bar{\boldsymbol{y}})^{\mathrm{T}}\boldsymbol{K}^{\mathrm{T}}+\boldsymbol{K}(\boldsymbol{y}-\bar{\boldsymbol{y}})(\boldsymbol{y}-\bar{\boldsymbol{y}})^{\mathrm{T}}\boldsymbol{K}^{\mathrm{T}}\}\\
&=Sp\{\boldsymbol{P}^{x}+\boldsymbol{K}\boldsymbol{P}^{yx}\}+\boldsymbol{P}^{xy}\boldsymbol{K}^{\mathrm{T}}+\boldsymbol{K}\boldsymbol{P}^{y}\boldsymbol{K}^{\mathrm{T}}
\end{aligned} \tag{2.4.5}$$

由这个表达式可知,为计算准则(2.4.2) 以及在求解其形如(2.4.3) 估计时的极小化问题,除数学期望 $\bar{\boldsymbol{x}}$ 和 $\bar{\boldsymbol{y}}$ 外只需已知矩阵 $\boldsymbol{P}^{x}$、$\boldsymbol{P}^{y}$、$\boldsymbol{P}^{xy}$ 就足够了。

由此可知,在线性极小方差无偏估计的确定问题中,必须已知的仅是向量 $\boldsymbol{x}$ 和 $\boldsymbol{y}$ 的最初两个时刻,具体地,为先验数学期望 $\bar{\boldsymbol{x}}$、$\bar{\boldsymbol{y}}$ 及相应的矩阵 $\boldsymbol{P}^{x}$、$\boldsymbol{P}^{y}$、$\boldsymbol{P}^{xy}$。注意到,到目前为止形成问题时不仅没有引入问题的线性假设,也没有对向量 $\boldsymbol{x}$ 和 $\boldsymbol{y}$ 的相互关系做出任何假设。换言之,为向量 $\boldsymbol{x}$ 在与其相关的观测向量 $\boldsymbol{y}$ 的值确定时的估计求解问题。确定向量 $\boldsymbol{x}$

和 $\boldsymbol{y}$ 之间的函数相关性需要随后给出 $\overline{\boldsymbol{y}}$ 及 $\boldsymbol{P}^{y}$、$\boldsymbol{P}^{xy}$。在求解导航信息处理的问题时通常会给出向量估计和观测误差的静态特性,而 $\overline{\boldsymbol{y}}$ 和 $\boldsymbol{P}^{y}$、$\boldsymbol{P}^{xy}$ 的值随着式(2.1.11)或(2.1.12)及随机向量变换准则来确定.在线性情形下这是最简单的,详细分析在 2.4.3 小节给出。非线性观测的情形将在 2.4.4 小节中讨论。

由上述可知,估计的计算算法归结为准则 J 相对矩阵 $\boldsymbol{K}$ 的参数最优化问题。随后我们讨论这个问题的求解。

在由观测向量 $\boldsymbol{y}$ 的确定值估计向量 $\boldsymbol{x}$ 时由线性估计(2.4.3)使准则(2.4.5)极小化,必要且充分地是,计算估计时的矩阵 $\boldsymbol{K}^{\text{lin}}$ 满足方程(题 2.4.1)

$$\boldsymbol{K}^{\text{lin}}\boldsymbol{P}^{y}=\boldsymbol{P}^{xy} \tag{2.4.6}$$

这个方程可视为是维纳－霍普夫方程的最简形式,我们将在第 3 章研究随机序列过程时讨论维纳－霍普夫方程。如果矩阵 $\boldsymbol{P}^{y}$ 非奇异,则由式(2.4.6)可得

$$\boldsymbol{K}^{\text{lin}}=\boldsymbol{P}^{xy}(\boldsymbol{P}^{y})^{-1} \tag{2.4.7}$$

由此,有

$$\hat{\boldsymbol{x}}(\boldsymbol{y})=\overline{\boldsymbol{x}}+\boldsymbol{K}^{\text{lin}}(\boldsymbol{y}-\overline{\boldsymbol{y}})=\overline{\boldsymbol{x}}+\boldsymbol{P}^{xy}(\boldsymbol{P}^{y})^{-1}(\boldsymbol{y}-\overline{\boldsymbol{y}}) \tag{2.4.8}$$

由(2.4.8)不难写出协方差矩阵的表达式

$$\begin{aligned}\boldsymbol{P}^{\text{lin}}&=\boldsymbol{M}_{x,y}\{(\boldsymbol{x}-\hat{\boldsymbol{x}}(\boldsymbol{y}))(\boldsymbol{x}-\hat{\boldsymbol{x}}(\boldsymbol{y}))^{\mathrm{T}}\}\\&=\boldsymbol{P}^{x}+\boldsymbol{K}^{\text{lin}}\boldsymbol{P}^{y}(\boldsymbol{K}^{\text{lin}})^{\mathrm{T}}-\boldsymbol{K}^{\text{lin}}\boldsymbol{P}^{yx}-\boldsymbol{P}^{xy}(\boldsymbol{K}^{\text{lin}})^{\mathrm{T}}\end{aligned}$$

由这个表达式及(2.4.7)可得

$$\boldsymbol{P}^{\text{lin}}=\boldsymbol{P}^{x}-\boldsymbol{P}^{xy}(\boldsymbol{P}^{y})^{-1}\boldsymbol{P}^{yx}=\boldsymbol{P}^{x}-\boldsymbol{K}^{\text{lin}}\boldsymbol{P}^{yx} \tag{2.4.9}$$

综上所述,均方意义下的最优线性估计计算由式(2.4.7)和式(2.4.8)给出,为进行算法综合必须已知先验数学期望 $\overline{x}$ 和 $\overline{y}$ 及矩阵 $\boldsymbol{P}^{x}$、$\boldsymbol{P}^{y}$、$\boldsymbol{P}^{xy}$。这些矩阵的值还保证了精度分析问题的求解,因为可以由其得到最优线性算法的先验协方差矩阵 $\boldsymbol{P}^{\text{lin}}$。

在 1.4.4 小节中曾经分析了退化问题,其本质在于得到当向量的一个子向量(例如 $\boldsymbol{y}$)由某种均方准则(2.4.1)极小化限定时,写出另一个子向量(例如 $\boldsymbol{x}$)的表达式。不难发现,退化问题的本质与前面分析的一类最一般的估计问题相一致,即不给出观测误差向量 $\boldsymbol{v}$ 也不做出向量 $\boldsymbol{y}$ 与向量 $\boldsymbol{x}$ 和 $\boldsymbol{v}$ 有关系(2.1.11)或(2.1.21)的相关假设。如果仅限于分析线性函数类型,则可得线性退化问题。由此可知,由表示向量 $\boldsymbol{y}$ 与待估向量和观测误差相互关系的观测(2.1.11)或者(2.1.21)估计形如(2.4.3)的向量 $\boldsymbol{x}$ 的问题可以描述为求解向量 $\boldsymbol{x}$ 相对 $\boldsymbol{y}$ 的线性退化问题。

2.4.2 线性最优估计的特性

下面来更详细地讨论线性最优巴耶索夫斯基估计的特性。第一个性质可由线性最优估计的定义直接得到。

性质 1 估计(2.4.8)是无偏的。

先来给出并证明均方意义下线性最优巴耶索夫斯基估计 $\hat{\boldsymbol{x}}(\boldsymbol{y})$ 的一个十分重要的性

质。

性质 2　为使线性估计 $\hat{\boldsymbol{x}}(\boldsymbol{y})=\boldsymbol{k}\boldsymbol{y}$ 是最优的，下列条件成立是必要且充分的。

$$M\{(\boldsymbol{x}-\hat{\boldsymbol{x}}(\boldsymbol{y}))\boldsymbol{y}^{\mathrm{T}}\}=M\{\boldsymbol{\varepsilon}\boldsymbol{y}^{\mathrm{T}}\}=\boldsymbol{0} \tag{2.4.10}$$

这个等式表明了，估计误差 $\varepsilon=\boldsymbol{x}-\hat{\boldsymbol{x}}(\boldsymbol{y})$ 与观测向量 $\boldsymbol{y}$ 是互不相关的。当两个向量互不相关时，则计算如 1.2.2 小节中的叙述，也称其为正交的。与此相关，这个条件也称为正交性特性[47]。为计算简单我们证明当 $\bar{\boldsymbol{x}}=\boldsymbol{0}$ 时的性质的正确性。

必要性　设估计是最优的，即矩阵 $\boldsymbol{K}=\boldsymbol{K}^{\mathrm{lin}}=\boldsymbol{P}^{xy}(\boldsymbol{P}^{y})^{-1}$ 由表达式(2.4.7) 给出，显然有

$$M\{(\boldsymbol{x}-\hat{\boldsymbol{x}}(\boldsymbol{y}))\boldsymbol{y}^{\mathrm{T}}\}=M\{\boldsymbol{x}\boldsymbol{y}^{\mathrm{T}}-\boldsymbol{K}^{\mathrm{lin}}\boldsymbol{y}\boldsymbol{y}^{\mathrm{T}}\}=\boldsymbol{0}$$

充分性　设等式(2.4.10) 成立，那么有

$$M\{(\boldsymbol{x}-\boldsymbol{K}\boldsymbol{y})\boldsymbol{y}^{\mathrm{T}}\}=0$$

即 $\boldsymbol{P}^{xy}=\boldsymbol{K}\boldsymbol{P}^{y}$，由此可得矩阵 $\boldsymbol{K}$ 的表达式(2.4.7)，这说明了满足条件(2.4.10) 的估计的最优性。

给出的结论同样也是正确的，如果取代(2.4.10) 有

$$M\{(\boldsymbol{x}-\hat{\boldsymbol{x}}(\boldsymbol{y}))\hat{\boldsymbol{x}}^{\mathrm{T}}(\boldsymbol{y})\}=M\{\boldsymbol{\varepsilon}\hat{\boldsymbol{x}}^{\mathrm{T}}(\boldsymbol{y})\}=\boldsymbol{0} \tag{2.4.11}$$

或

$$M\{(\boldsymbol{x}-\hat{\boldsymbol{x}}(\boldsymbol{y}))(\boldsymbol{L}\boldsymbol{y})^{\mathrm{T}}\}=M\{\boldsymbol{\varepsilon}(\boldsymbol{L}\boldsymbol{y})^{\mathrm{T}}\}=\boldsymbol{0} \tag{2.4.12}$$

这里，$\boldsymbol{L}$ 为 $n\times m$ 阶的任意矩阵。

其中，当 $\boldsymbol{L}=L_i=(0,\cdots,0,1,0000)^{\mathrm{T}}$ 时由式(2.4.12) 可得

$$M\{\boldsymbol{\varepsilon}\boldsymbol{y}_i^{\mathrm{T}}\}=0,\qquad i=1,2,\cdots,m \tag{2.4.13}$$

等式(2.4.10)、(2.4.11)、(2.4.13) 表明，估计误差 $\boldsymbol{\varepsilon}=\boldsymbol{x}-\hat{\boldsymbol{x}}(\boldsymbol{y})$ 与估计向量 $\hat{\boldsymbol{x}}(\boldsymbol{y})$ 观测向量 $\boldsymbol{y}$，其各分量及各分量的任意线性组合是正交的。

由于 $\boldsymbol{x}\equiv\hat{\boldsymbol{x}}(\boldsymbol{y})+\boldsymbol{x}-\hat{\boldsymbol{x}}(\boldsymbol{y})$，由上述可知，向量 $\boldsymbol{x}$ 可表示为两个互不相关(正交) 的随机向量之和[16,47]

$$\boldsymbol{x}=\hat{\boldsymbol{x}}(\boldsymbol{y})+\boldsymbol{\varepsilon} \tag{2.4.14}$$

这两个向量中的一个 $\hat{\boldsymbol{x}}(\boldsymbol{y})=\boldsymbol{K}^{\mathrm{lin}}\boldsymbol{y}$ 是原始观测 $\boldsymbol{y}_i$，$i=1,2,\cdots,m$ 的线性变换，同样称其为向量 $\boldsymbol{x}$ 在 $\boldsymbol{y}_i(i=1,2,\cdots,m)$ 构成的空间中的正交投影。如果对任意 $n\times m$ 阶的矩阵 $\boldsymbol{L}$ 有 $M\{\boldsymbol{\varepsilon}(\boldsymbol{L}\boldsymbol{y})^{\mathrm{T}}\}=0$，则第二个向量 $\varepsilon=\boldsymbol{x}-\hat{\boldsymbol{x}}(\boldsymbol{y})$ 与这个空间是正交的。

等式(2.4.10) 常常被视为线性最优估计的定义，即估计问题可以如下形成，确定线性估计 $\hat{\boldsymbol{x}}(\boldsymbol{y})=\boldsymbol{K}\boldsymbol{y}$，其误差与观测向量正交，即满足条件(2.4.10)，解将由关系式(2.4.8) 确定，在这个意义上估计问题的建模等效于最小方差的线性无偏估计的确定问题。

注意到，当存在组合向量 $\boldsymbol{z}=(\boldsymbol{x}^{\mathrm{T}},\boldsymbol{y}^{\mathrm{T}})^{\mathrm{T}}$ 最初两个时刻的信息时，类似于式(2.4.14) 可以容易地得到向量 $\boldsymbol{y}$ 的表达式，即观测向量可以表示为两个向量的和的形式，$\boldsymbol{y}=\hat{\boldsymbol{y}}(\boldsymbol{x})+\boldsymbol{\varepsilon}$，即向量 $\boldsymbol{x}$ 的线性变换与其互不相关的误差向量之和(见题 2.4.5)。

特性3 线性最优估计的误差协方差矩阵满足下列不等式[16,80]:$\tilde{\boldsymbol{P}}-\boldsymbol{P}\geqslant\boldsymbol{0}$,这里$\tilde{\boldsymbol{P}}$为由式(2.4.3)得出的任意无偏估计的协方差矩阵。

注意到矩阵表达式$\boldsymbol{P}\geqslant\boldsymbol{0}$表示相应的二次型是非负的。甚至这个不等式可以说,均方意义下的线性最优估计使估计误差协方差矩阵取极小值,而先验协方差矩阵$\boldsymbol{P}$本身描述了与观测线性相关的估计在巴耶索夫斯基方法下的最优估计有势精度。这个矩阵的对角元素分别确定了分量$x_j(j=1,2,\cdots,n)$的估计有势精度。

性质4 估计(2.4.8)使矩阵$\boldsymbol{P}$的行列式取极小值[80]。

性质5 n维向量$\boldsymbol{x}$经由线性变换$\tilde{\boldsymbol{x}}=\boldsymbol{T}\boldsymbol{x}$转换为$m$维向量$\tilde{\boldsymbol{x}}$,$\boldsymbol{T}$为$m\times n$阶任意矩阵,则$\tilde{\boldsymbol{x}}$的最优估计为$\hat{\tilde{\boldsymbol{x}}}(\boldsymbol{y})=\boldsymbol{T}\hat{\boldsymbol{x}}(\boldsymbol{y})$,这里$\hat{\boldsymbol{x}}(\boldsymbol{y})$为向量$\boldsymbol{x}$的最优线性估计[16,80]。

2.4.3 线性问题的解与最小二乘法的相关性

由表达式(2.4.8)可得,为得到线性最优估计必须假设已知数学期望$\bar{\boldsymbol{x}}$、$\bar{\boldsymbol{y}}$和矩阵$\boldsymbol{P}^x$、$\boldsymbol{P}^y$、$\boldsymbol{P}^{xy}$,以及向量$\boldsymbol{z}=(\boldsymbol{x}^{\mathrm{T}},\boldsymbol{y}^{\mathrm{T}})^{\mathrm{T}}$的最初两个时刻。如前所述,在求解导航信息处理时通常设估计向量和观测误差向量的静态特性是已知的,即向量$\tilde{\boldsymbol{Z}}=(\boldsymbol{x}^{\mathrm{T}},\boldsymbol{v}^{\mathrm{T}})^{\mathrm{T}}$,与此相关出现了$\bar{\boldsymbol{y}}$、$\boldsymbol{P}^y$和$\boldsymbol{P}^{xy}$的计算问题,对于线性问题(2.1.10)和(2.1.11)这很容易求解。事实上,给出$\bar{\tilde{\boldsymbol{z}}}=(\bar{\boldsymbol{x}}^{\mathrm{T}},\bar{\boldsymbol{v}}^{\mathrm{T}})^{\mathrm{T}}$,$\boldsymbol{P}^{x,v}=\begin{bmatrix}\boldsymbol{P}^x & \boldsymbol{B}\\ \boldsymbol{B}^{\mathrm{T}} & \boldsymbol{R}\end{bmatrix}$并注意到例1.3.5的求解,可得

$$\bar{\boldsymbol{y}}=\boldsymbol{H}\bar{\boldsymbol{x}}+\bar{\boldsymbol{v}};\qquad \boldsymbol{P}^z=\begin{bmatrix}\boldsymbol{P}^x & \boldsymbol{P}^{xy}\\ (\boldsymbol{P}^{xy})^{\mathrm{T}} & \boldsymbol{P}^y\end{bmatrix}$$

$$=\left[\begin{array}{c|c}\boldsymbol{P}^x & \boldsymbol{P}^x\boldsymbol{H}^{\mathrm{T}}+\boldsymbol{B}\\ \hline \boldsymbol{H}\boldsymbol{P}^x+\boldsymbol{B}^{\mathrm{T}} & \boldsymbol{H}\boldsymbol{P}^x\boldsymbol{H}^{\mathrm{T}}+\boldsymbol{H}\boldsymbol{B}+\boldsymbol{B}^{\mathrm{T}}\boldsymbol{H}^{\mathrm{T}}+\boldsymbol{R}\end{array}\right] \tag{2.4.15}$$

这里矩阵$\boldsymbol{B}$确定了$\boldsymbol{x}$和$\boldsymbol{v}$的相互关系。

注意到$\boldsymbol{P}^{xy}=\boldsymbol{P}^x\boldsymbol{H}^{\mathrm{T}}+\boldsymbol{B}$,$\boldsymbol{P}^y=\boldsymbol{H}\boldsymbol{P}^x\boldsymbol{H}^{\mathrm{T}}+\boldsymbol{H}\boldsymbol{B}+\boldsymbol{B}^{\mathrm{T}}\boldsymbol{H}^{\mathrm{T}}+\boldsymbol{R}$,容易得到表达式(2.4.7),(2.4.8)(见题2.4.2)。其中,当x与v互不相关,v为中心随机变量时,即$\bar{\boldsymbol{v}}=\boldsymbol{0}$,$\boldsymbol{B}=\boldsymbol{0}$,最优估计和误差协方差矩阵可表示为

$$\hat{\boldsymbol{x}}(\boldsymbol{y})=\bar{\boldsymbol{x}}+\boldsymbol{K}^{\mathrm{lin}}(\boldsymbol{y}-\boldsymbol{H}\bar{\boldsymbol{x}}) \tag{2.4.16}$$

这里

$$\boldsymbol{K}^{\mathrm{lin}}=(\boldsymbol{P}^x\boldsymbol{H}^{\mathrm{T}})(\boldsymbol{H}\boldsymbol{P}^x\boldsymbol{H}^{\mathrm{T}}+\boldsymbol{R})^{-1} \tag{2.4.17}$$

$$\boldsymbol{P}^{\mathrm{lin}}=\boldsymbol{P}^x-\boldsymbol{P}^x\boldsymbol{H}^{\mathrm{T}}(\boldsymbol{H}\boldsymbol{P}^x\boldsymbol{H}^{\mathrm{T}}+\boldsymbol{R})^{-1}\boldsymbol{H}\boldsymbol{P}^x=(\boldsymbol{E}-\boldsymbol{K}^{\mathrm{lin}}\boldsymbol{H})\boldsymbol{P}^x \tag{2.4.18}$$

由关系式(1.4.27)、(1.4.28),可得

$$\boldsymbol{K}^{\mathrm{lin}}=\boldsymbol{P}^{\mathrm{lin}}\boldsymbol{H}^{\mathrm{T}}\boldsymbol{R}^{-1} \tag{2.4.19}$$

$$\boldsymbol{P}^{\mathrm{lin}}=((\boldsymbol{P}^x)^{-1}+\boldsymbol{H}^{\mathrm{T}}\boldsymbol{R}^{-1}\boldsymbol{H})^{-1} \tag{2.4.20}$$

必须注意到一个十分重要的有着实际应用意义的情形——线性问题中线性最优估计的计算算法完全由组合向量$\boldsymbol{z}=(\boldsymbol{x}^{\mathrm{T}},\boldsymbol{v}^{\mathrm{T}})^{\mathrm{T}}$最初两个时刻确定与概率密度函数$f_{x,v}(\boldsymbol{x},\boldsymbol{v})$的形式无关。由此可知,对于最初两个时刻相同的任意形式的函数,均方意义下的线性最

优估计计算方法及其协方差矩阵都是相同的。换言之，线性问题的线性最优算法与估计向量和观测误差的分布特性无关。应当指出，在随后分析的非线性情形，这个结论不再成立。

上述关系式的分析表明，由其不仅可以形成算法，还可以同时解决精度分析问题，因为还使用了由表达式(2.4.18)或(2.4.20)计算的误差协方差矩阵。同时十分有益的是，并不需要再专门求解精度问题，因为事实上在计算 $\boldsymbol{K}^{\text{lin}}$ 时，由式(2.4.19)已经解决了。

例 2.4.1　根据观测 $y_i = x + v_i (i=1,2,\cdots,m)$ 求在区间 $\left[-\frac{b}{2},\frac{b}{2}\right]$ 上均匀分布随机变量 $\boldsymbol{x}$ 的线性最优估计表达式，其中 v_i 彼此无关且与随机变量 $\boldsymbol{x}$ 无关，且在区间 $\left[-\frac{a}{2},\frac{a}{2}\right]$ 上均匀分布。

本题的线性最优估计及其方差为

$$\hat{x}^{\text{lin}}(y) = \bar{x} + \frac{\sigma_0^2}{r^2 + \sigma_0^2 m} \sum_{i=1}^{m} (y_i - \bar{x} - \bar{\boldsymbol{v}})$$

$$P^{\text{lin}} = \frac{\sigma_0^2 r^2}{r^2 + \sigma_0^2 m}$$

数学期望 $\bar{x}=0, \bar{v}=0$，方差 $\sigma_0^2 = b^2/12, r^2 = a^2/12$ 代入，可得

$$\hat{x}^{\text{lin}}(y) = \frac{b^2}{(a^2 + b^2 m)} \sum_{i=1}^{m} y_i; \qquad p^{\text{lin}} = \frac{a^2 b^2}{12(a^2 + b^2 m)}$$

其中，当 $a \ll b$ 时，有 $\hat{x}^{\text{lin}}(y) \approx \frac{1}{m}\sum_{i=1}^{m} \boldsymbol{y}_i$；$p^{\text{lin}} \approx \frac{b^2}{12m}$。

这个算法不仅对均匀分布的随机变量是最优的，对于方差为 $\sigma_0^2 = b^2/12, r^2 = a^2/12$ 的任意分布的中心随机变量也是最优的。其中，这个算法对于方差如上的高斯中心随机变量也是最优的。

例 2.4.2　设形如(2.1.3)的观测误差是彼此互不相关的中心随机变量，其方差均为 r^2，多项式的待估系数是彼此互不相关的随机变量，其协方差矩阵为 $\boldsymbol{P}^x = \begin{bmatrix} \sigma_0^2 & 0 \\ 0 & \sigma_1^2 \end{bmatrix}$。求这些系数及相应的协方差矩阵的最优估计。

由式(2.1.4)给出矩阵 $\boldsymbol{H}$ 的形式，且 $\boldsymbol{R} = r^2 \boldsymbol{E}$，则由式(2.4.16)、式(2.4.19)容易得到下列线性最优估计的表达式及相应的误差协方差矩阵：

$$\hat{\boldsymbol{x}}^{\text{lin}} = \frac{1}{r^2} \begin{bmatrix} \frac{1}{\sigma_0^2} + \frac{m}{r^2} & \frac{1}{r^2}\sum_{i=1}^{m} t_i \\ \frac{1}{r^2}\sum_{i=1}^{m} t_i & \frac{1}{\sigma_1^2} + \frac{1}{r^2}\sum_{i=1}^{m} t_i^2 \end{bmatrix}^{-1} \begin{bmatrix} \sum_{i=1}^{m} \boldsymbol{y}_i \\ \sum_{i=1}^{m} t_i \boldsymbol{y}_i \end{bmatrix}$$

$$\boldsymbol{P}^{\text{lin}} = \begin{bmatrix} \frac{1}{\sigma_0^2} + \frac{m}{r^2} & \frac{1}{r^2}\sum_{i=1}^{m} t_i \\ \frac{1}{r^2}\sum_{i=1}^{m} t_i & \frac{1}{\sigma_1^2} + \frac{1}{r^2}\sum_{i=1}^{m} t_i^2 \end{bmatrix}^{-1}$$

再由式(2.2.6)，可以看出得到的估计与协方差矩阵与改进的最小二乘法得到的估计及协方差矩阵将是一致的，如果令 $\bar{\boldsymbol{x}}=\mathbf{0}$；$\boldsymbol{D}=\begin{bmatrix}\frac{1}{\sigma_0^2} & 0\\ 0 & \frac{1}{\sigma_1^2}\end{bmatrix}$；$q_i=\frac{1}{r^2}, i=1,2,\cdots,m$。

分析得到的关系式并与改进的最小二乘法相比较，可以得到它们的确定性的一致关系。更详尽地讨论这个问题，比较式(2.4.16)、式(2.4.19)、式(2.4.20)和表达式(2.2.17)、式(2.2.18)，不难得出如下结论。

线性估计问题中当待估向量、估计误差向量和改进的最小二乘法的准则无关时，选择向量 $\boldsymbol{x}$ 的数学期望值为 $\bar{\boldsymbol{x}}$，$\boldsymbol{D}=(\boldsymbol{P}^x)^{-1}$，$\boldsymbol{Q}=\boldsymbol{R}^{-1}$，改进的最小二乘法与线性最优估计方法一致。

由此可知，在前面给出的条件成立时，线性问题的改进的最小二乘法具有上一节中列举出的所有特性，其中包括具有所有线性估计中极小方差的无偏巴耶索夫斯基估计特性。

在 2.2.4 小节中比较了不同类型的最小二乘法。由于上述假设下线性最优估计与改进的最小二乘法一致，在 2.2.4 小节中给出的结论相对于广义最小二乘法、最小二乘法和改进的最小二乘法的相互关系完全由其与均方意义下线性最优估计的关系说明。

其中，如果设不等式

$$(\boldsymbol{P}^x)^{-1} \ll \boldsymbol{H}^{\mathrm{T}}\boldsymbol{R}^{-1}\boldsymbol{H} \tag{2.4.21}$$

成立，除此之外还有 $R=r^2E$，即设观测误差是彼此互不相关的随机变量并且方差相同，则可以说均方意义下的线性最优估计与普通的最小二乘法是一致的。此时，例 2.4.2 中的条件(2.4.2)化为不等式 $\sigma_0^2 \gg \frac{r^2}{m}$，$\sigma_1^2 \gg \frac{r^2}{\sum_{i=1}^{m} t_i^2}$，在其成立时，所有的估计都是一致的。

由上述可知，在例 2.2.2 ～ 2.2.5 中使用改进的最小二乘法得到的结论可视其为线性最优巴耶索夫斯基估计。

2.4.4 非线性问题的解

讨论 将根据观测 $\boldsymbol{y}$ 构造待估向量 $\boldsymbol{x}$ 的线性最优估计推广至非线性情形的可行性问题，即当观测 $\boldsymbol{y}$ 表示为下列形式[83]

$$\boldsymbol{y}=\boldsymbol{s}(\boldsymbol{x})+\boldsymbol{v} \tag{2.4.21}$$

引入组合向量 $\tilde{\boldsymbol{z}}=(\boldsymbol{x}^{\mathrm{T}},\boldsymbol{y}^{\mathrm{T}})^{\mathrm{T}}$，由 2.4.1 小节的结果可得，由观测(2.4.21)得到的线性最优估计 $\boldsymbol{x}$ 使准则(2.4.1)取值小值，与其相应的经验协方差矩阵由等式(2.4.8)、等式(2.4.9)可得

$$\hat{\boldsymbol{x}}(\boldsymbol{y})=\bar{\boldsymbol{x}}+\boldsymbol{P}^{xy}(\boldsymbol{P}^{y})^{-1}(\boldsymbol{y}-\bar{\boldsymbol{y}})=\bar{\boldsymbol{x}}+\boldsymbol{K}^{\mathrm{lin}}(\boldsymbol{y}-\bar{\boldsymbol{y}}) \tag{2.4.22}$$

$$\boldsymbol{P}^{\mathrm{lin}}=\boldsymbol{P}^{x}-\boldsymbol{P}^{xy}(\boldsymbol{P}^{y})^{-1}\boldsymbol{P}^{yx}=\boldsymbol{P}^{x}-\boldsymbol{K}^{\mathrm{lin}}\boldsymbol{P}^{yx}$$

这里 $\bar{\boldsymbol{x}}$、$\bar{\boldsymbol{y}}$、$\boldsymbol{P}^{xy}$、$\boldsymbol{P}^{y}$ 分别为数学期望及协方差矩阵。

那么，为计算线性最优估计及其误差协方差矩阵必须知道向量 $\tilde{\boldsymbol{z}}=(\boldsymbol{x}^{\mathrm{T}},\boldsymbol{v}^{\mathrm{T}})^{\mathrm{T}}$ 的两个最初时刻及式(2.4.21)，确定数学期望 $\bar{\boldsymbol{y}}$，互相关协方差矩阵 $\boldsymbol{P}^{xy}$ 及观测向量 $\boldsymbol{y}$ 的协方差矩阵 $\boldsymbol{P}^{y}$. 为计算简化，假设向量 $\boldsymbol{x}$ 和 $\boldsymbol{v}$ 是彼此无关的，除此之外，还设 $\boldsymbol{v}$ 是中心的，可得下列表达式

$$\bar{\boldsymbol{y}}=M_{y}(\boldsymbol{y})=M_{x,v}\{\boldsymbol{s}(\boldsymbol{x})+\boldsymbol{v}\}=\int\boldsymbol{s}(\boldsymbol{x})f(\boldsymbol{x})\mathrm{d}\boldsymbol{x} \tag{2.4.23}$$

$$\begin{aligned}\boldsymbol{P}^{xy}&=M_{x,y}\{(\boldsymbol{x}-\bar{\boldsymbol{x}})(\boldsymbol{y}-\bar{\boldsymbol{y}})^{\mathrm{T}}\}=M_{x,v}\{(\boldsymbol{x}-\bar{\boldsymbol{x}})(s(\boldsymbol{x})+\boldsymbol{v}-\bar{\boldsymbol{y}})^{\mathrm{T}}\}\\&=\int(\boldsymbol{x}-\bar{\boldsymbol{x}})(\boldsymbol{s}(\boldsymbol{x})-\bar{\boldsymbol{y}})^{\mathrm{T}}f(\boldsymbol{x})\mathrm{d}\boldsymbol{x}\end{aligned} \tag{2.4.24}$$

$$\begin{aligned}\boldsymbol{P}^{y}=M_{x,y}\{(\boldsymbol{y}-\bar{\boldsymbol{y}})(\boldsymbol{y}-\bar{\boldsymbol{y}})^{\mathrm{T}}\}&=\iint(\boldsymbol{s}(\boldsymbol{x})+\boldsymbol{v}-\bar{\boldsymbol{y}})(\boldsymbol{s}(\boldsymbol{x})+\boldsymbol{v}-\bar{\boldsymbol{y}})^{\mathrm{T}}f(\boldsymbol{x},\boldsymbol{v})\mathrm{d}x\mathrm{d}\boldsymbol{v}\\&=\int(\boldsymbol{s}(\boldsymbol{x})-\bar{\boldsymbol{y}})(\boldsymbol{s}(\boldsymbol{x})-\bar{\boldsymbol{y}})^{\mathrm{T}}f(\boldsymbol{x})\mathrm{d}\boldsymbol{x}+\boldsymbol{R}\end{aligned} \tag{2.4.25}$$

由此，在求解非线性问题时线性最优算法及其精度计算的综合问题归结为积分(2.4.23) ~(2.4.25) 的计算及关系式(2.4.22) 的使用。

应当注意到，与线性问题中只需知道组合向量的最初两个时刻就可以构成算法不同的是，这里还需要知道待估向量概率密度函数 $f(\boldsymbol{x})$ 的值。

为了更好地理解非线性问题算法的本质，由线性变换将原始观测表示为

$$\boldsymbol{y}=\bar{\boldsymbol{y}}+\boldsymbol{H}(\boldsymbol{x}-\bar{\boldsymbol{x}})+\tilde{\boldsymbol{v}} \tag{2.4.26}$$

其中 $\tilde{\boldsymbol{v}}$ 为与 $\boldsymbol{x}$ 无关的中心随机向量，其协方差矩阵为 $\boldsymbol{P}^{\tilde{v}}$。

确定 $\boldsymbol{H}$ 和 $\boldsymbol{P}^{\tilde{v}}$ 的值，使得协方差矩阵 $\boldsymbol{P}^{y}$ 和 $\boldsymbol{P}^{xy}$ 与非线性观测的协方差矩阵相符。这并不难做到，如果假设线性问题中 $\boldsymbol{P}^{xy}=\boldsymbol{P}^{x}\boldsymbol{H}^{\mathrm{T}}$，$\boldsymbol{P}^{y}=\boldsymbol{H}\boldsymbol{P}^{x}\boldsymbol{H}^{\mathrm{T}}+\boldsymbol{R}$，有

$$\boldsymbol{H}=\boldsymbol{P}^{yx}(\boldsymbol{P}^{x})^{-1}$$

$$\boldsymbol{P}^{\tilde{v}}=\boldsymbol{P}^{y}-\boldsymbol{P}^{yx}(\boldsymbol{P}^{x})^{-1}\boldsymbol{P}^{xy}$$

由这组等式及式(2.4.24)、式(2.4.25)，可得

$$\boldsymbol{H}=\int(\boldsymbol{s}(\boldsymbol{x})-\bar{\boldsymbol{y}})(\boldsymbol{x}-\bar{\boldsymbol{x}})^{\mathrm{T}}f(\boldsymbol{x})\mathrm{d}\boldsymbol{x}(\boldsymbol{P}^{x})^{-1} \tag{2.4.27}$$

$$\boldsymbol{P}^{\tilde{v}}=\boldsymbol{P}^{ad}+\boldsymbol{R} \tag{2.4.28}$$

其中

$$\begin{aligned}\boldsymbol{P}^{ad}=&\int(\boldsymbol{s}(\boldsymbol{x})-\bar{\boldsymbol{y}})(\boldsymbol{s}(\boldsymbol{x})-\bar{\boldsymbol{y}})^{\mathrm{T}}f(\boldsymbol{x})\mathrm{d}\boldsymbol{x}-\\&\int(\boldsymbol{s}(\boldsymbol{x})-\bar{\boldsymbol{y}})(\boldsymbol{x}-\bar{\boldsymbol{x}})^{\mathrm{T}}f(\boldsymbol{x})\mathrm{d}\boldsymbol{x}(\boldsymbol{P}^{x})^{-1}\int(\boldsymbol{x}-\bar{\boldsymbol{x}})(\boldsymbol{s}(\boldsymbol{x})-\bar{\boldsymbol{y}})^{\mathrm{T}})f(\boldsymbol{x})\mathrm{d}\boldsymbol{x}\end{aligned} \tag{2.4.29}$$

由式(2.4.28) 可得随机向量 $\tilde{\boldsymbol{v}}$ 可以表示为两个向量和的形式

$$\tilde{\boldsymbol{v}}=\boldsymbol{v}_{ad}+\boldsymbol{v} \tag{2.4.30}$$

这里 $\boldsymbol{v}_{ad}$ 为与 $\boldsymbol{v}$ 无关的中心随机向量，其协方差矩阵由式(2.4.29) 确定。

由此可知,线性最优算法的计算过程如下:原始非线性观测由其线性表达式(2.4.26)给出,为进行这一替换在观测模型中需给原始误差向量 $\boldsymbol{v}$ 补充上算法误差向量 $\boldsymbol{v}_{ad}$。

例 2.4.3 建立根据下列观测参数估计问题中的线性最优算法

$$\boldsymbol{y}_i = a\boldsymbol{x} + b\boldsymbol{x}^3 + \boldsymbol{v}_i, \qquad i=1,2,\cdots,m \tag{2.4.31}$$

其中 $\boldsymbol{x}$ 和 $\boldsymbol{v}_i(i=1,2,\cdots,m)$ 分别为互不相关的高斯中心随机变量,方差为 σ_0^2 和 r^2。

在这种情形中,对偶数时刻的高斯随机变量使用式(1.1.22),即

$$\int(\boldsymbol{x}-\bar{\boldsymbol{x}})^{2k} f_{\boldsymbol{x}}(\boldsymbol{x})\mathrm{d}\boldsymbol{x} = 1\times 3\times\cdots\times(2k-1)\sigma^{2k}, \qquad k=1,2,\cdots \tag{2.4.32}$$

不难说明

$$\bar{\boldsymbol{y}} = \boldsymbol{0}$$

$$\boldsymbol{P}^{xy} = \int \boldsymbol{x}^2(a+b\boldsymbol{x}^2)\boldsymbol{I}_{1\times m}^{\mathrm{T}} f(\boldsymbol{x})\mathrm{d}\boldsymbol{x} = \sigma_0^2(a+3b\sigma_0^2)\boldsymbol{I}_{1\times m}^{\mathrm{T}}$$

$$\boldsymbol{P}^{y} = (a^2\sigma_0^2 + 15b^2\sigma_0^6 + 6ab\sigma_0^4)\boldsymbol{I}_{m\times m} + r^2\boldsymbol{E}_m$$

$$\boldsymbol{H} = (a+3b\sigma_0^2)\boldsymbol{I}_{1\times m}, \qquad \boldsymbol{P}^{ad} = 6b^2\sigma_0^6\boldsymbol{I}_{m\times m} \tag{2.4.33}$$

这里 $\boldsymbol{I}_{1\times m}$、$\boldsymbol{I}_{m\times m}$ 分别为 $1\times m$ 列阵及 $m\times m$ 矩阵,其元素均为 1;$\boldsymbol{E}_m$ 为 $m\times m$ 单位阵。

由此,原始非线性观测(2.4.26)在本题中可写作

$$\boldsymbol{y}_i = h\boldsymbol{x} + \boldsymbol{v}_i + \boldsymbol{v}_{ad}; \qquad h=(a+3b\sigma_0^2); i=1,2,\cdots,m \tag{2.4.34}$$

这里 $\boldsymbol{v}_{ad}=d$ 为对于所有观测的常误差成分,方差为 $\sigma_d^2=6b^2\sigma_0^6$,即本例中补充的算法误差是总误差 $\tilde{\boldsymbol{v}}_i$ 中的常态成分。那么,协方差矩阵 $\boldsymbol{R}_{\tilde{v}}$ 可表示为 $\boldsymbol{R}_{\tilde{v}}=\gamma^2\boldsymbol{E}_m+\delta_d^2\boldsymbol{I}_{m\times m}$。原始非线性函数 $s(\boldsymbol{x})=a\boldsymbol{x}+b\boldsymbol{x}^3$ 及其线性定义 $s(\boldsymbol{x})\approx h\boldsymbol{x}$ 在 $a=2$、$b=0.5$ 及 $\sigma_0=1$ 和 0.5 两个值时如图2.4.1所示。

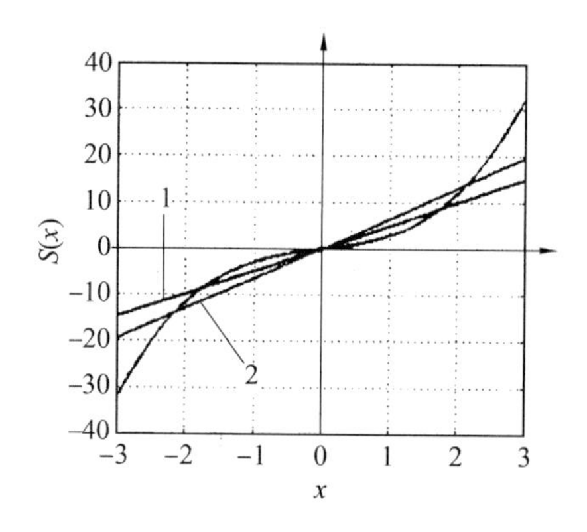

图 2.4.1 对不同 σ_0 值($1-\sigma_0=0.5, 2-\sigma_0=1$),非线性函数及其线性表达的图形

注意到式(2.4.33)、式(2.4.34),由式(2.4.19)、式(2.4.20)可写出估计 $\boldsymbol{x}$ 及其误差方差的表达式。首先写出估计误差方差的表达式

$$\boldsymbol{P}^{\mathrm{lin}} = \left(\frac{1}{\sigma_0^2} + (\boldsymbol{H})^{\mathrm{T}}\boldsymbol{R}_{\tilde{v}}^{-1}\boldsymbol{H}\right)^{-1}$$

在确定 $\boldsymbol{R}_{\tilde{v}}^{-1}$ 时考虑到例 1.3.6 的解,可得

$$\boldsymbol{P}^{\mathrm{lin}} = \left(\frac{1}{\sigma_0^2} + \frac{mh^2}{(m\sigma_d^2+r^2)}\right)^{-1} = \frac{\sigma_0^2 m\sigma_d^2 + \sigma_0^2 r^2}{\sigma_0^2 mh^2 + (m\sigma_d^2 + r^2)} \tag{2.4.35}$$

那么,估计误差的表达式为

$$\hat{\boldsymbol{x}}^{\mathrm{lin}}(\boldsymbol{y})=\frac{(\sigma_0^2 m\sigma_d^2+\sigma_0^2 r^2)}{\sigma_0^2 mh^2+(m\sigma_d^2+r^2)}\frac{h}{r^2}\sum_{i=1}^{m}y_i$$

由式(2.4.35)可知,随着观测数目的增加或者估计误差方差 r^2 的减小有

$$\boldsymbol{P}^{\mathrm{lin}}\geqslant\frac{\sigma_0^2\sigma_d^2}{\sigma_0^2h^2+\sigma_d^2}\text{ 或 }\boldsymbol{P}^{\mathrm{lin}}\geqslant\frac{\sigma_d^2}{h^2},\quad \text{当 }\sigma_0^2h^2\gg\sigma_d^2\text{ 时}$$

这个情形的出现是由于算法误差的存在,在本例中,算法误差是常数,具有常态特性,由此,由观测(2.4.34)不能分别确定待估参数 $\boldsymbol{x}$ 及 $\boldsymbol{v}_{ad}=d$ 的值。观测形如(2.4.34)的可观测问题在题 2.2.6 中详细讨论。

与上述相关联地会产生十分自然的问题,能否在上例中提出考虑由线性到非线性变换的角度问题?这个问题的答案将在下一节 2.5.1 中通过例题的分析进行讨论。

图 2.4.1 上曲线图的分析说明了对于等效的线性观测参数 $\bar{\boldsymbol{y}}$ 和 H 的确定过程具有充分的几何意义:选择非线性函数 $\boldsymbol{S}(\boldsymbol{x})\approx\bar{\boldsymbol{y}}+\boldsymbol{H}(\boldsymbol{x}-\bar{\boldsymbol{x}})$ 的线性描述使得在先验不确定邻域上具有某种意义的最优形式表示为 $S(\boldsymbol{x})$。引入最小二乘法的定量准则,描述了近似特性

$$J(\bar{\boldsymbol{y}},\boldsymbol{H})=\int(\boldsymbol{s}(\boldsymbol{x})-\boldsymbol{H}(\boldsymbol{x}-\bar{\boldsymbol{x}})-\bar{\boldsymbol{y}})^2 f(\boldsymbol{x})\mathrm{d}\boldsymbol{x}\tag{2.4.36}$$

进行这个准则相对 $\bar{\boldsymbol{y}}$ 和 $\boldsymbol{H}$ 的最小化。计算所需的导数并令其为零,可得表达式

$$\frac{\partial J}{\partial\bar{\boldsymbol{y}}}=-2\int(\boldsymbol{s}(\boldsymbol{x})-\boldsymbol{H}(\boldsymbol{x}-\bar{\boldsymbol{x}})-\bar{\boldsymbol{y}})f(\boldsymbol{x})\mathrm{d}\boldsymbol{x}=0$$

$$\frac{\partial J}{\partial\boldsymbol{H}}=-2\int(\boldsymbol{s}(\boldsymbol{x})-\boldsymbol{H}(\boldsymbol{x}-\bar{\boldsymbol{x}})-\bar{\boldsymbol{y}})(\boldsymbol{x}-\bar{\boldsymbol{x}})f(\boldsymbol{x})\mathrm{d}\boldsymbol{x}=0$$

由其显然可得使准则(2.4.36)极小化的 $\bar{\boldsymbol{y}}$ 和 $\boldsymbol{H}$ 的表达式与线性最优算法的相一致。

原则上这种几何描述可以相当简便地描述一般的向量情形,同时代替式(2.4.36)可使用下列形式的准则

$$J(\bar{\boldsymbol{y}},\boldsymbol{H})=\int(\boldsymbol{s}(\boldsymbol{x})-\boldsymbol{H}(\boldsymbol{x}-\bar{\boldsymbol{x}})-\bar{\boldsymbol{y}})^{\mathrm{T}}(\boldsymbol{s}(\boldsymbol{x})-\boldsymbol{H}(\boldsymbol{x}-\bar{\boldsymbol{x}})-\bar{\boldsymbol{y}})f(\boldsymbol{x})\mathrm{d}\boldsymbol{x}\tag{2.4.37}$$

为对此进行说明,可以使用证明线性估计最优性条件的必要性和充分性时的方法(题 2.4.1)。

在本小节的结尾有必要再次强调,为得到 $\boldsymbol{x}$ 根据观测(2.1.21)的最优估计,仅假设 $\boldsymbol{x}$ 的最初两个时刻是不够的,还需要知道概率密度函数 $f(\boldsymbol{x})$ 的值,除此之外,除假设 $\boldsymbol{x}$ 和 $\boldsymbol{v}$ 互不相关外,还需要假设它们是独立的。那么,在非线性问题中线性最优算法与待估向量的分布特性无关这一结论不再成立。这个结论仅在观测方程中观测误差是线性时成立。其中,在分析题 2.4.1 时不是必须要求观测误差是高斯的。当观测误差 $\boldsymbol{x}$ 与给出的值 r^2 和 $\bar{v}=0$ 在 v 的任何分布下都彼此独立时,线性最优算法保持不变。如果用 x 的其他某个分布规律代替高斯分布时,则显然计算估计的线性最优算法发生变化。

2.4.5　本节习题

习题 2.4.1　在例 2.4.1 中假设了向量 $\boldsymbol{x}$ 和 $\boldsymbol{y}$ 是中心的,即 $\bar{\boldsymbol{x}}=\boldsymbol{0}$、$\bar{\boldsymbol{y}}=\boldsymbol{0}$,求解其最优

несмещенной 线性算法，证明下列结论。

为使向量 $\boldsymbol{x}$ 根据观测(2.1.21)的线性估计 $\tilde{\boldsymbol{x}}(\boldsymbol{y})=\boldsymbol{k}\boldsymbol{y}$ 使准则(2.4.5)为极小，必要且充分的是，计算这个估计所用到的矩阵 $\boldsymbol{k}^{\text{lin}}$ 满足方程

$$\boldsymbol{K}^{\text{lin}}\boldsymbol{P}^{y}=\boldsymbol{P}^{xy} \tag{1}$$

必要性 设 $\hat{\boldsymbol{x}}(\boldsymbol{y})=\boldsymbol{K}^{\text{lin}}\boldsymbol{y}$ 使准则(2.4.5)取极小值，证明 $\boldsymbol{K}^{\text{lin}}$ 满足式(1)。给出矩阵 $\boldsymbol{K}^{*}=\boldsymbol{K}^{\text{lin}}+\delta\widetilde{\boldsymbol{K}}$，这里 δ 为小参数，$\widetilde{\boldsymbol{K}}$ 为相应维数的任意矩阵。将 $\boldsymbol{K}^{*}$ 代入(2.4.5)，可得

$$\begin{aligned}\widetilde{\boldsymbol{J}}&=\boldsymbol{M}_{x,y}\{Sp(\boldsymbol{x}-(\boldsymbol{K}^{\text{lin}}+\delta\widetilde{\boldsymbol{K}})\boldsymbol{y})(\boldsymbol{x}-(\boldsymbol{K}^{\text{lin}}+\delta\widetilde{\boldsymbol{K}})\boldsymbol{y})^{\mathrm{T}}\}\\&=Sp[\boldsymbol{P}^{x}-\boldsymbol{K}^{\text{lin}}\boldsymbol{P}^{yx}-\boldsymbol{P}^{xy}(\boldsymbol{K}^{\text{lin}})^{\mathrm{T}}-\boldsymbol{K}^{\text{lin}}(\boldsymbol{K}^{\text{lin}})^{\mathrm{T}}]-\\&\quad\delta Sp(\widetilde{\boldsymbol{K}}\boldsymbol{P}^{yx}+\boldsymbol{P}^{xy}\widetilde{\boldsymbol{K}}^{\mathrm{T}}-\widetilde{\boldsymbol{K}}\boldsymbol{P}^{y}(\boldsymbol{K}^{\text{lin}})^{\mathrm{T}}-\boldsymbol{K}^{\text{lin}}\boldsymbol{P}^{y}\widetilde{\boldsymbol{K}}^{\mathrm{T}})+\delta^{2}Sp\widetilde{K}\boldsymbol{P}^{y}\widetilde{\boldsymbol{K}}^{\mathrm{T}}\end{aligned}$$

注意到矩阵及其转置的迹是一致的，这个表达式可写作

$$\begin{aligned}\widetilde{\boldsymbol{J}}&=Sp[\boldsymbol{P}^{x}-2\boldsymbol{P}^{xy}(\boldsymbol{K}^{\text{lin}})^{\mathrm{T}}+\boldsymbol{K}^{\text{lin}}(\boldsymbol{K}^{\text{lin}})^{\mathrm{T}}]-\\&\quad 2\delta Sp(\boldsymbol{P}^{xy}\widetilde{\boldsymbol{K}}^{\mathrm{T}}-\boldsymbol{K}^{\text{lin}}\boldsymbol{P}^{y}\widetilde{\boldsymbol{K}}^{\mathrm{T}})+\delta^{2}Sp\widetilde{K}\boldsymbol{P}^{y}\widetilde{\boldsymbol{K}}\end{aligned}$$

由于矩阵 $\boldsymbol{K}^{\text{lin}}$ 使准则极小，则有下列条件成立

$$\left.\frac{\mathrm{d}\widetilde{\boldsymbol{J}}}{\mathrm{d}\delta}\right|_{\delta=0}=2Sp(\boldsymbol{P}^{xy}\widetilde{\boldsymbol{K}}^{\mathrm{T}}-\boldsymbol{K}^{\text{lin}}\boldsymbol{P}^{y}\widetilde{\boldsymbol{K}}^{\mathrm{T}})=2Sp(\boldsymbol{P}^{xy}-\boldsymbol{K}^{\text{lin}}\boldsymbol{P}^{y})\widetilde{\boldsymbol{K}}^{\mathrm{T}}=\boldsymbol{0}$$

显然，为使这个条件对任意矩阵 $\widetilde{\boldsymbol{K}}$ 都成立，$\boldsymbol{K}^{\text{lin}}$ 必须满足式(1)。

充分性 现在假设 $\boldsymbol{K}^{\text{lin}}$ 满足式(1)，说明估计 $\hat{\boldsymbol{x}}(\boldsymbol{y})=\boldsymbol{K}^{\text{lin}}\boldsymbol{y}$ 使准则(2.4.5)极小。将这个估计代入准则(2.4.5)，有

$$\begin{aligned}\boldsymbol{J}^{\text{lin}}&=\boldsymbol{M}_{x,y}\{Sp(\boldsymbol{x}-\boldsymbol{K}^{\text{lin}}\boldsymbol{y})(\boldsymbol{x}-\boldsymbol{K}^{\text{lin}}\boldsymbol{y})^{\mathrm{T}}\}\\&=Sp(\boldsymbol{P}^{x}-2\boldsymbol{P}^{xy}(\boldsymbol{K}^{\text{lin}})^{\mathrm{T}}+\boldsymbol{K}^{\text{lin}}\boldsymbol{P}^{y}(\boldsymbol{K}^{\text{lin}})^{\mathrm{T}})\end{aligned}$$

对于任意形如式(2)的矩阵 $\widetilde{\boldsymbol{J}}$，可得

$$\widetilde{\boldsymbol{J}}=\boldsymbol{J}^{\text{lin}}-2\delta Sp((\boldsymbol{P}^{xy}-\boldsymbol{K}^{\text{lin}}\boldsymbol{P}^{y})\widetilde{\boldsymbol{K}}^{\mathrm{T}})+\delta^{2}Sp\widetilde{K}\boldsymbol{P}^{y}\widetilde{\boldsymbol{K}}^{\mathrm{T}}$$

根据假设第二个和项为零，第三项由 $\boldsymbol{P}^{y}$ 的非负性也是非负的，则 $\boldsymbol{J}^{\text{lin}}\leqslant\widetilde{\boldsymbol{J}}$，充分性就得到了证明。

习题 2.4.2 写出均方意义下线性最优估计的表达式及与其相应的先验误差协方差矩阵，假设待估向量 $\boldsymbol{x}$ 与观测误差向量 $\boldsymbol{v}$ 之间是相关的，其相关矩阵为 $\boldsymbol{P}^{x,v}=\begin{bmatrix}\boldsymbol{P}^{x} & \boldsymbol{B}\\ \boldsymbol{B}^{T} & \boldsymbol{R}\end{bmatrix}$，且其数学期望为零，对线性估计问题(2.1.10)、(2.1.11)求解。

解 注意到

$$\boldsymbol{P}^{xy}=\boldsymbol{M}(\boldsymbol{x}\boldsymbol{y}^{\mathrm{T}})=\boldsymbol{P}^{x}\boldsymbol{H}^{\mathrm{T}}+\boldsymbol{B}$$

$$\boldsymbol{P}^{y}=\boldsymbol{M}(\boldsymbol{y}\boldsymbol{y}^{\mathrm{T}})=\boldsymbol{H}\boldsymbol{P}^{x}\boldsymbol{H}^{\mathrm{T}}+\boldsymbol{H}\boldsymbol{B}+\boldsymbol{B}^{\mathrm{T}}\boldsymbol{H}+\boldsymbol{R}$$

由式(2.4.8)，(2.4.9)可得

$$\hat{\boldsymbol{x}}^{\text{lin}}(\boldsymbol{y})=(\boldsymbol{P}^{x}\boldsymbol{H}^{\mathrm{T}}+\boldsymbol{B})(\boldsymbol{H}\boldsymbol{P}^{x}\boldsymbol{H}^{\mathrm{T}}+\boldsymbol{H}\boldsymbol{B}+\boldsymbol{B}^{\mathrm{T}}\boldsymbol{H})^{-1}\boldsymbol{y}$$

$$\boldsymbol{P}^{\text{lin}}=\boldsymbol{P}^{x}-(\boldsymbol{P}^{x}\boldsymbol{H}^{\mathrm{T}}+\boldsymbol{B})(\boldsymbol{H}\boldsymbol{P}^{x}\boldsymbol{H}^{\mathrm{T}}+\boldsymbol{H}\boldsymbol{B}+\boldsymbol{B}^{\mathrm{T}}\boldsymbol{H}+\boldsymbol{R})^{-1}(\boldsymbol{H}\boldsymbol{P}^{x}+\boldsymbol{B}^{\mathrm{T}})$$

不难说明，这个过程在取消 $\boldsymbol{x}$ 和 $\boldsymbol{y}$ 的中心特性时也是可以保持的，这时选用表达式

(2.4.4) 为最优估计,其中 $\boldsymbol{K}=\boldsymbol{K}^{\mathrm{lin}}$,即

$$\hat{\boldsymbol{x}}(\boldsymbol{y})=\overline{\boldsymbol{x}}+\boldsymbol{K}^{\mathrm{lin}}(\boldsymbol{y}-\overline{\boldsymbol{y}})$$

习题 2.4.3　求均方意义下线性最优估计及与其相应的协方差矩阵的表达式,假设题 2.4.2 在没有观测误差,$\boldsymbol{B}=0$ 条件下求解。

解　将组合向量 $\boldsymbol{z}=(\boldsymbol{x}^{\mathrm{T}},\boldsymbol{y}^{\mathrm{T}})^{\mathrm{T}}$ 的协方差矩阵表示为 $\boldsymbol{P}^{z}=\begin{bmatrix}\boldsymbol{P}^{x} & \boldsymbol{H}\boldsymbol{P}^{x}\\ \boldsymbol{P}^{x}\boldsymbol{H}^{\mathrm{T}} & \boldsymbol{H}\boldsymbol{P}^{x}\boldsymbol{H}^{\mathrm{T}}\end{bmatrix}$。

由式(2.4.8)、式(2.4.9),可得

$$\hat{\boldsymbol{x}}^{\mathrm{lin}}(\boldsymbol{y})=\boldsymbol{H}\boldsymbol{P}^{x}(\boldsymbol{H}\boldsymbol{P}^{x}\boldsymbol{H}^{\mathrm{T}})^{-1}\boldsymbol{y},\quad \boldsymbol{P}^{\mathrm{lin}}=\boldsymbol{P}^{x}-\boldsymbol{P}^{x}\boldsymbol{H}^{\mathrm{T}}(\boldsymbol{H}\boldsymbol{P}^{x}\boldsymbol{H}^{\mathrm{T}})^{-1}\boldsymbol{H}\boldsymbol{P}^{x}$$

习题 2.4.4　求均方意义下线性最优估计及其相应的协方差矩阵的表达式,设题 2.4.2 在 $\boldsymbol{B}=\boldsymbol{0}$,观测为 $\boldsymbol{y}=\boldsymbol{H}\boldsymbol{x}+\boldsymbol{v}+\boldsymbol{u}$,这里 $\boldsymbol{u}$ 为已知的 $\boldsymbol{m}$ 维向量时求解。

解　由 $\boldsymbol{u}$ 为已知向量,这个问题可容易地转化为 2.4 节中的传统问题,如果令 $\tilde{\boldsymbol{y}}=\boldsymbol{y}-\boldsymbol{u}=\boldsymbol{H}\boldsymbol{x}+\boldsymbol{v}$。由此,可得估计为 $\hat{\boldsymbol{x}}^{\mathrm{lin}}(\boldsymbol{y})=\boldsymbol{K}^{\mathrm{lin}}\tilde{\boldsymbol{y}}=\boldsymbol{K}^{\mathrm{lin}}(\boldsymbol{y}-\boldsymbol{u})$。

估计误差的协方差矩阵保持不变。

习题 2.4.5　设中心组合向量 $\boldsymbol{z}=(\boldsymbol{x}^{\mathrm{T}},\boldsymbol{y}^{\mathrm{T}})^{\mathrm{T}}$ 的协方差矩阵 $\boldsymbol{P}^{z}=\begin{bmatrix}\boldsymbol{P}^{x} & \boldsymbol{P}^{xy}\\ (\boldsymbol{P}^{xy})^{\mathrm{T}} & \boldsymbol{P}^{y}\end{bmatrix}$ 已知。求向量 $\boldsymbol{y}$ 表示为 $\boldsymbol{y}=\hat{\boldsymbol{y}}(\boldsymbol{x})+\boldsymbol{\varepsilon}=\boldsymbol{H}\boldsymbol{x}+\boldsymbol{\varepsilon}$ 中的矩阵 $\boldsymbol{H}$ 及与 $\boldsymbol{x}$ 互不相关的中心随机向量 ε 的协方差矩阵,使得组合向量 $\boldsymbol{z}=(\boldsymbol{x}^{\mathrm{T}},\boldsymbol{y}^{\mathrm{T}})^{\mathrm{T}}$ 的协方差矩阵与 $\boldsymbol{P}^{z}$ 相同。

解　由于假设向量 $\boldsymbol{\varepsilon}$ 与向量 $\boldsymbol{y}$ 互不相关,则

$$\boldsymbol{P}^{xy}=\boldsymbol{M}\{\boldsymbol{x}\boldsymbol{y}^{\mathrm{T}}\}=\boldsymbol{M}\{\boldsymbol{x}\boldsymbol{x}^{\mathrm{T}}\boldsymbol{H}^{\mathrm{T}}\}$$

$$\boldsymbol{P}^{y}=\boldsymbol{M}\{\boldsymbol{y}\boldsymbol{y}^{\mathrm{T}}\}=\boldsymbol{H}\boldsymbol{P}^{x}\boldsymbol{H}^{\mathrm{T}}+\boldsymbol{P}^{\varepsilon}$$

由此可得

$$\boldsymbol{H}=\boldsymbol{P}^{yx}(\boldsymbol{P}^{x})^{-1}$$

$$\boldsymbol{P}^{\varepsilon}=\boldsymbol{P}^{y}-\boldsymbol{H}\boldsymbol{P}^{x}\boldsymbol{H}^{\mathrm{T}}$$

思考题

1. 形成向量 $\boldsymbol{x}$ 由与其静态相关的观测 $\boldsymbol{y}$ 在不限制使用的估计类型时均方意义下的最优估计问题。

2. 相较于第一个问题,如何形成根据观测 $\boldsymbol{y}$ 进行向量 $\boldsymbol{x}$ 均方意义下的最优估计问题。

3. 在巴耶索夫斯基情形下与观测线性相关的估计类型中,用什么来描述最优估计的有势精度?

4. 在求解向量 $\boldsymbol{x}$ 根据观测 $\boldsymbol{y}$ 的线性估计时最优估计的必要充分条件是什么,写出估计误差协方差矩阵的表达式。

5. 在什么假设下向量 $\boldsymbol{x}$ 根据观测(2.1.10)的均方意义下的线性最优估计与不同类型的最小二乘估计一致。

6.给出线性最优估计误差正交性的定义并解释这个定义的意义。

7.列举并解释线性最优估计的基本特性。

8.怎样得到非线性问题的线性最优估计?给出使用线性最优算法求解非线性问题的例子。

9.解释为什么在非线性问题中得到线性最优估计只假设已知向量 $\boldsymbol{x}$ 的最初两个时刻是不够的,还需要概率密度函数 $f(\boldsymbol{x})$ 的值,假设 $\boldsymbol{x}$ 与 $\boldsymbol{v}$ 互不相关的同时还需要设其是独立的。

2.5 巴耶索夫斯基方法 —— 最优估计

现在我们取消掉均方准则极小化时对所使用的估计类型的限制,在巴耶索夫斯基方法下讨论非线性估计问题(2.1.20)、(2.1.21)的一般情形。由于巴耶索夫斯基情形下不仅观测误差向量是随机的,待估参数向量也是随机的,则对于这类问题的求解必须已知联合概率密度函数 $f_{x,v}(\boldsymbol{x},\boldsymbol{v})$,即设向量 $\boldsymbol{x}$ 和 $\boldsymbol{v}$ 的静态特性是完全已知的。下面讨论这种情形下估计问题求解的特殊性及其方法。

2.5.1 问题的建模及其一般解

在2.4.1小节中给出了巴耶索夫斯基情形下使用平方损耗函数对估计问题的建模,估计由定量描述了估计精度的准则(2.4.1)的极小化条件来确定。由待估向量和观测误差的联合概率密度函数 $f_{x,v}(\boldsymbol{x},\boldsymbol{v})$ 及表达式(2.1.21)可以得到待估向量和观测 $f_{x,y}(\boldsymbol{x},\boldsymbol{y})$ 的联合概率密度函数,由其可计算准则(2.4.1)。

$$\boldsymbol{J}^B=\boldsymbol{M}_{x,y}\{(\boldsymbol{x}-\tilde{\boldsymbol{x}}(\boldsymbol{y}))^{\mathrm{T}}(\boldsymbol{x}-\tilde{\boldsymbol{x}}(\boldsymbol{y}))\}=\iint(\boldsymbol{x}-\tilde{\boldsymbol{x}}(\boldsymbol{y}))^{\mathrm{T}}(\boldsymbol{x}-\tilde{\boldsymbol{x}}(\boldsymbol{y}))f_{x,y}(\boldsymbol{x}\boldsymbol{y})\mathrm{d}\boldsymbol{x}\mathrm{d}\boldsymbol{y} \tag{2.5.1}$$

这种情形下由观测 $\boldsymbol{y}$ 估计 $\boldsymbol{x}$ 的问题可以如下形成:已知观测(2.1.21)及联合概率密度函数 $f_{x,y}(\boldsymbol{x},\boldsymbol{y})$,求使式(2.5.1)取极小值的估计,同时在估计的求解中不限制函数的类型.随后,我们按照一般原则称这种均方意义下的最优估计为最优巴耶索夫斯基估计或简称为最优估计。

显然,这个问题与1.4.4小节中的退化问题是完全一致的。由此可知,先验密度 $f(\boldsymbol{x}/\boldsymbol{y})$ 的数学期望就是最优估计,即[16]

$$\hat{\boldsymbol{x}}(\boldsymbol{y})=\int\boldsymbol{x}f(\boldsymbol{x}/\boldsymbol{y})\mathrm{d}\boldsymbol{x} \tag{2.5.2}$$

由此,为计算巴耶索夫斯基方法下的最优估计需要计算多次积分(2.5.2)。

注意到,在巴耶索夫斯基方法中除平方函数(2.5.1)之外还可使用其他的损耗函数,其中包括简单的或者复杂的[16,44,71]。特别需要强调的是,使用这些损耗函数极小化准则得到的估计同样与先验密度是相关的。例如,对于简单的损耗函数,使用先验密度的极大值作为估计,而对于复杂的为先验密度的中位数 $f(\boldsymbol{x}_i/\boldsymbol{y}),i=1,2,\cdots,m$[16,71]。

在巴耶索夫斯基方法下进行精度分析时使用无条件或条件估计误差先验协方差矩阵：

$$\widetilde{\boldsymbol{P}}=\boldsymbol{M}_{x,y}\{[\boldsymbol{x}-\widetilde{\boldsymbol{x}}(\boldsymbol{y})][\boldsymbol{x}-\widetilde{\boldsymbol{x}}(\boldsymbol{y})]^{\mathrm{T}}\} \tag{2.5.3}$$

$$\widetilde{\boldsymbol{P}}(\boldsymbol{y})=\boldsymbol{M}_{x|y}\{[\boldsymbol{x}-\widetilde{\boldsymbol{x}}(\boldsymbol{y})][\boldsymbol{x}-\widetilde{\boldsymbol{x}}(\boldsymbol{y})]^{\mathrm{T}}\} \tag{2.5.4}$$

矩阵 $\widetilde{\boldsymbol{P}}$ 描述了对所有观测取均值的估计精度，$\widetilde{\boldsymbol{P}}(\boldsymbol{y})$ 为具体值的估计精度。其中，这些矩阵的对角元素确定了分量 $\boldsymbol{x}_j, j=1,2,\cdots,n$ 的估计精度。

随后，如下描述最优估计(2.5.2) 的协方差矩阵为

$$\boldsymbol{P}=\boldsymbol{M}_{x,y}\{[\boldsymbol{x}-\hat{\boldsymbol{x}}(\boldsymbol{y})][\boldsymbol{x}-\hat{\boldsymbol{x}}(\boldsymbol{y})]^{\mathrm{T}}\}=\iint[\boldsymbol{x}-\hat{\boldsymbol{x}}(\boldsymbol{y})][\boldsymbol{x}-\hat{\boldsymbol{x}}(\boldsymbol{y})]^{\mathrm{T}}f(\boldsymbol{x},\boldsymbol{y})\mathrm{d}\boldsymbol{x}\mathrm{d}\boldsymbol{y} \tag{2.5.5}$$

$$\boldsymbol{P}(\boldsymbol{y})=\boldsymbol{M}_{x|y}\{[\boldsymbol{x}-\hat{\boldsymbol{x}}(\boldsymbol{y})][\boldsymbol{x}-\hat{\boldsymbol{x}}(\boldsymbol{y})]^{\mathrm{T}}\}=\int[\boldsymbol{x}-\hat{\boldsymbol{x}}(\boldsymbol{y})][\boldsymbol{x}-\hat{\boldsymbol{x}}(\boldsymbol{y})]^{\mathrm{T}}f(\boldsymbol{x}/\boldsymbol{y})\mathrm{d}\boldsymbol{x} \tag{2.5.6}$$

特别需要注意如下情况：与最小二乘类方法或者非巴耶索夫斯基方法不同，巴耶索夫斯基方法下无论是线性情形还是非线性情形需要给出的都不仅仅是估计算法本身，还需要给出描述估计求解时使用的对观测具体实现估计求解精度的协方差矩阵 $\boldsymbol{P}(\boldsymbol{y})$。在求解与惯性信息处理相关的估计问题时，除了确定估计本身外，能够计算其精度的数值，如前所述，也具有重要的意义。在使用线性算法时这个特性通常与估计本身一同确定，并且没有行何附加条件。在求解非一性问题时为确定协方差矩阵 $\boldsymbol{P}(\boldsymbol{y})$ 需要计算积分(2.5.6)。

综上所述，在巴耶索夫斯基方法下解决最优算法的综合问题时需要解的不仅是估计(2.5.2) 本身，还有条件先验协方差矩阵(2.5.6) 形式的精度特性。这个方法称为最优算法。

巴耶索夫斯基方法下的精度分析问题理解为可无条件先验协方差矩阵 $\boldsymbol{P}$。

2.5.2　最优估计的特性

分析均方意义下最优巴耶索夫斯基估计(2.5.2) 的基本性质并讨论其与线性最优估计性质相比较的特殊性。

性质 1　估计(2.5.2) 是无偏的，这一点不难说明，因为

$$\boldsymbol{M}_y\{\hat{\boldsymbol{x}}(\boldsymbol{y})\}=\int\hat{\boldsymbol{x}}(\boldsymbol{y})f_y(\boldsymbol{y})\mathrm{d}\boldsymbol{y}=\iint\boldsymbol{x}f(\boldsymbol{x}\mid\boldsymbol{y})f_y(\boldsymbol{y})\mathrm{d}\boldsymbol{x}\mathrm{d}\boldsymbol{y}$$

$$=\iint\boldsymbol{x}f(\boldsymbol{y}\mid\boldsymbol{x})f_x(\boldsymbol{x})\mathrm{d}\boldsymbol{y}\mathrm{d}\boldsymbol{x}=\int\boldsymbol{x}\left(\int f(\boldsymbol{y}\mid\boldsymbol{x})\mathrm{d}\boldsymbol{y}\right)f_x(\boldsymbol{x})\mathrm{d}\boldsymbol{x}=\boldsymbol{M}_x\{\boldsymbol{x}\}$$

注意到，无偏性的要求是被满足的。

由性质 1 可以看出，确定了巴耶索夫斯基方法下均方意义最优估计准则的表达式(2.5.2) 实际上确定了最小方差的无偏估计。由此可知，与非巴耶索夫斯基方法不同，这里给出了确定形如(2.5.2) 的估计的一般准则。

性质 2(正交性)　最优估计与观测是互不相关(正交)的，即

$$\boldsymbol{M}_{x,y}\{(\boldsymbol{x}-\hat{\boldsymbol{x}}(\boldsymbol{y}))\boldsymbol{y}^{\mathrm{T}}\}=\boldsymbol{0} \tag{2.5.7}$$

这个等式容易证明，如果先后计算出 $f(\boldsymbol{x}/\boldsymbol{y})$ 及 $f(\boldsymbol{y})$ 的数学期望。

类似地可以说明，估计误差与最优估计互不相关(正交)，即

$$\boldsymbol{M}_{x,y}\{(\boldsymbol{x}-\hat{\boldsymbol{x}}(\boldsymbol{y}))\hat{\boldsymbol{x}}^{\mathrm{T}}(\boldsymbol{y})\}=\boldsymbol{0}$$

早先在2.4.3小节中提到过，由式(2.5.7)确定的最优线性估计的正交性条件是必要且充分的。对于这里分析的估计这个条件仅是必要的。这意味着，如果估计最优，则(2.5.7)成立，但不是所有满足式(2.5.7)的估计都是巴耶索夫斯基最优估计，即可不限制估计的类型使准则(2.5.1)极小。高斯线性问题是例外，这容易解释，如下面将要说明的那样，最优巴耶索夫斯基估计是相对观测的线性函数。

性质 3　估计误差协方差矩阵(2.5.2)满足下列不等式[16,80]：

$$\widetilde{\boldsymbol{P}}-\boldsymbol{P}\geqslant 0;\quad \widetilde{\boldsymbol{P}}(\boldsymbol{y})-\boldsymbol{P}(\boldsymbol{y})\geqslant \boldsymbol{0} \tag{2.5.8}$$

按照式(2.5.8)均方意义下的最优估计使估计误差协方差矩阵取极小值，而先验矩阵 $\boldsymbol{P}$ 和 $\widetilde{\boldsymbol{P}}(\boldsymbol{y})$ 描述了巴耶索夫斯基方法下最优估计的势精度。同时无条件先验协方差矩阵 $\boldsymbol{P}$ 是所有观测的平均，而条件先验矩阵 $\boldsymbol{P}(\boldsymbol{y})$ 是对具体观测的。这些矩阵的对角元素分别确定了估计分量 $\boldsymbol{x}_j, j=1,2,\cdots,n$ 的势精度。

性质 4　估计(2.5.2)使矩阵 $\boldsymbol{P}$ 和 $\widetilde{\boldsymbol{P}}(\boldsymbol{y})$ 的行列式极小[16,80]。注意到，后面两个性质是类似的，都是对线性巴耶索夫斯基最优估计，但它们一个是对条件，一个是对无条件的协方差矩阵；除此之外，它们对任意形式的估计都是正确的，而不仅仅是对由式(2.4.3)给出的那些。

后面的一个性质是与线性最优估计的性质5类似的。

性质 5　n 维向量 $\boldsymbol{x}$ 由线性变换 $\widetilde{\boldsymbol{x}}=\boldsymbol{T}\boldsymbol{x}$，这里 T 为确定 $\bar{\widetilde{\boldsymbol{x}}}(\boldsymbol{y})=\boldsymbol{T}\hat{\boldsymbol{x}}(\boldsymbol{y})$ 的任意 $m\times n$ 矩阵，变换后得到 m 维向量 $\widetilde{\boldsymbol{x}}$ 的最优估计为 $\bar{\widetilde{\boldsymbol{x}}}(\boldsymbol{y})=\boldsymbol{T}\hat{\boldsymbol{x}}(\boldsymbol{y})$，这里 $\hat{\boldsymbol{x}}(\boldsymbol{y})$ 为向量 $\boldsymbol{x}$ 的最优估计。由式(2.5.2)可知，这不难证明。

随后的性质是建立在最优估计的逼近上。在巴耶索夫斯基情形下同样引入估计的有效性概念，就像非巴耶索夫斯基情形下，由劳－卡尔曼不等式来确定[16,80]

$$\boldsymbol{P}=\boldsymbol{M}_{x,y}\{(\boldsymbol{x}-\hat{\boldsymbol{x}}(\boldsymbol{y}))(\boldsymbol{x}-\hat{\boldsymbol{x}}(\boldsymbol{y}))^{\mathrm{T}}\}\geqslant(\boldsymbol{I}^{\text{Б}})^{-1} \tag{2.5.9}$$

其中 $\boldsymbol{I}^{\text{Б}}$ 表示为

$$\boldsymbol{I}^{\text{Б}}=\boldsymbol{M}_{x,y}\left\{\frac{\partial \ln f_{x,y}(\boldsymbol{x},\boldsymbol{y})}{\partial \boldsymbol{x}}\left(\frac{\partial \ln f_{x,y}(\boldsymbol{x},\boldsymbol{y})}{\partial \boldsymbol{x}}\right)^{\mathrm{T}}\right\} \tag{2.5.10}$$

为使给出的不等式成立，要求联合分布密度 $f_{x,y}(\boldsymbol{x},\boldsymbol{y})$ 满足可控性条件。这个条件的本质在于 $\boldsymbol{x}$ 的一阶、二阶导数的存在及 $f_{x,y}(\boldsymbol{x},\boldsymbol{y})$ 的绝对可积性。

如果在(2.5.9)中用等号，估计 $\hat{\boldsymbol{x}}(\boldsymbol{y})$ 称为有效巴耶索夫斯基估计。应当注意到，巴耶索夫斯基情形下无条件协方差矩阵是有界的。在 $(\boldsymbol{I}^{\text{Б}})^{-1}$ 和与观测非线性相关问题的矩

阵 $\boldsymbol{P}(\boldsymbol{y})$ 之间是没有关系式的。

在估计理论中，存在如下重要结论，可以给出一个最优估计非常重要的性质。

性质 6　如果存在有效估计，则其为形如(2.5.2) 的均方意义下的最优估计。

给出的这个性质解释了巴耶索夫斯基情形下求解估计问题时估计(2.5.2) 的广泛使用。

由式(2.5.8)、(2.5.9) 同样可知，下组不等式成立

$$\tilde{\boldsymbol{P}} \geqslant \boldsymbol{P} \geqslant (\boldsymbol{I}^{B})^{-1} \tag{2.5.11}$$

这里 $\tilde{\boldsymbol{P}}$ 为由式(2.5.3) 给出，为描述任意估计 $\tilde{\boldsymbol{x}}(\boldsymbol{y})$ 精度的矩阵。

不等式 $\boldsymbol{P} \geqslant (\boldsymbol{I}^{B})^{-1}$ 中的大于等于号意味着均方意义下的最优估计并不总是有效的。在这个意义上矩阵 $\boldsymbol{I}^{B}$ 确定了巴耶索夫斯基方法下估计的临界精度。与此相关地，在非巴耶索夫斯基情形下矩阵$(\boldsymbol{I}^{B})^{-1}$ 称为精度下界矩阵。其中，矩阵对角元素给出了最优估计误差方差的下界。

2.5.3　线性高斯问题的解

最小二乘法与极大似然法的相关性。

在巴耶索夫斯基情形下求解线性高斯估计问题是更为简单的，下面来说明这一点。

设要求根据观测(2.1.11) 确定向量 $\boldsymbol{x}$ 均方意义下的最优巴耶索夫斯基估计，其中 $\boldsymbol{x}$ 和 $\boldsymbol{v}$ 均设其为高斯向量。基于 $\boldsymbol{x}$ 和 $\boldsymbol{v}$ 的高斯特性及 $\boldsymbol{y} = \boldsymbol{H}\boldsymbol{x} + \boldsymbol{v}$ 的线性特性，如 1.4.2 小节中所述的，联合密度 $f_{x,y}(\boldsymbol{x},\boldsymbol{y})$ 及先验密度 $f(\boldsymbol{x}/\boldsymbol{y})$ 同样将是高斯的，为确定参数 $f(\boldsymbol{x}/\boldsymbol{y})$ 应当使用关系式(1.4.16)、式(1.4.17)，给出了确定条件高斯密度参数的准则：

$$\hat{\boldsymbol{x}}(\boldsymbol{y}) = \bar{\boldsymbol{x}} + \boldsymbol{P}^{xy}(\boldsymbol{P}^{y})^{-1}(\boldsymbol{y} - \bar{\boldsymbol{y}})$$

$$\boldsymbol{P} = \boldsymbol{P}^{x} - \boldsymbol{P}^{xy}(\boldsymbol{P}^{y})^{-1}\boldsymbol{P}^{yx}$$

计算 $\bar{\boldsymbol{y}} = \boldsymbol{H}\bar{\boldsymbol{x}}$、$\boldsymbol{P}^{xy}$、$\boldsymbol{P}^{xy}$ 的值(如例 1.4.2 中给出的) 不难得到估计和协方差矩阵形如(1.4.22)、(1.4.23) 的表达式。其中，当 $\boldsymbol{x}$ 和 $\boldsymbol{v}$ 之间独立时，即矩阵 $\boldsymbol{B}=\boldsymbol{0}$，由本节中的定义 $\boldsymbol{P}^{v} = \boldsymbol{R}$，$\boldsymbol{P}^{x/y} = \boldsymbol{P}$，可得：$\bar{\boldsymbol{y}} = \boldsymbol{H}\bar{\boldsymbol{x}}$；$\boldsymbol{P}^{xy} = \boldsymbol{P}^{x}\boldsymbol{H}^{\mathrm{T}}$；$\boldsymbol{P}^{y} = \boldsymbol{H}\boldsymbol{P}^{x}\boldsymbol{H}^{\mathrm{T}} + \boldsymbol{R}$。由此可得

$$\hat{\boldsymbol{x}}(\boldsymbol{y}) = \bar{\boldsymbol{x}} + \boldsymbol{K}(\boldsymbol{y} - \boldsymbol{H}\bar{\boldsymbol{x}}) \tag{2.5.12}$$

$$\boldsymbol{K} = \boldsymbol{P}^{x}\boldsymbol{H}^{\mathrm{T}}(\boldsymbol{H}\boldsymbol{P}^{x}\boldsymbol{H}^{\mathrm{T}} + \boldsymbol{R})^{-1} \tag{2.5.13}$$

$$\boldsymbol{P} = \boldsymbol{P}^{x} - \boldsymbol{P}^{x}\boldsymbol{H}^{\mathrm{T}}(\boldsymbol{H}\boldsymbol{P}^{x}\boldsymbol{H}^{\mathrm{T}} + \boldsymbol{R})^{-1}\boldsymbol{H}\boldsymbol{P}^{x} \tag{2.5.14}$$

注意到，与式(1.4.27)、式(1.4.28) 相关的矩阵 $\boldsymbol{P}^{x}$ 和 $\boldsymbol{K}$ 可表示为

$$\boldsymbol{P} = [(\boldsymbol{P}^{x})^{-1} + \boldsymbol{H}^{\mathrm{T}}\boldsymbol{R}^{-1}\boldsymbol{H}]^{-1} \tag{2.5.15}$$

$$\boldsymbol{K} = \boldsymbol{P}\boldsymbol{H}^{\mathrm{T}}\boldsymbol{R}^{-1} \tag{2.5.16}$$

不难说明，在线性高斯问题中，均方意义下的最优估计是有效的。事实上，由于当 $\boldsymbol{s}(\boldsymbol{x}) = \boldsymbol{H}\boldsymbol{x}$ 时及关于 $\boldsymbol{x}$ 和 $\boldsymbol{v}$ 做出的假设

$$\frac{\partial \ln f_{x,y}(\boldsymbol{x},\boldsymbol{y})}{\partial \boldsymbol{x}} = -[(\boldsymbol{P}^{x})^{-1}(\boldsymbol{x} - \bar{\boldsymbol{x}}) - \boldsymbol{H}^{\mathrm{T}}\boldsymbol{R}^{-1}(\boldsymbol{y} - \boldsymbol{s}(\boldsymbol{x}))]$$

则将这个表达式代入式(2.5.10)，可得

$$\boldsymbol{P}=\boldsymbol{P}(\boldsymbol{y})=(\boldsymbol{I}^{\text{Б}})^{-1}=[(\boldsymbol{P}^{x})^{-1}+\boldsymbol{H}^{\mathrm{T}}\boldsymbol{R}^{-1}\boldsymbol{H}]^{-1} \tag{2.5.17}$$

值得强调的是,这里的先验密度是高斯的,均方意义下最优估计的计算方法与观测是线性相关的。同时,条件协方差矩阵 $\boldsymbol{P}(\boldsymbol{y})$ 与观测无关,在一般的非线性情形中,与无条件协方差矩阵 $\boldsymbol{P}$ 并不相符,这可如下解释,待估向量 $\boldsymbol{x}$ 与观测误差向量 $\boldsymbol{v}$ 的联合概率密度是高斯的,且观测与 $\boldsymbol{x}$ 和 $\boldsymbol{v}$ 是线性相关的。这些条件中任何一个不成立都会破坏先验密度的高斯特性,一般而言,会导致最优估计的算法更加复杂.

确定最优巴耶索夫斯基估计及相应的协方差矩阵关系式(2.5.12) ~ (2.5.16) 与线性最优估计类似的关系式(2.4.16) ~ (2.4.20) 相符。由所述可知,求解线性高斯问题时的最优巴耶索夫斯基估计与 2.4 节中得到的均方意义下最优线性估计相一致。

由此显然可得出下列在实践中有着重要意义的结论。

在线性高斯问题中不能通过赋予相对观测的非线性特性提高算法复杂程度来提升准则(2.5.1) 的估计精度。

由于这种情况下,一方面,线性最优算法与最优巴耶索夫斯基算法一致,另一方面,在一定的条件下也与改进的最小二乘算法一致,可得出与 2.4.4 小节中比较改进的最小二乘法和线性最优算法时相同的结论。在非线性高斯问题中,当待估向量与观测误差向量($\boldsymbol{B}=\boldsymbol{0}$) 之间互不相关时,选择改进的最小二乘法准则,即 $\bar{\boldsymbol{x}}$ 为向量 $\boldsymbol{x}$ 的数学期望,$\boldsymbol{D}=(\boldsymbol{P}^{x})^{-1}$,$\boldsymbol{Q}=\boldsymbol{R}^{-1}$,最小二乘法的估计与最优巴耶索夫斯基估计一致。

由此同样可得,如果引入关于待估向量与观测误差互不相关的假设,并设它们都有高斯特性,在前面分析的例 2.2.2 ~ 2.2.5 中与改进的最小二乘法相关的结论将与最优巴耶索夫斯基算法是相同的。

下面来讨论线性高斯问题中,改进的最小二乘法与最优估计一致的原因。如同前面所说的那样,本问题中先验密度是高斯的,显然也是对称函数,对应的数学期望 $\hat{\boldsymbol{x}}(\boldsymbol{y})$,即最优估计(2.5.2) 与 $\boldsymbol{x}$ 值一致,同时这个密度达到极大值。

按照 1.4 节中的结论对于联合概率密度有如下表达式:

$$f_{x,y}(\boldsymbol{x},\boldsymbol{y})=f(\boldsymbol{y}/\boldsymbol{x})f(\boldsymbol{x})=f_{v}(\boldsymbol{y}-\boldsymbol{H}\boldsymbol{x})f_{x}(\boldsymbol{x})$$

由此,先验概率密度为

$$f(\boldsymbol{x}/\boldsymbol{y})=c\exp\left\{-\frac{1}{2}((\boldsymbol{y}-\boldsymbol{H}\boldsymbol{x})^{\mathrm{T}}\boldsymbol{R}^{-1}(\boldsymbol{y}-\boldsymbol{H}\boldsymbol{x})+(\boldsymbol{x}-\bar{\boldsymbol{x}})^{\mathrm{T}}(\boldsymbol{P}^{x})^{-1}(\boldsymbol{x}-\bar{\boldsymbol{x}})\right\} \tag{2.5.18}$$

这里 c 为与 $\boldsymbol{x}$ 无关的标准化常数。

注意到 $f(\boldsymbol{x}/\boldsymbol{y})$ 的定义,不难理解,先验密度的极大化与使用改进的最小二乘法时适当选择矩阵 $\boldsymbol{Q}$ 和 $\boldsymbol{D}$ 对应的式(2.2.16) 的准则极小化相同。

$$\boldsymbol{J}(\boldsymbol{x})=(\boldsymbol{y}-\boldsymbol{H}\boldsymbol{x})^{\mathrm{T}}\boldsymbol{R}^{-1}(\boldsymbol{y}-\boldsymbol{H}\boldsymbol{x})+(\boldsymbol{x}-\bar{\boldsymbol{x}})^{\mathrm{T}}(\boldsymbol{P}^{x})^{-1}(\boldsymbol{x}-\bar{\boldsymbol{x}}) \tag{2.5.19}$$

这个事实,说明了当 $\boldsymbol{x}$ 与 $\boldsymbol{v}$ 独立时最小二乘法估计与最优巴耶索夫斯基估计是一致的,其协方差矩阵相应也是一致的。

考虑到巴耶索夫斯基估计与最小二乘法得到的估计之间的关系以及当适当选择观测

矩阵中的权重矩阵时广义最小二乘法的估计与极大似然函数估计之间的关系，对于线性高斯问题在观测误差与待估向量彼此独立时，由式(2.2.18)写出下列与式(2.2.37)类似的表达式

$$\hat{\boldsymbol{x}}(\boldsymbol{y})=\boldsymbol{P}((\boldsymbol{P}^{x})^{-1}\bar{\boldsymbol{x}}+(\boldsymbol{P}^{\text{мфп}})^{-1}\hat{\boldsymbol{x}}^{\text{мфп}}(\boldsymbol{y})) \tag{2.5.20}$$

这个表达式给出了最优巴耶索夫斯基估计与极大似然估计之间的关系。由这个表达式可以得到，在线性高斯问题中最优巴耶索夫斯基估计可以作为不考虑向量 $\boldsymbol{x}$ 的先验信息得到的估计 $\hat{\boldsymbol{x}}^{\text{мфп}}(\varphi)$ 与先验数学期望 $\bar{\boldsymbol{x}}$ 巴耶索夫斯基的结果。同时 $\bar{\boldsymbol{x}}$ 和 $\hat{\boldsymbol{x}}^{\text{мфп}}(\boldsymbol{y})$ 前面的权重矩阵与描述巴耶索夫斯基量精度的矩阵的逆矩阵一致。显然，这个过程成立仅在矩阵 $\boldsymbol{P}^{\text{мфп}}$ 及 $\boldsymbol{P}^{x}$ 为非奇异时。当矩阵 $\boldsymbol{P}$ 非奇异时，存在由已知巴耶索夫斯基估计值计算 $\hat{\boldsymbol{x}}^{\text{мфп}}(\boldsymbol{y})$ 的逆运算。

$$\hat{\boldsymbol{x}}^{\text{мфп}}(\boldsymbol{y})=\boldsymbol{P}^{\text{мфп}}(\boldsymbol{P}^{-1}\hat{\boldsymbol{x}}(\boldsymbol{y})-(\boldsymbol{P}^{x})^{-1}\bar{\boldsymbol{x}}) \tag{2.5.21}$$

由式(2.5.15)可知，当$(\boldsymbol{P}^{x})^{-1}\ll \boldsymbol{H}^{\mathrm{T}}\boldsymbol{R}^{-1}\boldsymbol{H}$ 时最优巴耶索夫斯基估计(2.5.2)，相应的协方差矩阵及准则(2.5.19)将与极大似然函数估计方法的估计(2.3.17)、协方差矩阵(2.3.18)及准则(2.3.15)一致。

不难看出，在线性情形下，估计计算方法及相应的精度分析过程问题的求解几乎都是相同的。这是由于：首先，条件协方差矩阵与观测无关，即为无条件协方差矩阵，其次，条件协方差矩阵的确定可以视为加强系数 k 计算过程的组成部分。

在求解非线性问题时的其他情形及其求解的特殊性在下一节中讨论。

2.5.4 非线性问题卡尔曼类型次最优算法的综合方法

2.5.1 小节中提到过，在巴耶索夫斯基情形下算法综合问题的理解为估计(2.5.2)本身及条件协方差矩阵(2.5.6)的求解，这里协方差矩阵(2.5.6)描述了确定估计时对具体观测实现的估计精度的计算特性。由于函数 $S(\boldsymbol{x})$ 的非线性特性，在观测(2.1.21)中不能得出封闭形式的最优估计及协方差矩阵的表达式，在求解实际问题时，需要使用不同形式的简化(次最优)算法，一方面，可以得到估计及协方差矩阵计算的简化方法；另一方面，可以保证精度接近于由无条件协方差矩阵给出的有势精度。

下面来分析几个分布最为广泛的算法。

最简情形为向量 $\boldsymbol{x}$ 和 $\boldsymbol{v}$ 具有高斯特性时基于线性化或线性描述的次最优方法。注意到式(2.1.22)、(2.4.26)观测可写作

$$\boldsymbol{y}\approx\bar{\boldsymbol{y}}^{\text{л}}+\boldsymbol{H}^{\text{лин}}(\boldsymbol{x}^{\text{л}})(\boldsymbol{x}-\boldsymbol{x}^{\text{л}})+\boldsymbol{v} \tag{2.5.22}$$

或

$$\boldsymbol{y}=\bar{\boldsymbol{y}}^{\text{lin}}+\boldsymbol{H}^{\text{lin}}(\boldsymbol{x}-\bar{\boldsymbol{x}})+\tilde{\boldsymbol{v}} \tag{2.5.23}$$

这里 $\bar{\boldsymbol{y}}^{\text{л}}=\boldsymbol{s}(\boldsymbol{x}^{\text{л}})$，$\boldsymbol{H}^{\text{пин}}=\left.\dfrac{\mathrm{d}\boldsymbol{s}}{\mathrm{d}\boldsymbol{x}^{\mathrm{T}}}\right|_{\boldsymbol{x}=\hat{\boldsymbol{x}}}$，$\boldsymbol{a}\bar{\boldsymbol{y}}^{\text{lin}}$，$\boldsymbol{H}^{\text{lin}}$ 及 $\bar{\boldsymbol{v}}$ 由式(2.4.23)，(2.4.27)，(2.4.30)确定，这样就将非线性问题转化为线性的.

注意到问题的线性特征，向量 $\boldsymbol{x}$ 和 $\boldsymbol{v}$ 的高斯特性，以及在(2.5.23)中考虑 $\tilde{\boldsymbol{v}}$ 为高斯向量，可将原问题转化为线性高斯问题. 此时先验密度将是高斯的，由关系式(1.4.16)，(1.4.17)可将估计和协方差矩阵的表达式写如下一般形式

$$\hat{\boldsymbol{x}}^{\mu}(\boldsymbol{y}) = \bar{\boldsymbol{x}} + \boldsymbol{K}^{\mu}(\boldsymbol{y} - \bar{\boldsymbol{y}}^{\mu}) \tag{2.5.24}$$

$$\boldsymbol{P}^{\mu} = \boldsymbol{P}^{x} - (\boldsymbol{P}^{xy})^{\mu}((\boldsymbol{P}^{y})^{\mu})^{-1}(\boldsymbol{P}^{yx})^{\mu} = \boldsymbol{P}^{x} - \boldsymbol{K}^{\mu}(\boldsymbol{P}^{yx})^{\mu} \tag{2.5.25}$$

$$\boldsymbol{K}^{\mu} = (\boldsymbol{P}^{xy})^{\mu}((\boldsymbol{P}^{y})^{\mu})^{-1}, \mu = \text{лин}, \text{lin} \tag{2.5.26}$$

其中使用的上标 μ 的意义为在线性化算法(2.5.22)的表达式中 $\mu=$лин－для，在建立线性最优算法使用的表达式(2.5.23)中 $\mu=$lin－для。

然后计算 $\bar{\boldsymbol{y}}^{\mu}$、互协方差矩阵 $(\boldsymbol{P}^{xy})^{\mu}$ 及协方差矩阵 $(\boldsymbol{P}^{y})^{\mu}$ 的值。对于线性化算法(2.5.22)，假设 $\boldsymbol{x}$ 与 $\boldsymbol{v}$ 无关，有

$$\boldsymbol{M}\boldsymbol{y} \approx \bar{\boldsymbol{y}}^{\text{лин}} = \boldsymbol{s}(\boldsymbol{x}^{\text{л}}) + \left.\frac{\mathrm{d}\boldsymbol{s}}{\mathrm{d}\boldsymbol{x}^{\mathrm{T}}}\right|_{\boldsymbol{x}=\boldsymbol{x}^{\text{л}}}(\bar{\boldsymbol{x}} - \boldsymbol{x}^{\text{л}}) = \boldsymbol{s}(\boldsymbol{x}^{\text{л}}) + \boldsymbol{H}^{\text{лин}}(\boldsymbol{x}^{\text{л}})(\bar{\boldsymbol{x}} - \boldsymbol{x}^{\text{л}})$$

$$\begin{aligned}\boldsymbol{M}\{(\boldsymbol{x} - \bar{\boldsymbol{x}})(\boldsymbol{y} - \bar{\boldsymbol{y}})\} \approx (\boldsymbol{P}^{xy})^{\text{лин}} &= \boldsymbol{M}\{(\boldsymbol{x} - \bar{\boldsymbol{x}})(\boldsymbol{x} - \bar{\boldsymbol{x}})^{\mathrm{T}}(\boldsymbol{H}^{\text{лин}})^{\mathrm{T}}(\boldsymbol{x}^{\text{л}})\} \\ &= \boldsymbol{P}^{x}(\boldsymbol{H}^{\text{лин}})^{\mathrm{T}}(\boldsymbol{x}^{\text{л}})\end{aligned}$$

$$\boldsymbol{M}\{(\boldsymbol{y} - \bar{\boldsymbol{y}})(\boldsymbol{y} - \bar{\boldsymbol{y}})^{\mathrm{T}}\} \approx (\boldsymbol{P}^{y})^{\mu} = \boldsymbol{H}^{\text{лин}}(\boldsymbol{x}^{\text{л}})\boldsymbol{P}^{x}(\boldsymbol{H}^{\text{лин}})^{\mathrm{T}}(\boldsymbol{x}^{\text{л}}) + \boldsymbol{R}$$

将这些关系式代入式(2.5.24)～(2.5.26)可得到与2.2.5小节中分析的基于线性化过程使用改进的最小二乘方法分析非线性问题相一致的算法。同时估计根据式(2.2.51)计算，当前计算协方差矩阵由表达式(2.2.54)在 $r=1$ 时或与其等效的表达式(2.5.25)计算，即

$$(\boldsymbol{P})^{\text{лин}} = \boldsymbol{P}^{x} - \boldsymbol{P}^{x}(\boldsymbol{H}^{\text{лин}})^{\mathrm{T}}(\boldsymbol{x}^{\text{л}})(\boldsymbol{H}^{\text{лин}}(\boldsymbol{x}^{\text{л}})\boldsymbol{P}^{x}(\boldsymbol{H}^{\text{лин}})^{\mathrm{T}}(\boldsymbol{x}^{\text{л}}) + \boldsymbol{R})^{-1}\boldsymbol{H}^{\text{лин}}(\boldsymbol{x}^{\text{л}})\boldsymbol{P}^{x}$$

这个矩阵与观测无关，仅与线性化点的选择相关，因此可类似于无条件协方差矩阵(2.5.5)来分析。同时由于前面三个表达式都是近似计算，因此这个矩阵同样是近似的，显然，其值一般情况下与协方差矩阵(2.5.5)的实际值是不同的。换言之，如2.2.5小节中曾经说明的那样，算法中得到的精度计算特性可能与实际的协方差矩阵并不相符，即引起了算法精度的适应性问题。

类似地由式(2.2.52)～(2.2.54)在巴耶索夫斯基情形下可以得到迭代方法。所得算法的特殊性在于，由于选择的线性化点在每一次迭代时都与观测相关的估计一致，协方差矩阵 $\boldsymbol{P}^{\text{iter}}(\boldsymbol{x})$ 同样与观测相关并且是条件协方差矩阵(2.5.4)的模拟。由此，在整体上算法相对观测是非线性的. 可以看出，基于式(2.5.2)描述的近似特性，在这种情形下矩阵 $\boldsymbol{p}^{iter}(\boldsymbol{y})$ 与迭代算法中的实际协方差矩阵是有差别的。

对基于计算 $\bar{\boldsymbol{y}}^{\text{lin}}$，$(\boldsymbol{P}^{xy})^{\text{lin}}$ 和 $(\boldsymbol{P}^{y})^{\text{lin}}$ 的表达式(2.5.23)的算法必须使用式(2.4.23)～(2.4.25)。在这些关系式中，如同在式(2.5.23)中一样，区别于式(2.5.22)和前面的关系式出现的是等号而不是近似号。由此可知，对应于式(2.5.25)在这个算法中选择的协方差矩阵与实际的协方差矩阵将是相同的。同时，由于算法是线性的，这个矩阵与观测无关。但是，应当注意到，根据与最优算法的关系，线性最优算法是次最优的。这可如下解释，非线性函数由其线性表达式(2.5.23)代替，随后，出现了误差的补充成分，其在一般

的高斯情形中并不会出现。同样值得注意的是不能够类似地计算式(2.4.23) ~ (2.4.25)，为确定其值必须引入数方法，例如蒙特－卡洛方法。

事实上，前面分析的所有方法都具有相同构造 —— 估计是先验值与系数加强矩阵同观测误差乘积之和，称这种构造为卡尔曼的，卡尔曼类算法。在第 3 章中，将指出，线性高斯情形下这类算法为常向量估计问题的卡尔曼滤波方法。

例 2.5.1　构造例 2.4.3 中分析问题的卡尔曼类型算法，即根据 $\boldsymbol{y}_i = a\boldsymbol{x} + b\boldsymbol{x}^3 + \boldsymbol{v}_i$ 型的观测估计向量参数，其中 $\boldsymbol{x}$ 与 $\boldsymbol{v}_i(i=1,2,\cdots,m)$ 为彼此独立的中心高斯随机向量，其方差分别为 σ_0^2 和 r^2。这个问题的线性最优算法在例 2.4.3 中讨论过。线性化算法很容易得到，如果假设 $\boldsymbol{x}^{л} = \overline{\boldsymbol{x}} = \boldsymbol{0}$。

$$\boldsymbol{H}^{лин}(\boldsymbol{x}^{л}) = a\boldsymbol{I}_m; \quad \boldsymbol{P}^{лин} = \left(\frac{1}{\sigma_0^2} + \frac{ma^2}{r^2}\right)^{-1} = \frac{\sigma_0^2 r^2}{\sigma_0^2 ma^2 + r^2}$$

$$\hat{\boldsymbol{x}}^{лин}(\boldsymbol{y}) = \frac{\sigma_0^2 a}{\sigma_0^2 ma^2 + r^2} \sum_{i=1}^{m} y_i$$

迭代算法基于式(2.2.52) ~ (2.2.54) 在 $\hat{\boldsymbol{x}}^{(0)} = \overline{\boldsymbol{x}} = \boldsymbol{0}$ 和 $\boldsymbol{H}^{iter}(\hat{\boldsymbol{x}}^{(0)}) = a\boldsymbol{I}_m$ 时使用。其中计算方差为

$$\boldsymbol{P}^{iter}(\hat{\boldsymbol{x}}^{(\gamma)}) = \left(\frac{1}{\sigma_0^2} + \frac{m(a + 3b(\hat{\boldsymbol{x}}^{(\gamma)})^2)^2}{r^2}\right)^{-1}$$

本题中在图 2.5.1 中给出的图形描述了估计误差观测数 $\varepsilon^{\mu}(\boldsymbol{Y}_m) = \boldsymbol{x} - \hat{\boldsymbol{x}}^{\mu}(\boldsymbol{Y}_m)$ 及与其对应的由线性最优($\mu = \text{lin}$)，线性化($\mu = \text{лин}$) 及迭代($\mu = \text{iter}$) 算法计算的形如 $\pm 3[\sigma^{\mu}(m) = \sqrt{\boldsymbol{P}^{\mu}(m)}]$ 的计算精度特性之间的关系。为强调与观测数目的关系，引入定义 $\boldsymbol{Y}_m = (y_1, y_2, \cdots, y_m)^{\mathrm{T}}$。在计算中假设 $a=2, b=0.5, r=1, \sigma_0 = 0.5 \sim 0.1$。迭代算法中迭代次数 r 随着估计的变化确定为 $2 \sim 4$。

由上述结论可知，当 $\sigma_0 = 0.1$ 时(图 2.5.1(a)) 所有算法在精度方面是相近的，误差值本身原则上与计算精度特性相一致，因为误差没有离开边界为 $\pm 3[\sigma^{\mu}(m) = \sqrt{\boldsymbol{P}^{\mu}(m)}]$ 的区域，这个事实表明了非线性的影响是小的，因为

$$\sigma_d = \sqrt{6}\, b\sigma_0^3 \approx 1.2 \times 10^{-3} \ll r/\sqrt{m} \approx 0.1$$

当 $\sigma_0 = 0.5$ 时线性化算法的实际误差与算法中得到的计算精度特性并不相符，因为这里误差的值在 $m > 20$ 时超出了界限 $\pm 3[\sigma^{\mu}(m) = \sqrt{\boldsymbol{P}^{\mu}(m)}]$。

对于迭代及线性最优算法的计算特性和误差的实际值原则上是彼此一致的。同时迭代算法比线性最优算法具有更高的估计精度。后者可如下解释，当 $\sigma_0 = 0.5$ 时已经不再能够忽略由线性函数代替非线性函数带来的补充误差的存在，因为 $\sigma_d = \sqrt{6}^{b\sigma_0^3} \approx 1,2 \times (0.5)^3 = 0,15 > r/\sqrt{m} \approx 0.1$。

求超过线性最优算法精度的精度可由迭代算法的非线性特征得到，即加强系数 $K(\hat{\boldsymbol{x}}^{(\gamma)}) = \boldsymbol{P}(\hat{\boldsymbol{x}}^{(\gamma)}(\boldsymbol{Y}_m))\boldsymbol{H}^{\mathrm{T}}(\hat{\boldsymbol{x}}^{(\gamma)}(\boldsymbol{Y}_m))\boldsymbol{R}^{-1}$ 与观测相关。

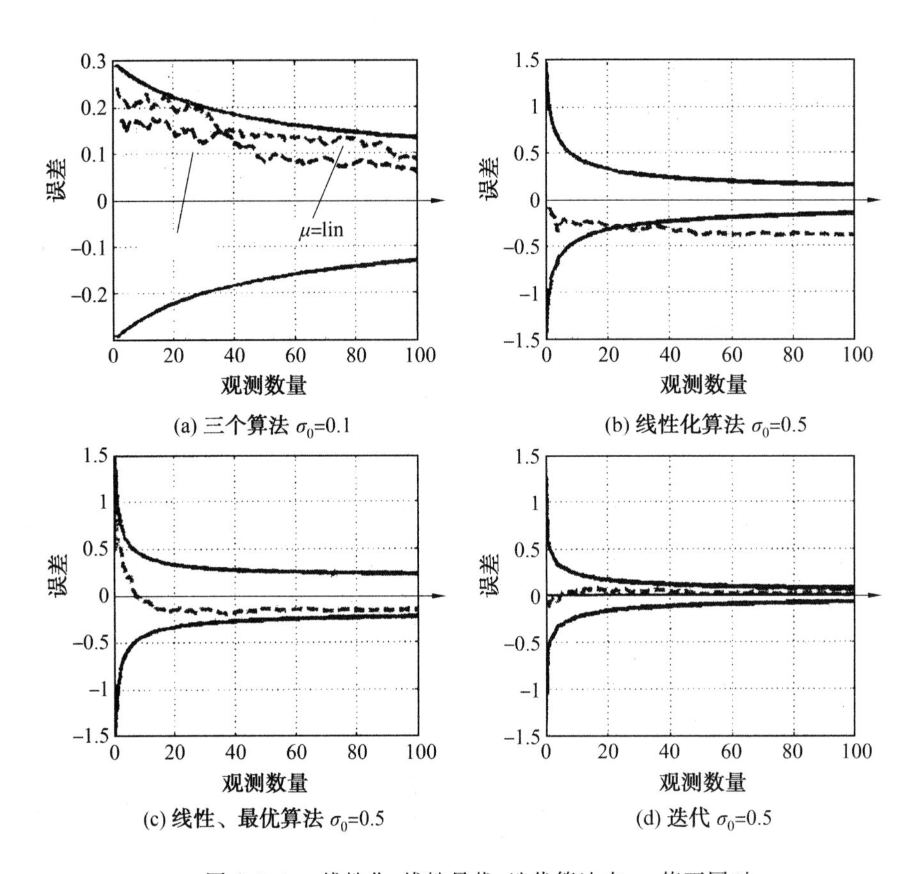

图 2.5.1　线性化、线性最优、迭代算法在 σ_0 值不同时的估计误差及对应的计算精度特性

由此，对例 2.4.3 中的问题应当给出正面的回答，即与线性最优算法相比较在非线性问题中使用非线性手段可以提高估计的精度。重要的是，这个结论只对非线性问题成立，对于线性高斯问题并不能够提高精度。

在分析卡尔曼类型算法精度的过程中会出现完全逻辑性的另一个问题。是否可以使用其他优于本例中算法的其他非线性算法来提高估计的精度？与这个问题相关的回答与有势精度相关，在 2.5.6 小节中叙述。

2.5.5　求解实非线性问题中次最优算法的综合算法

卡尔曼类算法在求解非线性问题时具有一定的有限性，在式(2.1.21) 中需代替非线性函数使用其线性化函数。由此可知，与其对应的精度总是要低于最优算法的。特别是在求解实非线性问题时，其先验密度可能具有复杂的多极值特性。与此相关地，再来讨论一类算法，其特殊性在于最优估计计算的方法误差及与其对应的协方差矩阵可以任意小。

设求解 $\boldsymbol{x}$ 与 $\boldsymbol{v}$ 独立时的高斯问题，可得如下联合概率密度 $f_{x,y}(\boldsymbol{x},\boldsymbol{y})$ 和密度 $f_y(\boldsymbol{y})$ 的表达式：

$$f_{x,y}(\boldsymbol{x},\boldsymbol{y})=f(\boldsymbol{y}/\boldsymbol{x})f(\boldsymbol{x})=f_v(\boldsymbol{y}-s(\boldsymbol{x}))f_x(\boldsymbol{x})$$

$$=c\exp\left\{-\frac{1}{2}((\boldsymbol{y}-s(\boldsymbol{x}))^{\mathrm{T}}\boldsymbol{R}^{-1}(\boldsymbol{y}-s(\boldsymbol{x}))+(\boldsymbol{x}-\overline{\boldsymbol{x}})^{\mathrm{T}}(\boldsymbol{P}^x)^{-1}(\boldsymbol{x}-\overline{\boldsymbol{x}})\right\}$$

$$f_y(\boldsymbol{y})=c\int\exp\left\{-\frac{1}{2}((\boldsymbol{y}-s(\boldsymbol{x}))^{\mathrm{T}}\boldsymbol{R}^{-1}(\boldsymbol{y}-s(\boldsymbol{x}))+(\boldsymbol{x}-\overline{\boldsymbol{x}})^{\mathrm{T}}(\boldsymbol{P}^x)^{-1}(\boldsymbol{x}-\overline{\boldsymbol{x}})\right\}\mathrm{d}\boldsymbol{x}$$

这里 C 为常数乘子。

由式(1.4.2) 可得

$$f(\boldsymbol{x}/\boldsymbol{y})=\frac{\exp\left\{-\frac{1}{2}((\boldsymbol{y}-s(\boldsymbol{x}))^{\mathrm{T}}\boldsymbol{R}^{-1}(\boldsymbol{y}-s(\boldsymbol{x}))+(\boldsymbol{x}-\overline{\boldsymbol{x}})^{\mathrm{T}}(\boldsymbol{P}^x)^{-1}(\boldsymbol{x}-\overline{\boldsymbol{x}})\right\}}{\int\exp\left\{-\frac{1}{2}((\boldsymbol{y}-s(\boldsymbol{x}))^{\mathrm{T}}\boldsymbol{R}^{-1}(\boldsymbol{y}-s(\boldsymbol{x}))+(\boldsymbol{x}-\overline{\boldsymbol{x}})^{\mathrm{T}}(\boldsymbol{P}^x)^{-1}(\boldsymbol{x}-\overline{\boldsymbol{x}})\right\}\mathrm{d}\boldsymbol{x}}$$

这些具有不同特性的方法之一 —— 基于先验密度的如下近似表达式为[80]

$$f(\boldsymbol{x}/\boldsymbol{y})\approx\sum_{j=-1}^{L_{MC}}\mu^j\delta(\boldsymbol{x}-\boldsymbol{x}^j)$$

这里 $\boldsymbol{x}^j$ 为预先选定的区域 Ω_0 上待估状态向量的值(aTQ 节点或精确质量),这个区域上 $f(\boldsymbol{x}/\boldsymbol{y})$ 不为零;μ^j 为相应节点上与先验密度值成比例的权重。

由此可知

$$\mu^j=\frac{\tilde{\mu}^j}{\sum_j^k\tilde{\mu}^j}\tag{2.5.27}$$

这里 $\tilde{\mu}^j=\exp\left[-\frac{1}{2}((\boldsymbol{y}-s(\boldsymbol{x}^j))^{\mathrm{T}}\boldsymbol{R}^{-1}(\boldsymbol{y}-s(\boldsymbol{x}^j))+(\boldsymbol{x}^j-\overline{\boldsymbol{x}})^{\mathrm{T}}(\boldsymbol{P}^x)^{-1}(\boldsymbol{x}^j-\overline{\boldsymbol{x}})\right]$,$j=1,2,\cdots,L_{MC}$,其中,$L_{MC}$ 为节点总数。

将这个表达式代入估计和协方差矩阵表达式可得如下关系式

$$\hat{\boldsymbol{x}}(\boldsymbol{y})=\int\boldsymbol{x}f(\boldsymbol{x}/\boldsymbol{y})\mathrm{d}\boldsymbol{x}\approx\sum_{j=1}^{L_{MC}}\boldsymbol{x}^j\mu^j\tag{2.5.28}$$

$$\boldsymbol{P}(\boldsymbol{y})\approx\int\boldsymbol{x}\boldsymbol{x}^{\mathrm{T}}f(\boldsymbol{x}/\boldsymbol{y})\mathrm{d}\boldsymbol{x}-\hat{\boldsymbol{x}}(\boldsymbol{y})\hat{\boldsymbol{x}}^{\mathrm{T}}(\boldsymbol{y})\approx\sum_{j=1}^{L_{MC}}\boldsymbol{x}^j(\boldsymbol{x}^j)^{\mathrm{T}}\mu^j-\hat{\boldsymbol{x}}(\boldsymbol{y})\hat{\boldsymbol{x}}^{\mathrm{T}}(\boldsymbol{y})\tag{2.5.29}$$

除可得到任意小的方法误差之外,这个方法(精确质量或级差方法) 还有一个十分重要的优点,其本质在于权重 μ^j 的计算及与其相应的值 x^j,$j=1,2,\cdots,L_{MC}$.

同样也可以基于蒙特卡洛方法得到近似的估计和协方差矩阵的计算方法。对于估计(2.5.2) 和协方差矩阵(2.5.6) 计算则基于如下形式的积分和含有概率密度函数的子积分

$$f(\boldsymbol{x}/\boldsymbol{y})=\frac{f(\boldsymbol{y}/\boldsymbol{x})f(\boldsymbol{x})}{\int f(\boldsymbol{y}/\boldsymbol{x})f(\boldsymbol{x})\mathrm{d}\boldsymbol{x}}$$

由此,估计和协方差矩阵可以表示为

$$\hat{\boldsymbol{x}}(\boldsymbol{y})=\frac{\boldsymbol{M}_x\{\boldsymbol{x}f(\boldsymbol{y}/\boldsymbol{x})\}}{\boldsymbol{M}_x\{f(\boldsymbol{y}/\boldsymbol{x})\}}\tag{2.5.30}$$

$$\boldsymbol{P}(\boldsymbol{y})=\frac{\boldsymbol{M}_x\{\boldsymbol{x}\boldsymbol{x}^{\mathrm{T}}f(\boldsymbol{y}/\boldsymbol{x})\}}{\boldsymbol{M}_x\{f(\boldsymbol{y}/\boldsymbol{x})\}}-\hat{\boldsymbol{x}}(\boldsymbol{y})\hat{\boldsymbol{x}}^{\mathrm{T}}(\boldsymbol{y}) \tag{2.5.31}$$

注意到,数学期望的符号与概率密度函数 $f(\boldsymbol{x})$ 的表达式相对应。由计算关系式(2.5.30)和(2.5.31)中积分的蒙特卡洛方法类比,不难得到与式(2.5.28)、(2.5.29)类似的表达式,差别仅在于作为 $\boldsymbol{x}^j, j=1,2,\cdots,L_{MK}$ 不是预先给定的值而是由随机数传感器得到的与先验概率密度 $f(\boldsymbol{x})$ 对应的值,权重同样由式(2.5.27)计算,但同时

$$\tilde{\mu}^j=\exp\left\{-\frac{1}{2}((\boldsymbol{y}-\boldsymbol{s}(\boldsymbol{x}^j))^{\mathrm{T}}\boldsymbol{R}^{-1}(\boldsymbol{y}-\boldsymbol{s}(\boldsymbol{x}^j))\right\}$$

这里,就像级差方法,增加作用数,可以得到任意高的积分计算精度。同时,这个精度可能在使用蒙特卡洛方法时不是直接实现的,这在1.5.2小节中已经说明了。

例2.5.2 对例2.3.3中由观测估计标量 x 的估计问题求解,补充假设 x 为与观测误差独立的随机量,其先验概率密度函数 $f(x)$ 是已知的,并设其为高斯的,即 $f(x)=N(x;0,\sigma_0^2)$,这时先验概率密度函数的表达式为

$$f(x/y)=\frac{\exp\left\{-\frac{1}{2}\left(\sum_{i=1}^{m}\frac{1}{r^2}(y_i-s_i(x))^2+\frac{(x-\bar{x})^2}{\sigma_0^2}\right)\right\}}{\int\exp\left\{-\frac{1}{2}\left(\sum_{i=1}^{m}\frac{1}{r^2}(y_i-s_i(x))^2+\frac{(x-\bar{x})^2}{\sigma_0^2}\right)\right\}\mathrm{d}x}$$

用区域 $\Omega_0=\{x\leqslant 3\sigma_0\}$ 来代替无限区域并令网格节点之间的步长相等为 $\Delta=3\sigma_0/k$,可得

$$\hat{x}(y)\approx\Delta\sum_{j=-k}^{k}j\mu^j$$

$$P(y)=\int x^2f(x/y)-\hat{x}^2(y)\approx\Delta^2\sum_{j=-k}^{k}j^2\mu^j-\hat{x}^2(y)$$

这里

$$\mu^j=\frac{\exp\left\{-\frac{1}{2}\left(\sum_{i=1}^{m}\frac{1}{r^2}(y_i-s_i(x^j))^2+\frac{(x^j-\bar{x})^2}{\sigma_0^2}\right)\right\}}{\sum_{j=-k}^{k}\exp\left\{-\frac{1}{2}\left(\sum_{i=1}^{m}\frac{1}{r^2}(y_i-s_i(x^j))^2+\frac{(x^j-\bar{x})^2}{\sigma_0^2}\right)\right\}},\qquad j=1,2,\cdots,2(k+1)$$

类似对蒙特卡洛方法有

$$\hat{x}(y)\approx\sum_{j=1}^{L_{MK}}x^j\mu^j;\qquad P(y)\approx\sum_{j=1}^{L_{MK}}(x^j)^2\mu^j-\hat{x}^2(y)$$

$$\mu^j=\frac{\exp\left\{-\frac{1}{2}\left(\sum_{i=1}^{m}\frac{1}{r^2}(y_i-s_i(x^j))^2\right)\right\}}{\sum_{j=1}^{L_{MK}}\exp\left\{-\frac{1}{2}\left(\sum_{i=1}^{m}\frac{1}{r^2}(y_i-s_i(x^j))^2\right)\right\}}$$

这里 X^j 为高斯随机向量的取值,其概率密度函数为 $f(x)=N(x;0,\sigma_0^2)$,$j=1,2,\cdots,L_{MK}$,其中,L_{Mk} 为蒙特卡洛方法中取值的总数。

注意到,前面给出的公式可能对不同于标准分布的先验分布也是有效的,例如均匀分

布。

不难将得到的关系式用于相位或频率的估计问题，以及在例 2.4.3 中分析的问题中。为此只需在给出的表达式中将函数 $s_i(x)$ 对应替换为函数 $s_i(x)=\sin(\omega t_i+x)$，$s_i(x)=\sin(xt_i+\varphi_0)$ 或 $s_i(x)=ax+bx^3$，来详细分析由观测 $y_i=\sin(xt_i)+v_i, i=1, 2, \cdots, m$，这里 t_i 为已知时刻；v_i 为观测误差，估计调谐信号 $\omega=x$ 的频率估计问题。

假设 x 为区间 $\Omega=(x_{\min}, x_{\max})$ 上均匀分布的随机向量，其数学期望为 $\bar{x}$，方差为 σ_0^2，观测误差 v_i 为与 x 独立的高斯中心随机向量，其方差均为 r^2。

基于上述假设先验概率密度函数的表达式可写作

$$f(x/y)=\begin{cases}\dfrac{\exp\left\{-\dfrac{1}{2}\left(\displaystyle\sum_{i=1}^{m}\dfrac{1}{r^2}(y_i-\sin(xt_i))^2\right)\right\}}{\displaystyle\int_0^{\Omega}\exp\left\{-\dfrac{1}{2}\left(\displaystyle\sum_{i=1}^{m}\dfrac{1}{r^2}(y_i-\sin(xt_i))^2\right)\right\}\mathrm{d}x} & \text{当 } x\in\Omega=(x_{\min}, x_{\max}) \text{ 时}\\ 0 & \text{当 } x\notin\Omega=(x_{\min}, x_{\max}) \text{ 时}\end{cases}$$

考虑到先验概率密度函数 $f(x/y)$ 容易得到网格方法和蒙特卡洛方法的估计和条件方差的表达式，由其可得最优估计和相应的条件方差。

在图 2.5.2 中描上题中在步长为 0.2 m，$r=1$ rad/s 时观测数量不同时先验密度的变化，在图形上可以看出，$f(x/y)$ 与观测数量 m 是相关的，并且是多极值的概率密度函数。在图 2.5.3 中给出了估计误差 $\varepsilon^{\mathrm{MK}}(Y_m)=x-\hat{x}^{\mathrm{MK}}(Y_m)$ 的例子以及相应的精度特性 $\pm 3[\sigma^{\mathrm{MK}}(m)=\sqrt{P^{\mathrm{MK}}(Y_m)}]$ 的计算结果，使用的是蒙特卡洛方法，观测区间为 $T=2$ s，步长为 0.2 s($m=25$)，$r=1$ rad/s，同时 $\bar{x}=\bar{\omega}=6.28$ rad/s，$\sigma_0=1$ rad/s，($x_{\min}=4.55$，$x_{\max}=+8.0$)。

在计算中 L_{MK} 的取值为 100 000 时，将其值增加二倍并不会引起结果的明显变换。由此可以假设得到的估计误差值及其条件方差实际上已经与最优算法相一致，因为计算的方法误差已经非常小。

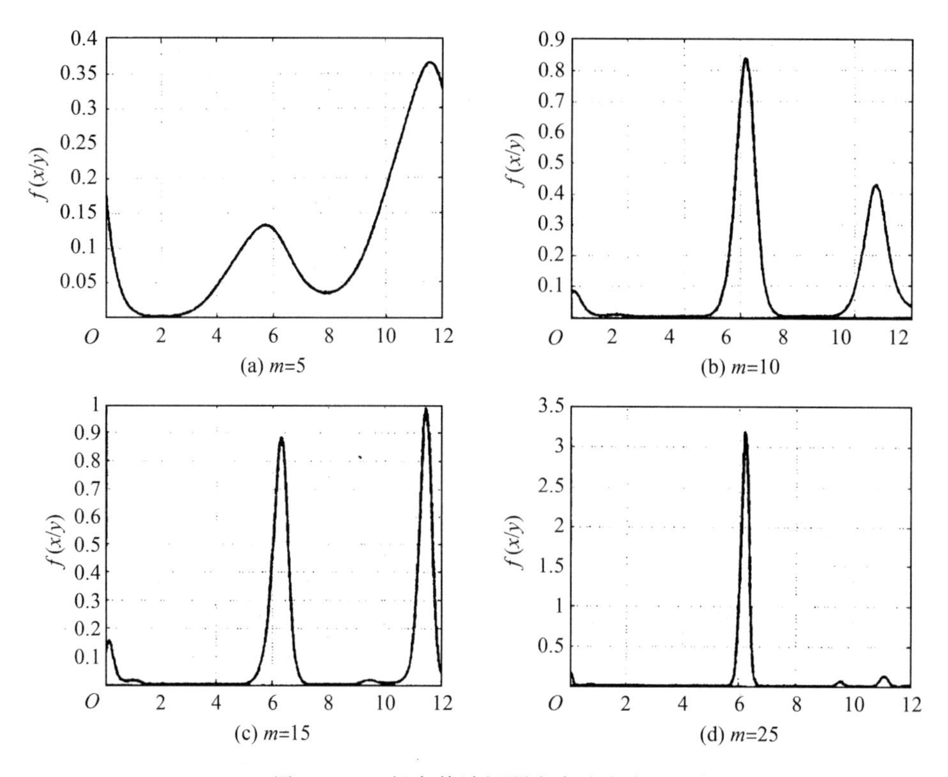

图 2.5.2　频率估计问题中先验密度 $f(\boldsymbol{x}/\boldsymbol{y})$

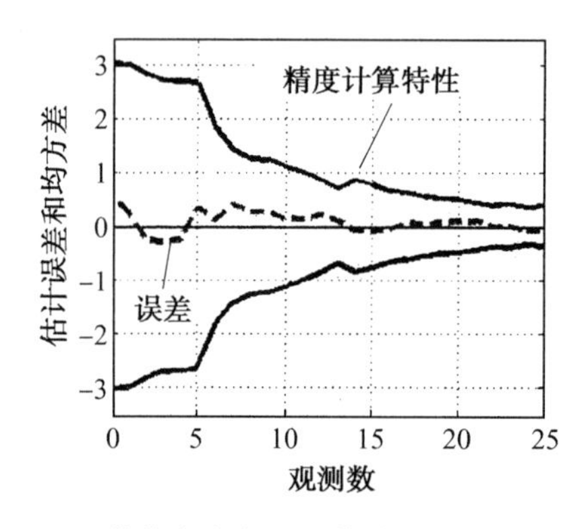

图 2.5.3　蒙特卡洛方法的估计误差及计算精度特性

2.5.6　次最优算法的有效性分析

在 2.5.4 小节中提到过,在构建有效的次最优算法时应当使得在计算耗费不大时,由简化算法得到的精度接近于有势的。由此,在研究算法的有效性时,首先必须分析由其所能达到的精度。这个精度按照观测总体的均值由形如式(2.5.5)的无条件协方差矩阵定量地描述。为不与条件协方差矩阵混淆,这里使用定义 $\boldsymbol{G}$,即

$$\boldsymbol{G}^{\mu}=\iint(\boldsymbol{x}-\hat{\boldsymbol{x}}^{\mu}(\boldsymbol{y}))(\boldsymbol{x}-\hat{\boldsymbol{x}}^{\mu}(\boldsymbol{y}))^{\mathrm{T}}f(\boldsymbol{x},\boldsymbol{y})\mathrm{d}\boldsymbol{x}\mathrm{d}\boldsymbol{y} \tag{2.5.32}$$

这里角标 μ 表示不同的算法，即 $\hat{\boldsymbol{x}}^{\mu}(\boldsymbol{y})$ 为由具体算法得到的误差。

在不同算法有效性的比较分析中，可以进行其相互之间精度的一致性分析。这里总会出现一个问题：是否能够由其他算法来提高算法的估计精度。其中，在例 2.5.1 的结果分析中就会产生这个问题。在巴耶索夫斯基方法中精度问题的分析是类似的。这是由于算法的精度可以与最优算法的有势精度相一致，由 $\mu=\mathrm{opt}$ 时计算 $\hat{\boldsymbol{x}}^{\mathrm{opt}}(\boldsymbol{y})$ 的矩阵 $\boldsymbol{G}^{\mathrm{opt}}$ 给出。在计算无条件协方差矩阵(2.5.32) 时通常也使用蒙特卡洛方法，由其有

$$\boldsymbol{G}^{\mu}\cong\frac{1}{L}\sum_{j=1}^{L}(\boldsymbol{x}^{j}-\hat{\boldsymbol{x}}^{\mu}(\boldsymbol{y}^{j}))(\boldsymbol{x}^{j}-\hat{\boldsymbol{x}}^{\mu}(\boldsymbol{y}^{j})^{\mathrm{T}} \tag{2.5.33}$$

这里 $\boldsymbol{x}^{j}$，$\boldsymbol{y}^{j}$ 为向量 $\boldsymbol{x}$ 和观测 $\boldsymbol{y}$ 的值，为分布 $f(\boldsymbol{x})$、$f(\boldsymbol{v})$ 及式(2.1.21) 已知时由随机数传感器所得到的；$\hat{\boldsymbol{x}}^{\mu}(\boldsymbol{y})$ 为第 j 个向量值 $\boldsymbol{x}^{j}$、$\boldsymbol{y}^{j}$ 与 μ 算法对应的估计。

注意到，通常当蒙特卡洛方法用于计算选择方差或其协方差矩阵时，一般称其为静态实验方法。由式(2.5.33) 可知，为计算 $\boldsymbol{G}^{\mathrm{opt}}$ 的元素需要最优估计的方法。由于在求解精度分析问题时计算原因，需要使用最优估计(2.5.2) 计算的方法误差可任意小的算法。网格方法或蒙特卡洛方法满足这个要求，因为，如前所述，通过增加网格方法中的节点数量或者是蒙特卡洛方法中的作用数量可以使方法误差任意小。

在计算出给定的矩阵后，比较 $\boldsymbol{G}^{\mathrm{Sub}}$ 和 $\boldsymbol{G}^{\mathrm{opt}}$，设次最优算法能够得到可接受的精度，如果 $\boldsymbol{G}^{\mathrm{sub}}\cong\boldsymbol{G}^{\mathrm{opt}}$.

次最优估计算法的另外一个重要特性是，选择的协方差矩阵 $\boldsymbol{P}^{\mu}(\boldsymbol{y})$ 与其实际值是相一致的。其中，在讨论例 2.5.1 中得到的结果时，曾提及了计算精度特性与其实际值的非一致性。但为解决算法中计算精度特性的一致性问题仅比较估计误差及某些观测作用对应的计算精度是不够的。下面进行一致性的检验。除了无条件协方差矩阵(2.5.33) 外，由下式计算出无条件计算协方差矩阵

$$\widetilde{\boldsymbol{P}}^{\mu}=\int\boldsymbol{P}^{\mu}(\boldsymbol{y})f(\boldsymbol{y})\mathrm{d}\boldsymbol{y}\approx\frac{1}{L}\sum_{j=1}^{L}\boldsymbol{P}^{\mu}(\boldsymbol{y}^{j}) \tag{2.5.34}$$

这里 $\boldsymbol{P}^{\mu}(\boldsymbol{y}^{j})$ 为第 μ 个算法中对具体的观测 $\boldsymbol{y}^{j}$ 选择的计算协方差矩阵。

计算精度特性将是一致的，如果 $\widetilde{\boldsymbol{p}}^{\mu}\approx\boldsymbol{G}^{\mu}$. 显然，对于最优算法这个等式总是成立的，

$$\int\boldsymbol{P}(\boldsymbol{y})\mathrm{d}\boldsymbol{y}=\iint[\boldsymbol{x}-\hat{\boldsymbol{x}}(\boldsymbol{y})][\boldsymbol{x}-\hat{\boldsymbol{x}}(\boldsymbol{y})]^{\mathrm{T}}f(\boldsymbol{x}/\boldsymbol{y})f(\boldsymbol{y})\mathrm{d}\boldsymbol{x}\mathrm{d}\boldsymbol{y}=\boldsymbol{G}^{\mathrm{opt}}$$

在实际中通常进行不同的估计算法有效性估计时仅限于比较计算或实际协方差矩阵中主对角线上的元素，即检验下列等式是否成立。

$$\boldsymbol{G}^{\mathrm{sub}}[k,k]\cong\boldsymbol{G}^{\mathrm{opt}}[k,k]\text{ 和 }\widetilde{\boldsymbol{P}}^{\mu}[k,k]\cong\boldsymbol{G}^{\mu}[k,k],k=1,2,\cdots,\mu=\mathrm{opt},\mathrm{sub}$$

解释算法有效性的检验流程的一般图表在图 2.5.4 中给出，注明了每个方块的含义。

在方块 1 中实现了式(2.5.33)、(2.5.34) 中的估计参数和观测向量建模。这是基于已有的先验信息(方块 2) 以联合概率密度函数 $f(\boldsymbol{xv})$ 及关系式(2.1.21) 由相应的随机数传感器(2.1.21) 得到的。同时，一般而言，首先形成 $\boldsymbol{x}^{j}$，随后是 m 个彼此独立的随机量 $\boldsymbol{v}_{i}^{j}$。

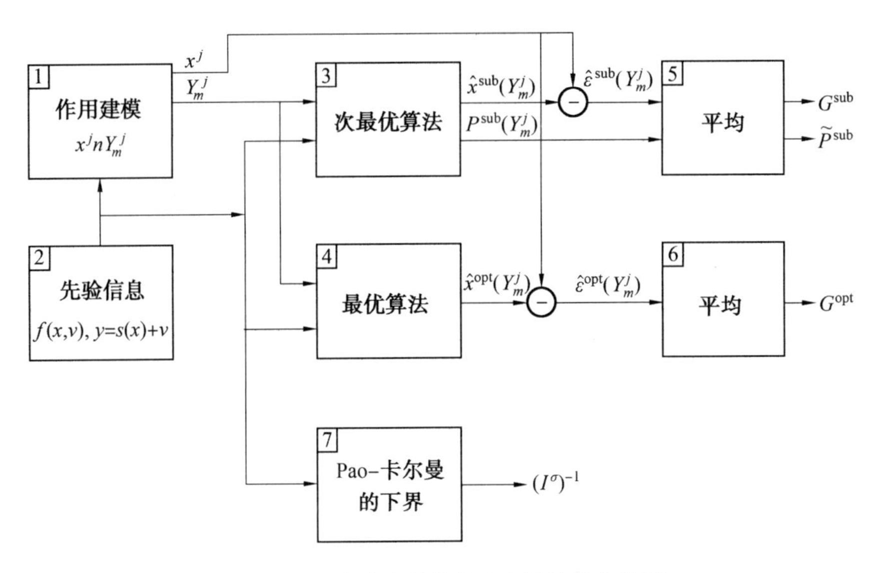

图 2.5.4 检验次最优算法有效性的方块图

观测向量元素 $\boldsymbol{y}_m^j=(\boldsymbol{y}_1^j,\boldsymbol{y}_2^j,\cdots,\boldsymbol{y}_m^j)^{\mathrm{T}}$ 由 $\boldsymbol{y}_i^j=s(\boldsymbol{x}^j)+v_i^j,i=1,2,\cdots,m,j=1,2,\cdots,L$。随后方块3和4中的每一组观测$\boldsymbol{Y}_m^j,j=1,2,\cdots,L$分别对应于次最优和最优算法。在这些方块中可以确定估计 $\hat{\boldsymbol{x}}^{\mu}(\boldsymbol{Y}_m^j)$ 及计算协方差矩阵 $\boldsymbol{P}^{\mu}(\boldsymbol{Y}_m^j)$ 的对角元素。由估计可以计算其误差值 $\varepsilon^{\mu}(\boldsymbol{Y}_m^j)=\boldsymbol{x}^j-\hat{\boldsymbol{x}}^{\mu}(\boldsymbol{Y}_m^j)$，随后其及 $\boldsymbol{P}^{\mu}(\boldsymbol{Y}_m^j)$ 一起进入方块(5) 和(6) 中，根据式(2.5.33)、式(2.5.34) 进行平均。输出结果为 $\boldsymbol{G}^{sub}[k,k]$，$\boldsymbol{G}^{opt}[k,k]$ 和 $\widetilde{\boldsymbol{P}}^{\mu}[k,k]$，$\mu=\mathrm{pt}$，sub. 有时在分析算法精度时要使用方块 7 中计算的精度下界，这在下一节中详述。与研究算法的类型相关，有某些方块不能起到作用。例如，对于线性最优算法及线性化算法只需计算一次计算方差，因为它们的精度特性与观测无关，即 $\boldsymbol{P}^{лин}(\boldsymbol{Y}_m^j)=\boldsymbol{P}^{лин}(m)$，$\boldsymbol{P}^{lin}(\boldsymbol{Y}_m^j)=\boldsymbol{P}^{lin}(m)$，这是由于估计与观测线性相关。

例 2.5.3 按照给出的方法进行前面给出的各种算法用于频率估计问题时的比较，设观测为 $y_i=\sin(xt_i)+v_i,i=1,2,\cdots,m$ 且估计误差与未知频率 $\omega=x$ 的特性与例2.5.2中一致。

容易实现卡尔曼类型的算法，如果注意到 $s(x)=(\sin(xt_1),\sin(xt_2),\cdots,s_m(xt_m)^{\mathrm{T}})$，$R=r^2E_m,P^x=\sigma_0^2$。求式(2.5.24)、(2.5.25) 中的线性化和迭代算法时应当注意到

$$(H^{\mu})^{\mathrm{T}}=[\cos(x^{\mu}t_1),\cos(x^{\mu}t_2),\cdots,\cos(x^{\mu}t_m)]^{\mathrm{T}}$$

$$P^{\mu}=\frac{\sigma_0^2r^2}{r^2+\sigma_0^2\sum_{i=1}^{m}\cos^2x^{\mu}t_i}$$

同时在线性化算法中 $\mu=лин$ 必须使用 $x^{лин}=\bar{x}$，而迭代算法中:对于每个第 r 次迭代 $x^{\mu}=\hat{x}^{(r)},r=0,1,2,\cdots,\hat{x}^{(0)}=\bar{x}$；对于线性最优算法量(2.4.23) ~ (2.4.25) 是必须的，由于分布 x 的均匀性在本例中可以类似的算出，其中，对于 $\bar{y}$ 有

$$\bar{y}_i^{lin}=\frac{1}{\Delta}\int_{x_{\min}}^{x_{\max}}\sin(xt_i)\mathrm{d}x=\frac{1}{\Delta}\left\{\frac{\cos(x_{\min}t_i)}{t_i}-\frac{\cos(x_{\max}t_i)}{t_i}\right\},i=1,2,\cdots,m$$

这里 $\Delta = x_{\max} - x_{\min}$。类似的方法可以得到其余量的表达式。在进行计算时 $x^j \in [x_{\min}, x_{\max}]$ 按照均匀分布规律，而观测误差按照高斯的，即 $v_i^j \in N(v_i;0,r^2)$。观测向量 $Y_m^j = (y_1^j, y_2^j, \cdots, y_m^j)^{\mathrm{T}}$ 的分量为 $y_i^j = \sin(x^j - t_i) + v_i^j, i = 1,2,\cdots,m, j = 1,2,\cdots,L$。对于所有的算法，计算精度特性为 $(\tilde{\sigma}^\mu(m))^j = \sqrt{P^\mu(Y_m^j)}$。

在表 2.5.1 和图 2.5.5 中经给出了与例 2.5.2 中相同条件下的实际和计算的无条件均方估计误差值 $\sigma^\mu(m) = \sqrt{G^\mu(m)}$ 和 $\tilde{\sigma}^\mu(m) = \sqrt{\tilde{P}^\mu(m)}$ ($\mu = \text{opt}, \text{лин}, \text{iter}, \text{lin}$)，即观测的时间段内 $T = 2$ s，步长为 0.2 s($m = 25$)，$r = 1$ rad/s。迭代算法中迭代数量等于 4。确定作用数量的量 L 的取值为 1 000 ～ 3 000。

表 2.5.1　频率估计问题中的实际(σ^μ)和计算($\tilde{\sigma}^\mu$)无条件均方估计误差值

N	$\sigma_0/(\text{rad}\cdot\text{s}^{-1})$		μ = лин	μ = iter	μ = lin	μ = opt
1	0.1	$r = 1.0$	0,07/0,07	0,07/0,07	0,07/0,07	0,07/0,07
		$r = 0.1$	0,011/0,009	0,009/0,009	0,01/0,01	0,009/0,09
2	0.3		0,15/0,09	0,10/0,09	0,13/0,13	0,09/0,09
3	1.0		0,99/0,09	1,02/0,09	0,58/0,58	0,24/0,24

由蒙特卡洛方法计算得到的值 $\sigma^{\text{MK}}(m) = \sigma^{\text{opt}}(m)$ 可作为描述估计有势精度的量来分析。注意到，$\tilde{\sigma}^{\text{MK}}(m)$ 的计算结果也说明了其与 $\sigma^{\text{MK}}(m)$ 是一致的，即 $\sigma^{\text{MK}}(m) = \tilde{\sigma}^{\text{MK}}(m)$，这也进一步说明了可以使用 $\sigma^{MK}(m)$ 作为有势精度特性。

计算 σ_0 分别为 0.1 rad/s、0.3 rad/s、1.0 rad/s 时的值。由给出的结果可知，在本例中给出的数据条件下所有的卡尔曼类算法对 $\sigma_0 \leqslant 0.1$ rad/s 都是有效的。同时，其中得到的计算精度特性实际上的均方误差值是等同的，即 $\sigma^\mu(m) = \tilde{\sigma}^\mu(m) = \sigma^{\text{opt}}(m)$，$\mu$ = иин，iter，lin. 在 $\sigma_0 = 0.3$ rad/s 之前随着先验不确定性程度的增加，线性化算法的有效性会显著降低，同时与迭代算法类似仍然保证了接近于有势精度的精度。随着先验不确定性程度的增加会产生问题。因为在 $\sigma_0 = 1$ rad/s 时线性化和迭代算法在原则上变成了失效的。—— 与其相应的实际均方误差随着观测数量的增加而增长，同时计算均方误差的值却显著减小，这与实际不同(图 2.5.5(a))。这种情况下我们说算法是发散的。

当 $\sigma_0 \geqslant (0.1 \sim 0.3)$rad/s 时，线性化和迭代算法的这种不良工作状况是由于先验密度的多极值特性造成的。在本质上，这些算法的方向就是寻找先验密度的极值。同时得到的极值可能是局部的，并引起较大的误差。

对于线性最优算法，当 $\sigma_0 \geqslant (0.1 \sim 0.3)$rad/s 时，随着先验不确定性程度的增加会明显逊于最优算法的精度(图 2.5.4(b))。进一步地，当 $\sigma_0 = 0.3$ rad/s 时它也会逊于迭代算法的精度。但是，区别于线性和迭代算法，值得期待的是式 $\sigma^{\text{lin}}(m) \backsim \tilde{\sigma}^{\text{lin}}(m)$ 与 σ_0 的值是无关的，即计算和实际均方误差是相符的。

与非线性算法相比较使用线生最优算法估计误差的增长是受到限制的，首先，使用线性函数替换掉非线性的，其次，这个替换限制了观测补充误差的出现。在图 2.5.6 中给出了非线性函数 $\sin(TX)$ 及对应的线性逼近函数 $\bar{\boldsymbol{y}}(T) + H(T)(\boldsymbol{x} - \bar{\boldsymbol{x}})$ 在观测的两个不同

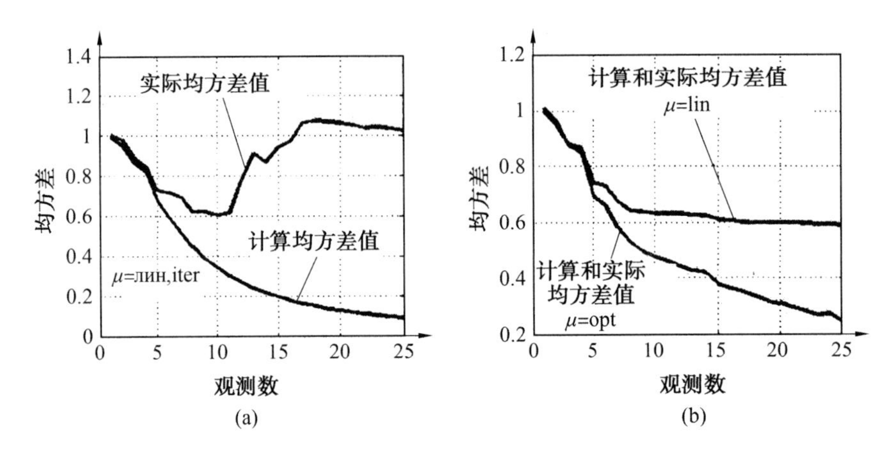

图 2.5.5　线性和迭代算法(a)及最优和线性最优算法(b)的实际和计算均方估计误差

时刻 T 的曲线图例,这里给出了补充观测误差的均方值 $\sigma^{ad}=\sqrt{p^{ad}}$。

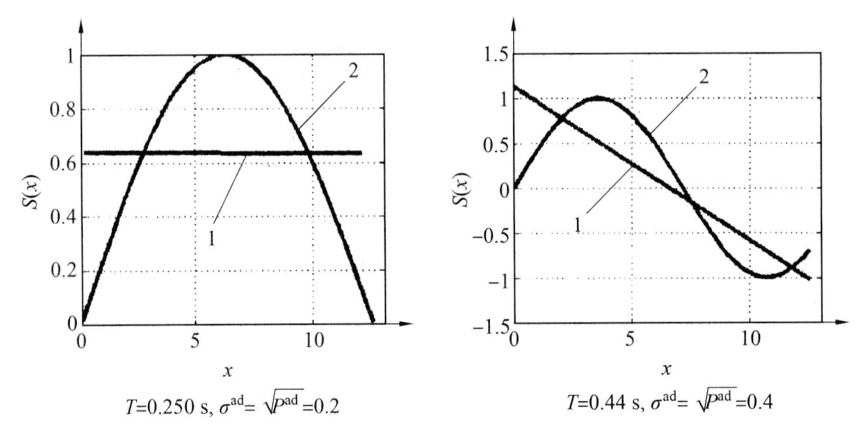

图 2.5.6　不同 T 值的非线性函数(1)及其线性表述(2)

由这些图可以看出,$H(T)$ 为零的情况是可能的,并原则上使得此类线性观测的精确化成为不可能的。

例 2.5.4　分析定轨坐标导航问题中卡尔曼类型算法有效性的分析。此类问题的建模及各种求角方案已在 2.1.5～2.1.8,2.2.5,2.2.6 和 2.3.4 小节中讨论过。以前在给出观测(2.1.16)时假设一般情况下存在 m 个轨道,同时假设,到每个轨道都有一个观测。这里假设,轨道共有两个,m 的值确定了到轨道共有一对观测值。在所做出的假设下对观测方便引入下列定义:

$$y_{ik}=s_{ik}(x)+v_{ik}=\sqrt{(x_1^k-x_1)^2+(x_2^k-x_2)^2}+v_{ik}$$

这里 $i=1,2,\cdots,m$,x_1^k,x_2^k 为定轨坐标;$k=1,2$,x_1,x_2 为未知客体坐标。

假设 x 为中心高斯向量,协方差矩阵为 $\boldsymbol{P}^x=\sigma_0^2\boldsymbol{E}_2$,观测误差 $\boldsymbol{v}_i=[v_{i1},v_{i2}]^{\mathrm{T}}$ 为彼此互不相关的中心高斯向量,且与 x 无关,其协方差矩阵为 $\boldsymbol{P}v_i=r^2\boldsymbol{E}_2$。计算完成后假设,客体位于坐标原点的邻域内,定轨的坐标如下确定:$\boldsymbol{x}^1=[\rho,0]^{\mathrm{T}}$,$\boldsymbol{x}^2=[0,\rho]^{\mathrm{T}}$,同时值 ρ 为

3 000 m，$r=30$ m(0.01ρ)。

线性化和迭代算法容易实现，注意到表达式(2.1.28)～(2.1.31)及例 2.2.9 中的关系式。迭代算法中迭代的数量为 5 ～ 10 次. 对于线性最优算法必须的量(2.4.23)～(2.4.25)可由作用数为 $L_{\text{MK}}=3\ 000$ 的蒙特卡洛方法来计算。在计算无条件计算协方差矩阵和实际协方差矩阵时为计算均值需要 500 ～ 100 个作用。在建立算法时使用前面描述的算法相应计算了计算协方差矩阵和实际协方差矩阵的对角元素。在分析不同类型问题中的算法时研究先验密度的情况总是十分有益的。给出的情形下先验密度可表示为

$$f(\boldsymbol{x}/\boldsymbol{Y}_m)=\frac{\exp\{J(\boldsymbol{x},\boldsymbol{Y}_m)f(\boldsymbol{x})\}}{\int\exp\{J(\boldsymbol{x},\boldsymbol{Y}_m)f(\boldsymbol{x})\}\mathrm{d}\boldsymbol{x}}$$

其中　$J(\boldsymbol{x},\boldsymbol{Y}_m)=-\dfrac{1}{2r^2}\sum\limits_{i=1}^{m}\sum\limits_{k=1}^{2}(\boldsymbol{y}_{ik}-\boldsymbol{s}_{ik}(\boldsymbol{x}_1,\boldsymbol{x}_2))^2$；　$f(\boldsymbol{x})=N(\boldsymbol{x};0,\sigma_0^2\boldsymbol{E}_2)$

在图 2.5.7 上给出了单个观测假设下先验不确定程度从 500 到 1 400 m 的不同情形下先验密度的图表。由给出的图形可以看出由于先验不确定性程度的不同根据定轨确定坐标的问题可能具有实际非线性(当 $\sigma_0=500$ m 时先验密度是单值的)，或者具有实际非线性(当 $\sigma_0=14\ 000$ m 时先验密度有两个极值)。

在图 2.5.8 和表 2.5.2 中给出了先验确定程度不同时对待估向量 x_1 分量中的一个取不同观测数的情况下分别对应于最优算法、线性最优算法，线性化和迭代算法的无条件均方实际估计误差 $\sigma^{\mu}(m)$ 和计算估计误差 $\tilde{\sigma}^{\mu}(m)$ 的计算结果。对于第二个分量它们具有类似的形式。

五组观测下不同先验不确定程度下由定轨确定坐标的问题中无条件实际均方估计误差 σ^{μ}(分子)与计算估计误差(分母)值见表 2.5.2。

表 2.5.2

σ_0/m	$\mu=$ лин	$\mu=$ iter	$\mu=$ lin	$\mu=$ opt
1 400	610/13	300/41	494/494	282/282
1 000	300/13	99/13	246/246	82/82
500	74/13	14/14	61/61	13/13
300	29/13	14/14	25/25	13/13

由本例中得到的结果可得以下结论。

基于对非线性函数使用非线性展开方式的卡尔曼类型算法仅仅在解决非实际非线性问题时是有效的，即当先验密度为单值时。同时，一般而言，接近于有势的最大精度是由惯性算法确定的。其不足之处在于，这类算法中的计算精度特性并不总是与实际精度相一致的。由于这个不足之处，线性最优算法是自由的，但是在精度方面可能会逊于非惯性算法。这一特性造成了基于最优和迭代算法线合的有效算法的构建。

在实际非线性问题中，即当先验密度具有复杂的非线性特性及多极值特性时，卡尔曼类型的算法在精度上就逊于最优算法，这是十分合乎逻辑的，因为这种算法是基于将非线性函数由其各种不同形式的线性展开来代替得出的。

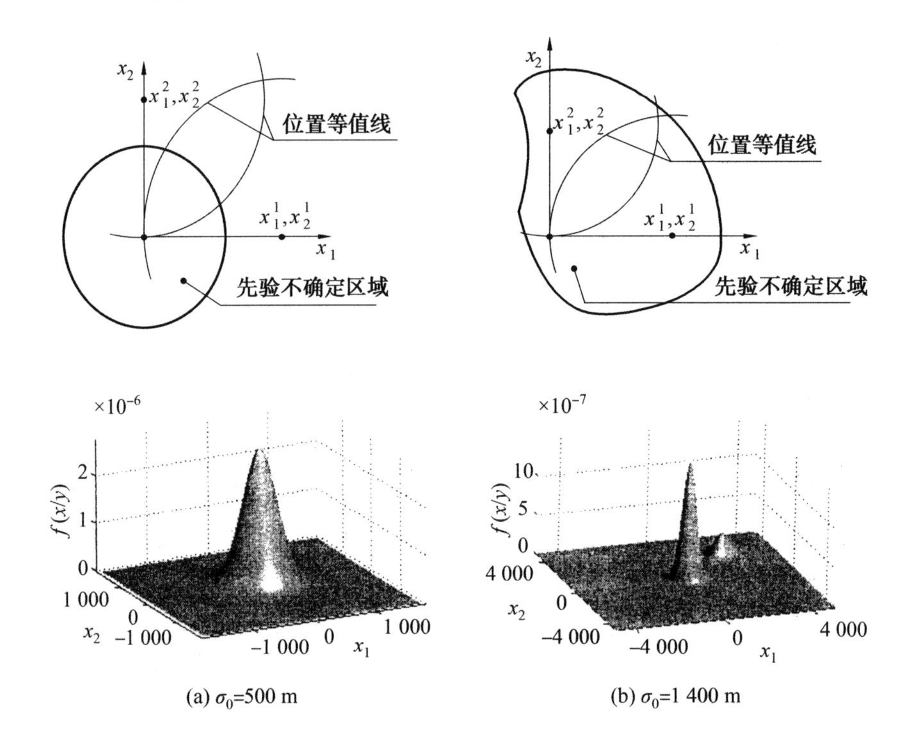

(a) σ_0=500 m (b) σ_0=1 400 m

图 2.5.7 由定轨确定坐标问题中不同先验不确定性程度下的先验密度形式

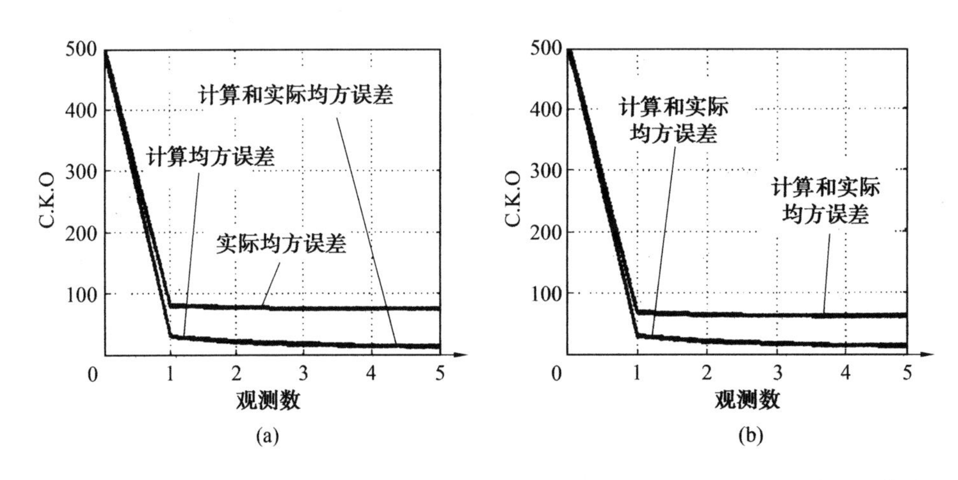

(a) (b)

图 2.5.8 σ_0 = 500 m 时线性和惯性算法(a) 及最优和线性最优算法(b) 的实际和计算均方估计误差值

在建立算法时,如同已经说明的,在进行实现时必须的计算规模是重要的。本书的目的即为熟悉估计算法构建的基本方法,关于计算的复杂性问题不予讨论。但至少当注意到,在算法实现时从计算规模的角度可以使用如下方式来提出算法:线性、迭代的,最优线性的,蒙特卡洛方法和网格方法。

在最后再一次强调,在巴耶索夫斯基方法框架下解决估计问题最关键的是在构建算法时找到分析算法有效性的"参考系统",即对应于最优估计并描述其有势精度的无条件协方差矩阵。这个情况在前面进行的例题分析中可以看到。

2.5.7 解决非线性问题时有势精度的近似分析方法

为建立算法及有势精度分析问题的求解需要计算对应于最优估计的无条件协方差矩阵(2.5.5),这个矩阵的直接计算是基于关系式(2.5.33)的静态实验方法,这是相当困难的运算,需要较大的计算量。与其相关的在非线性问题中使用更加简便的近似精度分析是十分重要的。其中之一是基于描述精度下界的矩阵计算。可以看出当 $\boldsymbol{x}$ 和 $\boldsymbol{v}$ 具有高斯特性时这个矩阵在假设函数 $s(\boldsymbol{x})$ 保证可控条件成立时是十分容易得到的。事实上,为计算简单,设 $\boldsymbol{x}$ 和 $\boldsymbol{v}$ 独立,$f(\boldsymbol{x})=N(\boldsymbol{x};\bar{\boldsymbol{x}},\boldsymbol{P}^x)$,$f(\boldsymbol{v})=N(\boldsymbol{x};0,\boldsymbol{R})$,可得

$$\ln f_{x,y}(\boldsymbol{x},\boldsymbol{y})=C-\frac{1}{2}[(\boldsymbol{y}-\boldsymbol{s}(\boldsymbol{x}))^{\mathrm{T}}\boldsymbol{R}^{-1}(\boldsymbol{y}-\boldsymbol{s}(\boldsymbol{x}))+(\boldsymbol{x}-\bar{\boldsymbol{x}})^{\mathrm{T}}(\boldsymbol{P}^x)^{-1}(\boldsymbol{x}-\bar{\boldsymbol{x}})]$$

这里,C 为与 $\boldsymbol{x}$ 及 $\boldsymbol{y}$ 无关的常量。由此可知

$$\frac{\partial\ln f_{x,y}(\boldsymbol{x},\boldsymbol{y})}{\partial\boldsymbol{x}}=-\left[(\boldsymbol{P}^x)^{-1}(\boldsymbol{x}-\bar{\boldsymbol{x}})-\frac{\mathrm{d}\boldsymbol{s}^{\mathrm{T}}(\boldsymbol{x})}{\mathrm{d}\boldsymbol{x}}\boldsymbol{R}^{-1}(\boldsymbol{y}-\boldsymbol{s}(\boldsymbol{x}))\right]$$

将后面的表达式代入式(2.5.10)并首先由密度 $f(\boldsymbol{y}/\boldsymbol{x})$ 取数学期望,然后由密度 $f_x(\boldsymbol{x})$,可得

$$\boldsymbol{I}^{Б}=(\boldsymbol{P}^x)^{-1}+\int\left[\frac{\mathrm{d}\boldsymbol{s}^{\mathrm{T}}(\boldsymbol{x})}{\mathrm{d}\boldsymbol{x}}R^{-1}\frac{\mathrm{d}\boldsymbol{s}(\boldsymbol{x})}{\mathrm{d}\boldsymbol{x}^{\mathrm{T}}}\right]f(\boldsymbol{x})\mathrm{d}\boldsymbol{x}$$

方程右端的积分项可由蒙特卡洛方法计算。那么式(2.5.9)可具体写作

$$\begin{aligned}G&=M_{x,y}\{(\boldsymbol{x}-\hat{\boldsymbol{x}}(\boldsymbol{y}))(\boldsymbol{x}-\hat{\boldsymbol{x}}(\boldsymbol{y}))^{\mathrm{T}}\}\geqslant(\boldsymbol{I}^{Б})^{-1}\\&=\left((\boldsymbol{P}^x)^{-1}+\int\left[\frac{\mathrm{d}\boldsymbol{s}^{\mathrm{T}}(\boldsymbol{x})}{\mathrm{d}\boldsymbol{x}}R^{-1}\frac{\mathrm{d}\boldsymbol{s}(\boldsymbol{x})}{\mathrm{d}\boldsymbol{x}^{\mathrm{T}}}\right]f(\boldsymbol{x})\mathrm{d}\boldsymbol{x}\right)^{-1}\end{aligned}\tag{2.5.35}$$

注意到 $\boldsymbol{I}^{Б}$ 的表达式可写作

$$\boldsymbol{I}^{Б}=(\boldsymbol{P}^x)^{-1}+\int\boldsymbol{I}(\boldsymbol{x})f(\boldsymbol{x})\mathrm{d}\boldsymbol{x}$$

这里,$\boldsymbol{I}(\boldsymbol{x})$ 为非巴耶索夫斯基建模体系中精度下界矩阵计算中使用的矩阵。

在确定精度下界矩阵时应当注意到,其确定归结为以精度下界观点求解与观测形式如下的线性高斯问题等效的计算协方差矩阵[84]。

$$\boldsymbol{y}=\boldsymbol{H}^{э}\boldsymbol{x}+\boldsymbol{v}^{э}\tag{2.5.36}$$

其中矩阵 $\boldsymbol{H}^{э}$ 及协方差矩阵 $\boldsymbol{R}^{э}$ 为与 $\boldsymbol{x}(f(\boldsymbol{x})=N(\boldsymbol{x};\bar{\boldsymbol{x}},\boldsymbol{P}^x))$ 为互不相当的中心向量,其误差 $\boldsymbol{V}^{э}$ 满足下式

$$(\boldsymbol{H}^{э})^{\mathrm{T}}(\boldsymbol{R}^{э})^{-1}\boldsymbol{H}^{э}=\int\left[\frac{\mathrm{d}\boldsymbol{s}^{\mathrm{T}}(\boldsymbol{x})}{\mathrm{d}\boldsymbol{x}}\boldsymbol{R}^{-1}\frac{\mathrm{d}\boldsymbol{s}(\boldsymbol{x})}{\mathrm{d}\boldsymbol{x}^{\mathrm{T}}}\right]f(\boldsymbol{x})\mathrm{d}\boldsymbol{x}$$

在这种情况下下界的计算问题归结为满足给出关系式的 $\boldsymbol{H}^{э}$ 和 $\boldsymbol{R}^{э}$ 的求解问题,随后估计 $\boldsymbol{x}$ 误差协方差矩阵的计算由观测(2.5.36)求得,因为 $(\boldsymbol{I}^{Б})^{-1}=((\boldsymbol{P}^x)^{-1}+(\boldsymbol{H}^{э})^{\mathrm{T}}(\boldsymbol{R}^{э})^{-1}\boldsymbol{H}^{э})^{-1}$。

对于精度下界的近似计算有时使用矩阵

$$(\hat{\boldsymbol{I}}^{Б})^{-1}=[(\boldsymbol{P}^x)^{-1}+(\boldsymbol{H}^{э})^{\mathrm{T}}\boldsymbol{H}^{э}]^{-1}$$

对应于根据线性观测(2.5.36)的估计误差协方差矩阵,其中

$$\boldsymbol{H}^{э}=\boldsymbol{R}^{1/2}\int\frac{\mathrm{d}\boldsymbol{s}(\boldsymbol{x})}{\mathrm{d}\boldsymbol{x}^{\mathrm{T}}}f(\boldsymbol{x})\mathrm{d}x,\quad \boldsymbol{R}^{э}=\boldsymbol{E}_m$$

这里 $\boldsymbol{R}^{\frac{1}{2}}$ 为 $(\boldsymbol{R}^{\frac{1}{2}})^{\mathrm{T}}\boldsymbol{R}^{\frac{1}{2}}=\boldsymbol{R}$。能够说明,这种方式得到的矩阵 $(\hat{\boldsymbol{I}}^{Б})^{-1}$ 是描述精度下界矩阵的估计上界,即 $(\hat{\boldsymbol{I}}^{Б})^{-1}\geqslant(\boldsymbol{I}^{Б})^{-1}$[80]。

当对于不同的 i 观测误差彼此互不相关,但其方差相同时,即 $\boldsymbol{R}=r^2\boldsymbol{E}_m$,对 $(\hat{\boldsymbol{I}}^{Б})^{-1}$ 的近似计算方便使用

$$\boldsymbol{H}^{э}=\int\frac{\mathrm{d}\boldsymbol{s}(\boldsymbol{x})}{\mathrm{d}\boldsymbol{x}^{T}}=f(\boldsymbol{x})\mathrm{d}\boldsymbol{x},\quad \boldsymbol{R}^{э}=\boldsymbol{R}$$

这个矩阵本质上是导数的均方矩阵。显然,此时 $(\hat{\boldsymbol{I}}^{Б})^{-1}=\left((\boldsymbol{P}^{x})^{-1}+\frac{1}{r^2}(\boldsymbol{H}^{э})^{\mathrm{T}}\boldsymbol{H}^{э}\right)^{-1}$ 同样是矩阵 $(\boldsymbol{I}^{Б})^{-1}$ 的估计上界(见题 2.5.8)。下面看例题。

例 2.5.5 写出例 2.3.3 中所分析的根据标量观测估计标量 $\boldsymbol{x}$ 的估计问题中精度下界的表达式,假设 $\boldsymbol{x}$ 为与观测误差无关的高斯随机向量,其概率密度函数为 $f(\boldsymbol{x})=N(\boldsymbol{x};0,\sigma_0^2)$,变换式(2.5.35),可得

$$(\boldsymbol{I}^{Б})^{-1}=\left(\frac{1}{\sigma_0^2}+\frac{1}{r^2}\int\sum_{i=1}^{m}\left(\frac{\mathrm{d}\boldsymbol{s}_i(\boldsymbol{x})}{\mathrm{d}\boldsymbol{x}}\right)^2 f(\boldsymbol{x})\mathrm{d}\boldsymbol{x}\right)^{-1}$$

估计的上界为

$$(\hat{\boldsymbol{I}}^{Б})^{-1}=\left(\frac{1}{\sigma_0^2}+\frac{1}{r^2}\sum_{i=1}^{m}\left(\int\frac{\mathrm{d}\boldsymbol{s}_i(\boldsymbol{x})}{\mathrm{d}\boldsymbol{x}}\right)^2 f(\boldsymbol{x})\mathrm{d}\boldsymbol{x}\right)^{-1}$$

如果引入 g

$$g=\sqrt{\frac{1}{m}\int\sum_{i=1}^{m}\left(\frac{\mathrm{d}\boldsymbol{s}_i(\boldsymbol{x})}{\mathrm{d}\boldsymbol{x}}\right)^2 f(\boldsymbol{x})\mathrm{d}\boldsymbol{x}}$$

则可以得到与式(2.3.27)类似的表达式

$$\boldsymbol{P}\geqslant(\boldsymbol{I}^{Б})^{-1}=\left[\frac{1}{\sigma_0^2}+\frac{mg^2}{r^2}\right]^{-1}\tag{2.5.37}$$

这个表达式的右端与式(2.3.27)不同,首先是和项的第一项,其次当计算 g 时使用的不是待估参数,导数的平方 $\left(\frac{\mathrm{d}\boldsymbol{s}_i(\boldsymbol{x})}{\mathrm{d}\boldsymbol{x}}\right)^2$,而是其相应于先验概率密度函数 $f(\boldsymbol{x})$ 的数学期望。如果忽略掉式(2.5.37)中和项的第一项,不难看出,估计误差的方差不可能小于确定观测均方误差 $\frac{r^2}{m}$ 相对 g^2 关系的量。

将得到的表达式用于相位及频率估计中去,假设先验分布是高斯的,可以方便地写出精度下界的表达式(2.5.37)

$$g_{\phi}^2=\frac{\sum_{i=1}^{m}\int\cos^2(\omega t_i+\boldsymbol{x})f(\boldsymbol{x})\mathrm{d}\boldsymbol{x}}{m};\quad g_{ч}^2=\frac{\sum_{i=1}^{m}\int t_i^2\cos^2(\boldsymbol{x}t_i)f(\boldsymbol{x})\mathrm{d}\boldsymbol{x}}{m}$$

注意到,在例 2.5.2 中假设先验分布是均匀的。遗憾的是在这种情况下可控条件不成立,

严格地说，不能使用劳－卡尔曼不等式。

例 2.5.6　计算例 2.4.3 中的精度下界。按照式(2.5.35)，不难看出

$$(\sigma^{lb}(m))^2=(\boldsymbol{I}^{Б})^{-1}m=\left(\frac{1}{\sigma_0^2}+\frac{1}{r^2}\int\sum_{i=1}^{m}(a+3bx^2)^2 f(\boldsymbol{x})\mathrm{d}\boldsymbol{x}\right)^{-1}=\frac{\sigma_0^2 r^2}{\sigma_0^2(h^{lb})^2 m+r^2}$$

这里
$$h^{lb}=\sqrt{(a^2+6ab\sigma_0^2+27b^2\sigma_0^4)}$$

那么，形如式(2.5.36)的观测可写作

$$\boldsymbol{y}=h^{lb}\boldsymbol{I}_{m\times l}\boldsymbol{x}+\boldsymbol{v}\quad 或\quad \boldsymbol{R}=\boldsymbol{r}^2\boldsymbol{E}_m$$

由于 $\boldsymbol{H}^{э}=\int\frac{\mathrm{d}\boldsymbol{s}(\boldsymbol{x})}{\mathrm{d}\boldsymbol{x}^{\mathrm{T}}}f(\boldsymbol{x})\mathrm{d}\boldsymbol{x}=\tilde{h}^{lb}\boldsymbol{I}_{m\times l}$，这里 $\tilde{h}^{lb}=\sqrt{(a^2+6ab\sigma_0^2+9b^2\sigma_0^4)}$，则对于由 $(\hat{\boldsymbol{I}}^{Б})^{-1}=((\boldsymbol{P}^{x})^{-1}+\frac{1}{r^2}(\boldsymbol{H}^{э})^{\mathrm{T}}\boldsymbol{H}^{э})^{-1}$ 确定的下界估计可表示为

$$\hat{\sigma}^{lb}(m)=(\hat{\boldsymbol{I}}^{Б})^{-1}=\frac{\sigma_0^2 r^2}{\sigma_0^2(\tilde{h}^{lb})^2 m+r^2}$$

在图 2.5.9 上给出了例 2.4.3 中 $\sigma_0=0.5$ 时描述精度下界的量 $\sigma^{lb}(m)$、$\hat{\sigma}^{lb}(m)$ 及描述实际有势精度值 $\sigma^{\mathrm{opt}}(m)=\sqrt{G^{\mathrm{opt}}(m)}$ 的变化曲线。

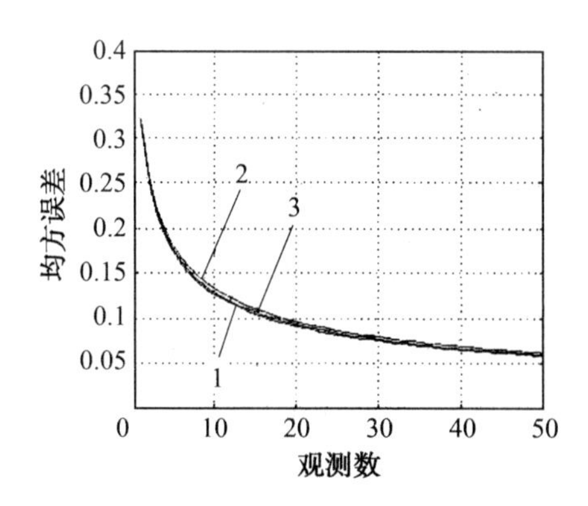

图 2.5.9　相对于观测数的精度下界值(1)，其估计值(2) 及最优估计均方误差(有势精度)(3) 的变化曲线

由这个图中可以看出，此时值 $\sigma^{lb}(m)=\sqrt{(\boldsymbol{I}^{Б})^{-1}(m)}$ 和 $\hat{\sigma}^{lb}(m)=(\hat{\boldsymbol{I}}^{Б})^{-1}$ 可用于有势精度的近似估计。

必须注意到，使用下界代替与对应于最优估计的无条件协方差矩阵时要求各种次最优算法的值 $\sigma^{\mathrm{sub}}(m)=\sqrt{G^{\mathrm{sub}}(m)}$ 及值 $\sigma^{lb}(m)$ 彼此接近。显然，在这种情形下不要求 $\sigma^{\mathrm{opt}}(m)=\sqrt{G^{\mathrm{opt}}(m)}$。但是，尽管使用精度下界描述有势精度，应当注意到，由劳－卡尔曼不等式计算的矩阵，仍然描述了临界容许精度，这个精度与由最优算法得到的描述有势精度的矩阵不同。这两个特征，一般而言，与非实际的伪非线性问题相近，而与真实非线性问题不同。

例 2.5.7　求例 2.5.4 中的由定轨确定坐标的问题。

分析本题中描述精度下界的矩阵。注意到题 2.3.4 的解在例 2.5.4 中引入定义及关系式 $\boldsymbol{I}^{B}=(\boldsymbol{P}^{x})^{-1}+\int\boldsymbol{I}(\boldsymbol{x})f(\boldsymbol{x})\mathrm{d}\boldsymbol{x}$，不难确定

$$(\boldsymbol{I}^{B})^{-1}=\left(\frac{1}{\sigma_0^2}\boldsymbol{E}_2+\frac{1}{mr^2}\int\sum_{k=1}^{2}M_k(\boldsymbol{x})f(\boldsymbol{x})\mathrm{d}\boldsymbol{x}\right)^{-1}$$

$$M_K(\boldsymbol{x})\triangleq\begin{bmatrix}\sin^2\Pi_k(\boldsymbol{x}) & 0.5\sin 2\Pi_k(\boldsymbol{x})\\ 0.5\sin 2\Pi_k(\boldsymbol{x}) & \cos^2\Pi_k(\boldsymbol{x})\end{bmatrix}$$

在图 2.5.10(a) 中给出了迭代算法 $\sigma^{\text{iter}}(m)$ 的值、当 $\sigma_0=300$ m 时待估向量 $\boldsymbol{x}_1$ 的第一个分量及描述下界的 $\sigma^{lb}(m)$ 值。显然，这几个值实际上是相等的，即此时迭代算法可以确保得到巴耶索夫斯基意义下的有效估计。在图 2.5.10(b) 中给出了 $\sigma_0=1\ 400$ m 时 $\sigma^{\text{opt}}(m)$ 和 $\sigma^{lb}(m)$ 的值。

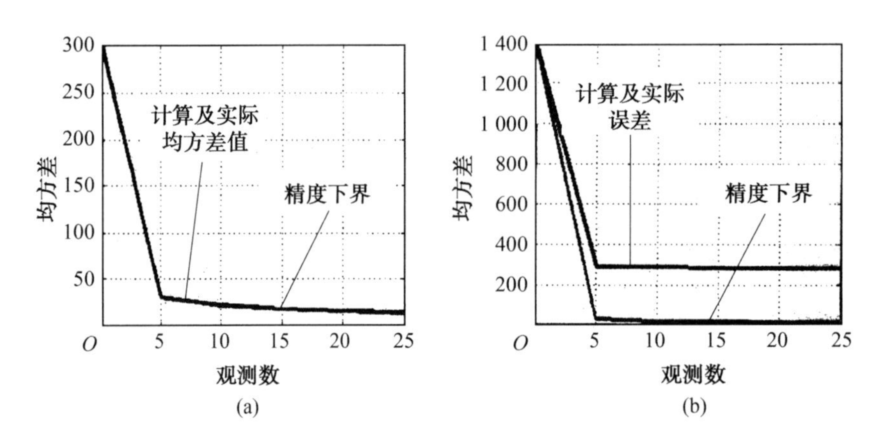

图 2.5.10　迭代算法(a) 及最优算法(b) 的下界和实际均方误差

不难看出，当 $\sigma_0=1\ 400$ m 时下界值与实际值的有势精度相差较大

2.5.8　使用非线性算法时估计精度的提高

由于在均方意义下确定最优估计时最小化准则(2.4.1) 的实现局限于函数类型，显然，这个估计一般而言在精度方面总是逊于最优巴耶索夫斯基估计。除了前面指出的高斯线性问题，由 2.5.3 小节中给出的结论，对于高斯线性问题这个估计是一致的。在解决待估向量与观测误差为非高斯的线性或非线性问题时，上述结论不再成立。换言之，一般情况下使用非线性算法达到的估计精度与线性最优算法的精度相比是有所提高的。这个情形与 2.5.7 小节中描述的非线性函数问题相似。但是也应当指出，在解决待估向量为非高斯特性的线性问题时使用非线性算法同样可以提高估计精度。指出这一点对于实际应用是十分重要的，用一个简单的问题来说明，设随机标量 x 在区间[0,b] 上是均匀分布的，根据观测 $y_i=x+v_i, i=1,2,\cdots,m$，其中 $v_i, i=1,2,\cdots,m$ 为 x 的彼此无关的标量，其在区间[0,a] 上均匀分布。

对于最优线性估计及与其相应的方差有下列关系式

$$\hat{x}^{\text{lin}}(y) = \bar{x} + \frac{\sigma_0^2}{r^2 + \sigma_0^2 m} \sum_{i=1}^{m} (y_i - \bar{x} - \bar{v})$$

$$P^{\text{lin}} = \frac{\sigma_0^2 r^2}{r^2 + \sigma_0^2 m}$$

将数学期望值 $\bar{x} = \dfrac{b}{2}, \bar{v} = \dfrac{a}{2}$ 及方差值 $\sigma_0^2 = \dfrac{b^2}{12}, r^2 = \dfrac{a^2}{12}$ 代入可得

$$\hat{x}^{\text{lin}}(y) = \frac{b}{2} + \frac{b^2}{(a^2 + b^2 m)} \sum_{i=1}^{m} \left(y_i - \frac{b+a}{2}\right)$$

$$P^{\text{lin}} = \frac{a^2 b^2}{12(a^2 + b^2 m)} \tag{2.5.38}$$

值得注意的是，这个关系式确定了线性最优估计及与其相应的方差，且与待估向量 x 及观测误差 $v_i, i=1,2,\cdots,m$ 的分布形式无关。事实上仅需要已知数学期望和方差的值，即 $\bar{v} = \dfrac{a}{2}, \bar{x} = \dfrac{b}{2}$ 和 $\sigma_0^2 = \dfrac{b^2}{12}, r^2 = \dfrac{a^2}{12}$。在其具有高斯特性时这个关系式确定了最优巴耶索夫斯基估计的值（见题 2.5.2）。

现在求最优巴耶索夫斯基估计及其方差，并求最优线性算法的方差(2.5.34)。

首先写出 $f_{x,y}(x,y) = f(y/x) f_x(x)$ 和 $f_y(y)$ 的表达式。注意到问题的类型这些函数可表示为

$$f_{x,y}(x,y) = \begin{cases} \dfrac{1}{b} f(y/x) & x \in [0,b] \\ 0 & x \notin [0,b] \end{cases}$$

$$f_y(y) = \frac{1}{b} \int_0^b f(y/x) \mathrm{d}x$$

为得到 $f_y(y)$ 的值要在观测值固定时展开 $f(y/x)$。类似于例 2.3.2，可得

$$f(y/x) = \prod_{i=1}^{m} f_v(y_i - x)$$

这里

$$f(y_i/x) = f_v(y_i - x) = \begin{cases} \dfrac{1}{a}, x \in [y_i - a, y_i] \\ 0, x \notin [y - a, y] \end{cases}, i = 1,2,\cdots,m$$

由此可得

$$f(y/x) = \begin{cases} c^*, x \in \Omega \\ 0, x \notin \Omega \end{cases} \tag{2.5.39}$$

在这个关系式中 c^* 为某常数，区域 Ω 为所有区间 $[y_i - a, y_i]$ $i = 1,2,\cdots,m$ 相交形成的线段，即

$$\Omega \equiv \bigcap_{l=1}^{m} [y_i - a, y_i] = [d_1, d_2] = [y_{\max} - a, y_{\min}] \tag{2.5.40}$$

这个区间的界限 $d_1 = y_{\max} - a$ 和 $d_2 = y_{\min}$ 由观测值的最大值 $y_{\max}$ 和最小值 $y_{\min}$ 来确定。在本题中不需要使用积分计算的近似方法(2.5.2)、(2.5.5)，因为可以对其进行精确计算。事实上，考虑到式(2.5.39)、(2.5.40) 及下式

$$\hat{x}(y)=\frac{\int_0^b xf(y/x)\mathrm{d}x}{\int_0^b f(y/x)\mathrm{d}x}$$

对于最优巴耶索夫斯基估计可得

$$\hat{x}(y)=\frac{1}{c_2-c_1}\int_{c_1}^{c_2}x\mathrm{d}x=\frac{1}{c_2-c_1}\left(\frac{x^2}{2}\Bigg|_{c_1}^{c_2}\right)=\frac{c_2+c_1}{2} \tag{2.5.41}$$

其中,$[c_1,c_2]$ 为先验区域 $[0,b]$ 与区域 Ω 的交集,即

$$c_1=\max\{0,d_1\};\quad c_2=\min\{b,d_2\}$$

必须强调估计(2.5.41)与观测是非线性相关的。表达式(2.5.41)为先验密度在线段 $[c_2,c_1]$ 上均匀分布的结果。

由上述不难得到

$$P(y)=\int_0^b(x-\hat{x}(y))^2f(x/y)\mathrm{d}x=\frac{(c_2-c_1)^2}{12} \tag{2.5.42}$$

其中,如果 $d_1=y_{\max}-a,d_2=y_{\min}$ 没有超出先验区域 $[0,b]$,则对于最优估计和条件方差有下列关系式成立

$$\hat{x}(y)=\frac{y_{\min}+y_{\max}}{2}-\frac{a}{2} \tag{2.5.43}$$

$$P(y)=\int_0^b(x-\hat{x}(y))^2f(x/y)\mathrm{d}x=\frac{(y_{\min}+a-y_{\max})^2}{12}$$

由式(2.5.43)可以得出,最优估计是观测误差数学期望已知时观测最大和最小值的代数平均。

根据2.5.6小节中的方法使用静态实验法求精度要计算描述了最优非线性和线性估计精度的均方误差值 $\sigma^{\text{opt}}(m)$ 和 $\sigma^{\text{lin}}(m)$。注意到这里,类似于使用巴耶索夫斯基方法,不能够使用劳－卡尔曼不等式计算精度下界,因为函数 $f_{x,y}(x,y)$ 由于其不可微不满足可控条件。

在表2.5.3和图2.5.11中给出了 $b=1,a=0.1$,观测数 $m=1,2,\cdots,100$ 时得到的结果,同时(作用)实现数 $L=1\ 000$。

表2.5.3　最优线性和非线性估计均方误差值

观测数	10	20	100
线性最优估计	0.009 1	0.006 5	0.002 9
非线性最优估计	0.006 4	0.003 4	0.000 75

由得到的结果可知非线性最优算法的精度显著高于线性算法中的最优算法精度,这与本节开始时给出的结论是相一致的。这个情形可以由先验概率分布密度函数(图2.5.12)与高斯分布的显著不同来解释。

可以给出这种区别的下列解释。注意到当条件 $a\ll b^2m$ 成立时最优线性估计的计算算法事实上归结为求解区间 $\left[y_{\min}-\frac{a}{2},y_{\max}-\frac{a}{2}\right]$ 上所有值 $y_i-\frac{a}{2},i=1,2,\cdots,m$ 的平均

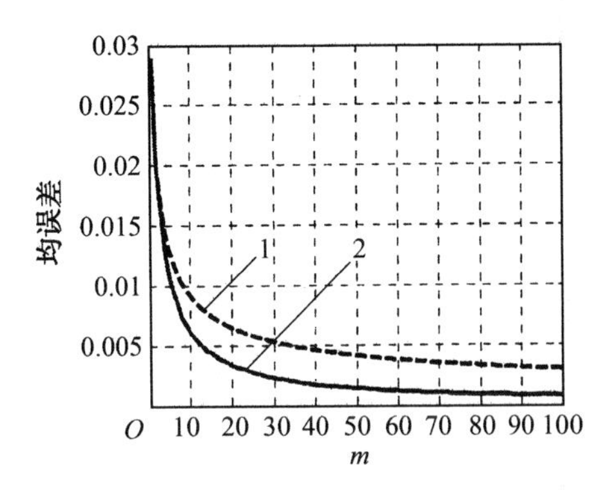

图 2.5.11　不同观测 m 数的最优线性算法(1)和非线性算法(2)的均方误差值

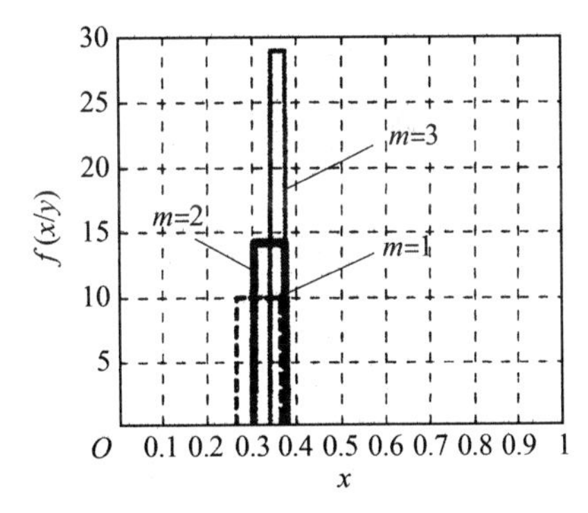

图 2.5.12　$m = 1,2,3$ 时的先验概率分布密度函数

验后值，同时在最优线性算法中值的先验区域$[c_1, c_2]$由先验区域$[0, b]$和区间$[y_{\max} - a, y_{\min}]$的交集确定。

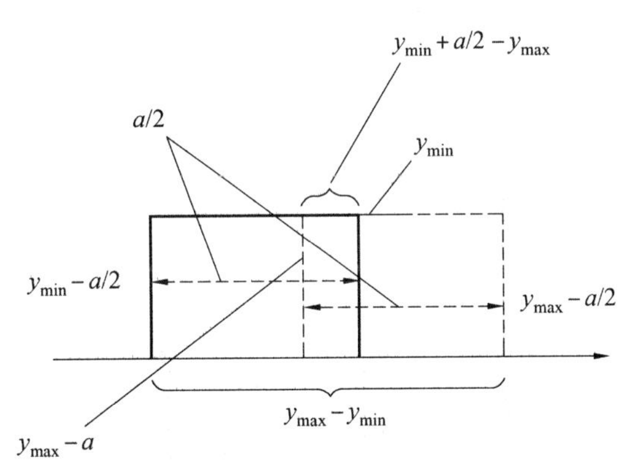

图 2.5.13　最优非线性估计先验区域的构成

显然，随着观测数量的增多，误差为最小值(接近 0) 和为最大值(接近 a) 的观测出现的概率提高，即 $y_{\min} \to x, y_{\max} \to x + a$。由此可知，在计算算术平均时使用的所有观测值确定的区间 $y_{\max} - y_{\min}$ 的长度趋近于先验区域的大小 a。同时对于最优非线性估计确度先验区域大小的区间长度 $y_{\min} + a - y_{\max}$ 趋近于零(图 2.5.13)。

2.5.9 巴耶索夫斯基与非巴耶索夫斯基方法的比较

分析了巴耶索夫斯基方法在求解估计问题中的应用之后,再来研究其与非巴耶索夫斯基方法相比较的特殊性。这里主要的区别在于巴耶索夫斯基方法框架下向量 $\boldsymbol{x}$ 假设是随机的,并且一致分布密度函数 $f(\boldsymbol{x},\boldsymbol{v})$ 是已知的,由此根据式(2.1.21)及随机向量变换规则可得函数 $f(\boldsymbol{x},\boldsymbol{y})$。正是这个函数在计算极小值准则数学期望时形成,同时不需要确定向量 $\boldsymbol{x}$。与此相区别的是在非巴耶索夫斯基方法中只有在待求向量确定之后才能够引入概率密度函数 $f(\boldsymbol{y}/\boldsymbol{x})$,其在计算准则时形成。

应当注意到,由于向量 $\boldsymbol{x}$ 不是确定的,则在巴耶索夫斯基方法中不能引入独立性的概念。非常值得强调的是,在巴耶索夫斯基方法中可以得到计算无偏估计的一般准则,其方差为式(2.5.2)。对于非巴耶索夫斯基方法这样的准则是不存在的。两个方法所有的特殊性在表 2.5.4 中给出。

再一次注意到,在不同的方法中无偏性的概念引入方式是不同的。对于非巴耶索夫斯基方法估计是无偏的,如果密度为 $f(\boldsymbol{y}/\boldsymbol{x})$ 的估计的数学期望与确定值 $\boldsymbol{x}$ 相一致,即 $M_{\boldsymbol{y}|\boldsymbol{x}}(\hat{\boldsymbol{x}}(\boldsymbol{y}))=\boldsymbol{x}$。在巴耶索夫斯基方法中误差是无偏的,如果估计的数学期望与 $\boldsymbol{x}$ 的先验数学期望一致,即 $M_{\boldsymbol{y}}(\hat{\boldsymbol{x}}(\boldsymbol{y}))=M_{\boldsymbol{x}}(\boldsymbol{x})$,由此可知,同样的估计,在某些情况中是无偏的,可能在另一种意义下是有偏的。

表 2.5.4 巴耶索夫斯基方法非巴耶索夫斯基方法的不同特点

特点	巴耶索夫斯基方法	非巴耶索夫斯基方法
估计向量特性	密度为 $f(\boldsymbol{x})$ 的随机向量	确定的
似然函数的给定	+	+
一致密度 $f(\boldsymbol{x},\boldsymbol{v})$ 的给定	+	—
估计无偏性的定义	$M_{\boldsymbol{y}}(\hat{\boldsymbol{x}}(\boldsymbol{y}))=M_{\boldsymbol{x}}(\boldsymbol{x})$	$M_{\boldsymbol{y}/\boldsymbol{x}}(\hat{\boldsymbol{x}}(\boldsymbol{y}))=\boldsymbol{x}$
估计可靠性的定义	—	$\lim\limits_{k\to\infty} Pr(\boldsymbol{x}-e<\hat{\boldsymbol{x}}_k<\boldsymbol{x}+e)=1$
最小方差无偏估计的一般准则	$\hat{\boldsymbol{x}}(\boldsymbol{y})=M_{\boldsymbol{x}/\boldsymbol{y}}(\boldsymbol{x})$	—

前面已经强调过,均方意义下的最优巴耶索夫斯基估计条件数学期望为式(2.5.2)时是巴耶索夫斯基意义下的无偏的。对于线性问题这是显然的,因为

$$M_{\boldsymbol{y}}\hat{\boldsymbol{x}}(\boldsymbol{y})=M_{\boldsymbol{y}}(\bar{\boldsymbol{x}}+\boldsymbol{KH}(\boldsymbol{y}-\boldsymbol{H}\bar{\boldsymbol{x}})=\bar{\boldsymbol{x}}$$

从非巴耶索夫斯基方法确定估计 $\hat{\boldsymbol{x}}(\boldsymbol{y})=\bar{\boldsymbol{x}}+\boldsymbol{KH}(\boldsymbol{y}-\boldsymbol{H}\bar{\boldsymbol{x}})$,即如下计算

$$M_{\boldsymbol{y}/\boldsymbol{x}}\hat{\boldsymbol{x}}(\boldsymbol{y})=(\boldsymbol{E}-\boldsymbol{KH})\bar{\boldsymbol{x}}+\boldsymbol{KH}\boldsymbol{x}$$

注意到,这个值不为零,同时按照式(2.5.20)、(2.5.21)这个偏差的值越小,先验估计精度越高。

对于最简单的标量估计的例子,在 $r_i^2=r^2,i=1,2,\cdots,m,\bar{\boldsymbol{x}}=\boldsymbol{0}$ 时得到的表达式有如下形式:

$$M_{\boldsymbol{y}/\boldsymbol{x}}(\boldsymbol{x}-\hat{\boldsymbol{x}})=M_{\boldsymbol{y}/\boldsymbol{x}}\left(x-\frac{\sigma_0^2}{r^2+\sigma_0^2 m}\sum_{i=1}^{m}\boldsymbol{y}_i\right)=\boldsymbol{x}\left(1-\frac{m\sigma_0^2}{m\sigma_0^2+r^2}\right)=\frac{\boldsymbol{x}r^2}{m\sigma_0^2+r^2}$$

不难看出,$\boldsymbol{x}$ 前面的系数是先验方差与其先验值之间的关系。那么,这个相关性越小,偏差也越小。

以线性高斯问题的估计偏差分析为例解释这一点。前面引入了估计误差不变的概念,类似于其值相对待估向量的泛函独立性,即估计表达式中不包含与 $\boldsymbol{x}$ 相关的和项。

讨论无偏性和不变性的相关性。在非巴耶索夫斯基框架下比较这两个概念,可以看出对于线性问题它们是一致的.那么不难说明,为简便设观测误差是中心的,误差表达式为

$$\boldsymbol{x}-\hat{\boldsymbol{x}}(\boldsymbol{y})=(\boldsymbol{E}-\boldsymbol{KH})\boldsymbol{x}+\boldsymbol{Kv} \tag{2.5.44}$$

这里,$\boldsymbol{K}$ 为某任意矩阵。

如果估计是无偏的,则仅在第一个和项为零时,$\boldsymbol{x}$ 值固定下计算的误差数学期望为零。这意味差由无偏条件可得出估计的不变性。另一方面,如果估计是不变的,则误差与 $\boldsymbol{x}$ 无关,是无偏数。

涉及巴耶索夫斯基方法,这里如前面强调的那样,无偏性的定义是不同的,并且在非巴耶索夫斯基情形下与无偏性概念一致的不变性概念在巴耶索夫斯基情形下是不一致的。由此可得,具有无偏性的最优巴耶索夫斯基估计不是不变估计。对于估计误差为 $\boldsymbol{x}-\hat{\boldsymbol{x}}(\boldsymbol{y})=(\boldsymbol{E}-\boldsymbol{kH})(\boldsymbol{x}-\bar{\boldsymbol{x}})+\boldsymbol{kV}$,且 $\boldsymbol{E}-\boldsymbol{KH}\neq\boldsymbol{0}$ 的线性问题,这是清楚的。

2.5.10　本节习题

习题 2.5.1　写出下列问题的最优估计及方差表达式。随机变量 $\boldsymbol{x}$ 的观测为(2.1.1),$\boldsymbol{x},\boldsymbol{v}_i,i=1,2,\cdots,m$ 未知,$f(\boldsymbol{x})=N(\boldsymbol{x};\bar{\boldsymbol{x}},\sigma_0^2)$,$f(\boldsymbol{v})=N(v;0,R)$ 已知,其中 R 为元素为 r_i^2 的对角阵。当 $r_i^2=r^2,i=1,2,\cdots,m$ 时化简表达式并将其与由改进的最小二乘法得到的表达式进行比较。

解　由式(2.5.12)～(2.5.14),可得

$$\hat{\boldsymbol{x}}(\boldsymbol{y})=\bar{\boldsymbol{x}}+K(\boldsymbol{y}-\boldsymbol{H}\bar{\boldsymbol{x}})=\bar{\boldsymbol{x}}+\left[\frac{1}{\sigma_0^2}+\sum_{i=1}^{m}\frac{1}{r_i^2}\right]^{-1}\left(\sum_{i=1}^{m}\frac{\boldsymbol{y}_i-\bar{\boldsymbol{x}}}{r_i^2}\right) \tag{1}$$

$$\boldsymbol{P}=\left[\frac{1}{\sigma_0^2}+\sum_{i=1}^{m}\frac{1}{r_i^2}\right]^{-1} \tag{2}$$

如果同时 $r_i^2=r^2,i=1,2,\cdots,m$,则可化简得

$$\hat{\boldsymbol{x}}(\boldsymbol{y})=\bar{\boldsymbol{x}}+\frac{\sigma_0^2}{r^2+\sigma_0^2m}\left(\sum_{i=1}^{m}\boldsymbol{y}_i-\bar{\boldsymbol{x}}\right) \tag{3}$$

$$\boldsymbol{P}=\left[\frac{1}{\sigma_0^2}+\frac{m}{r^2}\right]^{-1}=\frac{\sigma_0^2r^2}{r^2+\sigma_0^2m} \tag{4}$$

容易说明,对于估计(1) 和(3) 与表 2.2.3 中改进的最小二乘法在 $d=\frac{1}{\sigma_0^2}$ 和 $q_i=\frac{1}{r_i^2}$ 时得到的表达式相一致,对于方差式(2) 和(4) 与例 2.2.2、例 2.2.4 中改进的最小二乘法得的表达式是一致的。

习题 2.5.2 求例 2.4.1 的条件下待估标量 x 及观测误差的概率密度函数,此时得到的算法是最优巴耶索夫斯基算法。

解 在这里得到的算法将是最优的,如果待估量 x 及误差 v_i 是方差为 $\sigma_0^2=r^2=\frac{b^2}{12}$ 的中心高斯变量。

习题 2.5.3 中心高斯随机变量估计问题中方差为 σ_0^2,观测为

$$\boldsymbol{y}_i=\boldsymbol{s}_i(\boldsymbol{x})+\varepsilon_i \tag{1}$$

其中误差 ε_i 与 $\boldsymbol{x}$ 无关,且如题 2.3.1 中可表示为

$$\varepsilon_i=d+v_i \tag{2}$$

是方差为 σ_d^2 的中心高斯随机向量与互不相关的相同方差 $r_i^2=r^2, i=1,2,\cdots,m$ 的中心高斯随机向量之和。写出 $f_{x,y}(\boldsymbol{x},\boldsymbol{y})$ 和 $f_y(\boldsymbol{y})$ 的表达式并在 $\sigma_d^2\gg r^2$ 时化简得到的表达式。

解 注意到 $\boldsymbol{x}$ 与 ε 独立且 $f_x(\boldsymbol{x})=N(\boldsymbol{x};0,\sigma_0^2)$, $f_\varepsilon(\varepsilon)=N(\varepsilon;0,P^\varepsilon)$,对 $f_{x,y}(\boldsymbol{x},\boldsymbol{y})$ 有

$$\begin{aligned}f_{x,y}(\boldsymbol{x},\boldsymbol{y})&=f(\boldsymbol{y}/\boldsymbol{x})f_x(\boldsymbol{x})=f_x(\boldsymbol{x})f_\varepsilon(\boldsymbol{y}-\boldsymbol{s}(\boldsymbol{x}))\\&=N(\boldsymbol{x};0,\sigma_0^2)N(\boldsymbol{y}-\boldsymbol{s}(\boldsymbol{x});0,P^\varepsilon)\end{aligned}$$

引入定义

$$J(\boldsymbol{x})=\frac{1}{2}\left[\frac{x^2}{\sigma_0^2}+\frac{1}{r^2}\left(\sum_{i=1}^{m}(\boldsymbol{y}_i-\boldsymbol{s}_i(\boldsymbol{x}))^2-\frac{\sigma_d^2}{m\sigma_d^2+r^2}\left(\sum_{i=1}^{m}(\boldsymbol{y}_i-\boldsymbol{s}_i(\boldsymbol{x}))\right)^2\right)\right]$$

并注意到题 2.3.1 的式(3),不得得出

$$f_{x,y}(\boldsymbol{x},\boldsymbol{y})=c\exp\{-J(\boldsymbol{x})\}\quad;f_y(\boldsymbol{y})=c\int\exp\{-J(\boldsymbol{x})\}\mathrm{d}\boldsymbol{x}$$

习题 2.5.4 求上道题目中一致概率密度的表达式,设 $\boldsymbol{X}=(\boldsymbol{x},\boldsymbol{d})$ 为待估向量。

解 $f(\boldsymbol{X},\boldsymbol{y})=f(\boldsymbol{X})f(\boldsymbol{y}/\boldsymbol{X})=c\exp\left\{-\frac{1}{2}\left[\frac{\boldsymbol{x}^2}{\sigma_0^2}+\frac{d^2}{\sigma_d^2}+\frac{1}{r^2}\sum_{i=1}^{m}(\boldsymbol{y}_i-\boldsymbol{s}_i(\boldsymbol{x})-d)^2\right]\right\}$

习题 2.5.5 求何种条件下非线性问题(2.1.20)、(2.1.21) 中与准则(2.2.6) 相应的改进的最小二乘法的估计与最优巴耶索夫斯基估计一致。

解 设 $\boldsymbol{x}$、$\boldsymbol{v}$ 为彼独立的高斯变量,协方差矩阵为 $\boldsymbol{P}^x$ 和 $\boldsymbol{R}$。

由 2.5.1 小节中的结论可知,这种情形下先验密度可写作

$$f(\boldsymbol{x}/\boldsymbol{y})=\frac{\exp\left\{-\frac{1}{2}((\boldsymbol{y}-s(\boldsymbol{x}))^{\mathrm{T}}\boldsymbol{R}^{-1}(\boldsymbol{y}-s(\boldsymbol{x}))+(\boldsymbol{x}-\bar{\boldsymbol{x}})^{\mathrm{T}}(\boldsymbol{P}^x)^{-1}(\boldsymbol{x}-\bar{\boldsymbol{x}}))\right\}}{\int\exp\left\{-\frac{1}{2}((\boldsymbol{y}-s(\boldsymbol{x}))^{\mathrm{T}}\boldsymbol{R}^{-1}(\boldsymbol{y}-s(\boldsymbol{x}))+(\boldsymbol{x}-\bar{\boldsymbol{x}})^{\mathrm{T}}(\boldsymbol{P}^x)^{-1}(\boldsymbol{x}-\bar{\boldsymbol{x}}))\right\}\mathrm{d}\boldsymbol{x}}$$

设准则(2.2.6) 中 $\boldsymbol{Q}=\boldsymbol{R}^{-1}$, $\boldsymbol{D}=(\boldsymbol{p}^x)^{-1}$,显然在求解高斯问题时当 $\boldsymbol{x}$ 与 $\boldsymbol{v}$ 独立(互不相关)时,最小二乘法对应的估计与最优巴耶索夫斯基估计一致,如果先验密度的条件均值与全部极值一致。

习题 2.5.6 说明 2.5.3 节中 n 维中心向量 $\boldsymbol{x}$ 的估计问题,其协方差矩阵为 $\boldsymbol{P}^x$, n 维观测

$$\boldsymbol{y}=\boldsymbol{H}\boldsymbol{x}+\boldsymbol{v}$$

其中 $\boldsymbol{v}$ 为与 $\boldsymbol{x}$ 无关的中心向量,协方差矩阵为 $\boldsymbol{R}$,误差向量 $\mu(\boldsymbol{y})=\boldsymbol{y}-\boldsymbol{H}\hat{\boldsymbol{x}}(\boldsymbol{y})$ 的协方差矩

阵为 $\boldsymbol{P}^{\mu}=M\{\mu(\boldsymbol{y})\mu^{\mathrm{T}}(\boldsymbol{y})\}=\boldsymbol{R}-HP^{x}H^{T}$，这里 $\hat{\boldsymbol{x}}(\boldsymbol{y})=\boldsymbol{K}\boldsymbol{y}$，$\boldsymbol{K}=\boldsymbol{P}\boldsymbol{H}^{T}\boldsymbol{R}^{-1}$。

解　实际上，将误差表示为

$$\mu(\boldsymbol{y})=\boldsymbol{y}-\hat{\boldsymbol{y}}=\boldsymbol{H}\boldsymbol{x}+\boldsymbol{v}-\boldsymbol{H}\hat{\boldsymbol{x}}(\boldsymbol{y})=\boldsymbol{H}(\boldsymbol{x}-\hat{\boldsymbol{x}}(\boldsymbol{y}))+\boldsymbol{v}$$

有

$$\begin{aligned}M\{\mu(\boldsymbol{y})\mu^{\mathrm{T}}(\boldsymbol{y})\}&=M\{[\boldsymbol{H}(\boldsymbol{x}-\hat{\boldsymbol{x}}(\boldsymbol{y}))+\boldsymbol{v}][\boldsymbol{H}(\boldsymbol{x}-\hat{\boldsymbol{x}}(\boldsymbol{y}))+\boldsymbol{v}]^{\mathrm{T}}\}\\&=\boldsymbol{H}\boldsymbol{P}^{x}\boldsymbol{H}^{\mathrm{T}}+M\{\boldsymbol{H}(\boldsymbol{x}-\hat{\boldsymbol{x}}(\boldsymbol{y}))\boldsymbol{v}^{\mathrm{T}}+\boldsymbol{v}(\boldsymbol{x}-\hat{\boldsymbol{x}}(\boldsymbol{y}))^{\mathrm{T}}\boldsymbol{H}^{\mathrm{T}}\}+\boldsymbol{R}\end{aligned}$$

由于

$$M\{\hat{\boldsymbol{x}}(\boldsymbol{y})\boldsymbol{v}^{\mathrm{T}}\}=M\{\boldsymbol{K}(\boldsymbol{H}\boldsymbol{x}+\boldsymbol{v})\boldsymbol{v}^{\mathrm{T}}\}=\boldsymbol{K}\boldsymbol{H}\boldsymbol{R}=\boldsymbol{P}\boldsymbol{H}^{\mathrm{T}}\boldsymbol{R}^{-1}\boldsymbol{R}=\boldsymbol{P}\boldsymbol{H}^{\mathrm{T}}$$

可得

$$M\{\mu(\boldsymbol{y})\mu^{\mathrm{T}}(\boldsymbol{y})\}=\boldsymbol{H}\boldsymbol{P}\boldsymbol{H}^{\mathrm{T}}-2\boldsymbol{H}\boldsymbol{P}\boldsymbol{H}^{\mathrm{T}}+\boldsymbol{R}=\boldsymbol{R}-\boldsymbol{H}\boldsymbol{P}\boldsymbol{H}^{\mathrm{T}}$$

习题 2.5.7　对于中心向量 $\boldsymbol{x}$ 的最优巴耶索夫斯基估计有下列关系

$$M_{x,y}\hat{\boldsymbol{x}}(\boldsymbol{y})\hat{\boldsymbol{x}}^{\mathrm{T}}(\boldsymbol{y})=\boldsymbol{P}^{x}-\boldsymbol{P}$$

这里 $\boldsymbol{P}^{x}$ 和 $\boldsymbol{P}$ 为先验和验后的无条件协方差矩阵。

解　这个关系式可如下得到

$$\begin{aligned}P&=M_{x,y}\{[\boldsymbol{x}-\hat{\boldsymbol{x}}(\boldsymbol{y})][\boldsymbol{x}-\hat{\boldsymbol{x}}(\boldsymbol{y})]^{\mathrm{T}}\}=M_{y}M_{x/y}\{\boldsymbol{x}\boldsymbol{x}^{\mathrm{T}}-\hat{\boldsymbol{x}}(\boldsymbol{y})\boldsymbol{x}^{\mathrm{T}}-\boldsymbol{x}\hat{\boldsymbol{x}}(\boldsymbol{y})^{\mathrm{T}}+\hat{\boldsymbol{x}}(\boldsymbol{y})\hat{\boldsymbol{x}}(\boldsymbol{y})^{\mathrm{T}}\}\\&=M_{y}M_{x/y}\{\boldsymbol{x}\boldsymbol{x}^{\mathrm{T}}-\hat{\boldsymbol{x}}(\boldsymbol{y})\hat{\boldsymbol{x}}(\boldsymbol{y})^{\mathrm{T}}\}=M_{x,y}\{\boldsymbol{x}\boldsymbol{x}^{\mathrm{T}}\}-M_{x,y}\hat{\boldsymbol{x}}(\boldsymbol{y})\hat{\boldsymbol{x}}(\boldsymbol{y})^{\mathrm{T}}\end{aligned}$$

习题 2.5.8　说明，矩阵

$$(\hat{\boldsymbol{I}}^{B})^{-1}=((\boldsymbol{P}^{x})^{-1}+\frac{1}{r^{2}}(\overline{\boldsymbol{H}}^{э})^{\mathrm{T}}\overline{\boldsymbol{H}}^{э})^{-1}$$

其中，$\overline{\boldsymbol{H}}^{э}=\int\frac{\mathrm{d}s(\boldsymbol{x})}{\mathrm{d}\boldsymbol{x}^{\mathrm{T}}}f(\boldsymbol{x})\mathrm{d}\boldsymbol{x}$，是由观测 $\boldsymbol{y}=s(\boldsymbol{x})+\boldsymbol{v}$ 估计 $\boldsymbol{x}$ 的问题中下界矩阵的估计，其中 $\boldsymbol{x}$ 与 $\boldsymbol{v}$ 独立，$f(\boldsymbol{x})=N(\boldsymbol{x};\overline{\boldsymbol{x}},\boldsymbol{P}^{x})$，$f(\boldsymbol{v})=N(\boldsymbol{x};0,r^{2}\boldsymbol{E}_{m})$。

解　引入矩阵 $\boldsymbol{H}^{э}(\boldsymbol{x})=\frac{\mathrm{d}s(\boldsymbol{x})}{\mathrm{d}\boldsymbol{x}^{\mathrm{T}}}$，不难得到下列表达式

$$M\{(\boldsymbol{H}^{э}(\boldsymbol{x}))^{\mathrm{T}}(\boldsymbol{H}^{э}(\boldsymbol{x}))\}=M\{(\boldsymbol{H}^{э}(\boldsymbol{x})-\overline{\boldsymbol{H}}^{э})^{\mathrm{T}}(\boldsymbol{H}^{э}(\boldsymbol{x})-\overline{\boldsymbol{H}}^{э})\}+(\overline{\boldsymbol{H}}^{э})^{\mathrm{T}}\overline{\boldsymbol{H}}^{э}$$

由此可得

$$(\boldsymbol{I}^{B})^{-1}=\left((\boldsymbol{P}^{x})^{-1}+\frac{1}{r^{2}}(M\{(\boldsymbol{H}^{э}(\boldsymbol{x})-\overline{\boldsymbol{H}}^{э})^{\mathrm{T}}(\boldsymbol{H}^{э}(\boldsymbol{x})-\overline{\boldsymbol{H}}^{э})\}+(\overline{\boldsymbol{H}}^{э})^{\mathrm{T}}\overline{\boldsymbol{H}}^{э})\right)^{-1}$$

由于 $M\{(\boldsymbol{H}^{э}(\boldsymbol{x})-\overline{\boldsymbol{H}}^{э})^{\mathrm{T}}(\boldsymbol{H}^{э}(\boldsymbol{x})-\overline{\boldsymbol{H}}^{э})\}\geqslant 0$，则容易得到

$$\begin{aligned}(\hat{\boldsymbol{I}}^{B})^{-1}&=\left((\boldsymbol{P}^{x})^{-1}+\frac{1}{r^{2}}(\overline{\boldsymbol{H}}^{э})^{\mathrm{T}}\overline{\boldsymbol{H}}^{э}\right)^{-1}\\&\geqslant\left((\boldsymbol{P}^{x})^{-1}+\frac{1}{r^{2}}(M\{(\boldsymbol{H}^{э}(\boldsymbol{x})-\overline{\boldsymbol{H}}^{э})^{\mathrm{T}}(\boldsymbol{H}^{э}(\boldsymbol{x})-\overline{\boldsymbol{H}}^{э})\}+(\overline{\boldsymbol{H}}^{э})^{\mathrm{T}}\overline{\boldsymbol{H}}^{э})\right)^{-1}\end{aligned}$$

思考题

1. 在巴耶索夫斯基框架下构成估计问题. 说明均方意义下最优巴耶索夫斯基估计与

最优线性和非巴耶索夫斯基估计的区别。

2.列举并解释均方意义下最优巴耶索夫斯基估计的特性。

3.列举并说明巴耶索夫斯基框架下由观测(2.1.21)估计向量$\boldsymbol{x}$的问题中保证先验密度具有高斯特性的条件。

4.为什么在求解非线性估计问题时要引入条件和非条件先验协方差矩阵?它们的区别是什么?为什么在使用线性算法时条件和无条件先验协方差矩阵相一致。

5.在巴耶索夫斯基框架下分析问题时估计的有势可达精度怎样形成,与有势精度的区别是什么?

6.写出线性高斯问题中均方意义下求最优估计的算法,说明怎样得到这个算法.这个算法与似然函数极大值算法及各种最小二乘算法有何联系。

7.写出巴耶索夫斯基框架下求解算法综合问题时使用网格方法的思想。这个算法在求解线性问题时是否可用。

8.说明在精度计算特性选择算法中适应性问题的本质。

9.为什么在线性最优算法中选择协方差计算矩阵与协方差矩阵的实际值相同。

10.说明在次最优算法有效性分析中使用的方法。

11.给出估计问题中使用非线性算法的精度高于线性算法的例子并解释原因。

12.分析巴耶索夫斯基和非巴耶索夫斯基方法的基本特性。

2.6 多余观测综合处理算法

在解决实际问题时可以使用前面几节中分析的算法进行多余观测的处理。

2.6.1 流程框图

在存在两个及以上观测器时经常会用到流程框图,其本质在于对不同的观测器进行研究,将其中的一个观测器的误差估计问题由其他观测器的误差进行考量,其结果用于校准观测器中的一个(图2.6.1)。

下面解释这个流程图,并由2.1节中分析的例子研究误差特性,两个观测器的表达式为式(2.1.33)。同时将假设,观测误差$\boldsymbol{v}_1,\boldsymbol{v}_2$为彼此互不相关的中心向量,其协方差矩阵为已知的$R_j>0,j=1,2$。

观测差为

$$\Delta y=\boldsymbol{y}_1-\boldsymbol{y}_2=\boldsymbol{v}_1-\boldsymbol{v}_2 \tag{2.6.1}$$

其中没有待求向量$\boldsymbol{x}$,由其根据其他观测器误差对一个观测器的误差进行估计。为确定性设待估向量为$\boldsymbol{v}_1$,观测误差为向量$\boldsymbol{v}_2$。

已知$\boldsymbol{v}_1$、$\boldsymbol{v}_2$的数学期望及协方差矩阵的相关信息,可以得到$\boldsymbol{v}_1$均方意义下的最优线性估计及与其相应的与观测$\Delta\boldsymbol{y}$相关的协方差矩阵,不难说明,可以得到

$$\hat{\boldsymbol{v}}_1=(\boldsymbol{R}_1^{-1}+\boldsymbol{R}_2^{-1})^{-1}\boldsymbol{R}_2^{-1}(\boldsymbol{y}_1-\boldsymbol{y}_2) \tag{2.6.2}$$

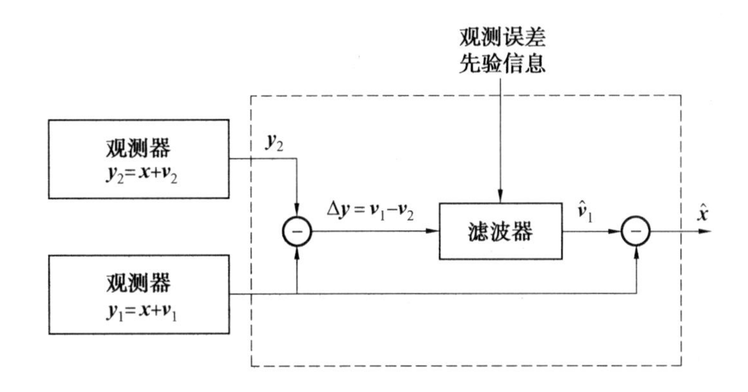

图 2.6.1　综合处理算法流程图

$$\boldsymbol{P}^{v_1}=(\boldsymbol{R}_1^{-1}+\boldsymbol{R}_2^{-1})^{-1} \tag{2.6.3}$$

未知向量 $\boldsymbol{x}$ 的估计为

$$\hat{\boldsymbol{x}}=\boldsymbol{y}_1-\hat{\boldsymbol{v}}_1=\boldsymbol{x}+\boldsymbol{v}_1-\hat{\boldsymbol{v}}_1=(\boldsymbol{R}_1^{-1}+\boldsymbol{R}_2^{-1})^{-1}[(\boldsymbol{R}_1^{-1}+\boldsymbol{R}_2^{-1})\boldsymbol{y}_1-\boldsymbol{R}_2^{-1}(\boldsymbol{y}_1-\boldsymbol{y}_2)] \tag{2.6.4}$$

显然，估计误差 $\boldsymbol{\varepsilon}=\boldsymbol{x}-\hat{\boldsymbol{x}}=\boldsymbol{v}_1-\hat{\boldsymbol{v}}_1$ 的右端不包含与待估向量相关的项，因此具有不变性特性。正因如此，决定了这种框图的名称为不变框图。相应的算法称为不变处理算法，有时也称关于估计的不变特性。在英文文献中这种算法称为 complementany filter。这样得到的估计 $\boldsymbol{x}$ 误差协方差矩阵与估计误差 $\boldsymbol{v}_1$ 的矩阵(2.6.3) 一致。

值得提出的是，得到的表达式与由广义最小二乘法得到的解表达式(2.2.42)、(2.2.43) 相一致，说明了它们是完全一致的。这种吻合并不是偶然的。前面给出的算法与广义最小二乘法在精度上一致，其中代替包括 $\boldsymbol{y}_1$ 和 $\boldsymbol{y}_2$ 的已知观测向量使用向量 $\Delta\boldsymbol{y}_1$ 和 $\boldsymbol{y}_2$(题2.6.1)。不难看出，这个向量可由非奇异变换得到，即

$$\begin{bmatrix}\Delta\boldsymbol{y}\\ \boldsymbol{y}_2\end{bmatrix}=\begin{bmatrix}\boldsymbol{E} & -\boldsymbol{E}\\ 0 & \boldsymbol{E}\end{bmatrix}\begin{bmatrix}\boldsymbol{y}_1\\ \boldsymbol{y}_2\end{bmatrix}$$

由此可知，吻合的原因是由彼此间存在非奇异变换的观测对得到的估计是一致的(见题 2.2.8)。

由上述可知，在这种情况下可视不变性框图为广义最小二乘法对应的估计计算的特殊情况。这种特殊性在于使用估计算法时不需对未知向量 $\boldsymbol{x}$ 做任何假设。

如果补充假设 $\boldsymbol{v}_1$ 和 $\boldsymbol{v}_2$ 是高斯的，则对于第一个观测误差 $\boldsymbol{v}_1$ 的估计(2.6.2) 成为最优巴耶索夫斯基估计，而估计(2.6.4) 将与最大似然函数得到的估计一致。这种条件下我们说不变框图保证由极大似然函数得到的估计，其误差同样与待估参数向量无关。

前面给出的过程对于形如式(2.1.36) 的观测也是可用的，设原始观测为

$$\boldsymbol{y}_1=\boldsymbol{x}+\boldsymbol{v}_1 \tag{2.6.5}$$

$$\boldsymbol{y}_2=\boldsymbol{H}\boldsymbol{x}+\boldsymbol{v}_2 \tag{2.6.6}$$

对于这种情形下获得不变算法需要构成观测差

$$\Delta\boldsymbol{y}=\boldsymbol{y}_2-\boldsymbol{H}\boldsymbol{y}_1=-\boldsymbol{H}\boldsymbol{v}_1+\boldsymbol{v}_2$$

随后，设 $\boldsymbol{v}_1$、$\boldsymbol{v}_2$ 是彼此互不相关的协方差矩阵已知的中心向量 $\boldsymbol{R}_j > 0, j=1,2$，在巴耶索夫斯基框架下不难得到下列线性最优估计的表达式和由观测 $\Delta \boldsymbol{y} = \boldsymbol{y}_2 - \boldsymbol{H}\boldsymbol{y}_1$ 得到的相应的向量 $\boldsymbol{v}_1$ 的误差：

$$\hat{\boldsymbol{v}}_1 = (\boldsymbol{R}_1^{-1} + \boldsymbol{H}^{\mathrm{T}}\boldsymbol{R}_2^{-1}\boldsymbol{H})^{-1}\boldsymbol{H}^{\mathrm{T}}\boldsymbol{R}_2^{-1}(\boldsymbol{y}_2 - \boldsymbol{H}\boldsymbol{y}_1)$$

$$\boldsymbol{P}^{v_1} = (\boldsymbol{R}_1^{-1} + \boldsymbol{H}^{\mathrm{T}}\boldsymbol{R}_2^{-1}\boldsymbol{H})^{-1}$$

由第一个观测器的 $\boldsymbol{y}_1$ 计算误差估计值 $\hat{\boldsymbol{v}}_1$，可得估计 $\boldsymbol{x}$

$$\hat{\boldsymbol{x}} = \boldsymbol{y}_1 - (\boldsymbol{R}_1^{-1} + \boldsymbol{H}^{\mathrm{T}}\boldsymbol{R}_2^{-1}\boldsymbol{H})^{-1}\boldsymbol{H}^{\mathrm{T}}\boldsymbol{R}_2^{-1}(\boldsymbol{y}_2 - \boldsymbol{H}\boldsymbol{y}_1) \tag{2.6.7}$$

不难得出(题 2.6.2)，在这种情况下，如果假设观测误差具有高斯特性，这种方法得到的估计及与其相应的协方差矩阵与广义最小二乘法或极大似然函数估计将是一致的。

值得强调的是，为建立不变框图可以找出至少一个形如 $\boldsymbol{y} = \boldsymbol{x} + \boldsymbol{v}$ 的观测保证未知向量 $\boldsymbol{x}$ 的直接观测性。

2.6.2 处理的可变框图

应当注意到在 2.6.1 中描述的不变框图保证了根据观测差仅对观测误差而不是未知参数求得均方意义下的最优巴耶索夫斯基估计。为求得未知向量 $\boldsymbol{x}$ 的最优巴耶索夫斯基估计，需要引入关于其随机特性的假设。由于最优巴耶索夫斯基估计的误差 $\boldsymbol{x} - \hat{\boldsymbol{x}}(\boldsymbol{y}) = (\boldsymbol{E} - \boldsymbol{k}\boldsymbol{H})(\boldsymbol{x} - \bar{\boldsymbol{x}}) + \boldsymbol{k}\boldsymbol{v}$，不仅与观测误差相关，还与待估参数本身相关，由此确定估计的算法也称为非不变算法。与这个算法对应的框图在图 2.6.2 中给出。这里不同于前一种情况，两个观测在算法中都要用到，其中包括先验信息，既有关于观测误差的，也有关于待估向量本身的。

注意到，不变性框图也可表示为子块的形式，其中每个观测都要用到(图 2.6.1)。

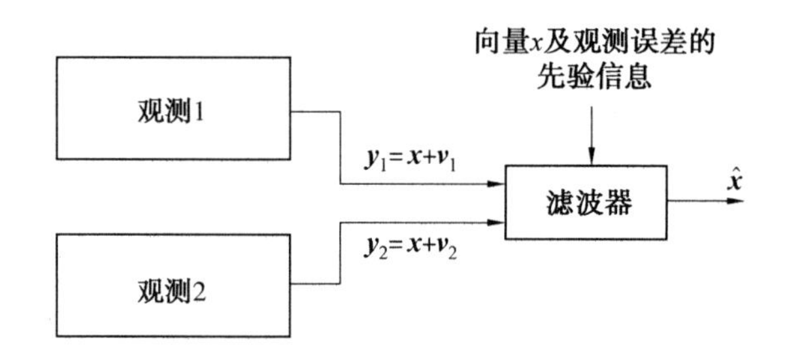

图 2.6.2 信息综合算法中建立可变(巴耶索夫斯基)框图

两种方法本质上的区别在于，在第一种情况下仅需要使用观测误差的先验信息，而在第二种中还需要与待估向量相关的信息。

不变框图的优点在于不需要引入任何关于待估向量的假设。在一系列情况下这是完全正确的，因为引入 $\boldsymbol{x}$ 的适应性描述是十分困难的。因此同时应当明确，当存在待估向量的信息时如果不使用则可能引起精度的损失。

例 2.6.1 假设在时刻 $t_i (i=1,2,\cdots,m)$ 飞行器高度的观测不仅与卫星系统相关，还与巴耶索夫斯基的数据相关。写出这个观测

$$y_i^{\mathrm{CHC}} = h_i + v_i^{\mathrm{CHC}}, i = 1, 2, \cdots, m \tag{2.6.8}$$

$$y_i^{\mathrm{БВ}} = h_i + v_i^{\mathrm{БВ}}, i = 1, 2, \cdots, m \tag{2.6.9}$$

同时假设，不同观测的误差向量彼此互不相关，并且其协方差矩阵为 $R_j = r_j^2 E_m, j =$ снс，бв，引入向量 $\boldsymbol{x} = (h_1, h_2, \cdots, h_m)^{\mathrm{T}}, \boldsymbol{v}^{\mathrm{CHC}} = (v_1^{\mathrm{CHC}}, v_2^{\mathrm{CHC}}, \cdots, v_m^{\mathrm{CHC}})^{\mathrm{T}}, \boldsymbol{v}^{\mathrm{БВ}} = (v_1^{\mathrm{БВ}}, v_2^{\mathrm{БВ}}, \cdots, v_m^{\mathrm{БВ}})^{\mathrm{T}}$ 及矩阵 $\boldsymbol{H} = \boldsymbol{E}_m$，那么观测(2.6.8)、(2.6.9)可表示为式(2.1.33)。使用不变框图和观测差求解

$$\Delta y_i = y_i^{\mathrm{CHC}} - y_i^{\mathrm{БВ}} = v_i^{\mathrm{CHC}} - v_i^{\mathrm{БВ}}$$

不难得出向量 $\boldsymbol{x}$ 的估计误差协方差矩阵将是对角的，如果 $r_j^2 = r, j = \mathrm{CHC}, \mathrm{БВ}$ 对其有表达式 $\boldsymbol{P}^{\text{мфп}} = \dfrac{r^2}{2}\boldsymbol{E}_m$ 成立。由此可知高度观测误差的方差在每一时刻都减小至$\dfrac{1}{2}$。

现在我们假设在观测区间上高度不变，在求估计 x 时也这样假设。注意到待估高度为常数并设其为方差为 σ_0^2 的中心随机量，可以将协方差矩阵写作 $\boldsymbol{P}^x = \sigma_0^2 \boldsymbol{I}_{m\times m}$，这里 $\boldsymbol{I}_{m\times m}$ 所有的元素均为1。由于 $\boldsymbol{P}^x = \sigma_0^2 \boldsymbol{I}_{m\times n}$ 的奇异性计算形如(2.4.20)的估计误差协方差矩阵是不可能的，我们使用表达式(2.4.18)。注意到矩阵 $\boldsymbol{H} = \boldsymbol{E}_m$，可得

$$\boldsymbol{P} = \sigma_0^2 \boldsymbol{I}_{m\times m}(\boldsymbol{E}_m - (\sigma_0^2 \boldsymbol{I}_{m\times m} + 2r^2 \boldsymbol{E}_m)^{-1} \sigma_0^2 \boldsymbol{I}_{m\times m})$$

由式(附1.1.59)可知关系式

$$\left(\sigma_0^2 \boldsymbol{I}_{m\times m} + \frac{2}{r^2}\boldsymbol{E}_m\right)^{-1} = \frac{1}{2r^2}\left(\boldsymbol{E}_m - \frac{2\sigma_0^2}{2m\sigma_0^2 + r^2}\boldsymbol{I}_{m\times m}\right)\boldsymbol{I}_{m\times m}$$

可以说明，确定高度估计精度的待估向量的协方差矩阵对角元素为

$$\sigma_h^2 = \frac{\sigma_0^2 r^2}{2m\sigma_0^2 + r^2} \tag{2.6.10}$$

这个表达式的意义是十分明确的，因为在所给出的假设下实际上即为由 $2m$ 个方差为 r^2 的彼此无关的观测估计常量的问题。忽略先验信息并假设 $r^2 \ll \sigma_0^2$，可得高度确定的误差方差减小至$\dfrac{1}{2m}$，即 $\sigma_h^2 \approx \dfrac{r^2}{2m}$，比前一种情况明显提高。

2.6.3　集中和非集中处理流程

下面来看2.1.8小节中讨论的形如式(2.1.42)的观测综合处理问题，求 n 维向量 $\boldsymbol{x}$ 的估计。将这个观测写作

$$\boldsymbol{y}_j = \boldsymbol{H}_j \boldsymbol{x} + \boldsymbol{v}_j, j = 1, 2, \cdots, i \tag{2.6.11}$$

式中，$\boldsymbol{H}_j$ 为 $m_j \times n$ 矩阵；$\boldsymbol{v}_j$ 为 m_j 维观测误差向量，j 为观测号。

引入观测向量 $\boldsymbol{r}_j$ 及其误差 $\boldsymbol{v}_j$，维数 $m_\Sigma = \sum_{j=1}^{i} m_j$，以及 $m_\Sigma \times n$ 维矩阵 $\boldsymbol{H}_i$。

$$\boldsymbol{H}_i = \begin{bmatrix} H_1 \\ H_2 \\ \vdots \\ H_i \end{bmatrix}, \quad \boldsymbol{Y}_j = \begin{bmatrix} y_1 \\ y_2 \\ \vdots \\ y_i \end{bmatrix}, \quad \boldsymbol{V}_i = \begin{bmatrix} v_1 \\ v_2 \\ \vdots \\ v_i \end{bmatrix}$$

那么观测(2.6.11)可以写作

$$\boldsymbol{Y}_i=\boldsymbol{H}_i\boldsymbol{x}+\boldsymbol{v}_i$$

假设 $\boldsymbol{x}$ 和 $\boldsymbol{v}_j$ 为协方差矩阵 $\boldsymbol{P}^x,\boldsymbol{R}_j,j=1,2,\cdots,i$,已知的中心随机向量,为计算简单设这些向量彼此互不相关,在这种情况下向量 $\boldsymbol{v}_i$ 的协方差矩阵 $\boldsymbol{R}_i$ 可表示为

$$\boldsymbol{R}_i=\begin{bmatrix}R_1 & 0 & 0 & 0\\ & R_2 & 0 & 0\\ 0 & 0 & \ddots & 0\\ 0 & 0 & 0 & R_i\end{bmatrix}$$

在上述假设下容易求出均方意义下的最优线性估计

$$\hat{\boldsymbol{x}}_i(\boldsymbol{Y}_i)=\boldsymbol{P}_i\boldsymbol{H}_i^{\mathrm{T}}\boldsymbol{R}_i^{-1}\boldsymbol{Y}_i \tag{2.6.12}$$

及与其相应的协方差矩阵

$$\boldsymbol{P}_i=\Big((\boldsymbol{P}^x)^{-1}+\sum_{j=1}^{i}\boldsymbol{H}_j^{\mathrm{T}}\boldsymbol{R}_j^{-1}\boldsymbol{H}_j\Big)^{-1} \tag{2.6.13}$$

由此有

$$\hat{\boldsymbol{x}}_i(\boldsymbol{Y}_i)=\Big((\boldsymbol{P}^x)^{-1}+\sum_{j=1}^{i}\boldsymbol{H}_j^{\mathrm{T}}\boldsymbol{R}_j^{-1}\boldsymbol{H}_j\Big)^{-1}\Big(\sum_{j=1}^{i}\boldsymbol{H}_j^{\mathrm{T}}\boldsymbol{R}_j^{-1}\boldsymbol{y}_j\Big) \tag{2.6.14}$$

根据所有已知的观测求最优估计时可以使用两个处理框图,其中的一个称为处理图(图 2.6.3),这个称呼的意义是假设在一个算法中存在所有计算的集中。

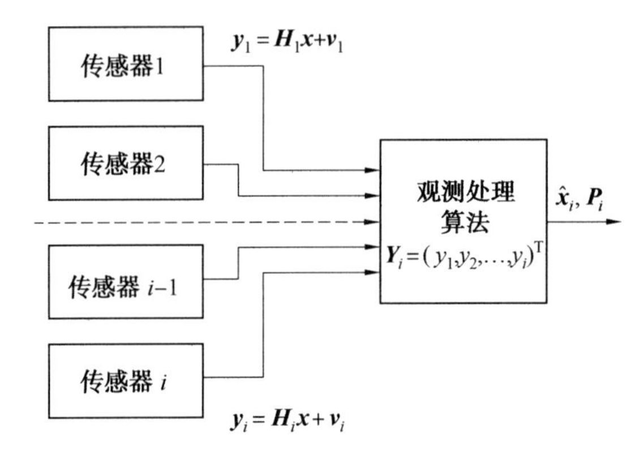

图 2.6.3　最优估计计算的集中处理图

与此同时在计算未知估计时需要使用其他图表,有下列不等式成立。

$$(\boldsymbol{P}^x)^{-1}\ll\boldsymbol{H}_j^{\mathrm{T}}\boldsymbol{R}_j^{-1}\boldsymbol{H}_j,j=1,2,\cdots,i \tag{2.6.15}$$

这表明与向量 $\boldsymbol{x}$ 相关的先验信息可以忽略.引入局部最优估计

$$\hat{\boldsymbol{x}}^{(j)}\cong(\boldsymbol{P}^{(j)})\boldsymbol{H}_j^{\mathrm{T}}\boldsymbol{R}_j^{-1}\boldsymbol{y}_j \tag{2.6.16}$$

这里

$$\boldsymbol{P}^{(j)}=(\boldsymbol{H}_j^{\mathrm{T}}\boldsymbol{R}_j^{-1}\boldsymbol{H}_j)^{-1} \tag{2.6.17}$$

即得到未知向量的估计仅使用第 j 个观测。

注意到式(2.6.14)、式(2.6.16)容易得到,根据所有观测得到的最优估计的表达式

可以表示为

$$\hat{\boldsymbol{x}}_i \cong \left(\sum_{j=1}^{i}(\boldsymbol{P}^{(j)})^{-1}\right)^{-1}\left(\sum_{j=1}^{i}(\boldsymbol{P}^{(j)})^{-1}\hat{\boldsymbol{x}}^{(j)}\right) \tag{2.6.18}$$

换言之，这个最优估计是局部最优估计的估量的和。也可以不必设式(2.6.15)，如果在求局部估计时代替式(2.6.17) 使用关系式

$$\boldsymbol{P}^{(j)} = \left(\frac{1}{i}(\boldsymbol{P}^{x})^{-1} + \boldsymbol{H}_j^{\mathrm{T}}\boldsymbol{R}_j^{-1}\boldsymbol{H}_j\right)^{-1} \tag{2.6.19}$$

与此对应的框图在 2.6.4 中给出，这个图称为非集中处理图，由于局部估计及与其对应的协方差矩阵可以在单个算法中实现，未知估计随后由这个局部估计的估量实现。

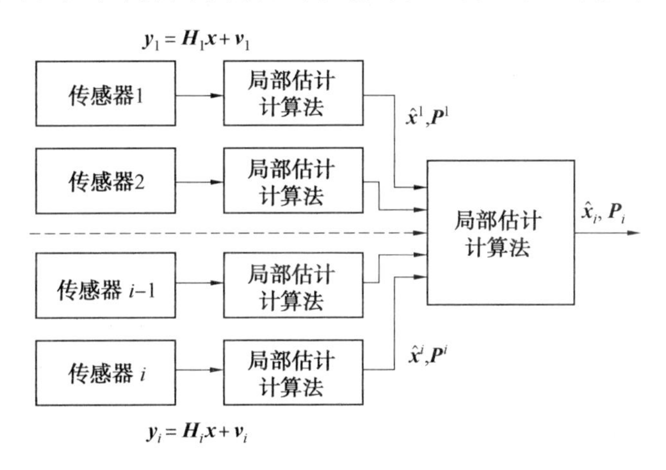

图 2.6.4　基于局部算法得到的非集中处理图

2.6.4　处理递推图

在求解多余导航信息处理问题时，递推图得到了广泛应用。这个图形的本质在于，未知估计不是根据全部观测得到的，而是由上一步得到的结果和每一个观测连续处理得到的。相应的算法称为递推算法。

这个算法的思想很容易用一个最简单的标量估计例子来说明，设观测为 $\boldsymbol{y}_i=\boldsymbol{x}+\boldsymbol{v}_i$，如果观测误差为方差相同的互不相关的随机量，则此时与广义最小二乘法对应的估计可表示为观测和的代数平均值，即 $\hat{\boldsymbol{x}}=\frac{1}{i}\sum_{j=1}^{i}\boldsymbol{y}_j$，将其进一步表示为

$$\hat{\boldsymbol{x}}_i = \frac{1}{i}\sum_{j=1}^{i}\boldsymbol{y}_j = \frac{\boldsymbol{y}_i + \sum_{j=1}^{i-1}\boldsymbol{y}_j}{i} = \frac{\boldsymbol{y}_i}{i} + \frac{i-1}{i}\hat{\boldsymbol{x}}_{i-1} = \hat{\boldsymbol{x}}_{i-1} + \frac{1}{i}(\boldsymbol{y}_i - \hat{\boldsymbol{x}}_{i-1})$$

可得

$$\hat{\boldsymbol{x}}_i = \hat{\boldsymbol{x}}_{i-1} + \frac{1}{i}(\boldsymbol{y}_i - \hat{\boldsymbol{x}}_{i-1}) \tag{2.6.20}$$

类似于前一小节的问题可得递推算法假设每个传感器的观测都顺序出现在处理图中。

引入估计及其误差协方差矩阵,对应于第 $i-1$ 个观测可得

$$\hat{\boldsymbol{x}}_{i-1}(\boldsymbol{Y}_{i-1})=\left((\boldsymbol{P}^{x})^{-1}+\sum_{j=1}^{i-1}\boldsymbol{H}_j^{\mathrm{T}}\boldsymbol{R}_j^{-1}\boldsymbol{H}_j\right)^{-1}\left(\sum_{j=1}^{i-1}\boldsymbol{H}_j^{\mathrm{T}}\boldsymbol{R}_j^{-1}\boldsymbol{y}_j\right) \tag{2.6.21}$$

$$\boldsymbol{P}_{i-1}=\left((\boldsymbol{P}^{x})^{-1}+\sum_{j=1}^{i-1}\boldsymbol{H}_j^{\mathrm{T}}\boldsymbol{R}_j^{-1}\boldsymbol{H}_j\right)^{-1} \tag{2.6.22}$$

可得出下列不等式:

$$\begin{aligned}
\hat{\boldsymbol{x}}_i(\boldsymbol{Y}_i)&=\boldsymbol{P}_i\left(\sum_{j=1}^{i}\boldsymbol{H}_j^{\mathrm{T}}\boldsymbol{R}_j^{-1}\boldsymbol{y}_j\right)=\boldsymbol{P}_i\left(\boldsymbol{H}_i^{\mathrm{T}}\boldsymbol{R}_i^{-1}\boldsymbol{y}_i+\sum_{j=1}^{i-1}\boldsymbol{H}_j^{\mathrm{T}}\boldsymbol{R}_j^{-1}\boldsymbol{y}_j\right)\\
&=\boldsymbol{P}_i\left(\boldsymbol{H}_i^{\mathrm{T}}\boldsymbol{R}_i^{-1}\boldsymbol{y}_i+\boldsymbol{P}_{i-1}^{-1}\boldsymbol{P}_{i-1}\left(\sum_{j=1}^{i-1}\boldsymbol{H}_j^{\mathrm{T}}\boldsymbol{R}_j^{-1}\boldsymbol{y}_j\right)\right)=\boldsymbol{P}_i(\boldsymbol{H}_i^{\mathrm{T}}\boldsymbol{R}_i^{-1}\boldsymbol{y}_i+\boldsymbol{P}_{i-1}^{-1}\hat{\boldsymbol{x}}_{i-1}(\boldsymbol{Y}_{i-1}))\\
&=\boldsymbol{P}_i(\boldsymbol{H}_i^{\mathrm{T}}\boldsymbol{R}_i^{-1}\boldsymbol{y}_i+\boldsymbol{P}_{i-1}^{-1}\hat{\boldsymbol{x}}_{i-1}(\boldsymbol{Y}_{i-1}))+\boldsymbol{P}_i\boldsymbol{H}_i^{\mathrm{T}}\boldsymbol{R}_i^{-1}(\boldsymbol{H}_i\hat{\boldsymbol{x}}_{i-1}(\boldsymbol{Y}_{i-1})-\boldsymbol{H}_i\hat{\boldsymbol{x}}_{i-1}(\boldsymbol{Y}_{i-1}))\\
&\boldsymbol{P}_i\boldsymbol{H}_i^{\mathrm{T}}\boldsymbol{R}_i^{-1}(\boldsymbol{y}_i-\boldsymbol{H}_i\hat{\boldsymbol{x}}_{i-1}(\boldsymbol{Y}_{i-1}))+\boldsymbol{P}_i(\boldsymbol{P}_{i-1}^{-1}+\boldsymbol{H}_i^{\mathrm{T}}\boldsymbol{R}_i^{-1}\boldsymbol{H}_i)\hat{\boldsymbol{x}}_{i-1}(\boldsymbol{Y}_{i-1})\\
&=\hat{\boldsymbol{x}}_{i-1}(\boldsymbol{Y}_{i-1})+\boldsymbol{P}_i\boldsymbol{H}_i^{\mathrm{T}}\boldsymbol{R}_i^{-1}(\boldsymbol{y}_i-\boldsymbol{H}_i\hat{\boldsymbol{x}}_{i-1}(\boldsymbol{Y}_{i-1}))
\end{aligned}$$

$$\begin{aligned}
\boldsymbol{P}_i&=\left((\boldsymbol{P}^{x})^{-1}+\sum_{j=1}^{i}\boldsymbol{H}_j^{\mathrm{T}}\boldsymbol{R}_j^{-1}\boldsymbol{H}_j\right)^{-1}\\
&=\left((\boldsymbol{P}^{x})^{-1}+\sum_{j=1}^{i-1}\boldsymbol{H}_j^{\mathrm{T}}\boldsymbol{R}_j^{-1}\boldsymbol{H}_j+\boldsymbol{H}_i^{\mathrm{T}}\boldsymbol{R}_i^{-1}\boldsymbol{H}_i\right)^{-1}\\
&=(\boldsymbol{P}_{i-1}^{-1}+\boldsymbol{H}_i^{\mathrm{T}}\boldsymbol{R}_i^{-1}\boldsymbol{H}_i)^{-1}
\end{aligned}$$

由此可得未知递推关系式

$$\hat{\boldsymbol{x}}_i(\boldsymbol{Y}_i)=\hat{\boldsymbol{x}}_{i-1}(\boldsymbol{Y}_{i-1})+\boldsymbol{P}_i\boldsymbol{H}_i^{\mathrm{T}}\boldsymbol{R}_i^{-1}(\boldsymbol{y}_i-\boldsymbol{H}_i\hat{\boldsymbol{x}}_{i-1}(\boldsymbol{Y}_{i-1})) \tag{2.6.23}$$

$$\boldsymbol{P}_i=(\boldsymbol{P}_{i-1}^{-1}+\boldsymbol{H}_i^{\mathrm{T}}\boldsymbol{R}_i^{-1}\boldsymbol{H}_i)^{-1} \tag{2.6.24}$$

需要强调的是这些关系式不仅对估计有递推特性,对协方差矩阵同样有,如果引入矩阵

$$\boldsymbol{K}_i=\boldsymbol{P}_i\boldsymbol{H}_i^{\mathrm{T}}\boldsymbol{R}_i^{-1} \tag{2.6.25}$$

则估计表达式可写作

$$\hat{\boldsymbol{x}}_i=\hat{\boldsymbol{x}}_{i-1}(\boldsymbol{y}_{i-1})+K_i(\boldsymbol{y}_i-\boldsymbol{H}_i\hat{\boldsymbol{x}}_{i-1}(\boldsymbol{y}_{i-1})) \tag{2.6.26}$$

注意到式(1.4.25)及(1.4.27),估计误差协方差矩阵 $\boldsymbol{P}_i$ 和矩阵 $\boldsymbol{K}_i$ 可写作

$$\boldsymbol{P}_i=\boldsymbol{P}_{i-1}-\boldsymbol{P}_{i-1}\boldsymbol{H}_i^{\mathrm{T}}(\boldsymbol{H}_i\boldsymbol{P}_{i-1}\boldsymbol{H}_i^{\mathrm{T}}+\boldsymbol{R}_i)^{-1}\boldsymbol{H}_i\boldsymbol{P}_{i-1}=(\boldsymbol{E}-\boldsymbol{K}_i\boldsymbol{H}_i)\boldsymbol{P}_{i-1} \tag{2.6.27}$$

$$\boldsymbol{K}_i=\boldsymbol{P}_{i-1}\boldsymbol{H}_i^{\mathrm{T}}(\boldsymbol{H}_i\boldsymbol{P}_{i-1}\boldsymbol{H}_i^{\mathrm{T}}+\boldsymbol{R}_i)^{-1} \tag{2.6.28}$$

在下一节章将说明,实际上这是这个常向量估计问题的卡尔曼滤波。

2.6.5 差处理框图

在求解导航信息处理问题时经常会出现下列情况,即所使用的观测误差对于所有的都含有相同的系统分量。在求解这种问题时,常常要使用处理差框图,其本质在于通过对原始观测进行变换以使误差的这部分分量消失。这方面的典型例题是 2.1.5 和 2.1.6 小节中根据定轨和卫星资料确定位置坐标的问题。对于存在系统观测误差的问题使用前几

节中给出的方法分析其可行性问题，同时建立算法。假设需要根据下列标量观测求 n 维向量 $\boldsymbol{x}$ 的估计

$$\boldsymbol{y}_i = s_i(\boldsymbol{x}) + \boldsymbol{d} + \boldsymbol{v}_i \tag{2.6.29}$$

其中误差为方差为 σ_d^2 的中心随机量 $\boldsymbol{d}$ 及与 d 互不相关的方差均为 $r_i^2 = r^2, i=1,2,\cdots,m$ 的中心随机量之和。这种类型的问题在 2.2 节（题 2.2.6），2.3 节（题 2.3.1），2.5 节（题 2.5.3，2.5.4）中曾经分析过。这里更详尽地讨论求向量 $\boldsymbol{x}$ 的可能方法。

方案 1　可能方案中的一个基于状态向量 $\boldsymbol{x} = (x_1, x_2, x_3)^{\mathrm{T}} = (\boldsymbol{x}^{\mathrm{T}}, \boldsymbol{d})^{\mathrm{T}}$，即将 $\boldsymbol{d}$ 加入待求参数的行列。在这种情况下问题归结为根据下列观测估计向量 $\boldsymbol{x}$

$$\boldsymbol{y}_i = \boldsymbol{s}_i(\boldsymbol{x}) + \boldsymbol{v}_i, \quad i=1,2,\cdots,m$$

这里 $\boldsymbol{s}_i(\boldsymbol{x}) = \boldsymbol{s}_i(\boldsymbol{x}) + \boldsymbol{d}$。在建立算法时可以，由最小方差方法来计算。注意到引入的假设并引入关于系统构成误差随机特性的假设，在求解向量 $\boldsymbol{x}$ 时可以使用有偏类型的准则，对应于改进的最小二乘法（$\overline{x_3} = 0, D = \frac{1}{\sigma_d^2}$），而对于广义最小二乘法（$\boldsymbol{Q} = \frac{1}{r^2}\boldsymbol{E}_m$），即有

$$J(\boldsymbol{x}) = \frac{d^2}{\sigma_d^2} + \frac{1}{r^2}\sum_{i=1}^{m}((\boldsymbol{y}_i - \boldsymbol{s}_i(\boldsymbol{x}) - \boldsymbol{d}))^2 \tag{2.6.30}$$

将这个准则进行极小化得到的算法可以确定估计 $\boldsymbol{x}$，也可以确定估计 $\boldsymbol{d}$。

如果引入向量 $\boldsymbol{x}$ 随机特性的假设，假设其与 $\boldsymbol{v}$ 是互不相关的，为确定性认为其是协方差矩阵为 $\boldsymbol{P}^x = \sigma_0^2\boldsymbol{E}_2$ 的中心随机向量，则建立算法时由改进的最小二乘法的准则极小化对所有 x 的分量有

$$J^{\text{ММНК}}(\boldsymbol{x}) = \frac{x_1^2}{\sigma_0^2} + \frac{x_2^2}{\sigma_0^2} + \frac{d^2}{\sigma_d^2} + \frac{1}{r^2}\sum_{i=1}^{m}(\boldsymbol{y}_i - \boldsymbol{s}_i(\boldsymbol{x}) - \boldsymbol{d})^2$$

引入对 $\boldsymbol{x}$ 随机特性的假设可以得到巴耶索夫斯基方法框架下的算法。其中，如果问题的条件可以保障能够使用线性化的算法，则进行线性化，卡尔曼类型中的一种算法。

方案 2　这个算法构建方案是其于系统构成误差 $\boldsymbol{d}$ 是妨碍参数并且对于其估计并不感兴趣。这种情况下问题归结为根据下列观测估计向量 $\boldsymbol{x}$，$\boldsymbol{y}_i = \boldsymbol{s}_i(\boldsymbol{x}) + \boldsymbol{\varepsilon}_i, i=1,2,\cdots,m$，这里 $\boldsymbol{\varepsilon}_i = \boldsymbol{d} + \boldsymbol{v}_i$。

注意到题 2.3.1 中的关系式(3) 并基于广义最小二乘法，令 $\boldsymbol{Q} = (\boldsymbol{R}^{\varepsilon})^{-1}$，可以写出与这个方法相应的准则

$$J^{\text{ОМНК}}(\boldsymbol{x}) = \frac{1}{r^2}\left(\sum_{i=1}^{m}(\boldsymbol{y}_i - \boldsymbol{s}_i(\boldsymbol{x}))^2 - \frac{\sigma_d^2}{m\sigma_d^2 + r^2}\left(\sum_{i=1}^{m}(\boldsymbol{y}_i - \boldsymbol{s}_i(\boldsymbol{x}))\right)^2\right) \tag{2.6.31}$$

其与题 2.3.1 中的关系式(6) 相一致。

容易说明，对应于准则(2.6.30) 和(2.6.31) 的估计 x 是相一致的。因此，对式(2.6.30) 必须沿 $x_3 = d$ 取导数，并令其为零，求解相对于 d 的方程，将其代入到准则(2.6.30) 中，可知得到的表达式与准则(2.6.31) 相一致，见题 2.6.6。

随后我们假设条件 $\sigma_d^2 \gg r^2$ 成立，这意味着与量 d 相关的先验信息可以忽略。在这种情况下可用 $\frac{1}{m}$ 来代替乘子 $\frac{\sigma_d^2}{m\sigma_d^2 + r^2}$。考虑到给出的条件，及下式

$$\sum_{i=1}^{m}\left[(\boldsymbol{y}_i-\boldsymbol{s}_i(\boldsymbol{x}))-\frac{1}{m}\left(\sum_{j=1}^{m}(\boldsymbol{y}_j-\boldsymbol{s}_j(\boldsymbol{x}))\right)\right]^2$$
$$=\sum_{i=1}^{m}(\boldsymbol{y}_i-\boldsymbol{s}_i(\boldsymbol{x}))^2-\frac{2}{m}\left(\sum_{i=1}^{m}(\boldsymbol{y}_i-\boldsymbol{s}_i(\boldsymbol{x}))\right)^2+\sum_{i=1}^{m}\left[\frac{1}{m^2}\left(\sum_{j=1}^{m}(\boldsymbol{y}_j-\boldsymbol{s}_j(\boldsymbol{x}))\right)^2\right]$$
$$=\sum_{i=1}^{m}(\boldsymbol{y}_i-\boldsymbol{s}_i(\boldsymbol{x}))^2-\frac{1}{m}\left(\sum_{i=1}^{m}(\boldsymbol{y}_i-\boldsymbol{s}_i(\boldsymbol{x}))\right)^2$$

准则 $J^{\text{OMHK}}(\boldsymbol{x})$ 可表示为

$$J^{\text{OMHK}}(\boldsymbol{x})=\frac{1}{r^2}\sum_{i=1}^{m}\left((\boldsymbol{y}_i-\boldsymbol{s}_i(\boldsymbol{x}))-\frac{1}{m}\left(\sum_{i=1}^{m}(\boldsymbol{y}_i-\boldsymbol{s}_i(\boldsymbol{x}))\right)\right)^2$$

或者

$$J^{\text{OMHK}}(\boldsymbol{x})=\frac{1}{r^2}\sum_{i=1}^{m}((\boldsymbol{y}_i-\bar{\boldsymbol{y}}_m)-(\boldsymbol{s}_i(\boldsymbol{x})-\bar{\boldsymbol{s}}_m(\boldsymbol{x}))^2 \tag{2.6.32}$$

这里有

$$\bar{\boldsymbol{y}}_m=\frac{1}{m}\sum_{i=1}^{m}\boldsymbol{y}_i \tag{2.6.33}$$

$$\bar{\boldsymbol{s}}_m(\boldsymbol{x})=\frac{1}{m}\sum_{i=1}^{m}\boldsymbol{s}_i(\boldsymbol{x}) \tag{2.6.34}$$

表达式(2.6.32)的分析说明了，在 $\sigma_d^2 \gg r^2$ 假设下原始问题求解等价于根据下列观测估计 x 的问题

$$\tilde{\boldsymbol{y}}_i=\tilde{s}_i(\boldsymbol{x})+\boldsymbol{v}_i,\qquad i=1,2,\cdots,m \tag{2.6.35}$$

其中

$$\tilde{s}_i(\boldsymbol{x})=s_i(\boldsymbol{x})-\frac{1}{m}\sum_{i=1}^{m}\boldsymbol{s}_i(\boldsymbol{x}) \tag{2.6.36}$$

$$\tilde{\boldsymbol{y}}_i\equiv\boldsymbol{y}_i-\frac{1}{m}\sum_{i=1}^{m}\boldsymbol{y}_i \tag{2.6.37}$$

观测误差中不包含系统构成误差并且具有相同方差 $r_i^2=r^2,i=1,2,\cdots,m$ 的彼此互不相关的中心随机向量。

那么，为了根据含有系统构成误差的观测(2.6.29)求向量 $\boldsymbol{x}$ 的估计可以首先构建形如(2.6.37)的差观测，然后代替原始问题根据观测(2.6.25)来估计向量 $\boldsymbol{x}$。得到的解与忽略系统构成误差相关先验信息的原始问题的解是一致的。

注意到，在下列条件成立时

$$\sum_{i=1}^{m}\boldsymbol{s}_i(\boldsymbol{x})=0 \tag{2.6.38}$$

函数 $\tilde{S}_i(\boldsymbol{x})\equiv S_i(\boldsymbol{x})$，由此，由假设 $\sigma_d^2 \gg r^2$ 可以谈及估计算方法及假设存在与没有常构成误差时相应的方差的某些一致性问题。区别在于一种情况下(在没有系统构成误差)进入算法的是原始误差，而另一种情况下是差观测(2.6.37)。

如果引入所有向量的高斯特性假设，那么考虑到题 2.5.3 中的表达式(4)，容易确定从巴耶索夫斯基方法角度可以引入观测(2.6.35)～(2.6.37)。

方案 3　再讨论一种方案，其在解决由观测(2.6.29)进行估计的实际问题中经常会出现。这种方案基于由某些先验观测得到的观测差实现。有

$$\tilde{\tilde{\boldsymbol{y}}} = \tilde{\tilde{\boldsymbol{s}}}_i(\boldsymbol{x}) + \tilde{\tilde{\boldsymbol{v}}}_i, \qquad i = 1, 2, \cdots, m-1 \tag{2.6.39}$$

这里

$$\tilde{\tilde{\boldsymbol{s}}}_i(\boldsymbol{x}) = \boldsymbol{s}_i(\boldsymbol{x}) - \boldsymbol{s}_m(\boldsymbol{x}) \tag{2.6.40}$$

$$\tilde{\tilde{\boldsymbol{y}}}_i \equiv \boldsymbol{y}_i - \boldsymbol{y}_m \tag{2.6.41}$$

$$\tilde{\tilde{\boldsymbol{v}}}_i \equiv \boldsymbol{v}_i - \boldsymbol{v}_m \tag{2.6.42}$$

这里应当注意到两种情况：首先，观测的数量少了一个；其次，观测误差向量$\tilde{\tilde{\boldsymbol{v}}} = (\tilde{\tilde{v}}_1, \tilde{\tilde{v}}_2, \cdots, \tilde{\tilde{v}}_{m-1})^{\mathrm{T}}$ 的各分量彼此之间成为相关的。不难说明，对这个向量协方差矩阵有下列形式

$$\boldsymbol{R}^{\tilde{\tilde{v}}} = r^2(\boldsymbol{E}_{m-1} + \boldsymbol{I}_{m-1})$$

$$(\boldsymbol{R}^{\tilde{\tilde{v}}})^{-1} = \frac{1}{r^2}(\boldsymbol{E}_{m-1} - \frac{1}{m}\boldsymbol{I}_{m-1}) \tag{2.6.43}$$

其中 $\boldsymbol{E}_{m-1}, \boldsymbol{I}_{m-1}$ 为$(m-1)$ 维的单位矩阵及元素均为 1 的矩阵。

在求解这个问题时应当正确考虑参观测误差向量各分量之间出现的统计相关性。注意到关系式(附 1.1.159)，对于式(2.6.43) 的逆矩阵，有等式$(\boldsymbol{R}^{\tilde{\tilde{v}}})^{-1} = (\cdots)$。

对于观测(2.6.39) 广义最小二乘法对应的准则可表示为

$$J^{\text{омнк}}(\boldsymbol{x}) = \frac{1}{r^2}\left(\sum_{i=1}^{m-1}(\tilde{\tilde{\boldsymbol{y}}}_i - \tilde{\tilde{\boldsymbol{s}}}_i(\boldsymbol{x}))^2 - \frac{1}{m}\left(\sum_{i=1}^{m-1}(\tilde{\tilde{\boldsymbol{y}}}_i - \tilde{\tilde{\boldsymbol{s}}}_i(\boldsymbol{x}))\right)^2\right) \tag{2.6.44}$$

出现了由变换及原始观测得到的估计相关性问题。当然可以假设，这些估计是等价的，这可以由准则(2.6.44) ～ (2.6.31) 的变换来说明。但这个等价性也可由另外的描述来说明，如果考虑到研究的估计计算算法相对所使用的观测与线性非奇异变换无关(见解 2.2.28)。

引入下列形式的变换观测向量

$$\begin{bmatrix} y_1 - y_m \\ y_2 - y_m \\ \vdots \\ y_{m-1} - y_m \\ y_m \end{bmatrix} = \begin{bmatrix} 1 & 0 & \cdots & -1 \\ 0 & 1 & \cdots & -1 \\ \vdots & \vdots & & \vdots \\ 0 & 0 & \cdots & -1 \\ 0 & 0 & \cdots & 1 \end{bmatrix} \begin{bmatrix} y_1 \\ y_2 \\ \vdots \\ y_{m-1} \\ y_m \end{bmatrix} \tag{2.6.45}$$

这个变换是非奇异的，同时变换向量的 $m-1$ 个分量与观测向量(2.6.39) 相同，最后一个观测

$$\boldsymbol{y}_m = \delta_m(\boldsymbol{x}) + \boldsymbol{v}_m + \boldsymbol{d}$$

最后一个观测

$$\boldsymbol{y}_m = \boldsymbol{s}_m(\boldsymbol{x}) + \boldsymbol{v}_m + \boldsymbol{d}$$

它可以视为变换矢量$\tilde{\tilde{\boldsymbol{y}}}_i \equiv \boldsymbol{s}_i(\boldsymbol{x}) - \eta + \boldsymbol{v}_i$形成的$\eta = (\boldsymbol{s}_m(\boldsymbol{x}) + \boldsymbol{v}_m)$的观测，且其观测误差为$d$，即

$$\tilde{\tilde{\boldsymbol{y}}}_m \equiv \boldsymbol{y}_m = \boldsymbol{\eta} + \boldsymbol{d}$$

条件$\sigma_d^2 \gg r^2$可由方差σ_d^2无限大假设代替，因此求解问题时这个观测可以不必考虑。

由上述可知由原始观测(2.6.29)问题与使用原始观测进行非奇异变换后得到的差观测(2.6.45)来求解是一致的。由此可得所得的估计是相同的。

前面已经说明了，由观测(2.6.29)求解的问题(2.6.35)是一致的，其中观测误差彼此是无关的。形如式(2.6.35)的观测可由对原始观测进行$\boldsymbol{T} = \boldsymbol{E}_m - \dfrac{1}{m}\boldsymbol{I}_m$来得到。同时显然有对应向量的观测误差协方差矩阵不是对角的，即变换后观测误差向量元素之间出现如下问题，为什么使用这种变换观测会超出观测误差独立假设范围呢？这可有如下解释，是奇异的。注意到这种情况在寻求估计方法时与观测(2.6.35)相应的算法的结论。由此可知，使用形如式(2.6.35)的差观测在计算意义上与使用式(2.6.39)相比较是有优势的，因为无需进行协方差运算。

例 2.6.2 设由下列观测确定向量$\boldsymbol{x}$的估计

$$\boldsymbol{y}_i = h_i\boldsymbol{x} + \boldsymbol{\varepsilon}_i = h_i\boldsymbol{x} + \boldsymbol{d} + \boldsymbol{v}_i \tag{2.6.46}$$

式中，$\boldsymbol{x}$和$\boldsymbol{d}$分别为彼此互不相关的中心随机变量，方差分别为σ_0^2和σ_d^2；$\boldsymbol{v}_i(i=1,2,\cdots,m)$为与$\boldsymbol{x}$和$\boldsymbol{d}$无关的中心随机变量，其方差均为$r^2$。

方法 1 引入向量$\boldsymbol{x} = (x, d)^{\mathrm{T}}$并注意到$\boldsymbol{H}^{\mathrm{T}} = \begin{bmatrix} h_1 & h_2 & \cdots & h_m \\ 1 & 1 & \cdots & 1 \end{bmatrix}$，$\boldsymbol{P}^x = \begin{bmatrix} \sigma_0^2 & 0 \\ 0 & \sigma_d^2 \end{bmatrix}$，$\boldsymbol{R} = r^2\boldsymbol{E}_m$，$\boldsymbol{Q} = \boldsymbol{R}^{-1}$，$\boldsymbol{D} = (\boldsymbol{P}^x)^{-1}$，由关系式(2.2.30)、(2.2.31)及例2.4.2的结果，可得如下表达式：

$$\hat{\boldsymbol{x}}^{\mathrm{MMHK}} = \frac{1}{r^2}\begin{bmatrix} \dfrac{1}{\sigma_0^2} + \dfrac{1}{r^2}\sum\limits_{i=1}^{m} h_i^2 & \dfrac{1}{r^2}\sum\limits_{i=1}^{m} h_i \\ \dfrac{1}{r^2}\sum\limits_{i=1}^{m} h_i & \dfrac{1}{\sigma_d^2} + \dfrac{m}{r^2} \end{bmatrix}\begin{bmatrix} \sum\limits_{i=1}^{m} h_i y_i \\ \sum\limits_{i=1}^{m} y_i \end{bmatrix}$$

$$\boldsymbol{P}^{\mathrm{MMHK}} = \begin{bmatrix} \dfrac{1}{\sigma_0^2} + \dfrac{1}{r^2}\sum\limits_{i=1}^{m} h_i^2 & \dfrac{1}{r^2}\sum\limits_{i=1}^{m} h_i \\ \dfrac{1}{r^2}\sum\limits_{i=1}^{m} h_i & \dfrac{1}{\sigma_d^2} + \dfrac{m}{r^2} \end{bmatrix}^{-1}$$

显然，这些关系式与线性最优算法相一致，如果假设随机变量具有高斯特性，即与巴耶索夫斯基最优算法一致。

方法 2　注意到表达式(2.2.28)、(2.2.29)，矩阵 $\boldsymbol{H}^{\mathrm{T}}=(h_1,h_2,\cdots,h_m)$ 和 $(\boldsymbol{R}^{\varepsilon})^{-1}=\frac{1}{r^2}\left(\boldsymbol{E}_m-\frac{\sigma_d^2}{m\sigma_d^2+r^2}\boldsymbol{I}_m\right)$ 与广义最小二乘法相一致，其方差可写作

$$\hat{\boldsymbol{x}}^{\text{OMHK}}=\left[\sum_{i=1}^{m}h_i^2-\frac{\sigma_d^2}{m\sigma_d^2+r^2}\left(\sum_{i=1}^{m}h_i\right)^2\right]^{-1}\frac{1}{r^2}\sum_{i=1}^{m}h_i\left(y_i-\frac{\sigma_d^2}{m\sigma_d^2+r^2}\sum_{i=1}^{m}y_i\right)\quad(2.6.47)$$

$$\boldsymbol{P}^{\text{OMHK}}=r^2\left[\sum_{i=1}^{m}h_i^2-\frac{\sigma_d^2}{m\sigma_d^2+r^2}\left(\sum_{i=1}^{m}h_i\right)^2\right]^{-1}\quad(2.6.48)$$

用 $\frac{1}{m}$ 代替 $\frac{\sigma_d^2}{n\sigma_d^2+r^2}$ 并注意到定义 $\bar{y}_m=\frac{1}{m}\sum_{i=1}^{m}y_i$，$\bar{h}_m=\frac{1}{m}\sum_{i=1}^{m}h_i$，由式(2.6.47)和(2.6.48)可得

$$\hat{\boldsymbol{x}}^{\text{OMHK}}=\frac{\sum_{i=1}^{m}h_i(y_i-\bar{y}_m)}{\sum_{i=1}^{m}(h_i-\bar{h}_m)^2}=\frac{\sum_{i=1}^{m}(h_i-\bar{h}_m)(y_i-\bar{y}_m)}{\sum_{i=1}^{m}(h_i-\bar{h}_m)^2}\quad(2.6.49)$$

$$\boldsymbol{P}^{\text{OMHK}}=\frac{r^2}{\sum_{i=1}^{m}(h_i-\bar{h}_m)^2}=\frac{r^2}{\sum_{i=1}^{m}h_i^2-m\bar{h}_m^2}\quad(2.6.50)$$

如同期望的，与观测(2.6.35)一致，即由观测 $\tilde{y}_i\equiv(y_i-\bar{y}_m)=h_ix-\bar{h}_mx+v_i$，$i=1,2,\cdots,m$，估计 x 的问题，其方差 r^2 无关且精度相同。

条件(2.6.38)在这里转化为 $\sum_{i=1}^{m}h_i=0$，在其成立时可得如下关系式：

$$\hat{\boldsymbol{x}}^{\text{OMHK}}=\frac{\sum_{i=1}^{m}h_i(y_i-\bar{y}_m)}{\sum_{i=1}^{m}h_i^2};\quad \boldsymbol{P}^{\text{OMHK}}=\frac{r^2}{\sum_{i=1}^{m}h_i^2}$$

由于 $\sum_{i=1}^{m}h_i\bar{y}_m=\bar{y}_m\sum_{i=1}^{m}h_i=0$，则对于估计下列关系式成立：

$$\tilde{\boldsymbol{x}}^{\text{OMK}}=\frac{\sum_{i=1}^{m}h_i^{-1}i}{\sum_{i=1}^{m}h_i^2}$$

由此可知，当条件 $\sum_{i=1}^{m}h_i=0$，成立时，在建立算法时可以不必考虑系统构成误差的存在。应当注意到，当 $h_i=h$，$i=1,2,\cdots,m$ 即所有 h_i 相同时，估计的表达式成为不确定的，因为式(2.6.49)中的乘子为零。同时估计 x 的表达式及与其对应的方差在不需要假设 $\frac{\sigma_d^2}{m\sigma_d^2+r^2}\approx\frac{1}{m}$ 时可由关系式(2.6.47)和(2.6.48)得到，同时可知这些表达式与题 2.2.6 中广义最小二乘法对应的表达式(6)、(7)一致。

方法 3　形如式(2.6.39)的方程可具体表示为

$$\tilde{\tilde{y}}_i \equiv y_i - y_m = h_i x - h_m x + \tilde{\tilde{v}}_i, \qquad i = 1,2,\cdots,m-1$$

其中误差$\tilde{\tilde{v}}_i$由式(2.6.42)来确定，其协方差矩阵为(2.6.43)。

注意到矩阵形式$\boldsymbol{H}^{\mathrm{T}} = (h_1 - h_m, h_2 - h_m, \cdots, h_{m-1} - h_m)^{\mathrm{T}}$及$\boldsymbol{R}^{\tilde{\tilde{v}}}$的表达式(2.6.43)，对于广义最小二乘法可得

$$\hat{x}^{\text{ОМНК}} = \left[\sum_{i=1}^{m-1}(h_i - h_m)^2 - \frac{1}{m}\left(\sum_{i=1}^{m-1}(h_i - h_m)\right)^2\right]^{-1}\sum_{i=1}^{m-1}(h_i - h_m)\left(y_i - \frac{1}{m}\sum_{i=1}^{m-1}y_i\right)$$

$$P^{\text{ОМНК}} = r^2\left[\sum_{i=1}^{m-1}(h_i - h_m)^2 - \frac{1}{m}\left(\sum_{i=1}^{m-1}(h_i - h_m)\right)^2\right]^{-1}$$

这里不难看出，上述表达式与式(2.6.49)、式(2.6.50)是一致的，如果注意到求和是到第m项的，除此之外还有

$$\sum_{i=1}^{m}h_m\left(y_i - \frac{1}{m}\sum_{i=1}^{m}y_i\right) = 0$$

$$\begin{aligned}&\sum_{i=1}^{m}(h_i - h_m)^2 - \frac{1}{m}\left[\sum_{i=1}^{m}(h_i - h_m)\right]^2 \\ &= \sum_{i=1}^{m}h_i^2 - 2m\bar{h}_m h_m + mh_m^2 - \frac{1}{m}[m(\bar{h}_m - h_m)]^2 \\ &= \sum_{i=1}^{m}h_i^2 - m\bar{h}_m^2 = \sum_{i=1}^{m}(h_i - \bar{h}_m)^2\end{aligned}$$

2.6.6 本节习题

习题 2.6.1 根据下列观测

$$\boldsymbol{y} = \boldsymbol{H}\boldsymbol{x} + \boldsymbol{v} = \begin{bmatrix}\Delta\boldsymbol{y} \\ \boldsymbol{y}_2\end{bmatrix} = \begin{bmatrix}\boldsymbol{0} \\ \boldsymbol{E}\end{bmatrix}x + \begin{bmatrix}\boldsymbol{v}_1 - \boldsymbol{v}_2 \\ \boldsymbol{v}_2\end{bmatrix}$$

求未知n维向量$\boldsymbol{x}$的广义最小二乘估计，写出估计表达式，设$\boldsymbol{Q} = \boldsymbol{R}^{-1}$。假设$\boldsymbol{v}_1$、$\boldsymbol{v}_2$是彼此互不相关的中心随机向量，其协方差矩阵$\boldsymbol{R}_1 > \boldsymbol{0}$，$\boldsymbol{R}_2 > \boldsymbol{0}$，$\boldsymbol{R}$是向量$\begin{bmatrix}\boldsymbol{v}_1 - \boldsymbol{v}_2 \\ \boldsymbol{v}_2\end{bmatrix}$的协方差矩阵，由式(2.2.29)求误差协方差矩阵的表达式。将得到的表达式与由观测(2.1.33)得到的向量$\boldsymbol{x}$的估计(2.2.42)、式(2.2.43)进行比较，在什么条件下这个估计与极大似然估计是一致的？

解 本题中$\boldsymbol{H} = \begin{bmatrix}\boldsymbol{O}_{n\times n} \\ \boldsymbol{E}_{n\times n}\end{bmatrix}$，$\boldsymbol{R} = \begin{bmatrix}\boldsymbol{R}_1 + \boldsymbol{R}_2 & -\boldsymbol{R}_2 \\ -\boldsymbol{R}_2 & \boldsymbol{R}_2\end{bmatrix}$，使用附录1.1.65中分块矩阵求逆公式，不难得到$\boldsymbol{R}^{-1} = \begin{bmatrix}-\boldsymbol{R}_1^{-1} & -\boldsymbol{R}_1^{-1} \\ -\boldsymbol{R}_1^{-1} & (\boldsymbol{R}_2 - \boldsymbol{R}_2(\boldsymbol{R}_1 + \boldsymbol{R}_2)^{-1}\boldsymbol{R}_2)^{-1}\end{bmatrix}$。由广义最小二乘法关系式(2.2.28)、式(2.2.29)，考虑到观测矩阵、矩阵$\boldsymbol{H}$和$\boldsymbol{R}^{-1}$，容易得到与式(2.2.42)、式(2.2.43)一致的解。如果进一步假设，观测误差是高斯的，则得到估计与极大似然估计一致。

习题 2.6.2 根据下列形如式(2.6.5)、式(2.6.6)的观测使用广义最小二乘法估计

n 维未知向量 $\boldsymbol{x}$；

$$\boldsymbol{y}_1 = \boldsymbol{x} + \boldsymbol{v}_1$$

$$\boldsymbol{y}_2 = \boldsymbol{H}\boldsymbol{x} + \boldsymbol{v}_2$$

式中，$\boldsymbol{y}_2$ 为 L 维向量；$\boldsymbol{H}$ 为 $L \times n$ 阶矩阵。求这个向量估计的表达式，设 $\boldsymbol{Q} = \boldsymbol{R}^{-1}$。

进一步假设，$\boldsymbol{v}_1$ 和 $\boldsymbol{v}_2$ 是彼此互不相关的中心随机向量，其协方差矩阵已知，$\boldsymbol{R}_j > \boldsymbol{0}$，$j = 1,2$，$\boldsymbol{R}$ 为向量 $\begin{bmatrix} \boldsymbol{v}_1 \\ \boldsymbol{v}_2 \end{bmatrix}$ 的协方差矩阵，根据式(2.2.29) 求误差协方差矩阵表达式说明所得估计与不变处理框图得到的估计一致。在何种条件下这个估计与极大似然估计一致？

解　引入联合观测扩展向量

$$\boldsymbol{y} = \begin{bmatrix} \boldsymbol{y}_1 \\ \boldsymbol{y}_2 \end{bmatrix} = Hx + \boldsymbol{v} = \begin{bmatrix} \boldsymbol{E}_{n\times n} \\ \boldsymbol{H} \end{bmatrix} \boldsymbol{x} + \begin{bmatrix} \boldsymbol{v}_1 \\ \boldsymbol{v}_2 \end{bmatrix}$$

并考虑到式(2.2.28)、式(2.2.29)，可得下列估计和协方差矩阵的表达式

$$\hat{\boldsymbol{x}}^{\text{омнк}} = (\boldsymbol{H}^{\mathrm{T}}\boldsymbol{R}^{-1}\boldsymbol{H})^{-1}\boldsymbol{H}^{\mathrm{T}}\boldsymbol{R}^{-1}\boldsymbol{y} = (\boldsymbol{R}_1^{-1} + \boldsymbol{H}^{\mathrm{T}}\boldsymbol{R}_2^{-1}\boldsymbol{H})^{-1}(\boldsymbol{R}_1^{-1}\boldsymbol{y}_1 - \boldsymbol{H}^{\mathrm{T}}\boldsymbol{R}_2^{-1}\boldsymbol{y}_2) \tag{1}$$

$$\boldsymbol{P}^{\text{омнк}} = (\boldsymbol{R}_1^{-1} + \boldsymbol{H}^{\mathrm{T}}\boldsymbol{R}_2^{-1}\boldsymbol{H})^{-1}$$

这个估计与式(2.6.7) 是一致的，由于

$$\begin{aligned}(\boldsymbol{E} - (\boldsymbol{R}_1^{-1} + \boldsymbol{H}^{\mathrm{T}}\boldsymbol{R}_2^{-1}\boldsymbol{H})^{-1}\boldsymbol{H}^{\mathrm{T}}\boldsymbol{R}_2^{-1}\boldsymbol{H})\boldsymbol{y}_1 &= (\boldsymbol{R}_1^{-1} + \boldsymbol{H}^{\mathrm{T}}\boldsymbol{R}_2^{-1}\boldsymbol{H})^{-1}[(\boldsymbol{R}_1^{-1} + \boldsymbol{H}^{\mathrm{T}}\boldsymbol{R}_2^{-1}\boldsymbol{H}) - \boldsymbol{H}^{\mathrm{T}}\boldsymbol{R}_2^{-1}\boldsymbol{H}]\boldsymbol{y}_1 \\ &= (\boldsymbol{R}_1^{-1} + \boldsymbol{H}^{\mathrm{T}}\boldsymbol{R}_2^{-1}\boldsymbol{H})^{-1}\boldsymbol{R}_1^{-1}\boldsymbol{y}_1\end{aligned}$$

由此可知，不变算法保证了广义最小二乘估计的得出，如果观测误差是高斯的，则这个估计与极大似然估计一致。

习题 2.6.3　给出等区间 Δt 上 $t_i = \Delta t(i-1)(i=1,2,\cdots,m)$ 的飞行器上由卫星系统和高度气压计数据得到的高度估计。观测误差是不同时刻下彼此无关的随机变量，其方差为 r_{CHC}^2 和 r_{bB}^2。客体高度的一阶式为 $h_i = x_0 + Vt_i$。构成最优估计 $\boldsymbol{x} = (x_1, x_2)^{\mathrm{T}} = (x_0, V)^{\mathrm{T}}$ 中这些观测的综合处理问题，设其各元素为彼此独立且与观测误差无关的高斯随机变量，其数学期望为 $(\overline{x_0}, 0)^{\mathrm{T}}$，方差为 σ_0^2、σ_V^2。写出最优估计误差协方差矩阵的表达式。

解　由所做假设，可提出如下问题。根据观测

$$\boldsymbol{y}^{\text{CHC}} = \boldsymbol{H}\boldsymbol{x} + \boldsymbol{V}^{\text{CHC}},\ \boldsymbol{y}^{\text{БВ}} = \boldsymbol{H}\boldsymbol{X} + \boldsymbol{V}^{\text{БВ}}$$

估计向量 $\boldsymbol{x} = \boldsymbol{0}$，其中 $\boldsymbol{H}^{\mathrm{T}} = \begin{bmatrix} 1 & 1 & 1 \\ t_1 & t_2 & t_m \end{bmatrix}$；$\boldsymbol{V}^{\text{CHC}}$，$\boldsymbol{V}^{\text{БВ}}$ 为彼此独立的中心高斯向量，其协方差矩阵为 $\boldsymbol{R}^{\text{CHC}} = \boldsymbol{r}_{\text{CHC}}^2\boldsymbol{E}$，$\boldsymbol{R}^{\text{БВ}} = \boldsymbol{r}_{\text{БВ}}^2\boldsymbol{E}$；$\boldsymbol{x}$ 为与 $\boldsymbol{V}^{\text{CHC}}$、$\boldsymbol{V}^{\text{БВ}}$ 独立的高斯向量，其数学期望为 $(\overline{\boldsymbol{x}}_0, 0)^{\mathrm{T}}$，协方差矩阵为 $\boldsymbol{P}^x = \begin{pmatrix} \sigma_0^2 & 0 \\ 0 & \sigma_V^2 \end{pmatrix}$。

对于误差协方差矩阵有下列表达式：

$$\boldsymbol{P} = [(\boldsymbol{P}^x)^{-1} + \boldsymbol{H}^{\mathrm{T}}(\boldsymbol{R}^{\text{CHC}})^{-1}\boldsymbol{H} + \boldsymbol{H}^{\mathrm{T}}(\boldsymbol{R}^{\text{БВ}})^{-1}\boldsymbol{H}]^{-1}$$

$$P=\left(\begin{pmatrix}\frac{1}{\sigma_0^2} & 0\\ 0 & \frac{1}{\sigma_V^2}\end{pmatrix}+\left(\frac{r_{\text{CHC}}^2+r_{\text{БВ}}^2}{r_{\text{CHC}}^2 r_{\text{БВ}}^2}\right)\begin{bmatrix} m & \Delta t\sum_{j=1}^{m} i\\ \Delta t\sum_{i=1}^{m} i & \Delta t^2\sum_{j=1}^{m} i^2\end{bmatrix}\right)^{-1}$$

习题 2.6.4　分析在 2.1.8 小节中讨论过的根据到定轨距离的二维客体坐标观测(2.1.40) 导航系统的校正问题，设其可在线性化情况下求解，由此，由观测(2.1.41) 可得

$$y_1=x_1+v_1$$

$$y_2=x_2+v_2$$

$$y_3=\widetilde{H}x+v_3=-x_1\sin\Pi-x_2\cos\Pi+v_3$$

式中，$x=(x_1,x_2)^{\mathrm{T}}$ 为描述客体在平面上坐标的二维向量，角度 Π 给出了单位向量 $(\sin\Pi,\cos\Pi)^{\mathrm{T}}$ 相对 Ox_2 的位置。

设$(v_1,v_2)^{\mathrm{T}}$ 为协方差矩阵为 R 的中心观测误差向量，对应于误差椭圆参数 a、b、c，误差 v_3 为与这个向量彼此独立的中心随机向量，其方差为 b^2。

形成得到坐标估计的不变算法并说明当 $Q=R^{-1}$ 时这个算法与广义最小二乘法一致。

找到角度 Π 的值使得其均方误差为最小。

解　与广义最小二乘法一致的不变算法不难得到，如果使用关系式(2.6.7)，将本题中相应的矩阵代入其中。

由几何描述可知，对于最小化 $DRMS=\sqrt{a^2+b^2}$，在这种情况下必须减小客体坐标沿着误差椭圆最大轴方向的不确性。显然，这在单位向量方向与最大轴方向一致时可以达成。在综合处理给出的两个观测之后，可得 $DRMS=\sqrt{\frac{a^2b^2}{a^2+b^2}+b^2}$，当 $a\gg b$ 时这个值与题 2.2.7 中的表达式(2) 一致，即 $DRMS=\sqrt{2}b$。

习题 2.6.5　说明当观测(2.6.46) 中 $h_i=\boldsymbol{h},i=1,2,\cdots,m$ 时，表达式(2.6.47)、式(2.6.48) 与题 2.2.6 中的表达式(6) 和式(7) 一致。

解　表达式(2.6.47)、式(2.6.48) 为

$$\hat{x}^{\text{ОМНК}}=\left[\sum_{i=1}^{m}h_i^2-\frac{\sigma_d^2}{m\sigma_d^2+r^2}\left(\sum_{i=1}^{m}h_i\right)^2\right]^{-1}\frac{1}{r^2}\sum_{i=1}^{m}h_i\left(y_i-\frac{\sigma_d^2}{m\sigma_d^2+r^2}\sum_{i=1}^{m}y_i\right)$$

$$P^{\text{ОМНК}}=r^2\left[\sum_{i=1}^{m}h_i^2-\frac{\sigma_d^2}{m\sigma_d^2+r^2}\left(\sum_{i=1}^{m}h_i\right)^2\right]^{-1}$$

注意到 $h_i=\boldsymbol{h},i=1,2,\cdots,m$ 可得

$$P^{\text{ОМНК}}=r^2\left[mh^2-\frac{\sigma_d^2m^2\boldsymbol{h}^2}{m\sigma_d^2+r^2}\right]^{-1}=r^2\left[\frac{m\boldsymbol{h}^2r^2+m^2\boldsymbol{h}^2\sigma_d^2-\sigma_d^2m^2\boldsymbol{h}^2}{m\sigma_d^2+r^2}\right]^{-1}$$

$$=\frac{m\sigma_d^2+r^2}{m\boldsymbol{h}^2}=\frac{\sigma_d^2}{\boldsymbol{h}^2}+\frac{r^2}{m\boldsymbol{h}^2}$$

$$\hat{\boldsymbol{x}}^{\text{омнк}}=\frac{m\sigma_d^2+r^2}{mh^2r^2}\sum_{i=1}^{m}\boldsymbol{h}\left(y_i-\frac{\sigma_d^2}{m\sigma_d^2+r^2}\sum_{i=1}^{m}y_i\right)$$

$$=\frac{m\sigma_d^2+r^2}{m\boldsymbol{h}^2r^2}\sum_{i=1}^{m}y_i\left(\boldsymbol{h}-\frac{h\sigma_d^2m}{m\sigma_d^2+r^2}\right)=\frac{1}{m\boldsymbol{h}}\sum_{i=1}^{m}y_i$$

注意到，如果对区间引入近似 $m\sigma_d^2+r^2\approx m\sigma_d^2$，则关系式成为确定的。

例 2.6.6　根据到定轨的距离观测确定平面上客体坐标 $\boldsymbol{x}=(x_1,x_2)^{\mathrm{T}}$，其中含有系统构成误差，可表示为

$$\boldsymbol{y}_i=\tilde{\boldsymbol{s}}_i(\boldsymbol{x})+\boldsymbol{v}_i=s_i(\boldsymbol{x})+\boldsymbol{x}_3+\boldsymbol{v}_i=\sqrt{(x_1-x_1^i)^2+(x_2-x_2^i)^2}+d+\boldsymbol{v}_i,i=1,2,\cdots,m$$

其中 $x_3=d,\boldsymbol{x}=(x_1,x_2,x_3)^{\mathrm{T}}$。

设系统构成误差 d 为与 x 无关的中心随机变量，其方差为 σ_d^2，观测误差 v_i 与 x 无关；d 为方差为 r^2 的中心随机变量，并且 $r^2\ll\sigma_d^2$。

1. 证明，与准则(2.6.30)和准则(2.6.31)对应的坐标估计一致。

2. 证明，准则(2.6.32)、准则(2.6.44)一致。

1. 解　将准则(2.6.30)写作

$$J(\boldsymbol{x})=\frac{x_3^2}{\sigma_d^2}+\frac{1}{r^2}\sum_{i=1}^{m}(y_i-s_i(x)-x_3)^2$$

$$=x_3^2\left(\frac{1}{\sigma_d^2}+\frac{m}{r^2}\right)-\frac{2x_3}{r^2}\sum_{i=1}^{m}(y_i-s_i(x))+\frac{1}{r^2}\sum_{i=1}^{m}(y_i-s_i(x))^2 \tag{1}$$

计算导数$\dfrac{\partial J(\boldsymbol{x})}{\partial x_3}$并令其为零

$$\frac{\partial J(\boldsymbol{x})}{\partial x_3}=x_3\left(\frac{1}{\sigma^2}+\frac{m}{r^2}\right)-\frac{1}{r^2}\sum_{i=1}^{m}(\varphi_i-s_i(x))=0$$

由此可知，使$\dfrac{\partial J(\boldsymbol{x})}{\partial x_3}=0$ 的 x_3 值可由向量 $\boldsymbol{x}$ 的值如下表示：

$$\frac{\partial J(\boldsymbol{x})}{\partial x_3}=x_3\left(\frac{1}{\sigma_d^2}+\frac{m}{r^2}\right)-\frac{1}{r^2}\sum_{i=1}^{m}(y_i-s_i(x))=0$$

$$\hat{x}_3=\hat{d}=\frac{\sigma_d^2}{m\sigma_d^2+r^2}\sum_{i=1}^{m}(y_i-s_i(x))$$

不难说明，准则(1)可表示为

$$J(\boldsymbol{x})=\frac{(x_3-\hat{x}_3)^2}{\tilde{\sigma}_d^2}+J^*(X) \tag{2}$$

这里

$$\tilde{\sigma}_d^2=\frac{\sigma_d^2r^2}{m\sigma_d^2+r^2}$$

$$J_{(x)}^*=\frac{1}{r^2}\left(\sum_{i=1}^{m}(y_i-s_i(x))^2-\frac{\sigma_d^2}{m\sigma_d^2+r^2}\left(\sum_{i=1}^{m}(y_i-s_i(x))\right)^2\right)$$

由此准则(1)的极小化问题与准则 $J^*(z)$ 的极小化问题一致，因为总是能够适当选择 x_3 值，使式(2)中的第二项为零。

2.解

准则(2.6.32)可表示为

$$J^{\text{омнк}}(x)=\frac{1}{r^2}\sum_{i=1}^{m}\left((y_i-s_i(x))-\frac{1}{m}\left(\sum_{i=1}^{m}(y_i-s_i(x))\right)\right)^2 \tag{1}$$

随后我们说明,准则(2.6.44)

$$J^*=J^{\text{омнк}}(x)=\frac{1}{r^2}\left(\sum_{i=1}^{m-1}(\tilde{\tilde{y}}_i-\tilde{\tilde{s}}_i(x))^2-\frac{1}{m}\left(\sum_{i=1}^{m-1}(\tilde{\tilde{y}}_i-\tilde{\tilde{s}}_i(x))\right)^2\right)$$

可以表示为式(1)。对此我们分析式(2.6.44)括号中的表达式。为简化问题引入定义 $\Delta y_i=y_i-s_i(x)$,$\Delta y_m=y_m-s_m(x)$,注意到式(2.6.40)和式(2.6.41)有

$$\begin{aligned}J^*&=\frac{1}{r^2}\left\{\sum_{i=1}^{m-1}(\Delta y_i-\Delta y_m)^2-\frac{1}{m}\left[\sum_{i=1}^{m-1}(\Delta y_i-\Delta y_m)\right]^2\right\}\\&=\frac{1}{r^2}\left\{\sum_{i=1}^{m-1}[\Delta y_i^2-2\Delta y_m\Delta y_i+\Delta y_m^2]-\frac{1}{m}\left(\sum_{i=1}^{m-1}\Delta y_i-(m-1)\Delta y_m\right)^2\right\}\end{aligned}$$

展开括号可得

$$\begin{aligned}J^*&=\frac{1}{r^2}\left\{\sum_{i=1}^{m-1}\Delta y_i^2-2\Delta y_m\sum_{i=1}^{m-1}\Delta y_i^2+(m-1)\Delta y_m^2-\right.\\&\left.\frac{1}{m}\left[\left(\sum_{i=1}^{m-1}\Delta y_i\right)^2-2(m-1)\Delta y_m\sum_{i=1}^{m-1}\Delta y_i+(m-1)^2\Delta y_m^2\right]\right\}\\&=\frac{1}{r^2}\left(\sum_{i=1}^{m-1}\Delta y_i^2-\frac{2}{m}\Delta y_m\sum_{i=1}^{m-1}\Delta y_i+\frac{m-1}{m}\Delta y_m^2-\frac{1}{m}\left(\sum_{i=1}^{m-1}\Delta y_i\right)^2\right)\\&=\frac{1}{r^2}\left(\sum_{i=1}^{m-1}\Delta y_i^2+\Delta y_m^2-\frac{1}{m}\left(\left(\sum_{i=1}^{m-1}\Delta y_i\right)^2+2\Delta y_m\sum_{i=1}^{m-1}\Delta y_i+\Delta y_m^2\right)\right)\\&=\frac{1}{r^2}\left(\sum_{i=1}^{m}\Delta y_i^2-\frac{1}{m}\left(\sum_{i=1}^{m}\Delta y_i\right)^2\right)\\&=\frac{1}{r^2}\left(\sum_{i=1}^{m}(y_i-s_i(x))^2-\frac{1}{m}\left(\sum_{i=1}^{m}(y_i-s_i(x))\right)\right)^2\end{aligned}$$

将式(1)中的括号展开,不难看出,其与 J^* 一致。

习题 2.6.7 构成由差观测的卫星观测(2.1.18)确度坐标的线性化问题,设已知到 m 个卫星的伪距离观测,其中第 m 个观测为基,观测(2.1.18)的原始误差是彼此互不相关的随机变量,其方差相同。

思考题

1.以两个观测信息处理为例解释不变算法,给出对应的观测处理框图,说明其与广义最小二乘法与极大似然法有何联系。

2.说明非不变算法的特殊性,给出对应的观测处理框图,讨论这个算法对比于不变算法的优势和劣势。

3. 说明几个观测器信息处理的中心化和非中心化框图的特性。

4. 说明怎样才能够得到常参数向量估计问题中的递推估计算法。

5. 说明信息处理差框图的构成思想，给出例子。

6. 为什么存在系统构成误差时在未知向量的估计问题中使用差观测在很大程度上其方差在精度上不会出现损失，尽管差观测的数量比原始观测的数量还要少一个。

2.7　使用 Matlab 建模的问题

1. m 个观测分别为

方案 a　$y_i = x_0 + v_i$；

方案 b　$y_i = x_0 + x_1 t_i + v_i$；

方案 c　$y_i = x_0 + x_1 t_i + x_2 t_i^2 + v_i$，　$i = 1, 2, \cdots, m$

其中 $x_j (j = 0, 1, 2)$ 是彼此互不相关的中心高斯随机变量，其方差为 $\sigma_j^2, j = 0, 1, 2$；$v_i (i=1,2,\cdots,m)$ 彼此独立且与 $x_j (j=0,1,2)$ 无关的中心高斯随机变量，其方差为 $r_i^2 (i=1,2,\cdots,m)$；$t_i = \Delta t(i-1) (i=1,2,\cdots,m)$ 为距观测起点的时间；$\Delta t = \dfrac{T}{m}$ 为观测区间；$(T-\Delta t)$ 为观测进行的时间。给定值 $x_j, j = 0, 1, 2$。

给出 1 ～ 10 中 $\sigma_j^2, j = 0, 1, 2$，1 ～ 2 中 $r_i = r, i = 1, 2, \cdots, m$，1 ～ 100 中 T，20 ～ 200 中 m 的值。

2. 建立程序并对选定的值由普通最小二乘法和广义最小二乘法确定多项式系数，令 $Q = R^{-1}$，这里 R 为观测误差向量协方差矩阵；使用广义最小二乘方法，令 $\bar{x} = 0, Q = R^{-1}$，$D = (\boldsymbol{P}^x)^{-1}$，这里 $\boldsymbol{P}^x$ 为多项式系数待估向量协方差矩阵；再使用巴耶索夫斯基算法。

3. 计算误差值 $\varepsilon_j = x_j - \hat{x}_j^k$ 及对应的协方差矩阵对角元素 $\sqrt{P^k(j+1, j+1)}$，这里 $P^k(j+1, j+1)$ 为对应于每个估计方法，$j = 0, 1, 2, k$ 分别对应最小二乘法，广义最小二乘法，改进的最小二乘法，opt 方法。比较这些值。

4. 在同一个图上绘出曲线 y_i 和 $\hat{y}_i^k = \hat{x}_0^k + \hat{x}_1^k + \hat{x}_2^k t^2$，这里 k 分别对应于最小二乘法，广义最小二乘法，改进的最小二乘法，opt 方法，$\hat{y}_i^k$ 为对应于各估计的多项式计算值。分析得到的结果。

5. 说明使用给出的算法得到的估计与极大似然函数方法对应的估计的相关性。

算例

```
clear;close all]
%   原始数据
s0 =1;
s1 =1;
s2 =1;
r =2;
```

```
    m=50;
    T=5;
    dt=T/m,%  离散区间
    R=r^2*eye(m),  观测误差协方差矩阵
%  待估参数向量的形式
    %  观测形式
    x0=random('Normal',0,s0);
    x1=random('Normal',0,s1);
    x2=random('Normal',0,s2);
    x=[x0;x1;x2];
    t=0:dt:T-dt;  观测获取时刻
    H=[ones(m,1)t't'·^2…]  观测矩阵
    v=normrnd(0,r,m,1) 观测误差向量
    y=H*x+v 观测向量
    %  估计计算
    %  最小二乘法
    Kmnk=(H'*H)^-1*H';
    ρmnk=(H'*H)^-1*H'*R*H*(H'*H)^-1;
    Xmnk=kmnk*y
    sigma=sqrt(diag(Pmnk))
    ymnk=H*×mnk;
    %广义最小二乘法
    Q=R^-1;
    Pommk=(H'*Q*H)^-1;
    Komnk=Pomnk*H'*Q;
    xomnk=komnk*y
    sigma=sqrt(diag(pomnk))
    yomnk=H*xomnk;
    %改进最小二乘法
    p=diag([S0^2 S1^2 S2^2]);
    Pmmnk=(p^-1+H'*Q*H)^-1;
    Kmmnk=Pmmnk*H'*Q;
    Xmmnk=kmmnk*y
    Sigma=sqrt(diag(Pmmnk))
    Ymmnk=H*Xmmnk;
    %  形成图表
```

```
figure;Plot(t,ymnk);hold on;Plot(t,y,'r--');
xlabel('t,c');ylabel(y_M_H_k');
figure;plot(t,yomnk);hold on;plot(t,y,'r--');
xlabel('t,c');ylabel('y_O_M_H_k');
figure;plot(t,ymmnk);hold on;plot(t,y,'r--');
xlabel(t',c');ylabel('y_M_M_H_k');
```

本章小结

1.给出了由与未知待估向量相关的另一观测对其进行估计的导航信息处理实际问题,同时分析了线性和非线性问题。

2.划分出了下列算法,其与待估向量的先验信息及观测误差程度相关:

(1) 基于最小二乘法,不需要进行待估向量和观测误差随机特性假设的确定性算法框架下得到的算法。

(2) 仅需要假设观测误差随机特性的非巴耶索夫斯基框架下得到的算法。

(3) 线性估计均方准则极小化方向的最优巴耶索夫斯基线性算法,假设待估向量和观测误差的随机特性已知,并给出初始两个时刻。

(4) 不限制估计类型均方准则极小化方向的最优巴耶索夫斯基算法,已知概率分布密度函数。

3.分析了基于不同方法得到的算法的相关性,讨论了其一致性条件。

4.详细分析了线性估计问题中的线性最优算法,讨论了求解非线性问题中这些算法的适用性。

5.讨论了估计问题与退化问题的相关性,其中包括维纳－霍普夫方程最简方案的线性退化问题。

6.研究了两个在导航信息处理中具有重要意义的子问题——算法综合和精度分析问题。

7.分析了求解非线性问题中不同类型简化(次最优)算法的构建方法,给出了算法有效性的检验方法。

8.讨论了导航信息处理中实现算法时得到最广泛使用的不同计算框图——不变和可变的,中心化,非中心化,差和递推的。

9.给出了纯粹方法论的例题,也在本章开头给出了导航信息处理的习题。

第3章 随机序列滤波理论基础

本章的目的是叙述随机序列滤波理论基础，说明其在求解导航信息处理问题中的应用。

在第 2 章中对统计估计理论主要是分析常向量估计的最简情形。显然，在求解实际应用问题时会出现更一般的情况，待估向量的各分量不仅是常数，还与时间相关。在随机方法框架下谈及的必须是随机过程。与随机过程理论以及其估计相关的问题在本书的第二部分讨论。这里分析估计理论应用的常见情形 —— 离散时间随机过程或随机序列。尽管所有问题都是连续的，但一般而言在计算方法中都将其转化为离散时间。与此相联地，首先分析，讨论随机过程估计相关的问题之前首先讨论其在随机序列上的应用。这个叙述次序同样可如下描述。

对于随机序列在求其算法时分析其与常向量估计的相关性问题是相当明显的，这可以建立其与第 2 章中研究的算法和方法的相继性，便于学习。

估计理论的基本结论用于随机序列时需要更为复杂的数学计算，需要在连续时间情况下严格分析。同时连续时间的某些结论可以由从离散时间到连续时间的边界变换较为容易地得到。

在本章中，与第 2 章一样，分析了问题的可微性。

导航信息处理中随机序列的估计理论及其应用问题在 3.1 节及 3.2.2 小节、3.2.3 小节中研究。其中给出的是在算法本身具有线性特性时线性问题的求解。在这种情况下只给出最初两个时刻的信息 —— 数学期望及校正函数。

另一个更深入的问题是研究最优巴耶索夫斯基算法的建立，其中包括在求解非线性问题时的随机序列适用性。这里使用了联合概率分布密度函数信息（3.2.1 小节、3.2.4 ～ 3.2.7 小节、3.3 节）。除此之外，更为深入的研究在 3.4 节滤平问题中进行。

相应于第一和第二种研究的导航信息处理问题的例子在 3.5.1，3.5.2 和 3.5.3 ～ 3.5.5 小节中给出。

应当强调，在本章中所有算法的讨论都是基于待估和观测序列的随机特性假设，区别仅在于随机特性先验信息的程度。这里或是概率分布密度函数的完整信息或者仅限于给出数学期望和校正函数。作为结论将讨论它们与基于最小方差方法的确定方法框架下得到的算法的相关性。

3.1 随机序列

由于本章中的材料都假定估计理论适用于随机序列，首先给出与随机序列概念相关的基本定义并讨论其描述方法和特性。为简化问题，随后对随机序列及其可能值，如第 2 章中那样，将使用同一定义，即使用 x_i 代替 z_i。

3.1.1 随机序列的定义及其描述方法

研究标量序列 $x_1,x_2,\cdots,x_i,\cdots$，如果其中的每个 x_i 都是随机的，该序列称为随机的。在图 3.1.1 上给出了随机序列实现的例子。如果假设下标对应时间 t_i 的值，则这种情况下谈及的是时间随机序列。在英文文献中对随机序列使用术语 random sequence[109]，随后将讨论时间随机序列，下标作为离散时间的表示。

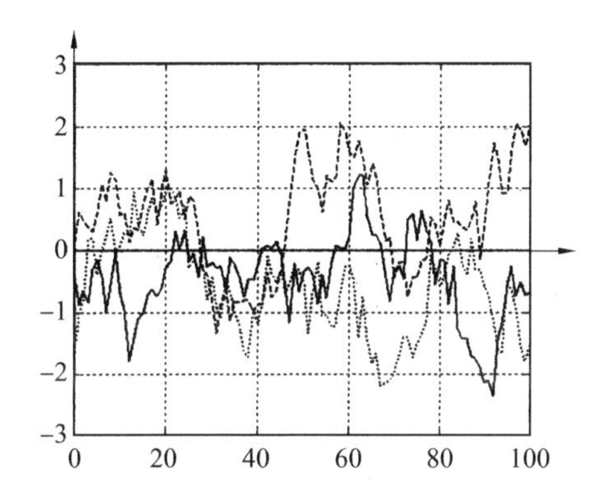

图 3.1.1 随机序列实现的例子

设 $x_i(i=1,2,\cdots)$ 为随机序列。如果固定任意两个时刻 t_i 和 t_j，则可形成二维随机向量。其联合统计特性，如 1.2 节中如述，或者由概率分布函数(1.2.1) 确定，或者由概率分布密度函数(1.2.2) 确定。对于含有大量序列值的向量可以引入类似的函数。显然，随机向量描述将是完全确定的，如果对于任意有限组序列值在任意选定的时刻 $t_1,t_2,\cdots,t_i$ 概率分布密度函数 $f(x_1,x_2,\cdots,x_i)$ 是确定的。

在求解实际问题时常常仅给出随机序列的某些特性，其中最为重要的是随机序列的数学期望和方差。假设对任意第 i 个时刻的概率密度函数 $f(x_i)$，这种特性可如下确定：

$$\bar{x}_i = M\{x_i\} = \int x_i f(x_i)\mathrm{d}x_i \tag{3.1}$$

$$\sigma_i^2 = M\{(x_i - \bar{x}_i)^2\} = \int (x_i - \bar{x}_i)^2 f(x_i)\mathrm{d}x_i \tag{3.2}$$

如果设对于任意时刻的序列值联合概率分布密度函数 $f(x_i,x_j)$ 是已知的，则可以再引入一个十分重要的特性

$$k(i,j) = M\{(x_i - \bar{x}_i)(x_j - \bar{x}_j)\} = \iint (x_i - \bar{x}_i)(x_j - \bar{x}_j) f(x_i,x_j)\mathrm{d}x_i\mathrm{d}x_j \tag{3.1.3}$$

称为随机序列相关函数。

对于两个不同的序列类似的特性称为互相关函数。

函数(3.1.3) 给出了第 i 和第 j 个时刻随机变量间的相关函数值，由关系式(1.4.1)

$$f(x_i,x_j) = f(x_i/x_j)f(x_j)$$

式中，$f(x_i/x_j)$ 为当第 j 个时刻的值固定时第 i 个时刻序列值的条件密度。

由于当 $i=j$ 时，$f(x_i/x_j)=\delta(x_i-x_j)$，即密度为 δ 函数，显然有

$$k(i,i)=\sigma_i^2 \tag{3.1.4}$$

即当变量值 $i=j$ 时固定时刻的序列方差与相关函数值一样。

随机序列不仅可以是标量的，也可以是向量的。n 维随机向量序列理解为其值为 n 维随机向量。

设 $x_i(i=1,2,\cdots)n$ 维随机序列，注意到，这里及随后对于与向量对应的离散时刻角标与其元素角标一样使用下标。如果需要同时给出时刻标号及元素标号时，则使用双下标，即 $x_i=(x_{i1},x_{i2},\cdots,x_{in})^{\mathrm{T}}$，同时前面的下标表示时间，第二个下标表示元素序号。

如有前面给出的定义都可以推广至向量序列情况。其中，相关函数将成为相关矩阵，如下表示

$$k(i,j)=\iint(x_i-\overline{x}_i)(x_j-\overline{x}_j)^{\mathrm{T}}f(x_i,x_j)\mathrm{d}x_i\mathrm{d}x_j \tag{3.1.5}$$

当变量值 $i=j$ 相同时相关矩阵与协方差矩阵一致，即

$$k(i,i)=P_i=\int(x_i-\overline{x}_i)(x_i-\overline{x}_j)^{\mathrm{T}}f(x_i)\mathrm{d}x_i \tag{3.1.6}$$

3.1.2 时不变随机序列和离散白噪声

研究一些应用最广泛的随机序列类型，按照时间升序排定序列将其表示为 x_1，$x_2,\cdots,x_k$。时不变随机序列是最重要的随机序列类型。

广义的时不变序列指的是序列的数学期望与时间无关而相关函数取决于差 $i-j$：

$$\overline{x_i}=\overline{x}$$

$$k(i-j)=M\{(x_i-\overline{x_i})(x_j-\overline{x_j})^{\mathrm{T}}\}$$

由后面的关系式可以看出时不变序列方差与时间无关，因为

$$\sigma^2=K(0)$$

如果上述特性不成立，则序列称为时变的。

狭义的时不变指的是对于任意有限组序列对应密度 $f(x_1,x_2,\cdots,x_k)$ 在所有时刻同时改变 μ 个时刻时不变，即有

$$f(x_1,x_2,\cdots,x_k)=f(x_1+\mu,x_2+\mu,\cdots,x_k+\mu)$$

数学期望为零的序列($\overline{x}=0$)称为中心序列。在图 3.1.1 中给出的实现对应于中心序列。非中心随机序列实现的例子在图 3.1.2 中给出。

显然，非中心随机的数学期望不是常数时称其为时不变的，因此在图 3.1.2 中给出的实现是时不变序列的例子。

分析各不同时刻序列值彼此独立的序列

$$f(x_1,x_2,\cdots,x_k)=\prod_{j=1}^{k}f(x_j) \tag{3.1.7}$$

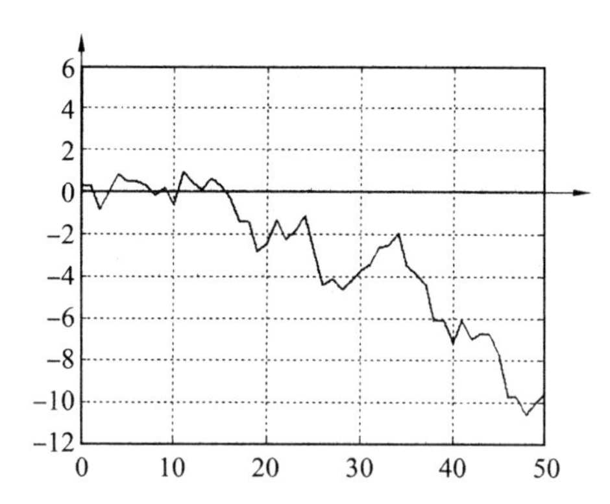

图 3.1.2　非中心随机序列实现的例子

由独立性条件可得随机序列的值是无关的，不难理解，这个序列的相关函数为

$$k(i,j)=\sigma_i^2\delta_{ij} \tag{3.1.8}$$

式中 δ_{ij} 为克雷洛符号。

相关函数为式(3.1.8)的序列称为离散白噪声。换言之，离散白噪声是这样的序列，其值在不同时刻彼此不相关。如果白噪声是中心的，且对于所有时刻方差都相同，则噪声是时不变的，这种噪声实现的例子在图 3.1.3 中给出。

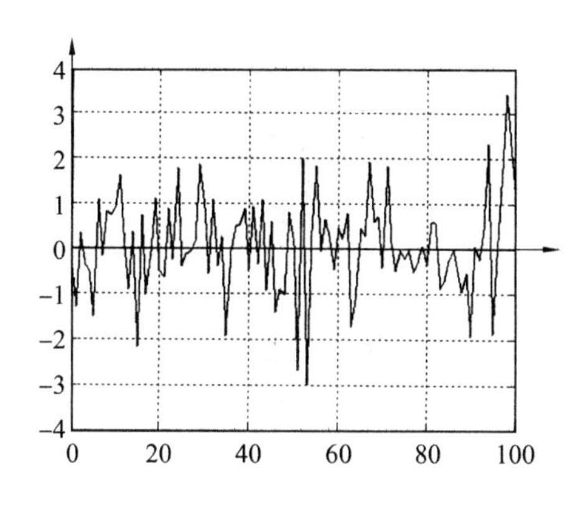

图 3.1.3　时不变白噪声实现的例子

注意到，相关函数定量地确定了不同时刻序列值的统计特性，同时也描述了其时间特性。同时分布密度函数 $f(x_1)$、$f(x_1,x_2)$、$f(x_1,x_2,x_3)$ 等是存在的。例如，可引入高斯序列。

随机序列称为高斯的，如果对于任意时刻任意一组值概率分布密度 $f(x_1,x_2,\cdots,x_k)$ 是高斯的。其中，如果这个要求对白噪声成立，则这个噪声称为高斯离散白噪声。值得强调的是，对于高斯白噪声任意一组值都有式(3.1.7)成立。那么由式(3.1.8)对任意 $i\neq j$ 都可写出

$$f(x_i,x_j)=f(x_i)f(x_j)$$

高斯序列具有十分重要的特性，其特性在于由数学期望(3.1.1)和相关函数(3.1.3)，可以确定概率分布密度函数 $f(x_1,x_2,\cdots,x_k)$ 在任意时刻对于任意序列组的

值。换言之，给定式(3.1.1)和式(3.1.3)保证了可充分确定其统计特性。这是高斯密度可由最初两个时刻确定的例证。

例 3.1.1 设对于给定，标量时不变高斯序列数学期望$\overline{x_i}$和相关函数$k(i)$，要求确定由序列值$\boldsymbol{x}=(x_1,x_2,x_3)^{\mathrm{T}}$组成的向量的分布密度$f(x_1,x_2,x_3)$。

由于向量$\boldsymbol{x}=(x_1,x_2,x_3)^{\mathrm{T}}$是高斯的，则为确定其概率分布密度函数只需确定数学期望$\overline{\boldsymbol{x}}=(\overline{x_1},\overline{x_2},\overline{x_3})^{\mathrm{T}}$和协方差矩阵

$$\boldsymbol{P}^x=\begin{bmatrix} k(0) & k(t_1-t_2) & k(t_1-t_3) \\ k(t_2-t_1) & k(0) & k(t_2-t_3) \\ k(t_3-t_1) & k(t_2-t_3) & k(0) \end{bmatrix}$$

由此可知

$$f(x_1,x_2,x_3)=N(x_1,x_2,x_3;\bar{x}_1,\bar{x}_2,\bar{x}_3,\boldsymbol{P}^x)$$

3.1.3 马尔可夫序列

研究标量序列x_i按时间升序确定序列并形成向量$x_1,x_2,\cdots,x_k$。对于这个向量可以写出联合概率分布密度$f(x_1,x_2,\cdots,x_k)$，对其(见题 3.1.1)由概率密度乘法公式(1.4.1)，在一般情况下有下式

$$f(x_1,x_2,\cdots,x_k)=f(x_k/x_{k-1},x_{k-2},\cdots,x_1)f(x_{k-1}/x_{k-2},x_{k-3},\cdots,x_1)\cdots f(x_1) \tag{3.1.9}$$

在研究序列的时变特性时统计特性当前时刻的值x_k对前面时刻的值$x_1,x_2,\cdots,x_{k-1}$的相关性问题是重要的。这个相关性由条件概率密度$f(x_k/x_1,x_2,\cdots,x_{k-1})$确定。马尔可夫序列是一类重要的随机序列。马尔可夫序列的特殊性在于其值的统计学特性在当前时刻仅是由最近时刻的值来确定的。由上所述可给出下列马尔可夫序列的定义。

如果随机序列时刻t_k的值x_k在最近时刻t_{k-1}的值已知时仅与这个时刻相关并且与序列在其他时刻$t<t_{k-1}$的值无关，即

$$f(x_k/x_{k-1},x_{k-2},\cdots,x_1)=f(x_k/x_{k-1}) \tag{3.1.10}$$

则称其为马尔可夫序列。

马尔可夫序列的条件概率密度$f(x_k/x_{k-1})$称为传递概率密度或传递密度。

对马尔可夫序列表达式(3.1.9)为

$$f(x_k,x_{k-1},\cdots,x_1)=f(x_1)\prod_{j=2}^{k}f(x_j/x_{j-1})$$

由此可见，为确定任意时刻马尔可夫序列一组值的联合概率密度分布函数只需给定传递概率密度和初始值的概率密度分布函数$f(x_1)$。

以上分析的随机序列类型容易推广到向量情况。

3.1.4 成形滤波器

在解决实际问题时，由下列递推差分方程给出的序列起到了重要作用。

$$x_i = \Phi_i x_{i-1} + \Gamma_i w_i, \qquad i=1,2,\cdots \tag{3.1.11}$$

式中，$\boldsymbol{x}_i$ 为 n 维向量；$\boldsymbol{w}_j$ 为与 $\boldsymbol{x}_0$ 不相关的 n 维中心离散白噪声。

其相关函数为

$$M\{\boldsymbol{w}_i\boldsymbol{w}_j^{\mathrm{T}}\} = \delta_{ij}\boldsymbol{Q}_i \tag{3.1.12}$$

式中，$\boldsymbol{Q}_i$ 为 $p\times p$ 阶协方差矩阵；$\boldsymbol{\phi}_i$，$\boldsymbol{p}_t$ 为 $n\times n$ 和 $n\times p$ 阶已知矩阵。

向量 $\boldsymbol{x}_0$ 给出了初始时刻的序列值，并假设其为数学期望为$\overline{\boldsymbol{x}_0}$、协方差矩阵为 $\boldsymbol{P}_0$ 的随机向量。

不难看出，对于这个序列有关系式(3.1.10)，即由式(3.1.11)给出的序列是马尔可夫序列。如果在初始时刻序列的值 $\boldsymbol{x}_0$ 和白噪声 $\boldsymbol{w}_i$ 是高斯的，即

$$f(x_0) = N(\boldsymbol{x}_0;\bar{\boldsymbol{x}}_0,\boldsymbol{P}_0) \tag{3.1.13}$$

$$f(w_i) = N(\boldsymbol{w}_i;\boldsymbol{0},\boldsymbol{Q}_i) \tag{3.1.14}$$

则序列 x_i 称为高斯马尔可夫序列。

这是由于高斯向量的线性变换派生的仍然是高斯向量，这里向量 $\boldsymbol{x}_0$ 和 $w_1,w_2,\cdots,w_i$ 都是高斯的(见题 3.1.2)。

方程(3.1.11)称为随机序列的成形滤波器。这源于随机序列的形成由离散白噪声经由差分方程(3.1.11)变换而来。输入的白噪声 $\boldsymbol{w}_i$ 称为派生噪声(generating 或 forcing noise)。矩阵 $\boldsymbol{\phi}_i$ 称为动态矩阵，矩阵 $\boldsymbol{\Gamma}_i$ 为派生噪声矩阵，向量 $\boldsymbol{x}_i$ 为状态向量。

考虑 1.3.3 小节的结果不难得出(见题 3.1.3)，序列(3.1.11)数学期望和协方差矩阵随时间的变化由下列递推关系式确定

$$\bar{\boldsymbol{x}}_i = \boldsymbol{\Phi}_i\bar{\boldsymbol{x}}_{i-1} \tag{3.1.15}$$

$$\boldsymbol{P}_i = M\{(\boldsymbol{x}_i-\bar{\boldsymbol{x}}_i)(\boldsymbol{x}_i-\bar{\boldsymbol{x}}_i)^{\mathrm{T}}\} = \boldsymbol{\Phi}_i\boldsymbol{P}_{i-1}\boldsymbol{\Phi}_i^{\mathrm{T}} + \boldsymbol{\Gamma}_i\boldsymbol{Q}_i\boldsymbol{\Gamma}_i^{\mathrm{T}} \tag{3.1.16}$$

由其可由前一步的相应值计算当前步的值。

由式(3.1.15)显然有，由式(3.1.11)形成的序列当派生步为中心特性时将是中心的，如果初始条件向量是中心的。

由随机向量变换法则和关系式(3.1.11)、式(3.1.12)，可得 $\boldsymbol{X}_i=(x_0^{\mathrm{T}},x_1^{\mathrm{T}},\cdots,x_i^{\mathrm{T}})^{\mathrm{T}}$ 各向量元素的协方差矩阵 $\boldsymbol{P}_i^x$ 及序列所有先前时刻的值，包括初始值在内(见题 3.1.6)。

由成形滤波器(3.1.11)和关系式(3.1.15)、式(3.1.16)描述序列的优势在于，由其可递推地构成序列本身，同时还可以计算数学期望和协方差矩阵等相应的统计学特性。其中，协方差矩阵的对角线元素由状态向量各分量均方差计算值$\sigma_i(j)=p_i[j,j](j=1,2,\cdots,n)$确定。由上所述成形滤波器(3.1.11)广泛地应用于求解随机序列建模的实际问题之中。从这个角度来说，如同 1.5 节中所述，使用随机数传感器构成随机向量 $\boldsymbol{x}_0$、向量 $\boldsymbol{w}_i$，同时使用关系式(3.1.11)，由下列关系式得到一般情况下的实现值

$$\boldsymbol{z}_i = \boldsymbol{H}_i\boldsymbol{x}_i \tag{3.1.17}$$

随后，如果不特殊指明，在例题分析中由成形滤波器形成实现时为确定性假设使用的是高斯随机量传感器。

例 3.1.2 序列中没有派生噪声的序列是成形滤波器(3.1.11)的特殊情况，即序列形式为

$$\boldsymbol{x}_i=\boldsymbol{\Phi}_i\boldsymbol{x}_{i-1} \tag{3.1.18}$$

为确定其数学期望必须使用式(3.1.15)，而这种情况下协方差矩阵能够确定，如果协方差矩阵在初始时刻的值 $\boldsymbol{P}_0$ 及表达式 $\boldsymbol{P}_i=\boldsymbol{\phi}_i\boldsymbol{P}_{i-1}\boldsymbol{\phi}_i^{\mathrm{T}}$ 给定。

如果矩阵 $\boldsymbol{\phi}_i$ 为单位阵，即 $\boldsymbol{\Phi}_i=\boldsymbol{E}$，则可得序列

$$\boldsymbol{x}_i=\boldsymbol{x}_{i-1} \tag{3.1.19}$$

为常向量，其数学期望为$\overline{\boldsymbol{x}_0}$，协方差矩阵为 $\boldsymbol{P}_0$。

例 3.1.3 如果在成形滤波器(3.1.11)中，$\boldsymbol{\phi}_i=\boldsymbol{E}$，并存在派生噪声，同时 $\boldsymbol{\Gamma}_i=\boldsymbol{E}$，则有

$$\boldsymbol{x}_i=\boldsymbol{x}_{i-1}+\boldsymbol{w}_i \tag{3.1.20}$$

显然，这个序列可表示为两个互不相差的项之和，其中一个是常随机向量，而另一个是从第一步到当前时间步彼此互不相关的离散白噪声之和，即

$$\boldsymbol{x}_i=\boldsymbol{x}_0+\sum_{j=1}^{i}w_j \tag{3.1.21}$$

由于派生噪声是中心的，则对于任意的 i 有$\overline{\boldsymbol{x}_i}=\overline{\boldsymbol{x}_0}$。关系式(3.1.16)在这种情况下写作

$$\boldsymbol{P}_i=\boldsymbol{P}_{i-1}+\boldsymbol{Q}_i$$

如果对于派生噪声协方差矩阵是常数，即 $\boldsymbol{Q}_i=\boldsymbol{Q}$，则可写为

$$\boldsymbol{P}_i=\boldsymbol{P}_0+i\boldsymbol{Q} \tag{3.1.22}$$

由后面两个关系式可知，尽管确定成形滤波器的矩阵是常数，得到的序列却并不是时不变的，因为与其相应的协方差矩阵随时间增长而增长。

序列(3.1.20)称为含非相关增量的序列。这个名称是由于对于其在互不相交的时间区间上增量(x_i-x_j)是互不相关的。这点容易说明，因为在这些区间上增量由不同时刻对应的白噪声值来确定。如果所有向量都是高斯的，则这些增量彼此是独立的，序列(3.1.20)称为含独立增量的序列。

在标量情况下，序列(3.1.20)称为韦涅洛夫斯基序列，在英文文献中使用述语 random walk—— 随机游动。

例 3.1.4 在 2.1 节中给出了描述高度随时间变化时的观测

$$\boldsymbol{h}_i=\boldsymbol{x}_0+\boldsymbol{V}\boldsymbol{t}_i,\qquad i=1,2,\cdots,m \tag{3.1.23}$$

式中，$\boldsymbol{x}_0$，$\boldsymbol{V}$ 分别为初始高度和铅垂速度，假定其为常数；$t_i=(i-1)\Delta t$ 为距观测起点的时刻。

在第 2 章中高度的变化模型归结为给出两个未知量。这个模型可通过成形滤波器得到。引入状态向量

$$\boldsymbol{x}_i=(x_{i1},x_{i2})^{\mathrm{T}}=(\boldsymbol{h}_i,\boldsymbol{V})^{\mathrm{T}} \tag{3.1.24}$$

由于

$$\begin{bmatrix} x_{i1} \\ x_{i2} \end{bmatrix} = \begin{bmatrix} 1 & \Delta t \\ 0 & 1 \end{bmatrix} \begin{bmatrix} x_{i-1,1} \\ x_{i-1,2} \end{bmatrix}$$

式中，Δt 为观测发生时间。

则当 $\boldsymbol{\Gamma}_i = \mathbf{0}$ 时，$\boldsymbol{H}_i = [1,0]$

$$\boldsymbol{\Phi}_i = \begin{bmatrix} 1 & \Delta t \\ 0 & 1 \end{bmatrix} \tag{3.1.25}$$

可得

$$\boldsymbol{z}_i = \boldsymbol{H}_i \boldsymbol{x}_i = [1,0]\boldsymbol{x}_i = \boldsymbol{h}_i \tag{3.1.26}$$

如果给出初始时刻的协方差矩阵为

$$\boldsymbol{P}_0 = \begin{bmatrix} \sigma_0^2 & 0 \\ 0 & \sigma_V^2 \end{bmatrix}$$

则由式(3.1.16)不难得到

$$\boldsymbol{\sigma}_{h_i}^2 = \boldsymbol{P}_i[1,1] = \boldsymbol{\sigma}_0^2 + \boldsymbol{\sigma}_V^2[(i-1)\Delta t]^2$$

如果补充方差为 q_1^2 的派生噪声，到第一个方程中

$$\begin{bmatrix} x_{i1} \\ x_{i2} \end{bmatrix} = \begin{bmatrix} 1 & \Delta t \\ 0 & 1 \end{bmatrix} \begin{bmatrix} x_{i-1},1 \\ x_{i-1},2 \end{bmatrix} + \begin{bmatrix} 1 \\ 0 \end{bmatrix} \boldsymbol{w}_i$$

则代替式(3.1.23)可得下列更一般的描述高度观测模型

$$\boldsymbol{h}_i = \boldsymbol{x}_0 + \boldsymbol{v}_{t_i} + \sum_{j=1}^{i} w_j$$

由于动态矩阵由表达式(3.1.25)确定，派生噪声矩阵 $\boldsymbol{\Gamma}_i = \begin{bmatrix} 1 \\ 0 \end{bmatrix}$，则由式(3.1.6)可得

$$\boldsymbol{\sigma}_{h_i}^2 = p_i[1,1] = \sigma_0^2 + \sigma_v^2[(i-1)\Delta t]^2 + q^2(i-1)$$

在图 3.1.4 上给出了用成形滤波器和随机数传感器得到高度变化实现的例子，对于两种情况分别使用下列初始数据：时间为 100 s，离散观测时间 1 s，$\sigma_0 = 10$ s，$\sigma_V = 0.1$ m/s，当 $q_1 = 0$(a)，和 $q_1 = 1$ m(b)时。这里给出子量 $\pm 2\sigma_{hi}$，表示三倍计算均方差，在高斯情况下确定了这个序列在每一时刻的最大概率值区域。

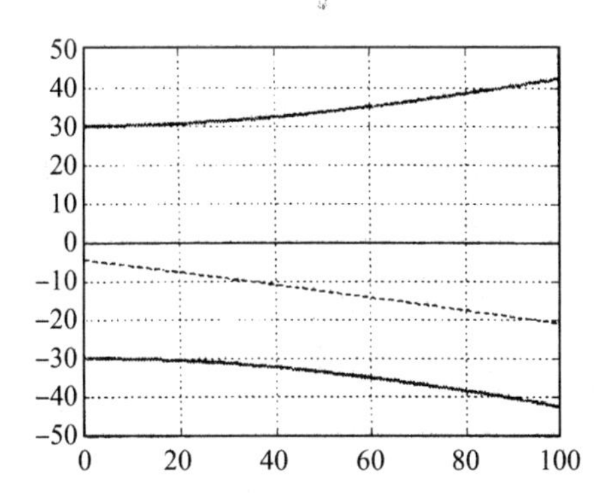

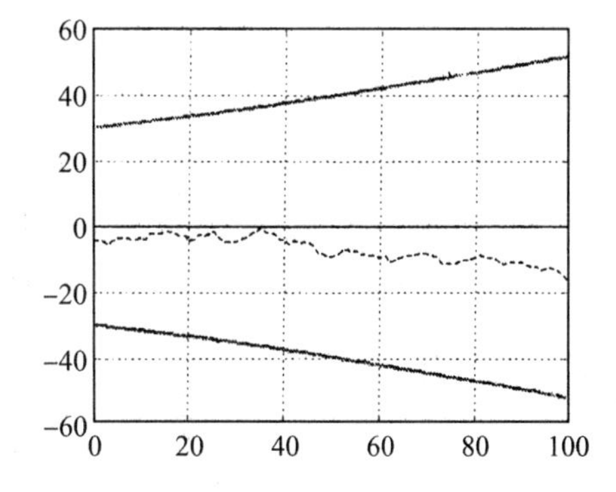

图 3.1.4　不存在和存在派生噪声时，高度变化实现曲线及其计算均方差的三倍值

3.1.5 马尔可夫序列协方差矩阵的变化动态

由式(3.1.6)可知，在一般情况下，由成形滤波器描述的马尔可夫序列协方差矩阵随时间变化，同时 P_i 可以“增长”，即 $P_i \geqslant P_{i-1}$，也可以“减少”，即 $P_i \leqslant P_{i-1}$。

以标量情况为例来解释，设

$$x_i = \phi x_{i-1} + w_i \tag{3.1.27}$$

并设对于所有 i 有 $\Gamma=1$ 和 $Q_i=q^2$。在这种情况下，引入定义 $P_i=\sigma_i^2$，表达式(3.1.16)可写作

$$\sigma_i^2 = \sigma_{i-1}^2 \phi^2 + q^2$$

如果 ϕ^2、q^2 和 σ_0^2 之间的关系式为 $\sigma_0^2 \phi^2 + q^2 > \sigma_0^2$，即 $\sigma_0^2 > \dfrac{q^2}{1-\phi^2}$，则随着 i 的增长方差增加，即 $\sigma_i^2 > \sigma_{i-1}^2$。如果 $\sigma_0^2 \phi^2 + q^2 < \sigma_0^2 \left(\sigma_0^2 < \dfrac{q^2}{1-\phi^2}\right)$，则方差减小。当方程 $\sigma_\infty^2 \phi^2 + q^2 = \sigma_\infty^2$ 的解存在时，序列(3.1.27)的方差随着 i 的增长停止增加，有 $\sigma_\infty^2 = \dfrac{q^2}{1-\phi^2}$。当 $\phi^2 < 1$ 时这是可能的。如果 $\sigma_0^2 = \dfrac{q^2}{1-\phi^2}$，则方差对于所有 i 值为常数。显然，当 $\phi > 1$ 时方差只可能增加，因此，方程 $\sigma_0^2 \phi^2 + q^2 = \sigma_0^2$ 并不存在正解，当 $\phi = 1$ 时方差同样增长。

在向量情况下，为使协方差矩阵(3.1.16)在 $\boldsymbol{\phi}_i=\boldsymbol{\phi}$、$\boldsymbol{\Gamma}_i=\boldsymbol{\Gamma}$、$\boldsymbol{Q}_i=\boldsymbol{Q}$ 时保持为常数，要求下列方程存在解

$$\boldsymbol{P}_\infty = \boldsymbol{\phi} \boldsymbol{P}_\infty \boldsymbol{\phi}^{\mathrm{T}} + \boldsymbol{\Gamma} \boldsymbol{Q} \boldsymbol{\Gamma}^{\mathrm{T}} \tag{3.1.28}$$

在这种情况下序列(3.1.11)当派生噪声具有中心特性时为时不变马尔可夫序列。

例 3.1.5 设已知韦涅洛夫斯基序列(3.1.20)，同时 $P_0=\sigma_0^2$、$Q=q^2$。对不同初始值方差和派生噪声方差给出这个序列实现的例子及相应每个时间的均方有计算值 $\sigma_i = \sqrt{P_i} = \sqrt{\sigma_0^2 + q_i^2}$。

为确定性假设 x_i 描述铅直坐标的变化。

如前已述，这个序列的值在每一时刻都表示为两项之和：随机量和白噪声序列在前面时刻积累的值之和。

当 $\sigma_0^2=0$ 时，和式中不存在常量项。这个实现和相应的计算均方差 $\pm\sigma_i$ 在图 3.1.5(a)中表出，这里 $q=1$ m/s，$\sigma_0=0$。这里及下道例题中为确定性，设序列的值在 100 s 的区间上形成，离散区间为 1 s。当 $q_i^2=\sigma_0^2$($q=1.0$ m/s，$\sigma_0=10$ m)时对最后一时刻两项的值对于方差值的计算是相同的(图 3.1.5)。

当条件 $q_i^2 \ll \sigma_0^2$($i=100$，$q=1.0$ m/s，$\sigma_0=100$ m)成立时，实验与常矢量实现的差很小。

对所有三种情况序列都是时变的，尽管在最后一种情形下这种时变性非常不显著，即变化部分的均方差远小于常量部分的均方差。

例 3.1.6 设要求构成相关函数为 $k(i-j)=\sigma^2 e^{-\alpha|i-j|}$ 的中心随机序列。这个序列通

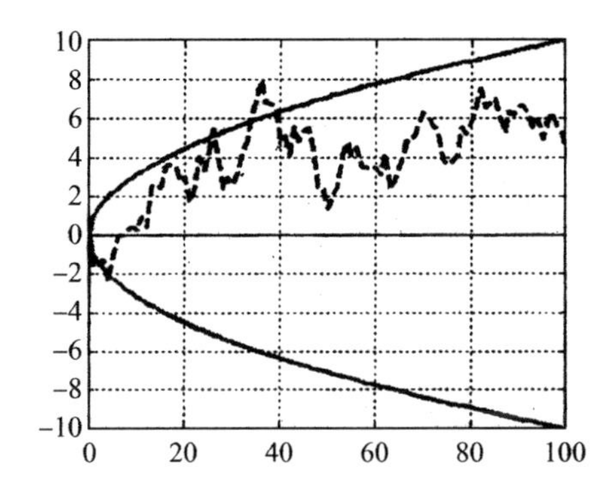

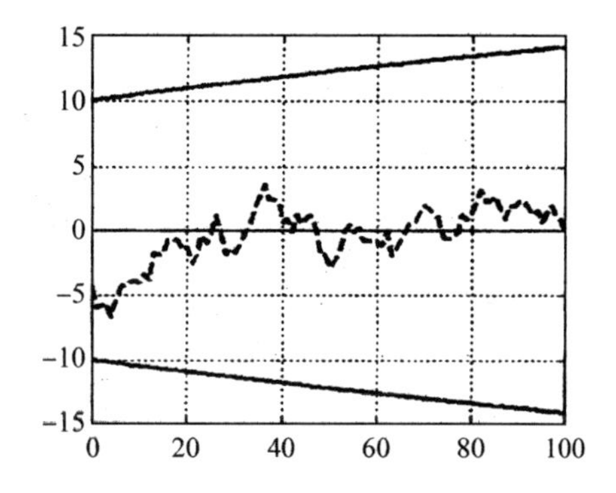

图 3.1.5　不含及含有派生噪声时韦涅洛夫序列的实现及其相应的三倍计算均方差值

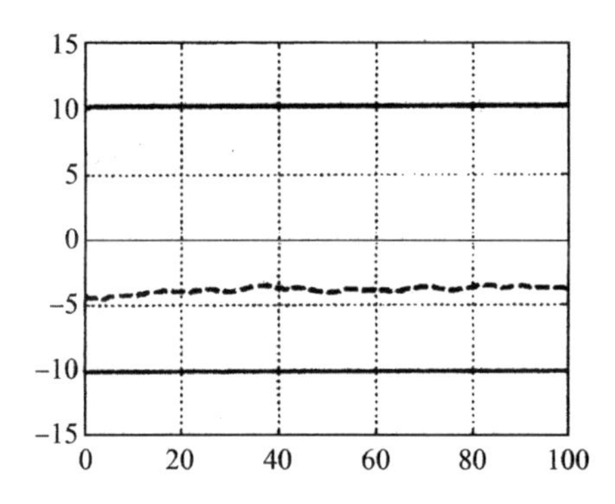

图 3.1.6　$q_i^2 \ll \sigma_0^2$ 时韦涅洛夫斯基序列及其计算均方差

常称为指数相关序列。

不难说明，其可由成形滤波器 3.1.11 构成，其中 $\Phi = e^{-\alpha}$，$\Gamma = \sigma\sqrt{1-e^{-2\alpha}}$；$x_0$ 为方差 $P_0 = \sigma_0^2$ 的中心随机量，并且 $\sigma_0 = \sigma$；w_i 为中心离散白噪声，方差为 1，且与 x_0 无关[50,P221,111,P77]。

这实际上是由于这些例题中方程(3.1.28) 变成为恒等式：$\sigma^2 = \sigma^2 e^{-2\alpha} + \sigma^2(1-e^{-2\alpha})$，意味着这个序列的方差是常数。除此之外，由相关函数定义，可写出如下等式

$$k(i,i-1) = k(i-(i-1)) = k(1) = M\{x_i x_{i-1}\}$$
$$= M\{\phi_{x_{i-1}} x_{i-1} + \Gamma w_i x_{i-1}\} = \sigma^2 e^{-\alpha}$$

不难将其推广至 $i-j>1$ 的情形。

下面给出 $\alpha = 0.1$，$\sigma = 1$ m 时序列实现的图形，针对三种情况：时不变情形，有条件 $\sigma_0^2\phi^2 + \Gamma^2 = \sigma_0^2$，$\sigma = \sigma_0 = 1$ m(图 3.1.7)；时变情形，方差增加，有条件 $\sigma_0^2\Phi^2 + \Gamma^2 > \sigma_0^2$，$\sigma > \sigma_0 = 0$(图 3.1.8(a))，时变情形，方差减小，有条件 $\sigma_0^2\Phi^2 + \Gamma^2 < \sigma_0^2$，$\sigma < \sigma_0 = 3$ m(图 3.1.8(b))。在曲线图上给出了实现值，以及其三倍计算均方差值 $\pm 3(\sigma_i = \sqrt{P_i})$。

在很多情况下，如同前面所叙述的，由于 $\Phi^2 = e^{-2\alpha} < 1$，额定工作下没有方差

$$\sigma_\infty^2 = \frac{\sigma^2(1-e^{-2\alpha})}{1-e^{-2\alpha}} = \sigma^2 = 1$$

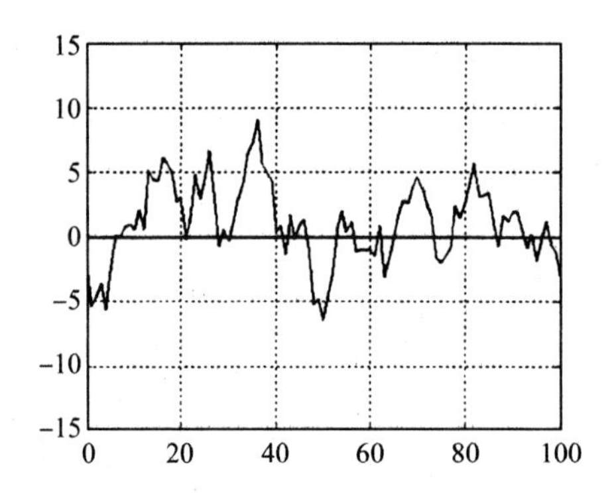

图 3.1.7　指数相关序列的实现(时不变情形)

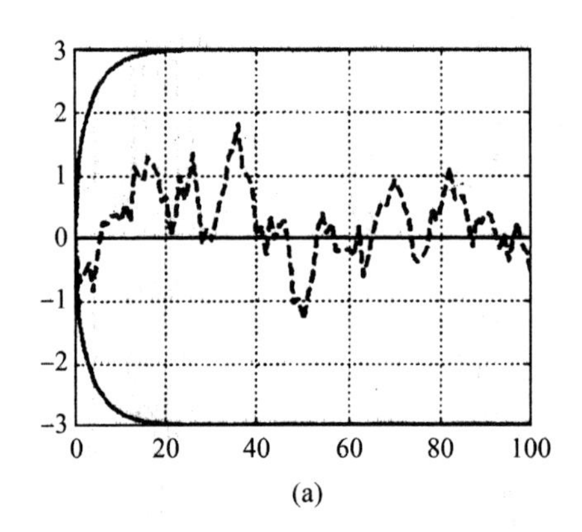

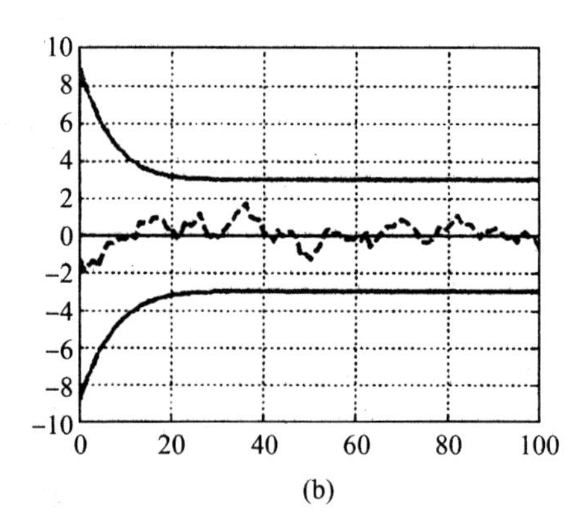

图 3.1.8　指数相关序列的实现及其三倍计算均方差值(时变情形)

由给出的表达式可知,如果要求给定 σ^2 和 α 离散白噪声的方差为1来构成序列,则必须有条件 $\Gamma^2=\sigma^2(1-\Phi^2)=\sigma^2(1-e^{-2\alpha})$ 成立。这个条件在 $\alpha\ll 1$ 时可写作 $\Gamma^2\approx 2\sigma^2\alpha$。

3.1.6　本节习题

习题 3.1.1　给出联合概率分布密度 $f(x_1,x_2,\cdots,x_k)$,说明对其有下列表达式成立

$$f(x_1,x_2,\cdots,x_k)=f(x_k/x_{k-1},x_{k-2},\cdots,x_1)f(x_{k-1}/x_{k-2},x_{k-3},\cdots,x_1)\cdots f(x_1)$$

解　由概率密度乘法公式可知

$$f(x_1,x_2,\cdots,x_k)=f(x_k/x_{k-1},x_{k-2},\cdots,x_1)f(x_{k-1},x_{k-2},x_{k-3},\cdots,x_1)$$

将这个式子的第二个乘子替换成

$$f(x_{k-1},x_{k-2},\cdots,x_1)=f(x_{k-1}/x_{k-2},x_{k-3},\cdots,x_1)f(x_{k-2},x_{k-3},\cdots,x_1)$$

类似进行,可得待求表达式的右端。

习题 3.1.2　解释,为什么具有高斯概率密度函数(3.1.13)、(3.1.14)的向量 x_0 和 $w_1,w_2,\cdots,w_i$ 在 x_0 与 w_L 不相关,并且 w_L 与 w_j 在 $L\neq j,L,j=1,2,\cdots,i$ 互不相关是联合高斯的。

解　由于所有向量都是高斯的,并且彼此无关,则它们是彼此独立的;那么联合概率

密度函数是高斯密度的乘积，因此也是高斯的。

习题 3.1.3　说明序列(3.1.11)的数学期望和协方差矩阵随时间的变化由式(3.1.15)、(3.1.16)确定

$$\bar{\boldsymbol{x}}_i=\boldsymbol{\Phi}_i\bar{\boldsymbol{x}}_{i-1}$$

$$\boldsymbol{P}_i=\boldsymbol{M}\{(\boldsymbol{x}_i-\bar{\boldsymbol{x}}_i)(\boldsymbol{x}_i-\bar{\boldsymbol{x}}_i)^{\mathrm{T}}\}=\boldsymbol{\Phi}_i\boldsymbol{P}_{i-1}\boldsymbol{\Phi}_i^{\mathrm{T}}+\boldsymbol{\Gamma}_i\boldsymbol{Q}_i\boldsymbol{\Gamma}_i^{\mathrm{T}}$$

解　第一个关系式可直接由(3.1.11)得出，因为

$$\boldsymbol{M}\{\boldsymbol{x}_i\}=\boldsymbol{M}\{\boldsymbol{\Phi}_i\boldsymbol{x}_{i-1}+\boldsymbol{\Gamma}_i\boldsymbol{w}_i\}=\boldsymbol{\Phi}_i\bar{x}_{i-1}$$

注意到这个表达式以及 w_i 与 x_{i-1} 无关，可得

$$\begin{aligned}\boldsymbol{P}_i=&\boldsymbol{M}\{(\boldsymbol{\Phi}_i\boldsymbol{x}_{i-1}+\boldsymbol{\Gamma}_i\boldsymbol{w}_i-\boldsymbol{\Phi}_i\bar{\boldsymbol{x}}_{i-1})(\boldsymbol{\Phi}_i\boldsymbol{x}_{i-1}+\boldsymbol{\Gamma}_i\boldsymbol{w}_i-\boldsymbol{\Phi}_i\bar{\boldsymbol{x}}_{i-1})^{\mathrm{T}}\}=\\&\boldsymbol{M}\{(\boldsymbol{\Phi}_i(\boldsymbol{x}_{i-1}-\bar{\boldsymbol{x}}_{i-1})+\boldsymbol{\Gamma}_i\boldsymbol{w}_i)(\boldsymbol{\Phi}_i(\boldsymbol{x}_{i-1}-\bar{\boldsymbol{x}}_{i-1})+\boldsymbol{\Gamma}_i\boldsymbol{w}_i)^{\mathrm{T}}\}=\\&\boldsymbol{\Phi}_i\boldsymbol{P}_{i-1}\boldsymbol{\Phi}_i^{\mathrm{T}}+\boldsymbol{\Gamma}_i\boldsymbol{Q}_i\boldsymbol{\Gamma}_i^{\mathrm{T}}\end{aligned}$$

习题 3.1.4　计算由表达式 $x_i=\sum_{j=1}^{t}w_j$ 形成的随机向量的协方差矩阵，其中 $w_j,j=1,2,\cdots,i$ 为彼此互不相关的中心随机向量，其协方差矩阵对于所有时刻均为 Q。

解　这个序列可以由成形滤波器(3.1.20)形成，其中 $P_0=0$。由(3.1.16)可得

$$P_i=iQ$$

习题 3.1.5　计算由式 $\boldsymbol{x}_i=\sum_{j=1}^{i}\boldsymbol{w}_j$，形成的随机向量的协方差矩阵，其中对所有 $j=1,2,\cdots,i,\boldsymbol{w}_j=\boldsymbol{w}$ 为协方差矩阵均为 $\boldsymbol{Q}$ 的中心随机向量。

解　由于本题中 $\boldsymbol{x}_i=iw$，根据协方差矩阵的定义有 $\boldsymbol{P}_i=\boldsymbol{M}\{\boldsymbol{x}_i\boldsymbol{x}_i^{\mathrm{T}}\}i^2\boldsymbol{Q}$。

习题 3.1.6　向量 $\boldsymbol{X}_i=(\boldsymbol{x}_0^{\mathrm{T}},\boldsymbol{x}_1^{\mathrm{T}},\cdots,\boldsymbol{x}_i^{\mathrm{T}})^{\mathrm{T}}$，其各元素由式(3.1.11)、(3.1.12)给出。给出其各元素向量协方差矩阵的表达式。

当 $i=1$ 时写出这个矩阵。

解　为求得协方差矩阵写出 $n+ip$ 维向量 $r_i=(x_0^{\mathrm{T}},w_1^{\mathrm{T}},\cdots,w_i^{\mathrm{T}})^{\mathrm{T}}$ 并注意到 $X_i=T_ir_i$，这里矩阵 T_i 的维数为 $(i+1)n\times(n+ip)$

$$\boldsymbol{T}_i=\begin{bmatrix}E & 0 & 0 & \cdots & 0\\ \Phi_1 & \Gamma_1 & 0 & \cdots & 0\\ \Phi_2\Phi_1 & \Phi_2\Gamma_1 & \Gamma_2 & \cdots & 0\\ \vdots & \vdots & \vdots & & \vdots\\ \Phi_i\Phi_{i-1}\cdots\Phi_1 & \Phi_i\Phi_{i-1}\cdots\Phi_2\Gamma_1 & \Phi_i\Phi_{i-1}\cdots\Phi_3\Gamma_2 & \cdots & \Gamma_i\end{bmatrix}$$

$$\boldsymbol{P}^{r_i}=\begin{bmatrix}P_0 & 0 & \cdots & 0 & 0\\ 0 & Q_1 & \cdots & 0 & 0\\ \vdots & \vdots & & 0 & 0\\ 0 & 0 & \cdots & Q_{i-1} & 0\\ 0 & 0 & \cdots & 0 & Q_i\end{bmatrix}$$

当 $i=1,\boldsymbol{X}_1=(\boldsymbol{x}_0^{\mathrm{T}},\boldsymbol{x}_1^{\mathrm{T}})^{\mathrm{T}}$ 时，不难得出

$$\boldsymbol{P}_1=\begin{bmatrix}\boldsymbol{P}_0 & \boldsymbol{P}_0\boldsymbol{\Phi}_1^{\mathrm{T}}\\ \boldsymbol{\Phi}_1\boldsymbol{P}_0 & \boldsymbol{\Phi}_1\boldsymbol{P}_0\boldsymbol{\Phi}_1^{\mathrm{T}}+\boldsymbol{\Gamma}_1\boldsymbol{Q}_1\boldsymbol{\Gamma}_1^{\mathrm{T}}\end{bmatrix}$$

习题 3.1.7　向量 $\boldsymbol{X}_i=(\boldsymbol{x}_0^{\mathrm{T}},\boldsymbol{x}_1^{\mathrm{T}},\cdots,\boldsymbol{x}_i^{\mathrm{T}})^{\mathrm{T}}$ 各元素向量为由式(3.1.11)～(3.1.14)描述的高斯马尔夫序列，求其概率密度的表达式。

解　注意到 $\boldsymbol{X}_i$ 各元素向量具有高斯特性，为求得其对应的概率密度分布函数只需确定其数学期望和协方差矩阵，需要使用式 $\boldsymbol{X}_i=\boldsymbol{T}_i\boldsymbol{r}_i$，并考虑已知值 $\overline{\boldsymbol{r}_i}=(\overline{\boldsymbol{x}_0}^{\mathrm{T}},0,\cdots,0)^{\mathrm{T}}$ 和 P^{r_i}。

除此之外，概率分布密度函数使用下式可得

$$f(\boldsymbol{X}_i)=f(\boldsymbol{x}_0)\prod_{j=1}^{i}f(\boldsymbol{x}_j/\boldsymbol{x}_{j-1})=c_i\exp\left\{-\frac{1}{2}\boldsymbol{J}_i\right\}$$

这里

$$\boldsymbol{J}_i=\boldsymbol{x}_0^{\mathrm{T}}\boldsymbol{P}_0^{-1}\boldsymbol{x}_0+\sum_{j=1}^{i}(\boldsymbol{x}_j-\boldsymbol{\Phi}_j\boldsymbol{x}_{j-1})^{\mathrm{T}}(\boldsymbol{\Gamma}_j^{\mathrm{T}}\boldsymbol{Q}_j\boldsymbol{\Gamma}_j)^{-1}(\boldsymbol{x}_j-\boldsymbol{\Phi}_j\boldsymbol{x}_{j-1})$$

$$c_i=(2\pi)^{-\frac{n(i+1)}{2}}\mid P_0\mid^{-\frac{1}{2}}\prod_{j=1}^{i}\mid\boldsymbol{\Gamma}_j^{\mathrm{T}}\boldsymbol{Q}_j\boldsymbol{\Gamma}_j\mid^{-\frac{1}{2}}$$

习题 3.1.8　设上一道题目中 $i=1,\boldsymbol{\Gamma}_1=\boldsymbol{E}$，即 $\boldsymbol{x}_1=\boldsymbol{\Phi}_1\boldsymbol{x}_0+\boldsymbol{w}_1$，注意到各元素向量可以表示为 $X_1=(x_0^{\mathrm{T}}-x_1^{\mathrm{T}})^{\mathrm{T}}$，可得(见例 3.1.6)

$$f(\boldsymbol{X}_1)=N(\boldsymbol{X}_1;0,\boldsymbol{P}_1)\tag{1}$$

$$\boldsymbol{P}_1=\begin{bmatrix}\boldsymbol{P}_0 & \boldsymbol{P}_0\boldsymbol{\Phi}_1^{\mathrm{T}}\\ \boldsymbol{\Phi}_1\boldsymbol{P}_0 & \boldsymbol{\Phi}_1\boldsymbol{P}_0\boldsymbol{\Phi}_1^{\mathrm{T}}+\boldsymbol{Q}_1\end{bmatrix}\tag{2}$$

说明概率密度函数(1)与上道题目中得到的相同。

说明　将表达式(1)展开，计算 $\boldsymbol{P}_1^{-1}$ 时使用分块矩阵求逆公式。

习题 3.1.9　中心韦涅洛夫斯基序列的初始条件为零，派生噪声的方差相同均为 q^2，求相关函数的表达式。

解　由式(3.1.3)和(3.1.21)并注意到中心序列的初始值为零，可以写出

$$k(i,j)=M\{x_ix_j\}=M\left\{\sum_{l=1}^{i}w_l\sum_{k=1}^{j}w_k\right\}=q^2\min(i,j)$$

思考题

1.给出随机序列的定义，解释随机序列的数学期望，方差和相关函数，给出标量随机序列的例子。

2.解释中心、时不变和高斯随机序列。

3.给出离散白噪声的例子，说明离散白噪声是否可是时不变的或是高斯的。

4.给出马尔可夫序列的概念。解释成形滤波器并给出例子。

5.给出求由成形滤波器形成的马尔可夫序列的数学期望和协方差矩阵的递推关系

式。

6. 什么是韦涅洛夫序列，其特性如何？韦涅洛夫序列是马尔可夫序列吗？

7. 解释为什么当式(3.1.11)、式(3.1.12)中的矩阵 Φ、Γ、Q 是常矩阵，且等式(3.1.28)不成立时序列不是时不变的？用例子来说明。

3.2　随机序列滤波的最优线性算法

在第 2 章中对常参数向量的估计问题详细讨论了与先验信息水平相关的算法建立方法。在本章中分析参数随时间变化的序列估计问题时将不对其随机特性进行假设，因此，问题可在巴耶索夫斯基框架下作为均方意义下的最优估计求解问题。其中，本节涉及的是线性算法的建立。主要研究观测与待估向量线性相关，由线性成形滤波器给出的随机序列递推滤波问题，以及其解为离散卡尔曼滤波关系式。但是由于在本节中研究的问题是常向量估计问题首先提出非递推估计问题的求解算法。

3.2.1　随机序列非递推最优线性估计问题的建模和求解

分析下列随机序列估计的最简问题。

假设由相关和互相关函数给出了两个向量随机序列 x_i 和 $y_i(i=1,2,\cdots)$ 的统计特性

$$k_x(\nu,\mu)=M\{(x_\nu-\bar{x}_\nu)(x_\mu-\bar{x}_\mu)\} \tag{3.2.1}$$

$$k_y(\nu,\mu)=M\{(y_\nu-\bar{y}_\nu)(y_\mu-\bar{y}_\mu)\} \tag{3.2.2}$$

$$k_{xy}(\nu,\mu)=M\{(x_\nu-\bar{x}_\nu)(y_\mu-\bar{y}_\mu)\} \tag{3.2.3}$$

并且其数学期望 $\overline{x_j}$ 和 $\overline{y_j}$，$(j=1,2,\cdots,i)$ 已知。

设序列 $y_j(j=1,2,\cdots,i)$ 所有积累到当前时刻 i 的值是确定的，即向量 $Y_i=(y_1,y_2,\cdots,y_i)^{\mathrm{T}}$ 已知。

将当前时刻得到的序列 y_j 的观测值展开，确定时刻 j 序列 x_j 值的估计。

由题设可知，在对一个随机序列进行估计时，必须根据另外一个与其相关序列的已知值。

上述假设中 i 和 j 之间的不同关系式分别对应了不同的估计问题[50]：

$j=i$—— 滤波问题(filfering problem)，时间离散，确定当前时刻的估计。

$j<i$—— 插值或滤平问题(smoothing problem)，此时要确定比当前时间更早的估计。

$j>i$—— 预测或外插问题(forecasting problem)，此时要确定将来时刻的估计。

这些问题的特点在图 3.2.1 上给出。滤波问题和预测问题通常由在线方式求解，(on-line mode)，此时需要得出当前时刻或者在当前时刻预测待估参数的值。滤平问题则采用卡尔曼处理方式，估计在所有观测都得到后计算(off-me mide)。

为解释随机序列估计问题与常向量估计问题的关系引入组合向量$(\boldsymbol{x}_j^{\mathrm{T}},\boldsymbol{Y}_i^{\mathrm{T}})^{\mathrm{T}}$ 并首先分析非递推估计算法对应的问题，即在计算当前步的估计时使用整组观测 $\boldsymbol{Y}_i=(y_1,y_2,$

$\cdots, y_i)^{\mathrm{T}}$，引入定义 $\hat{x}_{j/i}(Y_j)$，表示在时刻 j 根据当前时刻 i 前积累的观测估计 x_j，即假设一般情况下，计算估计的时刻与当前时刻不一致。

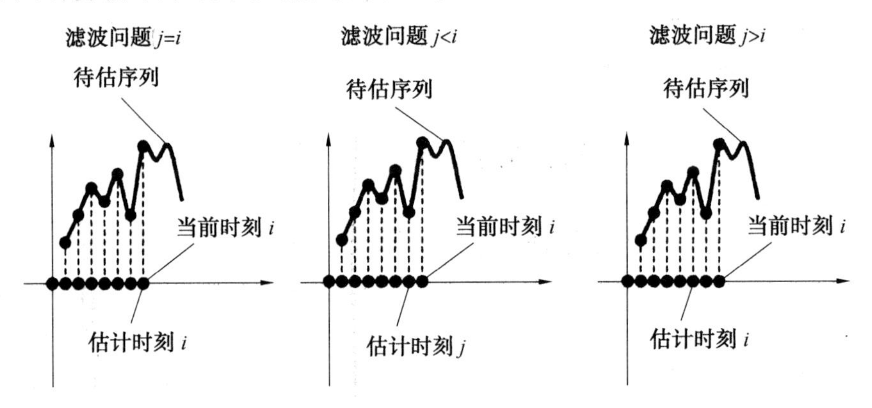

图 3.2.1　不同估计问题类型

在第 2 章中详细分析了与先验统计信息相关的常向量估计问题的提出。假设了向量 $(\boldsymbol{x}_j^{\mathrm{T}},\boldsymbol{Y}_i^{\mathrm{T}})^{\mathrm{T}}$ 的两个最初时刻是已知的，类似的，如 2.4.1 小节中，形成了无偏估计 $\hat{\boldsymbol{x}}_{j/i}(Y_i)$ 问题，要使均方准值

$$J_{j/i}^{6}=M\{(\boldsymbol{x}_j-\hat{\boldsymbol{x}}_{j/i}(\boldsymbol{Y}_i))^2\} \tag{3.2.4}$$

极小化，这里估计与观测是线性相关的。

这类估计称之为均方意义下随机序列的最优线性估计或者具有极小方差的线性无偏估计。

本质上，这是准则极小化下限制估计类型的随机序列估计问题的巴耶索夫斯基提法。注意到 2.4.1 小节中的结果，其中给出了此类问题的解法，并考虑到等式(2.4.3)、式(2.4.6) 对待求线性估计有

$$\hat{\boldsymbol{x}}_j(\boldsymbol{Y}_i)=\bar{\boldsymbol{x}}_j+\boldsymbol{K}_{j/i}(\boldsymbol{Y}_i-\bar{\boldsymbol{Y}}_i) \tag{3.2.5}$$

式中，$\boldsymbol{K}_{j/i}$ 为 $1\times i$ 维行阵，其满足下列离散时间的维涅拉－霍普夫方程

$$\boldsymbol{K}_{j/i}\boldsymbol{P}^{\boldsymbol{Y}_i}=\boldsymbol{P}^{x_j\boldsymbol{Y}_i} \tag{3.2.6}$$

这里

$$\boldsymbol{P}^{x_j\boldsymbol{Y}_i}=\boldsymbol{M}\{(\boldsymbol{x}_j-\bar{\boldsymbol{x}}_j)(\boldsymbol{y}_\mu-\bar{\boldsymbol{y}}_\mu)\},\quad \mu=1,2,\cdots,i \tag{3.2.7}$$

为行矩阵，确定了 $\boldsymbol{x}_j$ 和 $y_1,y_2,\cdots,y_i$ 的相关性

$$\boldsymbol{P}^{\boldsymbol{Y}_i}=\boldsymbol{M}\{(\boldsymbol{y}_\nu-\bar{\boldsymbol{y}}_\nu)(\boldsymbol{y}_\mu-\bar{\boldsymbol{y}}_\mu)\}\quad \nu、\mu=1,1,\cdots,i \tag{3.2.8}$$

为所有观测的协方差矩阵，$m\times m$ 维。

估计误差(3.2.5) 的先验方差由下式给出

$$\boldsymbol{P}_{j/i}^{\mathrm{lin}}=\boldsymbol{P}^{x_j}-\boldsymbol{K}_{j/i}\boldsymbol{P}^{\boldsymbol{Y}_i x_i} \tag{3.2.9}$$

其中 $\boldsymbol{P}^{x_j}$ 为待估序列方差，即

$$\boldsymbol{P}^{x_j}=\boldsymbol{M}\{(\boldsymbol{x}_j-\bar{\boldsymbol{x}}_j)^2\} \tag{3.2.10}$$

表达式中的矩阵 $\boldsymbol{P}^{x_j\boldsymbol{Y}_i}$，$\boldsymbol{P}^{\boldsymbol{Y}_i}$ 及 $\boldsymbol{P}^{x_j}$ 的值可由式(3.2.1) ～ (3.2.3) 计算。

如果矩阵 $\boldsymbol{P}^{r_j}$ 非奇异，则可写出估计及其方差的表达式

$$\boldsymbol{K}_{j/i}=\boldsymbol{P}^{x_iY_i}(\boldsymbol{P}^{Y_i})^{-1} \tag{3.2.11}$$

$$\boldsymbol{P}_{j/i}^{\text{lin}}=\boldsymbol{P}^{x_j}-\boldsymbol{P}^{x_jY_i}(\boldsymbol{P}^{Y_i})^{-1}\boldsymbol{P}^{Y_ix_j} \tag{3.2.12}$$

在 2.4.2 小节中说明了线性估计问题均方准则(3.2.4) 极小化的估计求解等价于保证正交条件(2.4.10) 成立的线性估计问题,即估计的误差与所有观测或者任意组合正交。这种情况下这个条件可以由下列等价形式中的一种描述:

$$\boldsymbol{M}\{(\boldsymbol{x}_j-\hat{\boldsymbol{x}}_j(\boldsymbol{Y}_i))\boldsymbol{Y}_i^{\mathrm{T}}\}=0 \tag{3.2.13}$$

$$\boldsymbol{M}\{\boldsymbol{x}_j\boldsymbol{Y}_i^{\mathrm{T}}\}=\boldsymbol{M}\{\hat{\boldsymbol{x}}_j(\boldsymbol{Y}_i)\boldsymbol{Y}_i^{\mathrm{T}}\} \tag{3.2.14}$$

$$\boldsymbol{M}\{(\boldsymbol{x}_j-\hat{\boldsymbol{x}}_j(\boldsymbol{Y}_i))\hat{\boldsymbol{x}}_J(\boldsymbol{Y}_i)\}=0 \tag{3.2.15}$$

$$\boldsymbol{M}\{\boldsymbol{x}_j\hat{\boldsymbol{x}}_j(\boldsymbol{Y}_i)\}=\boldsymbol{M}\{\hat{\boldsymbol{x}}_j(\boldsymbol{Y}_i)\hat{\boldsymbol{x}}_j(\boldsymbol{Y}_i)\} \tag{3.2.16}$$

注意到,基于维纳－霍普夫方程给出的解对于所有类型的估计都是正确的:滤波器、滤平和预测。

给出的结果将是正确的,如果序列是向量序列,并且代替准则(3.2.4) 使用

$$J_{j/i}^{6}=\boldsymbol{M}\{(\boldsymbol{x}_j-\hat{\boldsymbol{x}}_{j/i}(\boldsymbol{Y}_i)^{\mathrm{T}})(\boldsymbol{x}_j-\hat{\boldsymbol{x}}_{j/i}(\boldsymbol{Y}_i))\}$$

假设 x_i 和 $y_i(i=1,2,\cdots)$ 是 n 维和 m 维序列,其数学期望为 $\overline{x_j}$、$\overline{y_j}(j=1,2,\cdots,i)$,对于使上述准则极小化的线性最优估计,前面给出的表达式是正确的。同时矩阵 $\boldsymbol{P}^{X_jY_i}$、$\boldsymbol{P}^{Y_i}$ 和 $\boldsymbol{P}^{X_j}$ 的维数分别是 $n\times[i\times m]$、$n\times[i\times m]$、$[i\times m]\times[i\times m]$ 和 $n\times n$。

不难看出,在引入向量$(\boldsymbol{x}_j^{\mathrm{T}},\boldsymbol{Y}_i^{\mathrm{T}})^{\mathrm{T}}$ 后,对于各时刻的估计问题与 2.4.1 小节中分析的常向量估计问题没有任何区别。其特殊性仅在于,对于求解所必需的协方差矩阵由相关和互相关函数(3.2.1) ～ (3.2.3) 构成。

例 3.2.1　设 x_i 为时不变中心随机序列,其相关函数为 $K(i-j)=\sigma^2e^{-\alpha(i-j)}$,并且在区间 $\mu=1,2,\cdots,i$ 上这个序列的观测是已知的,为

$$y_i=x_i+v_i \tag{3.2.17}$$

式中,V_i 为与 x_i 无关的序列,是方差为 r^2 的中心离散白噪声。要求确定时刻 j 的序列估计。

对于本题有

$$\boldsymbol{P}^{x_j}=\sigma^2 \tag{3.2.18}$$

$$\boldsymbol{P}^{Y_i}=\{M(x_\nu x_\mu)+M(\nu_\nu\nu_\mu)\}=\{\sigma^2e^{-\alpha|\nu-\mu|}+r^2\delta_{\nu\mu}\},\quad \nu、\mu=1,2,\cdots,i \tag{3.2.19}$$

$$\boldsymbol{P}^{x_jY_i}=\{M(\boldsymbol{x}_jx_\mu)\}=\{\sigma^2e^{-\alpha|j-\mu|}\},\quad \mu=1,2,\cdots,i \tag{3.2.20}$$

注意到这个表达式,可写出下列矩阵 $\boldsymbol{K}_{j/i}$ 的关系式:

$$\boldsymbol{K}_{j/i}=\boldsymbol{P}^{x_iY_i}(\boldsymbol{P}^{Y_i})^{-1}=\sigma^2(e^{-\alpha|j-1|},e^{-\alpha|j-2|},\cdots,e^{-\alpha|j-i|})\times$$

$$\begin{bmatrix}\sigma^2+r^2 & \sigma^2e^{-\alpha|1|} & \cdots & \sigma^2e^{-\alpha|1-i|}\\ \sigma^2e^{-\alpha|1|} & \sigma^2+r^2 & & \\ & & \sigma^2+r^2 & \sigma^2e^{-\alpha|1|}\\ \sigma^2e^{-\alpha|1-i|} & & \sigma^2e^{-\alpha|1|} & \sigma^2+r^2\end{bmatrix}^{-1}$$

由式(3.2.5)、式(3.2.9) 及上面的式,可具体写出待求的估计及相应的先验误差方

差表达式。

值得强调的是，本题中并没有预先假设观测和待估序列之间的函数相关性是给定的，原始信息只给出了数学期望、相关和互相关函数的形式。本质上这是仅给出了第一和第二时刻信息求解随机序列线性退化问题的推广。同时所得的解相应地称为非递推过程，在使用时为确定估计(3.2.5)每次都要使用整组已知观测。尽管给出的表达式能够确定估计及与其相应的精度特性，但是在解决实际问题时应用还是极为困难的。其中，这与矩阵 $\boldsymbol{P}^{Y_i}$ 的维数随着观测数的增长一直增加有关，这使其求逆过程变得复杂。随后我们将着重研究递推滤波器问题，在其求解过程中建立出方便实现的算法。

3.2.2 随机序列递推最优线性滤波器问题的建模

本小节研究随机序列在均方意义下最优线性估计的递推算法问题，即线性递推最优算法。用于常向量估计问题的递推算法在2.6.4小节中已经分析了。其本质在于为确定给定观测组(i 个)的未知估计，需要第 i 个观测的连续处理以及上一步中根据观测 $\boldsymbol{Y}_{i-1}=(Y_1,Y_2,\cdots,Y_{i-1})^{\mathrm{T}}$ 得到的估计。与当前步长相应的协方差矩阵的计算同样要使用到前一步的协方差矩阵。用于本题的递推算法可以在求解滤波问题时得到，即 $i=j$。同时假设，随机序列由线性滤波器(3.1.11)给出，观测线性依赖于待估向量。

一般情况下这个问题的建模可如下进行

给定 n 维滤波形式的随机序列

$$\boldsymbol{x}_i=\boldsymbol{\Phi}_i\boldsymbol{x}_{i-1}+\boldsymbol{\Gamma}_i\boldsymbol{w}_i \tag{3.2.21}$$

已知 m 维观测，其与序列的关系式为

$$\boldsymbol{y}_i=\boldsymbol{H}_i\boldsymbol{x}_i+\boldsymbol{v}_i \tag{3.2.22}$$

式中，$\boldsymbol{w}_i$ 为 p 维衍生噪声向量；$\boldsymbol{v}_i$ 为 m 维观测误差向量；$\boldsymbol{\Phi}_i$、$\boldsymbol{H}_i$、$\boldsymbol{\Gamma}_i$ 分别为维数分别为 $n\times n$、$m\times n$、$n\times p$ 的已知矩阵。

同时 W_i 和 V_i 是离散中心白噪声：

$$\boldsymbol{M}\{\boldsymbol{w}_i\boldsymbol{w}_j^{\mathrm{T}}\}=\boldsymbol{\delta}_{ij}\boldsymbol{Q}_i;\quad \boldsymbol{M}\{\boldsymbol{v}_i\boldsymbol{v}_j^{\mathrm{T}}\}=\boldsymbol{\delta}_{ij}\boldsymbol{R}_i \tag{3.2.23}$$

初始条件向量 $\boldsymbol{x}_0$ 是协方差矩阵为 $\boldsymbol{P}_0$ 的中心向量，向量 $\boldsymbol{x}_0$、$\boldsymbol{w}_i$、$\boldsymbol{v}_i$ 彼此互不相关，即

$$\boldsymbol{M}\{\boldsymbol{w}_i\boldsymbol{v}_j^{\mathrm{T}}\}=0,\quad \boldsymbol{M}\{\boldsymbol{x}_0\boldsymbol{v}_i^{\mathrm{T}}\}=0,\quad \boldsymbol{M}\{\boldsymbol{x}_0\boldsymbol{w}_i^{\mathrm{T}}\}=0 \tag{3.2.24}$$

随机向量中心特性的假设仅是为了化简表达式。

积累到当前步第 i 时刻的观测 $\boldsymbol{Y}_i=(\boldsymbol{y}_1^{\mathrm{T}},\boldsymbol{y}_2^{\mathrm{T}},\cdots,\boldsymbol{y}_i^{\mathrm{T}})^{\mathrm{T}}$ 已知，确定序列(3.2.21)在均方意义下最优无偏线性估计的递推算法，其极小化准则为

$$J_i^6=\boldsymbol{M}\{(\boldsymbol{x}_i-\hat{\boldsymbol{x}}_{i/i}(\boldsymbol{Y}_i))^{\mathrm{T}}(\boldsymbol{x}_i-\hat{\boldsymbol{x}}_{i/i}(\boldsymbol{Y}_i))\} \tag{3.2.25}$$

估计误差协方差矩阵的递推算法为

$$\varepsilon_{i/i}(\boldsymbol{Y}_i)=\boldsymbol{x}_i-\hat{\boldsymbol{x}}_{i/i}(\boldsymbol{Y}_i) \tag{3.2.26}$$

其表达式为

$$P_i=\boldsymbol{M}\{(\boldsymbol{x}_i-\hat{\boldsymbol{x}}_{i/i}(\boldsymbol{Y}_i))(\boldsymbol{x}_i-\hat{\boldsymbol{x}}_{i/i}(\boldsymbol{Y}_i))^{\mathrm{T}}\} \tag{3.2.27}$$

类似于3.1.4小节中引入的术语，可称其为根据观测(3.2.22)求式(3.2.21)描述的

状态向量滤波问题或状态空间中的滤波问题。

随后对于估计 $\hat{\boldsymbol{x}}_{i/i}(\boldsymbol{Y}_i)$ 和其误差使用定义

$$\hat{\boldsymbol{x}}_{(i/i)}(\boldsymbol{Y}_i) \equiv \hat{\boldsymbol{x}}_i(\boldsymbol{Y}_i) \equiv \hat{\boldsymbol{x}}_i, \quad \varepsilon_{i/i}(\boldsymbol{Y}_i) \equiv \varepsilon_i(\boldsymbol{Y}_i) = \varepsilon_i$$

不难看出，第 2 章中分析的常向量估计问题是这里序列滤波问题的特殊情况。事实上，如果在方程(3.2.21) 中令 $\boldsymbol{w}_i \equiv 0$、$\boldsymbol{\Gamma}_i \equiv 0$、$\boldsymbol{\Phi}_i \equiv E$，即可得到这一问题。

与前面的分析相比较，可以得出下列特性问题：

(1) 马尔可夫序列估计问题的求解。

(2) 对马尔可夫序列构成线性滤波。

(3) 观测误差的引入及观测与待估序列函数相关性的确定，这个依赖关系是线性的。

这个特性是求解问题中，方便离散卡尔曼滤波递推线性算法计算的关键，随后进行分析。

值得强调的是，与前一节类似，在提出的建模过程中没有使用随机序列分布规律的相关信息，并且假设为线性估计问题。

3.2.3　随机序列的卡尔曼滤波

对前述问题构建最优递推算法，假设当前步估计 $\hat{\boldsymbol{x}}_i$ 由观测 $\boldsymbol{y}_i$、估计 $\hat{\boldsymbol{x}}_{i-1}$ 和相应的协方差矩阵 $\boldsymbol{P}_{i-1}$ 来计算(图 3.2.2)。

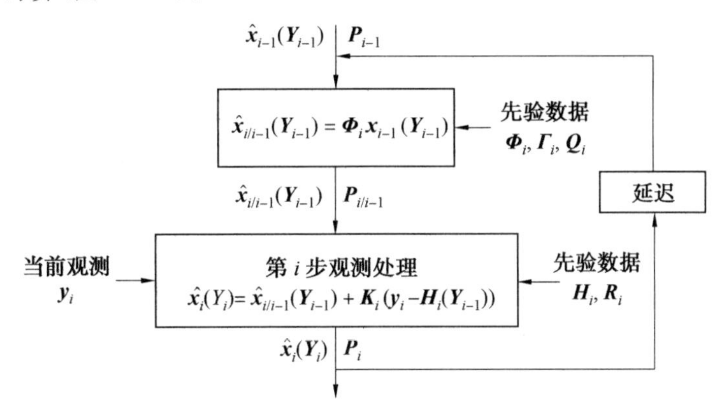

图 3.2.2　离散时间的卡尔曼滤波框图

在 2.6.4 小节中得到了用于常向量估计问题的递推算法。那里强调，每一步实际上都进行了由前面观测得到的估计的精确化，由补充当前观测与其预测值之间差与加强因子乘积的校正项的先前观测来实现。再求由滤波器(3.2.21) 形成的随机序列递推算法时类似的假设，其构造与原先相同。用于变换序列的特性在于使用什么方式来确定序列值预测和当前观测值预测的估计，假定相应于观测组 $\boldsymbol{Y}_{i-1}$ 的最优估计值 $\hat{\boldsymbol{x}}_{i-1}$ 已知。显然，可以考虑到待估向量的动态方程(3.2.21)。

综上所述，由基于最小均方准则的均方意义下最优线性无偏估计递推算法的求解问题由两个方块(图 3.2.2) 中的关系式组给出[50,71,109,111]。

在第一个方块中(预测方块)由观测 $\boldsymbol{Y}_{i-1}$ 计算第 i 时刻状态向量的线性最优估计值,即比 $\hat{\boldsymbol{x}}_{i/i-1}$ 前一步的预测估计(state estimate extrapolation[111,P110] 及与其相应的预测误差协方差矩阵(error covariance extrapoltion[111,P112],这个值由前一步的最优估计 $\hat{\boldsymbol{x}}_{i-1}$ 及协方差矩阵 p_{i-1} 确定))

$$\hat{\boldsymbol{x}}_{i/i-1} = \boldsymbol{\Phi}_i \hat{\boldsymbol{x}}_{i-1} \tag{3.2.28}$$

$$\boldsymbol{P}_{i/i-1} = \boldsymbol{\Phi}_i \boldsymbol{P}_{i-1} \boldsymbol{\Phi}_i^{\mathrm{T}} + \boldsymbol{\Gamma}_i \boldsymbol{Q}_i \boldsymbol{\Gamma}_i^{\mathrm{T}} \tag{3.2.29}$$

$$\begin{aligned} \boldsymbol{P}_{i/i-1} = &\boldsymbol{M}\{(\boldsymbol{x}_i - \hat{\boldsymbol{x}}_{i/i-1}(\boldsymbol{Y}_{i-1}))(\boldsymbol{x}_j - \hat{\boldsymbol{x}}_{i/i-1}(\boldsymbol{Y}_{i-1}))^{\mathrm{T}}\} = \\ &\boldsymbol{M}\{(\boldsymbol{\varepsilon}_{i/i-1})(\boldsymbol{\varepsilon}_{i/i-1})^{\mathrm{T}}\} \end{aligned}$$

$$\boldsymbol{\varepsilon}_{i/i-1} = \boldsymbol{x}_i - \hat{\boldsymbol{x}}_{i/i-1}(\boldsymbol{Y}_{i-1})$$

在第二个方块中,由当前观测 $\boldsymbol{y}_i$ 及预测方块中得到的结果计算未知当前估计 $\hat{\boldsymbol{x}}_i$ 及其误差 $\boldsymbol{P}_i$ 的计算协方差矩阵

$$\hat{\boldsymbol{x}}_i = \hat{\boldsymbol{x}}_{i/i-1} + \boldsymbol{K}_i(\boldsymbol{y}_i - \boldsymbol{H}_i \hat{\boldsymbol{x}}_{i/i-1}) \tag{3.2.30}$$

$$\boldsymbol{K}_i = \boldsymbol{P}_{i/i-1} \boldsymbol{H}_i^{\mathrm{T}} (\boldsymbol{H}_i \boldsymbol{P}_{i/i-1} \boldsymbol{H}_i^{\mathrm{T}} + \boldsymbol{R}_i)^{-1} \tag{3.2.31}$$

$$\begin{aligned} \boldsymbol{P}_i = &\boldsymbol{P}_{i/i-1} - \boldsymbol{P}_{i/i-1} \boldsymbol{H}_i^{\mathrm{T}} (\boldsymbol{H}_i \boldsymbol{P}_{i/i-1} \boldsymbol{H}_i^{\mathrm{T}} + \boldsymbol{R}_i)^{-1} \boldsymbol{H}_i \boldsymbol{P}_{i/i-1} = \\ &(\boldsymbol{E} - \boldsymbol{K}_i \boldsymbol{H}_i) \boldsymbol{P}_{i/i-1} \end{aligned} \tag{3.2.32}$$

这些关系式确定了著名的离散时刻卡尔曼滤波。这一算法的递推特性是显然的,因为在确定预测及与其相应的协方差矩阵除矩阵形式的先验信息 $\boldsymbol{\Phi}_i$、$\boldsymbol{\Gamma}_i$ 和 $\boldsymbol{Q}_i$ 之外需要用到的只有前一步得到的估计及与其相应的协方差矩阵,在求估计及与其相应的协方差矩阵时,需要的仅是预测方块中的当前观测和先验信息由矩阵 $\boldsymbol{H}_i$ 和 $\boldsymbol{R}_i$ 表示。尽管使用的仅是顺序预测,得到的估计相对所有观测组是最优的(最小化准则(3.2.25)),在方框图中保留了估计对相应观测组的依赖关系。

在英文文献中通常对关系式(3.2.30)使用术语 state estimate observational update 或者简称 state estimate update,对于式(3.2.32)则使用 error covariance update[111,P112],矩阵 $\boldsymbol{K}_i$ 称为卡尔曼滤波增益系数矩阵(Kalman gain matrix)或简称为卡尔曼滤波增益系数。

如2.4.3小节中指明的那样,对于矩阵 $\boldsymbol{K}_i$、$\boldsymbol{P}_i$ 有下列便于在某些实际问题中使用的表达式成立:

$$\boldsymbol{K}_i = \boldsymbol{P}_i \boldsymbol{H}_i^{\mathrm{T}} \boldsymbol{R}_i^{-1} \tag{3.2.33}$$

$$\boldsymbol{P}_i = (\boldsymbol{P}_{i/i-1}^{-1} + \boldsymbol{H}_i^{\mathrm{T}} \boldsymbol{R}_i^{-1} \boldsymbol{H}_i)^{-1} \tag{3.2.34}$$

增益系数及与表达式对应的协方差矩阵(3.2.31)、(3.2.32)通常在 $m \ll n$ 时计算,当 $n \ll m$ 且 $\boldsymbol{R}_i$ 为对角矩阵时使用(3.2.33)、(3.2.44)更加方便。

应当注意到,误差估计协方差矩阵 $\boldsymbol{P}_i$ 与观测无关,仅由描述派生噪声特性及观测误差的协方差矩阵 $\boldsymbol{Q}_i$ 和 $\boldsymbol{R}_i$ 以及观测矩阵 $\boldsymbol{H}_i$ 确定。

由此,所有与协方差矩阵和增益系数确定相关的计算原则上可以预先完成。有时描述这些计算的方块称为协方差卡尔曼,而描述估计(3.2.30)计算的方块称为估计卡尔曼。显然,卡尔曼滤波方法相对观测是线性的,增益系数仅与矩阵 $\boldsymbol{Q}_i$、$\boldsymbol{R}_i$ 和 $\boldsymbol{H}_i$ 相关,与观

测无关。

卡尔曼滤波的关系式首先由卡尔曼的著名工作[116]中给出并证明。证明是基于正交特性。

这篇著作问世以后，出现了各种证明卡尔曼滤波估计最优性的证明方法。

应当再一次强调，这里分析的是线性最优估计的求解问题，同时没有对随机序列分布的规律做任何假设。如果假设分布具有高斯特性，则由前面给出的算法可以保证得到最优巴耶索夫斯基估计，即估计使形如(3.2.4)的均方准则极小化。

由此，证明方法之一可以基于假设初始条件、派生和观测噪声为高斯向量下最优巴耶索夫斯基估计计算的递推方法。这种证明方法在 3.3 节中介绍，在那里还有最优估计特性的讨论。

值得注意，卡尔曼滤波方法不仅仅定义了保障随机序列估计算法综合问题求解估计本身计算的简便步骤，还给出了描述估计算法精度的计算协方差矩阵计算过程，这在求解随机序列估计精度分析问题中是重要的。

其中，对角元素确定了估计误差的计算方差，其确定了状态向量各分量估计误差的计算均方误差。

各问题的相关关系式在表 3.2.1 中给出。

表 3.2.1　离散卡尔曼滤波的关系式

滤波问题建模	
状态向量方程	$\mathbf{x}_i = \boldsymbol{\Phi}_i \mathbf{x}_{i-1} + \boldsymbol{\Gamma}_i \mathbf{w}_i$
观测	$\mathbf{y}_i = \mathbf{H}_i \mathbf{x}_i + \mathbf{v}_i$
初始条件	$\bar{\mathbf{x}}_0 = \mathbf{0}, \mathbf{P}_0$
派生噪声	$\bar{\mathbf{w}}_i = \mathbf{0}, \mathbf{M}\{\mathbf{w}_i \mathbf{w}_j^{\mathrm{T}}\} = \boldsymbol{\delta}_{ij} \mathbf{Q}_i$
观测噪声	$\bar{\mathbf{v}}_i = \mathbf{0}, \mathbf{M}\{\mathbf{v}_i v_j^{\mathrm{T}}\} = \boldsymbol{\delta}_{ij} \mathbf{R}_i$
互相关矩阵	$\mathbf{M}\{\mathbf{x}_0 \mathbf{w}_i^{\mathrm{T}}\} = 0; \mathbf{M}\{\mathbf{w}_i \mathbf{v}_i^{\mathrm{T}}\} = 0; \mathbf{M}\{\mathbf{x}_0 \mathbf{v}_i^{\mathrm{T}}\} = 0$
矩阵	$\boldsymbol{\Phi}_i$ 为 $n \times n$ 阶，$\boldsymbol{\Gamma}_i$ 为 $n \times p$ 阶，$\mathbf{Q}_i$ 为 $p \times p$ 阶， $\mathbf{H}_i$ 为 $m \times n$ 阶，$\mathbf{R}_i$ 为 $m \times m$ 阶
极小化准则	
滤波问题求解	$\mathbf{J}_i^{б} = \mathbf{M}_{\mathbf{x}_i, \mathbf{Y}_i}\{(\mathbf{x}_i - \hat{\mathbf{x}}_i(\mathbf{Y}_i))^{\mathrm{T}}(\mathbf{x}_i - \hat{\mathbf{x}}_i(\mathbf{Y}_i))\}$
预测	$\hat{\mathbf{x}}_{i/i-1} = \boldsymbol{\Phi}_i \hat{\mathbf{x}}_{i-1}$
预测误差协方差矩阵	$\mathbf{P}_{i/i-1} = \boldsymbol{\Phi}_i \mathbf{P}_{i-1} \boldsymbol{\Phi}_i^{\mathrm{T}} + \boldsymbol{\Gamma}_i \mathbf{Q}_i \boldsymbol{\Gamma}_i^{\mathrm{T}}$
估计	$\hat{\mathbf{x}}_i = \hat{\mathbf{x}}_{i/i-1} + \mathbf{K}_i(\mathbf{y}_i - \mathbf{H}_i \hat{\mathbf{x}}_{i/i-1})$
增益系数	$\mathbf{K}_i = \mathbf{P}_{i/i-1} \mathbf{H}_i^{\mathrm{T}} (\mathbf{H}_i \mathbf{P}_{i/i-1} \mathbf{H}_i^{\mathrm{T}} + \mathbf{R}_i)^{-1}$（方案 1） $\mathbf{K}_i = \mathbf{P}_i \mathbf{H}_i^{\mathrm{T}} \mathbf{R}_i^{-1}$（方案 2）
估计误差协方差矩阵	$\mathbf{P}_i = (\mathbf{E} - \mathbf{K}_i \mathbf{H}_i) \mathbf{P}_{i/i-1}$（方案 1） $\mathbf{P}_i = (\mathbf{P}_{i/i-1}^{-1} - \mathbf{H}_i^{\mathrm{T}} \mathbf{R}_i^{-1} \mathbf{H}_i)^{-1}$（方案 2）

由于使用卡尔曼滤波方法得到的估计是线性最优的，可以说由卡尔曼滤波得到了由观测(3.2.22)使用线性估计的随机序列(3.2.21)的有势估计精度。

用最简单的例子给出卡尔曼滤波算法关系式。

例 3.2.2 写出由观测 $y_i = x + v_i$ 估计参数 $x_i = x_{i-1} = x$ 的估计问题中卡尔曼滤波的表达式，其中 $x \equiv x_0$ 为方差为 σ_0^2 的中心随机量；v_i 为与 x 无关的中心离散白噪声，即 $M\{V_i V_j\} = \delta_{ij} r_i^2$。

此时 $\Phi = H = 1, T = Q = 0$。由于待估参数不变化，预测方块相应简化：

$$\hat{x}_{i/i-1} = \hat{x}_{i-1};\quad P_{i/i-1} = P_{i-1}$$

由此，估计表达式为

$$\hat{x}_i = \hat{x}_{i-1} + K_i(y_i - \hat{x}_{i-1})$$

为方便计算最优估计的增益系数及误差方差，这里使用表达式(3.2.33)及式(3.2.34)：

$$K_i = \frac{P_{i-1}}{P_{i-1} + r_i^2}$$

$$P_i = (P_{i-1}^{-1} + R_i^{-1})^{-1} = \frac{P_{i-1} r_i^2}{P_{i-1} + r_i^2},\quad P_0 = \sigma_0^2$$

如果假设，所有观测的方差相同，即 $r_i^2 = r^2$，则容易得到

$$P_i = \frac{P_0 r^2}{iP_0 + r^2}$$

由此可得，当先验方法差显著大于观测方差，即 $P_0 \gg r^2$ 时，增益系数和先验方差的表达式可以写作 $K_i = \frac{1}{i}, P_i = \frac{r^2}{i}$，即

$$\hat{x}_i = \hat{x}_{i-1} + \frac{1}{i}(y_i - \hat{x}_{i-1})$$

与预期相同，这种情况下，上述表达式是平均算术计算的逆推公式。

在图 3.2.3 上给出了滤波误差的实现及相应的三倍均方误差计算值 $\pm 3(\sigma_i = \sqrt{P_i})$，这里 $P_0 = \sigma_0^2 = 1, r^2 = 1$。

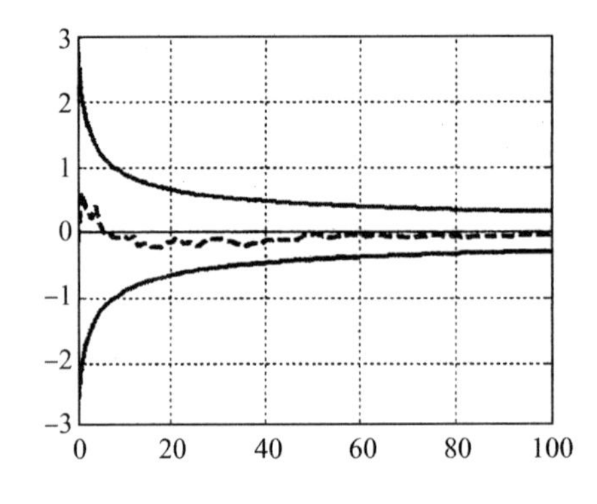

图 3.2.3 滤波误差的实现及其相应的三倍均方误差值

由图中可以看出，估计误差均方误差值的量无限减小，这种情况下在分析的时间区间上几乎达到 0.1 的程度。

例 3.2.3　设要求求解由观测 $Y_i = x_i + V_i$ 求维纳洛夫斯基序列 $X_i = x_{i-1} + W_i$ 的滤波问题，其中 x_0 为方差为 σ_0^2 的中心随机量；W_i，V_i 为彼此互不相关且与 x_0 无关的中心离散白噪声，$M\{V_iV_j\} = \delta_{ij}r^2$，$M\{W_iW_j\} = \delta_{ij}q^2$[50,P215]。

此时 $\Phi = H = 1$，$T = 1$。尽管待估参数会发生变化，但是估计表达式同样与上例中的相同，即

$$\hat{x}_{i/i-1} = \hat{x}_{i-1};\quad \hat{x}_i = \hat{x}_{i-1} + K_i(Y_i - \hat{x}_{i-1})$$

对于预测误差方差和估计误差方差有下列表达式

$$P_{i/i-1} = P_{i-1} + q^2$$

$$P_i = P_{i/i-1}\left(1 - \frac{P_{i/i-1}}{P_{i/i-1} + r^2}\right),\quad P_i = (P_{i-1} + q^2)\left(\frac{r^2}{P_{i-1} + q^2 + r^2}\right)$$

在图 3.2.4 上给出了 $q=1$，$r^2=4$ 时 20 s 区间上维纳洛夫斯基序列滤波问题的求解结果，包括对不同 $P_0 = \sigma_0^2$ 值的滤波误差实现，相应的三倍均方误差值$(\pm 3(\sigma_i = \sqrt{P_i}))$。

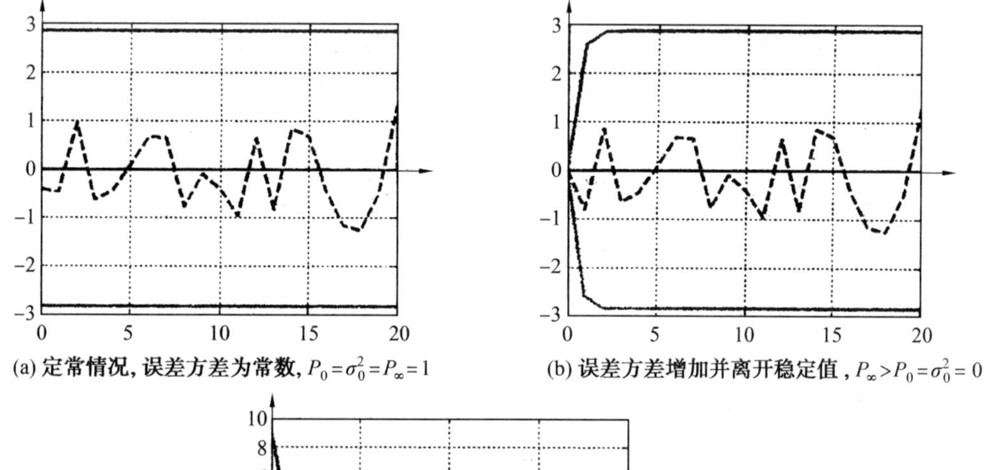

(a) 定常情况，误差方差为常数，$P_0 = \sigma_0^2 = P_\infty = 1$

(b) 误差方差增加并离开稳定值，$P_\infty > P_0 = \sigma_0^2 = 0$

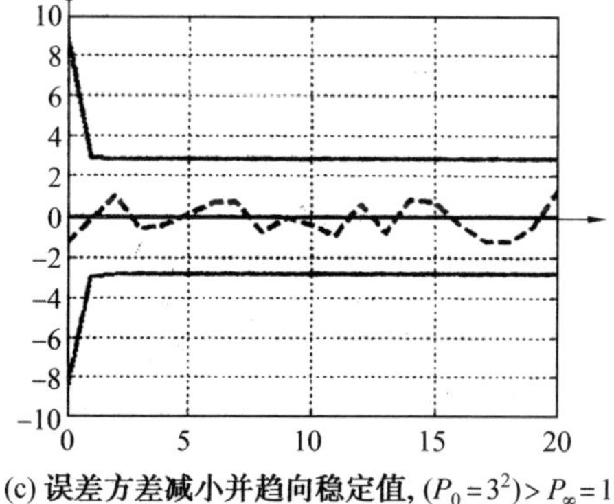

(c) 误差方差减小并趋向稳定值，$(P_0 = 3^2) > P_\infty = 1$

图 3.2.4　维纳洛夫基斯序列滤波误差的实现和相应的三倍均方误差值

例 3.2.4　求例 3.2.1 中问题的卡尔曼滤波关系式，其中指数相关序列的相关函数为 $K(i-j) = \sigma^2 e^{-\alpha|i-j|}$[14,P416]。

注意到例 3.1.6 中方程(3.2.21)、方程(3.2.22) 的表达式为：$x_i = \Phi x_{i-1} + w_i$，$y_i = x_i + v_i$，这里 $\Phi = e^{-\alpha}$，x_0 为方差为 $P_0 = \sigma^2$ 的中心随机向量，W_i，V_i 为与 x_0 无关的中心离散白噪声，方差分别为 $q^2 = \sigma^2(1 - e^{-2\alpha})$ 和 r^2。

对于预测方块的方程这里可和 $\hat{x}_{i/i-1} = \Phi x_{i-1}$，$P_{i/i-1} = \Phi^2 P_{i-1} + q^2$，估计方程及误差方差分别为

$$\hat{x}_i = \Phi\hat{x}_{i-1} + K_i(y_i - \Phi\hat{x}_{i-1})$$

$$P_i = \left(\frac{1}{P_{i/i-1}} + \frac{1}{r^2}\right)^{-1} = \left(\frac{1}{\Phi^2 P_{i-1} + q^2} + \frac{1}{r^2}\right)^{-1}, K_i = \frac{P_i}{r^2}$$

在图 3.2.5 上给出了指数相关序列滤波误差实现的例子及与其相应的三倍计算均方误差值 $\pm 3(\sigma_i = \sqrt{P_i})$，这里 $\alpha = 0.1$，$\sigma = 1$ m，$q^2 = 1(1 - e^{-0.2}) = 0.2$ m^2，两个观测误差方差值为 $r^2 = 1$ m^2(a)，$r^2 = 0.1^2$ m^2(b)。

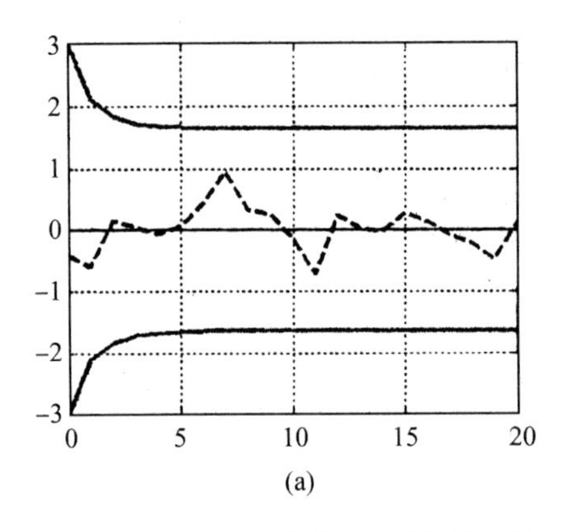

(a)

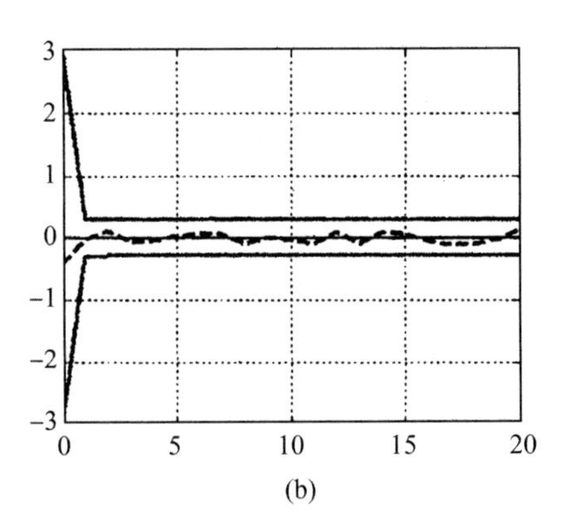

(b)

图 3.2.5　不同观测误差下指数相关序列滤波误差及与其相应的三倍计算均方误差值

由图中可见方差达到了某些稳定值，其大小与观测误差水平及派生噪声显著相关。

3.2.4　卡尔曼滤波误差方程

由滤波方程(3.2.21) 计算估计(3.2.28)、估计(3.2.30) 的值，不难得到卡尔曼滤波的预测误差和估计误差方程：

$$\boldsymbol{\varepsilon}_{i/i-1} = \boldsymbol{\Phi}_i\boldsymbol{x}_{i-1} + \boldsymbol{\Gamma}_i\boldsymbol{w}_i - \boldsymbol{\Phi}_i\hat{\boldsymbol{x}}_{i-1} = \boldsymbol{\Phi}_i\boldsymbol{\varepsilon}_{i-1} + \boldsymbol{\Gamma}_i\boldsymbol{w}_i \tag{3.2.35}$$

$$\begin{aligned}\boldsymbol{\varepsilon}_i = &\boldsymbol{\Phi}_i\boldsymbol{x}_{i-1} + \boldsymbol{\Gamma}_i\boldsymbol{w}_i - \boldsymbol{\Phi}_i\hat{\boldsymbol{x}}_{i-1} - \boldsymbol{K}_i(\boldsymbol{H}_i\boldsymbol{x}_i - \boldsymbol{H}_i\hat{\boldsymbol{x}}_{i/i-1}) + \boldsymbol{K}_i\boldsymbol{v}_i = \\ &\boldsymbol{\Phi}_i\boldsymbol{\varepsilon}_{i-1} + \boldsymbol{\Gamma}_i\boldsymbol{w}_i - \boldsymbol{K}_i\boldsymbol{H}_i(\boldsymbol{\Phi}_i\boldsymbol{\varepsilon}_{i-1} + \boldsymbol{\Gamma}_i\boldsymbol{w}_i) + \boldsymbol{K}_i\boldsymbol{v}_i = \\ &(\boldsymbol{E} - \boldsymbol{K}_i\boldsymbol{H}_i)\boldsymbol{\Phi}_i\boldsymbol{\varepsilon}_{i-1} + (\boldsymbol{E} - \boldsymbol{K}_i\boldsymbol{H}_i)\boldsymbol{\Gamma}_i\boldsymbol{w}_i + \boldsymbol{K}_i\boldsymbol{v}_i\end{aligned} \tag{3.2.36}$$

由后一个方程可以看出线性最优估计误差是马尔可夫序列，且有如下递推关系式

$$\boldsymbol{\varepsilon}_i = (\boldsymbol{E} - \boldsymbol{K}_i\boldsymbol{H}_i)\boldsymbol{\Phi}_i\boldsymbol{\varepsilon}_{i-1} + (\boldsymbol{\Gamma}_i - \boldsymbol{K}_i\boldsymbol{H}_i)\boldsymbol{w}_i + \boldsymbol{K}_i\boldsymbol{v}_i \tag{3.2.37}$$

其中，方程右端既没有派生噪声，也没有观测噪声。

对于协方差矩阵(3.2.35)、(3.2.36) 有关系式(3.2.29)、式(3.2.32) 成立或者式(3.2.34)，由增益系数表达式(3.2.31) 不难直接证明(见题 3.2.1)。

显然，对卡尔曼滤波得到的估计有正交性条件(3.2.15)成立

$$\boldsymbol{M}\{(\boldsymbol{x}_i-\hat{\boldsymbol{x}}_i(\boldsymbol{Y}_i))\hat{\boldsymbol{x}}_i(\boldsymbol{Y}_i)\}=0 \tag{3.2.38}$$

值得注意

$$\boldsymbol{M}\{\boldsymbol{\varepsilon}_i(\boldsymbol{Y}_i)\boldsymbol{x}_i^{\mathrm{T}}\}=\boldsymbol{M}_{\boldsymbol{x}_i\boldsymbol{Y}_i}\{(\boldsymbol{x}_i-\hat{\boldsymbol{x}}_i^{\mathrm{T}}(\boldsymbol{Y}_i))\boldsymbol{x}_i^{\mathrm{T}}\}=\boldsymbol{P}_i \tag{3.2.39}$$

对于卡尔曼滤波估计特性分析观测误差起着重要作用，这里将其写作

$$\boldsymbol{\mu}_i=\boldsymbol{y}_i-\boldsymbol{H}_i\hat{\boldsymbol{x}}_{i/i-1}(\boldsymbol{Y}_{i-1}) \tag{3.2.40}$$

这个序列具有十分重要的特性，即其为离散中心白噪声(3.2.41)，这里

$$\boldsymbol{M}\{\boldsymbol{\mu}_i\boldsymbol{\mu}_j^{\mathrm{T}}\}=\boldsymbol{\delta}_{ij}\boldsymbol{L}_i \tag{3.2.41}$$

$$\boldsymbol{L}_i=\boldsymbol{H}_i\boldsymbol{P}_{i/i-1}\boldsymbol{H}_i^{\mathrm{T}}+\boldsymbol{R}_i \tag{3.2.42}$$

证明误差协方差矩阵为(3.2.42)十分简单(见题 3.2.2)，证明(3.2.41)的正确性。由于 $\boldsymbol{M}_{\boldsymbol{y}_i/\boldsymbol{Y}_{i-1}}\{\boldsymbol{y}_i\}=\boldsymbol{H}_i\hat{\boldsymbol{x}}_{i/i-1}(\boldsymbol{Y}_{i-1})$，即当 $j<i$ 时

$$\boldsymbol{M}_{\boldsymbol{Y}_i}\{(\boldsymbol{y}_i-\boldsymbol{H}_i\hat{\boldsymbol{x}}_{i/i-1}(\boldsymbol{Y}_{i-1}))\boldsymbol{y}_j^{\mathrm{T}}\}=\boldsymbol{M}_{\boldsymbol{Y}_{i-1}}\boldsymbol{M}_{\boldsymbol{y}_i/\boldsymbol{Y}_{i-1}}\{\boldsymbol{\mu}_i\boldsymbol{y}_j^{\mathrm{T}}\}=0$$

$$\boldsymbol{M}\{\boldsymbol{\mu}_i\boldsymbol{y}_j^{\mathrm{T}}\}=0,\quad j<i \tag{3.2.43}$$

对于 $j<i$，类似地有 $\boldsymbol{M}\{\boldsymbol{\mu}_i\mu_j^{\mathrm{T}}\}=0$。如果 $j>i$，由 $\boldsymbol{M}\{\boldsymbol{\mu}_i\boldsymbol{y}_j^{\mathrm{T}}\}=0$，容易得到等式，由此，对于任意 i 与 j 不相等的情况，上述等式均成立，因此，式(3.2.41)也成立。由证明的结论可知，由式(3.2.40)得到的随机序列为白噪声。与此相关这一变换称为分离。

由式(3.2.40)、式(3.2.43)可知，当前时刻对应的误差与前一时刻的 $\boldsymbol{Y}_{i-1}=(y_1,y_2,\cdots,y_{i-1})^{\mathrm{T}}$ 正交，当前观测可表示为和形式

$$\boldsymbol{y}_i=\boldsymbol{H}_i\hat{\boldsymbol{x}}_{i/i-1}(\boldsymbol{Y}_{i-1})+\boldsymbol{\mu}_i$$

注意到，卡尔曼滤波得到的估计式可写作两项之和

$$\hat{\boldsymbol{x}}_i=\hat{\boldsymbol{x}}_{i/i-1}+\boldsymbol{K}_i\boldsymbol{\mu}_i(\boldsymbol{Y}_{i-1}) \tag{3.2.44}$$

其中的一项为前一观测 $\boldsymbol{Y}_{i-1}=(y_1,y_2,\cdots,y_{i-1})^{\mathrm{T}}$ 的线性组合，另一项为误差向量各分量 $\boldsymbol{\mu}_i(\boldsymbol{Y}_{i-1})$ 的线性组合，其与 $\boldsymbol{Y}_{i-1}$ 正交。因为在这个向量中包含有 $\boldsymbol{Y}_{i-1}$ 中没有的新信息，即使用到 $\boldsymbol{\mu}_i$ 而产生到的新的信息，由此产生了术语 —— 非更新或更新序列(innovations sequences[109])。

例 3.2.5　常变量和维纳洛夫斯基序列滤波问题中的估计误差方程。

对于常量有

$$\boldsymbol{\varepsilon}_{i/i-1}=\boldsymbol{\varepsilon}_{i-1}$$

$$\boldsymbol{\varepsilon}_i=(1-\boldsymbol{K}_i)\boldsymbol{\varepsilon}_{i-1}+\boldsymbol{K}_i\boldsymbol{v}_i$$

$$\boldsymbol{\mu}_i=\boldsymbol{y}_i-\hat{\boldsymbol{x}}_{i/i-1}(\boldsymbol{Y}_{i-1})=\boldsymbol{\varepsilon}_{i-1}+\boldsymbol{v}_i$$

$$\boldsymbol{L}_i=\boldsymbol{P}_{i-1}+r^2$$

对于维纳洛夫斯基序列有

$$\boldsymbol{\varepsilon}_{i/i-1}=\boldsymbol{\varepsilon}_{i-1}+w_i$$

$$\boldsymbol{\varepsilon}_i=(1-\boldsymbol{K}_i)\boldsymbol{\varepsilon}_{i-1}+(1-\boldsymbol{K}_i)w_i+\boldsymbol{K}_i\boldsymbol{v}_i$$

$$\boldsymbol{\mu}_i=\boldsymbol{y}_i-\hat{\boldsymbol{x}}_{i/i-1}(\boldsymbol{Y}_{i-1})=\boldsymbol{\varepsilon}_{i/i-1}+\boldsymbol{v}_i=\boldsymbol{\varepsilon}_{i-1}+w_i+\boldsymbol{v}_i$$

$$\boldsymbol{L}_i=\boldsymbol{P}_{i-1}+\boldsymbol{q}^2+\boldsymbol{r}^2$$

值得注意的是，由观测值差与当前估计形成的观测误差与观测值和预测估计形成的误差不同，已经不再是白噪声了。

$$\tilde{\mu}_i = \boldsymbol{y}_i - \hat{\boldsymbol{x}}_i(Y_i) = \boldsymbol{\varepsilon}_i + \boldsymbol{v}_i = (1-\boldsymbol{K}_i)\boldsymbol{\varepsilon}_{i-1} + (1-\boldsymbol{K}_i)\boldsymbol{w}_i + (1+\boldsymbol{K}_i)\boldsymbol{v}_i$$

3.2.5 滤波问题中协方差矩阵变换及其额定工作

在研究卡尔曼滤波误差情况时对于协方差矩阵随时间的变化特性问题是比较重要的。在前面进行标量分析时已经说明了，滤波误差的方差可以达到某些稳定值。下面更详细地讨论这一问题。

对协方差方程(3.2.32)的分析说明，其中有两项和项会发生变化。第一个和项(3.2.45)表述了派生噪声存在下计算预测估计时估计误差协方差矩阵会发生变化。为了分析这个变化的特性，引入矩阵 $\Delta\boldsymbol{P}_i^{(1)} = \boldsymbol{P}_{i/i-1} - \boldsymbol{P}_{i-1}$ 并将其表示为 $\boldsymbol{P}_{i/i-1} = \boldsymbol{P}_{i-1} + \Delta\boldsymbol{P}_i^{(1)}$。由式(3.1.5)和方程(3.2.45)可得预测误差协方差矩阵 $\boldsymbol{P}_{i/i-1}$ 与前一步的误差协方差矩阵 $\boldsymbol{P}_{i-1}$ 相比可能增加也可能减低。如果待估序列本身的协方差矩阵减小，原则上这种减低是可能的。但是在求解实际问题时，一般而言，待估序列协方差矩阵是增加的。这意味着，由对角元素确定的各分量估计误差的方差可能只能增加，或者说，在边界情况下，保持当前值。这可解释为，状态向量的值由于滤波器方程(3.1.11)而变化，在方程的右端没有使状态向量值不确定性增加的派生噪声，甚至当状态向量的值在某一时刻是已知精确的，例如 $\boldsymbol{P}_{i-1}=0$，在预报时相应的协方差矩阵 $\boldsymbol{P}_{i/i-1} = \boldsymbol{\Gamma}_i\boldsymbol{Q}_i\boldsymbol{\Gamma}_i^{\mathrm{T}}$ 增加，不再为零，因为 $Q>0$ 时 $\boldsymbol{\Gamma}_i\boldsymbol{Q}_i\boldsymbol{\Gamma}_i^{\mathrm{T}} \geqslant 0$。更详尽的相关讨论见例 3.2.6。

$$\boldsymbol{P}_{i/i-1} = \boldsymbol{\Phi}_i\boldsymbol{P}_{i-1}\boldsymbol{\Phi}_i^{\mathrm{T}} + \boldsymbol{\Gamma}_i\boldsymbol{Q}_i\boldsymbol{\Gamma}_i^{\mathrm{T}} \tag{3.2.45}$$

在描述当前观测影响的协方差矩阵表达式中的第二个和项可写作

$$\Delta\boldsymbol{P}_i^{(2)} = \boldsymbol{P}_{i/i-1} - \boldsymbol{P}_i = \boldsymbol{P}_{i/i-1}\boldsymbol{H}_i^{\mathrm{T}}(\boldsymbol{H}_i\boldsymbol{P}_{i/i-1}\boldsymbol{H}_i^{\mathrm{T}} + \boldsymbol{R}_i)^{-1}\boldsymbol{H}_i\boldsymbol{P}_{i/i-1}$$

因为右端存在非负定矩阵，则 $\boldsymbol{P}_{i/i-1} - \boldsymbol{P}_i \geqslant 0$，因此有 $\boldsymbol{P}_i \leqslant \boldsymbol{P}_{i/i-1}$，即在处理当前观测时估计误差的协方差矩阵仅可能减小或者维持在与先前预测误差协方差矩阵相同的程度上，这个关系式是十分合乎逻辑的，因为新的观测信息的使用不应当降低估计的精度。

由此，对协方差矩阵有

$$\boldsymbol{P}_i = \boldsymbol{P}_{i-1} + \Delta\boldsymbol{P}_i^{(1)} - \Delta\boldsymbol{P}_i^{(2)}$$

显然，当和项 $\Delta\boldsymbol{P}_i^{(1)}$ 和 $\Delta\boldsymbol{P}_i^{(2)}$ 之间相等时滤波误差协方差矩阵是与时间无关的，即为常数。此时即为滤波问题的额定工作情况。其可能存在于当卡尔曼滤波关系式中所使用的所有矩阵($\boldsymbol{\Phi},\boldsymbol{\Gamma},\boldsymbol{H},\boldsymbol{Q},\boldsymbol{R}$)都是常数的情形。在例 3.2.3 和例 3.2.4 中基于白噪声的观测值的维纳洛夫斯基和指数相关序列滤波问题的建模结果分析中，将会注意到额定工作的存在问题。显然，为使额定工作情形存在，必须求解下列方程

$$\begin{aligned}\boldsymbol{P}_\infty^{\phi} \equiv\ & \boldsymbol{\Phi}\boldsymbol{P}_\infty^{\phi}\boldsymbol{\Phi}^{\mathrm{T}} + \boldsymbol{\Gamma}\boldsymbol{Q}\boldsymbol{\Gamma}^{\mathrm{T}} - (\boldsymbol{\Phi}\boldsymbol{P}_\infty^{\phi}\boldsymbol{\Phi}^{\mathrm{T}} + \boldsymbol{\Gamma}\boldsymbol{Q}\boldsymbol{\Gamma}^{\mathrm{T}})\boldsymbol{H}_i^{\mathrm{T}} \\ & ((\boldsymbol{\Phi}\boldsymbol{P}_\infty^{\phi}\boldsymbol{\Phi}^{\mathrm{T}} + \boldsymbol{\Gamma}\boldsymbol{Q}\boldsymbol{\Gamma}^{\mathrm{T}})\boldsymbol{H}_i^{\mathrm{T}} + \boldsymbol{R}_i)^{-1} \times \\ & \boldsymbol{H}_i(\boldsymbol{\Phi}\boldsymbol{P}_\infty^{\phi}\boldsymbol{\Phi}^{\mathrm{T}} + \boldsymbol{\Gamma}\boldsymbol{Q}\boldsymbol{\Gamma}^{\mathrm{T}})\end{aligned} \tag{3.2.46}$$

这里 $\boldsymbol{P}_\infty^{\phi}$ 确定了额定工作滤波的协方差矩阵。在条件(3.2.46)成立时预测误差协方

差矩阵和系数增益同样为常数

$$\boldsymbol{P}_{\infty}^{nP} \equiv \boldsymbol{\Phi} \boldsymbol{P}_{\infty}^{\phi} \boldsymbol{\Phi}^{\mathrm{T}} + \boldsymbol{\Gamma} \boldsymbol{Q} \boldsymbol{\Gamma}^{\mathrm{T}}$$

$$\boldsymbol{K}_{\infty} = \boldsymbol{P}_{\infty}^{\phi} \boldsymbol{H}^{\mathrm{T}} \boldsymbol{R}^{-1}$$

由此，卡尔曼滤波方程成为时不变差方程

$$\hat{\boldsymbol{x}}_i = \boldsymbol{\Phi} \hat{\boldsymbol{x}}_{i-1} + \boldsymbol{K}_{\infty} (\boldsymbol{y}_i - \boldsymbol{H} \boldsymbol{\Phi} \hat{\boldsymbol{x}}_{i-1}) = (\boldsymbol{E} - \boldsymbol{K}_{\infty} \boldsymbol{H}) \boldsymbol{\Phi} \hat{\boldsymbol{x}}_{i-1} + \boldsymbol{K}_{\infty} \boldsymbol{y}_i$$

例 3.2.6　分析例 3.2.3 中分析的问题中误差方差变化可能进程并求其维纳滤波，即根据基于白噪声观测值的维纳洛夫斯基序列估计问题。

由于 $\Phi = 1$，即 $P_{i/i-1} = P_{i-1} + q^2$，因此在误差方差预测时每步都会增加与派生噪声方差 q^2 相一致的值，即有

$$\Delta P_i^{(1)} = q^2$$

在处理当前观测时，如图 3.2.6 所示，误差方程会减少，因为

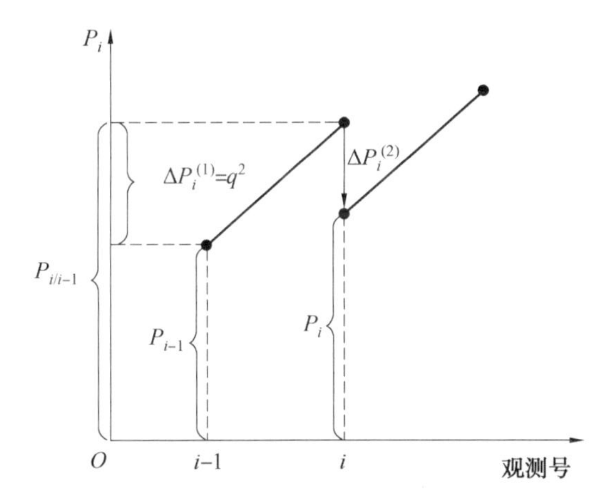

图 3.2.6　维纳洛夫斯基序列估计问题中滤波和预测误差方差变化进程

$$\Delta P_i^{(2)} = P_{i/i-1} - P_i = P_{i/i-1} \left(\frac{P_{i/i-1}}{P_{i/i-1} + r^2} \right) \geqslant 0$$

如果 $\Delta P_i^{(2)} < q^2$，在当前步误差方差为比前一步的要增加，即 $P_i > P_{i-1}$，当观测数增加时误差方差也会减少：$P_i < P_{i-1}$。

当 $\Delta P_i^{(1)} = \Delta P_i^{(2)}$ 时当前步和前一步的方差是一致的，当 q^2 和 r^2 给定时可以由下列方程的解求出其值 $\dfrac{(P_{i-1} + q^2)^2}{P_{i-1} + q^2 + r^2} = q^2$。

不难说明，这个方程的解与方程(3.2.46)的解相一致，这种情况下方程(3.2.46)可写作

$$(p_{\infty}^{\Phi} + q^2) \left(\frac{r^2}{P_{\infty}^{\Phi} + q^2 + r^2} \right) - P_{\infty}^{\Phi} = 0$$

或

$$(p_{\infty}^{\Phi})^2 + P_{\infty}^{\Phi} q^2 - q^2 r^2 = 0$$

求解方程，可得

$$P_{\infty}^{\phi}=\frac{q^2}{2}\pm\sqrt{\frac{q^4}{4}+q^2r^2}=\frac{q^2}{2}\left(1\pm\sqrt{1+\frac{4r^2}{q^2}}\right)$$

注意到,这一方程具有两个解。原则上必须分析这两个解,如果它们都是正的。如果其中一个是负的,那么由于方差不可能是负的,自然,仅需要使用正根。如果方差的初始值为:$\sigma_0^2=p_{\infty}$,则从第一个观测开始,方差不会改变,如果 $\sigma_0^2>p_{\infty}$,则方差将会减小并从上部趋近于稳态值 $\sigma_i^2\xrightarrow[i\to\infty]{}p_{\infty}$。如果 $\sigma_0^2<p_{\infty}$,则方差将会增加,并从下部趋进于这个稳态值。当滤波器误差方差存在稳态值时,增益系数和预报误差方差也趋进于稳态值

$$K_{\infty}=\frac{P_{\infty}^{\phi}}{r^2};\quad P_{\infty}^{np}=P_{\infty}^{\phi}+q^2$$

例如,假设 $q^2=1,r^2=2$,可得 $P_{\infty}=1,K_{\infty}=\frac{1}{2}$。由此维纳滤波的形式为

$$\hat{x}_i=0.5\hat{x}_{i-1}+0.5y_i=\frac{\hat{x}_{i-1}+y_i}{2}$$

即当前步的估计是上一步估计与当前步观测的算术平均。如题 3.2.6 中说明,当条件 $q\ll r$ 成立时可写作:$p_{\infty}^{\Phi}=rq$;$p_{\infty}^{np}=q(r+q)$,$k_{\infty}=\frac{q}{r}$。当 $q\gg r$ 时有 $p_{\infty}^{\Phi}=q^2$,$p_{\infty}^{np}=2q^2$,$k_{\infty}=\left(\frac{q}{r}\right)^2$。

对基于白噪声观测指数相关序列滤波额定工作问题,不难写出方程(3.2.46)的具体形式,(见题 3.2.7)。

3.2.6 随机序列估计问题的可观性

由 3.2.5 小节可知,协方差矩阵随时间的变化与矩阵 $\boldsymbol{\Phi}_i$、$\boldsymbol{\Gamma}_i$ 确定的待估状态向量的变化特性显著相关,同时也与矩阵 $\boldsymbol{H}_i$ 和 $\boldsymbol{R}_i$ 确定的观测及其及其误差水平相关。在这种相关性中令人感兴趣的问题是,不同序列估计时观测吸引的有效性。回答这个问题首先需要给出可观性的概念。这个概念在 2.2.2 小节中求解常向量的估计问题时已经讨论过。在这里其意义为:能否根据给定的观测不用观测误差来建立准确的待估向量值。下面来详细解释。

假设由滤波器给出 n 维序列 $\boldsymbol{x}_i=\boldsymbol{\Phi x}_{i-1}$,已知 m 维观测,其与这个序列由下列关系式相关 $\boldsymbol{y}_i=H\boldsymbol{x}_i$。在系统理论中给出的完整的可观性定义,这里同样可以这样定义。序列 $\boldsymbol{x}_i=\boldsymbol{\Phi x}_{i-1}$ 称为是完整可观的,如果根据某些观测 $\boldsymbol{y}_i$ 的组合可以准确确立状态向量在任意时刻的值[50,P61]。给出观测的组成向量形式

$$\boldsymbol{Y}_n=\begin{bmatrix}y_1\\y_2\\\vdots\\y_n\end{bmatrix}=\begin{bmatrix}\boldsymbol{H\Phi x}_0\\\boldsymbol{H\Phi}^2\boldsymbol{x}_0\\\vdots\\\boldsymbol{H\Phi}^n\boldsymbol{x}_0\end{bmatrix}=\begin{bmatrix}\boldsymbol{H\Phi}\\\boldsymbol{H\Phi}^2\\\vdots\\\boldsymbol{H\Phi}^n\end{bmatrix}\boldsymbol{x}_0\qquad(3.2.47)$$

引入矩阵

$$\boldsymbol{\Theta}=[\boldsymbol{\Phi}^{\mathrm{T}}\boldsymbol{H}^{\mathrm{T}},(\boldsymbol{\Phi}^{\mathrm{T}})^{2}\boldsymbol{H}^{\mathrm{T}},\cdots,(\boldsymbol{\Phi}^{\mathrm{T}})^{n}\boldsymbol{H}^{\mathrm{T}}]$$

将式(3.2.47)左乘 $\boldsymbol{\Theta}$,可得

$$\boldsymbol{\Theta}\boldsymbol{\Theta}^{\mathrm{T}}\boldsymbol{x}_0=\boldsymbol{\Theta}\boldsymbol{Y}_n$$

如果 $\boldsymbol{\Theta}\boldsymbol{\Theta}^{\mathrm{T}}$ 非奇异,有

$$\boldsymbol{x}_0=(\boldsymbol{\Theta}\boldsymbol{\Theta}^{\mathrm{T}})^{-1}\boldsymbol{\Theta}\boldsymbol{Y}_n$$

如果矩阵的秩为 n,矩阵 $\boldsymbol{\Theta}\boldsymbol{\Theta}^{\mathrm{T}}$ 非奇异。

有上述结论,当且仅当下列矩阵的秩为 n[50] 时

$$\widetilde{\boldsymbol{\Theta}}=[\boldsymbol{H}^{\mathrm{T}},\boldsymbol{\Phi}^{\mathrm{T}}\boldsymbol{H}^{\mathrm{T}},\cdots,(\boldsymbol{\Phi}^{\mathrm{T}})^{n-1}\boldsymbol{H}^{\mathrm{T}}] \tag{3.2.48}$$

由于式(3.2.48)成立可以确定 $\boldsymbol{x}_0$,其可确定序列在任意时刻的序列值,这个条件称为完全可观测条件。

值得强调的是,观测向量差在一般情况下小于状态向量差,且至少假设已知观测组可以确定状态向量的所有分量。这可解释为,可观性不仅由矩阵 H 给定的观测结构确定,还取决于矩阵 $\boldsymbol{\Phi}$ 确定的待估序列特性。

例 3.2.7　分析例 3.1.4 的可观测性,对其必要方程为

$$\begin{bmatrix}x_{i1}\\x_{i2}\end{bmatrix}=\begin{bmatrix}1&\Delta t\\0&1\end{bmatrix}\begin{bmatrix}x_{i-1,1}\\x_{i-1,2}\end{bmatrix}$$

$$y_i-x_{i,1}$$

即

$$\boldsymbol{\Phi}=\begin{bmatrix}1&\Delta t\\0&1\end{bmatrix}\text{和 }H=[1,0]$$

构建矩阵

$$\widetilde{\boldsymbol{\Theta}}=[\boldsymbol{H}^{\mathrm{T}},\boldsymbol{\Phi}^{\mathrm{T}}\boldsymbol{H}^{\mathrm{T}}]=\begin{bmatrix}1&1\\0&\Delta t\end{bmatrix}$$

可以说明,其为非奇异的,即序列完全可观。

可观性概念的意义在这里归结为:观测坐标,这里指高度,可以估计所有包含高度以及速度值的状态向量。

现在假设,在这个例子中观测的仅是第二个分量 $\boldsymbol{y}_i=x_{i,2}$,即客体速度。

此时 $H=[0,1]$,由此矩阵

$$\widetilde{\boldsymbol{\Theta}}=[\boldsymbol{H}^{\mathrm{T}},\boldsymbol{\Phi}^{\mathrm{T}}\boldsymbol{H}^{\mathrm{T}}]=\begin{bmatrix}0&0\\1&1\end{bmatrix}$$

即系统不是可观的。这可如下解释,由速度的观测值不可能完全确定高度。

完全可观性条件意味着,当没有观测误差和派生噪声时可以精确地确定状态向量所有分量的值。由此,当观测误差的均方差减少时,完全可观测条件成立的状态向量所有分量估计误差均方差的计算值也应当减少。

这个结论可由下面给出的滤波问题求解结果完整说明。这里为坐标和速度误差,及相应的三倍均方误差计算值 $\pm 3(\sigma h_i=\sqrt{\boldsymbol{P}_i[1,1]})$ 和 $\pm 3(\sigma V_i=\sqrt{\boldsymbol{P}_i[2,2]})$,初始条件如

例 3.1.4 中 $\sigma_0=1$ m，$\sigma_V=0.01$ m/s，$q_1=0$，对此坐标观测误差为 $r=1$ m(图 3.2.7(a) 和图 3.2.7(b))，速度观测误差为 $r=0.1$ m/s(图 3.2.7(c) 和图 3.2.7(d))。

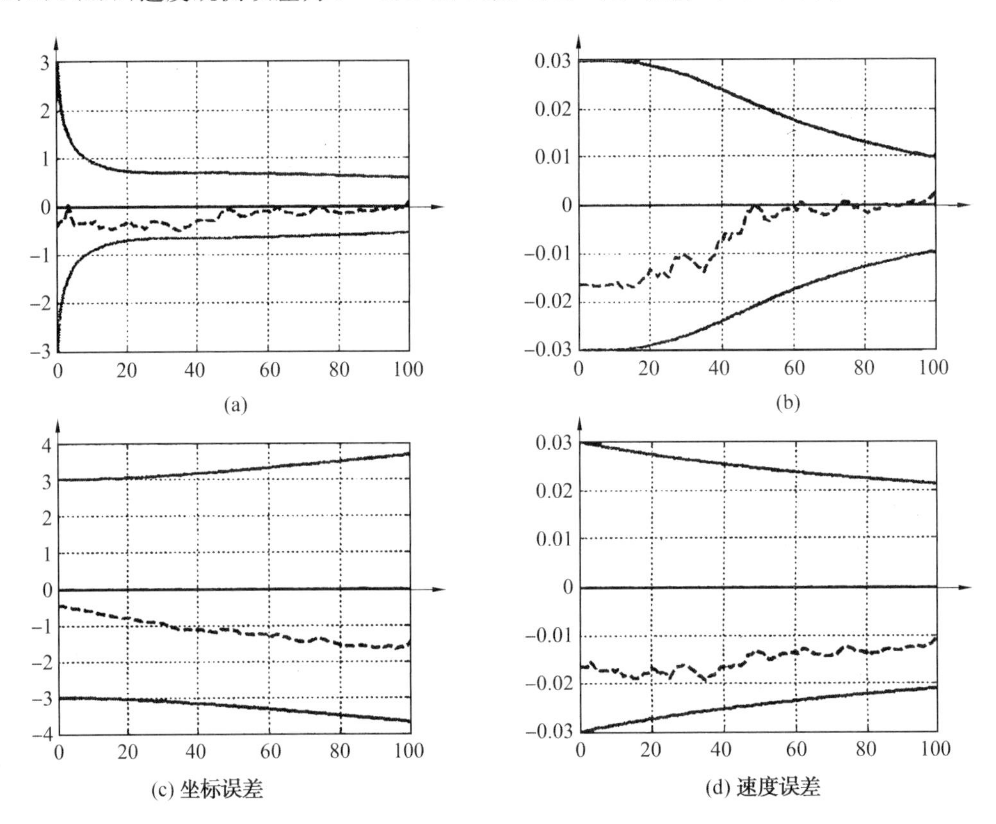

图 3.2.7　坐标(从上) 和速度(从下) 变化时坐标、速度及与其相应三倍均方差值估计误差的实现

由上述结论可知，当观测坐标时坐标和速度均可确定，同时，当坐标观测误差减小和观测数量增加时状态向量两个分量的确定精度提高。当观测速度时，坐标确定的误差增长，这是不可观造成的。

3.2.7　卡尔曼滤波的变形

讨论几种 3.2.2 小节中递推离散滤波问题中的可能变形。

变形之一是与描述状态向量变化进程的方程右端紧密相关的，其中不含已知输入信号，即

$$\boldsymbol{x}_i=\boldsymbol{\Phi}_i\boldsymbol{x}_{i-1}+\boldsymbol{\Gamma}_i\boldsymbol{w}_i+\boldsymbol{u}_i$$

所有其他进入式(3.2.21) 中的项及观测 $\boldsymbol{y}_i=\boldsymbol{H}_i r_i+\boldsymbol{v}_i$ 和它们的特性假设与先前相同。

可以说明(见题 3.3.3)，预报估计方程和估计 $\hat{\boldsymbol{x}}_i$ 在这种情况下由下列关系式给出

$$\hat{\boldsymbol{x}}_{i/i-1}=\boldsymbol{\Phi}_i\hat{\boldsymbol{x}}_{i-1}+\boldsymbol{u}_i \tag{3.2.49}$$

$$\hat{\boldsymbol{x}}_i=\boldsymbol{\Phi}_i\hat{\boldsymbol{x}}_{i-1}+\boldsymbol{u}_i+\boldsymbol{K}_i(\boldsymbol{y}_i-\boldsymbol{H}_i\boldsymbol{\Phi}_i\hat{\boldsymbol{x}}_{i-1}-\boldsymbol{u}_i) \tag{3.2.50}$$

增益系数，协方差矩阵 $\boldsymbol{P}_i$、$\boldsymbol{P}_{i/i-1}$ 保持不变。其他变形受到派生噪声 $\boldsymbol{w}_i$ 和观测噪声 $\boldsymbol{v}_i$ 的相关性的影响。这个问题统计可表示成如下形式。根据观测 $\boldsymbol{y}_i=\boldsymbol{H}_i\boldsymbol{x}_i+\boldsymbol{v}_i$ 的估计状态向量 $\boldsymbol{x}_i=\boldsymbol{\Phi}_i\boldsymbol{x}_{i-1}+\boldsymbol{\Gamma}_i\boldsymbol{w}_i$，其中 $\boldsymbol{\Phi}_i$，$\boldsymbol{H}_i$ 为 $n\times n$，$m\times n$ 矩阵；$\boldsymbol{x}_0$ 为协方差矩阵为 $\boldsymbol{P}_0$ 的中心向量，$\boldsymbol{w}_i$ 和 $\boldsymbol{v}_i$ 分别为离散中心白噪声

$$\boldsymbol{M}\{\boldsymbol{w}_i\boldsymbol{w}_j^{\mathrm{T}}\}=\boldsymbol{\delta}_{ij}\boldsymbol{Q}_i;\boldsymbol{M}\{\boldsymbol{v}_i\boldsymbol{v}_j^{\mathrm{T}}\}=\boldsymbol{\delta}_{ij}\boldsymbol{R}_i \tag{3.2.51}$$

$$\boldsymbol{M}\{\boldsymbol{x}_0\boldsymbol{v}_i^{\mathrm{T}}\}=0,\quad \boldsymbol{M}\{\boldsymbol{x}_0\boldsymbol{w}_i^{\mathrm{T}}\}=0 \tag{3.2.52}$$

同时

$$\boldsymbol{M}\{\boldsymbol{w}_i\boldsymbol{v}_j^{\mathrm{T}}\}=\boldsymbol{\delta}_{ij}\boldsymbol{B}_i \tag{3.2.53}$$

式中，$\boldsymbol{B}_i$ 为 $n\times m$ 维矩阵，说明了统计相关性的存在，即 $\boldsymbol{w}_i$ 和 $\boldsymbol{v}_i$ 相关。

对于这个问题可得如下一组关系式(见题 3.3.4)，确定了观测噪声与派生噪声相关时的卡尔曼滤波

$$\hat{\boldsymbol{x}}_{i/i-1}=\boldsymbol{\Phi}_i\hat{\boldsymbol{x}}_{i-1} \tag{3.2.54}$$

$$\boldsymbol{P}_{i/i-1}=\boldsymbol{\Phi}_i\boldsymbol{P}_{i-1}\boldsymbol{\Phi}_i^{\mathrm{T}}+\boldsymbol{\Gamma}_i\boldsymbol{Q}_i\boldsymbol{\Gamma}_i^{\mathrm{T}} \tag{3.2.55}$$

$$\hat{\boldsymbol{x}}_i=\hat{\boldsymbol{x}}_{i/i-1}+\boldsymbol{K}_i(\boldsymbol{y}_i-\boldsymbol{H}_i\hat{\boldsymbol{x}}_{i/i-1}) \tag{3.2.56}$$

$$\boldsymbol{K}_i=(\boldsymbol{P}_{i/i-1}\boldsymbol{H}_i^{\mathrm{T}}+\boldsymbol{B}_i)(\boldsymbol{H}_i\boldsymbol{P}_{i/i-1}\boldsymbol{H}_i^{\mathrm{T}}+\boldsymbol{H}_i\boldsymbol{B}_i+\boldsymbol{B}_i^{\mathrm{T}}\boldsymbol{H}_i^{\mathrm{T}}+\boldsymbol{R}_i)^{-1} \tag{3.2.57}$$

$$\begin{aligned}\boldsymbol{P}_i=\boldsymbol{P}_{i/i-1}-(\boldsymbol{P}_{i/i-1}\boldsymbol{H}_i^{\mathrm{T}}+\boldsymbol{B}_i)(\boldsymbol{H}_i\boldsymbol{P}_{i/i-1}\boldsymbol{H}_i^{\mathrm{T}}+\boldsymbol{R}_i+\boldsymbol{B}_i^{\mathrm{T}}\boldsymbol{H}_i^{\mathrm{T}}+\boldsymbol{H}_i\boldsymbol{B}_i)^{-1}\times\\(\boldsymbol{H}_i\boldsymbol{P}_{i/i-1}+\boldsymbol{B}_i^{\mathrm{T}})=\boldsymbol{P}_{i/i-1}-\boldsymbol{K}_i(\boldsymbol{H}_i\boldsymbol{P}_{i/i-1}+\boldsymbol{B}_i^{\mathrm{T}})\end{aligned} \tag{3.2.58}$$

不难看出，这些关系式将会发生变化，如果在分析的问题中假设存在输入作用 $\boldsymbol{u}_i$。

最后当存在绝对精确观测时离散滤波问题的变形还存在一种，即当 $V_i=0$ 时。在这种情况下可以说明(题 3.3.5)，卡尔曼滤波的表达式(3.2.28) ～ (3.2.52) 保持原值，但是在计算增益系数和协方差矩阵(3.2.31)、式(3.2.32) 时应假设 $\boldsymbol{R}_i=0$。同时显然有，关系式(3.2.33)、式(3.2.34) 不能使用，式(3.2.31)、式(3.2.32) 可以使用，只有矩阵 $\boldsymbol{H}_i\boldsymbol{P}_{i/i-1}\boldsymbol{H}_i^{\mathrm{T}}$ 为非奇异时。

卡尔曼滤波在绝对精确观测存在时，存在或缺少输入作用及派生噪声与观测噪声的统计相关性时其关系式在表 3.2.2 中给出。

表 3.2.2　不同条件下卡尔曼滤波关系式

条件	$\boldsymbol{M}\{\boldsymbol{w}_i\boldsymbol{v}_j^{\mathrm{T}}\}=0,\boldsymbol{u}_i=0,\boldsymbol{v}_i=0$	$\boldsymbol{M}\{\boldsymbol{w}_i\boldsymbol{v}_j^{\mathrm{T}}\}=\boldsymbol{\delta}_{ij}\boldsymbol{B}_i,\boldsymbol{u}_i\neq 0,\boldsymbol{v}_i\neq 0$
预测	$\hat{\boldsymbol{x}}_{i/i-1}=\boldsymbol{\Phi}_i\hat{\boldsymbol{x}}_{i-1}$	$\hat{\boldsymbol{x}}_{i/i-1}=\boldsymbol{\Phi}_i\hat{\boldsymbol{x}}_{i-1}+\boldsymbol{u}_i$
预测误差协方差矩阵	$\boldsymbol{P}_{i/i-1}=\boldsymbol{\Phi}_i\boldsymbol{P}_{i-1}\boldsymbol{\Phi}_i^{\mathrm{T}}+\boldsymbol{\Gamma}_i\boldsymbol{Q}_i\boldsymbol{\Gamma}_i^{\mathrm{T}}$	
估计	$\hat{\boldsymbol{x}}_i=\boldsymbol{\Phi}_i\hat{\boldsymbol{x}}_{i-1}+\boldsymbol{K}_i\times(\boldsymbol{y}_i-\boldsymbol{H}_i\boldsymbol{\Phi}_i\hat{\boldsymbol{x}}_{i-1})$	$\hat{\boldsymbol{x}}_i=\boldsymbol{\Phi}_i\hat{\boldsymbol{x}}_{i-1}+\boldsymbol{u}_i+\boldsymbol{K}_i(\boldsymbol{y}_i-\boldsymbol{H}_i(\boldsymbol{\Phi}_i\hat{\boldsymbol{x}}_{i-1}+\boldsymbol{u}_i))$

续表 3.2.2

增益系数	当误差为 0 时， $\boldsymbol{v}_i = 0$ $\boldsymbol{K}_i = \boldsymbol{P}_{i/i-1}\boldsymbol{H}_i^{\mathrm{T}}(\boldsymbol{H}_i\boldsymbol{P}_{i/i-1}\boldsymbol{H}_i^{\mathrm{T}})^{-1}$ $\boldsymbol{K}_i = \boldsymbol{P}_{i/i-1}\boldsymbol{H}_i^{\mathrm{T}}(\boldsymbol{H}_i\boldsymbol{P}_{i/i-1}\times\boldsymbol{H}_i^{\mathrm{T}}+\boldsymbol{R}_i)^{-1}$	$\boldsymbol{K}_i = (\boldsymbol{P}_{i/i-1}\boldsymbol{H}_i^{\mathrm{T}}+\boldsymbol{B}_i)\times$ $(\boldsymbol{H}_i\boldsymbol{P}_{i/i-1}\boldsymbol{H}_i^{\mathrm{T}}+\boldsymbol{H}_i\boldsymbol{B}_i+\boldsymbol{B}_i^{\mathrm{T}}\boldsymbol{H}_i^{\mathrm{T}}+\boldsymbol{R}_i)^{-1}$
估计误差协方差矩阵	$\boldsymbol{P}_i = \boldsymbol{P}_{i/i-1}-\boldsymbol{K}_i\boldsymbol{H}_i\boldsymbol{P}_{i/i-1}$	$\boldsymbol{P}_i = \boldsymbol{P}_{i/i-1}-\boldsymbol{K}_i(\boldsymbol{H}_i\boldsymbol{P}_{i/i-1}+\boldsymbol{B}_i^{\mathrm{T}})$

3.2.8 本节习题

习题 3.2.1 设在 3.2.2 小节中给出的滤波问题中已知前一步的估计误差协方差矩阵

$$\boldsymbol{P}_{i-1}=\boldsymbol{M}\{\boldsymbol{\varepsilon}_{i-1}\boldsymbol{\varepsilon}_{i-1}^{\mathrm{T}}\}$$

说明当前步的预测误差和估计误差协方差矩阵为

$$\hat{\boldsymbol{x}}_{i/i-1}=\boldsymbol{\Phi}_i\hat{\boldsymbol{x}}_{i-1}\quad \hat{\boldsymbol{x}}_i=\hat{\boldsymbol{x}}_{i/i-1}+\boldsymbol{K}_i(\boldsymbol{y}_i-\boldsymbol{H}_i\hat{\boldsymbol{x}}_{i/i-1})$$

这里矩阵 $\boldsymbol{K}_i$ 由表达式(3.2.31) 给出，且有滤波关系式(3.2.29)、式(3.2.34) 成立。

解 由式(3.2.35)、式(3.2.36) 可得

$$\boldsymbol{P}_{i/i-1}=\boldsymbol{M}\{(\boldsymbol{\Phi}_i\boldsymbol{\varepsilon}_{i-1}+\boldsymbol{\Gamma}_i\boldsymbol{w}_i)(\boldsymbol{\Phi}_i\boldsymbol{\varepsilon}_{i-1}+\boldsymbol{\Gamma}_i\boldsymbol{w}_i)^{\mathrm{T}}\}$$

$$\boldsymbol{P}_i=M\begin{Bmatrix}((\boldsymbol{E}-\boldsymbol{K}_i\boldsymbol{H}_i)(\boldsymbol{\Phi}_i\boldsymbol{\varepsilon}_{i-1}+\boldsymbol{\Gamma}_i\boldsymbol{w}_i)+\boldsymbol{K}_i\boldsymbol{v}_i)\times\\((\boldsymbol{E}-\boldsymbol{K}_i\boldsymbol{H}_i)(\boldsymbol{\Phi}_i\boldsymbol{\varepsilon}_{i-1}+\boldsymbol{\Gamma}_i\boldsymbol{w}_i)+\boldsymbol{K}_i\boldsymbol{v}_i)^{\mathrm{T}}\end{Bmatrix}$$

考虑到派声噪声的白噪声特性及其与初始条件的非相关性容易由第一个方程中得到表达式(3.2.29)，第二个变形为

$$\begin{aligned}\boldsymbol{P}_i=&(\boldsymbol{E}-\boldsymbol{K}_i\boldsymbol{H}_i)(\boldsymbol{\Phi}_i\boldsymbol{P}_{i-1}\boldsymbol{\Phi}^{\mathrm{T}}+\boldsymbol{\Gamma}\boldsymbol{Q}_i\boldsymbol{\Gamma}^{\mathrm{T}})(\boldsymbol{E}-\boldsymbol{K}_i\boldsymbol{H}_i)^{\mathrm{T}}+\boldsymbol{K}_i\boldsymbol{R}_iK_i^{\mathrm{T}}=\\&(\boldsymbol{E}-\boldsymbol{K}_i\boldsymbol{H}_i)\boldsymbol{P}_{i/i-1}(\boldsymbol{E}-\boldsymbol{K}_i\boldsymbol{H}_i)^{\mathrm{T}}+\boldsymbol{K}_i\boldsymbol{R}_iK_i^{\mathrm{T}}\end{aligned}$$

如果注意到题 2.2.3 的结果则不难得到关系式(3.2.34)。

习题 3.2.2 说明 $\boldsymbol{\mu}_i=\boldsymbol{y}_i-\boldsymbol{H}_i\hat{\boldsymbol{x}}_{i/i-1}(\boldsymbol{Y}_{i-1})$ 的协方差矩阵由下列表达式确定

$$\boldsymbol{\mu}_i=\boldsymbol{y}_i-\boldsymbol{H}_i\hat{\boldsymbol{x}}_{i/i-1}(\boldsymbol{Y}_{i-1})$$

$$\boldsymbol{L}_i=\boldsymbol{H}_i\boldsymbol{P}_{i/i-1}\boldsymbol{H}_i^{\mathrm{T}}+\boldsymbol{R}_i$$

解 由式(3.2.40) 写出

$$\begin{aligned}\boldsymbol{M}\{\boldsymbol{\mu}_i\mu_i^{\mathrm{T}}\}=&\boldsymbol{M}\{(\boldsymbol{H}_i\boldsymbol{x}_i+\boldsymbol{v}_i-\boldsymbol{H}_i\hat{\boldsymbol{x}}_{i/i-1}(\boldsymbol{Y}_{i-1}))(\boldsymbol{H}_i\boldsymbol{x}_i+\boldsymbol{v}_i-\boldsymbol{H}_i\hat{\boldsymbol{x}}_{i/i-1}(\boldsymbol{Y}_{i-1}))^{\mathrm{T}}\}=\\&\boldsymbol{M}\{(\boldsymbol{H}_i\boldsymbol{\varepsilon}_{i/i-1}+\boldsymbol{v}_i)(\boldsymbol{H}_i\boldsymbol{\varepsilon}_{i/i-1}+\boldsymbol{v}_i)^{\mathrm{T}}\}\end{aligned}$$

由此考虑到观测误差的白噪声特性及其与初始条件向量的非相关性可得所求关系式。

习题 3.2.3 证明下列关系式成立

$$\boldsymbol{M}\{\boldsymbol{\varepsilon}_i(\boldsymbol{Y}_i)\boldsymbol{x}_i^{\mathrm{T}}\}=\boldsymbol{P}_i$$

解　写出

$$\boldsymbol{M}\{\boldsymbol{\varepsilon}_i(\boldsymbol{Y}_i)\boldsymbol{x}_i^{\mathrm{T}}\}=\boldsymbol{M}_{\boldsymbol{x}_i\boldsymbol{Y}_i}\{(\boldsymbol{x}_i-\hat{\boldsymbol{x}}_i^{\mathrm{T}}(\boldsymbol{Y}_i))\boldsymbol{x}_i^{\mathrm{T}}\}=\boldsymbol{M}_{\boldsymbol{Y}_i}\boldsymbol{M}_{\boldsymbol{x}_i/\boldsymbol{Y}_i}\{(\boldsymbol{x}_i-\hat{\boldsymbol{x}}_i^{\mathrm{T}}(\boldsymbol{Y}_i))\boldsymbol{x}_i^{\mathrm{T}}\}$$

由题 2.5.6 的结果容易写出待求关系式。

习题 3.2.4　根据观测 $\boldsymbol{y}_i=\boldsymbol{x}+\boldsymbol{v}_i$，求维纳洛夫斯基序列 $\boldsymbol{x}_i=\boldsymbol{x}_{i-1}+\boldsymbol{w}_i$ 的最优估计。其中，$\boldsymbol{w}_i$，$\boldsymbol{v}_i$ 为与 $\boldsymbol{x}_0$ 无关的中心离散白噪声 $\boldsymbol{M}\{\boldsymbol{v}_i v_j\}=\boldsymbol{\delta}_{ij}r_i^2\boldsymbol{M}\{\boldsymbol{v}_i v_j\}=\boldsymbol{\delta}_{ij}q_i^2$；$\boldsymbol{x}_0$ 为方差为 σ_0^2 的中心随机向量，同时 $\boldsymbol{M}\{\boldsymbol{v}_i w_j\}=\boldsymbol{\delta}_{ij}b_i^2$，即噪声彼此相关。

求其卡尔曼离散滤波算法。

解　由例 3.2.3 的求解结果及式(3.2.57)、式(3.2.58) 可得。

习题 3.2.5　例 3.2.6 中稳态工作误差方程

解　将增益系数稳态值代入例中的(3.2.26)，可得

$$\boldsymbol{\varepsilon}_i=(1-\boldsymbol{K}_\infty)\boldsymbol{\varepsilon}_{i-1}+(1-\boldsymbol{K}_\infty)\boldsymbol{w}_i+\boldsymbol{K}_\infty\boldsymbol{v}_i$$

习题 3.2.6　确定例 3.2.6 中当 $q\ll r$ 和 $q\gg r$ 时维纳洛夫斯基序列估计问题中稳态工作下的滤波误差，预报误差和增益系数值。

解　如果 $q\ll r$，则去掉负解，可得

$$P_\infty^\phi=\frac{q^2}{2}\left(1\pm\sqrt{1+\frac{4r^2}{q^2}}\right)\approx\frac{q^2}{2}\,\frac{2r}{q}=rq\,;P_\infty^{np}\approx q(r+q)\approx qr\,;K_\infty\approx\frac{q}{r}$$

类似地，如果 $q\gg r$：

$$P_\infty^\phi=\frac{q^2}{2}\left(1\pm\sqrt{1+\frac{4r^2}{q^2}}\right)\approx\frac{q^2}{2}\times2=q^2;\quad P_\infty^{np}\approx2q^2;\quad K_\infty\approx\left(\frac{q}{r}\right)^2$$

习题 3.2.7　写出基于白噪声观测指数相关序列滤波误差方差的稳态值方程(3.2.46)，确定 $q\gg r$ 时，预报误差方差，增益系数表达式和维纳滤波。建立与例 3.2.6 中类似方差相关的滤波误差方差稳态值方差。

解　对给出的例子有

$$P_\infty^\phi=\left(\frac{1}{\Phi^2P_\infty^\phi+q^2}+\frac{1}{r^2}\right)^{-1};\quad P_\infty^{np}=\Phi^2P_\infty^\phi+q^2;\quad K_\infty=\frac{P_\infty^\phi}{r^2}$$

第一个方程可转化为

$$P_\infty^\phi=\frac{r^2(\Phi^2P_\infty^\phi+q^2)}{\Phi^2P_\infty^\phi+q^2+r^2}$$

当 $q\gg r$ 时有

$$P_\infty^\phi\approx r^2;\quad P_\infty^{np}\approx q^2;\quad K_\infty\approx1$$

维纳滤波形式为：$\hat{x}_i=K_\infty y_i$，由其可知，当观测精度较高且派生噪声较强时作为估计可使用当前观测，显然，滤波误差稳态方差与观测噪声方差一致。

不难看出，在求解维纳洛夫斯基序列滤波问题时应使 $\Phi=1$，由此，最后一个方程变为例 3.2.6 中的方程。

思考题

1. 写出一个随机序列根据另一个与其相关的序列均方意义下最优线性估计问题的建

模过程。并写出其使用维纳-霍普夫方程的离散方法求解。说明滤波滤平和预测问题的特征。

2. 写出由滤波器给出的随机序列线性递推估计问题的建模过程。

3. 哪些基本框图包含离散卡尔曼滤波算法？解释为什么这个算法是递推的。以常标量的估计问题求解为例写出这些。

4. 解释，什么是预测误差和滤波误差，为什么滤波器误差是马尔可夫斯基序列。

5. 怎样在存在稳态情况时建立预测误差和滤波误差的相关性。

6. 什么条件下存在滤波问题中的稳态情形？

7. 什么是维纳滤波？解释其与卡尔曼滤波的相关性，给出例子。

8. 解释可观性概念的意义并写出时不变方程描述的序列完全可观性条件。

9. 当在派生和观测噪声间的非零相关存在时滤波算法的特性是什么？

10. 当存在绝对精确观测时滤波算法的特性是什么？

3.3 随机序列滤波的递推最优巴耶索夫斯基算法

分析比前一节更一般的随机序列滤波巴耶索夫斯基问题建模。首先，取消最小化准则(3.2.25)估计线性特性的限制，其次，设观测与待估参数的相关性可以是非线性的。

3.3.1 随机序列递推最优滤波器问题的建模及一般解

给定滤波形式的 n 维随机序列

$$\boldsymbol{x}_i = \boldsymbol{\Phi}_i \boldsymbol{x}_{i-1} + \boldsymbol{\Gamma}_i \boldsymbol{w}_i \tag{3.3.1}$$

和 m 维观测

$$\boldsymbol{y}_i = \boldsymbol{s}_i(\boldsymbol{x}_i) + \boldsymbol{v}_i \tag{3.3.2}$$

式中，$\boldsymbol{w}_i$ 为 P 维派生噪声向量；$\boldsymbol{v}_i$ 为 m 维观测误差向量；$\boldsymbol{\Phi}_i$，$\boldsymbol{\Gamma}_i$ 分别为已知的 $m \times n$，$n \times p$ 阶矩阵；$\boldsymbol{s}_i(\boldsymbol{x}_i) = (\boldsymbol{s}_{i1}(\boldsymbol{x}_i), \boldsymbol{s}_{i2}(\boldsymbol{x}_i), \cdots, \boldsymbol{s}_{im}(\boldsymbol{x}_i))^{\mathrm{T}}$ 为一般情况下变量 x 的 m 维非线性函数。

序列 $\boldsymbol{w}_i$ 和 $\boldsymbol{v}_i$ 是离散中心白噪声，对其有式(3.2.23)成立，而初始条件向量 $\boldsymbol{x}_0$ 是协方差矩阵为 $\boldsymbol{P}_0$ 的中心向量。向量 $\boldsymbol{x}_0$、$\boldsymbol{w}_i$、$\boldsymbol{v}_i$ 是彼此互不相关的，即满足关系式(3.2.24)。

假设随机向量 $\boldsymbol{x}_0$ 和序列 $\boldsymbol{w}_i$ 和 $\boldsymbol{v}_i$ 的分布规律是已知的，由相应的概率密度函数 $\boldsymbol{f}_{x_0}(\boldsymbol{x}_0)$、$\boldsymbol{f}_{w_i}(\boldsymbol{w}_i)$ 和 $\boldsymbol{f}_{v_i}(\boldsymbol{v}_i)$ 给出。

要求，假设观测 $\boldsymbol{Y}_i = (\boldsymbol{y}_1^{\mathrm{T}}, \boldsymbol{y}_2^{\mathrm{T}}, \cdots, \boldsymbol{y}_i^{\mathrm{T}})^{\mathrm{T}}$ 且不限制估计的类型，确定均方意义下序列(3.3.1)最优估计计算递推算法，最小化准则为

$$\boldsymbol{J}_i^6 = \boldsymbol{M}\{(\boldsymbol{x}_i - \hat{\boldsymbol{x}}_i(\boldsymbol{Y}_i))^{\mathrm{T}}(\boldsymbol{x}_i - \hat{\boldsymbol{x}}_i(\boldsymbol{Y}_i))\} \tag{3.3.3}$$

与其相应的精度特征为估计误差协方差矩阵(3.2.26)。

当观测是线性的且当最小化准则为(3.3.3)时使用的只是线性估计，问题的解由式(3.2.28)～(3.2.32)确定。在这种情形下为求得算法参考2.5.1小节中的结果，可得未知估计表示为

$$\hat{\boldsymbol{x}}_i(\boldsymbol{Y}_i)=\int \boldsymbol{x}_i \boldsymbol{f}(\boldsymbol{x}_i/\boldsymbol{Y}_i)\mathrm{d}\boldsymbol{x}_i \tag{3.3.4}$$

式中，$\boldsymbol{f}(\boldsymbol{x}_i/\boldsymbol{y}_i)$ 为先验概率密度函数或简称先验密度。

随机序列最优估计误差的条件和无条件协方差矩阵表述了精度特性，由下列关系式给出

$$\boldsymbol{P}_i(\boldsymbol{Y}_i)=\int(\boldsymbol{x}_i-\hat{\boldsymbol{x}}_i(\boldsymbol{Y}_i))(\boldsymbol{x}_i-\hat{\boldsymbol{x}}_i(\boldsymbol{Y}_i))^{\mathrm{T}}\boldsymbol{f}(\boldsymbol{x}_i/\boldsymbol{Y}_i)\mathrm{d}\boldsymbol{x}_i \tag{3.3.5}$$

$$\boldsymbol{P}_i=\iint(\boldsymbol{x}_i-\hat{\boldsymbol{x}}_i(\boldsymbol{Y}_i))(\boldsymbol{x}_i-\hat{\boldsymbol{x}}_i(\boldsymbol{Y}_i))^{\mathrm{T}}\boldsymbol{f}(\boldsymbol{x}_i,\boldsymbol{Y}_i)\mathrm{d}\boldsymbol{x}_i\mathrm{d}\boldsymbol{Y}_i \tag{3.3.6}$$

这里无条件先验协方差矩阵 $\boldsymbol{P}_i$ 描述了所有观测平均下最优滤波问题求解的有势精度，矩阵 $\boldsymbol{P}_i(\boldsymbol{Y}_i)$ 描述了当前给出观测组的计算精度。正是对这个矩阵假设其计算的递推算法。

称估计(3.3.4) 为均方意义下的最优巴耶索夫斯基方法或简称为随机序列最优估计。其具有 2.5.2 小节中分析的最优估计的所有特性。

这里与 2.5.1 小节中类似，注意到，除了给出最优估计计算准则(3.3.4) 外还给出了与其相应的当前先验误差协方差矩阵 $\boldsymbol{P}_i(\boldsymbol{Y}_i)$ 的计算法则(3.3.5)，其描述了具体观测组估计的计算精度。由此，类似于常向量的估计情况，在随机序列最优估计计算法综合问题下来理解，计算估计(3.3.4) 本身和与其相应的条件先验协方差矩阵(3.3.5) 的过程。称这一过程为最优算法。在随机序列估计精度分析问题下理解无条件先验协方差矩阵 $\boldsymbol{P}_i$ 计算和分析问题。

值得强调的是，在线性情形下条件和无条件协方差矩阵 $\boldsymbol{P}_i(\boldsymbol{Y}_i)$ 和 $\boldsymbol{P}_i$ 相同，因为有势精度分析问题的求解在构建估计算法时直接进行，在非线性情形时这两个矩阵不同，并且无条件协方差矩阵(3.3.6) 的有势精度计算是独立问题。

注意到与 3.2.2 小节中建模相比较这里建模方法的主要优越性。

1. 在选择准则极小化时没有限制使用估计的类型。

2. 假设观测与待估参数是非线性相关的。

3. 假设初始条件派生噪声和观测噪声向量的概率密度函数是完全已知的，不仅仅是最初两个时刻。

4. 代替不同时刻随机向量值非相关性条件(3.2.23)、(3.2.24)，假设其独立性条件成立。

由关系式(3.3.4)、式(3.3.5) 可知，如同常参数估计问题，该问题的解需假设先验密度 $\boldsymbol{f}(\boldsymbol{x}_i/\boldsymbol{y}_i)$，其确定构成了非线滤波中的基本问题。

3.3.2　非线性滤波问题中先验密度的递推关系

为得到我们感兴趣的估计 $\hat{\boldsymbol{x}}_i(\boldsymbol{Y}_i)$，计算递推算法十分有益的是先验密度 $\boldsymbol{f}(\boldsymbol{x}_i/\boldsymbol{y}_i)$ 本身的递推关系式，如果考虑待估序列(3.2.21) 是马尔可夫的，其可求。

将 $\boldsymbol{f}(\boldsymbol{x}_i/\boldsymbol{y}_i)$ 表示为

$$f(\boldsymbol{x}_i/\boldsymbol{Y}_i)=f(\boldsymbol{x}_i,\boldsymbol{Y}_i)/f(\boldsymbol{Y}_i) \tag{3.3.7}$$

这里

$$f(\boldsymbol{x}_i,\boldsymbol{Y}_i)=f(\boldsymbol{y}_i/\boldsymbol{Y}_{i-1},\boldsymbol{x}_i)f(\boldsymbol{x}_i/\boldsymbol{Y}_{i-1})f(\boldsymbol{Y}_{i-1})$$

$$f(\boldsymbol{Y}_i)=f(\boldsymbol{y}_i/\boldsymbol{Y}_{i-1})f(\boldsymbol{Y}_{i-1})$$

由于值 $\boldsymbol{v}_i$ 在不同时刻设为是彼此独立的且与值 $\boldsymbol{w}_i$ 无关，可写作

$$f(\boldsymbol{y}_i/\boldsymbol{Y}_{i-1},\boldsymbol{x}_i)=f(\boldsymbol{y}_i/\boldsymbol{x}_i) \tag{3.3.8}$$

结果可得如下表达式

$$f(\boldsymbol{x}_i/\boldsymbol{Y}_i)=\frac{f(\boldsymbol{y}_i/\boldsymbol{x}_i)f(\boldsymbol{x}_i/\boldsymbol{Y}_{i-1})f(\boldsymbol{Y}_{i-1})}{f(\boldsymbol{y}_i/\boldsymbol{Y}_{i-1})f(\boldsymbol{Y}_{i-1})}=\frac{f(\boldsymbol{y}_i/\boldsymbol{x}_i)f(\boldsymbol{x}_i/\boldsymbol{Y}_{i-1})}{f(\boldsymbol{y}_i/\boldsymbol{Y}_{i-1})} \tag{3.3.9}$$

式(3.3.8)与式(3.3.9)中的密度 $f(\boldsymbol{y}_i/\boldsymbol{x}_i)$ 可由式(3.3.2)，例 1.4.2 的计算结果及观测噪声概率密度函数

$$f(\boldsymbol{y}_i/\boldsymbol{x}_i)=f_{\boldsymbol{v}_i}(\boldsymbol{y}_i-\boldsymbol{s}_i(\boldsymbol{x}_i))$$

得出替换

$$f(\boldsymbol{y}_i/\boldsymbol{Y}_{i-1})=\int f(\boldsymbol{y}_i\boldsymbol{x}_i/\boldsymbol{Y}_{i-1})\mathrm{d}\boldsymbol{x}_i=\int f(\boldsymbol{y}_i/\boldsymbol{x}_i)f(\boldsymbol{x}_i/\boldsymbol{Y}_{i-1})\mathrm{d}\boldsymbol{x}_i \tag{3.3.10}$$

这个替换常描述为模乘子 c_i。

最后可写出下列先验密度的递推关系式(图 3.3.1)

$$f(\boldsymbol{x}_i/\boldsymbol{Y}_i)=\frac{f(\boldsymbol{y}_i/\boldsymbol{x}_i)f(\boldsymbol{x}_i/\boldsymbol{Y}_{i-1})}{\int f(\boldsymbol{y}_i/\boldsymbol{x}_i)f(\boldsymbol{x}_i/\boldsymbol{Y}_{i-1})\mathrm{d}\boldsymbol{x}_i}=c_i^{-1}f(\boldsymbol{y}_i/\boldsymbol{x}_i)f(\boldsymbol{x}_i/\boldsymbol{Y}_{i-1}) \tag{3.3.11}$$

$$f(\boldsymbol{x}_i/\boldsymbol{Y}_{i-1})=\int f(\boldsymbol{x}_i,\boldsymbol{x}_{i-1}/\boldsymbol{Y}_{i-1})\mathrm{d}\boldsymbol{x}_{i-1}=\int f(\boldsymbol{x}_i/\boldsymbol{x}_{i-1})f(\boldsymbol{x}_{i-1}/\boldsymbol{Y}_{i-1})\mathrm{d}\boldsymbol{x}_{i-1} \tag{3.3.12}$$

其中

$$\boldsymbol{c}_i=f(\boldsymbol{y}_i/\boldsymbol{Y}_{i-1})=\int f(\boldsymbol{y}_i/\boldsymbol{x}_i)f(\boldsymbol{x}_i/\boldsymbol{Y}_{i-1})\mathrm{d}\boldsymbol{x}_i \tag{3.3.13}$$

式(3.3.12)中的传递密度 $f(\boldsymbol{x}_i/\boldsymbol{x}_{i-1})$ 由式(3.3.1)及已知的派生噪声概率密度可得，其中，当 $\boldsymbol{\Gamma}_i=E$ 时，

$$f(\boldsymbol{x}_i/\boldsymbol{x}_{i-1})=f_{\boldsymbol{w}_i}(\boldsymbol{x}_i-\boldsymbol{\Phi}_i\boldsymbol{x}_{i-1})$$

式(3.3.13)中的密度 $f(\boldsymbol{x}_i/\boldsymbol{Y}_{i-1})$ 称为预测密度。式(3.3.12)可由等式 $f(\boldsymbol{x}_i/\boldsymbol{x}_{i-1},\boldsymbol{Y}_{i-1})=f(\boldsymbol{x}_i/\boldsymbol{x}_{i-1})$ 得出，这个等式对马尔可夫序列 $\boldsymbol{x}_i$ 成立。

由此，假设已知先验密度 $f(\boldsymbol{x}_{i-1}/\boldsymbol{Y}_{i-1})$，为得到密度 $f(\boldsymbol{x}_i/\boldsymbol{Y}_i)$ 必须确定：

① 传递密度 $f(\boldsymbol{x}_i/\boldsymbol{x}_{i-1})$；

② 根据式(3.3.12)确定预测密度 $f(\boldsymbol{x}_i/\boldsymbol{Y}_{i-1})$ 或第一步的密度 $f_{\boldsymbol{x}_0}(\boldsymbol{x}_0)$；

③ 密度 $f(\boldsymbol{y}_i/\boldsymbol{x}_i)=f_{\boldsymbol{v}_i}(\boldsymbol{y}_i-\boldsymbol{s}_i(\boldsymbol{x}_i))$；

④ 对应式(3.3.13)的标准乘子；

⑤ 式(3.3.11)的未知密度。

前面两个点属于预测密度的确定，其余为当前步先验密度的确定。注意到，如果常参数向量估计问题已解决，则表达式可化简，因为预测密度的确定问题不存在了

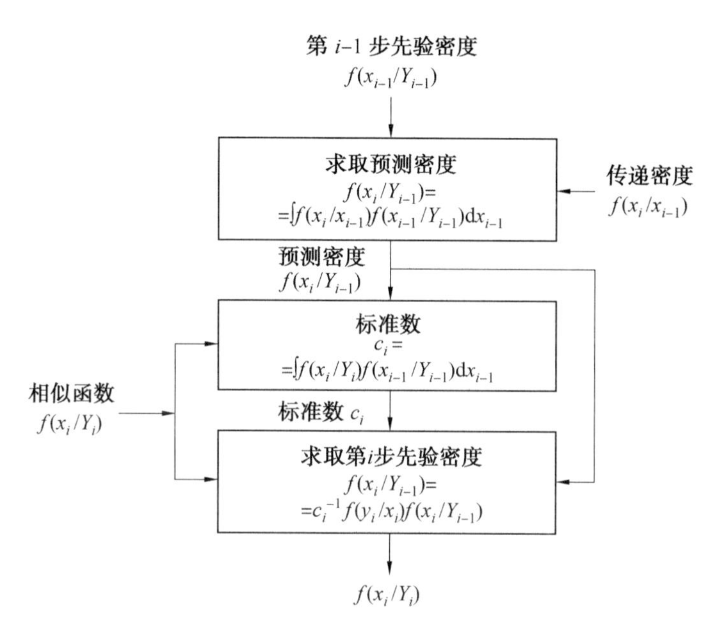

图 3.3.1　先验密度计算递推步骤基本过程

(见图 3.3.1)。

非常需要强调的是，在证明先验密度的递推关系式时，需要已知 $\boldsymbol{f}_{\boldsymbol{x}_0}(\boldsymbol{x}_0)$、$\boldsymbol{f}_{\boldsymbol{w}_i}$ 和 $\boldsymbol{f}_{\boldsymbol{v}_i}(\boldsymbol{v}_i)$ 及假设其具有马尔可夫序列的特性。同时假设值 $\boldsymbol{w}_i$、$\boldsymbol{v}_i$ 在任意时刻都是彼此独立的，也是十分重要的。这里不需要假设派生噪声和观测噪声及初始条件具有高斯特性。由此得到的关系式可用于获取求解一大类非高斯分布线性和非线性的滤波问题估计算法。

3.3.3　卡尔曼滤波关系式结论及最优估计特性

上一节中递推最优滤波问题的求解在先验密度具有高斯特性时得到明显简化。不难理解(见题 3.3.2)，在下列条件成立时先验密度是高斯的：

① 观测与待估序列是线性相关的，即 $\boldsymbol{s}_i(\boldsymbol{x}_i)=\boldsymbol{H}_i\boldsymbol{x}_i$；

② 初始条件，派生噪声和观测噪声向量是高斯的。

设上述条件成立，求下列条件下由观测(3.2.22)求解随机序列(3.2.21)递推最优滤波问题：

$$\boldsymbol{f}(\boldsymbol{w}_i)=N(\boldsymbol{w}_i;0,\boldsymbol{Q}_i) \tag{3.3.14}$$

$$\boldsymbol{f}(\boldsymbol{x}_0)=N(\boldsymbol{x}_0;0,\boldsymbol{P}_0) \tag{3.3.15}$$

$$\boldsymbol{f}(\boldsymbol{v}_i)=N(\boldsymbol{v}_i;0,\boldsymbol{R}_i) \tag{3.3.16}$$

即要求求出计算最优估计(3.3.4)及条件先验协方差矩阵(3.3.5)的递推关系式。

说明，在上述假设下，递推最优滤波问题由卡尔曼滤波关系式(3.2.28)～(3.2.32)求解。

基于给出的说明可知，由给出的递推关系式对先验密度有 $\boldsymbol{f}(\boldsymbol{x}_i/\boldsymbol{x}_{i-1})=N(\boldsymbol{x}_i;$

$\boldsymbol{\Phi}_i\boldsymbol{x}_{i-1},\boldsymbol{\Gamma}_i\boldsymbol{Q}_i\boldsymbol{\Gamma}_i^{\mathrm{T}}),f(\boldsymbol{y}_i/\boldsymbol{x}_i)=N(\boldsymbol{y}_i;\boldsymbol{H}_i\boldsymbol{x}_i,\boldsymbol{R}_i)$。同时,存在一个简单的方法,如果注意到此时先验密度 $f(\boldsymbol{x}_i/\boldsymbol{Y}_i)$ 是高斯的,且对其每一步只需已知最初两个时刻。证明上述结论对这种情况是成立的,并假设前一步描述先验密度的估计及其相应的协方差矩阵是已知的。

假设密度 $f(\boldsymbol{x}_i/\boldsymbol{Y}_{i-1})$、$f(\boldsymbol{x}_i/\boldsymbol{Y}_i)$ 表达式为

$$f(\boldsymbol{x}_i/\boldsymbol{Y}_{i-1})=N(\boldsymbol{x}_i;\hat{\boldsymbol{x}}_{i/i-1},\boldsymbol{P}_{i/i-1}) \tag{3.3.17}$$

$$f(\boldsymbol{x}_i/\boldsymbol{Y}_i)=N(\boldsymbol{x}_i;\hat{\boldsymbol{x}}_i,\boldsymbol{P}_i) \tag{3.3.18}$$

为得到预测和先验密度的参数递推关系式必须用 $\hat{\boldsymbol{x}}_{i-1}$、$\boldsymbol{P}_{i-1}$ 来表示 $\hat{\boldsymbol{x}}_{i/i-1}$、$\boldsymbol{P}_{i/i-1}$。

组合向量 $\boldsymbol{x}_{i-1}$、$\boldsymbol{w}_i$ 相对观测 y_{i-1} 的条件密度可写作

$$f(\boldsymbol{x}_{i-1},\boldsymbol{w}_i/\boldsymbol{Y}_{i-1})=\boldsymbol{N}\left(\begin{bmatrix}\boldsymbol{x}_{i-1}\\ \boldsymbol{w}_i\end{bmatrix};\begin{bmatrix}\hat{\boldsymbol{x}}_{i-1}\\ 0\end{bmatrix},\begin{bmatrix}\boldsymbol{P}_{i-1} & 0\\ 0 & \boldsymbol{Q}_i\end{bmatrix}\right) \tag{3.3.19}$$

由于向量 $\boldsymbol{x}_{i-1}$、$\boldsymbol{x}_i$ 由向量 $\boldsymbol{x}_{i-1}$、$\boldsymbol{w}_i$ 的线性变换得到,即

$$\begin{bmatrix}\boldsymbol{x}_{i-1}\\ \boldsymbol{x}_i\end{bmatrix}=\begin{bmatrix}\boldsymbol{E} & 0\\ \boldsymbol{\Phi}_i & \boldsymbol{\Gamma}_i\end{bmatrix}\begin{bmatrix}\boldsymbol{x}_{i-1}\\ \boldsymbol{w}_i\end{bmatrix}$$

由式(1.3.22)和式(1.3.23)可得

$$f(\boldsymbol{x}_{i-1},\boldsymbol{x}_i/\boldsymbol{Y}_{i-1})=\boldsymbol{N}\left(\begin{bmatrix}\boldsymbol{x}_{i-1}\\ \boldsymbol{x}_i\end{bmatrix};\begin{bmatrix}\hat{\boldsymbol{x}}_{i-1}\\ \boldsymbol{\Phi}_i\hat{\boldsymbol{x}}_{i-1}\end{bmatrix},\begin{bmatrix}\boldsymbol{P}_{i-1} & \boldsymbol{P}_{i-1}\boldsymbol{\Phi}_i^{\mathrm{T}}\\ \boldsymbol{\Phi}_i\boldsymbol{P}_{i-1} & \boldsymbol{\Phi}_i\boldsymbol{P}_{i-1}\boldsymbol{\Phi}_i^{\mathrm{T}}+\boldsymbol{\Gamma}_i\boldsymbol{Q}_i\boldsymbol{\Gamma}_i^{\mathrm{T}}\end{bmatrix}\right) \tag{3.3.20}$$

由此可得

$$f(\boldsymbol{x}_i/\boldsymbol{Y}_{i-1})=N(\boldsymbol{x}_i;\boldsymbol{\Phi}_i\hat{\boldsymbol{x}}_{i-1},\boldsymbol{\Phi}_i\boldsymbol{P}_{i-1}\boldsymbol{\Phi}_i^{\mathrm{T}}+\boldsymbol{\Gamma}_i\boldsymbol{Q}_i\boldsymbol{\Gamma}_i^{\mathrm{T}}) \tag{3.3.21}$$

注意到引入的定义有

$$\hat{\boldsymbol{x}}_{i/i-1}=\boldsymbol{\Phi}_i\hat{\boldsymbol{x}}_{i-1}$$

$$\boldsymbol{P}_{i/i-1}=\boldsymbol{\Phi}_i\boldsymbol{P}_{i-1}\boldsymbol{\Phi}_i^{\mathrm{T}}+\boldsymbol{\Gamma}_i\boldsymbol{Q}_i\boldsymbol{\Gamma}_i^{\mathrm{T}}$$

这些关系式确定了预测(3.2.28)和与其相应的卡尔曼递推滤波误差协方差矩阵(3.2.29)。

现在分析组合向量 $\boldsymbol{x}_i$、$\boldsymbol{v}_i$ 相对观测 y_{i-1} 的条件密度

$$f(\boldsymbol{x}_i,\boldsymbol{v}_i/\boldsymbol{Y}_{i-1})=\boldsymbol{N}\left(\begin{bmatrix}\boldsymbol{x}_i\\ \boldsymbol{v}_i\end{bmatrix};\begin{bmatrix}\hat{\boldsymbol{x}}_{i/i-1}\\ 0\end{bmatrix},\begin{bmatrix}\boldsymbol{P}_{i/i-1} & 0\\ 0 & \boldsymbol{R}_i\end{bmatrix}\right) \tag{3.3.22}$$

引入组合向量

$$\begin{bmatrix}\boldsymbol{x}_i\\ \boldsymbol{y}_i\end{bmatrix}=\begin{bmatrix}E & 0\\ \boldsymbol{H}_i & E\end{bmatrix}\begin{bmatrix}\boldsymbol{x}_i\\ \boldsymbol{v}_i\end{bmatrix}$$

对其相对 $\boldsymbol{Y}_{i-1}$ 的条件密度可得下列表达式

$$f(\boldsymbol{x}_i,\boldsymbol{y}_i/\boldsymbol{Y}_{i-1})=$$

$$\boldsymbol{N}\left(\begin{bmatrix}\boldsymbol{x}_i\\ \boldsymbol{y}_i\end{bmatrix};\begin{bmatrix}\hat{\boldsymbol{x}}_{i/i-1}\\ \boldsymbol{H}_i\hat{\boldsymbol{x}}_{i/i-1}\end{bmatrix},\begin{bmatrix}\boldsymbol{P}_{i/i-1} & \boldsymbol{P}_{i/i-1}\boldsymbol{H}_i^{\mathrm{T}}\\ \boldsymbol{H}_i\boldsymbol{P}_{i/i-1} & \boldsymbol{H}_i\boldsymbol{P}_{i/i-1}\boldsymbol{H}_i^{\mathrm{T}}+\boldsymbol{R}_i\end{bmatrix}\right) \tag{3.3.23}$$

由条件高斯密度参数确定法则(1.4.16) ～ (1.4.17)，有

$$\hat{\boldsymbol{x}}_i = \hat{\boldsymbol{x}}_{i/i-1} + \boldsymbol{K}_i(\boldsymbol{y}_i - \boldsymbol{H}_i\hat{\boldsymbol{x}}_{i/i-1})$$

$$\boldsymbol{K}_i = \boldsymbol{P}_{i/i-1}\boldsymbol{H}_i^{\mathrm{T}}(\boldsymbol{H}_i\boldsymbol{P}_{i/i-1}\boldsymbol{H}_i^{\mathrm{T}} + \boldsymbol{R}_i)^{-1}$$

$$\boldsymbol{P}_i = \boldsymbol{P}_{i/i-1} - \boldsymbol{P}_{i/i-1}\boldsymbol{H}_i^{\mathrm{T}}(\boldsymbol{H}_i\boldsymbol{P}_{i/i-1}\boldsymbol{H}_i^{\mathrm{T}} + \boldsymbol{R}_i)^{-1}\boldsymbol{H}_i\boldsymbol{P}_{i/i-1} = (\boldsymbol{E} - \boldsymbol{K}_i\boldsymbol{H}_i)\boldsymbol{P}_{i/i-1}$$

这就完成了最优估计(3.2.28) ～ (3.2.32) 关系式正确性的证明，在图 3.3.2 上给出了预测和先验密度在当前步的参数求解基本过程。

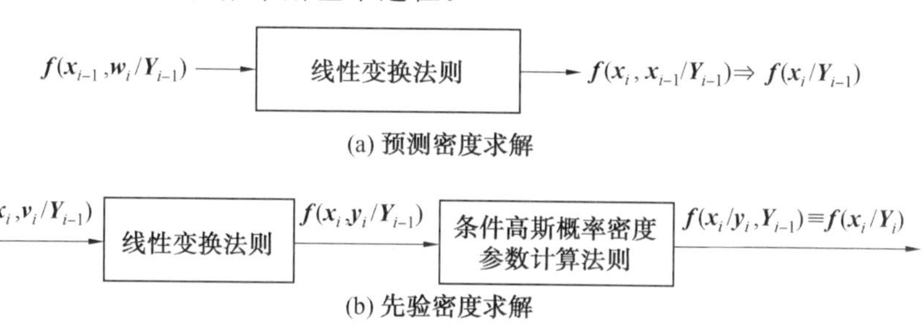

图 3.3.2　预测密度求解和先验密度求解

这些过程如下：

(1) 写出向量 $\boldsymbol{x}_{i-1}$ 和 $\boldsymbol{w}_i$ 相对 y_{i-1} 的条件一致密度，并注意到它们的独立性和已知的高斯密度特性

$$f(\boldsymbol{x}_{i-1}/\boldsymbol{Y}_{i-1}) = \boldsymbol{N}(\boldsymbol{x}_{i-1};\hat{\boldsymbol{x}}_{i-1},\boldsymbol{P}_{i-1})$$

和

$$f(\boldsymbol{w}_i/\boldsymbol{Y}_{i-1}) = f(\boldsymbol{w}_i) = \boldsymbol{N}(\boldsymbol{w}_i;0,\boldsymbol{Q}_i)$$

(2) 注意到 $\boldsymbol{x}_i = \boldsymbol{\Phi}_i\boldsymbol{x}_{i-1} + \boldsymbol{\Gamma}_i\boldsymbol{w}_i$，写出向量 $\boldsymbol{x}_{i-1}$ 和 $\boldsymbol{x}_i$ 相对 y_{i-1} 的条件一致密度，由这个密度写出 $f(\boldsymbol{x}_i/\boldsymbol{Y}_{i-1}) = \boldsymbol{N}(\boldsymbol{x}_i,\hat{\boldsymbol{x}}_{i/i-1},\boldsymbol{P}_{i/i-1})$，由此可得预测估计及与其相应的误差协方差矩阵关系式。

(3) 写出向量 $\boldsymbol{x}_i$ 和 $\boldsymbol{v}_i$ 相对 y_{i-1} 的条件一致密度，并注意到其独立性及已知的高斯密度特性

$$f(\boldsymbol{x}_i/\boldsymbol{Y}_{i-1}) = \boldsymbol{N}(\boldsymbol{x}_i;\hat{\boldsymbol{x}}_{i/i-1},\boldsymbol{P}_{i/i-1})$$

和

$$f(\boldsymbol{v}_i/\boldsymbol{Y}_{i-1}) = f(\boldsymbol{v}_i) = \boldsymbol{N}(\boldsymbol{v}_i;0,\boldsymbol{R}_i)$$

(4) 注意到 $\boldsymbol{y}_i = \boldsymbol{H}_i\boldsymbol{x}_i + \boldsymbol{v}_i$，写出向量 $\boldsymbol{x}_i$ 和 $\boldsymbol{y}_i$ 相对 y_{i-1} 的条件一致密度 $f(\boldsymbol{x}_i,\boldsymbol{y}_i/\boldsymbol{Y}_{i-1})$。

(5) 由 $f(\boldsymbol{x}_i,\boldsymbol{y}_i/\boldsymbol{Y}_{i-1})$ 的条件密度参数计算法则求出向量 $\boldsymbol{x}_i$ 相对向量 $\boldsymbol{y}_i$(包括 y_{i-1} 和 $\boldsymbol{y}_i$) 的条件密度参数，这个参数确定了最优估计及其误差协方差矩阵的关系式。

由证明的结论可知，在 3.2.3 小节中给出的高斯情形下的卡尔曼滤波关系式保障了均方意义下，由观测(3.2.22) 对随机序列(3.2.21) 的最优巴耶索夫斯基估计，即不限制估计类型使均方准则极小化的估计。由此显然可得出，这些关系式保障了线性最优估计，如果取消随机向量高斯特性的限制，这不能成立且存在另外的保证极小均方准则最小值的算法，即引入高斯特性假设，可以在高斯情形下减小这个准则，这与证明的算法保障得到最优估计的结论矛盾。

由引入的结论可得，对于分析的特定情形，由卡尔曼滤波得到的估计具有最优估计的

全部特性(见 2.4.2 小节)。

其中,最优估计误差的条件和无条件协方差矩阵是一致的,即 $\boldsymbol{P}_i=\boldsymbol{P}_i(\boldsymbol{Y}_i)$,并且如果确定任意的不一定为线性的估计 $\tilde{\boldsymbol{x}}(\boldsymbol{Y}_i)$ 计算算法及与其相应的误差 $\widetilde{\boldsymbol{P}}_i$ 无条件协方差矩阵,则对应于特性 3、4(在 2.5.2 小节中给出) 总有下列等式成立

$$\widetilde{\boldsymbol{P}}_i-\boldsymbol{P}_i\geqslant 0 \tag{3.3.24}$$

$$\det(\widetilde{\boldsymbol{P}}_i)\geqslant\det(\boldsymbol{P}_i) \tag{3.3.25}$$

性质 5 同样是重要的,其表明了完整状态向量最优估计可保证待估向量任意线性变换的最优估计的求得。

换言之,高斯情形下线性卡尔曼滤波保障了状态向量及其各分量的任意线性组合的最优估计的获得。同时估计精度在使用更复杂(非线性) 算法时不能够提高。

由此,在卡尔曼滤波中计算的估计(3.2.32) 误差协方差矩阵,描述了由方程(3.2.21) 得到的随机高斯序列有势估计精度。

因为最优估计是中心随机向量线性变换的结果,即在条件(3.3.14) ~ (3.3.16) 成立时估计误差和预测误差(3.2.35)、(3.2.36) 也是高斯的:

$$\boldsymbol{f}(\boldsymbol{\varepsilon}_{i/i-1})=\boldsymbol{N}(\boldsymbol{\varepsilon}_{i/i-1};0,\boldsymbol{P}_{i/i-1})$$

$$\boldsymbol{f}(\boldsymbol{\varepsilon}_i)=\boldsymbol{N}(\boldsymbol{\varepsilon}_i;0,\boldsymbol{P}_i)$$

与此相应地有,本节开始给出的保证先验密度高斯特性的条件的破坏会引起卡尔曼滤波中最优估计的损失。其中如果派生噪声 $\boldsymbol{w}_i$、观测噪声 $\boldsymbol{v}_i$ 或者向量 $\boldsymbol{x}_0$ 不是高斯的,则由卡尔曼滤波关系式得到的估计与任意估计 $\tilde{\boldsymbol{x}}(\boldsymbol{Y}_i)$ 之间的不等式不再成立。

由上述可知,类似于常向量情况,对于由线性滤波(3.2.21) 描述的非高斯序列情形,其由线性观测(3.2.22) 估计的精度与线性最优算法的精度相比可能会提高。

3.3.4 非线性滤波问题求解中递推次最优算法的综合方法

尽管前面给出的先验密度递推关系式可以简化算法综合问题的求解,但一般情况下并不能够保证求得最优估计和协方差矩阵封闭形式的表达式。由此,与常向量估计类似,出现简化(次最优) 算法的各种处理问题,这些算法一方面在计算估计和当前协方差矩阵关系式时步骤简单,另一方面得到的精度接近于由无条件协方差矩阵(3.3.6) 给出的有势精度。

在 2.5.4、2.5.5 小节中给出了常参数向量非线性估计问题次最优算法的综合方法。下面说明,这个方法可用于构建随机序列非线性滤波问题递推次最优算法,假设估计 $\hat{\boldsymbol{x}}_{i-1}$ 已知,与其相应的条件协方差矩阵 $\boldsymbol{P}_{i-1}(\boldsymbol{Y}_{i-1})$ 由观测组 $\boldsymbol{Y}_{i-1}=(\boldsymbol{y}_1^{\mathrm{T}},\boldsymbol{y}_2^{\mathrm{T}},\cdots,\boldsymbol{y}_{i-1}^{\mathrm{T}})$ 求得。假设 $\hat{\boldsymbol{x}}_{i-1},\boldsymbol{P}_{i-1}(\boldsymbol{Y}_{i-1})$ 和 $\boldsymbol{y}_i$ 已知,求 $\hat{\boldsymbol{x}}_i$ 和 $\boldsymbol{P}_i(\boldsymbol{Y}_i)$。随后为简化忽略条件协方差矩阵的变量 y。显而易见,在建立随机序列递推估计算法时,使用先验密度递推关系式具有重要的意义。如同 3.3.2 小节中说明的那样,递推过程可以分成两个阶段:求预测密度(3.3.12) 和当前观测(3.3.11) 处理阶段。

待求问题的特殊性在于状态待估向量方程是线性的,这显著简化了预测密度参数确定过程的实现。由方程(3.3.1)可知,预测估计 $\hat{\boldsymbol{x}}_{i/i-1}$ 和与其相应的协方差矩阵 $\boldsymbol{P}_{i/i-1}$ 可表示为

$$\hat{\boldsymbol{x}}_{i/i-1}=\boldsymbol{\Phi}_i\hat{\boldsymbol{x}}_{i-1} \tag{3.3.26}$$

$$\boldsymbol{P}_{i/i-1}=\boldsymbol{\Phi}_i\boldsymbol{P}_{i-1}\boldsymbol{\Phi}_i^{\mathrm{T}}+\boldsymbol{\Gamma}_i\boldsymbol{Q}_i\boldsymbol{\Gamma}_i^{\mathrm{T}} \tag{3.3.27}$$

如果假设,密度 $f(\boldsymbol{x}_{i-1}/\boldsymbol{Y}_{i-1})$ 是高斯的,即 $f(\boldsymbol{x}_{i-1}/\boldsymbol{Y}_{i-1})=\boldsymbol{N}(\boldsymbol{x}_{i-1};\hat{\boldsymbol{x}}_{i-1},\boldsymbol{P}_{i-1})$,则预测密度 $f(\boldsymbol{x}_i/\boldsymbol{Y}_{i-1})=\boldsymbol{N}(\boldsymbol{x}_i;\hat{\boldsymbol{x}}_{i/i-1},\boldsymbol{P}_{i/i-1})$ 将是高斯的。

现在,假设预测密度参数已知,必须使用顺序观测 $\boldsymbol{y}_i$ 来形成 $\hat{\boldsymbol{x}}_i$ 和 $\boldsymbol{P}_i$,即实现当前观测(3.3.11)的处理阶段。不难看出,在上述假设下,并由观测误差的高斯特性 $\hat{\boldsymbol{x}}_i$ 和 $\boldsymbol{P}_i$ 的确定问题在方向上与 2.5.5 小节中分析的问题相一致。引入定义

$$\boldsymbol{J}_i(\boldsymbol{x}_i)=\frac{1}{2}((\boldsymbol{y}_i-\boldsymbol{s}_i(\boldsymbol{x}_i))^{\mathrm{T}}\boldsymbol{R}_i^{-1}(\boldsymbol{y}_i-\boldsymbol{s}_i(\boldsymbol{x}_i))+(\boldsymbol{x}_i-\hat{\boldsymbol{x}}_{i/i-1})^{\mathrm{T}}\boldsymbol{P}_{i/i-1}^{-1}(\boldsymbol{x}_i-\hat{\boldsymbol{x}}_{i/i-1}))$$

先验密度的表达式可写作本节中给出的类似形式,即

$$f(\boldsymbol{x}_i/\boldsymbol{Y}_i)=\frac{\exp\{-\boldsymbol{J}_i(\boldsymbol{x}_i)\}}{\int\exp\{-\boldsymbol{J}_i(\boldsymbol{x}_i)\}\mathrm{d}\boldsymbol{x}_i}$$

区别在于,取代先验密度参数,这里使用预测密度参数。

方框图 3.3.1 中先验密度的递推过程,在这种情况下由图 3.3.3 给出,估计和协方差矩阵计算方法的一般构成在图3.3.4中给出。值得强调的是,由于在从第 $i-1$ 步到第 i 步传递时除当前观测外,假设仅用到前一步得到的估计和协方差矩阵,完整描述算法求解步骤将基于先验密度的高斯假设。

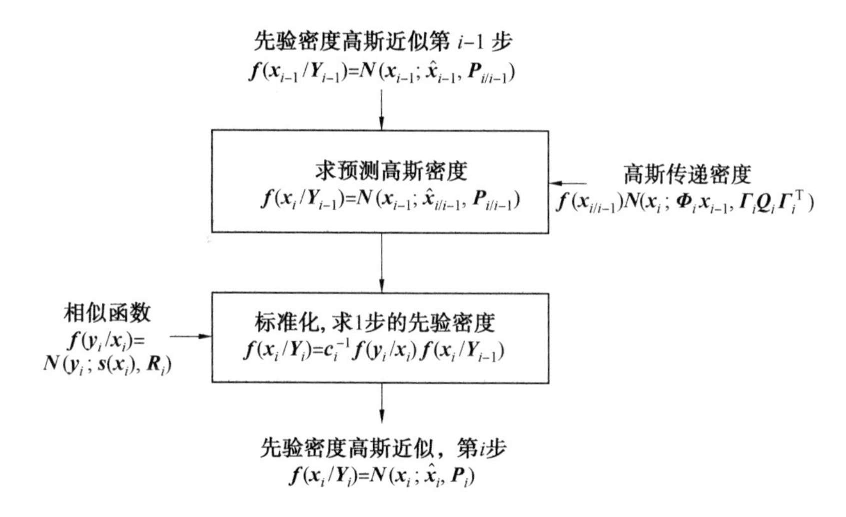

图 3.3.3　先验密度高斯近似递推过程

由前述可得出,为计算估计和与其相应的非线性(图 3.3.4)计算协方差矩阵,可以使用2.5.4小节中的方法。更详细的解释,如何求得基于线性化或线性函数 $S(x)$ 描述的算法。

为计算估计和协方差矩阵可以使用形如(2.5.24)～(2.5.26)的表达式:

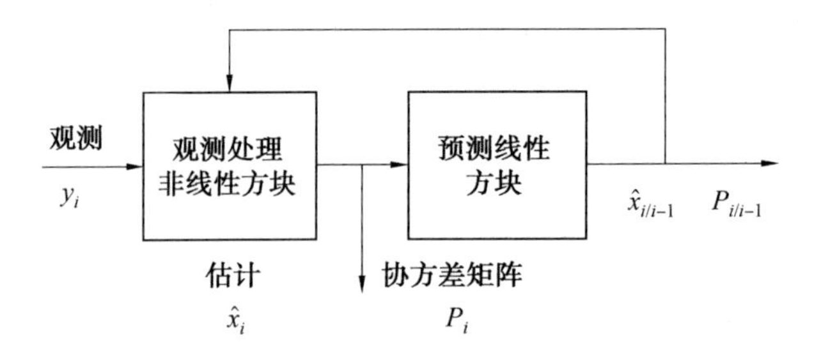

图 3.3.4　估计和协方差矩阵计算方法的一般构成

$$\hat{\boldsymbol{x}}_i = \hat{\boldsymbol{x}}_{i/i-1} + \boldsymbol{K}_i^{\mu}[\boldsymbol{y}_i - \bar{\boldsymbol{y}}_i^{\mu}] \tag{3.3.28}$$

$$\boldsymbol{P}_i^{\mu}(\boldsymbol{Y}_i) = \boldsymbol{P}_{i/i-1} - \boldsymbol{K}_i^{\mu}(\boldsymbol{P}_i^{y_i x_i})^{\mu} \tag{3.3.29}$$

$$\boldsymbol{K}_i^{\mu} = (\boldsymbol{P}_i^{y_i x_i})^{\mu}((\boldsymbol{P}_i^{y_i})^{\mu})^{-1} \tag{3.3.30}$$

式中，$\boldsymbol{P}_i^{y_i x_i}$，$\boldsymbol{P}_i^{y_i}$ 分别为对应于预测度的协方差矩阵；$\bar{y}_i^{\mu}$ 为某计算值，上标表示算法类型，计算协方差矩阵。

最后将得到 2.5.4 小节给出的形如卡尔曼型算法推广的算法。这里研究的算法的显著特点是，除估计表示为两项和的形式。

除预测和增益系数矩阵与观测的乘积之外，还存在描述预测估计与其相应计算协方差矩阵(3.3.26) 和式(3.3.27) 计算的预测方块本身。

卡尔曼型算法可能方案的形成归结于随机序列的估计问题。

在基于函数 $S_i(X_i)$ 线性化的卡尔曼型算法中，假设与式(2.5.22) 类似的定义成立

$$\boldsymbol{s}_i(\boldsymbol{x}_i) \approx \boldsymbol{s}_i(\boldsymbol{x}_i^{A}) + \left.\frac{\mathrm{d}\boldsymbol{s}_i}{\mathrm{d}\boldsymbol{x}_i^{\mathrm{T}}}\right|_{\boldsymbol{x}_i = x^{A}}(\boldsymbol{x}_i - \boldsymbol{x}_i^{A}) = \boldsymbol{s}_i(\boldsymbol{x}_i^{A}) + \boldsymbol{H}_i(\boldsymbol{x}_i^{A})(\boldsymbol{x}_i - \boldsymbol{x}_i^{A}) \tag{3.3.31}$$

式中，$\boldsymbol{x}_i^{A}$ 为线性化点，且 $\boldsymbol{H}_i(\boldsymbol{x}_i^{A}) = \left.\frac{\mathrm{d}\boldsymbol{s}_i}{\mathrm{d}\boldsymbol{x}_i^{\mathrm{T}}}\right|_{x = x^{A}}$。

这种类型最简算法(线性卡尔曼滤波，μ 为线性化点) 可求，如果使用某些固定值作为线性化点，例如，$\boldsymbol{x}_i^{A} = \bar{x}_i$，这里 $\bar{x}_i$ 为先验数学期望。注意到，这种情况下

$$\bar{\boldsymbol{y}}_i^{лин} = \boldsymbol{s}_i(\bar{x}_i) + \boldsymbol{H}_i(\bar{\boldsymbol{x}}_i)(\bar{\boldsymbol{x}}_i - \boldsymbol{x}_i^{A}) \tag{3.3.32}$$

协方差矩阵 $\boldsymbol{P}_i^{ЛИН}$ 和增益系数 $\boldsymbol{K}_i^{ЛИН}$ 可由式(3.2.31) ~ (3.2.34) 分别计算，其中 $\boldsymbol{H}_i$ 应由 $\boldsymbol{H}_i(\bar{X}_i) = \left.\frac{\mathrm{d}\boldsymbol{s}_i}{\mathrm{d}\boldsymbol{x}_i^{\mathrm{T}}}\right|_{x = \bar{x}_i}$ 替换。在这种选择下这里的线性化点与常向量情形类似，估计计算的算法保持了相对观测的线性特性，由于计算协方差矩阵与观测无关。

注意到，如果函数的线性化描述保障，其在先验不确定区域的描述精度，则得到的算法在某种程度的近似上类似于巴耶索夫斯基最优算法。如果不能引入初始条件和派生噪声向量的高斯特性假设，则这个算法在给定的近似下在精度上类似于线性类型的最优算法。

在求解实际问题时，基于定义(3.3.31) 的算法中获得最广泛应用的算法是选择预测估计作为顺序观测处理时的线性化点，即 $\boldsymbol{x}_i^{A} = \hat{\boldsymbol{x}}_{i/i-1}$。那么

$$\bar{\boldsymbol{y}}_i^{\text{офк}} = \boldsymbol{s}_i(\hat{\boldsymbol{x}}_{i/i-1}) \tag{3.3.33}$$

而在计算 $\boldsymbol{P}_i^{\text{офк}}(\boldsymbol{Y}_i)$ 时方程(3.2.31) ～ (3.2.34) 中的矩阵 $\boldsymbol{H}_i$ 应由 $\boldsymbol{H}_i(\hat{\boldsymbol{x}}_{i/i-1}) = \left.\frac{\mathrm{d}\boldsymbol{s}_i}{\mathrm{d}\boldsymbol{x}_i^{\mathrm{T}}}\right|_{x=\hat{\boldsymbol{x}}_{i/i-1}}$ 来替换。注意到，这种线性化点的选择下有对计算协方差矩阵和增益系数矩阵观测的依赖性。这可如下解释，$\boldsymbol{P}_i^{\text{офк}}(\boldsymbol{Y}_i)$、$\boldsymbol{K}_i^{\text{офк}}(\boldsymbol{Y}_i)$ 表达式中的矩阵 $\boldsymbol{H}_i(\hat{\boldsymbol{x}}_{i/i-1})$ 与预测估计相关。由此可知，与前面不同，这里得到的滤波算法与观测非线性相关。这个非线性滤波算法称为广义卡尔曼滤波(extented kalman filter)。

类似于求解常参数向量估计问题，求解非线性滤波问题使用线性化算法的有效性会显著提高，如果在每一步都使用 2.2.5 小节中描述的多次(迭代) 处理方法 。这一过程的使用归结为迭代卡尔曼滤波(iterated kalman filter)，有时也称为局部迭代卡尔曼滤波[109,111]。在这个滤波中存在与下列算法相应的当前观测多次处理：

$$\hat{\boldsymbol{x}}_i^{(\gamma+1)} = \hat{\boldsymbol{x}}_{i/i-1} + \boldsymbol{K}_i(\hat{\boldsymbol{x}}_i^{(\gamma)})[\boldsymbol{y}_i - \boldsymbol{s}_i(\hat{\boldsymbol{x}}_i^{(\gamma)}) - \boldsymbol{H}_i^{(\gamma)}(\hat{\boldsymbol{x}}_i^{(\gamma)})(\hat{\boldsymbol{x}}_{i/i-1} - \hat{\boldsymbol{x}}_i^{(\gamma)})] \tag{3.3.34}$$

$$\boldsymbol{K}_i(\hat{\boldsymbol{x}}_i^{(\gamma)}) = \boldsymbol{P}_i(\hat{\boldsymbol{x}}_i^{(\gamma)})\boldsymbol{H}_i^{\mathrm{T}}(\hat{\boldsymbol{x}}_i^{(\gamma)})\boldsymbol{R}_i^{-1} \tag{3.3.35}$$

$$\boldsymbol{P}_i(\hat{\boldsymbol{x}}_i^{(\gamma)}) = ((\boldsymbol{P}_{i/i-1})^{-1} + \boldsymbol{H}_i^{\mathrm{T}}(\hat{\boldsymbol{x}}_i^{(\gamma)})\boldsymbol{R}_i^{-1}\boldsymbol{H}_i(\hat{\boldsymbol{x}}_i^{(\gamma)}))^{-1} \tag{3.3.36}$$

这里

$$\boldsymbol{H}_i^{(\gamma)}(\hat{\boldsymbol{x}}_i^{(\gamma)}) = \left.\frac{\mathrm{d}\boldsymbol{s}_i(\boldsymbol{x}_i)}{\mathrm{d}\boldsymbol{x}_i^{\mathrm{T}}}\right|_{\boldsymbol{x}_i=\hat{\boldsymbol{x}}_i^{(\gamma)}}, \gamma = 1, 2, \cdots \tag{3.3.37}$$

$$\hat{\boldsymbol{x}}_i^{(1)} = \hat{\boldsymbol{x}}_{i/i-1} \tag{3.3.38}$$

显然，基于表达式(3.3.31) 的近似性除与线性化点选择的相关性之外前述算法中，计算协方差矩阵一般情况下与其真实值不同。

对于随机序列递推形式中的形如(2.4.23) ～ (2.4.25) 的线性最优算法不可得。在尝试实现算法时关系式(3.3.28) ～ (3.3.30) 可写作

$$\bar{\boldsymbol{y}}_i^{\text{lin}} = \int \boldsymbol{s}_i(\boldsymbol{x}_i)\boldsymbol{f}(\boldsymbol{x}_i/\boldsymbol{Y}_{i-1})\mathrm{d}x \tag{3.3.40}$$

$$(\boldsymbol{P}_i^{\boldsymbol{y}_i\boldsymbol{x}_i})^{\text{lin}} = \int (\boldsymbol{x}_i - \bar{\boldsymbol{x}}_i)(\boldsymbol{s}_i(\boldsymbol{x}_i) - \bar{\boldsymbol{y}}_i^{\text{lin}})^{\mathrm{T}}\boldsymbol{f}(\boldsymbol{x}_i/\boldsymbol{Y}_{i-1})\mathrm{d}\boldsymbol{x}_i - \bar{\boldsymbol{x}}_i\bar{\boldsymbol{y}}_i^{\text{lin}} \tag{3.3.41}$$

$$(\boldsymbol{P}_i^{\boldsymbol{y}_i})^{\text{lin}} = \int (\boldsymbol{s}_i(\boldsymbol{x}_i) - \bar{\boldsymbol{y}}_i^{\text{lin}})(\boldsymbol{s}_i(\boldsymbol{x}_i) - \bar{\boldsymbol{y}}_i^{\text{lin}})^{\mathrm{T}}\boldsymbol{f}(\boldsymbol{x}_i/\boldsymbol{Y}_{i-1})\mathrm{d}\boldsymbol{x}_i + \boldsymbol{R}_i \tag{3.3.42}$$

由于预测密度 $\boldsymbol{f}(\boldsymbol{x}_i/\boldsymbol{Y}_{i-1})$ 一般情况下是未知的，为简化可使用高斯逼近 $\boldsymbol{f}(\boldsymbol{x}_i/\boldsymbol{Y}_{i-1})$ 来代替[119]。显然，这样的算法是非线性的，自然与最优线性算法是有区别的。但是，这种算法中的计算矩阵一般情况下与实际协方差矩阵不同，为提高此类算法使用的有效性这里原则上同样假设其类似于 2.5.6 小节中提及的不同修正。

当函数 $S_i(X_i)$ 的线性表示不能保证其在先验不确定域所必须的精度时，应当选用其他类型的算法，其中更注意考虑函数 $S_i(X_i)$ 的非线性特性。其中，当在非线性框架中计算估计和协方差矩阵时，可以使用形如式(2.5.28)、式(2.5.29) 的关系式，或使用蒙特－卡洛方法关系式。在这种情形下，尽管在整个算法中假设从 $i-1$ 步到第 i 步假设先验密度的高斯特性，在每次顺序观测的处理中，不存在非高斯假设，可能有密度的多极值特

性。这类算法在实现时更为复杂，但是在存在非线性问题的求解中是十分有效的[80]。

在实际情况中，常会存在观测仅与状态向量部分分量相关的情况。在这种情形下，使用前面描述的方法 在非线性框架下显然只能求得这一部分分量的估计和协方差矩阵。为求得其他分量的估计可使用专门的方法。这些方法构建的可能方案在文献[80]中有部分论述。

值得再一次强调，除相关性之外，非线性框架下计算当前步的处理的估计时使用何种方法，整体上所有给出的算法都是基于验后密度高斯逼近的。这可如下解释，如前所述，在当前步顺序观测处理时，考虑的仅是验后密度的两个时刻：估计和计算协方差矩阵。

尽管使用顺序观测计算估计时可以使用非线性计算过程，这些算法的有效性在一系列情况下可能是有所欠缺的。通常出现在如下情况，设当前观测已知，不能估计所有状态向量的分量，精度仅考虑观测积累和状态向量变化动态特性。

一般情况下，为能够得到确保精度接近有势精度，即相应于最优估计的精度的算法，也可使用验后密度的递推关系式，同时应当寻找便于描述验后密度的方案，使确定估计(3.3.4)和协方差矩阵(3.3.5)时计算步骤简单。在有些情形下应当使用更为复杂的步骤，例如，网格算法，蒙特－卡洛方法及其称为局部滤波修正的算法推广。这些近似于最优估计的方法的特殊性在于有可能将方法计算误差降到任意低的程度[108,123]。

3.3.5 随机序列非线性滤波问题中次最优算法的有效性分析

显然，在使用次最估算法求解随机序列非线性滤波问题时，与常向量估计问题类似，会产生有效性分析问题。这个分析按照图 2.5.3 中给出的图表进行，即这里同样要借助于静态试验方法需要进行协方差矩阵(2.5.33)、(2.5.34)的计算，由其既可估计算法本身的精度，又可反映其精度方面的适应性。同时在求最优估计时对有势精度的计算中是最为复杂的。尽管原则上，如前所述，这个估计可以基于网格方法或蒙特－卡洛方法，其确保最小方法误差的计算规模在求解过程中造成了极大困难，超过了常向量估计中出现的类似困难。显然，在这种情况下，劳－卡尔曼不等式是十分有益的。讨论其在 3.3.1 小节中随机向量高斯特性前提假设下滤波问题中的使用特性。不难说明，精度下确界矩阵可由线性滤波问题中协方差矩阵的计算结果确定[80]

$$\boldsymbol{x}_i=\boldsymbol{\Phi}_i\boldsymbol{x}_{i-1}+\boldsymbol{\Gamma}_i\boldsymbol{w}_i \tag{3.3.43}$$

由下列 $1\leqslant m$ 维线性观测估计

$$\boldsymbol{y}_i=H_i^{\text{э}}\boldsymbol{x}_i+\boldsymbol{v}_i^{\text{э}} \tag{3.3.44}$$

其中矩阵 $\boldsymbol{H}_i^{\text{э}}$ 和与 $\boldsymbol{x}_i$ 无关的中心离散白噪声 $\boldsymbol{v}_i^{\text{э}}$ 的协方差矩阵 $\boldsymbol{R}_i^{\text{э}}$ 满足下列等式

$$(\boldsymbol{H}_i^{\text{э}})(\boldsymbol{R}_i^{\text{э}})^{-1}\boldsymbol{H}_i^{\text{э}}=\int\left[\frac{\mathrm{d}s^{\mathrm{T}}(\boldsymbol{x}_i)}{\mathrm{d}\boldsymbol{x}_i}\boldsymbol{R}_i^{-1}\frac{\mathrm{d}s(\boldsymbol{x}_i)}{\mathrm{d}\boldsymbol{x}_i^{\mathrm{T}}}\right]\boldsymbol{f}(\boldsymbol{x}_i)\mathrm{d}x \tag{3.3.45}$$

为求得未知协方差矩阵使用递推关系式：

$$\boldsymbol{P}_{i/i-1}=\boldsymbol{\Phi}_i\boldsymbol{P}_{i-1}\boldsymbol{\Phi}_i^{\mathrm{T}}+\boldsymbol{\Gamma}_i\boldsymbol{Q}_i\boldsymbol{\Gamma}_i^{\mathrm{T}} \tag{3.3.46}$$

$$\boldsymbol{P}_i=(\boldsymbol{P}_{i/i-1}^{-1}+(\boldsymbol{H}_i^{\text{э}})^{\mathrm{T}}(\boldsymbol{R}_i^{\text{э}})^{-1}\boldsymbol{H}_i^{\text{э}})^{-1} \tag{3.3.47}$$

在这种情况下下界的确定问题归结为，满足等式(3.3.45)及关系式(3.3.46)、式(3.3.47)后续应用的矩阵 $H^{э}$ 和 $\boldsymbol{R}^{э}$ 的获取。

矩阵 $\boldsymbol{H}^{э}$ 和 $\boldsymbol{R}^{э}$ 的求解如2.5.7小节中所述，其中对于精度矩阵下界的计算可使用矩阵：

$$\boldsymbol{H}^{э}=\boldsymbol{R}^{1/2}\int\frac{\mathrm{d}s(x)}{\mathrm{d}x^{\mathrm{T}}}\boldsymbol{f}(x)\mathrm{d}x;\quad \boldsymbol{R}^{э}=\boldsymbol{E}_m$$

这里 $\boldsymbol{R}^{\frac{1}{2}}$ 有 $(\boldsymbol{R}^{\frac{1}{2}})^{\mathrm{T}}\boldsymbol{R}^{\frac{1}{2}}=\boldsymbol{R}$。可以看出，这样得出的矩阵(3.3.47)为描述精度下界矩阵的上端估计(见题2.5.8和文献[80])。

3.3.6 本节习题

习题 3.3.1　写出常参数向量估计问题中验后密度的递推表达式。

解　由于 $\boldsymbol{x}_i\equiv\boldsymbol{x}_{i-1}$，则 $\boldsymbol{f}(\boldsymbol{x}_i/\boldsymbol{x}_{i-1})=\delta(\boldsymbol{x}_i-\boldsymbol{x}_{i-1})$，将这个表达式代入式(3.3.12)可得

$$\boldsymbol{f}(\boldsymbol{x}_i/\boldsymbol{Y}_{i-1})=\int\boldsymbol{f}(\boldsymbol{x}_i,\boldsymbol{x}_{i-1}/\boldsymbol{Y}_{i-1})\mathrm{d}\boldsymbol{x}_{i-1}=\int\delta(\boldsymbol{x}_i-\boldsymbol{x}_{i-1})\boldsymbol{f}(\boldsymbol{x}_{i-1}/\boldsymbol{Y}_{i-1})\mathrm{d}\boldsymbol{x}_{i-1}$$

由此可知，$\boldsymbol{f}(\boldsymbol{x}_{i-1}/\boldsymbol{Y}_{i-1})=\boldsymbol{f}(\boldsymbol{x}_{i-1}\mid\boldsymbol{y}_{i-1})\mid_{\boldsymbol{x}_{i-1}=\boldsymbol{x}_i}$，则取代预测密度应当使用当前步的密度。注意到关系式 $\boldsymbol{x}_i\equiv\boldsymbol{x}_{i-1}=x$，最终可写作

$$\boldsymbol{f}(\boldsymbol{x}/\boldsymbol{Y}_i)=\frac{\boldsymbol{f}(\boldsymbol{y}_i/\boldsymbol{x})\boldsymbol{f}(\boldsymbol{x}/\boldsymbol{Y}_{i-1})}{\int\boldsymbol{f}(\boldsymbol{y}_i/\boldsymbol{x})\boldsymbol{f}(\boldsymbol{x}/\boldsymbol{Y}_{i-1})\mathrm{d}\boldsymbol{x}_i}=\boldsymbol{c}_i^{-1}\boldsymbol{f}(\boldsymbol{y}_i/\boldsymbol{x})\boldsymbol{f}(\boldsymbol{x}/\boldsymbol{Y}_{i-1})$$

习题 3.3.2　说明对于各分量在式(3.3.14)～(3.3.16)给出的条件下由式(3.2.21)、式(3.2.22)确定的向量 $\boldsymbol{X}_i=(\boldsymbol{x}_0^{\mathrm{T}},\boldsymbol{x}_1^{\mathrm{T}},\cdots,\boldsymbol{x}_i^{\mathrm{T}})^{\mathrm{T}}$ 和 $\boldsymbol{Y}_i=(\boldsymbol{y}_1^{\mathrm{T}},\boldsymbol{y}_2^{\mathrm{T}},\cdots,\boldsymbol{y}_i^{\mathrm{T}})^{\mathrm{T}}$，其验后密度 $f(\boldsymbol{X}_i/\boldsymbol{Y}_i)$，$\boldsymbol{f}(\boldsymbol{X}_i/\boldsymbol{Y}_i)$ 是高斯的。

解　联合密度 $f(\boldsymbol{X}_i,\boldsymbol{Y}_i)$ 是高斯的，因为按照假设彼此独立的向量 $\boldsymbol{r}_i=(\boldsymbol{x}_0^{\mathrm{T}},\boldsymbol{w}_1^{\mathrm{T}},\boldsymbol{w}_2^{\mathrm{T}},\cdots,\boldsymbol{w}_i^{\mathrm{T}})^{\mathrm{T}}$ 和 $V_i=(\boldsymbol{v}_1^{\mathrm{T}},\boldsymbol{v}_2^{\mathrm{T}},\cdots,\boldsymbol{v}_i^{\mathrm{T}})^{\mathrm{T}}$ 是高斯的，向量 $\boldsymbol{X}_i$ 和 $\boldsymbol{Y}_i$ 由这些向量经由线性变换获取。由此可知，验后密度 $\boldsymbol{f}(\boldsymbol{x}_i/\boldsymbol{Y}_i)$ 以及 $\boldsymbol{f}(\boldsymbol{x}_i/\boldsymbol{Y}_i)$ 同样是高斯的。

习题 3.3.3　说明存在3.2.7小节中给出的确定输入作用时高斯马尔可夫序列滤波问题的求解算法是最优的。

解　显然 $\boldsymbol{u}_i$ 的存在改变了预测密度

$$\boldsymbol{f}(\boldsymbol{x}_i/\boldsymbol{Y}_{i-1})=\boldsymbol{N}(\boldsymbol{x}_i;\hat{\boldsymbol{x}}_{i/i-1},\boldsymbol{P}_{i/i-1})$$

参数确定的步骤。为得到这个步骤与先前一样，引入向量 $\boldsymbol{x}_{i-1}$ 和 $\boldsymbol{w}_i$ 的联合密度

$$\boldsymbol{f}(\boldsymbol{x}_{i-1},\boldsymbol{w}_i/\boldsymbol{Y}_{i-1})=\boldsymbol{N}\left(\begin{bmatrix}\boldsymbol{x}_{i-1}\\\boldsymbol{w}_i\end{bmatrix};\begin{bmatrix}\hat{\boldsymbol{x}}_{i-1}\\0\end{bmatrix},\begin{bmatrix}\boldsymbol{P}_{i-1}&0\\0&\boldsymbol{Q}_i\end{bmatrix}\right)$$

注意到

$$\begin{bmatrix}\boldsymbol{x}_{i-1}\\\boldsymbol{x}_i\end{bmatrix}=\begin{bmatrix}E&0\\\boldsymbol{\Phi}_i&E\end{bmatrix}\begin{bmatrix}\boldsymbol{x}_{i-1}\\\boldsymbol{w}_i\end{bmatrix}+\begin{bmatrix}0\\\boldsymbol{u}_i\end{bmatrix}$$

式中，$\boldsymbol{u}_i$ 为已知向量，不难确定，本题中预测密度 $\boldsymbol{f}(\boldsymbol{x}_i/\boldsymbol{Y}_{i-1})=\boldsymbol{N}(\boldsymbol{x}_i;\hat{\boldsymbol{x}}_{i/i-1},\boldsymbol{P}_{i/i-1})$ 的参数由

下式确定

$$\hat{\boldsymbol{x}}_{i/i-1}=\boldsymbol{\Phi}_i\hat{\boldsymbol{x}}_{i-1}+\boldsymbol{u}_i \tag{1}$$

$$\boldsymbol{P}_{i/i-1}=\boldsymbol{\Phi}_i\boldsymbol{P}_{i-1}\boldsymbol{\Phi}_i^{\mathrm{T}}+\boldsymbol{\Gamma}_i\boldsymbol{Q}_i\boldsymbol{\Gamma}_i^{\mathrm{T}}$$

由于协方差矩阵 $\boldsymbol{P}_{i/i-1}$ 不变，则矩阵 $\boldsymbol{P}_i$ 的表达式不变，而估计 $\hat{\boldsymbol{x}}_i$ 的表达式在结果上与前一种情形相同

$$\hat{\boldsymbol{x}}_i=\hat{\boldsymbol{x}}_{i/i-1}+\boldsymbol{K}_i(\boldsymbol{y}_i-\boldsymbol{H}_i\hat{\boldsymbol{x}}_{i/i-1})$$

将式(1) 代入，写出已知输入作用存在时预测估计和滤波估计的卡尔曼滤波关系式：

$$\hat{\boldsymbol{x}}_{i/i-1}=\boldsymbol{\Phi}_i\hat{\boldsymbol{x}}_{i-1}+\boldsymbol{u}_i$$

$$\hat{\boldsymbol{x}}_i=\boldsymbol{\Phi}_i\hat{\boldsymbol{x}}_{i-1}+\boldsymbol{u}_i+\boldsymbol{K}_i(\boldsymbol{y}_i-\boldsymbol{H}_i(\boldsymbol{\Phi}_i\hat{\boldsymbol{x}}_{i-1}+\boldsymbol{u}_i))$$

增益系数，协方差矩阵 $\boldsymbol{P}_i$、$\boldsymbol{P}_{i/i-1}$ 的表达式保持不变。

习题 3.3.4　说明，在 3.2.7 小节中给出的派生和观测噪声存在相关性时高斯马尔可夫序列滤波问题的求解算法是最优的。

解　首先注意到，非零相关性(3.2.53) 的存在并不会破坏保证验后密度高斯特性的条件。因此，滤波问题的求解可以归结为对最初两个时刻的验后密度的递推关系式求取。

重复 3.3.3 小节中预测密度 $f(\boldsymbol{X}_i/\boldsymbol{Y}_{i-1})$ 求解的讨论并注意到，这个密度可由如下形成的向量密度分析得到

$$\begin{bmatrix}\boldsymbol{x}_{i-1}\\ \boldsymbol{x}_i\end{bmatrix}=\begin{bmatrix}\boldsymbol{E} & 0\\ \boldsymbol{\Phi}_i & \boldsymbol{\Gamma}_i\end{bmatrix}\begin{bmatrix}\boldsymbol{x}_{i-1}\\ \boldsymbol{w}_i\end{bmatrix}$$

这里 $\boldsymbol{f}(\boldsymbol{x}_{i-1},\boldsymbol{w}_i/\boldsymbol{Y}_{i-1})$ 由式(3.2.21) 确定，不难得出，这里预测密度参数同样是

$$\boldsymbol{f}(\boldsymbol{x}_i/\boldsymbol{Y}_{i-1})=\boldsymbol{N}(\boldsymbol{x}_i;\hat{\boldsymbol{x}}_{i/i-1},\boldsymbol{P}_{i/i-1})=\boldsymbol{N}(\boldsymbol{x}_i;\boldsymbol{\Phi}_i\hat{\boldsymbol{x}}_{i-1},\boldsymbol{\Phi}_i\boldsymbol{P}_{i-1}\boldsymbol{\Phi}_i^{\mathrm{T}}+\boldsymbol{\Gamma}_i\boldsymbol{Q}_i\boldsymbol{\Gamma}_i^{\mathrm{T}})$$

随后的讨论与卡尔曼滤波标准关系式推导中进行的分析类似。

分析　组合向量 $\boldsymbol{x}_i$、$\boldsymbol{v}_i$ 相对观测 $\boldsymbol{Y}_{i-1}$ 的条件密度

$$\boldsymbol{f}(\boldsymbol{x}_i,\boldsymbol{v}_i/\boldsymbol{Y}_{i-1})=\boldsymbol{N}\left(\begin{bmatrix}\boldsymbol{x}_i\\ \boldsymbol{v}_i\end{bmatrix};\begin{bmatrix}\boldsymbol{\Phi}_i\hat{\boldsymbol{x}}_{i-1}\\ 0\end{bmatrix},\begin{bmatrix}\boldsymbol{P}_{i/i-1} & \boldsymbol{B}_i\\ \boldsymbol{B}_i^{\mathrm{T}} & \boldsymbol{R}_i\end{bmatrix}\right)$$

这个关系式的特点在于，由于存在式(3.2.53) 给出的相关性，其对角元素不为零。给出组合向量相对 $\boldsymbol{Y}_{i-1}$ 的条件密度，不难得到如下表达式：

$$\boldsymbol{f}(\boldsymbol{x}_i,\boldsymbol{y}_i/\boldsymbol{Y}_{i-1})=$$

$$\boldsymbol{N}\left(\begin{bmatrix}\boldsymbol{x}_i\\ \boldsymbol{y}_i\end{bmatrix};\begin{bmatrix}\boldsymbol{\Phi}_i\hat{\boldsymbol{x}}_{i-1}\\ \boldsymbol{H}_i\boldsymbol{\Phi}_i\hat{\boldsymbol{x}}_{i-1}\end{bmatrix},\begin{bmatrix}\boldsymbol{P}_{i/i-1} & \boldsymbol{P}_{i/i-1}\boldsymbol{H}_i^{\mathrm{T}}+\boldsymbol{B}_i\\ \boldsymbol{H}_i\boldsymbol{P}_{i/i-1}+\boldsymbol{B}_i^{\mathrm{T}} & \boldsymbol{H}_i\boldsymbol{P}_{i/i-1}\boldsymbol{H}_i^{\mathrm{T}}+\boldsymbol{H}_i\boldsymbol{B}_i+\boldsymbol{B}_i^{\mathrm{T}}\boldsymbol{H}_i^{\mathrm{T}}+\boldsymbol{R}_i\end{bmatrix}\right)$$

注意到，预测估计及其相应的协方差表达式保持不变，为条件密度参数计算规则，不难得到下列一组关系式，确定了观测噪声与派生噪声相关下的卡尔曼滤波：

$$\hat{\boldsymbol{x}}_{i/i-1}=\boldsymbol{\Phi}_i\hat{\boldsymbol{x}}_{i-1}$$

$$\boldsymbol{P}_{i/i-1}=\boldsymbol{\Phi}_i\boldsymbol{P}_{i-1}\boldsymbol{\Phi}_i^{\mathrm{T}}+\boldsymbol{\Gamma}_i\boldsymbol{Q}_i\boldsymbol{\Gamma}_i^{\mathrm{T}}$$

$$\hat{\boldsymbol{x}}_i=\hat{\boldsymbol{x}}_{i/i-1}+\boldsymbol{K}_i(\boldsymbol{y}_i-\boldsymbol{H}_i\hat{\boldsymbol{x}}_{i/i-1})$$

$$
\begin{aligned}
\boldsymbol{K}_i &= (\boldsymbol{P}_{i/i-1}\boldsymbol{H}_i^{\mathrm{T}} + \boldsymbol{B}_i)(\boldsymbol{H}_i\boldsymbol{P}_{i/i-1}\boldsymbol{H}_i^{\mathrm{T}} + \boldsymbol{H}_i\boldsymbol{B}_i + \boldsymbol{B}_i^{\mathrm{T}}\boldsymbol{H}_i^{\mathrm{T}} + \boldsymbol{R}_i)^{-1} \\
\boldsymbol{P}_i &= \boldsymbol{P}_{i/i-1} - (\boldsymbol{P}_{i/i-1}\boldsymbol{H}_i^{\mathrm{T}} + \boldsymbol{B}_i)(\boldsymbol{H}_i\boldsymbol{P}_{i/i-1}\boldsymbol{H}_i^{\mathrm{T}} + \boldsymbol{R}_i + \\
&\quad \boldsymbol{B}_i^{\mathrm{T}}\boldsymbol{H}_i^{\mathrm{T}} + \boldsymbol{H}_i\boldsymbol{B}_i)^{-1}(\boldsymbol{H}_i\boldsymbol{P}_{i/i-1} + \boldsymbol{B}_i^{\mathrm{T}}) \\
&= \boldsymbol{P}_{i/i-1} - \boldsymbol{K}_i(\boldsymbol{H}_i\boldsymbol{P}_{i/i-1} + \boldsymbol{B}_i^{\mathrm{T}})
\end{aligned}
$$

习题 3.3.5 说明，当存在绝对精确观测时，滤波器问题求解算法由式(3.2.28)～(3.2.32)确定，其中 $\boldsymbol{R}_i=0$。

解 对此需使用3.3.3小节中描述的步骤，同时步骤4省略，在步骤5中向量 $\boldsymbol{X}_i$ 和 $\boldsymbol{Y}_i$ 相对 $\boldsymbol{Y}_{i-1}$ 的条件联合密度需考虑 $\boldsymbol{y}_i=\boldsymbol{H}_i\boldsymbol{x}_i$。

思考题

1. 列举与线性最优巴耶索夫斯基估计相比，得到均方意义下最优估计滤波问题巴耶索夫斯基方法的基本特性。

2. 给出验后密度递推关系式。当估计常参数向量时这些关系式怎样变换？

3. 列举线性高斯问题中离散卡尔曼滤波关系式建立的基本阶段。

4. 离散卡尔曼滤波在何种意义下是最优的？

5. 解释如何在线性滤波和非线性观测估计的高斯随机序列估计中计算精度下界。

3.4 修正问题及其求解算法

在导航信息处理中，当感兴趣参数估计理想时间段内使用当前时刻积累观测时，最常产生不滤波问题。同时还存在一系列问题，其估计可以由内部处理得到。这类问题存在于轨道观测，为得到图表进行的各种有效手段中，例如，万有引力率，测地问题等。在这些问题中，除以前的观测外，还需要使用到估计求取时刻的最后的观测。换言之，可以解决修正问题。

本节中给出修正问题类型的分类。讨论固定区间上，线性修正问题的求解算法，以及与滤波问题精度的比较。分析滤波和修正最优算法与最小二乘类算法的相关性。

3.4.1 修正问题类型

如3.1.1小节中所述，修正问题的特性在于求解估计的时刻 j 小于当前时刻 i，即 $j<i$。事实上这意味着，在确定估计时不只有当前时刻的估计计算，还包括后面的。

划分出三类修正问题：① 固定区间上的修正问题，当(表3.5.1)[50]观测的总数量 i 固定时，使用所有观测数来确定每一时刻的估计 $j=1,2,\cdots,i$；② 固定点的修正问题，当估计 j 的时刻固定，观测 i 的总数增加时；③ 常滞后修正问题，当前时刻与估计求取时刻之间的时间固定时，即差为 $i-j$。

表 3.5.1　修正问题的不同类型

固定区间修正	固定点修正	常滞后修正
观测数 i 固定， 估计时刻 j 改变	观测数 i 增加 估计时刻 j 固定	观测数 i 增加， 差 $i-j$ 固定
待估序列 观测度i 固定 待估时刻 j=1,2,...,i	待估序列 当前时刻i 变化 待估时刻j 固定	待估序列 当前时刻i 变化 差 i–j 固定

原则上，线性估计类型中修正问题的求解可由式(3.2.5)～(3.2.9)基于维纳－霍普夫方程求得。但这些关系式由其非相关性在实际工作中难以使用，这与讨论滤波问题时类似。与此相关地，分析从实际观点更便于运用的算法，将其用于固定区间的修正问题。

3.4.2　固定区间修正问题的求解

由线性滤波(3.2.21)给出的随机序列固定区间修正问题，可如下形成。

给定随机序列

$$\boldsymbol{x}_i=\boldsymbol{\Phi}_i\boldsymbol{x}_{i-1}+\boldsymbol{\Gamma}_i\boldsymbol{w}_i,i=1,2,\cdots,N \tag{3.4.1}$$

在时刻 $i=1,2,\cdots,N$ 有观测

$$\boldsymbol{y}_i=\boldsymbol{H}_i\boldsymbol{x}_i+\boldsymbol{v}_i \tag{3.4.2}$$

式中，$\boldsymbol{\Phi}_i$、$\boldsymbol{H}_i$、$\boldsymbol{\Gamma}_i$ 分别为已知的 $n\times n$、$m\times n$ 和 $n\times p$ 矩阵；$\boldsymbol{W}_i$、$\boldsymbol{V}_i$ 分别为 p 维、m 维离散中心白噪声：

$$\boldsymbol{M}\{\boldsymbol{w}_i\boldsymbol{w}_j^{\mathrm{T}}\}=\boldsymbol{\delta}_{ij}\boldsymbol{Q}_i \tag{3.4.3}$$

$$\boldsymbol{M}\{\boldsymbol{v}_i\boldsymbol{v}_j^{\mathrm{T}}\}=\boldsymbol{\delta}_{ij}\boldsymbol{R}_i \tag{3.4.4}$$

设初始条件向量 $\boldsymbol{x}_0$ 为中心向量，其协方差为 $\boldsymbol{P}_0$，向量 $\boldsymbol{x}_0$、$\boldsymbol{w}_i$、$\boldsymbol{v}_i$ 彼此之间互不相关

$$\boldsymbol{M}\{\boldsymbol{w}_i\boldsymbol{v}_j^{\mathrm{T}}\}=0;\quad \boldsymbol{M}\{\boldsymbol{x}_0\boldsymbol{v}_i^{\mathrm{T}}\}=0;\quad \boldsymbol{M}\{\boldsymbol{x}_0\boldsymbol{w}_i^{\mathrm{T}}\}=0 \tag{3.4.5}$$

要求，使用所有时刻 $j=1,2,\cdots,N$ 的观测 $\boldsymbol{Y}_N$，确定估计 $\hat{\boldsymbol{x}}_{j/N}(\boldsymbol{Y}_N)$，使下列准则在线性估计范围内极小化

$$\boldsymbol{J}_{j/N}^{6}=\boldsymbol{M}_{\boldsymbol{x}_j,\boldsymbol{Y}_N}(\boldsymbol{x}_j-\hat{\boldsymbol{x}}_{j/N}(\boldsymbol{Y}_N))^{\mathrm{T}}(\boldsymbol{x}_j-\hat{\boldsymbol{x}}_{j/N}(\boldsymbol{Y}_N)) \tag{3.4.6}$$

可以说明[50,P256]，在固定区间上，使均方准则(3.4.6)在线性估计下取极小值的修正估计 $\hat{\boldsymbol{x}}_{j/N}$，与其对应的估计误差协方差矩阵为 $\boldsymbol{P}_{j/N}$，可由下式求得

$$\hat{\boldsymbol{x}}_{j/N}=\hat{\boldsymbol{x}}_j+\boldsymbol{A}_j(\hat{\boldsymbol{x}}_{j+1/N}-\hat{\boldsymbol{x}}_{j+1/j}) \tag{3.4.7}$$

$$\boldsymbol{P}_{j/N}=\boldsymbol{P}_j+\boldsymbol{A}_j(\boldsymbol{P}_{j+1/N}-\boldsymbol{P}_{j+1/j})\boldsymbol{A}_j^{\mathrm{T}} \tag{3.4.8}$$

式中，$\boldsymbol{A}_j$ 为修正滤波传递矩阵，由下式求得

$$A_j = P_j \Phi_{j+1}^{T} P_{j+1/j}^{-1} \tag{3.4.9}$$

在这些关系式中 $j=N-1, N-2, \cdots, 0$，$\hat{x}_j$、P_j 为相应时刻滤波问题中的最优估计和其误差协方差矩阵。注意到，修正误差协方差矩阵 $P_{j/N}$ 在确定增益系数时不能使用，其计算只是对精度分析问题的求解。事实上，这个预测误差协方差矩阵 $P_{j+1/j}^{-1}$ 必须是非奇异的。

由给出的表达式可知，在解决修正问题时分为两个阶段。第一阶段在于所有时刻滤波问题的求解以及估计和协方差矩阵列写。第二阶段的本质在于条件 $\hat{x}_N$、P_N 下修正估计反时间的求解。

由表达式(3.4.7)可知，按照构造，算法类似于卡尔曼滤波，但同时取代预测估计使用滤波估计，误差值由前一步的修正估计和预测之差形成。起增益系数作用的矩阵计算也是专门的。

应当注意到，当派生噪声、观测误差和初始条件是高斯向量时，即条件(3.3.14)～(3.3.16)成立，则给出的算法保证了均方意义下随机序列 $\hat{x}_{j/i}(Y_i)$，即对应于 $f(X_j/Y_i)$ 的条件数学期望，修正的最优巴耶索夫斯基估计，即问题的提出及求解修正问题必要的关系式在表 3.5.2 中给出。

表 3.5.2　固定区间问题的提出及修正问题求解的算法

原始数据	
状态向量方程	$x_i = \Phi_i x_{i-1} + \Gamma_i w_i$
观测	$y_i = H_i x_i + v_i$
初始条件	$f(x_0) = N(x_0; 0, P_0)$
派生噪声	$f(w_i) = N(w_i; 0, Q_i), M\{w_i w_j^T\} = \delta_{ij} Q_i$
观测噪声	$f(v_i) = N(v_i; 0, R_i), M\{v_i v_j^T\} = \delta_{ij} R_i$
互相关性	$M\{x_0 w_i^T\} = 0; M\{w_i v_i^T\} = 0; M\{x_0 v_i^T\} = 0$
矩阵	$\Phi_i, Q_i - n \times n; H_i - m \times n, R_i - m \times m$
极小化准则 $J_{j/N}^{\sigma} = M_{x_j, Y_N}(x_j - \hat{x}_{j/N}(Y_N))^T (x_j - \hat{x}_{j/N}(Y_N))$	
修正问题，求解算法	
滤波问题的初步解 $i = 1, 2, \cdots, N$	
预测	$\hat{x}_{i/i-1} = \Phi_i \hat{x}_{i-1}$
预测误差协方差矩阵	$P_{i/i-1} = \Phi_i P_{i-1} \Phi_i^T + \Gamma_i Q_i \Gamma_i^T$
滤波估计	$\hat{x}_i = \hat{x}_{i/i-1} + K_i(y_i - H_i \hat{x}_{i/i-1})$
增益系数	$K_i = P_i H_i^T R_i^{-1}$
滤波误差协方差矩阵	$P_i = (P_{i/i-1}^{-1} + H_i^T R_i^{-1} H_i)^{-1}$
$j = N-1, N-2, \cdots, 0$ 时的修正估计	
修正估计	$\hat{x}_{j/N} = \hat{x}_j + A_j(\hat{x}_{j+1/N} - \hat{x}_{j+1/j})$
修正滤波传递矩阵	$A_j = P_j \Phi_{j+1}^T P_{j+1/j}^{-1}$
修正误差协方差矩阵	$P_{j/N} = P_j + A_j(P_{j+1/N} - P_{j+1/j}) A_j^T$

例 3.4.1 求解维纳－洛夫斯基序列修正问题[50]

$$\boldsymbol{x}_i=\boldsymbol{x}_{i-1}+\boldsymbol{w}_i,\quad i=1,2,\cdots,N$$

观测向量为

$$\boldsymbol{y}_i=\boldsymbol{x}_i+\boldsymbol{v}_i$$

式中，$\boldsymbol{w}_i,\boldsymbol{v}_i$ 为彼此无关且与 $\boldsymbol{x}_0$ 无关的中心离散白噪声：

$$\boldsymbol{M}\{\boldsymbol{v}_i\boldsymbol{v}_j\}=\boldsymbol{\delta}_{ij}r^2,\quad \boldsymbol{M}\{\boldsymbol{w}_i\boldsymbol{w}_j\}=\boldsymbol{\delta}_{ij}q^2$$

式中，$\boldsymbol{x}_0$ 为方差为 σ^2 的中心随机量。

第一步是求解滤波问题，如同例 3.2.3 中所示，写作

$$\hat{\boldsymbol{x}}_i=\hat{\boldsymbol{x}}_{i-1}+\boldsymbol{K}_i(\boldsymbol{y}_i-\hat{\boldsymbol{x}}_{i-1})$$

$$\boldsymbol{P}_{i/i-1}=\boldsymbol{P}_{i-1}+q^2$$

$$\boldsymbol{P}_i=\boldsymbol{P}_{i/i-1}\left(1-\frac{\boldsymbol{P}_{i/i-1}}{\boldsymbol{P}_{i/i-1}+r^2}\right)$$

$$\boldsymbol{K}_i=\frac{\boldsymbol{P}_i}{r^2}$$

第二步是形成修正算法，在 $j=N-1$ 时第一步为

$$\hat{\boldsymbol{x}}_{N-1/N}=\hat{\boldsymbol{x}}_{N-1}+\boldsymbol{A}_{N-1}(\hat{\boldsymbol{x}}_N-\hat{\boldsymbol{x}}_{N/N-1})$$

$$\boldsymbol{P}_{N-1/N}=\boldsymbol{P}_{N-1}+\boldsymbol{A}_{N-1}(\boldsymbol{P}_N-\boldsymbol{P}_{N/N-1})\boldsymbol{A}_{N-1}$$

$$\boldsymbol{A}_{N-1}=\frac{\boldsymbol{P}_{N-1}}{\boldsymbol{P}_{N-1}+q^2}$$

完成类似推导，不难得出

$$\boldsymbol{A}_j=\frac{\boldsymbol{P}_j}{\boldsymbol{P}_j+q^2};\quad \boldsymbol{P}_{j/N}=\boldsymbol{P}_j+\left(\frac{\boldsymbol{P}_j}{\boldsymbol{P}_j+q^2}\right)^2(\boldsymbol{P}_{j+1/N-\boldsymbol{P}_{j+1/j}})$$

注意到，$\boldsymbol{P}_{j+1/j}=\boldsymbol{P}_j+\boldsymbol{q}^2$，后面的关系式可写作

$$\boldsymbol{P}_{j/N}=\boldsymbol{P}_j\left(1-\frac{\boldsymbol{P}_j}{(\boldsymbol{P}_j+\boldsymbol{q}^2)}\left(\frac{\boldsymbol{P}_j+\boldsymbol{q}^2-\boldsymbol{P}_{j+1/N}}{\boldsymbol{P}_j+\boldsymbol{q}^2}\right)\right)$$

3.4.3 滤波和修正问题的关系

在前面给出的方案中修正问题求解分为两步。第一步为全区间滤波问题的求解。原则上，修正估计求解算法可由其他途径求得，其未知估计在当前步表示为两个估计的和[109]。其中的一项对应于时刻 j 直接时间滤波问题的解，另一项，从时刻 N 到时刻 j 逆时间滤波问题。由于求解滤波问题的观测数少于或等于观测一般数，由其求解修正问题，在修正时估计的精度不会差于滤波问题估计的精度。换言之，必有下列不等式

$$P_j=P_{j/j}\geqslant P_{j/N}\tag{3.4.10}$$

由前一节中得到的表达式，不难发现，在待估向量未知的条件下，修正和滤波问题，及其相应的协方差矩阵是一致的(见题 3.4.1)。一般情况下，当估计随时间变化的序列时，由方差 $P_{j/N}$ 确定的修正问题的求解精度与开始和结束时间点上的精度分析相关，即与 j 和 N 的关系式相关。由直观描述可知，当 $j=1$ 和 $j=N$ 时方差将是相同的，最高精度出现

在观测区间中间点上。这可由一个十分简单的向量序列估计例题来解释。这种情况下分时刻求解估计时观测数在固定区间上是相同的。可以想到，如果忽略待估序列方差形成的先验信息，则给定观测数下的最高精度由量 r^2/N 确定。这个结果对应于所有非相关误差观测在时刻 j 给出对其估计序列的值。事实上，这样的观测仅有一个，所有其他的对应于另外一些不同的时刻。随着序列值估计时刻与观测进行时刻之间的差增加，这些值之间的相关系数减小。这可解释为，点的边界（第一个和最后一个）根据区间 $N-j, j=1,2,\cdots,N$ 的观测估计。对于中间点估计由两组观测得到，其中的第一个都在区间 $N-j$ 上，$j=1\cdot(N-1)/2$。显然，这样的精度比对任意其他点高。

在修正问题中，类似于滤波问题，可能存在额定工作。不难看出，如果滤波问题中存在预定工作，则修正问题中也存在类似的额定工作。

例 3.4.1 中将进行说明。将滤波和额定工作预测误差方差值代入例中修正误差方程中，可得

$$P_{\infty}^{\text{сгл}}=P_{\infty}^{\phi}+\left(\frac{P_{\infty}^{\phi}}{P_{\infty}^{np}}\right)^{2}(P_{\infty}^{\text{сгл}}-P_{\infty}^{np})$$

由此可知，额定工作的修正误差方差可如下确定

$$P_{\infty}^{\text{сгл}}=\frac{P_{\infty}^{\phi}P_{\infty}^{np}}{P_{\infty}^{\phi}+P_{\infty}^{np}} \tag{3.4.11}$$

由这个表达式在本例中求解修正和滤波问题时可以下列等式评估估计精度

$$\frac{P_{\infty}^{\text{сгл}}}{P_{\infty}^{\phi}}=\frac{P_{\infty}^{np}}{P_{\infty}^{\phi}+P_{\infty}^{np}}=\frac{P_{\infty}^{\phi}+q^{2}}{2P_{\infty}^{\phi}+q^{2}}$$

显然，在求解滤波和修正问题中精度与派生和观测噪声方差关系式相关。其中考虑到题 3.2.6 的求解结果，不难看出

当 $q\gg r$ 时

$$\frac{P_{\infty}^{\text{сгл}}}{P_{\infty}^{\phi}}\approx\frac{2}{3}$$

当 $q\ll r$ 时

$$\frac{P_{\infty}^{\text{сгл}}}{P_{\infty}^{\phi}}\approx\frac{r+q}{2r+q}=\frac{1}{2}$$

3.4.4　基于最小方差确定性方法求解滤波和修正问题

到目前为止本章中分析的序列估计问题由随机途径求解，同时假设估计和观测序列是随机的。已经说明了，在一定条件下一系列问题中由不同方法得到的算法是一致的。下面说明，对于固定区间修正问题中序列估计的情况也有类似结论，假设序列由关系式(3.2.21)、式(3.2.22) 给出，但同时暂时不需要对初始条件、派生和观测噪声的随机特性进行假设，也不需要给定其统计特性。随后使用如下定义：

$$\boldsymbol{X}_i=(\boldsymbol{x}_0^{\mathrm{T}},\boldsymbol{x}_1^{\mathrm{T}},\boldsymbol{x}_2^{\mathrm{T}},\cdots,\boldsymbol{x}_i^{\mathrm{T}})^{\mathrm{T}}\quad 和\quad \boldsymbol{Y}_i(\boldsymbol{y}_1^{\mathrm{T}},\boldsymbol{y}_2^{\mathrm{T}},\cdots,\boldsymbol{y}_i^{\mathrm{T}})^{\mathrm{T}}$$

如果引入矩阵

$$\boldsymbol{H}_i = \begin{bmatrix} 0 & 0 & 0 & \cdots & 0 \\ 0 & H_1 & 0 & \cdots & 0 \\ 0 & 0 & H_2 & \cdots & 0 \\ \vdots & \vdots & \vdots & & \vdots \\ 0 & 0 & 0 & \cdots & H_i \end{bmatrix} \tag{3.4.12}$$

则所有已有观测可表示为

$$\boldsymbol{Y}_i = \boldsymbol{H}_i \boldsymbol{X}_i + \boldsymbol{V}_i \tag{3.4.13}$$

现在分析由观测(3.4.13)估计常组合向量 $\boldsymbol{X}_i = (\boldsymbol{x}_0^{\mathrm{T}}, \boldsymbol{x}_1^{\mathrm{T}}, \cdots, \boldsymbol{x}_i^{\mathrm{T}})^{\mathrm{T}}$ 的问题,这可由第2章中分析的方法来处理。同时得到的算法与引入的向量 $\boldsymbol{X}_i$ 和 $\boldsymbol{V}_i$ 特性的补充假设相关。所有关于不同算法相关性的结论得以保持。

其中,如果假设未知非随机向量是初始值,派生和观测噪声向量,估计由最小二乘法不同方法求得。例如,与修正最小二乘法相对应的向量 $\boldsymbol{X}_i$ 估计可由观测准则

$$\boldsymbol{J}_i = \frac{1}{2}(\boldsymbol{X}_i^{\mathrm{T}} \boldsymbol{D}_i \boldsymbol{X}_i + (\boldsymbol{Y}_i - \boldsymbol{H}_i \boldsymbol{X}_i)^{\mathrm{T}} \boldsymbol{Q}_i (\boldsymbol{Y}_i - \boldsymbol{H}_i \boldsymbol{X}_i)) \tag{3.4.14}$$

极小得到,其中,$\boldsymbol{D}_i$,$\boldsymbol{Q}_i$ 分别为相应维数的某些非奇异矩阵。

由2.2.2小节的结果可知,对于由准则(3.4.14)极小化确定的向量 $\boldsymbol{X}_i$ 估计有下列表达式成立

$$\hat{\boldsymbol{X}}_i^{\text{ммнк}}(\boldsymbol{Y}_i) = (\boldsymbol{D}_i + \boldsymbol{H}_i^{\mathrm{T}} \boldsymbol{Q}_i \boldsymbol{H}_i)^{-1} \boldsymbol{Y}_i \tag{3.4.15}$$

随后可以引入初始条件,派生和观测噪声随机特性的假设并给出最初两个时刻。这种情况下可以得到线性最优估计。由此假设3.2.2小节中分析的问题条件成立,由向量 $\boldsymbol{X}_i$ 和 $\boldsymbol{V}_i$ 协方差矩阵 $\boldsymbol{P}^{\boldsymbol{X}_i}$、$\boldsymbol{P}^{\boldsymbol{V}_i}$ 可以得到下列线性最优估计表达式

$$\hat{\boldsymbol{X}}_i(\boldsymbol{Y}_i) = ((\boldsymbol{P}^{\boldsymbol{X}_i})^{-1} + \boldsymbol{H}_i^{\mathrm{T}} (\boldsymbol{P}^{\boldsymbol{V}_i})^{-1} \boldsymbol{H}_i)^{-1} \boldsymbol{Y}_i \tag{3.4.16}$$

这里 $\boldsymbol{P}^{\boldsymbol{X}_i}$ 由题3.1.6中得到的准则相应,$\boldsymbol{P}^{\boldsymbol{V}_i}$ 是分块对角阵,各块为 $R_j, j=1,2,\cdots,N$。

向量 $\hat{\boldsymbol{x}}_i(\boldsymbol{Y}_i)$ 的子向量 $\hat{\boldsymbol{x}}_{j/i}(\boldsymbol{Y}_i), j=0,1,\cdots,i$ 是由所有观测得到的向量 $\boldsymbol{X}_i(\boldsymbol{x}_0^{\mathrm{T}}, \boldsymbol{x}_1^{\mathrm{T}}, \cdots, \boldsymbol{x}_i^{\mathrm{T}})^{\mathrm{T}}$ 分量的估计。按照3.2.1小节中引入的分类,这些估计在 $j<i$ 时对应于修正问题的解,当 $j=i-1$ 滤波问题。由此,为确定估计(3.4.16)可使用更为方便的滤波和修正递推算法。

在2.5.4小节中已经说明,线性问题中当最小二乘类方法矩阵选择确定时,基于其极小化得到的估计与线性最优估计一致。同样根据观测(3.4.13)估计 $\boldsymbol{X}_i$ 的线性问题中这同样成立,如果选择对应于向量 $\boldsymbol{X}_i = (\boldsymbol{x}_0^{\mathrm{T}}, \boldsymbol{x}_1^{\mathrm{T}}, \cdots, \boldsymbol{x}_i^{\mathrm{T}})^{\mathrm{T}}, \boldsymbol{V}_i = (\boldsymbol{v}_1^{\mathrm{T}}, \boldsymbol{v}_2^{\mathrm{T}}, \cdots, \boldsymbol{v}_i^{\mathrm{T}})^{\mathrm{T}}$ 的协方差矩阵 $\boldsymbol{P}^{\boldsymbol{X}_i}$、$\boldsymbol{P}^{\boldsymbol{V}_i}$ 的逆矩阵为 $\boldsymbol{D}_i$、$\boldsymbol{Q}_i$,即 $\boldsymbol{D}_i^{-1} = \boldsymbol{P}^{\boldsymbol{X}_i}, \boldsymbol{Q}_i^{-1} = \boldsymbol{P}^{\boldsymbol{V}_i}$。在这种情况下,当 $j<i$ 时估计 $\hat{\boldsymbol{x}}_{j/i}(\boldsymbol{Y}_i)$ 与修正问题中的线性最优估计一致,当 $j=i$ 时与滤波问题中的线性最优估计一致。

由此,假设 $\boldsymbol{D}_i^{-1} = \boldsymbol{P}^{\boldsymbol{X}_i}$、$\boldsymbol{Q}_i^{-1} = \boldsymbol{P}^{\boldsymbol{V}_i}$ 并注意到 $\boldsymbol{P}^{\boldsymbol{V}_i}$ 是分块对角阵,其对角线上的矩阵为 $\boldsymbol{R}_j$,准则(3.4.14)可表示为

$$\boldsymbol{J}_i=\frac{1}{2}\left(\boldsymbol{X}_i^{\mathrm{T}}(\boldsymbol{P}^{\boldsymbol{X}_i})^{-1}\boldsymbol{X}_i+\sum_{j=1}^{i}(\boldsymbol{y}_j-\boldsymbol{H}\boldsymbol{x}_j)^{\mathrm{T}}\boldsymbol{R}_j^{-1}(\boldsymbol{y}_j-\boldsymbol{H}\boldsymbol{x}_j)\right) \tag{3.4.17}$$

由于卡尔曼滤波算法在准则(3.4.14)中矩阵按上述选择时确定了与估计 $\boldsymbol{x}_{i/i}^{\mathrm{MMHK}}(\boldsymbol{Y}_i)$ 一致的估计,卡尔曼滤波可作为与最小二乘类方法相应的确定估计的递推算法,在这个意义下,3.2.3 小节中提出的算法,可以作为卡尔曼算法的确定性方案。在其求取过程中可以不必引入待估和观测向量随机特性的假设。

可以说明(见题 3.4.3),准则(3.4.17)与下列形式的准则等效

$$\boldsymbol{J}_i=\frac{1}{2}\left(\begin{array}{l}\boldsymbol{x}_0^{\mathrm{T}}\boldsymbol{P}_0^{-1}\boldsymbol{x}_0+\sum_{j=1}^{i}(\boldsymbol{x}_j-\boldsymbol{\Phi}_j\boldsymbol{x}_{j-1})^{\mathrm{T}}(\boldsymbol{\Gamma}_j^{\mathrm{T}}\boldsymbol{Q}_j\boldsymbol{\Gamma}_j)^{-1}(\boldsymbol{x}_j-\boldsymbol{\Phi}_j\boldsymbol{x}_{j-1})+\\ \sum_{j=1}^{i}(\boldsymbol{y}_j-\boldsymbol{H}_j\boldsymbol{x}_j)^{\mathrm{T}}\boldsymbol{R}_j^{-1}(\boldsymbol{y}_j-\boldsymbol{H}_j\boldsymbol{x}_j)\end{array}\right) \tag{3.4.18}$$

使这个准则极小的向量的确定问题与准则极小化问题等效[14,P451]

$$\widetilde{J}_i=\frac{1}{2}\left(\boldsymbol{x}_0^{\mathrm{T}}\boldsymbol{P}_0^{-1}\boldsymbol{x}_0+\sum_{j=1}^{j}\boldsymbol{w}_j^{\mathrm{T}}(\boldsymbol{\Gamma}^{\mathrm{T}}j\boldsymbol{Q}_j\boldsymbol{\Gamma}_j)^{-1}w_j+\right.$$
$$\left.\sum_{j=1}^{i}(\boldsymbol{y}_j-\boldsymbol{H}_j\boldsymbol{x}_j)^{\mathrm{T}}\boldsymbol{R}_j^{-1}(\boldsymbol{y}_j-\boldsymbol{H}_j\boldsymbol{x}_j)\right) \tag{3.4.19}$$

当存在限制 $\boldsymbol{x}_i=\boldsymbol{\Phi}_i\boldsymbol{x}_{i-1}+\boldsymbol{\Gamma}_i\boldsymbol{w}_i$

$$\boldsymbol{J}_i=J_{i-1}+\frac{1}{2}[(\boldsymbol{x}_i-\boldsymbol{\Phi}_i\boldsymbol{x}_{i-1})^{\mathrm{T}}(\boldsymbol{\Gamma}_i^{\mathrm{T}}\boldsymbol{Q}_i\boldsymbol{\Gamma}_i)^{-1}(\boldsymbol{x}_i-\boldsymbol{\Phi}_i\boldsymbol{x}_{i-1})+$$
$$(\boldsymbol{y}_i-\boldsymbol{H}_i\boldsymbol{x}_i)^{\mathrm{T}}\boldsymbol{R}_i^{-1}(\boldsymbol{y}_i-\boldsymbol{H}_i\boldsymbol{x}_i)] \tag{3.4.20}$$

注意到,准则(3.4.19)可表示为

$$\boldsymbol{J}_0=\boldsymbol{x}_0^{\mathrm{T}}\boldsymbol{P}_0^{-1}\boldsymbol{x}_0$$

当 $\boldsymbol{J}_0=\boldsymbol{X}_0^{\mathrm{T}}\boldsymbol{P}_0^{-1}\boldsymbol{X}_0$ 时。

由前述可知,卡尔曼滤波关系式的结论可基于准则(3.4.17)～(3.4.19)极小化递推过程的求取,其中,考虑到准则递推表达式(3.4.20)。由此,在文献[14,P451]中,极小化由追赶方法实现,在文献[71,P430-431]由极大化离散准则实现。在这两种情况下有两步过程:第一步由卡尔曼滤波确定与滤波问题对应的估计;第二步为修正问题。显然,在向量高斯特性下所得估计对应于最优巴耶索夫斯基估计(见题 3.4.2)。

3.4.5　本节习题

习题 3.4.1　说明,在常向量估计问题中,修正和滤波问题的求解一致。

解　由例 3.4.1 中得到的表达式并注意到 $q^2=0$,由此

$$\boldsymbol{A}_j=\frac{\boldsymbol{P}_j}{\boldsymbol{P}_j+\boldsymbol{q}^2}=1$$

这容易得到,例如,当 $j=N-1$ 时:

$$\hat{\boldsymbol{X}}_{N-1/N}=\hat{\boldsymbol{X}}_{N-1}+(\hat{\boldsymbol{X}}_N-\hat{\boldsymbol{X}}_{N/N-1})=\hat{\boldsymbol{X}}_N$$
$$\boldsymbol{P}_{N-1/N}=\boldsymbol{P}_{N-1}+(\boldsymbol{P}_N-\boldsymbol{P}_{N/N-1})=\boldsymbol{P}_N$$

习题 3.4.2　假设在准则(3.4.14)中 $\boldsymbol{D}_i^{-1}=\boldsymbol{P}^{x_i}$、$\boldsymbol{Q}_i^{-1}=\boldsymbol{P}^{V_i}$ 说明最优估计向量 $\hat{\boldsymbol{x}}_i(\boldsymbol{Y}_i)=(\hat{\boldsymbol{x}}_{1/i}^{\mathrm{T}}(\boldsymbol{Y}_i),\hat{\boldsymbol{x}}_{2/i}^{\mathrm{T}}(\boldsymbol{Y}_i),\cdots,\hat{\boldsymbol{x}}_{i/i}^{\mathrm{T}}(\boldsymbol{Y}_i))^{\mathrm{T}}$ 和最小二乘类方法对应的估计 $\hat{\boldsymbol{x}}_i^{MMHK}(\boldsymbol{Y}_i)$ 一致。

解　设向量 $\boldsymbol{r}_i=(\boldsymbol{x}_0^{\mathrm{T}},\boldsymbol{w}_1^{\mathrm{T}},\boldsymbol{w}_2^{\mathrm{T}},\cdots,\boldsymbol{w}_i^{\mathrm{T}})^{\mathrm{T}}$ 和 $\boldsymbol{V}_i=(\boldsymbol{v}_1^{\mathrm{T}},\boldsymbol{v}_2^{\mathrm{T}},\cdots,\boldsymbol{v}_i^{\mathrm{T}})^{\mathrm{T}}$ 是高斯的且彼此无关，写出验后密度 $\boldsymbol{f}(\boldsymbol{X}_i/\boldsymbol{Y}_i)$ 的指数式子。注意到关系式(3.4.13)，有

$$\boldsymbol{f}(\boldsymbol{X}_i/\boldsymbol{Y}_i)=c\boldsymbol{f}(\boldsymbol{X}_i)\boldsymbol{f}(\boldsymbol{Y}_i/\boldsymbol{X}_i)$$

这里

$$\boldsymbol{f}(\boldsymbol{X}_i)=N(\boldsymbol{X}_i;0,\boldsymbol{P}^{X_i}),\boldsymbol{f}(\boldsymbol{Y}_i/\boldsymbol{X}_i)=\mathbf{N}(\boldsymbol{Y}_i;\boldsymbol{H}_i\boldsymbol{X}_i,\boldsymbol{P}^{V_i})$$

同时

$$\boldsymbol{P}^{V_i}=\begin{bmatrix}R_1 & 0 & \cdots & 0\\ 0 & R_2 & \cdots & 0\\ \vdots & \vdots & \ddots & \vdots\\ 0 & \cdots & 0 & \boldsymbol{R}_i\end{bmatrix}$$

由此可知，验后密度 $\boldsymbol{f}(\boldsymbol{X}_i/\boldsymbol{Y}_i)$ 的指数式子可表示为

$$\boldsymbol{J}_i=\frac{1}{2}\left(X_i^{\mathrm{T}}(\boldsymbol{P}^{X_i})^{-1}\boldsymbol{X}_i+\sum_{j=1}^{i}(\boldsymbol{y}_j-H\boldsymbol{x}_j)^{\mathrm{T}}\boldsymbol{R}_j^{-1}(\boldsymbol{y}_j-H\boldsymbol{x}_j)\right)$$

由于密度 $\boldsymbol{f}(\boldsymbol{X}_i/\boldsymbol{Y}_i)$ 是高斯的，与其相应的数学期望与 $\boldsymbol{f}(\boldsymbol{X}_i/\boldsymbol{Y}_i)$ 的最大值一致，或者，与改进的最小二乘法中准则(3.4.17)对应的 $\boldsymbol{J}_i$ 极小值一致。由此，最优巴耶索夫斯基估计是一致线性最优估计，与改进的最小二乘法估计一致，即有

$$\hat{\boldsymbol{X}}_i(\boldsymbol{Y}_i)=\hat{\boldsymbol{X}}_i^{\mathrm{MMHK}}(\boldsymbol{Y}_i)$$

习题 3.4.3　说明准则(3.4.17)与下列形式的准则一致；

$$\boldsymbol{J}_i=\frac{1}{2}\left\{\begin{aligned}&\boldsymbol{x}_0^{\mathrm{T}}\boldsymbol{P}_0^{-1}\boldsymbol{x}_0+\sum_{j=1}^{i}(\boldsymbol{x}_j-\boldsymbol{\Phi}_j\boldsymbol{x}_{j-1})^{\mathrm{T}}(\boldsymbol{\Gamma}_j^{\mathrm{T}}\boldsymbol{Q}_j\boldsymbol{\Gamma}_j)^{-1}(\boldsymbol{x}_j-\boldsymbol{\Phi}_j\boldsymbol{x}_{j-1})+\\&\sum_{j=1}^{i}(\boldsymbol{y}_j-\boldsymbol{H}_j\boldsymbol{x}_j)^{\mathrm{T}}\boldsymbol{R}_j^{-1}(\boldsymbol{y}_j-\boldsymbol{H}_j\boldsymbol{x}_j)\end{aligned}\right\}$$

解　设向量 $\boldsymbol{r}_i=(\boldsymbol{x}_0^{\mathrm{T}},\boldsymbol{w}_1^{\mathrm{T}},\boldsymbol{w}_2^{\mathrm{T}},\cdots,\boldsymbol{w}_i^{\mathrm{T}})$ 和 $\boldsymbol{V}_i=(\boldsymbol{v}_1^{\mathrm{T}},\boldsymbol{v}_2^{\mathrm{T}},\cdots,\boldsymbol{v}_i^{\mathrm{T}})^{\mathrm{T}}$ 是高斯的且彼此互不相关的，并注意到与 $\boldsymbol{f}(\boldsymbol{X}_i)$ 对应的第一个和项，由式(3.4.17)和式(3.4.18)符合不难确定，如果使用例 3.1.7、例 3.1.8 的求解结果。

思考题

1. 给出修正问题的一般提出，解释不同类型修正问题的意义。
2. 固定区间修正问题求解算法中可以划分出哪两个基本阶段。
3. 与滤波问题求解精度相比较修正问题精度的关系式怎样？
4. 写出维纳索夫斯基序列修正问题中的稳态解。
5. 使用重复解修正问题精度是否可以提高，如果初始条件使用修正问题求解得到的

估计和与其估计误差协方差矩阵相应的估计。

6.在什么假设下卡尔曼滤波算法可视为最小二乘算法。

3.5　导航信息综合处理下随机序列的滤波和修正问题

导航信息处理时滤波和修正问题的求解必要性最常出现在剩余观测的综合处理中。综合处理方法建立的不同方案类似于2.6节中讨论的常参数向量估计情形。这里给出一系列综合处理不同使用过程中出现的随机序列滤波和修正问题。

一般而言，导航信息处理要求在合理时间内完成，归结为滤波问题求解的必要性[27-29,79]，正因为如此，与此相关的问题在本节分析。但是应当注意到，从状态向量滤波方程和观测方程的角度看，随后进行的滤波和修正问题是一致的。

3.5.1　直接观测未知参数系统综合处理中的滤波问题

假设存在两个系统或可如下表示的传感器

$$\boldsymbol{y}_i^{\mathrm{I}} = \boldsymbol{X}_i + \Delta\boldsymbol{y}_i^{\mathrm{I}} \tag{3.5.1}$$

$$\boldsymbol{y}_i^{\mathrm{II}} = \boldsymbol{X}_i + \Delta\boldsymbol{y}_i^{\mathrm{II}} \tag{3.5.2}$$

式中，$\boldsymbol{X}_i=(X_{i1},X_{i2},\cdots,X_{im})^{\mathrm{T}}$ 为 m 维未知参数向量；$\boldsymbol{Y}_i^j$、$\Delta\boldsymbol{y}_i^j$ 分别 m 维系统或传感器指示向量及其误差；$j=\mathrm{I},\mathrm{II}$ 为确定系统或传感器的角标。

由当前时刻积累观测(3.5.1)、观测(3.5.2)，来确定未知向量 $\boldsymbol{X}_i$，显然，这个精度问题是2.1.8小节中分析问题的推广，接近于常向量分析。

首先假设，先验统计信息仅与误差相关，关于 $\boldsymbol{X}_i$ 的信息缺乏。在这种情况下使用2.6.1小节中分析的处理不变图表，与其相应的向量 $\boldsymbol{X}_i$ 估计问题归结为基于另一个系统误差校准一个系统的误差，使用观测差

$$\boldsymbol{y}_i = \boldsymbol{y}_i^{\mathrm{I}} - \boldsymbol{y}_i^{\mathrm{II}} \tag{3.5.3}$$

形成相应的滤波问题。为此必须确定对应滤波的状态向量并求得滤波求解中观测(3.5.3)的表达式。假设一般情况下系统误差写作两个分量和的形式

$$\Delta\boldsymbol{y}_i^j = \varepsilon_i^j + v_i^j,\quad j=\mathrm{I},\mathrm{II} \tag{3.5.4}$$

式中，$\varepsilon_i^{\mathrm{I}}$、$\varepsilon_i^{\mathrm{II}}$ 为分量误差，其可由维数为 n^{I} 和 n^{II} 的向量 x_i^{I} 和 x_i^{II} 形如式(3.2.21)的滤波形式描述，即

$$x_i^j = \boldsymbol{\Phi}_i^j x_{i-1}^j + \Gamma_i^j w_i^j \tag{3.5.5}$$

$$\varepsilon_i^j = H_i^j x_i^j,\quad j=\mathrm{I},\mathrm{II} \tag{3.5.6}$$

在这些关系式中，w_i^j 为 p^j 维派生噪声向量；$\boldsymbol{\Phi}_i^j$、H_i^j、T_i^j 分别为维数为 $n^j\times n^j$、$m\times n^j$、$n^j\times p^j$ 的已知矩阵，同时 w_i^j 和 v_i^j 是离数中心白噪声，相关假设(3.2.23)、(3.2.24)型关系式成立，其中协方差矩阵由 $\boldsymbol{Q}_i^j$ 和 $\boldsymbol{R}_i^j$ 确定，向量 v_i^{I} 和 v_i^{II} 彼此互不相关。

引入形如 $\boldsymbol{x}_i=((x_i^{\mathrm{I}})^{\mathrm{T}},(x_i^{\mathrm{II}})^{\mathrm{T}})^{\mathrm{T}}$ 的合成状态向量，不难形成随机序列滤波问题

$$\boldsymbol{x}_i = \boldsymbol{\Phi}_i\boldsymbol{x}_{i-1} + \boldsymbol{\Gamma}_i\boldsymbol{w}_i \tag{3.5.7}$$

观测为

$$\boldsymbol{y}_i=\boldsymbol{H}_i\boldsymbol{x}_i+\boldsymbol{v}_i \tag{3.5.8}$$

关系式中的矩阵和向量 $\boldsymbol{\Phi}_i$、$\boldsymbol{\Gamma}_i$、$\boldsymbol{H}_i$、$\boldsymbol{W}_i$、$\boldsymbol{V}_i$ 及与其相应的协方差矩阵由上述可分别表示为

$$\boldsymbol{\Phi}_i=\begin{bmatrix}\boldsymbol{\Phi}_i^{\mathrm{I}} & 0\\ 0 & \boldsymbol{\Phi}_i^{\mathrm{II}}\end{bmatrix};\quad \boldsymbol{\Gamma}_i=\begin{bmatrix}\Gamma_i^{\mathrm{I}} & 0\\ 0 & \Gamma_i^{\mathrm{II}}\end{bmatrix};\quad \boldsymbol{H}_i=[H_i^{\mathrm{I}},-H_i^{\mathrm{II}}]$$

$$\boldsymbol{v}_i=v_i^{\mathrm{I}}-v_i^{\mathrm{II}};\boldsymbol{w}_i^{\mathrm{T}}=(w_i^{\mathrm{I}})^{\mathrm{T}},(w_i^{\mathrm{II}})^{\mathrm{T}};\quad \boldsymbol{Q}_i=\begin{bmatrix}Q_i^{\mathrm{I}} & 0\\ 0 & Q_i^{\mathrm{II}}\end{bmatrix};\boldsymbol{R}_i=\boldsymbol{R}_i^{\mathrm{I}}+\boldsymbol{R}_i^{\mathrm{II}}$$

除此之外，应当给出描述初始时刻状态向量不确定性和协方差矩阵 $\boldsymbol{P}_0$。通常这个矩阵是对角阵，其元素确定了状态向量相应元素的先验不确定性。由卡尔曼滤波求解上述滤波问题，可得向量 $\boldsymbol{x}_i=((x_i^{\mathrm{I}})^{\mathrm{T}},(x_i^{\mathrm{II}})^{\mathrm{T}})^{\mathrm{T}}$ 的最优估计。由这个估计及考虑到处理不变框图，可得未知向量 $\boldsymbol{X}_i$ 的估计为

$$\hat{\boldsymbol{X}}_i=\boldsymbol{y}_i^{\mathrm{I}}-\hat{\varepsilon}_i^{\mathrm{I}}\ \text{和}\ \hat{\varepsilon}_i^{\mathrm{I}}=H_i^{\mathrm{I}}\hat{\boldsymbol{x}}_i^{\mathrm{I}}$$

尽管谈及的是滤波问题，但是不难看出，所做分析完全地用于修正问题求解。如果必须求解此类问题，则可使用 3.4 节中给出的方法来求解相应估计。

例 3.5.1 基于不变框图估计飞行器高度时，卫星系统指示及气压高度综合中的滤波问题。

这个问题的最简情形已经在例 2.6.1 中分析过了，类似于当观测器误差做白噪声假设时的情况。显然，在这一节中的提设给出了观测器相应误差描述更广泛的可能性。由此，假设存在形如式(2.6.8)、式(2.6.9) 的观测，考虑到这里引入的定义及观测的标量特征，可将其写作

$$\boldsymbol{y}_i^{\mathrm{I}}=h_i+\Delta\boldsymbol{y}_i^{\mathrm{I}} \tag{3.5.9}$$

$$\boldsymbol{y}_i^{\mathrm{II}}=h_i+\Delta\boldsymbol{y}_i^{\mathrm{II}} \tag{3.5.10}$$

式中，h_i、Y_i^{I}、Y_i^{II}、$\Delta\boldsymbol{y}_i^{\mathrm{I}}$、$\Delta\boldsymbol{y}_i^{\mathrm{II}}$ 为向量序列，分别描述了高度真实值，气压高度($I=$ Бар) 和卫星系统($\mathrm{II}=$ CHC) 指数及其误差。

设气压高度误差仅为结构的，CHC 误差仅包含白噪声分量。这种情况下状态向量 $\boldsymbol{x}_i=x_i^{\text{Бар}}=\varepsilon^{\text{Бар}}$，可得

$$\boldsymbol{\Phi}_i=\boldsymbol{\Phi}_i^{\text{БАР}}=1;\boldsymbol{\Gamma}_i=0;\quad \boldsymbol{H}_i=H_i^{\mathrm{I}}=1;\quad \boldsymbol{v}_i=-v_i^{\text{CHC}};\quad \boldsymbol{w}_i=0;\quad \boldsymbol{Q}_i=0$$

$$\boldsymbol{R}_i=\boldsymbol{R}_i^{\text{CHC}};\quad \boldsymbol{P}_0=\sigma_{\text{Бар}}^2$$

由此，关系式(3.5.7)、式(3.5.8) 可写作

$$\boldsymbol{x}_i=\boldsymbol{x}_{i-1}$$

$$\boldsymbol{y}_i=\boldsymbol{x}_i+\boldsymbol{v}_i$$

问题归结为基于白噪声的常量滤波。高度未知量表示为 $\hat{\boldsymbol{h}}_i=\boldsymbol{y}_i^{\text{Бар}}-\hat{\boldsymbol{x}}_i$。

由于问题在这里归结为常向量估计，则由滤波问题求解得到的估计与修正问题对应的估计一致。

不难将分析的情况进一步推广，当气压高度和 CHC 误差由更复杂的形式描述时，例如为白噪声和维纳洛夫斯基分量之和或者指数 —— 相关序列。这种情况下，显然，滤波和修正问题的求解彼此是互不相同的。

当存在形如式(3.5.1)、式(3.5.2) 的观测时，以估计未知参数 $\boldsymbol{X}_i$ 为目的的滤波问题可以由非不变处理框图来形成。这可以做到，如果先验统计信息不仅是关于系统或传感器的，还有关于未知参数向量本身的。为此必须在状态向量构成中引入补充向量 x_i^{III}，由此序列可描述为 $\boldsymbol{X}_i = H_i^{\mathrm{III}} X_i^{\mathrm{III}}$，状态向量 $\boldsymbol{x}_i = ((x_i^{\mathrm{I}})^{\mathrm{T}}、(x_i^{\mathrm{II}})^{\mathrm{T}}、(x_i^{\mathrm{III}})^{\mathrm{T}})^{\mathrm{T}}$ 的滤波问题已解决。与先前问题相比较这个问题并没有特别的难度。以高度、气压高度和 CHC 指数综合问题来说明这一点。

例 3.5.2　基于非不变框图估计飞行器高度中卫星系统和气压高度指数综合处理中的滤波问题。

假设，观测(3.5.9)、观测(3.5.10) 中铅垂平面内运动轨迹的变化，如例 3.1.4 中所设，即一阶多项式为 $h_i = \boldsymbol{x}_0 + Vt_i$，这里 $\boldsymbol{x}_0$、v 分别为初始高度和铅垂速度，假设为常量；$t_i = (i-1)\Delta t$ 为从观测起始点的时刻。这种情况下，设 CHC 误差仅含有白噪声分量，而气压高度误差包含白噪声和结构分量，在状态向量中，$\boldsymbol{x}_i = (x_i^{\text{Бар}}, (x_i^{\mathrm{III}})^{\mathrm{T}})^{\mathrm{T}}$，这里 $x_i^{\text{Бар}} = \varepsilon^{\text{Бар}}$，$x_i^{\mathrm{III}} = (h_i, v)^{\mathrm{T}}$，不难得到基于形如式(3.5.9)、式(3.5.2) 的观测的滤波问题，其中式(3.5.7)，式(3.5.8) 中的矩阵和向量可表示为

$$\boldsymbol{\Phi}_i = \begin{bmatrix} 1 & 0 & 0 \\ 0 & 1 & \Delta t \\ 0 & 0 & 1 \end{bmatrix};\quad \boldsymbol{P}_0 = \begin{bmatrix} \sigma_{\text{Бар}}^2 & 0 & 0 \\ 0 & \sigma_0^2 & \\ 0 & 0 & \sigma_V^2 \end{bmatrix};\quad \boldsymbol{H}_i = \begin{bmatrix} 1 & 1 & 0 \\ 0 & 1 & 0 \end{bmatrix}$$

$$\boldsymbol{w}_i = 0;\quad \boldsymbol{\Gamma}_i = 0$$

$$\boldsymbol{v}_i = (v_i^{\text{Бар}}, v_i^{\text{CHC}});\boldsymbol{R}_i = \begin{bmatrix} \boldsymbol{R}_i^{\text{Бар}} & 0 \\ 0 & \boldsymbol{R}_i^{\text{CHC}} \end{bmatrix}$$

换言之，为得到估计需求解状态向量滤波问题：

$$x_{i1} = x_{i-1,1}$$

$$x_{i2} = x_{i-1,2} + x_{i-1,3}\Delta t$$

$$x_{i3} = x_{i-1,3}$$

观测为

$$\boldsymbol{y}_{i1} = x_{i1} + x_{i2} + v_i^{\text{Бар}}$$

$$\boldsymbol{y}_{i2} = x_{i2} + v_i^{CHC}$$

由滤波问题求解结果知高度未知量与状态向量第二个分量的最优估计一致，即 $\hat{h}_i = \hat{\boldsymbol{x}}_{i,2}$。

在本节结束时，必须再次强调：在使用不变图表处理时，滤波问题的求解可得系统误差的最优估计。涉及待估参数 $\boldsymbol{X}_i$ 本身，则它们对应于最小二乘方法，就像常向量估计情况，如 2.6.1 小节中所讨论的。在非不变方法范围内相同问题的求解中滤波问题的解决

中直接对向量 $\boldsymbol{x}_i$ 为最优估计。

重要的还有，在本节分析的问题中，不必假设初始条件，派生和观测噪声的分布规律是已知的，使用的信息仅是这些向量取初两个时刻及其相关特性。这意味着，与上述问题相应的滤波和修正算法仅仅是线性范围内最优的。不限制算法类别的最优性仅在引入随机向量高斯特性的补充条件才能保证。

3.5.2 导航系统指数相关时的滤波问题及线性化情况

观测(3.5.1)、观测(3.5.2)的特性在于，由其可直接处理定义的参数信息。在导航信息处理中最普遍的情况是，一个系统处理这些观测，而另一个保证这些参数某些函数的观测，同时这些函数，一般而言是非线性的。这种问题称做相关性问题，已经在2.1.8小节中分析过其常向量的估计问题。现在假设，随机序列属于估计，使用不变处理图表，形成相应的滤波问题，设允许对非线性相关性使用线性描述。为确定性，基于简化目的假设，由导航系统(3.5.1)给出的运动客体三维坐标为待估量，使用通常称为修正观测的补充观测。

由此，假设存在如下形式观测

$$\boldsymbol{y}_i^{\mathrm{I}}=\boldsymbol{X}_i+\Delta\boldsymbol{y}_i^{\mathrm{I}} \tag{3.5.11}$$

$$\boldsymbol{y}_i^{\mathrm{II}}=\boldsymbol{s}_i(\boldsymbol{X}_i)+\Delta\boldsymbol{y}_i^{\mathrm{II}} \tag{3.5.12}$$

式中，$\boldsymbol{X}_i=(X_{i1},X_{i2},X_{i3})^{\mathrm{T}}$，$y_i^{\mathrm{I}}$，$\Delta y_i^{\mathrm{I}}$ 为客体坐标实际值，导航系统及其误差指数；$\boldsymbol{s}_i(\boldsymbol{X}_i)$ 为已知 m 维向量函数，由补偿观测确定；$\Delta\boldsymbol{y}_i^{\mathrm{II}}$ 为 m 维观测误差函数。

类似前一节，设误差 $\Delta\boldsymbol{y}_i^{\mathrm{I}}$、$\Delta\boldsymbol{y}_i^{\mathrm{II}}$ 可由式(3.5.4)～(3.5.6)表示。

为建立不变处理框图，写出如下差观测：

$$\boldsymbol{y}_i=\boldsymbol{y}_i^{\mathrm{II}}-\boldsymbol{s}_i(\boldsymbol{y}_i^{\mathrm{I}}) \tag{3.5.13}$$

就像已经说明的那样，对于函数 $\boldsymbol{s}_i(\boldsymbol{y}_i^{\mathrm{I}})$ 假设允许使用线性化表示。由此，可写作

$$\boldsymbol{s}_i(\boldsymbol{y}_i^{\mathrm{I}})\approx\boldsymbol{s}_i(\boldsymbol{X}_i)+\left.\frac{\mathrm{d}\boldsymbol{s}_i(\boldsymbol{X}_i)}{\mathrm{d}\boldsymbol{X}_i^{\mathrm{T}}}\right|_{\boldsymbol{X}_i=\boldsymbol{y}_i^{\mathrm{I}}}\Delta\boldsymbol{y}_i^{\mathrm{I}}=\boldsymbol{s}_i(\boldsymbol{X}_i)+H_i^*(\boldsymbol{y}_i^{\mathrm{I}})\Delta\boldsymbol{y}_i^{\mathrm{I}},\quad k=1,2,\cdots,m \tag{3.5.14}$$

这里矩阵 $H_i^*(\boldsymbol{y}_i^{\mathrm{I}})=\left.\dfrac{\mathrm{d}\boldsymbol{s}_i(\boldsymbol{X}_i)}{\mathrm{d}\boldsymbol{X}_i^{\mathrm{T}}}\right|_{\boldsymbol{X}_i=\boldsymbol{y}_i^{\mathrm{I}}}$，如下确定

$$H_i^*(\boldsymbol{y}_i^{\mathrm{I}})=\left.\begin{bmatrix}\dfrac{\partial\boldsymbol{s}_{i1}(\boldsymbol{X}_i)}{\partial\boldsymbol{X}_{i1}} & \dfrac{\partial\boldsymbol{s}_{i1}(\boldsymbol{X}_i)}{\partial\boldsymbol{X}_{i2}} & \dfrac{\partial\boldsymbol{s}_{i1}(\boldsymbol{X}_i)}{\partial\boldsymbol{X}_{i3}}\\ \dfrac{\partial\boldsymbol{s}_{i2}(\boldsymbol{X}_i)}{\partial\boldsymbol{X}_{i1}} & \dfrac{\partial\boldsymbol{s}_{i2}(\boldsymbol{X}_i)}{\partial\boldsymbol{X}_{i2}} & \dfrac{\partial\boldsymbol{s}_{i2}(\boldsymbol{X}_i)}{\partial\boldsymbol{X}_{i3}}\\ \vdots & \vdots & \vdots\\ \dfrac{\partial d\boldsymbol{s}_{im}(\boldsymbol{X}_i)}{\partial\boldsymbol{X}_{i1}} & \dfrac{\partial\boldsymbol{s}_{im}(\boldsymbol{X}_i)}{\partial\boldsymbol{X}_{i2}} & \dfrac{\partial\boldsymbol{s}_{im}(\boldsymbol{X}_i)}{\partial\boldsymbol{X}_{i3}}\end{bmatrix}\right|_{\boldsymbol{X}_i=\boldsymbol{y}_i^{\mathrm{I}}} \tag{3.5.15}$$

将式(3.5.14)代入式(3.5.13)中，考虑(3.5.12)，不难得到差观测的表达式

$$\boldsymbol{y}_i=-\boldsymbol{H}_i^*(\boldsymbol{y}_i^{\mathrm{I}})\Delta\boldsymbol{y}_i^{\mathrm{I}}+\Delta\boldsymbol{y}_i^{\mathrm{II}} \tag{3.5.16}$$

其为 2.6.1 小节分析的此类型观测的一般推广。

注意到，差观测中没有与未知向量 $\boldsymbol{X}_i$ 相关的项 $\boldsymbol{s}_i(\boldsymbol{x}_i)$，这实质上确定了随后相对 $\boldsymbol{X}_i$ 的估计不变性(独立性)。

由于关系式(3.5.4) ～ (3.5.6) 给出的误差 $\Delta\boldsymbol{y}_i^{\mathrm{I}}$、$\Delta\boldsymbol{y}_i^{\mathrm{II}}$ 描述成立，不难根据差观测(3.5.13) 形成状态向量(3.5.7) 的滤波问题。同时必须的矩阵和向量如下确定：

$$\boldsymbol{\Phi}_i=\begin{bmatrix}\boldsymbol{\Phi}_i^{\mathrm{I}} & 0\\ 0 & \boldsymbol{\Phi}_i^{\mathrm{II}}\end{bmatrix};\quad \boldsymbol{\Gamma}_i=\begin{bmatrix}\boldsymbol{\Gamma}_i^{\mathrm{I}} & 0\\ 0 & \boldsymbol{\Gamma}_i^{\mathrm{II}}\end{bmatrix};\quad \boldsymbol{H}_i=[-\boldsymbol{H}_i^*\boldsymbol{H}_i^{\mathrm{I}},\boldsymbol{H}_i^{\mathrm{II}}]$$

$$\boldsymbol{v}_i=\boldsymbol{v}_i^{\mathrm{I}}+\boldsymbol{H}_i^*\boldsymbol{v}_i^{\mathrm{II}};\quad \boldsymbol{w}_i=(\boldsymbol{w}_i^{\mathrm{I}})^{\mathrm{T}},(\boldsymbol{w}_i^{\mathrm{I}})^{\mathrm{T}};\quad \boldsymbol{Q}_i=\begin{bmatrix}\boldsymbol{Q}_i^{\mathrm{I}} & 0\\ 0 & \boldsymbol{Q}_i^{\mathrm{II}}\end{bmatrix}$$

$$\boldsymbol{R}_i=\boldsymbol{R}_i^{\mathrm{I}}+\boldsymbol{H}_i^*\boldsymbol{R}_i^{\mathrm{II}}(\boldsymbol{H}_i^*)^{\mathrm{T}}$$

下面分析确定运动客体在平面上位置坐标确定导航系统指数修正相关滤波问题的建模及某些结论，作为补偿信息使用到已知定轨的距离观测。

此类问题到定轨的距离观测已经在前面讨论过了。问题的特殊性在于，为化简问题除导航系统指数及补偿数据外，还假设存在客体坐标的先验信息，这个信息在函数 $\boldsymbol{s}_i(\cdot)$ 进行线性化时需要用到。由此可形成客体坐标的直接估计问题。实际上，这类信息对于运动客体，一般而言，是不存在的，坐标估计仅是由观测(3.5.11) 和观测(3.5.12)，其中 $\boldsymbol{X}_i=(X_{i1},X_{i2})^{\mathrm{T}}$，$\boldsymbol{y}_i^{\mathrm{I}}$，$\Delta\boldsymbol{y}_i^{\mathrm{I}}$ ($\mathrm{I}=\mathrm{HC}$) 为平面上客体坐标实际值向量，某导航系统及其误差指数，$\boldsymbol{y}_i^{\mathrm{II}}=y_i^{T_0}$ ($\mathrm{II}=T_0$) 为已知到 m 个定轨的距离观测，对其 m 维向量函数 $\boldsymbol{s}_i(\boldsymbol{X}_i)$ 如下确定

$$\boldsymbol{s}_{ik}(\boldsymbol{X}_i)=\sqrt{(X_1^k-X_{i1})^2+(X_2^k-X_{i2})^2},k=1,2,\cdots,m$$

式中，m 为每一时刻使用的轨道数量。

距离观测误差一般情况下，由式(3.5.4) 给出的 m 维向量 $\Delta\boldsymbol{y}_i^{\mathrm{II}}$ ($\mathrm{II}=T_0$) 描述。

基于速度和航向观测器指数计算系统，惯性系统等都可作为待估导航系统。如果仅仅需要精确化客体坐标，不需要引入校准 —— 导航系统中各观测器误差的精确化，则在描述坐标误差时只需考虑常分量的存在并在必要时给出其校准过程中的变化。使用维纳洛夫斯基序列可相当有效地解决问题，随后也将继续使用这种序列。在描述距离观测误差时只需假设仅存在白噪声误差。这种情况下，引入形如 $\boldsymbol{x}_i^{\mathrm{I}}=\boldsymbol{x}_i^{\mathrm{HC}}=(x_{i1},x_{i2})$ 的状态向量，这里 $x_{ij}(j=1,2)$ 为由导航系统可得分量坐标的误差。在滤波问题(3.5.7)、(3.5.8) 中差观测如下构成：

$$\boldsymbol{y}_i=-\boldsymbol{H}_i^*(\boldsymbol{y}_i^{\mathrm{I}})\Delta\boldsymbol{y}_i^{\mathrm{HC}}+\Delta\boldsymbol{y}_i^{T_0}$$

$$\boldsymbol{\Phi}_i=\boldsymbol{\Phi}_i^{\mathrm{I}}=\boldsymbol{E}_2;\quad \boldsymbol{\Gamma}_i=\boldsymbol{E}_2,\boldsymbol{v}_i=\boldsymbol{v}_i^{T_0};\quad \boldsymbol{w}_i=\boldsymbol{w}_i^{T_0};\quad Q_I=Q_i^{T_0}=q^2\boldsymbol{E}_2$$

$$\boldsymbol{R}_i=\boldsymbol{R}_i^{T_0}=r^2\boldsymbol{E}_2;\quad \boldsymbol{H}_i=[-\boldsymbol{H}_i^*\boldsymbol{H}_i^{\mathrm{HC}}]$$

$$\boldsymbol{H}_i^{\mathrm{HC}}=\begin{bmatrix}1 & 0\\ 0 & 1\end{bmatrix}$$

$$H_i^* = \begin{bmatrix} \dfrac{\mathrm{d}\boldsymbol{s}_{i1}(\boldsymbol{X}_i)}{\mathrm{d}X_{i1}} & \dfrac{\mathrm{d}\boldsymbol{s}_{i1}(\boldsymbol{X}_i)}{\mathrm{d}X_{i2}} \\ \dfrac{\mathrm{d}\boldsymbol{s}_{i2}(\boldsymbol{X}_i)}{\mathrm{d}X_{i1}} & \dfrac{\mathrm{d}\boldsymbol{s}_{i2}(\boldsymbol{X}_i)}{\mathrm{d}X_{i2}} \\ \vdots & \vdots \\ \dfrac{\mathrm{d}\boldsymbol{s}_{im}(\boldsymbol{X}_i)}{\mathrm{d}X_{i1}} & \dfrac{\mathrm{d}\boldsymbol{s}_{im}(\boldsymbol{X}_i)}{\mathrm{d}X_{i2}} \end{bmatrix}\Bigg|_{\boldsymbol{X}_i = y_i^{\mathrm{HC}}}$$

这里量 r^2 和 q^2 确定了坐标误差形成中的距离和派生噪声观测白噪声分量误差均方差。其中，当 $q^2=0$ 时导航系统误差在修正过程中假设是未知的。由此，设客体位于坐标原点的领域内，式(3.5.7)和式(3.5.8)由所做假设可建立下列关系式：

$$x_{i1} = x_{i-1,1} + w_{i1}$$

$$x_{i2} = x_{i-1,2} + w_{i2}$$

$$\boldsymbol{y}_{ik} = x_{i1}\sin \Pi_{ik} + x_{i2}\cos \Pi_{ik} + v_{ik}, \quad k=1,2,\cdots,m$$

这里 $\boldsymbol{y}_{ik} = y_{ik}^{T_0} - \boldsymbol{s}_{ik}(y_{ik}^{T_0})$。

下面引入两定轨 $m=2$ 问题建模的某些结论。在完成计算时，如同例 2.5.4 中，假设定轨如下确定：$\boldsymbol{x}^1=[p,0]^{\mathrm{T}}$，$\boldsymbol{x}^2=[0,p]^{\mathrm{T}}$，同时量 p 为 3 000 m，$r=30$ m$(0.01p)$。设 $\boldsymbol{x}_0$ 是协方差矩阵为 $\boldsymbol{P}^x=\sigma_0^2 E_2$ 的中心随机变量。量 σ_0 给出的先验不确定性程度使线性化算法中精度接近有势的。由例 3.5.4 的结果，这在 $\sigma_0 < 300$ m 时是有可能的。观测数 i 从 1 到 30。在图 3.5.1 上给出了线性化方法 $q=0$，$q=2$ m 和 5 m 时坐标均方误差的计算结果。按照 2.5.6 小节给出的方法计算。求无条件计算协方差矩阵和实际协方差矩阵时为求均值使用 500 个实现数。

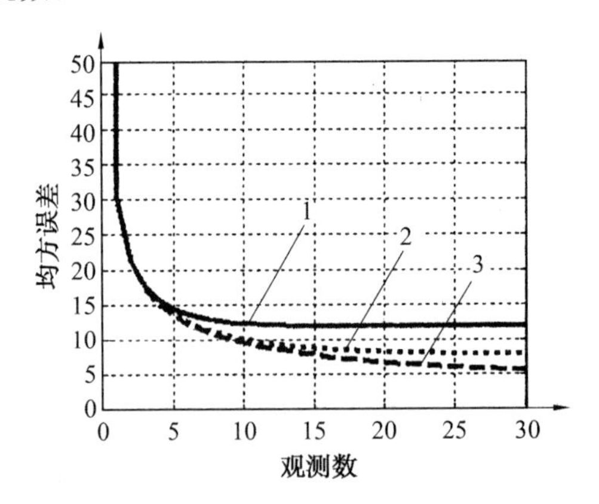

图3.5.1　不同派生噪声程序下 $q=5$ m(1)，$q=2$ m(2)，$q=0$ m(3) 修正导航系统误差维纳洛夫斯基模型下定轨问题中估计均方误差

在建模中还计算了精度下界。计算表明，对使用的原始材料卡尔曼类型的线性化算法实际上保证了有势精度，由于与其相应的均方误差与下界一致。由给出的图表可以看出，随着派生噪声水平的增加坐标的偏差增加，这是十分自然的。

由于前面综合处理时假设使用了不变框图，在求得滤波问题状态向量估计之后为完成导航系统修正应当使用关系式 $\hat{\boldsymbol{X}}_i=\boldsymbol{y}_i^{\mathrm{I}}-\boldsymbol{H}_i^{\mathrm{I}}\hat{\boldsymbol{x}}_i$。随后，如果存在形如式(3.5.11)、式(3.5.12)的观测，有向量 $\boldsymbol{X}_i$ 统计学描述的补充信息，则滤波问题可由非不变图表求解。这个问题的形成并没有困难，因为它首先是与导航参数向量 $\boldsymbol{X}_i$ 相关的。

3.5.3 导航系统指数修正中的滤波问题及非线性情况

讨论求解时不需要使用函数线性化描述下根据观测(3.5.12)修正导航系统(3.5.11)指数的滤波问题建模的特殊性[29]。应当注意到，如果不使用线性化方法，则形成观测

$$\boldsymbol{y}_i=\boldsymbol{y}_i^{\mathrm{II}}-\boldsymbol{s}_i(\boldsymbol{y}_i^{\mathrm{I}})=\boldsymbol{s}_i(\boldsymbol{X}_i)+\Delta\boldsymbol{y}_i^{\mathrm{II}}-\boldsymbol{s}_i(\boldsymbol{X}_i+\Delta\boldsymbol{y}_i^{\mathrm{I}})$$

不能够避免项 $\boldsymbol{s}_i(\boldsymbol{X}_i)$。

与此相关的，为形成滤波问题，应当使用导航信息分布准则。按照这个准则在处理导航观测时其中的一部分可作为参与处理算法的输入信息。在这种情况下观测(3.5.12)可以表示为

$$\boldsymbol{y}_i^{\mathrm{II}}=\boldsymbol{s}_i(\boldsymbol{y}_i^{\mathrm{I}}-\Delta\boldsymbol{y}_i^{\mathrm{I}})+\Delta\boldsymbol{y}_i^{\mathrm{II}}=\tilde{s}_i(\Delta\boldsymbol{y}_i^{\mathrm{I}})+\Delta\boldsymbol{y}_i^{\mathrm{II}} \tag{3.5.17}$$

在形成滤波问题时状态向量与3.5.2小节中的类似。引入定义 $\boldsymbol{y}_i\equiv\boldsymbol{y}_i^{\mathrm{II}}$，写出滤波问题中使用的观测

$$\boldsymbol{y}_i=\tilde{s}_i(\Delta\boldsymbol{y}_i^{\mathrm{I}})+\Delta\boldsymbol{y}_i^{\mathrm{II}} \tag{3.5.18}$$

现在，如果说关于验后密度，则这里就当只涉及这些观测，$\boldsymbol{y}_i^{\mathrm{I}}$ 的值视作已知的确定性输入序列。与此同时应当注意到，式(3.5.18)的右端与 $\boldsymbol{y}_i^{\mathrm{I}}$ 的值不明显相关，因为其在相当大的程度上确定了函数 $\tilde{s}_i(\Delta\boldsymbol{y}_i^{\mathrm{I}})$ 的形式。

$\boldsymbol{y}_i^{\mathrm{I}}$ 在向量 $\Delta\boldsymbol{y}_i^{\mathrm{I}}$ 的随机特性得以保持及表达式(3.5.11)成立的假设下，实际上意味着向量 $\boldsymbol{X}_i$ 的是随机特性假设。同时其数学期望等于 $\boldsymbol{y}_i^{\mathrm{I}}$，统计特性由 $\Delta\boldsymbol{y}_i^{\mathrm{I}}$ 确定，因为 $\boldsymbol{f}(\boldsymbol{X}_i)=\boldsymbol{f}_{\Delta\boldsymbol{y}_i^{\mathrm{I}}}(\boldsymbol{y}_i^{\mathrm{I}}-\Delta\boldsymbol{y}_i^{\mathrm{I}})$。由此可知，在对观测使用的假设下所得问题的求解算法不再具有相对向量 $\boldsymbol{X}_i$ 的不变特性。

注意到，在引入线性化表达式(3.5.18)时，我们就来到了前面分析的问题。事实上假设导数值在先验不确定域内不改变，则可写作

$$\boldsymbol{y}_i^{\mathrm{II}}=\boldsymbol{s}_i(\boldsymbol{y}_i^{\mathrm{I}}-\Delta\boldsymbol{y}_i^{\mathrm{I}})+\Delta\boldsymbol{y}_i^{\mathrm{II}}\approx\boldsymbol{s}_i(\boldsymbol{y}_i^{\mathrm{I}})-\frac{\mathrm{d}\boldsymbol{s}_i(\boldsymbol{y}_i^{\mathrm{I}})}{\mathrm{d}(\boldsymbol{y}_i^{\mathrm{I}})^{\mathrm{T}}}\Delta\boldsymbol{y}_i^{\mathrm{I}}+\Delta\boldsymbol{y}_i^{\mathrm{II}}$$

将值 $\boldsymbol{s}_i(\boldsymbol{y}_i^{\mathrm{I}})$ 移到方向左侧，可得与式(3.5.16)一致的表达式。

例3.5.4 由地形起伏场的图表和观测进行导航系统修正的问题。由地形起伏的图表和信息修正导航系统指数的问题是使用地球物理场修正问题的特殊情况[9,80]。这类问题是已知的，类似于修正一极值导航问题，其最简的一维方案在2.1.4小节中已经讨论过。如这一节中已经说明的这种导航方法的思想在于基于某些地球物理参数的观测值精确运动客体坐标，例如地形起伏。分析滤波问题的建模，类似于例3.5.3中，要求精确平面上的客体坐标，使用导航系统(3.5.11)的指数及地形起伏标量观测，其可表示为

$$y_i^{\mathrm{P}} = \Psi(X_{i1}, X_{i2}) + \Delta y_i^{\mathrm{P}}, \quad i=1,2,\cdots,m \tag{3.5.19}$$

这里函数 $\psi(X_{i1}, X_{i2})$ 描述了地形起伏对运动客体坐标的相关性并由图表给出，Δy_i^P 为观测误差，是图表和观测器误差之和。

将式(3.5.11) 作为输入信号写作

$$\Psi(X_{i1}, X_{i2}) = \Psi(y_{i1}^{\mathrm{HC}} - \Delta y_{i1}^{\mathrm{HC}}, y_{i2}^{\mathrm{HC}} - \Delta y_{i2}^{\mathrm{HC}}) = \tilde{s}_i(\Delta y_{i1}^{\mathrm{HC}}, \Delta y_{i2}^{\mathrm{HC}})$$

观测(3.5.19) 可表示为

$$y_i^{\mathrm{P}} = \tilde{s}_i(\Delta y_{i1}^{\mathrm{HC}}, \Delta y_{i2}^{\mathrm{HC}}) + \Delta y_i^{\mathrm{P}}, i=1,2,\cdots,m \tag{3.5.20}$$

给出 Δy_i^{HC} 和 Δy_i^P 的误差模型，可将根据地形起伏的导航问题作为观测(3.5.20) 的滤波问题。分析其最简情形。设导航系统误差在观测过程中不发生改变，误差 Δy_i^{P} 仅含有白噪声成分。在这种情况下问题归结为矢量滤波：

$$x_{i1} = x_{i-1,1} = x_1$$

$$x_{i2} = x_{i-1,2} = x_2$$

观测表示为

$$y_i^{\mathrm{P}} = \tilde{s}_i(x_1, x_2) + v_i^{\mathrm{P}}$$

设估计向量和观测误差彼此独立且为方差是 r^2 的高斯向量，对于验后密度有如下表达式

$$f(x/Y_m) = \frac{\exp\{-J(x, Y_m) f(x)\}}{\int \exp\{-J(x, Y_m) f(x)\} \mathrm{d}x}$$

这里 $$J(x, Y_m) = \frac{1}{2r^2} \sum_{i=1}^{m} (y_i - \tilde{s}_i(x_1, x_2))^2; \quad f(x) = N(x; 0, \sigma_0^2 E_2)$$

在图 3.5.2 中给出了验后密度可能情况，一般情况下是多极值的。

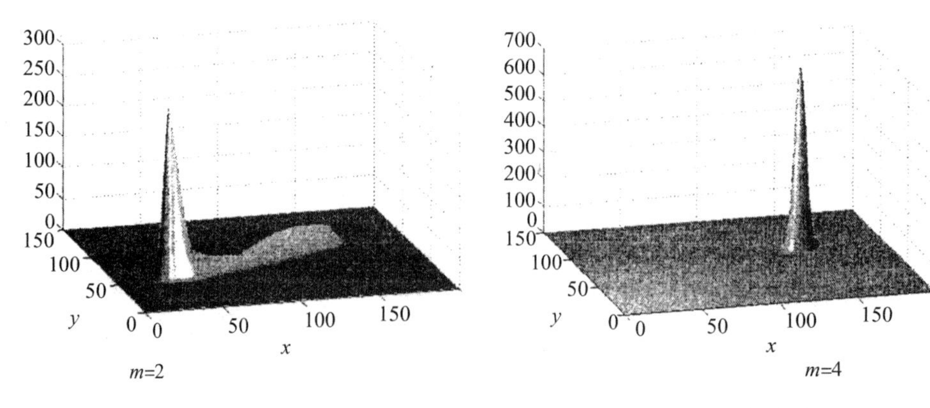

图 3.5.2　地形起伏场图表和观测用于导航问题的验后密度曲线

不涉及十分重要的估计算法有效性问题，仅关注怎样建立与地形起伏相关的导航问题，将其作为与地球物理场相关导航问题的特例，讨论算法综合及精度分析中使用各种算法的可能性，其中，包括在 2.5 节中讨论的。选择具体最适合的方案与场的特性相关性分析中的先验不确定性的可能程度，以及其他因素紧密相关[80]。

3.5.4　导航和卫星系统指数综合处理中的滤波问题

现代导航系统发展的基本方向之一就是基于卫星和惯性导航系统指数积分法的方向[13,34,75,79]。在建立系统此类方法时其有效性在很大程度上由所有观测信息综合处理算法的有效性确定。分析综合处理问题的某些可能提法。

首先给出信息综合处理的滤波问题，假设使用不变的弱相关(loosely coupled) 处理图表。

惯性导航系统和卫星导航系统信息综合处理不变弱相关图表的构造在图 3.5.3 中解释。

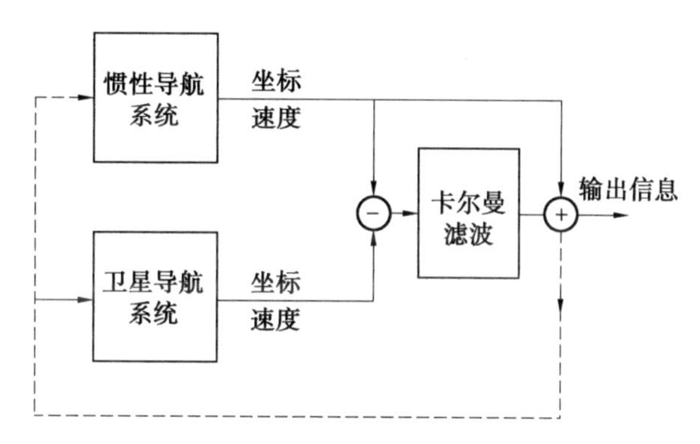

图 3.5.3　惯性导航系统和卫星导航系统信息综合处理不变弱相关图表构造

一般情况下在综合处理时可使用三维向量，其分量为坐标 $S_i^{ИНС}$，S_i^{CHC} 和速度 $V_i^{ИНС}$，V_i^{CHC}。在这些条件中，向量 $\boldsymbol{X}_i=(X_{i1},X_{i2},\cdots,X_{i6})^{\mathrm{T}}$ 为六维向量，包括三个坐标和三个速度分量。不失一般性，对假设仅使用坐标信息时的滤波问题来构造状态向量和观测向量。

例 3.5.5　对应于弱相关处理图表卫星和惯性导航系统信息综合处理中的滤波问题。当使用信息仅为坐标信息时，在弱相关不变处理图表中作为观测的式(3.5.1)、式(3.5.2)，在相对惯性导航系统(Ⅰ＝ИНС)和卫星导航系统(Ⅱ＝CHC)中包含三维坐标分量 $S_i^{ИНС}$、S_i^{CHC}。由 $\boldsymbol{X}_i=(X_{i1},X_{i2},X_{i3})^{\mathrm{T}}$ 为三维向量及相应的差观测同样是三维向量

$$y_i=S_i^{ИНС}-S_i^{CHC}=\Delta S_i^{ИНС}-\Delta S_i^{CHC} \tag{3.5.21}$$

式中，$\Delta S_i^{CHC}=\Delta y_i^{ИНС}$，$\Delta S_i^{CHC}=\Delta y_i^{CHC}$ 为由惯性导航系统和卫星导航系统信息确定的坐标误差。

向量 $\boldsymbol{x}_i=((x_i^{\mathrm{I}})^{\mathrm{T}},(x_i^{\mathrm{II}})^{\mathrm{T}})^{\mathrm{T}}$ 此时由 n^{CHC} 维子向量 $x_i^{\mathrm{I}}=x_i^{CHC}$ 和 $n^{ИНС}$ 维子向量 $x_i^{\mathrm{II}}=x_i^{ИНС}$ 构成，它们描述了卫星导航系统和惯性导航系统的误差。在根据卫星导航系统信息确定坐标误差时，一般而言，假设存在白噪声成分 v_i^{CHC}

$$\Delta y_i^{CHC}=\varepsilon_i^{CHC}+v_i^{CHC}=H_i^{CHC}x_i^{CHC}+v_i^{CHC}$$

式中，H_i^{CHC} 为 $3\times n^{CHC}$ 矩阵，由其构成为 ε_i^{CHC}。

如果这些误差描述，例如，使用维纳洛夫斯基矩阵，则可以使用如下方式形成滤波问

题中卫星导航系统误差描述所需的矩阵：

$$\boldsymbol{\Phi}_i^{\mathrm{CHC}}=\boldsymbol{E}_3,\quad \boldsymbol{\Gamma}_i^{\mathrm{CHC}}=\boldsymbol{E}_3,\quad \boldsymbol{H}_i^{\mathrm{CHC}}=\boldsymbol{E}_3$$

$$\boldsymbol{Q}_i^{\mathrm{CHC}}=\begin{bmatrix} q_1^2 & 0 & 0 \\ 0 & q_2^2 & 0 \\ 0 & 0 & q_3^2 \end{bmatrix},\quad \boldsymbol{R}_i^{\mathrm{CHC}}=\begin{bmatrix} r_1^2 & 0 & 0 \\ 0 & r_2^2 & 0 \\ 0 & 0 & r_3^2 \end{bmatrix},\quad \boldsymbol{P}_0^{\mathrm{CHC}}=\begin{bmatrix} \sigma_1^2 & 0 & 0 \\ 0 & \sigma_2^2 & 0 \\ 0 & 0 & \sigma_3^2 \end{bmatrix}$$

这里量σ_j^2、r_j^2描述坐标观测系统和振荡误差水平，$q_j^2(j=1,2,3)$确定了其变化程度。在描述惯性导航系统误差时，最简情形下状态子向量$x_i^{\mathrm{II}}=x_i^{\mathrm{ИHC}}$直接包含三维坐标误差$\Delta S^{\mathrm{ИHC}}$、速度误差$\Delta V_i^{\mathrm{ИHC}}$、轨道角度误差，以及敏感元件的加速计误差$\Delta a_i$和陀螺误差$\Delta\omega_i$，这里为简便假设其为一维的，例如维纳洛夫斯基或指数相关序列[4,34]。这种情况下，描述惯性导航系统误差的状态向量为其维数为15。在描述惯性导航系统误差时，一般而言，不含有白噪声分量。由此

$$\boldsymbol{x}_i^{\mathrm{ИHC}}=((\Delta S_i^{\mathrm{ИHC}})^{\mathrm{T}},(\Delta V_i^{\mathrm{ИHC}})^{\mathrm{T}},(\Delta\alpha_i^{\mathrm{ИHC}})^{\mathrm{T}},(\Delta a_i)^{\mathrm{T}},(\Delta\omega_i)^{\mathrm{T}})^{\mathrm{T}}$$

$$\Delta y_i^{\mathrm{ИHC}}=\boldsymbol{H}_i^{\mathrm{ИHC}}x_i^{\mathrm{ИHC}}$$

式中，$\boldsymbol{H}_i^{\mathrm{ИHC}}$为$3\times 15$维矩阵，写作$\boldsymbol{H}_i^{\mathrm{ИHC}}=[\boldsymbol{E}_3,\boldsymbol{O}_{3\times 15}]$。

为完成滤波问题的最终建模现在必须建立确定状态向量$\boldsymbol{x}_i^{\mathrm{ИHC}}$成分初始不确定性程度的矩阵$\boldsymbol{P}_0^{\mathrm{ИHC}}$，以及描述惯性导航系统误差的矩阵$\boldsymbol{\Phi}_i^{\mathrm{ИHC}}$、$\boldsymbol{T}_i^{\mathrm{ИHC}}$、$\boldsymbol{Q}_i^{\mathrm{ИHC}}$。这些误差通常由随机线性微分方程描述，正是这些方程为建模中的关键。这些矩阵$\boldsymbol{\Phi}_i^{\mathrm{ИHC}}$、$\boldsymbol{T}_i^{\mathrm{ИHC}}$、$\boldsymbol{Q}_i^{\mathrm{ИHC}}$是离散化的结果，由其完成了用离散序列描述连续时间函数的过程[50,69,101]。这些矩阵的形式在很大程度上取决于离散化的精度，其中包括离散化区间。这些基于离散化的矩阵求取过程在书中的第二部分描述。之后作为滤波问题的求解结果可得状态向量，积分导航系统指数估计，描述为

$$\hat{\boldsymbol{X}}_i=\boldsymbol{y}_i^{\mathrm{ИHC}}-\boldsymbol{H}_i^{\mathrm{ИHC}}\hat{\boldsymbol{x}}_i^{\mathrm{ИHC}}$$

图3.5.3中的虚线表示，在估计算法中的处理不仅可用于输出信息的修正，还可用于惯性导航系统敏感元件的误差精确化，以及卫星导航系统轨道设备中卫星信号跟踪质量的提高。由此必须注意到如下内容。尽管滤波问题的求解目的之一是提高坐标确定的精度，但事实上惯性导航系统指数的修正问题并不在于此。问题在于，当存在卫星导航系统信息时，在综合处理中坐标得到的精度通常与卫星导航系统的精度差别很小。但是当使用补偿观测时可以精确化惯性导航系统敏感元件误差，当卫星导航系统数据信号丢失时确保提高导航参数确定精度，其中对于坐标要求卡尔曼滤波处于预报状态，即仅使用惯性导航系统的信息。

当敏感元件的变化误差较小时可使用常量描述，则求解过程中滤波和修正问题的求解在观测的整个区间上，对这些状态分量使用的是一致的。在处理区间的末端，求解滤波和修正问题所得的误差是相同的，对状态向量其他分量也是。但是，如果求解修正问题，则同时可大幅提高区间内状态向量其他分量的估计精度，其中对于坐标而言使用图形表格是十分有益的。

现在如果假设使用称作强相关(tightly coupled)处理不变图表方法,形成卫星和惯性导航系统综合信息处理中必然会出现的滤波问题。惯性导航系统和卫星导航系统数据综合处理强相关不变图表方法的构成如图 3.5.4 所示。

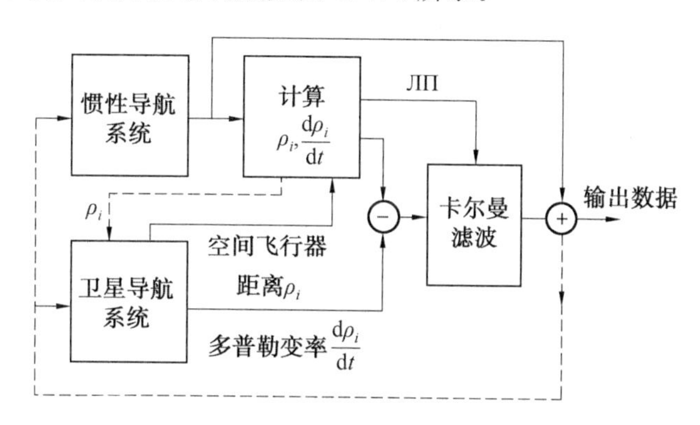

图 3.5.4　惯性导航系统和卫星导航系统数据综合处理强相关不变图表构造

如图 3.5.4 所示,对应给出图表进行综合处理时,假设卫星导航系统所使用仪器对于每个卫星一般情况下使用式(2.1.18)、式(2.1.19)给出的伪距离 ρ_i^{CHC} 和多普勒变率 $\dot{\rho}_i^{\mathrm{CHC}}$ 观测。解释滤波问题中状态观测和向量观测向量构成,假设仅使用伪距离观测。

例 3.5.6　使用强相关处理图表时卫星导航系统和惯性导航系统信息综合处理中的滤波问题。

在强相关不变图表中选用式(3.5.11)、式(3.5.12)型观测,与前面一样,由惯性系统(I=ИНС)客体坐标值,由卫星系统(Ⅱ=CHC)伪距离观测值。在综合处理时滤波算法中使用的差观测这里对应表达式(3.5.13)构成

$$y_i = \rho_i^{\mathrm{CHC}} - \rho_i^{\mathrm{ИНС}}(s_i^{\mathrm{ИНС}}) = \Delta\rho_i^{\mathrm{CHC}} - \Delta\rho_i^{\mathrm{ИНС}} \tag{3.5.22}$$

式中,ρ_i^{CHC}、$\Delta\rho_i^{\mathrm{CHC}}$ 分别为伪距离观测值及与其相应的误差;$\rho_i^{\mathrm{ИНС}}(S_i^{\mathrm{ИНС}})$、$\Delta\rho_i^{\mathrm{ИНС}}$ 分别为由惯性导航系统及卫星导航系统所得关系式(2.1.18)计算的伪距离值及其计算误差。

为描述观测(3.5.22)状态向量 $\boldsymbol{x}_i$ 中,类似于例 3.5.5,包含两个维数分别为 $n^{\mathrm{ИНС}}$、n^{CHC} 的子向量 $\boldsymbol{x}_i^{\mathrm{I}} = \boldsymbol{x}_i^{\mathrm{ИНС}}$ 和 $\boldsymbol{x}_i^{\mathrm{II}} = \boldsymbol{x}_i^{\mathrm{CHC}}$,分别描述了惯性导航系统和卫星导航系统误差。与惯性导航系统误差对应的子向量 $\boldsymbol{x}_i^{\mathrm{II}} = \boldsymbol{x}_i^{\mathrm{ИНС}}$ 与例 3.5.5 中的类似子向量一致,而子向量 $\boldsymbol{x}_i^{\mathrm{I}} = x_i^{\mathrm{CHC}}$ 具有另一种形式。在使用 m 个卫星数据时这个向量可表示为

$$\boldsymbol{x}_i^{\mathrm{CHC}} = (\delta, (x_\rho^1)^{\mathrm{T}}, (x_\rho^2)^{\mathrm{T}}, \cdots, (x_\rho^m)^{\mathrm{T}})^{\mathrm{T}}$$

式中,$\delta = \Delta t$ 为时间误差,子向量 $\boldsymbol{x}_\rho^j (j = 1, 2, \cdots, m)$ 用于描述每个卫星的误差分量 $\boldsymbol{\varepsilon}_\rho^j$。

最简情形中,假设仅存在白噪声误差分量,子向量 $\boldsymbol{x}_i^{\mathrm{CHC}} = \boldsymbol{\delta}$,且其维数为 1。如果除白噪声外假设还存在慢变误差 $\boldsymbol{\varepsilon}_i^j$,例如,由维纳洛夫斯基或指数相关序列描述,则子向量 $\boldsymbol{x}_i^{\mathrm{CHC}} = (\delta, x_\rho^1, x_\rho^2, \cdots, x_\rho^m)^{\mathrm{T}}$,维数为 $m+1$。

考虑到给出量 $\Delta\rho_i^{\mathrm{CHC}}$ 和 $\Delta\rho_i^{\mathrm{ИНС}}$ 的表达式为

$$\Delta\rho_i^{\mathrm{CHC}} = H_{\rho_i}^{\mathrm{CHC}} x_i^{\mathrm{CHC}} + v_{\rho_i}^{\mathrm{CHC}}$$

$$\Delta\rho_i^{\mathrm{ИНС}} = H_{\rho_i}^{\mathrm{ИНС}} x_i^{\mathrm{ИНС}} = H_{S_i}^{\mathrm{ИНС}} \Delta S_i^{\mathrm{ИНС}}$$

式中，$\boldsymbol{H}\rho_i^{\text{CHC}}$、$\boldsymbol{H}\rho_i^{\text{ИНС}}$ 分别为由子向量 $\boldsymbol{x}_i^{\text{CHC}}$ 和 $\boldsymbol{x}_i^{\text{ИНС}}$ 的距离观测误差形成的矩阵；$\boldsymbol{v}\rho_i^{\text{CHC}}$ 为序列观测的白噪声分量；$\boldsymbol{H}_{S_i^{\text{CHC}}}$ 为位置线元素，是距离对三个坐标的导数值，类似于根据平面定轨确定坐标。

假设存在四个卫星，序列观测误差慢变分量 $\boldsymbol{\varepsilon}_i^j$ 由维纳洛夫斯基序列描述，求对应卫星导航系统误差的向量和矩阵值。这种情况下向量 $\boldsymbol{x}_i^{\text{CHC}}$ 的维数是 5，$\boldsymbol{W}_i^{\text{CHC}}$ 和 $\boldsymbol{V}_i^{\text{CHC}}$ 的维数为 4：

$$\boldsymbol{\Phi}_i^{\text{CHC}}=\boldsymbol{E}_5,\quad \boldsymbol{Q}_i^{\text{CHC}}=\boldsymbol{q}^2\boldsymbol{E}_4;\quad \boldsymbol{R}_i^{\text{CHC}}=\boldsymbol{r}^2\boldsymbol{E}_4$$

$$\boldsymbol{\Gamma}_i^{\text{CHC}}=\begin{bmatrix}0&0&0&0\\1&0&0&0\\0&1&0&0\\0&0&1&0\\0&0&0&1\end{bmatrix},\quad \boldsymbol{H}_i^{\text{CHC}}=\begin{bmatrix}1&1&0&0&0\\1&0&1&0&0\\1&0&0&1&0\\1&0&0&0&1\end{bmatrix},\quad \boldsymbol{P}_0^{\text{CHC}}=\begin{bmatrix}\sigma_\delta^2&0&0&0&0\\0&\sigma^2&0&0&0\\0&0&\sigma^2&0&0\\0&0&0&\sigma^2&0\\0&0&0&0&\sigma^2\end{bmatrix}$$

这里 r^2 和 σ^2 确定了序列观测误差白噪声和结构分量程度；q^2 描述了维纳洛夫斯基序列的变化程度；σ_δ^2 确定了时间误差上的不确定程度。为简单假设，对于不同卫星上述量是相同的。

对于强相关处理图表，类似于弱相关情况，在表格上用虚线表示逆约束，给出了惯性导航系统敏感元件指数精确化和卫星导航系统信号修正精度提高中滤波问题求解方法使用的可能性。

注意到，在实现状态向量强相关图表时可以消去对于所有卫星都相同的由时间误差限制的分量。由于在 2.6.5 小节中已经描述过了，应当初步形成到不同卫星伪距离的差观测，预先选定某卫星为基准。同时观测相对卫星导航系统的观测维数减少一阶。在形成相应的滤波问题时，必须考虑协方差矩阵 $\boldsymbol{R}_i^{\text{CHC}}$ 的变化，其不再具有对角形式。

3.5.5　高度和铅垂速度及重力仪指数综合处理中随机序列滤波和修正问题

再来分析一个例子，即高度和铅垂速度信息及重力仪指数综合处理中的滤波和修正问题[10]。现在与运动客体，其中包括飞行器相关的重力加速度异常场确定的方法得到了有力发展。为保证这个场的较高精度必须从重力仪指数中划分中客体在铅垂平面运动中派生出的惯性加速度中有益的异常信号。基于此来实现卫星导航系统中重力仪指数和高度及铅垂速度信息的综合处理。十分重要的是并不需要确定实际时间的重力加速度场，这是解决修正问题的前提。这里给出相应滤波和修正问题的最简方案。综合处理中使用的图表在图 3.5.5 中给出。

设确定重力加速度场异常问题中原始数据包括卫星导航系统的铅垂坐标和速度观测以及重力仪观测

$$h^{\text{CHC}}=h+\delta h^{\text{CHC}}\tag{3.5.23}$$

$$V_z^{\text{CHC}}=V_z+\delta V_z^{\text{CHC}}\tag{3.5.24}$$

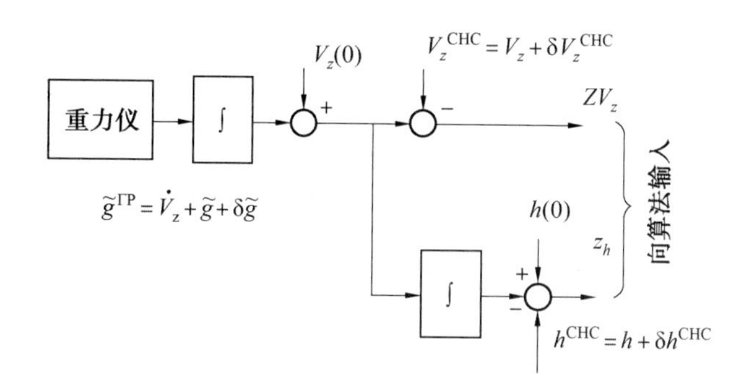

图 3.5.5　高度和铅垂速度观测及重力仪指数综合处理图表

$$\tilde{g}^{\Gamma P}=\dot{V}_Z+\tilde{g}+\delta g \tag{3.5.25}$$

式中，h、V_Z、$\dot{V}_Z$ 分别为高度、客体速度和加速度的铅垂分量；δh^{CHC}、δV_Z^{CHC} 分别为根据卫星导航系统信息的坐标和速度铅垂分量观测误差；$\tilde{g}$ 为重力加速度异常；δg 为重力仪误差。

为简化假设，高度和铅垂速度的初始值是已知的。直接对重力仪指数进行积分，使得在图表上可以计算铅垂速度和高度值。计算值中包含由变异和重力仪本身观测误差引起的误差。去掉下脚标 z，根据重力仪信息确定高度和铅垂速度误差可写出

$$\begin{cases}\Delta\dot{h}^{\Gamma P}=\Delta V^{\Gamma P}\\ \Delta\dot{V}^{\Gamma P}=\tilde{g}+\delta g\end{cases} \tag{3.5.26}$$

式中，$\Delta h^{\Gamma P}$、$\Delta V^{\Gamma P}$ 分别为高度和铅垂速度确定误差；$\tilde{g}$ 为重力加速度异常；δg 为重力仪误差。

在信息综合处理中使用不变图表。基于此构成重力仪指数(3.5.25)第一和第二积分间的差观测，一方面，由卫星导航系统速度(3.5.24)和高度(3.5.23)观测得到，另一方面：

$$y^h=\Delta h^{\Gamma P}-\delta h^{CHC} \tag{3.5.27}$$

$$y^V=\Delta V^{\Gamma P}-\delta V^{CHC} \tag{3.5.28}$$

选择充分小的离散区间 Δt 并利用式(3.5.26)给出的对时间的导数值，可写出下列近似关系式，表示值 $\Delta h^{\Gamma P}(t_i)\equiv\Delta h_i^{\Gamma P}$，$\Delta V^{\Gamma P}(t_i)\equiv\Delta V_i^{\Gamma P}$ 与前一时刻 t_{i-1} 时的值的关系

$$\Delta h_i^{\Gamma P}\approx\Delta h_{i-1}^{\Gamma P}+\Delta\dot{h}_{i-1}^{\Gamma P}\Delta t=\Delta h_{i-1}^{\Gamma P}+\Delta V_{i-1}^{\Gamma P}\Delta t \tag{3.5.29}$$

$$\Delta V_i^{\Gamma P}\approx\Delta V_{i-1}^{\Gamma P}+\Delta\dot{V}_{i-1}^{\Gamma P}\Delta t=\Delta V_{i-1}^{\Gamma P}+\tilde{g}_{i-1}\Delta t+\varepsilon_i^{\Gamma P} \tag{3.5.30}$$

式中，$\varepsilon_i^{\Gamma P}=\delta g_{i-1}\Delta t$ 为离散时刻重力仪误差。

为描述异常行为选择最简模型维纳洛夫斯基序列(3.1.20)，假设派生噪声的方差为 q^2。设卫星导航系统和重力仪的误差是彼此互不相关的白噪声，其方差分别是 $(r^h)^2$、$(r^V)^2$、$(r^{\Gamma P})^2$。引入状态向量 $\boldsymbol{x}_i=(\Delta h_i^{\Gamma P},\Delta v_i^{\Gamma P},\tilde{g}_i)^{\mathrm{T}}$ 和派生噪声向量 $\boldsymbol{W}_i=(W_{i1},W_{i2})^{\mathrm{T}}$，同时设区间 Δt 的选择保证了表达式(3.5.29)、式(3.5.30)维持可以接受的精度，可将问题归结为状态空间标准建模。同时对于滤波和修正问题必须的矩阵如下形式：

$$\boldsymbol{\Phi}=\begin{bmatrix}1&\Delta t&0\\0&1&\Delta t\\0&0&1\end{bmatrix};\quad\boldsymbol{\Gamma}=\begin{bmatrix}0&0\\1&0\\0&1\end{bmatrix};\quad\boldsymbol{H}=\begin{bmatrix}1&0&0\\0&1&0\end{bmatrix}$$

$$P_0=\begin{bmatrix}(r^h)^2 & 0 & 0\\ 0 & (r^V)^2 & 0\\ 0 & 0 & \sigma_g^2\end{bmatrix};\quad Q=\begin{bmatrix}(r^{\Gamma P})^2 & 0\\ 0 & q^2\end{bmatrix};\quad R=\begin{bmatrix}(r^h)^2 & 0\\ 0 & (r^V)^2\end{bmatrix}$$

分析的滤波和修正问题中存在稳态解。估计误差协方差矩阵描述了所用模型的有势精度。可以由相应的协方差方程来计算其值。

为计算滤波误差协方差矩阵 $\boldsymbol{P}_{\infty}^{\phi}$ 的稳态值要求解方程(3.2.46)。这可由递推关系式进行计算

$$\boldsymbol{P}_k^{\phi}=\widetilde{\boldsymbol{P}}_k^{\phi}-\widetilde{\boldsymbol{P}}_k^{\phi}\boldsymbol{H}^{\mathrm{T}}(\boldsymbol{H}\widetilde{\boldsymbol{P}}_k^{\phi}\boldsymbol{H}^{\mathrm{T}}+\boldsymbol{R})^{-1}\boldsymbol{H}\widetilde{\boldsymbol{P}}_k^{\phi} \tag{3.5.31}$$

$$\widetilde{\boldsymbol{P}}_k^{\phi}=\boldsymbol{\Phi}\widetilde{\boldsymbol{P}}_{k-1}^{\phi}\boldsymbol{\Phi}^{\mathrm{T}}+\boldsymbol{Q} \tag{3.5.32}$$

其中,式(3.5.32)为预测误差协方差矩阵。

为计算修正误差协方差矩阵的稳态值必须使用关系式(3.4.8)、式(3.4.9),由其可得下列递推关系式

$$\boldsymbol{P}_k^{сгл}=\boldsymbol{P}_{\infty}^{\phi}+\boldsymbol{P}_{\infty}^{\phi}\boldsymbol{\Phi}^{\mathrm{T}}(\widetilde{\boldsymbol{P}}_{\infty}^{\phi})^{-1}(\boldsymbol{P}_{k+1}^{сгл}-\widetilde{\boldsymbol{P}}_{\infty}^{\phi})(\widetilde{\boldsymbol{P}}_{\infty}^{\phi})^{-1}\boldsymbol{\Phi}\boldsymbol{P}_{\infty}^{\phi} \tag{3.5.33}$$

其为逆时间解。这里 $\widetilde{P}_{\infty}^{\phi}=\boldsymbol{\Phi}\boldsymbol{P}_{\infty}^{\phi}\boldsymbol{\Phi}^{\mathrm{T}}+\boldsymbol{Q}$ 为稳态下预测误差协方差矩阵(3.5.32)。在逆时间求解时作为修正误差协方差矩阵的初始值选用 $\boldsymbol{P}_{\infty}^{\phi}$。

这个问题的求解误差与沿运动轨迹方向的重力加速度场的变化显著相关。这一变化可由沿运动方向的导数值$\frac{\partial\tilde{g}}{\partial L}$描述。在表格中给出了计算滤波和修正均方误差值的例子,在不同$\frac{\partial\tilde{g}}{\partial L}$值时求解协方差矩阵方程(3.5.31)、(3.5.33)可得,假设由卫星导航系统信息确定的高度和速度观测均方误差为 $r^h=5$ cm,$r^V=1$ cm/s,对重力仪有 $r^{\Gamma P}=5$ 毫伽。

q值的选择在距离$L=1$ km时维纳洛夫斯基序列的增量 $\Delta\tilde{g}=\frac{\partial\tilde{g}}{\partial L}L$。注意到维纳洛夫斯基序列的增量方差表示为$q^2 i$,在已知客体运动速度$V^л$和$\Delta t$值时不难确定必需的$q$值:$q=\Delta\tilde{g}\sqrt{i}$,这里 $L=1$ km 时 $i=L/(\Delta t V^л)$。

分别对每种观测(高度和速度)进行计算,包括对它们综合处理时,以及速度 $V^л=50$ m/s(对小飞机)和梯度的四个值$\frac{\partial\tilde{g}}{\partial L}$。

由表中给出的结果可知,对所使用的模型及与其相应的参数修正的异常估计精度与滤波所得精度相比几乎提高了两倍。

异常 $\tilde{g}$ 的滤波和修正均方差

观测类型	梯度值$\frac{\partial g}{\partial l}$毫伽/千米			
	1	3	5	10
V_z	2,0/1,1	4,8/2,4	7,1/3,6	12,2/6,1
h	1,1/0,5	2,9/1,2	4,4/1,8	7,8/3,2
$h+V_z$	1,1/0,5	2,9/1,2	4,4/1,8	7,8/3,2

除此之外，由卫星导航系统来进行高度和铅垂速度观测联合处理中，当其观测误差关系式给定时，异常的精度实际上与仅使用高度观测的精度一致，即这些观测联合使用的效果并不明显。

作为结论值得注意下列说明。所给出的由直接描述(3.5.26)到离散异常(3.5.29)、(3.5.30)的转化过程在本质上是最简的近似方案。确保其没有显著误差的精确方法在本书的第二部分给出。显然，如果选用其他异常描述和观测误差模型，这里所得结果将会有明显的变化。相应模型的选择问题在这里是一个单独问题，需要进行专门讨论。本小节的目的是说明航空重力仪问题中滤波和修正理论方法使用的可能性。

3.5.6　本节习题

习题 3.5.1　将卫星导航系统和惯性导航系统坐标和速度观测综合处理中的滤波问题形成综合处理中的滤波问题，形成综合处理弱相关图表。

习题 3.5.2　将伪距离、伪速度和惯性导航系统信息观测综合处理中的滤波问题形成综合处理强相关图表。

习题 3.5.3　将伪距离和惯性导航系统信息观测综合处理中的滤波问题形成基于卫星导航系统观测的综合处理强相关图表，其中不包含时间误差。

习题 3.5.4　根据两个不同地球物理场的观测形成与导航系统修正相关的滤波问题，例如位置地形起伏场和重力加速度场。

思考题

1. 滤波和修正问题中状态向量和观测向量描述的区别是什么？

2. 为什么在导航系统指数修正问题中线性化假设下可形成相应于不变图表的处理问题？

3. 为什么在导航系统指数修正问题中当不允许线性化时，不能形成确保不变处理图表的差观测？

4. 在惯性导航系统和卫星导航系统信息综合处理弱相关图表的实现中必须的最小卫星数是什么？

5. 在卫星导航系统和惯性导航系统坐标观测综合处理中与使用速度信息的情形相比，状态向量用于综合处理弱相关图表应当怎样变化？

6. 与弱相关方案相比综合处理强相关图表有怎样的优越？

7. 在 3.5.5 小节中由高度和铅垂速度信息，引力仪指数综合处理的分析图表相对哪些参数是不变的？

3.6 Matlab 建模

1. 给出 m 个观测的关系式

方案(a) $\boldsymbol{y}_i=\boldsymbol{x}_0+\boldsymbol{v}_i$;

方案(b) $\boldsymbol{y}_i=\boldsymbol{x}_0+x_1t_i+\boldsymbol{v}_i$;

方案(c) $\boldsymbol{y}_i=\boldsymbol{x}_0+x_1t_i+x_2t_i^2+\boldsymbol{v}_i, i=1,2,\cdots,m$。

其中 $\boldsymbol{x}_j(j=0,1,2)$ 为彼此独立的中心高斯随机向量,其方差为 $\sigma_j^2(j=0,1,2)$;$\boldsymbol{v}_i(i=1,2,\cdots,m)$ 为彼此独立且相对 $\boldsymbol{x}_j(j=0,1,2)$ 独立,中心高斯随机向量,方差为 $r_i^2(i=1,2,\cdots,m)$;$t_i=\Delta t(i-1)(i=1,2,\cdots,m)$ 为相对观测起点的误差;$\Delta t=\dfrac{T}{M}$ 为观测发生的区间,$T-\Delta t$ 为观测发生的时间。确定得到的 $\boldsymbol{x}_j(j=0,1,2)$。

给出 1～10 上的计算值 $\sigma_j^2(j=0,1,2)$;$\boldsymbol{r}_i=r(i=1,2,\cdots,m)$ 在 1－2 上,T 在 1～100 s 上,m 在 20～200 上,$\Delta t=1$。

2. 由卡尔曼滤波建立估计及相应的协方差矩阵求解程序。对选择的原始信息值计算所有时刻上的估计。

3. 建立其滤波参数,误差及相应最优均方值真实值图表。给出对所得结果的解释。

```
% Исходные данные
s0 = 1;
s1 = 1;
s2 = 1;
r = 2;
m = 50;
T = 5;
dt = T/m;
R = r^2 * eye(m);

% формирование вектора оцениваемых параметров
x0 = random ('Normal',0,s0);
x1 = random ('Normal',0,s1);
x2 = random ('Normal',0,s2);
X = [x0;x1;x2];

% Формирование измерений
t = 0:dt:T - dt;
H = [ones(m,1) t't'.^2]
```

```
    V=normrnd (0,r,m,1);
    y=H * x+v

    % Начальное состояние ФК
    x0=[0;0;0];% априорная оценка
    p=diag ([s0^2;s1^2;s2^2]);
    % априорная матрица ковариаций вектора состояния

    Fi=eye(3);% переходная матрица
    % Инициализация массивов для записи результатов
    % моделирования
    X=zeros (3,m);
    X0 =zeros (3,m);

    % Процедура ФК
    for k=1:m
       xp=Fi/x0;
       S=Fi * p * Fi';
       k=S * H(K,:)'* (H(K,:) * S * H(K,:)' + r^2)^-1;
       x0=xp+K* (y(k) - H(k,:) * xp);
       P=(eye(3) - K * H(k,:)) * S;
       X(:,k) =x;
       Xo(:,k) =xo;
       sko(:k) =sqrt(diag(P));
end;
    % Построение графиков
    figure;plot (t,X0(1,:));
    hold on; plot (t,X(1,:),'r--');
    Xlabel('t,c');ylabel ('Оценка x_0');
    figure; plot (t,X0(2,:));
    hold on; plot (t,X(2,:)',r--');
    Xlabel('t,c');ylabel ('Оценка x_1');
    figure; plot (t,X0(3,:));
    hold on; plot (t,X(3,:)',r--');
    Xlabel('t,c');ylabel ('Оценка x_2');
    figure; plot (t,3 * SK0(1,:),'r--');
```

```
hold on; plot (t, -3 * SK0(1,:)',r--');
plot (t,X(1) - X0(1,:));
xlabel ('t,c');ylabel ('Ошибка оценки x_0');
figure; plot (t,3 * sko(2,:),'r--');
plot (t,X(2) - X0(2,:));
xlabel ('t,c');ylabel ('Ошибка оценки x_1');
figure; plot (t,3 * sko(3,:),'r--');
hold on; plot (t, -3 * sko(3,:),'r--');
plot (t,X(3) - X0(3,:));
xlabel ('t,c');ylabel ('Ошибка оценки x_2');
```

习题完成算例

1.给出了随机序列的基本概念及其描述方法，其中使用的滤波构成不仅仅描述了序列特性。十分重要的是在实际问题分析中实现这些序列。

2.基于建立在维纳－霍普夫方程上线性退化问题的推广给出了估计问题（滤波，修正和预测）的建模和求解。

3.根据线性观测由线性滤波给出随机序列递推滤波问题，其中假设给出的只有初始条件、派生和观测噪声的最初两个时刻。引入卡尔曼滤波算法，并由其在此问题中确定最优线性估计。

4.给出取消算法线性特性限制及假设可能使用非线性观测时滤波递推问题求解的推广。注意到，这种建模假设初始条件、派生和观测噪声概率密度函数信息已知，并将其用于求最优巴耶洛夫斯基估计。给出了卡尔曼滤波关系式的结论，当初始条件、派生和观测噪声具有高斯特性时线性滤波问题的解类似于最优巴耶洛夫斯基算法。

5.描述基于验后密度高斯逼近的递推次最优随机序列估计算法，其滤波为线性的，观测是非线性的，并写出其有效性检验方法。

6.分析修正问题及其在固定区间上的求解算法。

7.讨论滤波线性最优算法与最小二乘类方法确定性方法框架下所得算法的相关性。

8.分析导航信息处理中相关的滤波和修正方法的例子，其中导航系统修正问题根据补充观测数据，导航系统指数精确化问题根据地形起伏和图表数据，以及强相关和弱相关综合处理中惯性导航系统和卫星系统的综合处理问题，高度和铅垂速度数据重力仪指数的综合处理问题。

附录1　矩阵运算及其在Matlab中的应用实现

附1.1　基本矩阵变换

在这一节中给出矩阵计算中的基本概念，主要采用文献[8,20,21]中的材料。

矩阵一般情况下含有n行和m列，其元素可能是数、字母及各种形式的表达式。矩阵$\boldsymbol{A}$可表示为

$$\boldsymbol{A}=\begin{bmatrix} a_{11} & & \cdots & & a_{1m} \\ \vdots & & & & \vdots \\ a_{i1} & \cdots & a_{ij} & \cdots & a_{2m} \\ a_{n1} & & \cdots & & a_{nm} \end{bmatrix} \tag{附 1.1.1}$$

矩阵同样可采用下列定义：

$$\boldsymbol{A}=\{a_{ij}\};\quad \boldsymbol{A}=\{\boldsymbol{A}(i,j)\};\quad \boldsymbol{A}=\{\boldsymbol{A}[i,j]\},\quad i=1,2,\cdots,n,j=1,2,\cdots,m$$

列向量

$$\boldsymbol{a}=\begin{bmatrix} a_1 \\ a_2 \\ \vdots \\ a_n \end{bmatrix} \tag{附 1.1.2}$$

和行向量

$$\boldsymbol{a}=[a_1,a_2,\cdots,a_n] \tag{附 1.1.3}$$

分别是$n\times 1$维和$1\times n$维矩阵。

方阵　矩阵称为方阵，如果其行数和列数相同，即矩阵维数为$n\times n$。

对角阵　维数为n的方阵$\boldsymbol{A}$称为对角阵，如果除对角线上的元素外，其余元素均为零。

$$\boldsymbol{D}=\begin{bmatrix} d_{11} & 0 & \cdots & 0 & 0 \\ 0 & d_{22} & \cdots & & \vdots \\ \vdots & \vdots & \vdots & \vdots & \vdots \\ 0 & 0 & \cdots & d_{n-1n-1} & 0 \\ 0 & 0 & \cdots & 0 & d_{nn} \end{bmatrix} \tag{附 1.1.4}$$

对于对角阵常使用下列定义：

$$\boldsymbol{D}=\mathrm{diag}\{d_{ii}\},\quad i=1,2,\cdots,n$$

单位阵　对角线元素均为1的对角阵称为单位阵，通常这个矩阵使用符号$\boldsymbol{E}$来表示，即

$$\boldsymbol{E}=\begin{bmatrix}1&0&\cdots&0&0\\0&1&\cdots&&\\\vdots&\vdots&\ddots&\vdots&\vdots\\0&0&\cdots&1&0\\0&0&\cdots&0&1\end{bmatrix}\tag{附 1.1.5}$$

转置阵　设矩阵$\boldsymbol{A}=\{a_{ij}\}(i=1,2,\cdots,n,j=1,2,\cdots,m)$，维数为$n\times m$。维数为$m\times n$的矩阵$\boldsymbol{A}^{\mathrm{T}}$称为转置阵，其定义为

$$\boldsymbol{A}^{\mathrm{T}}=\{a_{ji}\},\quad j=1,2,\cdots,m,i=1,2,\cdots,n\tag{附 1.1.6}$$

显然，这个矩阵的行是矩阵$\boldsymbol{A}$的列，而矩阵$\boldsymbol{A}$的行是$\boldsymbol{A}^{\mathrm{T}}$的列。矩阵中所有不为零的元素都在对角线及其上部，称其为上三角阵

$$\boldsymbol{A}=\begin{bmatrix}*&*&\cdots&*&*\\0&*&\cdots&*&*\\\vdots&\vdots&\ddots&\vdots&\vdots\\0&0&\cdots&*&*\\0&0&\cdots&0&*\end{bmatrix}\tag{附 1.1.7}$$

下三角阵中所有不为零的元素都在对角线及其下部。

对称矩阵　维数为n的方阵称为对称的，如果

$$\boldsymbol{A}=\boldsymbol{A}^{\mathrm{T}}\tag{附 1.1.18}$$

分块矩阵　如下形式的矩阵

$$\boldsymbol{A}=\begin{bmatrix}A_{11}&&\cdots&&A_{1m}\\\vdots&\ddots&&&\vdots\\A_{i1}&\cdots&A_{ij}&\cdots&A_{2m}\\\vdots&&&\ddots&\vdots\\A_{n1}&&\cdots&&A_{nm}\end{bmatrix}\tag{附 1.1.9}$$

这里$\boldsymbol{A}_{ij}(i=1,2,\cdots,n,j=1,2,\cdots,m)$都是矩阵，即由各小矩阵组成的矩阵称为分块矩阵。

分块－对角阵——其不为零的小矩阵都在对角线上。

矩阵的迹　方阵$\boldsymbol{A}$对角线上的元素之和称为矩阵的迹，即

$$Tr\,\boldsymbol{A}=\sum_{i=1}^{n}a_{ii}\tag{附 1.1.10}$$

这个定义源自英文词汇 trace，其有“迹”的含义。

有时这个量也表示为

$$Sp\,\boldsymbol{A}=\sum_{i=1}^{n}a_{ii}\tag{附 1.1.11}$$

这个定义源自德语,其发音近似于“侍布尔”。

矩阵求和　设给定三个维数为 $n\times m$ 的矩阵 $\boldsymbol{A}$、$\boldsymbol{B}$、$\boldsymbol{C}$。矩阵 $\boldsymbol{C}$ 的元素等于两个矩阵 $\boldsymbol{A}$ 与 $\boldsymbol{B}$ 之和

$$\boldsymbol{C}=\boldsymbol{A}+\boldsymbol{B} \tag{附 1.1.12}$$

由下列表达式确定

$$c_{ij}=a_{ij}+b_{ij},\quad i=1,2,\cdots,n,j=1,2,\cdots,m \tag{附 1.1.13}$$

矩阵与数的乘积　矩阵与数相乘时,矩阵中的每个元素都与这个数相乘,即

$$\alpha\boldsymbol{A}=\{\alpha a_{ij}\} \tag{附 1.1.14}$$

矩阵乘积　设给定维数分别为 $n\times m$ 和 $m\times l$ 的矩阵 $\boldsymbol{A}$ 和 $\boldsymbol{B}$,两个矩阵 $\boldsymbol{A}$ 和 $\boldsymbol{B}$ 的乘积 $\boldsymbol{C}$,维数为 $n\times l$,有

$$\boldsymbol{C}=\boldsymbol{AB} \tag{附 1.1.15}$$

其元素为 $c_{ij}=\sum_{k=1}^{m}a_{ik}b_{kj}$,$i=1,2,\cdots,n,j=1,2,\cdots,l$。

由给出的定义可知,乘法仅在前面矩阵的列数等于后面矩阵的行数时才能进行,即

$$\boldsymbol{C}=\boldsymbol{AB} \tag{附 1.1.16}$$

存在如下结构

$$n\left\{\underbrace{\overbrace{\begin{bmatrix}C_{11} & \cdots & C_{1m}\\ \vdots & \ddots & \vdots\\ C_{n1} & \cdots & C_{nm}\end{bmatrix}}^{\boldsymbol{C}}}_{m}\right.=n\left\{\underbrace{\overbrace{\begin{bmatrix}a_{11} & \cdots & a_{1m}\\ \vdots & \ddots & \vdots\\ a_{n1} & \cdots & a_{nl}\end{bmatrix}}^{\boldsymbol{A}}}_{l}\right.l\left\{\underbrace{\overbrace{\begin{bmatrix}b_{11} & \cdots & b_{1m}\\ \vdots & \ddots & \vdots\\ b_{n1} & \cdots & b_{lm}\end{bmatrix}}^{\boldsymbol{B}}}_{m}\right.$$

我们说,在这种情况下矩阵的维数匹配。$1\times n$ 行向量 $\boldsymbol{a}^{\mathrm{T}}$ 与 $n\times 1$ 列向量 $\boldsymbol{b}$ 相乘可得标量,而列向量 $\boldsymbol{b}$ 与行向量 $\boldsymbol{a}$ 相乘可得方阵,即

$$\boldsymbol{ba}^{\mathrm{T}}=\begin{bmatrix}b_1a_1 & \cdots & b_1a_n\\ \vdots & \ddots & \vdots\\ b_na_1 & \cdots & b_na_n\end{bmatrix} \tag{附 1.1.17}$$

$$\boldsymbol{a}^{\mathrm{T}}\boldsymbol{a}=\sum_{i=1}^{n}a_i^2=\|\boldsymbol{a}\| \tag{附 1.1.18}$$

称为向量 a 的范数,$\sqrt{\|a\|}$ 称为其模。向量范数和矩阵范数的其他定义可参阅文献[8]。

一般情况下矩阵乘法是不可交换的,即

$$\boldsymbol{AB}\neq\boldsymbol{BA}$$

如果这个运算成立,则矩阵称为可交换的。

由前述可知，$\boldsymbol{a}^{\mathrm{T}}\boldsymbol{a}=Sp(\boldsymbol{a}\boldsymbol{a}^{\mathrm{T}})$。

在完成分块矩阵乘法时可以使用普通矩阵乘法准则，即

$$\boldsymbol{C}=\begin{bmatrix}C_{11} & C_{12}\\ C_{21} & C_{22}\end{bmatrix}=\begin{bmatrix}A_{11} & A_{12}\\ A_{21} & A_{22}\end{bmatrix}\begin{bmatrix}B_{11} & B_{12}\\ B_{21} & B_{22}\end{bmatrix}=\begin{bmatrix}A_{11}B_{11}+A_{12}B_{21} & A_{11}B_{12}+A_{12}B_{22}\\ A_{21}B_{11}+A_{22}B_{21} & A_{21}B_{12}+A_{22}B_{22}\end{bmatrix}$$

这里需要明确的是，在这些运算中相乘块的维数必须一致。

n 维方阵 $\boldsymbol{A}=\{a_{ij}\}$ 的行列式由 $n-1$ 维矩阵的行列式如下描述

$$\det(\boldsymbol{A})=\sum_{j=1}^{n}a_{1j}A_{1j} \tag{附 1.1.19}$$

其中，A_{1j} 为代数余子式，即划掉第一行，第 j 列的 $n-1$ 维行列式与 $(-1)^{1+j}$ 相乘。类似可定义任意第 i 行

$$\det(\boldsymbol{A})=\sum_{j=1}^{n}a_{ij}A_{ij}$$

其中，A_{ij} 为划掉第 i 行，第 j 列的 $n-1$ 阶矩阵行列式乘以 $(-1)^{i+j}$。

例如，对二维矩阵容易得到

$$\det\begin{bmatrix}a_{11} & a_{12}\\ a_{21} & a_{22}\end{bmatrix}=a_{11}a_{22}-a_{12}a_{21}$$

对行列式还有如下定义

$$\det(\boldsymbol{A})=|\boldsymbol{A}|$$

方阵称为非奇异的，如果其行列式不为零，即

$$\det(\boldsymbol{A})=|\boldsymbol{A}|\neq 0$$

在相反的情况下称矩阵为奇异的。

引入 $n\times m$ 维矩阵行列式的简化定义：

$$\boldsymbol{A}\begin{pmatrix}i_1 & i_2 & \cdots & i_p\\ k_1 & k_2 & \cdots & k_p\end{pmatrix}=\begin{vmatrix}a_{i_1}k_1 & a_{i_1}k_2 & \cdots & a_{i_1}k_p\\ a_{i_2}k_1 & a_{i_2}k_2 & \cdots & a_{i_2}k_p\\ \vdots & \vdots & \ddots & \vdots\\ a_{i_p}k_1 & a_{i_p}k_2 & \cdots & a_{i_p}k_p\end{vmatrix}$$

这个行列式称为第 p 阶子式，如果 $1\leqslant i_1<i_2<\cdots<i_p\leqslant n,1\leqslant k_1<k_2\cdots k_p\leqslant m$，当 $i_1=k_1,i_2=k_2,\cdots,i_p=k_p$ 时子式称为主子式。

矩阵派生的不为零的子式中阶数最大的，称为矩阵的秩。如果 r 为 $n\times m$ 维矩阵的秩，则显然 $r<n,m$。

逆矩阵　设给定非奇异 $n\times n$ 矩阵 $\boldsymbol{A}=\{a_{ij}\}$。称 $\boldsymbol{A}^{-1}$ 为其逆矩阵，如果有下列关系式成立

$$\boldsymbol{A}\boldsymbol{A}^{-1}=\boldsymbol{E} \tag{附 1.1.20}$$

如下定义逆矩阵

$$\boldsymbol{A}^{-1}=\boldsymbol{B}=\{b_{ij}\}$$

对于逆矩阵的元素有式[8,P345]

$$b_{ij}=\frac{\boldsymbol{A}_{ji}}{\det(\boldsymbol{A})},\quad \det(\boldsymbol{A})=a_{11}A_{11}+\cdots+a_{1n}A_{1n} \qquad (附 1.1.21)$$

其中，$\boldsymbol{A}_{ji}$ 为代数余子式。

例如，对二维矩阵容易得到

$$\begin{pmatrix} a_{11} & a_{12} \\ a_{21} & a_{22} \end{pmatrix}^{-1}=\frac{1}{a_{11}a_{22}-a_{21}a_{12}}\begin{pmatrix} a_{22} & -a_{12} \\ -a_{21} & a_{11} \end{pmatrix}$$

注意到，对逆矩阵有等式 $\boldsymbol{A}^{-1}\boldsymbol{A}=\boldsymbol{E}$，即矩阵与其逆矩阵可交换。

正交矩阵　方阵 $\boldsymbol{A}$ 称为正交阵，如果

$$\boldsymbol{A}\boldsymbol{A}^{\mathrm{T}}=\boldsymbol{E} \qquad (附 1.1.22)$$

方阵 A 的特征多项式如下描述

$$p(\lambda)=\det(\boldsymbol{A}-\lambda\boldsymbol{E}) \qquad (附 1.1.23)$$

例如，对二维矩阵这个多项式表示为

$$p(\lambda)=\det(\boldsymbol{A}-\lambda\boldsymbol{E})=\begin{bmatrix} a_{11}-\lambda & a_{12} \\ a_{21} & a_{22}-\lambda \end{bmatrix}=\lambda^2-(a_{11}+a_{22})\lambda+a_{11}a_{22}-a_{12}a_{21}$$

特征方程如下确定

$$p(\lambda)=\det(\boldsymbol{A}-\lambda\boldsymbol{E})=0$$

矩阵特征值，n 维方阵 $\boldsymbol{A}$ 的特征值指的是特征方程的 n 个根。

$$p(\lambda)=\det(\boldsymbol{A}-\lambda\boldsymbol{E})=0 \qquad (附 1.1.24)$$

所有 n 个特征数的集合称为矩阵的谱。

对方阵 $\boldsymbol{A}$ 的特征向量 $\boldsymbol{x}$，有下列等式成立

$$\boldsymbol{A}x=\lambda\boldsymbol{x} \qquad (附 1.1.25)$$

即 $(\boldsymbol{A}-\lambda\boldsymbol{E})\boldsymbol{x}=0$，这里 λ 为特征数。

这个等式意味着，矩阵与向量相乘不改变向量的形式。由于 n 维矩阵的特征方程有 n 个根，与每个根(特征数) 对应的都是其特征向量。因此矩阵有 n 个特征值和特征向量。有时，特征数中的某些是相一致的，这时相同的特征值对应不同的特征向量，其求解问题称为特征数问题。

相似变换　设给定两个 $n\times n$ 维方阵 $\boldsymbol{A}$ 和 $\boldsymbol{C}$，同时矩阵 $\boldsymbol{C}$ 非奇异。给出如下方阵 $\boldsymbol{B}$

$$\boldsymbol{B}=\boldsymbol{C}\boldsymbol{A}\boldsymbol{C}^{-1} \qquad (附 1.1.26)$$

矩阵 $\boldsymbol{B}$ 和 $\boldsymbol{A}$ 称为相似矩阵，矩阵 $\boldsymbol{C}$ 称为相似变换。不难确定，相似矩阵具有相同的特征多项式。实际上有

$$\det(\boldsymbol{B}-\lambda\boldsymbol{E})=\det(\boldsymbol{C}\boldsymbol{A}\boldsymbol{C}^{-1}-\lambda\boldsymbol{C}\boldsymbol{C}^{-1})=\det(\boldsymbol{A}-\lambda\boldsymbol{E})\det(\boldsymbol{C})\det(\boldsymbol{C}^{-1})=$$

$$\det(\boldsymbol{A}-\lambda\boldsymbol{E})\det(\boldsymbol{C}\boldsymbol{C}^{-1})=\det(\boldsymbol{A}-\lambda\boldsymbol{E})$$

由此可知，相似矩阵具有相同的特征值。可以说明，这两个矩阵的特征向量也是彼此相同的。

容易说明，方阵 $\boldsymbol{A}$ 的行列式和迹可由特征值来定义，即

$$Tr\,\boldsymbol{A} = \sum_{i=1}^{n} \lambda_i \quad (附 1.1.27)$$

$$\det(\boldsymbol{A}) = \prod_{i=1}^{n} \lambda_i \quad (附 1.1.28)$$

由此可知,相似矩阵的行列式和迹相同。

对称矩阵对角化,对称阵A总是可由相似正交变换导出为对角阵,即总是存在如下正交矩阵

$$\boldsymbol{T}^{\mathrm{T}}\boldsymbol{T} = \boldsymbol{E}, \boldsymbol{T}^{\mathrm{T}} = [t_1 \quad \cdots \quad t_j \quad \cdots \quad t_n] \quad (附 1.1.29)$$

对其有

$$\boldsymbol{TAT}^{\mathrm{T}} = \{\lambda_j \boldsymbol{\delta}_{ij}\}, \quad j = 1,2,\cdots,n \quad (附 1.1.30)$$

这里λ_j、$t_j(j=1,2,\cdots,n)$分别为矩阵A的特征值和特征向量

$$\boldsymbol{A}t_j = \lambda_j t_j \quad (附 1.1.31)$$

同时,$t_i^{\mathrm{T}} t_j = \boldsymbol{\delta}_{ij}$。

这里量$\boldsymbol{\delta}_{ij}$是克罗尼克符号

$$\boldsymbol{\delta}_{ij} = \begin{cases} 1, i = j \\ 0, i \neq i \end{cases} \quad (附 1.1.32)$$

最后一个条件表明了对特征向量模的补充要求,即其模必须为单位的。

值得强调的是,一般情况下,当矩阵不是对称阵时,并不总是能够将其写作对角形式。但是任意方阵总是能够变换作其他的特殊矩阵形式(谈及的还有标准的和正则的)例如,约当阵、弗罗贝涅乌斯矩阵等[3,8]。

二次型 设给定方阵$\boldsymbol{A}$及向量$\boldsymbol{x}$,维数为n,将下列表达式称为二次型

$$y = \boldsymbol{x}^{\mathrm{T}}\boldsymbol{Ax} \quad (附 1.1.33)$$

将二次型称为正定的,如果对任何向量x不为零的值二次型的值都是正的,即

$$y = \boldsymbol{x}^{\mathrm{T}}\boldsymbol{Ax} > 0, \text{при } x \neq 0 \quad (附 1.1.34)$$

此时矩阵A称为正定矩阵。

如果将严格不等式符号用$\geqslant$替换,则二次型及其相应的矩阵称为非负定的。

如果不等式符号反向,则得到负定二次型及矩阵。

矩阵不等式 如果说方阵$\boldsymbol{A}$大于另一个方阵$\boldsymbol{B}$,当条件

$$\boldsymbol{x}^{\mathrm{T}}\boldsymbol{Ax} > \boldsymbol{x}^{\mathrm{T}}\boldsymbol{Bx} > 0 \quad (附 1.1.35)$$

或

$$\boldsymbol{x}^{\mathrm{T}}(\boldsymbol{A} - \boldsymbol{B})\boldsymbol{x} > 0$$

对不为零的向量$\boldsymbol{x}$值成立。类似地,可引入其他类型的不等式。

可以说明,当矩阵的某不等式成立时,对其特征数也有类似的不等式成立。那么,如果方阵$\boldsymbol{A}$所有的特征数为正或非负(负或非正),即$\lambda_j > 0$或$\lambda_j \geqslant 0$($\lambda_j < 0$或$\lambda_j \leqslant 0$),$j=1,2,\cdots,n$,则相应地不等式对矩阵本身也成立,即$\boldsymbol{A} > 0$或$\boldsymbol{A} \geqslant 0$($\boldsymbol{A} < 0$或$\boldsymbol{A} \leqslant 0$)。

矩阵函数 方阵的某些函数由次幂给出。m次幂矩阵$\boldsymbol{A}^m$写作

$$\boldsymbol{A}^m = \underbrace{\boldsymbol{A} \cdot \boldsymbol{A} \cdot \cdots \cdot \boldsymbol{A}}_{m} \tag{附1.1.36}$$

由这个定义可以引入,例如,矩阵指数,其表达式为

$$\mathrm{e}^{\boldsymbol{A}} = \exp(\boldsymbol{A}) = \sum_{i=0}^{\infty} \frac{\boldsymbol{A}^i}{i!} \tag{附1.1.37}$$

对称矩阵的函数 $f(\boldsymbol{A})$ 可以另一种方式给出。为此,首先由正交变换将矩阵 $\boldsymbol{A}$ 写作对角形式,即得到如下表达式

$$\boldsymbol{TAT}^{\mathrm{T}} = \boldsymbol{\Lambda} = \{\lambda_j\}, \quad j = 1,2,\cdots,n$$

由其可得,$\boldsymbol{A} = \boldsymbol{T}^{\mathrm{T}}\boldsymbol{\Lambda T}$。

$f(\boldsymbol{A})$ 可如下确定

$$f(\boldsymbol{A}) = \boldsymbol{T}^{\mathrm{T}} f(\boldsymbol{\Lambda})\boldsymbol{T} \tag{附1.1.38}$$

这里 $f(\Lambda) = \{f(\lambda_j)\}, j = 1,2,\cdots,n$。

可以说明,这种方式给出的定义与级数展开方式给出的是一致的[8,20]。

矩阵的导数和积分,如果矩阵的元素与时间相关,即

$$\boldsymbol{A}(t) = \{a_{jj}(t)\}, i = 1,2,\cdots,n, j = 1,2,\cdots,m$$

其导数和积分可表示为

$$\dot{\boldsymbol{A}}(t) = \{\dot{a}_{jj}(t)\}, i = 1,2,\cdots,n, j = 1,2,\cdots,m$$

$$\int_0^t \boldsymbol{A}(\tau)\mathrm{d}\tau = \left\{\int_0^t a_{jj}(\tau)\mathrm{d}\tau\right\}, i = 1,2,\cdots,n, j = 1,2,\cdots,m$$

它们的元素分别为原始矩阵相应元素的导数和积分。

还可引入标量函数对矢量变量的导数

$$\frac{\mathrm{d}s(\boldsymbol{x})}{\mathrm{d}\boldsymbol{x}^{\mathrm{T}}} = \begin{bmatrix} \dfrac{\partial s(\boldsymbol{x})}{\partial x_1} & \dfrac{\partial s(\boldsymbol{x})}{\partial x_2} & \cdots & \dfrac{\partial s(\boldsymbol{x})}{\partial x_n} \end{bmatrix} \tag{附1.1.39}$$

记号 $\dfrac{\mathrm{d}s(\boldsymbol{x})}{\mathrm{d}x}$ 可记作

$$\frac{\mathrm{d}s(\boldsymbol{x})}{\mathrm{d}\boldsymbol{x}} = \begin{bmatrix} \dfrac{\partial s(\boldsymbol{x})}{\partial x_1} \\ \dfrac{\partial s(\boldsymbol{x})}{\partial x_2} \\ \vdots \\ \dfrac{\partial s(\boldsymbol{x})}{\partial x_n} \end{bmatrix} \tag{附1.1.40}$$

由此有

$$\frac{\mathrm{d}s(\boldsymbol{x})}{\mathrm{d}\boldsymbol{x}} = \left[\frac{\mathrm{d}s(\boldsymbol{x})}{\mathrm{d}\boldsymbol{x}^{\mathrm{T}}}\right]^{\mathrm{T}} \tag{附1.1.41}$$

可知

$$\frac{\mathrm{d}^2 s(\boldsymbol{x})}{\mathrm{d}\boldsymbol{x}\mathrm{d}\boldsymbol{x}^{\mathrm{T}}}=\frac{\mathrm{d}}{\mathrm{d}\boldsymbol{x}}\left[\frac{\mathrm{d}s(\boldsymbol{x})}{\mathrm{d}\boldsymbol{x}^{\mathrm{T}}}\right]=\begin{bmatrix}\frac{\partial^2 s(\boldsymbol{x})}{\partial x_1\partial x_1}\cdots\frac{\partial^2 s(\boldsymbol{x})}{\partial x_1\partial x_n}\\ \vdots \quad\quad \vdots\\ \frac{\partial^2 s(\boldsymbol{x})}{\partial x_n\partial x_1}\cdots\frac{\partial^2 s(\boldsymbol{x})}{\partial x_n\partial x_n}\end{bmatrix},\frac{\mathrm{d}^2 s(\boldsymbol{x})}{\mathrm{d}\boldsymbol{x}\mathrm{d}\boldsymbol{x}^{\mathrm{T}}}=\left[\frac{\mathrm{d}^2 s(\boldsymbol{x})}{\mathrm{d}\boldsymbol{x}^{\mathrm{T}}\mathrm{d}\boldsymbol{x}}\right]^{\mathrm{T}}$$

（附 1.1.42）

矢量变量的矢量函数及m维矢量函数对矢量变量$\boldsymbol{x}=(x_1,x_2,\cdots,x_n)^{\mathrm{T}}$的导数可如下确定

$$s(\boldsymbol{x})=\begin{bmatrix}\boldsymbol{s}_1(x_1,x_2,\cdots,x_n)\\ \vdots\\ \boldsymbol{s}_m(x_1,x_2,\cdots,x_n)\end{bmatrix} \tag{附 1.1.43}$$

由此

$$\frac{\mathrm{d}s(\boldsymbol{x})}{\mathrm{d}\boldsymbol{x}^{\mathrm{T}}}=\begin{bmatrix}\frac{\partial \boldsymbol{s}_1(x)}{\partial x_1}\cdots\frac{\partial \boldsymbol{s}_1(x)}{\partial x_n}\\ \vdots\\ \frac{\partial \boldsymbol{s}_m(x)}{\partial x_1}\cdots\frac{\partial \boldsymbol{s}_m(x)}{\partial x_n}\end{bmatrix},\frac{\mathrm{d}s^{\mathrm{T}}(\boldsymbol{x})}{\mathrm{d}\boldsymbol{x}}=\begin{bmatrix}\frac{\partial \boldsymbol{s}_1(x)}{\partial x_1}\cdots\frac{\partial \boldsymbol{s}_m(x)}{\partial x_1}\\ \vdots\\ \frac{\partial \boldsymbol{s}_1(x)}{\partial x_n}\cdots\frac{\partial \boldsymbol{s}_m(x)}{\partial x_n}\end{bmatrix} \tag{附 1.1.44}$$

即
$$\frac{\mathrm{d}s^{\mathrm{T}}(\boldsymbol{x})}{\mathrm{d}\boldsymbol{x}}=\left[\frac{\mathrm{d}s(\boldsymbol{x})}{\mathrm{d}\boldsymbol{x}^{\mathrm{T}}}\right]^{\mathrm{T}}$$

一般情况下，如果 $\boldsymbol{A}$ 为对称方阵，则$\frac{\mathrm{d}}{\mathrm{d}\boldsymbol{x}}[\boldsymbol{g}^{\mathrm{T}}(\boldsymbol{x})\boldsymbol{A}\boldsymbol{g}(\boldsymbol{x})]=2\frac{\mathrm{d}\boldsymbol{g}^{\mathrm{T}}}{\mathrm{d}\boldsymbol{x}}\boldsymbol{A}\boldsymbol{g}(\boldsymbol{x})$。

矢量函数 $s(\boldsymbol{A})$ 对矩阵的导数如下定义

$$\frac{\mathrm{d}s(\boldsymbol{A})}{\mathrm{d}\boldsymbol{A}}=\left\{\frac{\mathrm{d}\boldsymbol{S}}{\mathrm{d}a_{ij}}\right\}$$

例如，对方阵 $\boldsymbol{A}$ 有[26,P23]：

$$\frac{\mathrm{d}s(Sp(\boldsymbol{A}))}{\mathrm{d}\boldsymbol{A}}=\boldsymbol{E},\quad \frac{\mathrm{d}s(Sp(\boldsymbol{BAC}))}{\mathrm{d}\boldsymbol{A}}=\boldsymbol{B}^{\mathrm{T}}\boldsymbol{C}^{\mathrm{T}}$$

$$\frac{\mathrm{d}s(Sp(\boldsymbol{ABA}^{\mathrm{T}}))}{\mathrm{d}\boldsymbol{A}}=\boldsymbol{A}(\boldsymbol{B}+\boldsymbol{B}^{\mathrm{T}}) \tag{附 1.1.45}$$

分块矩阵的逆矩阵[50,P107]，设

$$\boldsymbol{P}=\begin{bmatrix}\boldsymbol{P}^{x} & \boldsymbol{P}^{xy}\\ (\boldsymbol{P}^{xy})^{\mathrm{T}} & \boldsymbol{P}^{y}\end{bmatrix} \tag{附 1.1.46}$$

这里 $\boldsymbol{P}^{x}$、$\boldsymbol{P}^{y}$、$\boldsymbol{P}^{xy}$ 分别为$n\times n$、$m\times m$、$n\times m$矩阵，同时 $\boldsymbol{P}^{x}$、$\boldsymbol{P}^{y}$ 存在逆矩阵。这种情况下逆矩阵 $\boldsymbol{P}^{-1}$ 如下表示

$$\boldsymbol{P}^{-1}=\begin{bmatrix}\boldsymbol{A} & \boldsymbol{B}\\ \boldsymbol{B}^{\mathrm{T}} & \boldsymbol{C}\end{bmatrix} \tag{附 1.1.47}$$

这里

$$\boldsymbol{A}=[\boldsymbol{P}^{x}-\boldsymbol{P}^{xy}(\boldsymbol{P}^{y})^{-1}\boldsymbol{P}^{yx}]^{-1}$$

$$\boldsymbol{B} = -[\boldsymbol{P}^{x} - \boldsymbol{P}^{xy}(\boldsymbol{P}^{y})^{-1}\boldsymbol{P}^{yx}]^{-1}\boldsymbol{P}^{xy}(\boldsymbol{P}^{y})^{-1}$$

$$\boldsymbol{C} = [\boldsymbol{P}^{y} - \boldsymbol{P}^{yx}(\boldsymbol{P}^{x})^{-1}\boldsymbol{P}^{xy}]^{-1}$$

同时还有下列关系式成立：

$$\boldsymbol{A} = (\boldsymbol{P}^{x})^{-1} + (\boldsymbol{P}^{x})^{-1}\boldsymbol{P}^{xy}C\boldsymbol{P}^{yx}(\boldsymbol{P}^{x})^{-1}$$

$$\boldsymbol{B} = -A\boldsymbol{P}^{xy}(\boldsymbol{P}^{y})^{-1} = -(\boldsymbol{P}^{x})^{-1}\boldsymbol{P}^{xy}C$$

$$\boldsymbol{C} = (\boldsymbol{P}^{y})^{-1} + (\boldsymbol{P}^{y})^{-1}\boldsymbol{P}^{yx}A\boldsymbol{P}^{xy}(\boldsymbol{P}^{y})^{-1}$$

在附表 1.1.1 中给出了一些有益的矩阵关系式，其中，有如下逆矩阵的引理[50,P216]

$$[\boldsymbol{P}^{-1} + \boldsymbol{H}^{\mathrm{T}}\boldsymbol{R}^{-1}\boldsymbol{H}]^{-1} = \boldsymbol{P} - \boldsymbol{P}\boldsymbol{H}^{\mathrm{T}}(\boldsymbol{H}\boldsymbol{P}\boldsymbol{H}^{\mathrm{T}} + \boldsymbol{R})^{-1}\boldsymbol{H}\boldsymbol{p} \tag{附 1.1.48}$$

这里 $\boldsymbol{P}$、$\boldsymbol{R}$ 为维数为 n 和 m 的非奇异方阵。

由这个引理可知

$$[\boldsymbol{P}^{-1} + \boldsymbol{R}^{-1}]^{-1} = \boldsymbol{P} - \boldsymbol{P}(\boldsymbol{P} + \boldsymbol{R})^{-1}\boldsymbol{P} \tag{附 1.1.49}$$

及

$$[r^{2}\boldsymbol{E} + q^{2}\boldsymbol{I}]^{-1} = \frac{1}{r^{2}}\left(\boldsymbol{E} - \frac{q^{2}}{n\boldsymbol{q}^{2} + \boldsymbol{r}^{2}}\boldsymbol{I}\right) \tag{附 1.1.50}$$

最后一个关系式容易得到，如果令

$$\boldsymbol{P}^{-1} = r^{2}\boldsymbol{E}, \boldsymbol{H} = [1, 1, \cdots, 1], \boldsymbol{R}^{-1} = q^{2}$$

附表 1.1.1 一些有益的矩阵关系式

关系式	备　　注
(附 1.1.51)	$\boldsymbol{A}, \boldsymbol{B}$—— 维数相应的任意矩阵
(附 1.1.52)	$\boldsymbol{A}, \boldsymbol{B}, \boldsymbol{C}$—— 维数相应的任意矩阵
(附 1.1.53)	$\boldsymbol{A}$—— 方阵；λ_i——$\boldsymbol{A}$ 的特征值
(附 1.1.54)	$\boldsymbol{A}, \boldsymbol{B}$—— 相同维数的方阵
(附 1.1.55)	$\boldsymbol{A}$—— 方阵；λ_j——$\boldsymbol{A}$ 的特征值
(附 1.1.56)	$\boldsymbol{A}, \boldsymbol{B}$—— 相同数的非奇异方阵
(附 1.1.57)	$\boldsymbol{P}, \boldsymbol{R}$—— 维数为 n, m 的非奇异方阵；$\boldsymbol{H}$——$m \times n$ 矩阵
(附 1.1.58)	$\boldsymbol{P}, \boldsymbol{R}$—— 相同维数的非奇异方阵
(附 1.1.59)	$\boldsymbol{I}$—— 各元素均为 1 的 n 维方阵；r^2, q^2—— 正值
(附 1.1.60)	$\boldsymbol{A}$—— 对称方阵；$\boldsymbol{x} = (x_1, x_2, \cdots, x_n)^{\mathrm{T}}$——$n$ 维矢量
(附 1.1.61)	
(附 1.1.62)	
(附 1.1.63)	$\boldsymbol{A}$—— 对称方阵；$\boldsymbol{g}(\boldsymbol{x}) = (g_1(x_1, x_2, \cdots, x_n), \cdots, \boldsymbol{g}_m(x_1, x_2, \cdots, x_n))^{\mathrm{T}}$——$m$ 维矢量函数；$\boldsymbol{x}, \boldsymbol{y}$——$n$ 维和 m 维向量；$\boldsymbol{H}$——$m \times n$ 矩阵
(附 1.1.64)	$\boldsymbol{A}$—— 非奇异对称方阵；$\boldsymbol{x}, \boldsymbol{z}$——$n$ 维矢量

续附表 1.1.1

关系式	备　　注
给定 $\boldsymbol{P}=\begin{bmatrix}\boldsymbol{P}^x & \boldsymbol{P}^{xy}\\ (\boldsymbol{P}^{xy})^{\mathrm{T}} & \boldsymbol{P}^y\end{bmatrix}$，确定 $\boldsymbol{P}^{-1}=\begin{bmatrix}\boldsymbol{A} & \boldsymbol{B}\\ \boldsymbol{B}^{\mathrm{T}} & \boldsymbol{C}\end{bmatrix}$ （附 1.1.65）	$\boldsymbol{C}=[\boldsymbol{P}^y-\boldsymbol{P}^{yx}(\boldsymbol{P}^x)^{-1}\boldsymbol{P}^{xy}]^{-1}$ $\boldsymbol{B}=-[\boldsymbol{P}^x-\boldsymbol{P}^{xy}(\boldsymbol{P}^y)^{-1}\boldsymbol{P}^{yx}]^{-1}\boldsymbol{P}^{xy}(\boldsymbol{P}^y)^{-1}$ $\boldsymbol{A}=[\boldsymbol{P}^x-\boldsymbol{P}^{xy}(\boldsymbol{P}^y)^{-1}\boldsymbol{P}^{yx}]^{-1}$

附 1.2　Matlab 中的矩阵运算

本节中给出使用 Matlab 进行矩阵运算的基本命令。

在 Matlab 的工作区中为给定矩阵必须用方括号按行遍列出其所有元素，使用分号作为行间隔。矩阵的元素也可为字母或矩阵形式。同时，字母表达式的变量值应预先给定。在附表 1.2.1 中列举了给出矩阵的例子。

附表 1.2.1　Matlab 中矩阵给出的例子

工作区命令	结果
$\boldsymbol{A}=[1\quad 2;15\quad 6]$	$\boldsymbol{A}=\begin{matrix}1 & 2\\ 15 & 6\end{matrix}$
$a=2;b=3;c=0.5;d=1.2;$ $\boldsymbol{A}=[a+b\ c\times b;d/a\ c]$	$\boldsymbol{A}=\begin{matrix}5.0000 & 1.5000\\ 0.6000 & 0.5000\end{matrix}$

对于矩阵中的具体元素使用传统记号，$A(2,1)$ 为位于第二行、第一列的元素。作为角标不仅可使用整数，还可使用实数以及字母标量式。同时其实际值仅限于整数。

使用记号“两点”可划分出原始矩阵的较低维数。如，变换 $A(1:3,2)$ 表示了 1×3 列向量，其元素为第二列的前三个元素。

在附表 1.2.2 中给出了 Matlab 中矩阵的基本运算。

附表 1.2.2　基本运算和函数

运算　函数	意义
$\boldsymbol{A}+\boldsymbol{B}$	和
$\boldsymbol{A}-\boldsymbol{B}$	差
$\boldsymbol{AB}$	乘
$\boldsymbol{A}\backslash\boldsymbol{B}$	$\boldsymbol{AB}^{-1}$—— 左除矩阵

续附表1.2.2

运算　函数	意义
A^*b*	矩阵**A**的次幂(矩阵必须为方阵)
sqrt(**A**)	矩阵**A**元素的开方根计算
exp(**A**)	矩阵**A**元素的指数值计算
abs(**A**)	矩阵**A**元素模值的计算
sin(**A**),cos(**A**)等	矩阵**A**三角函数的计算

值得注意,在Matlab系统中有两种表式的字符运算:

排列运算——按元素完成

矩阵运算——按线性代数法则完成

矩阵和排列的加减运算是相一致的。

定义:.*./.^——相应元素运算的乘、除和次幂。

在完成排列运算时要求维数相同,除了排列中的一个是标量。

例如:

$x=$

```
-0.5000  -0.2500  0  0.2500  0.5000
-0.5000  -0.2500  0  0.2500  0.5000
-0.5000  -0.2500  0  0.2500  0.5000
-0.5000  -0.2500  0  0.2500  0.5000
-0.5000  -0.2500  0  0.2500  0.5000
```

那么:

```
ans=
0.2500  0.0625  0  0.0625  0.2500
0.2500  0.0625  0  0.0625  0.2500
0.2500  0.0625  0  0.0625  0.2500
0.2500  0.0625  0  0.0625  0.2500
0.2500  0.0625  0  0.0625  0.2500
```

同样的矩阵也可由 $x.2$ 得到

```
ans=
0.2500  0.0625  0  0.0625  0.2500
0.2500  0.0625  0  0.0625  0.2500
0.2500  0.0625  0  0.0625  0.2500
0.2500  0.0625  0  0.0625  0.2500
0.2500  0.0625  0  0.0625  0.2500
```

同时 $x*x$—— 是两个方阵相乘的结果，即

ans =

0 0 0 0 0

0 0 0 0 0

0 0 0 0 0

0 0 0 0 0

0 0 0 0 0

运算 $x\hat{}x$—— 错误。

在进行矩阵运算时其维数应当是相适应的。

变量为矩阵的函数派生出的矩阵，其元素由变量矩阵的各元素计算。例如 exp(**A**) 或 sqrt(**A**) 派生出的矩阵元素为 exp(**A**(i,j)) 和 sqrt(**A**(i,j))。允许 Matlab 生成和变换矩阵的某些函数在附表 1.2.3 中给出。

附表 1.2.3 Matlab 中矩阵的生成和变换

函数	意义
P′ ctranspose(**P**)	矩阵转置
eye(n) eye(m,n)	生成 $n\times n$ 维单位阵 生成 $m\times n$ 维单位阵
zeros(**A**) zeros(n) zeros(n,m)	矩阵 **A** 归零 生成 $n\times n$ 维零矩阵 生成 $n\times m$ 维零矩阵
ones(n) ones(m,n)	生成由“1”组成的 $n\times n$ 维矩阵 生成由“1”组成的 $m\times n$ 维矩阵
diag(p)	生成与主对角线对应的向量
diag(v)	生成向量 **V** 为对角线元素的方阵
tril(**P**) triu(**P**)	保持下三角或上三角矩阵
det(**P**)	计算矩阵 **P** 的行列式
trace(**P**)	计算矩阵的迹
inv(**P**)	矩阵的逆
eig(**P**)	计算特征值
[**R**,**Λ**] = eig(p)	计算特征值和特征向量 **Λ**—— 特征值对角阵 **R**—— 规范特征向量矩阵，满足方程 $\boldsymbol{PR}=\boldsymbol{\Lambda R}$
expm(**P**)	矩阵指数计算
sqrtm(**P**)	满足 $\boldsymbol{P}^{1/2}\boldsymbol{P}^{1/2}=\boldsymbol{P}$ 中的一个矩阵计算

注意到，如果引入符号变量，则所有给出的运算对符号矩阵也是成立的。这些运算由 Matlab 方法——Simbolic Math Toolbox 实现。对此必须引入符号变量。例如符号变量 D,t,w 写作 syms D t w.

表附 1.2.4　矩阵运算例子

工作区命令	结果
$\boldsymbol{P}$ = [1　2;3　4]	$\boldsymbol{A} = \begin{matrix} 1 & 2 \\ 3 & 4 \end{matrix}$
$\boldsymbol{P}$ = [1　2;3　4];$\boldsymbol{C}$ = $\boldsymbol{P}'$	$\boldsymbol{C} = \begin{matrix} 1 & 3 \\ 2 & 4 \end{matrix}$
$\boldsymbol{C}$ = ctranspose($\boldsymbol{P}$)	$\boldsymbol{C} = \begin{matrix} 1 & 3 \\ 2 & 4 \end{matrix}$
$\boldsymbol{A}$ = eye(5)	$\boldsymbol{A} = \begin{matrix} 1 & 0 & 0 & 0 & 0 \\ 0 & 1 & 0 & 0 & 0 \\ 0 & 0 & 1 & 0 & 0 \\ 0 & 0 & 0 & 1 & 0 \\ 0 & 0 & 0 & 0 & 1 \end{matrix}$
$\boldsymbol{I}$ = ones(3)	$\boldsymbol{I} = \begin{matrix} 1 & 1 & 1 \\ 1 & 1 & 1 \\ 1 & 1 & 1 \end{matrix}$
$\boldsymbol{P}$ = [1　2;3　4];$\boldsymbol{X}$ = diag($\boldsymbol{P}$)	$\boldsymbol{X} = \begin{matrix} 1 \\ 4 \end{matrix}$
$\boldsymbol{P}$ = [1　2;3　4];$\boldsymbol{X}$ = diag($\boldsymbol{P}$) $\boldsymbol{A}$ = diag($\boldsymbol{X}$)	$\boldsymbol{A} = \begin{matrix} 1 & 0 \\ 0 & 4 \end{matrix}$
$\boldsymbol{A}$ = ones(4);tril($\boldsymbol{A}$)	$ans = \begin{matrix} 1 & 0 & 0 & 0 \\ 1 & 1 & 0 & 0 \\ 1 & 1 & 1 & 0 \\ 1 & 1 & 1 & 1 \end{matrix}$
$\boldsymbol{A}$ = ones(4);tril($\boldsymbol{A}$)	$ans = \begin{matrix} 1 & 1 & 1 & 1 \\ 0 & 1 & 1 & 1 \\ 0 & 0 & 1 & 1 \\ 0 & 0 & 0 & 1 \end{matrix}$
$\boldsymbol{P}$ = [2.5　1.5;1.5　2.5]	$\boldsymbol{P} = \begin{matrix} 2.5000 & 1.5000 \\ 1.5000 & 2.5000 \end{matrix}$
det($\boldsymbol{P}$)	$ans = 4.0000$

续表附 1.2.4

工作区命令	结果
inv($\boldsymbol{P}$)	$ans = \begin{matrix} 0.625\,0 & -0.375\,0 \\ -0.375\,0 & 0.625\,0 \end{matrix}$
eig($\boldsymbol{P}$)	$\text{ans} = \begin{matrix} 1 \\ 4 \end{matrix}$
$[R,L] = \text{eig}(\boldsymbol{P})$	$R = \begin{matrix} 0.707\,1 & 0.707\,1 \\ -0.707\,1 & 0.707\,1 \end{matrix}$ $L = \begin{matrix} 1 & 0 \\ 0 & 4 \end{matrix}$
expm($\boldsymbol{P}$)	$ans = \begin{matrix} 28.6582 & 25.9399 \\ 25.9399 & 28.6582 \end{matrix}$
sqrtm($\boldsymbol{P}$)	$ans = \begin{matrix} 1.5000 & 0.5000 \\ 0.5000 & 1.5 \end{matrix}$
矩阵符号运算 *syms a b c d*;$P = [a \quad b;b \quad d]$	$P = \begin{matrix} [a,b] \\ [b,d] \end{matrix}$
$r = det(\boldsymbol{P})$	$r = a * d - b\hat{}2$
$\boldsymbol{B} = inv(\boldsymbol{P})$	$\boldsymbol{B} = \begin{matrix} [d/(a*d-b\hat{}2), -b/(a*d-b\hat{}2)] \\ [-b/(a*d-b\hat{}2), a/(a*d-b\hat{}2)] \end{matrix}$

附录 1 例题

题 1　给定维数分别为 3 × 3 和 3 × 2 的矩阵;求

(a) 行列式 det($\boldsymbol{A}$);(b) 矩阵 $Tr\ \boldsymbol{A}$;(c) 矩阵 $\boldsymbol{c} = \boldsymbol{A}^{\mathrm{T}}\boldsymbol{B} + \boldsymbol{B}$。

题 2　给定 2 × 2 矩阵 $\boldsymbol{A}$,求:

(a) 矩阵 $\boldsymbol{A}$ 的特征多项式;

(b) 矩阵 $\boldsymbol{A}$ 的特征值;

(c) 逆矩阵 $\boldsymbol{A}^{-1}$。

题 3　给定矩阵 $\boldsymbol{A} = \begin{bmatrix} 0 & a \\ 0 & 0 \end{bmatrix}$,求矩阵指数 e^{A},将其表示为级数形式。

题 4　给定 2 × 2 矩阵 $\boldsymbol{A}$ 及 2 阶列向量 $\boldsymbol{x}$,求二次型 $\boldsymbol{y} = \boldsymbol{x}^{\mathrm{T}}\boldsymbol{A}\boldsymbol{x}$,并求$\dfrac{\partial \boldsymbol{Y}}{\partial \boldsymbol{x}^{\mathrm{T}}}$。

题 5　给定两个分块矩阵

$$\boldsymbol{K} = \begin{matrix} n \\ m \\ k \end{matrix}\begin{bmatrix} \overbrace{\boldsymbol{A}}^{l} & \overbrace{\boldsymbol{B}}^{p} \\ \boldsymbol{C} & \boldsymbol{D} \\ \boldsymbol{F} & \boldsymbol{G} \end{bmatrix} \text{和}\ \boldsymbol{S} = \begin{bmatrix} \overbrace{\boldsymbol{L}}^{j} \\ \boldsymbol{M} \end{bmatrix}$$

写出分块矩阵 $\boldsymbol{L}$ 和 $\boldsymbol{M}$ 的行数,使得分块矩阵乘法运算成立,写出矩阵 $\boldsymbol{N} = \boldsymbol{KS}$ 和 $\boldsymbol{T} = \boldsymbol{S}^{\mathrm{T}}\boldsymbol{K}^{\mathrm{T}}$

的表达式。

题 6　能够使用 Matlab 完成运算 1 ～ 4。

思考题

1. 给出对角、单位、对称和转置矩阵的定义。

2. 解释行列式、迹和矩阵的代数补。

3. 解释矩阵的加法和乘法准则，什么样的矩阵称为可交换的。

4. 说明当行向量与矩阵相乘，矩阵与列向量相乘，行向量乘以列向量，列向量乘以行向量的结果是什么。

5. 什么样的矩阵称为非奇异的？什么是矩阵的秩？

6. 给出逆矩阵计算的一般规则？什么样的矩阵称为正交的？

7. 什么是特征方程，特征值和特征向量？

8. 什么矩阵称为相似的。

9. 写出两矩阵乘积的转置和求逆规则。

10. 解释将矩阵写成对角形式的过程。

11. 解释什么是二次型，在什么情况下称二次型为正定或负定的？如何理解矩阵不等式？

12. 怎样定义矩阵函数。

13. 如何计算时变矩阵的导数和积分。

14. 如何计算自变量为向量的标量函数的导数。

15. 解释如何计算标量函数对矩阵的导数(矩阵梯度)。

附录 2　Matlab 图形的建立

附 2.1　Matlab 基本图形

这一节中给出了使用 Matlab 建立二维曲线图的基本命令的例题，在表附 2.1.1 中给出了建立二维曲线图有益的函数描述。

附表 2.1.1　建立二维曲线图时有益的函数

函数	意义
plot(y)	建立变量 y 相对变量序号的图形
plot(x,y)	建立变量 y 相对自变量 x 的图形
plot(x,y,LineSpec)	由可包含三个信息的 Line Spec 行变量确定线的类型标志的类型和颜色
plot(x,y,LineSpec, x_1,$\mathbf{y}_2$,LineSpec2)	在一个曲线图上建立若干个函数
fplot(< 函数名 >;limits)	在给定的区间 limits＝[$x_{\min}$　$x_{\max}$]上建立单变量曲线图，如果自变量 limits ＝ [$x_{\min}$　$x_{\max}$　$\mathbf{y}_{\min}$　$\mathbf{y}_{\max}$]，则还需注意到，y 轴上给定的区间。 自变量'< 函数名 >'—或者是 m－文件名，或者是例如'sin(x)'的函数形式
ezplot('$\boldsymbol{f}(\boldsymbol{x})$', [$x_{\min}$　$x_{\max}$])	建立单变量函数的曲线，其按语言规则写作符号表达式，在区间[－2π，2π]上不涉及
Subplot(m,n,p) Subplot(m,n,p) Subplot mnp	将图形窗分解为若干个子窗，m 为铅垂方向的子窗数，n 为水平方向的子窗数，p 为子窗序号。这些命令也可用于一个子窗向另一个子窗的传递
grid on drid off grid	将坐标网格代入当前轴，远离这个网格，完成由一个函数到另一个函数的转化
Title('< 文字 >')	将写入的文字标在图形的上方
holdon	将图形放在同一窗口
Xlable('< 文字 >') Ylable('< 文字 >') Zlable('< 文字 >')	将文字放在相应的轴上

续附表 2.1.1

函数	意义
Gtext('< 文字 >')	在活动图形窗中激活交叉点,其位置可指明给出文字入口位置
zoom on zoom off	包含或清除当前图形相互作用的比例尺
Figure(n)	指出图形所在窗口的序号
set(gca,'box','off')	清除环绕矩形
set(gcf,'color','w')	清除灰色背景
axis('equal')	对两个轴做相同比例尺
axis('normal')	恢复轴的大小

图形编辑,在菜单 File,Show Graphics Property Editor 中进行。

将 Matlab 中绘制的图形插入 Word 文件编辑中,进入 Matlab5 中绘制的图形。进入编辑选项 Edit 并复制图形(copy figure)。将图形插入文件中(Cntr V)。随后选出图形,点击鼠标右键,进入编辑窗口,并选择项"位置",消除"文字上方"。

附例 1　在若干窗口中建立函数。

解

```
Subplot(2,2,1),fplot('sin(x)',[-3,3])
Subplot(2,2,2),ezplot('exp(x)'[-1,2])
Subplot(2,2,3),ezplot('x* exp(-0.5* x^2)',[-1,2])
Subplot(2,2,4),ezplot('erf(x)',[-2,2]))
```

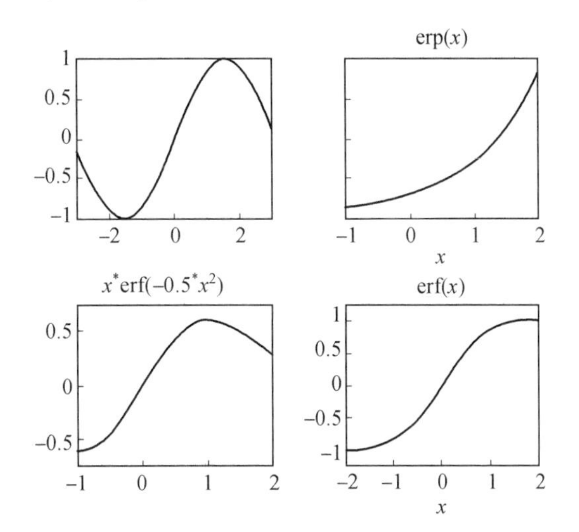

附例 2　在一幅图中画出若干条曲线,其分别对应正态密度

$$f(x)=\frac{1}{(2\pi)^{1/2}\sigma}\exp\left\{-\frac{(x-\overline{x})^2}{2\sigma^2}\right\}$$

其数学期望为($\overline{x}=0$,1 和 3),方差为 1 和 3。

解 $x_1=-10:0.2:20;a=0;s=1;y_1=(1/(\text{sqrt}(2*\text{pi})*s))*\exp(-0.5*((x1-a).\hat{}2)/(2*s.\hat{}2))$;

$x_2=-10:0.2:20;a=3;s=1.5;y_2=(1/(\text{sqrt}(2*\text{pi})*s))*\exp(-0.5*((x2-a).\hat{}2)/(2*s.\hat{}2))$;

$x_3=-10:0.2:20;a=6;s=3;y_3=(1/(\text{sqrt}(2*\text{pi})*s))*\exp(-0.5*((x3-a).\hat{}2)/(2*s.\hat{}2))$;

plot(x_1,y_1,x_2,y_2,x_3,y_3)

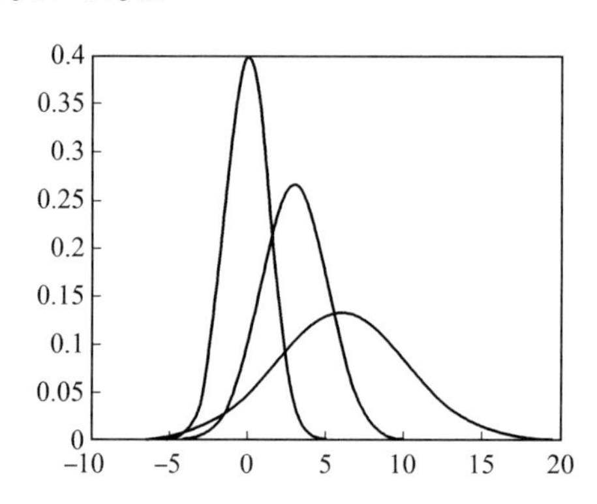

附 2.2 在 Matlab 中画出三维曲线图

这里给出了由 Matlab 绘制三维曲线图的例子。在附表 2.2.1 中给出了建立三维曲线图时有益的函数[64]。

附表 2.2.1 建立三维曲线图时有益的函数

函数	意义
[X,Y] = meshgrid(x,y)	给出三维空间数据网格,其由一维数据 x 和 y 确定。行 X 为 x 的复制,行 Y 为 y 的复制.这种数据构成化简了三维变量计算
[X,Y] = meshgrid(x)	[X,Y] = meshgrid(x,x) 的简化形式
[X,Y,Z] = meshgrid(x,y,z)	计算三变量函数所需的三维网格
mesh(x,y,z)	在屏幕上导出数据 Z 值的网格上部,其由值 X、Y 确定,颜色与高度相应
meshc(x,y,z)	与前一情况相同,但需补充相同程度的投影
surf(x,y,z)	在屏幕上导出 Z 的带棱线的连续表面,其值在集合 X、Y 上确定,颜色与高度相应

续附表 2.2.1

函数	意义
contour(x,y,z)	考虑坐标 x、y 的变化给出数据 z 的程度线
contour(x,y,z,n)	绘出 n 个程度线
contour(x,y,z,V)	绘出给定向量 V 值的程度线
[C,h] = contour(x,y,z)	对每条线返还数据 c 和列向量 h，在标记记号线时使用
clabel(C,h)	标记程度线，将程度线的断开处标记并为方便阅读将其旋转
clabel(C,h,V)	标记程度线，给出数据 V
clabel(C,h,'manual')	在给定位置的程度线上用光标做标记，按鼠标左键，按 Enter 标记
axis([$x_{\min}$ $x_{\max}$ $y_{\min}$ $y_{\max}$ $z_{\min}$ $z_{\max}$])	对当前图行标记 x、y、z 轴比例尺
rotate3d on rotate3d off rotate3d	由鼠标操纵完成图形内部轴的旋转

附例 3 对二维中心高斯向量，其元素彼此独立且其协方差矩阵为 $P=\begin{bmatrix}\sigma_1^2 & 0\\ 0 & \sigma_2^2\end{bmatrix}$，建立 $\sigma_1=\sigma_2=1$ 时的概率密度函数曲线

$$N(x;0,P)=\frac{1}{2\pi\sigma_1\sigma_2}\exp\left\{-\frac{1}{2}\left(\frac{x_1^2}{\sigma_1^2}+\frac{x_2^2}{\sigma_2^2}\right)\right\}$$

解

```
[x,y] = meshgrid([-3:0.25:3]);s1 = 1;s2 = 1;
z = (1/(2 * pi * s1 * s2)) * exp(-0.5 * (x.^2/s1^2 + y.^2/s2^2));
mesh(x,y,z)
```

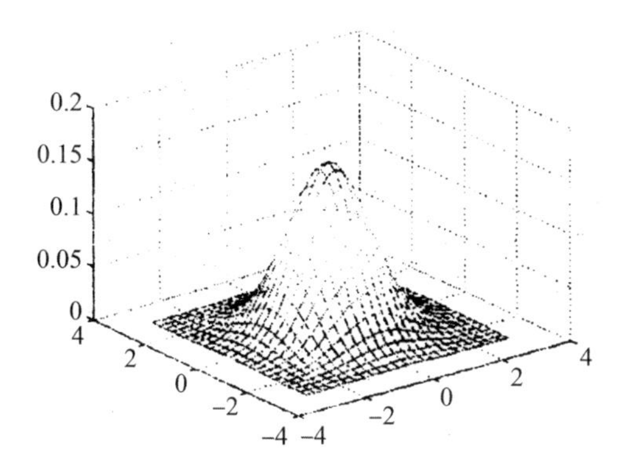

结 论

本书描述了导航信息处理问题中实际应用的估计算法构建基本准则和方法。其中最核心的是巴耶索夫斯基方法,其最为直接和合理的求解算法综合问题及其精度分析。与巴耶索夫斯基方法相关内容最为显著的优势在于,分析了两种建立算法的方案。它们中的一个在求极均方准则极小化问题时限制了使用算法的类型,即假设估计与观测线性相关。另外一种并没有限制最小化准则中使用估计的类型。这样的叙述,特别地,可以注意到卡尔曼滤波的非常重要的特性,其最优性的求解线性估计问题时与观测是线性相关的,在文献中有时还会遇到求解线性问题时使用基于卡尔曼滤波方法算法发散原因的错误结论,认为是派生噪声和观测噪声的非高斯特性。但事实上并不是这样。如果建立线性系统滤波方法时使用相同特性,数学期望、协方差矩阵和相关函数等,则相应的卡尔曼滤波是不可能发散的,因为其可保证线性最优估计。正是这个重要特征及计算简便使得在实际问题中能够成功使用卡尔曼滤波算法。

应当指出,本书仅是这一内容的导论。事实上,在具体系统处理中发生的问题都没有在书中提及。值得一提的有,描述观测系统误差行为模型的选择问题,对于所选模型算法的敏感度问题,由简化的观测噪声和派生噪声模型,观测向量本身维数缩减在次最优滤波算法处理中减小计算规模的问题,方法计算的稳定性问题等。所列举的问题感兴趣的读者可在相关文献中进行查阅,如文献[15,22,33,67,69,71,81,88,105,109,111,112,120,129]。

尽管主要工作是关于线性系统的,但也同时讨论了非线性问题求解中的某些方法。更详细的讨论可参阅文献[80]。但在最近十年一系列新的途径和方法取得了较大进展[107]。这里指出两个基本方向。一个与卡尔曼型的算法构建相关,另一个与称为局部滤波(particlefilters)的算法相关。本书中给出的内容是构建这两个方向算法准则理解的基础。涉及卡尔曼类型算法,则本质上是对 2.4 节、2.5 节和 3.3 节中分析的线性最优算法在计算量方面的改进。其中,由此可称为 UKF(Unscented Kalman filter)滤波、Σ平滑滤波、退化滤波等方法[84,115,118,119,128,130]。这些算法能够有效运用,主要是在求解本书中的一些问题,包括非真实非线性问题以及最小化准则或验后密度是单极值的问题。第二个方向属于 1.5 节、2.5 节中讨论的蒙特卡洛类方法的不同形式。这些算法在实际中更为复杂,但是能够在验后密度多极值的真实非线性问题中有效使用。建立这一类算法的基本方法可在文献中查阅,如文献[106,108,110,113,117,123,127]。

作为结论值得说明下列问题。在不久以前有必要进行与导航相关估计问题的求解仅是在对不同类型船舶、飞行器及宇航系统的导航系统建立,而现在需要求解导航问题的客体急剧增加[82]。这使得导航方法广泛地应用于:首先是自动化,交通等领域中;除此之外,导航系统还适用于人类本身以及机器人各种活动的范围[118]。尽管相应问题相对具体,但有效估计算法建立的准则是不变的。这个关系是十分重要的,在经典客体导航算法处理中理解这些准则所积累起的经验完全可应用到新类型客体导航系统的建立中去。作者期盼,本书对这种情况的发展是有益的。

参考文献

1. Амиантов И. Н. Избранные вопросы статистической теории связи. — М. : Сов. радио, 1971. - 416 с.

2. Анализ и статистическая динамика систем автоматического управления. Т. 3 / Под общ. ред. Н. Д. Егупова. - М. : МГТУ, 2000.

3. Андриевский Б. Р. , Фрадков А. Л. Избранные главы теории автоматического управления с примерами на языке MATLAB. - СПб. : Наука, 1999. - 468 с.

4. Анучин О. Н. , Емельянцев Г. И. Интегрированные системы ориентации и навигации для морских подвижных объектов: Изд. 2-е, переработ. и дополн. / Под общ. ред. В. Г. Пешехонова. - СПб. : ЦНИИ《Электроприбор》, 2003. - 389 с.

5. Аоки М. Оптимизация стохастических систем. - М. : Наука, 1971 . -424 с.

6. Бабич О. А. Обработка информации в навигационных комплексах. - М. : Машиностpение, 1991.

7. Балакришнан А. В. Теория фильтрации Калмана. - М. : Мир, 1988.

8. Беллман Р. Введение в теорию матриц. - М. : Наука, 1969.

9. Белоглазов И. Н. , Джанджгава Г. И. , Чигин Г. П. Основы навигации по геофизическим полям. - М. : Наука, 1985. - 328 с.

10. Блажнов Б. А. Кошаев Д. А. , Степанов О. А. Исследование эффективности использования спутниковых измерений при определении ускорения силы тяжести на летательном аппарате // Гироскопия и навигация. — 2002. - N3. - С. 33-47.

11. Богуславский И. А. Методы навигации и управления по неполной статистической информации. - М. : Машиностроение, 1970. - 253 с.

12. Богуславский И. А. Статистическая динамика и оптимизация управления летательных аппаратов. - М. : Машиностроение, 1985.

13. Болдин В. А. , Зубинский В. И. , Зурабов Ю. Г. и др. Глобальная спутниковая радионавигационная система ГЛОНАСС. - М. : ИПРЖР, 1998. - 400 с.

14. Брайсон А. Е. , Хо Ю Ши. Прикладная теория оптимального управления. - М. : Мир, 1972. - 544 с.

15. Браммер К. , Зиффинг Г. Фильтр Калмана-Бьюси. - М. : Наука, 1982. - 198 с.

16. Ван Трис Г. Теория обнаружения оценок и модуляции. Т. 1. Теория обнаружения, оценок и линейной модуляции. - М. : Сов. радио, 1972. - 744 с.

17. Васильев В. А. , Добровидов А. В. , Кошкин Г. М. Непараметрическое оценивание функционалов от распределений стационарных последовательностей. - М. : Наука,

2004. - 580 с,

18. Вентцель Е. С. Теория вероятностей. Москва. ACADEMA, 2003.

19. Вероятность и математическая статистика // Большая Российская энциклопедия. - М. : Научн. изд-во, 1999.

20. Гантмахер Ф. Р. Теория матриц. - М. : Наука, 1988.

21. Голуб Дж. , Лоун Ч. Ван. Матричные вычисления. - М. : Мир, 1999.

22. Гранчин О. Н. , Поляк Б. Т. Рандомизированные алгоритмы оценивания и оптимизация при почти произвольных помехах. - М. : Наука, 2003. - 292 с.

23. Груздев Н. М. Оценка точности морского судовождения. - М. : Транспорт, 1989. - 191 с.

24. Губанов В. С. Обобщенный метод наименьших квадратов. Теория и применение в астрономии. - СПб. : Наука, 1997. - 318 с.

25. Дмитриев С. П. Высокоточная морская навигация. - Л. : Судостроение, 1991. - 222 с.

26. Дмитриев С. П. Инерциальные методы в инженерной геодезии. - СПб. : ЦНИИ《Электроприбор》, 1997. -209 с.

27. Дмитриев С. П. , Степанов О. А. , Кошаев Д. А. Исследование способов комплексирования данных при построении инерциально-спутниковых систем//Гироскопия и навигация. - 1999. - N3.

28. Дмитриев С. П. , Степанов О. А. Неинвариантные алгоритмы обработки информации инерциальных навигационных систем//Гироскопия и навигация. - 2000. - N1 (30). - С. 24-38.

29. Дмитриев С. П. , Степанов О. А. Нелинейные алгоритмы комплексной обработки избыточных измерений. Теория и системы управления//Известия РАН. - 2000 - N4. - С. 52-61.

30. Дмитриев С. П. , Пелевин А. Е. Задачи навигации и управления при стабилизации судна на траектории. - СПб. : ЦНИИ《Электроприбор》, 2002. - 160 с.

31. Дмитриев С. П. , Колесов Н. В. , Осипов А. В. Информационная надежность, контроль и диагностика навигационных систем: Изд. 2-е, переработ. - СПб. : ЦНИИ《Электроприбор》, 2004. - 206 с.

32. Дорф Р. К. , Бишоп Р. Х. Современные системы управления. - М. : Лаборатория базовых знаний, 2004. - 832 с. http//www. prenhall. com/dorf

33. Зонов Н. И. Красильщиков М. Н. Система рекуррентных байесовских алгоритмов оценивания, адаптивных к разнородным неконтролируемым факторам // Изв. РАН. Технич. кибернетика. - 1994. - № 4,6.

34. Интегрированные инерциально-спутниковые системы навигации: Сб. статей и

докл. (составит. О. А. Степанов)/Под общ. ред. акад. РАН В. Г. Пешехонова. - СПб. : ЦНИИ Электроприбор, 2001. - 234 с.

35. Казаков И. Е. , Гладков Д. И. Методы оптимизации стохастических систем. - М. : Наука, 1987. - 304 с.

36. Калман Р. Е. , Бьюси Р. С. Новые результаты в теории линейной фильтрации и предсказания // Теоретические основы инженерных расчетов. - 1961. - N1. - Сер. Д.

37. Колмогоров А. Н. Интерполирование и экстраполирование стационарных случайных последовательностей // Изв. АН СССР. Сер. Математическая. - 1941. - N5.

38. Корн Г. , Корн Т. Справочник по математике для научных работников. - М. : Наука, 1973.

39. Красовский А. А. Системы автоматического управления полетом и их аналитическое конструирование. - М. : Наука, 1973.

40. Красовский А. А. и др. Справочник по теории автоматического управления. - М. : Наука, 1987. - 712 с.

41. Красовский А. А. , Белоглазов И. Н. , Чигин Г. П. Теория корреляционно-экстремальных навигационных систем. - М. : Наука, 1979. - 448 с.

42. Кузовков Н. Т. , Салычев О. С. Инерциальная навигация и оптимальная фильтрация. - М. : Машиностроение, 1982. - 216 с.

43. Куржанский А. Б. Управление и наблюдение в условиях неопределенности. - М. : Наука, 1977.

44. Левин Б. Р. Теоретические основы статистической радиотехники. Т 2. -М. : Сов. радио, 1966.

45. Леонов Г. А. Теория управления СПб. : СПбГУ, 2006.

46. Ли Роберт Оптимальные оценки, определение характеристик и управление. - М. : Наука, 1966. - 176 с.

47. Лившиц Н. А. , Виноградов В. Н. , Голубев Г. А. Корреляционная теория оптимального управления многомерными процессами. - М. : Сов. радио, 1974.

48. Лурье Б. Я. , Энрайт П. Дж. Классические методы автоматического управления: Учебн. пособ. -СПб. : БХВ, 2004. - 624 с.

49. Малышев В. В. , Красильщиков М. Н. , Карлов В. И. Оптимизация наблюдения и управления летательных аппаратов. М. , Машиностроение, 1989.

50. Медич Дж. Статистически оптимальные линейные оценки и управление. -М. : Энергия, 1973. - 440 с.

51. Методы теории автоматического управления. Цикл учебных пособий / Под общ. ред. К. А. Пупкова. - М. : МГТУ, 1997.

52. Мирошник И. В. Теория автоматического управления. Линейные системы

(2005). Нелинейные системы (2006). - СПб. : Питер.

53. Мирошник И. В. , Никифоров В. О. , Фрадков А. Л. Нелинейное и адаптивное управление сложными динамическими системами. - СПб. : Наука, 2000.

54. Небылов А. В. Гарантирование точности управления. - М. :Наука, 1998. -304 с.

55. Никулин Е. А. Основы автоматического управления. Частотные методы анализа и синтеза систем: Учебн. пособ. - СПб. : БХВ, 2005.

56. Острем К. Ю. Введение в стохастическую теорию управления. М. : Мир, 1973.

57. Парусников Н. А. , Морозов В. М. , Борзов В. И. Задача коррекции в инерциальной навигации. - М. : МГУ, 1982. - 176 с.

58. Первачев С. В. , Перов А. И. Адаптивная фильтрация сообщений. - М. : Радио и связь, 1991. -160 с.

59. Первозванский А. А. Курс теории автоматического управления. - М. : Наука, 1986. - 616 с.

60. Перов А. И. Статистическая теория радиотехнических систем. - М. : Радиотехника, 2003. - 398 с.

61. Подчукаев В. А. Теория автоматического управления. Аналитические методы. М. : Физматлит, 2005. - 392 с.

62. Поляк Б. Т. Введение в оптимизацию. М. : Наука, 1983. - 384 с.

63. Поляк Б. Т. , Щербаков П. С. Робастная устойчивость и управление М. : Наука, 2002. - 303 с.

64. Потемкин В. Г. Система инженерных и научных расчетов MATLAB 5. x. - М. : Диалог-МИФИ, 1999.

65. Пугачев В. С. , Казаков И. Е. , Евланов Л. Г. Основы статистической теории автоматических систем. - М. : Машиностроение, 1974. - 560 с.

66. Пупков К. А. Неусыпин К. А. Вопросы теории и реализации систем управления и навигации. - М. : Биоинформ, 1997.

67. Репин В. Г. , Тартаковский Г. П. Статистический синтез при априорной неопределенности и адаптация информационных систем. М. : Сов. радио, 1977.

68. Ривкнн С. С. Метод оптимальной фильтрации Калмана и его применение в инерциальных навигационных системах. Ч. 1,2. - Л. : Судостроение, 1973. - 1974.

69. Ривкин С. С. , Ивановский Р. И. , Костров А. В. Статистическая оптимизация навигационных систем. - Л. : Судостроение, 1976.

70. Розов А. К. Нелинейная фильтрация сигналов. - М. : Политехника, 2002. - 372 с.

71. Сейдж Э. , Мелс Дж. Теория оценивания и ее применение в связи и управле-

нии. - М. : Связь, 1976.

72. Снайдер Д. Л. Метод уравнений состояния для непрерывной оценки в применении к теории связи. - М. : Энергия, 1973. - 104 с.

73. Соболь И. Н. Численные методы Монте-Карло. - М. : Наука, 1973. - 312 с.

74. Современная прикладная теория управления: В трех ч. / Под общ. ред. А. А. Колесникова. - М. -Таганрог, 2000.

75. Соловьев Ю. А. Спутниковая навигация и ее приложения. - М. : ЭКОТРЕНЗ 325, 2003.

76. Солодовников В. В. Статистическая динамика линейных систем автоматического управления. - М. : Физматгиз, 1960. - 656 с.

77. Сосулин Ю. Г. Теория обнаружения и оценивания стохастических сигналов. - М. : Сов. радио, 1978.

78. Сосулин Ю. Г. Теоретические основы радиолокации и радионавигации - М. : Радио и связь, 1992.

79. Степанов О. А. Интегрированные инерциально-спутниковые системы навигации // Гироскопия и навигация. - 2002. - N 1. - С. 23-45.

80. Степанов О. А. Применение нелинейной фильтрации в задачах обработки навигационной информации: Изд. 3-е. - СПб. : ЦНИИ《Электроприбор》, 2003. - 370 с.

81. Степанов О. А. , Кошаев Д. А. Универсальные Matlab-программы анализа потенциальной точности и чувствительности алгоритмов линейной нестационарной фильтрации//Гироскопия и навигация. - 2004. - N 2. -С. 81-92.

82. Степанов О. А. Состояние, перспективы развития и применения наземных систем навигации для подвижных объектов//Гироскопия и навигация. - 2005. - N 2. - С. 95-121.

83. Степанов О. А. Линейный оптимальный алгоритм в нелинейных задачах обработки навигационной информации//Гироскопия и навигация, 2006. - N 4. - С. 11-20.

84. Степанов О. А. , Торопов А. Б. Сравнение линейных и нелинейных оптимальных алгоритмов при решении задач обработки навигационной информации//XV юбилейная Санкт-Петербургская межд. конф. по интегрированным навигационным системам. - СПб. : ЦНИИ 《Электроприбор》, 2008.

85. Тихонов В. И. Статистическая радиотехника - М. : Радио и связь, 1982.

86. Тихонов В. И. Оптимальный прием сигналов. - М. : Радио и связь, 1983.

87. Тихонов В. И. , Харисов В. Н. Статистический анализ и синтез радиотехнических устройств и систем. - М. : Радио и связь, 1991.

88. Тупысев В. А. Гарантированное оценивание состояния динамических систем в условиях неопределенности описания возмущений и ошибок измерений// 11-я Санкт-Пе-

тербургская межд. конф. по интегрированным навигационным системам. - СПб. : ГНЦ РФ ЦНИИ 《Электроприбор》, 2004.

89. Фомин В. Н. Рекуррентное оценивание и адаптивная фильтрация. - М. : Наука, 1984.

90. Хазен Э. М. Методы оптимальных статистических решений и задачи оптимального управления. - М. : Сов. радио, 1968.

91. Химмельблау Д. Прикладное нелинейное программирование. - М. : Мир, 1975.

92. Цыпкин Я. З. Адаптация и обучение в автоматических системах. - М. : Наука, 1968.

93. Цыпкин Я. З. Информационная теория идентификации. - М. Наука, 1995.

94. Челпанов И. Б. Оптимальная обработка сигналов в навигационных системах. - М. : Наука, 1967.

95. Челпанов И. Б. , Несенюк Л. П. , Брагинский М. В. Расчет характеристик навигационных гироприборов. - Л. : Судостроение, 1978. - 264 с.

96. Черноусько Ф. Л. Оценивание фазового пространства. - М. Наука. 1988.

97. Чистяков В. П. Курс теории вероятностей М. : Агар, 2000.

98. Эйкхофф П. Основы идентификации систем управления. - М. : Мир, 1975. - 686 с.

99. Ярлыков М. С. Применение марковской теории нелинейной фильтрации в радиотехнике. - М. : Сов. радио, 1980.

100. Ярлыков М. С. Статистическая теория радионавигации. - М. : Радио и связь, 1985.

101. Ярлыков М. С. , Миронов М. А. Марковская теория оценивания случайных процессов. - М. : Радио и связь, 1993.

102. Ярлыков М. С. Марковская теория оценивания в радиотехнике. - М. : Радиотехника, 2004.

103. Biezad J. Daniel. Integrated Navigation and Guidance Systems. Published by AJAA. Education Series, 1999.

104. Brown R. G. , Hwang P. Y. S. Introduction to Random Signal and Applied Kalman Filtering with Matlab Exercises and Solutions. 3rd Ed. John Wiley and Sons 1997.

105. Carlson N. A. Federated Filter for Fault-Tolerant Integrated Navigation. AGARDograph 331, Aerospace Navigation Systems.

106. Crisan D. and Doucet A. A survey of convergence results on particle filtering methods for practitioners. IEEE Transactions on Signal Processing, 50(3):736- 746,

March, 2002.

107. Daum, F. Nonlinear Filters: Beyond the Kalman Filter. IEEE Aerospace and Electronic Systems. Tutorials, Vol. 20(8), pp. 57-71, 2005.

108. Doucet A., N. de Freitas, and Gordon N. J., editors. Sequential Monte Carlo Methods in Practice. Statistics for Engineering and Information Science. Springer, 2001.

109. Gelb A. Applied Optimal Estimation. M. I. T. Thirteenth printing // Press, Cambridge, MA, 1994.

110. Gordon N., Salmond D., and Smith A. Novel approach to nonlinear/ non-Gaussian Bayesian state estimation. IEE Proceedings F, 140(2): 107-113, April 1993.

111. Grewal S. M., Andrews A. P. Kalman Filtering. Theory and Practice Prentice Hall, New Jersey 1993, 382p.

112. Grewal M. S., Andrews A. P. Kalman Filtering Theory and Practice Using Matlab 2nd Edition, John Wiley & Sons, 2001.

113. Gustafsson F., Gunnarsson F., Bergman N., Forssell U., Jansson J., Karlsson R. and Nordlund P.-J. Particle filters for positioning, navigation and tracking IEEE Transactions on Signal Processing, vol. 50, No. 2, 2002.

114. Haykin S. (Editor) Kalman Filtering and Neural Networks. John Wiley and Sons. INC. 2001.

115. Juiler, S. J. and J. K. Uhlmann Unscented Filtering and Nonlinear Estimation// Proc. IEEE, Vol. 92(3), 2004, pp. 401-422.

116. Kalman R. E. A New Approach to Linear and Filtering Prediction Problems. Trans. ASME, J. Basic Eng., 1960, vol. 82 D.

117. Kwok C., Fox D., Meila M. Real-time Particle Filters. Proceedings of the IEEE 2004, vol. 92, N3, March, pp. 469-484.

118. Lefebvre, T., H. Bruyninckx and J. De Schutter Nonlinear Kalman Filtering for Force-Controlled Robot Tasks. Springer, Berlin, 2005.

119. Li, X. R. and V. P. Jilkov A survey of Maneuvering Target Tracking: Approximation Techniques for Nonlinear Filtering. Proc. 2004 SPIE Conference on Signal and Data Processing of Small Targets, San Diego, pp 537-535, 2004.

120. Maybeck P. S., Stochastic Models, Estimation and Control Volume I-3, 1982-1994.

121. Ramachandra K. V., Kalman Filtering techniques for radar tracking. Marcel Dekker, New York, 2000.

122. Rogers R. M., Applied Mathematics in Integrated Navigation Systems, Second Edition. - AIAA Education Series, 2003.

123. Sequential Monte Carlo Methods. Доступно на http://www-sigproc. eng. cam. ac. uk/smc/papers. html.

124. Simon D. Optimal State Estimation: Kalman, H Infinity, and Nonlinear Approaches. John Wiley & Sons, 2006.

125. Soderstrom T. Discrete-time Stochastic Systems. Springer, 2002.

126. Spall J. S. Introduction to Stochastic Search and Optimization. Estimation, Simulation and Control. John Wiley & Sons, Ltd. 2003.

127. Stepanov O. A., Ivanov V. M., Korenevski M. L. Monte Carlo Methods for a Special Nonlinear Filtering Problem. Proceeding of the Eleventh IFAC International Workshop Control Applications of Optimization. CAO2000. July 3-6, 2000. Saint-Petersburg, Russia.

128. Stepanov O. A., Toropov A. B. Investigation of Linear Optimal Estimator Proceeding of 17-th World Congress, Seoul, July 6-11, 2008.

129. Tupysev V. A. Federated Kalman Filtering Via Formation of Relation Equations in Augmented State Space. Journal of Guidance, Control, and Dynamics vol. 23 N 3, May-June 2000. 391-398.

130. Van der Merwe, R. and E. A. Wan The Unscented Kalman Filter. In: Kalman Filtering and Neural Networks (Haykin S.), pp. 221-268, John Wiley & Sons. Inc., 2001.

131. Wiener N. The Extrapolation, Interpolation and Smoothing of Stationary Time Series. Wiley. - N. Y., 1949.

132. Zaknich A. Principles of Adaptive Filters and Self-learning Systems. Springer. 2005.

133. Zarchan P., Musoff H. Fundamentals of Kalman Filtering: A Practical Approach, Second Edition. Progress in Astronautics and Aeronautics Series, vol. 208. 2005.